N. BOURBAKI

ÉLÉMENTS DE MATHÉMATIQUE

N. BOURBAKI

ÉLÉMENTS DE MATHÉMATIQUE

GROUPES ET ALGÈBRES DE LIE

Chapitres 2 et 3

Springer

Réimpression inchangée de l'édition originale de 1972

ISBN-10 3-540-33940-X Springer Berlin Heidelberg New York
ISBN-13 978-3-540-33940-3 Springer Berlin Heidelberg New York

Springer est membre du Springer Science+Business Media
springer.com

Maquette de couverture: *design & production*, Heidelberg
Imprimé sur papier non acide   41/3100/YL - 5 4 3 2 1 0 -

ALGÈBRES DE LIE LIBRES

Dans ce chapitre,[1] *la lettre* K *désigne un anneau commutatif non réduit à* 0. *L'élément unité de* K *est noté* 1. *Sauf mention du contraire, toutes les cogèbres, algèbres et bigèbres, tous les modules et tous les produits tensoriels sont relatifs à* K.

A partir du § 6, *on suppose que* K *est un corps de caractéristique zéro.*

§ 1. Bigèbre enveloppante d'une algèbre de Lie

Dans tout ce paragraphe, on note $\mathfrak{g}$ une algèbre de Lie sur K, $U(\mathfrak{g})$ ou simplement U son algèbre enveloppante (chap. I, § 2, nº 1), σ l'application canonique de $\mathfrak{g}$ dans $U(\mathfrak{g})$ (*loc. cit.*) et $(U_n)_{n\geqslant 0}$ la filtration canonique de U (*loc. cit.*, nº 6).

1. Éléments primitifs d'une cogèbre

Dans tout ce nº, on considère une *cogèbre* E (A, III, p. 138), de coproduit

$$c: E \to E \otimes E$$

possédant une *coünité* ε (*loc. cit.*, p. 146). Rappelons que ε est une forme linéaire sur le K-module E telle que (après identification canonique de $E \otimes K$ et $K \otimes E$ avec E) l'on ait:

$$\mathrm{Id}_E = (\varepsilon \otimes \mathrm{Id}_E) \circ c = (\mathrm{Id}_E \otimes \varepsilon) \circ c.$$

On note E^+ le noyau de ε et on se donne un élément u de E tel que

$$c(u) = u \otimes u \quad \text{et} \quad \varepsilon(u) = 1.$$

Le K-module E est somme directe de E^+ et du sous-module $K.u$, qui est libre de base u; on note $\pi_u: E \to E^+$ et $\eta_u: E \to K.u$ les projecteurs associés à cette décomposition. On a

(1) $$\pi_u(x) = x - \varepsilon(x).u, \qquad \eta_u(x) = \varepsilon(x).u.$$

DÉFINITION 1. — *On dit qu'un élément* x *de* E *est* u*-primitif si l'on a*

(2) $$c(x) = x \otimes u + u \otimes x.$$

Les éléments u-primitifs de E forment un sous-module de E, noté $P_u(E)$.

[1] Les résultats des chapitres II et III dépendent des six premiers Livres (E, A, TG, FVR, EVT, INT) de LIE I, de AC et de VAR, R; le nº 9 du § 6 du chap. III dépend en outre de TS I.

PROPOSITION 1. — *Tout élément u-primitif de* E *appartient à* E^+.

En effet, (2) entraîne $x = \varepsilon(x).u + \varepsilon(u).x = \varepsilon(x).u + x$, d'où $\varepsilon(x) = 0$.

Remarque. — Si $x \in E$ et si $c(x) = x' \otimes u + u \otimes x''$, où x', x'' sont dans E^+, alors $x = \varepsilon(x').u + \varepsilon(u).x'' = x''$; de même $x = x'$, et x est u-primitif.

Pour tout $x \in E^+$, on pose

(3) $$c_u^+(x) = c(x) - x \otimes u - u \otimes x.$$

PROPOSITION 2. — *On a*

(4) $$(\pi_u \otimes \pi_u) \circ c = c_u^+ \circ \pi_u.$$

En effet, soit x dans E; on a

$$\begin{aligned}(\pi_u \otimes \pi_u)(c(x)) &= ((1 - \eta_u) \otimes (1 - \eta_u))(c(x)) \\ &= c(x) - (1 \otimes \eta_u)(c(x)) - (\eta_u \otimes 1)(c(x)) + (\eta_u \otimes \eta_u)(c(x)).\end{aligned}$$

Comme ε est coünité de E, on a

$$(1 \otimes \eta_u)(c(x)) = x \otimes u, \qquad (\eta_u \otimes 1)(c(x)) = u \otimes x$$

d'où

$$(\eta_u \otimes \eta_u((c(x)) = (\eta_u \otimes 1)((1 \otimes \eta_u)(c(x))) = \varepsilon(x).u \otimes u;$$

de tout ceci, on tire

$$(\pi_u \otimes \pi_u)(c(x)) = c(x) - x \otimes u - u \otimes x + \varepsilon(x).u \otimes u.$$

D'autre part, on a

$$c_u^+(\pi_u(x)) = c(x) - x \otimes u - u \otimes x + \varepsilon(x).u \otimes u,$$

d'où la formule (4).

Comme E^+ est un sous-module facteur direct de E, on peut identifier $E^+ \otimes E^+$ à un sous-module facteur direct de $E \otimes E$. Avec cette identification, $\pi_u \otimes \pi_u$ est un projecteur de $E \otimes E$ sur $E^+ \otimes E^+$. D'après la formule (4), c_u^+ applique E^+ dans $E^+ \otimes E^+$ et π_u *est un morphisme de la cogèbre* (E, c) *dans la cogèbre* (E^+, c_u^+).

PROPOSITION 3. — *Si la cogèbre* (E, c) *est coassociative* (resp. *cocommutative*) (A, III, p. 143–144), *il en est de même de la cogèbre* (E^+, c_u^+).

Cela résulte du lemme suivant:

Lemme 1. — *Soit* π: E $\to$ E′ *un morphisme surjectif de cogèbres. Si* E *est coassociative* (resp. *cocommutative*), *il en est de même de* E′.

Soit B une K-algèbre associative; l'application $f \mapsto f \circ \pi$ est un homomorphisme *injectif* d'algèbres de $\mathrm{Hom}_K(E', B)$ dans $\mathrm{Hom}_K(E, B)$. Il suffit alors d'appliquer la prop. 1 (resp. la prop. 2) de A, III, p. 143 (resp. p. 144).

2. Éléments primitifs d'une bigèbre

Soient E une *bigèbre* (A, III, p. 148), c son coproduit, ε sa coünité, 1 son élément unité. Comme $\varepsilon(1) = 1$ et $c(1) = 1 \otimes 1$, on peut appliquer les résultats du n° précédent avec $u = 1$. On appelle simplement *primitifs* (cf. A, III, p. 164) les éléments 1-primitifs de E (n° 1, déf. 1), c'est-à-dire les éléments x de E tels que

$$(5) \qquad c(x) = x \otimes 1 + 1 \otimes x.$$

On écrira simplement π, η, P(E), c^+ au lieu de π_1, η_1, $P_1(E)$, c_1^+.

PROPOSITION 4. — *L'ensemble* P(E) *des éléments primitifs de* E *est une sous-algèbre de Lie de* E.

Si x, y sont dans P(E), on a

$$c(xy) = c(x)c(y) = (x \otimes 1 + 1 \otimes x)(y \otimes 1 + 1 \otimes y)$$
$$= xy \otimes 1 + 1 \otimes xy + x \otimes y + y \otimes x,$$

d'où

$$c([x, y]) = [x, y] \otimes 1 + 1 \otimes [x, y].$$

PROPOSITION 5. — *Soit* f: E $\rightarrow$ E' *un morphisme de bigèbres. Si* x *est un élément primitif de* E, *alors* $f(x)$ *est un élément primitif de* E', *et la restriction de* f *à* P(E) *est un homomorphisme d'algèbres de Lie* $P(f): P(E) \rightarrow P(E')$.

Soit c (resp. c') le coproduit de E (resp. E'). Puisque f est un morphisme de cogèbres, on a $c' \circ f = (f \otimes f) \circ c$, d'où

$$c'(f(x)) = (f \otimes f)(c(x)) = (f \otimes f)(x \otimes 1 + 1 \otimes x) = f(x) \otimes 1 + 1 \otimes f(x),$$

pour x primitif. Donc f applique P(E) dans P(E') et l'on a $f([x, y]) = [f(x), f(y)]$ puisque f est un homomorphisme d'algèbres.

Remarques. — 1) Soit p un nombre premier tel que $p.1 = 0$ dans K. La formule du binôme et les congruences $\binom{p}{i} \equiv 0 \pmod{p}$ pour $1 \leqslant i \leqslant p - 1$ entraînent que P(E) est stable par l'application $x \mapsto x^p$.

2) Par définition, le diagramme

$$0 \rightarrow P(E) \rightarrow E^+ \xrightarrow{c^+} E^+ \otimes E^+$$

est une suite exacte. Si K' est un anneau commutatif et ρ: K $\rightarrow$ K' un homomorphisme d'anneaux, $\rho^*(E) = E \otimes_K K'$ est une K'-bigèbre et l'inclusion P(E) $\rightarrow$ E définit un homomorphisme de K'-algèbres de Lie

$$\alpha: P(E) \otimes_K K' \rightarrow P(E \otimes_K K').$$

Si K′ est *plat* sur K (AC, I, § 2, n° 3, déf. 2), il résulte de *loc. cit.* que le diagramme

$$0 \to P(E) \otimes_K K' \to E^+ \otimes_K K' \xrightarrow{c^+ \otimes_K \mathrm{Id}_{K'}} (E^+ \otimes_K K') \otimes_{K'} (E^+ \otimes_K K')$$

est une suite exacte, ce qui entraîne que α est un *isomorphisme*.

3. Bigèbres filtrées

DÉFINITION 2. — *Soit* E *une bigèbre de coproduit* c. *On appelle filtration compatible avec la structure de bigèbre de* E *une suite croissante* $(E_n)_{n \geqslant 0}$ *de sous-modules de* E *telle que*

$$E_0 = K.1, \qquad E = \bigcup_{n \geqslant 0} E_n$$

$$E_m . E_n \subset E_{m+n} \qquad \text{pour } m \geqslant 0, n \geqslant 0$$

$$(6) \qquad c(E_n) \subset \sum_{i+j=n} \mathrm{Im}(E_i \otimes E_j) \qquad \text{pour } n \geqslant 0.$$[1]

On appelle bigèbre filtrée *une bigèbre munie d'une filtration compatible avec sa structure de bigèbre.*

Exemple. — Soient E une bigèbre graduée (A, III, p. 148, déf. 3), $(E^n)_{n \geqslant 0}$ sa graduation. Posons $E_n = \sum_{i=0}^{n} E^i$. La suite (E_n) est une filtration compatible avec la structure de bigèbre de E.

PROPOSITION 6. — *Soient* E *une bigèbre filtrée,* $(E_n)_{n \geqslant 0}$ *sa filtration. Pour tout entier* $n \geqslant 0$, *soit* $E_n^+ = E_n \cap E^+$. *Alors* $E_0^+ = \{0\}$ *et*

$$(7) \qquad c^+(E_n^+) \subset \sum_{i=1}^{n-1} \mathrm{Im}(E_i^+ \otimes E_{n-i}^+) \qquad \text{pour } n \geqslant 0.$$[1]

Comme $E_0 = K.1$, on a $E_0^+ = 0$. Si $x \in E_n$, on a $\pi(x) = x - \varepsilon(x).1$ (formule (1)), d'où $\pi(x) \in E_n^+$ et $\pi(E_n) \subset E_n^+$. Il en résulte que $\pi \otimes \pi$ applique $\mathrm{Im}(E_i \otimes E_j)$ dans $\mathrm{Im}(E_i^+ \otimes E_j^+)$ pour $i \geqslant 0, j \geqslant 0$. Comme $c^+ = (\pi \otimes \pi) \circ c$ dans E^+ (n° 1, prop. 2), on a d'après (6)

$$c^+(E_n^+) \subset \sum_{i=0}^{n} \mathrm{Im}(E_i^+ \otimes E_{n-i}^+) = \sum_{i=1}^{n-1} \mathrm{Im}(E_i^+ \otimes E_{n-i}^+).$$

COROLLAIRE. — *Les éléments de* E_1^+ *sont primitifs.*

Si $x \in E_1^+$, on a $c^+(x) = 0$ d'après (7), d'où (5).

4. Bigèbre enveloppante d'une algèbre de Lie

Rappelons que $\mathfrak{g}$ désigne une algèbre de Lie, et U son algèbre enveloppante, munie de sa filtration canonique $(U_n)_{n \geqslant 0}$.

[1] Si A et B sont deux sous-modules de E, on désigne par $\mathrm{Im}(A \otimes B)$ l'image de l'application canonique $A \otimes B \to E \otimes E$.

PROPOSITION 7. — *Il existe sur l'algèbre* U *un coproduit* c *et un seul faisant de* U *une bigèbre telle que les éléments de* $\sigma(\mathfrak{g})$ *soient primitifs. La bigèbre* (U, c) *est cocommutative; sa coünité est la forme linéaire* ε *telle que le terme constant* (chap. I, § 2, n° 1) *de tout élément* x *de* U *soit* $\varepsilon(x).1$. *La filtration canonique* $(\mathrm{U}_n)_{n\geqslant 0}$ *de* U *est compatible avec cette structure de bigèbre.*

a) Soit $x \in \mathfrak{g}$; posons $c_0(x) = \sigma(x) \otimes 1 + 1 \otimes \sigma(x) \in \mathrm{U} \otimes \mathrm{U}$. Si x, y sont dans $\mathfrak{g}$, on a $c_0(x)c_0(y) = (\sigma(x)\sigma(y)) \otimes 1 + 1 \otimes (\sigma(x)\sigma(y)) + \sigma(x) \otimes \sigma(y) + \sigma(y) \otimes \sigma(x)$, d'où

$$[c_0(x), c_0(y)] = c_0([x, y]).$$

D'après la propriété universelle de U (chap. I, § 2, n° 1, prop. 1), il existe un homomorphisme d'algèbres unifères, et un seul

$$c\colon \mathrm{U} \to \mathrm{U} \otimes \mathrm{U}$$

tel que $c(\sigma(x)) = \sigma(x) \otimes 1 + 1 \otimes \sigma(x)$ pour $x \in \mathfrak{g}$. Cela démontre l'assertion d'unicité de la prop. 7.

b) *Montrons que* c *est coassociatif.* En effet, les applications linéaires c' et c'' de U dans $\mathrm{U} \otimes \mathrm{U} \otimes \mathrm{U}$ définies par

$$c' = (c \otimes \mathrm{Id}_{\mathrm{U}}) \circ c \quad \text{et} \quad c'' = (\mathrm{Id}_{\mathrm{U}} \otimes c) \circ c$$

sont des homomorphismes d'algèbres unifères qui coïncident dans $\sigma(\mathfrak{g})$ car, pour $a \in \sigma(\mathfrak{g})$, on a

$$c'(a) = a \otimes 1 \otimes 1 + 1 \otimes a \otimes 1 + 1 \otimes 1 \otimes a = c''(a),$$

d'où le résultat.

c) *Montrons que* c *est cocommutatif.* Soit τ l'automorphisme de $\mathrm{U} \otimes \mathrm{U}$ tel que $\tau(a \otimes b) = b \otimes a$ pour a, b dans U. Les applications $\tau \circ c$ et c de U dans $\mathrm{U} \otimes \mathrm{U}$ sont des homomorphismes d'algèbres unifères qui coïncident dans $\sigma(\mathfrak{g})$, d'où le résultat.

d) *Montrons que* ε *est une coünité pour* c. En effet, les applications $(\mathrm{Id}_{\mathrm{U}} \otimes \varepsilon) \circ c$ et $(\varepsilon \otimes \mathrm{Id}_{\mathrm{U}}) \circ c$ de U dans U sont des homomorphismes d'algèbres unifères qui coïncident avec Id_{U} dans $\sigma(\mathfrak{g})$.

e) On sait que $\mathrm{U}_0 = \mathrm{K}.1$, $\mathrm{U}_n \subset \mathrm{U}_{n+1}$, $\mathrm{U} = \bigcup_{n\geqslant 0} \mathrm{U}_n$ et $\mathrm{U}_n.\mathrm{U}_m \subset \mathrm{U}_{n+m}$ (chap. I, § 2, n° 6). Soient $a_1, \ldots, a_n$ dans $\sigma(\mathfrak{g})$. On a

$$(8) \qquad c(a_1 \ldots a_n) = \prod_{i=1}^{n} c(a_i) = \prod_{i=1}^{n} (a_i \otimes 1 + 1 \otimes a_i)$$

$$= \sum_{i=0}^{n} \sum_{\alpha \in \mathrm{I}(i)} (a_{\alpha(1)} \ldots a_{\alpha(i)}) \otimes (a_{\alpha(i+1)} \ldots a_{\alpha(n)}),$$

où $\mathrm{I}(i)$ désigne l'ensemble des permutations de $[1, n]$ croissantes dans chacun des intervalles $[1, i]$ et $[i+1, n]$. Comme U_n est le K-module engendré par les produits d'au plus n éléments de $\sigma(\mathfrak{g})$, la formule (8) entraîne que la filtration (U_n) est compatible avec la structure de bigèbre de (U, c).

Définition 3. — *La bigèbre* (U, c) *est appelée* bigèbre enveloppante *de l'algèbre de Lie* $\mathfrak{g}$.

Proposition 8. — *Soit* E *une bigèbre de coproduit noté* c_E *et soit* h *un homomorphisme d'algèbres de Lie de* $\mathfrak{g}$ *dans* P(E) (n° 2, prop. 4). *L'homomorphisme d'algèbres unifères* $f\colon U \to E$ *tel que* $f(\sigma(x)) = h(x)$ *pour tout* $x \in \mathfrak{g}$ *est un morphisme de bigèbres.*

Montrons que $(f \otimes f) \circ c = c_E \circ f$. Ce sont là deux homomorphismes d'algèbres unifères de U dans E ⊗ E, et pour $a \in \sigma(\mathfrak{g})$, on a

$$(f \otimes f)(c(a)) = f(a) \otimes 1 + 1 \otimes f(a) = c_E(f(a))$$

puisque $f(a) \in P(E)$. De même, si ε_E est la coünité de E, $\varepsilon_E \circ f$ est un homomorphisme d'algèbres unifères $U \to K$ nul dans $\sigma(\mathfrak{g})$ (n° 1, prop. 1) et coïncide donc avec ε.

Il résulte des propositions 5 et 8 que l'application $f \mapsto f \circ \sigma$ définit une correspondance biunivoque entre homomorphismes de bigèbres $U(\mathfrak{g}) \to E$ et homomorphismes d'algèbres de Lie $\mathfrak{g} \to P(E)$.

Corollaire. — *Soient* $\mathfrak{g}_i$ $(i = 1, 2)$ *une algèbre de Lie,* $U(\mathfrak{g}_i)$ *sa bigèbre enveloppante,* $\sigma_i\colon \mathfrak{g}_i \to U(\mathfrak{g}_i)$ *l'application canonique. Pour tout homomorphisme d'algèbres de Lie* $h\colon \mathfrak{g}_1 \to \mathfrak{g}_2$, *l'homomorphisme d'algèbres unifères* $U(h)\colon U(\mathfrak{g}_1) \to U(\mathfrak{g}_2)$ *tel que* $U(h) \circ \sigma_1 = \sigma_2 \circ h$ (chap. I, § 2, n° 1) *est un morphisme de bigèbres.*

5. Structure de la cogèbre U(g) en caractéristique 0.

Dans ce n°, on suppose que K est un *corps de caractéristique* 0.

Soient $S(\mathfrak{g})$ l'algèbre symétrique de l'espace vectoriel $\mathfrak{g}$, c_S son coproduit (A, III, p. 139, *Exemple* 6), η l'isomorphisme canonique de l'espace vectoriel $S(\mathfrak{g})$ sur l'espace vectoriel U (chap. I, § 2, n° 7). Rappelons que si $x_1, \ldots, x_n$ sont dans $\mathfrak{g}$, on a

$$\eta(x_1 \ldots x_n) = \frac{1}{n!} \sum_{\tau \in \mathfrak{S}_n} \sigma(x_{\tau(1)}) \ldots \sigma(x_{\tau(n)}). \tag{9}$$

En particulier, pour $x \in \mathfrak{g}$ et $n \geqslant 0$, on a

$$\eta(x^n) = \sigma(x)^n. \tag{10}$$

Remarquons, d'après A, III, p. 68, *Remarque* 3, que η est l'unique application linéaire de $S(\mathfrak{g})$ dans U satisfaisant à la condition (10).

PROPOSITION 9. — *Pour tout entier* $n \geqslant 0$, *soit* U^n *le sous-espace vectoriel de* U *engendré par les* $\sigma(x)^n$ *pour* $x \in \mathfrak{g}$.

a) La suite $(U^n)_{n \geqslant 0}$ *est une graduation de l'espace vectoriel* U *compatible avec sa structure de cogèbre.*

Munissons U *de la graduation* (U^n).

b) L'application canonique $\eta: S(\mathfrak{g}) \to U$ *est un isomorphisme de cogèbres graduées.*

Soient $x \in \mathfrak{g}$ et $n \in \mathbf{N}$. On a

$$c_S(x^n) = c_S(x)^n = (x \otimes 1 + 1 \otimes x)^n = \sum_{i=0}^{n} \binom{n}{i} x^i \otimes x^{n-i} \tag{11}$$

puisque c_S est un homomorphisme d'algèbres. De même, d'après (10),

$$\begin{aligned} c(\eta(x^n)) &= c(\sigma(x)^n) = c(\sigma(x))^n = (\sigma(x) \otimes 1 + 1 \otimes \sigma(x))^n \\ &= \sum_{i=0}^{n} \binom{n}{i} \sigma(x)^i \otimes \sigma(x)^{n-i} = \sum_{i=0}^{n} \binom{n}{i} \eta(x^i) \otimes \eta(x^{n-i}), \end{aligned} \tag{12}$$

d'où

$$(\eta \otimes \eta)(c_S(x^n)) = c(\eta(x^n)).$$

Comme les x^n, pour $x \in \mathfrak{g}$ et $n \in \mathbf{N}$, engendrent l'espace vectoriel $S(\mathfrak{g})$, on a $(\eta \otimes \eta) \circ c_S = c \circ \eta$, et η est un isomorphisme de cogèbres.

Par ailleurs, la formule (10) montre que $\eta(S^n(\mathfrak{g})) = U^n$, ce qui achève de démontrer *a*) et *b*) compte tenu de ce que la graduation de $S(\mathfrak{g})$ est compatible avec sa structure de cogèbre.

La graduation $(U^n)_{n \geqslant 0}$ de U est appelée *graduation canonique.*

COROLLAIRE. — *L'application canonique* σ *définit un isomorphisme de* $\mathfrak{g}$ *sur l'algèbre de Lie* P(U) *des éléments primitifs de* U.

Comme c^+ est un homomorphisme gradué de degré 0, on a

$$P(U) = \sum_{n \geqslant 1} (P(U) \cap U^n).$$

Il suffit de prouver que si $n > 1$ et si $a \in U^n$ est primitif, alors $a = 0$. Or a s'écrit $\sum_i \lambda_i a_i^n$, où $\lambda_i \in K$, $a_i \in \sigma(\mathfrak{g})$. D'après (12), le terme de bidegré $(1, n-1)$ de $c^+(a)$ est $n \sum_i \lambda_i a_i \otimes a_i^{n-1}$. On a donc $\sum_i \lambda_i a_i \otimes a_i^{n-1} = 0$. Si $\mu: U \otimes U \to U$ est l'application linéaire définie par la multiplication de U, on a donc

$$a = \sum_i \lambda_i a_i^n = \mu\Big(\sum_i \lambda_i a_i \otimes a_i^{n-1}\Big) = 0.$$

Remarques. — 1) On a $U_n = \sum_{i=0}^{n} U^i$ (chap. I, § 2, n° 7, cor. 4 du th. 1).

2) L'application η est l'unique morphisme de cogèbres graduées de $S(\mathfrak{g})$ dans U tel que $\eta(1) = 1$ et $\eta(x) = \sigma(x)$ pour $x \in \mathfrak{g}$. En effet, si η' est un mor-

phisme satisfaisant à ces conditions, prouvons par récurrence sur n que $\eta'(x^n) = \eta(x^n)$ pour $x \in \mathfrak{g}$ et $n > 1$. Comme $c_S^+(x^n) = \sum_{i=1}^{n-1} \binom{n}{i} x^i \otimes x^{n-i}$ d'après (3) et (11), on a $(\eta \otimes \eta)(c_S^+(x^n)) = (\eta' \otimes \eta')(c_S^+(x^n))$ par l'hypothèse de récurrence. Il s'ensuit que $c^+(\eta(x^n)) = c^+(\eta'(x^n))$; il en résulte que $\eta(x^n) - \eta'(x^n)$ est un élément primitif de degré n, donc est nul (cor. de la prop. 9).

3) Soit ψ l'isomorphisme canonique de la bigèbre $\mathsf{TS}(\mathfrak{g})$ sur la bigèbre $\mathsf{S}(\mathfrak{g})$ (A, IV, § 5, cor. 1 de la prop. 12). L'application

$$\eta \circ \psi : \mathsf{TS}(\mathfrak{g}) \to \mathrm{U}$$

est dite *canonique*. C'est l'unique morphisme η' de cogèbres graduées de $\mathsf{TS}(\mathfrak{g})$ dans U tel que $\eta'(1) = 1$ et $\eta'(x) = \sigma(x)$ pour tout $x \in \mathfrak{g}$.

4) Soit V un espace vectoriel. Les éléments primitifs de la bigèbre $\mathsf{S}(\mathrm{V})$ sont les éléments de degré 1. Cela résulte en effet du cor. de la prop. 9 appliqué à l'algèbre de Lie commutative V.

Soit $(e_i)_{i \in \mathrm{I}}$ une base du K-espace vectoriel $\mathfrak{g}$, où l'ensemble d'indices I est muni d'un ordre total. Pour tout $\alpha \in \mathbf{N}^{(\mathrm{I})}$, on pose

$$e_\alpha = \prod_{i \in \mathrm{I}} \frac{\sigma(e_i)^{\alpha(i)}}{\alpha(i)!}. \tag{13}$$

Les e_α, pour $|\alpha| \leqslant n$, forment une base du K-espace vectoriel U_n (chap. I, § 2, nº 7, cor. 3 du th. 1). On a

$$e_0 = 1, \qquad e_{\varepsilon_i} = \sigma(e_i) \text{ pour } i \in \mathrm{I}.$$

Comme l'algèbre graduée associée à l'algèbre filtrée U est commutative (*loc. cit.*, th. 1), on a, pour α, β dans $\mathbf{N}^{(\mathrm{I})}$,

$$e_\alpha . e_\beta \equiv ((\alpha, \beta)) . e_{\alpha+\beta} \qquad \text{mod. } \mathrm{U}_{|\alpha|+|\beta|-1}, \tag{14}$$

où $((\alpha, \beta)) = \prod_{i \in \mathrm{I}} \frac{(\alpha(i) + \beta(i))!}{\alpha(i)!\beta(i)!}$.

D'autre part, on a aussitôt

$$\varepsilon(e_0) = 1, \qquad \varepsilon(e_\alpha) = 0 \qquad \text{pour } |\alpha| \geqslant 1. \tag{15}$$

Enfin, la formule (12) entraîne que, pour $\alpha \in \mathbf{N}^{(\mathrm{I})}$, on a

$$c(e_\alpha) = \sum_{\beta+\gamma=\alpha} e_\beta \otimes e_\gamma. \tag{16}$$

Cette formule permet de déterminer l'algèbre $\mathrm{U}' = \mathrm{Hom}(\mathrm{U}, \mathrm{K})$ *duale* de la cogèbre U (A, III, p. 143). Soit en effet $\mathrm{K}[[\mathrm{X}_i]]_{i \in \mathrm{I}}$ l'algèbre des séries formelles par rapport à des indéterminées $(\mathrm{X}_i)_{i \in \mathrm{I}}$ (cf. A, III, p. 28); si $\lambda \in \mathrm{U}'$, notons f_λ la série formelle

$$f_\lambda = \sum_\alpha \langle \lambda, e_\alpha \rangle \mathrm{X}^\alpha, \qquad \text{avec } \mathrm{X}^\alpha = \prod_{i \in \mathrm{I}} \mathrm{X}_i^{\alpha(i)},$$

l'indice de sommation α parcourant $\mathbf{N}^{(\mathrm{I})}$.

PROPOSITION 10. — *L'application* $\lambda \mapsto f_\lambda$ *est un isomorphisme de l'algèbre* U′ *sur l'algèbre de séries formelles* $K[[X_i]]_{i \in I}$.

Du fait que (e_α) est une base de U, l'application $\lambda \mapsto f_\lambda$ est K-linéaire et bijective. D'autre part, pour λ, μ dans U′, on a

$$\begin{aligned} f_{\lambda\mu} &= \sum_\alpha \langle \lambda\mu, e_\alpha \rangle X^\alpha = \sum_\alpha \langle \lambda \otimes \mu, c(e_\alpha) \rangle X^\alpha \\ &= \sum_\alpha \langle \lambda \otimes \mu, \sum_{\beta+\gamma=\alpha} e_\beta \otimes e_\gamma \rangle X^\alpha \qquad \text{(d'après (16))} \\ &= \sum_{\beta,\gamma} \langle \lambda, e_\beta \rangle \langle \mu, e_\gamma \rangle X^{\beta+\gamma} = f_\lambda f_\mu, \end{aligned}$$

ce qui montre que $\lambda \mapsto f_\lambda$ est un isomorphisme *d'algèbres*, et achève la démonstration.

6. Structure des bigèbres filtrées en caractéristique 0

Dans ce n°, on continue de supposer que K est un *corps de caractéristique* 0.

Si E est une bigèbre, l'injection canonique $P(E) \to E$ se prolonge en un morphisme de bigèbres $f_E : U(P(E)) \to E$ (n° 4, prop. 8).

THÉORÈME 1. — *Soit* E *une bigèbre cocommutative.*

a) Le morphisme de bigèbres $f_E : U(P(E)) \to E$ *est injectif.*

b) S'il existe sur E *une filtration compatible avec sa structure de bigèbre* (n° 3, déf. 2), *le morphisme* f_E *est un isomorphisme.*

(Dans le cas *b*), la bigèbre E s'identifie donc à la bigèbre enveloppante de l'algèbre de Lie de ses éléments primitifs.)

Soit c_E (resp. ε_E) le coproduit (resp. la coünité) de E. Posons $\mathfrak{g} = P(E)$; soit $(e_i)_{i \in I}$ une base du K-espace vectoriel $\mathfrak{g}$, où l'ensemble d'indices I est muni d'un ordre total, et soit $(e_\alpha)_{\alpha \in \mathbf{N}^{(I)}}$ la base de $U(\mathfrak{g})$ introduite au n° précédent. Posons $X_\alpha = f_E(e_\alpha)$ pour $\alpha \in \mathbf{N}^{(I)}$. D'après (15) et (16), on a:

$$\varepsilon_E(X_0) = 1, \qquad \varepsilon_E(X_\alpha) = 0 \qquad \text{pour } |\alpha| \geq 1, \tag{17}$$

$$c_E(X_\alpha) = \sum_{\beta+\gamma=\alpha} X_\beta \otimes X_\gamma \qquad \text{pour } \alpha \in \mathbf{N}^{(I)}, \tag{18}$$

puisque f_E est un morphisme de cogèbres.

Montrons que f_E *est injectif.* Cela résulte du lemme suivant:

Lemme 2. — *Soit* V *un espace vectoriel, et soient* E *une cogèbre,* $f : S(V) \to E$ *un morphisme de cogèbres. Si la restriction de* f *à* $S^0(V) + S^1(V)$ *est injective, alors* f *est injectif.*

Soit $n \geq 0$; posons $S_n = \sum_{i \leq n} S^i(V)$, notons c_S le coproduit de S(V), et montrons par récurrence sur n que $f \mid S_n$ est injectif. L'assertion étant triviale pour $n = 0$ et $n = 1$, supposons $n \geq 2$ et soit $u \in S_n$ tel que $f(u) = 0$. On a

$$\begin{aligned} 0 = c_{\mathrm{E}}(f(u)) &= (f\otimes f)(c_{\mathrm{S}}(u)) \\ &= f(u)\otimes 1 + 1\otimes f(u) + (f\otimes f)(c_{\mathrm{S}}^{+}(u)) \\ &= (f\otimes f)(c_{\mathrm{S}}^{+}(u)). \end{aligned}$$

Comme $c_{\mathrm{S}}^{+}(u) \in \mathrm{S}_{n-1}\otimes \mathrm{S}_{n-1}$, d'après (11) l'hypothèse de récurrence montre que u est un élément primitif de $\mathrm{S}(\mathrm{V})$, donc est de degré 1 (n° 5, *Remarque* 4), donc nul, puisque $f\mid \mathrm{S}^1(\mathrm{V})$ est injectif.

Il en résulte en particulier que la famille (X_α) est *libre.*

Montrons que f_{E} est surjectif si E possède une filtration compatible avec sa structure de bigèbre. Soit $(\mathrm{E}_n)_{n\geqslant 0}$ une telle filtration, et posons $\mathrm{E}_n^+ = \mathrm{E}_n \cap \mathrm{Ker}(\varepsilon_{\mathrm{E}})$. Démontrons par récurrence sur n que E_n^+ est contenu dans l'image de f_{E}. Comme $\mathrm{E} = \mathrm{K}.1 + \bigcup_{n\geqslant 0} \mathrm{E}_n^+$, cela entraînera la surjectivité de f_{E}. L'assertion est triviale pour $n = 0$, et résulte du cor. de la prop. 6 du n° 3 pour $n = 1$; supposons désormais $n \geqslant 2$, et soit $x \in \mathrm{E}_n^+$. D'après la prop. 6 du n° 3, on a

$$c_{\mathrm{E}}^{+}(x) \in \sum_{i=1}^{n-1} \mathrm{E}_i^+ \otimes \mathrm{E}_{n-i}^+$$

et il existe d'après l'hypothèse de récurrence des scalaires $\lambda_{\alpha,\beta}$, pour α, β dans $\mathbf{N}^{(\mathrm{I})}$, nuls sauf un nombre fini d'entre eux, tels que

$$c_{\mathrm{E}}^{+}(x) = \sum_{\alpha,\beta\neq 0} \lambda_{\alpha,\beta}\mathrm{X}_\alpha \otimes \mathrm{X}_\beta. \tag{19}$$

D'après la formule (18), on a donc

$$(c_{\mathrm{E}}^{+}\otimes \mathrm{Id}_{\mathrm{E}})(c_{\mathrm{E}}^{+}(x)) = \sum_{\alpha,\beta,\gamma\neq 0} \lambda_{\alpha+\beta,\gamma}\mathrm{X}_\alpha\otimes \mathrm{X}_\beta\otimes \mathrm{X}_\gamma$$

$$(\mathrm{Id}_{\mathrm{E}}\otimes c_{\mathrm{E}}^{+})(c_{\mathrm{E}}^{+}(x)) = \sum_{\alpha,\beta,\gamma\neq 0} \lambda_{\alpha,\beta+\gamma}\mathrm{X}_\alpha\otimes \mathrm{X}_\beta\otimes \mathrm{X}_\gamma.$$

D'après la prop. 3 du n° 1, et l'indépendance linéaire des X_α, on a donc

$$\lambda_{\alpha+\beta,\gamma} = \lambda_{\alpha,\beta+\gamma} \qquad \text{pour } \alpha, \beta, \gamma \text{ dans } \mathbf{N}^{(\mathrm{I})} - \{0\}. \tag{20}$$

Par ailleurs, le coproduit c_{E} est cocommutatif; le même raisonnement que ci-dessus entraîne

$$\lambda_{\alpha,\beta} = \lambda_{\beta,\alpha} \qquad \text{pour } \alpha, \beta \text{ dans } \mathbf{N}^{(\mathrm{I})} - \{0\}. \tag{21}$$

Supposons qu'il existe une famille de scalaires (μ_α) *pour* $|\alpha| \geqslant 2$, *telle que*

$$\mu_{\alpha+\beta} = \lambda_{\alpha,\beta} \qquad \text{pour } \alpha, \beta \text{ dans } \mathbf{N}^{(\mathrm{I})} - \{0\}. \tag{22}$$

On a alors

$$c_{\mathrm{E}}^{+}(x) = \sum_{\alpha,\beta\neq 0} \mu_{\alpha+\beta}\mathrm{X}_\alpha\otimes \mathrm{X}_\beta = \sum_{|\gamma|\geqslant 2} \mu_\gamma c_{\mathrm{E}}^{+}(\mathrm{X}_\gamma),$$

d'après la formule (18), donc $y = x - \sum_{|\gamma|\geqslant 2} \mu_\gamma \mathrm{X}_\gamma$ est primitif, donc appartient à $\mathrm{P}(\mathrm{E}) \subset \mathrm{Im}(f_{\mathrm{E}})$. On a donc

$$x = y + \sum_{|\gamma| \geq 2} \mu_\gamma f_E(e_\gamma) \in \operatorname{Im}(f_E).$$

La démonstration sera donc achevée lorsque nous aurons démontré le lemme suivant:

Lemme 3. — *Si une famille de scalaires* $(\lambda_{\alpha,\beta})$ *de support fini* (pour α, β dans $\mathbf{N}^{(I)} - \{0\}$) *satisfait aux relations* (20) *et* (21), *il existe une famille* $(\mu_\alpha)_{|\alpha| \geq 2}$ *de support fini telle que* $\mu_{\alpha+\beta} = \lambda_{\alpha,\beta}$ *pour* α, β *non nuls.*

Il suffit de prouver que

$$\alpha + \beta = \gamma + \delta \tag{23}$$

entraîne $\lambda_{\alpha,\beta} = \lambda_{\gamma,\delta}$ pour α, β, γ, δ non nuls. D'après le lemme de décomposition de Riesz (A, VI, § 1, n° 10, th. 1), il existe π, ρ, σ et τ dans $\mathbf{N}^{(I)}$ tels que

$$\alpha = \pi + \sigma, \qquad \beta = \rho + \tau, \qquad \gamma = \pi + \rho, \qquad \delta = \sigma + \tau.$$

Supposons $\pi \neq 0$; comme on a $\sigma + \beta = \rho + \delta$, la relation (20) entraîne

$$\lambda_{\alpha,\beta} = \lambda_{\pi+\sigma,\beta} = \lambda_{\pi,\sigma+\beta} = \lambda_{\pi,\rho+\delta} = \lambda_{\pi+\rho,\delta} = \lambda_{\gamma,\delta}.$$

Si par contre on a $\pi = 0$, on a $\beta = \gamma + \tau$ et $\delta = \alpha + \tau$, d'où

$$\lambda_{\alpha,\beta} = \lambda_{\alpha,\gamma+\tau} = \lambda_{\alpha+\tau,\gamma} = \lambda_{\delta,\gamma}$$

d'après (20), mais on a aussi $\lambda_{\delta,\gamma} = \lambda_{\gamma,\delta}$ d'après (21), d'où $\lambda_{\alpha,\beta} = \lambda_{\gamma,\delta}$.

§ 2. Algèbres de Lie libres

1. Rappels sur les algèbres libres

Soit X un ensemble. Rappelons la construction du magma libre M(X) construit sur X (A, I, p. 77). Par récurrence sur l'entier $n \geq 1$, on définit les ensembles X_n en posant $X_1 = X$ et en prenant pour X_n l'ensemble somme des ensembles $X_p \times X_{n-p}$ pour $p = 1, 2, \ldots, n-1$; si X est fini, il en est de même de chacun des X_n. L'ensemble somme de la famille $(X_n)_{n \geq 1}$ est noté M(X); chacun des ensembles X_n (et en particulier X) est identifié à une partie de M(X). Soient w et w' dans M(X); on note p et q les entiers tels que $w \in X_p$ et $w' \in X_q$ et l'on pose $n = p + q$; l'image du couple (w, w') par l'injection canonique de $X_p \times X_{n-p}$ dans X_n se note $w.w'$ et s'appelle le produit de w et w'. Toute application de X dans un magma M se prolonge de manière unique en un homomorphisme de magmas de M(X) dans M.

Soit w dans M(X); l'unique entier n tel que $w \in X_n$ s'appelle la *longueur* de w et se note $l(w)$. On a $l(w.w') = l(w) + l(w')$ pour w, w' dans M(X). L'ensemble X est la partie de M(X) formée des éléments de longueur 1. Tout élément w de longueur ≥ 2 s'écrit de manière unique sous la forme $w = w'.w''$.

L'algèbre du magma M(X) à coefficients dans l'anneau K est notée Lib(X), ou $\operatorname{Lib}_K(X)$ lorsqu'il y a lieu de préciser l'anneau K. L'ensemble M(X) est une base du K-module Lib(X), et X sera donc identifié à une partie de Lib(X). Si A est une algèbre, toute application de X dans A se prolonge de manière unique en un homomorphisme de Lib(X) dans A (A, III, p. 22, prop. 7).

2. Construction de l'algèbre de Lie libre

DÉFINITION 1. — *On appelle algèbre de Lie libre sur l'ensemble* X *l'algèbre quotient* $L(X) = Lib(X)/\mathfrak{a}$ *où* $\mathfrak{a}$ *est l'idéal bilatère de* Lib(X) *engendré par les éléments de l'une des formes*

$$(1) \qquad Q(a) = a.a \qquad \textit{pour } a \textit{ dans } Lib(X),$$

$$(2) \qquad J(a, b, c) = a.(b.c) + b.(c.a) + c.(a.b)$$

pour a, b, c *dans* Lib(X).

Il est clair que L(X) est une K-algèbre de Lie; le composé de deux éléments u, v de L(X) sera noté $[u, v]$. Lorsqu'il y a lieu de préciser l'anneau K, on écrit $L_K(X)$ pour L(X).

La proposition suivante justifie le nom d'algèbre de Lie *libre* donné à L(X).

PROPOSITION 1. — *Soient* ψ *l'application canonique de* Lib(X) *sur* L(X) *et* φ *la restriction de* ψ *à* X. *Pour toute application* f *de* X *dans une algèbre de Lie* $\mathfrak{g}$, *il existe un homomorphisme* $F: L(X) \to \mathfrak{g}$ *et un seul tel que* $f = F \circ \varphi$.

a) *Existence de* F: soit h l'homomorphisme de Lib(X) dans $\mathfrak{g}$ prolongeant f (n° 1). Pour tout a dans Lib(X), on a $h(Q(a)) = h(a.a) = [h(a), h(a)] = 0$; de même, l'identité de Jacobi satisfaite par $\mathfrak{g}$ entraîne $h(J(a, b, c)) = 0$ pour a, b, c dans Lib(X). On en déduit $h(\mathfrak{a}) = 0$, d'où un homomorphisme F de L(X) dans $\mathfrak{g}$ tel que $h = F \circ \psi$. Par restriction à X, on obtient $f = F \circ \varphi$.

b) *Unicité de* F: soit $F': L(X) \to \mathfrak{g}$ un homomorphisme tel que $f = F' \circ \varphi$. Les homomorphismes $F \circ \psi$ et $F' \circ \psi$ de Lib(X) dans $\mathfrak{g}$ coïncident dans X, donc sont égaux; comme ψ est surjective, on a $F = F'$.

COROLLAIRE 1. — *La famille* $(\varphi(x))_{x \in X}$ *est libre sur* K *dans* L(X).

Soient $x_1, x_2, \ldots, x_n$ des éléments distincts de X et $\lambda_1, \ldots, \lambda_n$ dans K tels que

$$(3) \qquad \lambda_1 . \varphi(x_1) + \cdots + \lambda_n . \varphi(x_n) = 0.$$

Soit $\mathfrak{g}$ l'algèbre de Lie commutative ayant K comme module sous-jacent. Pour $i = 1, 2, \ldots, n$, il existe un homomorphisme F_i de L(X) dans $\mathfrak{g}$ tel que $F_i(\varphi(x_i)) = 1$ et $F_i(\varphi(x)) = 0$ pour $x \neq x_i$ (prop. 1); appliquant F_i à la relation (3), on trouve $\lambda_i = 0$.

COROLLAIRE 2. — *Soit* $\mathfrak{a}$ *une algèbre de Lie. Toute extension de* L(X) *par* $\mathfrak{a}$ *est inessentielle.*

Soit $\mathfrak{a} \xrightarrow{\lambda} \mathfrak{g} \xrightarrow{\mu} L(X)$ une telle extension (chap. I, § 1, n° 7). Comme μ est surjective, il existe une application f de X dans $\mathfrak{g}$ telle que $\varphi = \mu \circ f$. Soit F l'homomorphisme de L(X) dans $\mathfrak{g}$ tel que $f = F \circ \varphi$ (prop. 1). On a $(\mu \circ F) \circ \varphi =$

$\mu \circ f = \varphi$, et la prop. 1 montre que $\mu \circ F$ est l'automorphisme identique de L(X). L'extension donnée est donc inessentielle (chap. I, § 1, n° 7, prop. 6 et déf. 6).

Comme l'anneau K n'est pas réduit à 0, le cor. 1 de la prop. 1 montre que φ est *injective. On peut donc identifier au moyen de* φ *l'ensemble* X *à son image dans* L(X) ; avec cette convention, X engendre L(X) et toute application de X dans une algèbre de Lie $\mathfrak{g}$ *se prolonge* en un homomorphisme d'algèbres de Lie de L(X) dans $\mathfrak{g}$.

Remarque. — Lorsque X est vide, M(X) est vide, donc L(X) = {0}. Si X a un seul élément x, le sous-module K.x de L(X) est une sous-algèbre de Lie de L(X) ; comme X engendre L(X), le cor. 1 de la prop. 1 montre que L(X) est un module libre de base $\{x\}$.

3. Présentations d'une algèbre de Lie

Soient $\mathfrak{g}$ une algèbre de Lie et $\boldsymbol{a} = (a_i)_{i \in I}$ une famille d'éléments de $\mathfrak{g}$. On note $f_{\boldsymbol{a}}$ l'homomorphisme de L(I) dans $\mathfrak{g}$ appliquant tout $i \in I$ sur a_i. L'image de $f_{\boldsymbol{a}}$ est la sous-algèbre de $\mathfrak{g}$ engendrée par $\boldsymbol{a}$; les éléments du noyau de $f_{\boldsymbol{a}}$ s'appellent les *relateurs* de la famille $\boldsymbol{a}$. On dit que la famille $\boldsymbol{a}$ est génératrice (resp. libre, basique) si $f_{\boldsymbol{a}}$ est surjectif (resp. injectif, bijectif).

Soit $\mathfrak{g}$ une algèbre de Lie. Une *présentation* de $\mathfrak{g}$ est un couple $(\boldsymbol{a}, \boldsymbol{r})$ formé d'une famille génératrice $\boldsymbol{a} = (a_i)_{i \in I}$ et d'une famille $\boldsymbol{r} = (r_j)_{j \in J}$ de relateurs de $\boldsymbol{a}$ engendrant l'idéal de L(I) noyau de $f_{\boldsymbol{a}}$. On dit aussi que $\mathfrak{g}$ est présentée par la famille $\boldsymbol{a}$ liée par les relateurs r_j $(j \in J)$.

Soient I un ensemble et $\boldsymbol{r} = (r_j)_{j \in J}$ une famille d'éléments de l'algèbre de Lie libre L(I); soit $\mathfrak{a}_{\boldsymbol{r}}$ l'idéal de L(I) engendré par $\boldsymbol{r}$. L'algèbre quotient $L(I, \boldsymbol{r}) = L(I)/\mathfrak{a}_{\boldsymbol{r}}$ s'appelle l'algèbre de Lie définie par I et la famille de relateurs $(r_j)_{j \in J}$; on dit aussi que $L(I, \boldsymbol{r})$ est définie par la présentation $(I, \boldsymbol{r})$, ou encore par $(I; (r_j = 0)_{j \in J})$. Lorsque la famille $\boldsymbol{r}$ est vide, on a $L(I, \boldsymbol{r}) = L(I)$.

Soient I et $\boldsymbol{r}$ comme précédemment; notons ξ_i l'image de i dans $L(I, \boldsymbol{r})$. La famille génératrice $\boldsymbol{\xi} = (\xi_i)_{i \in I}$ et la famille de relateurs $\boldsymbol{r}$ constituent une présentation de $L(I, \boldsymbol{r})$. Réciproquement, si $\mathfrak{g}$ est une algèbre de Lie et $(\boldsymbol{a}, \boldsymbol{r})$, avec $\boldsymbol{a} = (a_i)_{i \in I}$, une présentation de $\mathfrak{g}$, il existe un unique isomorphisme $u\colon L(I, \boldsymbol{r}) \to \mathfrak{g}$ tel que $u(\xi_i) = a_i$ pour tout $i \in I$.

4. Polynômes de Lie et substitutions

Soit I un ensemble. Notons T_i l'image canonique de l'élément i de I dans L(I) (que l'on note aussi parfois $L((T_i)_{i \in I})$) ; les éléments de L(I) s'appellent *polynômes de Lie* en les indéterminées $(T_i)_{i \in I}$.

Soit $\mathfrak{g}$ une algèbre de Lie. Si $\boldsymbol{t} = (t_i)_{i \in I}$ est une famille d'éléments de $\mathfrak{g}$, notons $f_{\boldsymbol{t}}$ l'homomorphisme de L(I) dans $\mathfrak{g}$ tel que $f_{\boldsymbol{t}}(T_i) = t_i$ pour $i \in I$ (n° 2, prop. 1). L'image par $f_{\boldsymbol{t}}$ de l'élément P de L(I) se note $P((t_i)_{i \in I})$. En particulier, on a $P((T_i)_{i \in I}) = P$; l'élément $P((t_i)_{i \in I})$ précédent s'appelle parfois l'élément de $\mathfrak{g}$ obtenu par substitution des t_i aux T_i dans le polynôme de Lie $P((T_i)_{i \in I})$.

Soit $\sigma: \mathfrak{g} \to \mathfrak{g}'$ un homomorphisme d'algèbres de Lie. Pour toute famille $\boldsymbol{t} = (t_i)_{i \in I}$ d'éléments de $\mathfrak{g}$ et tout $P \in L(I)$, on a

(4) $$\sigma(P((t_i)_{i \in I})) = P((\sigma(t_i))_{i \in I}),$$

car $\sigma \circ f_{\boldsymbol{t}}$ applique T_i sur $\sigma(t_i)$, pour $i \in I$.

Soit $(Q_j)_{j \in J}$ une famille d'éléments de $L(I)$, et soit $P \in L(J)$. Par substitution des Q_j aux T_j dans P, on obtient un polynôme de Lie $R = P((Q_j)_{j \in J}) \in L(I)$. On a

(5) $$R((t_i)_{i \in I}) = P((Q_j((t_i)_{i \in I}))_{j \in J}),$$

pour toute famille $\boldsymbol{t} = (t_i)_{i \in I}$ d'éléments d'une algèbre de Lie $\mathfrak{g}$, comme on le voit en transformant par l'homomorphisme $f_{\boldsymbol{t}}$ l'égalité $R = P((Q_j)_{j \in J})$ et en tenant compte de (4).

Soient $\mathfrak{g}$ une algèbre de Lie, I un ensemble fini, et $P \in L(I)$. Supposons que $\mathfrak{g}$ soit un K-module libre. L'application

$$\tilde{P}: \mathfrak{g}^I \to \mathfrak{g}$$

définie par $\tilde{P}((t_i)_{i \in I}) = P((t_i)_{i \in I})$ est alors *polynomiale*.[1] En effet, l'ensemble F des applications de $\mathfrak{g}^I$ dans $\mathfrak{g}$ est une algèbre de Lie pour le crochet défini par

(6) $$[\varphi, \psi](\boldsymbol{t}) = [\varphi(\boldsymbol{t}), \psi(\boldsymbol{t})];$$

l'ensemble F′ des applications polynomiales de $\mathfrak{g}^I$ dans $\mathfrak{g}$ en est une sous-algèbre de Lie, d'après la bilinéarité du crochet. Notre assertion résulte alors de ce que l'application $P \mapsto \tilde{P}$ est un homomorphisme d'algèbres de Lie et que $\tilde{T}_i = \mathrm{pr}_i \in F'$ pour tout i.

5. Propriétés fonctorielles

PROPOSITION 2. — *Soient* X *et* Y *deux ensembles. Toute application* $u: X \to Y$ *se prolonge de manière unique en un homomorphisme d'algèbres de Lie* $L(u): L(X) \to L(Y)$. *Pour toute application* $v: Y \to Z$, *on a* $L(v \circ u) = L(v) \circ L(u)$.

L'existence et l'unicité de $L(u)$ résultent de la prop. 1 du n° 2. Les homomorphismes $L(v \circ u)$ et $L(v) \circ L(u)$ ont même restriction à X, donc sont égaux (prop. 1).

COROLLAIRE. — *Si u est injective* (resp. *surjective, bijective*), *il en est de même de* $L(u)$.

L'assertion étant triviale pour $X = \emptyset$, supposons $X \neq \emptyset$. Si u est injective, il existe une application v de Y dans X telle que $v \circ u$ soit l'application identique de X; d'après la prop. 2, $L(v) \circ L(u)$ est l'automorphisme identique de L(X), donc

[1] Rappelons (A, IV, § 5, n° 10, n^{elle} édition) la définition des applications polynomiales d'un module libre M dans un module N: si q est un entier $\geqslant 0$, on dit qu'une application $f: M \to N$ est *polynomiale homogène de degré q* s'il existe une application multilinéaire u de M^q dans N telle que

$$f(x) = u(x, \ldots, x) \qquad \text{pour tout } x \in M.$$

Une application de M dans N est dite *polynomiale* si elle est somme finie d'applications polynomiales homogènes de degrés convenables.

L(u) est injective. Lorsque u est surjective, il existe une application w de Y dans X telle que $u \circ w$ soit l'application identique de Y; alors $\mathrm{L}(u) \circ \mathrm{L}(w)$ est l'application identique de L(Y), ce qui prouve que L(u) est surjective.

Soit X un ensemble et soit S une partie de X. Le corollaire précédent montre que l'injection canonique de S dans X se prolonge en un isomorphisme α de L(S) sur la sous-algèbre de Lie L'(S) de L(X) engendrée par S; *nous identifierons* L(S) *et* L'(S) au moyen de α.

Soit $(\mathrm{S}_\alpha)_{\alpha \in \mathrm{I}}$ une *famille filtrante croissante* de parties de X, de réunion S. La relation $\mathrm{S}_\alpha \subset \mathrm{S}_\beta$ entraîne $\mathrm{L}(\mathrm{S}_\alpha) \subset \mathrm{L}(\mathrm{S}_\beta)$, donc la famille des sous-algèbres de Lie $\mathrm{L}(\mathrm{S}_\alpha)$ de L(X) est filtrante croissante. Par suite, $\mathfrak{g} = \bigcup_{\alpha \in \mathrm{I}} \mathrm{L}(\mathrm{S}_\alpha)$ est une sous-algèbre de Lie de L(X); on a $\mathrm{S} \subset \mathfrak{g}$, d'où $\mathrm{L}(\mathrm{S}) \subset \mathfrak{g}$, et comme $\mathrm{L}(\mathrm{S}_\alpha) \subset \mathrm{L}(\mathrm{S})$ pour tout $\alpha \in \mathrm{I}$, on a $\mathfrak{g} \subset \mathrm{L}(\mathrm{S})$. Donc

(7) $$\mathrm{L}\Big(\bigcup_{\alpha \in \mathrm{I}} \mathrm{S}_\alpha\Big) = \bigcup_{\alpha \in \mathrm{I}} \mathrm{L}(\mathrm{S}_\alpha)$$

pour toute famille *filtrante croissante* $(\mathrm{S}_\alpha)_{\alpha \in \mathrm{I}}$ de parties de X.

Appliquant ce qui précède à la famille des parties finies de X, on voit que tout élément de L(X) est de la forme $\mathrm{P}(x_1, \ldots, x_n)$ où P est un polynôme de Lie à n indéterminées et $x_1, \ldots, x_n$ sont des éléments de X.

PROPOSITION 3. — *Soit* K' *un anneau commutatif non réduit à* {0}, *et soit* $u: \mathrm{K} \to \mathrm{K}'$ *un homomorphisme d'anneaux. Pour tout ensemble* X, *il existe un homomorphisme de* K'*-algèbres de Lie et un seul*

$$v: \mathrm{L}_\mathrm{K}(\mathrm{X}) \otimes \mathrm{K}' \to \mathrm{L}_{\mathrm{K}'}(\mathrm{X})$$

tel que $v(x \otimes 1) = x$ *pour* $x \in \mathrm{X}$. *De plus,* v *est un isomorphisme.*

Appliquant la prop. 1 à $\mathfrak{g} = \mathrm{L}_{\mathrm{K}'}(\mathrm{X})$ considérée comme K-algèbre de Lie, et à l'application $x \mapsto x$ de X dans $\mathfrak{g}$, on obtient un K-homomorphisme $\mathrm{L}_\mathrm{K}(\mathrm{X}) \to \mathrm{L}_{\mathrm{K}'}(\mathrm{X})$, d'où un K'-homomorphisme $v: \mathrm{L}_\mathrm{K}(\mathrm{X}) \otimes \mathrm{K}' \to \mathrm{L}_{\mathrm{K}'}(\mathrm{X})$. Le fait que v soit unique et soit un isomorphisme résulte du ce que le couple $(\mathrm{L}_\mathrm{K}(\mathrm{X}) \otimes \mathrm{K}', x \mapsto x \otimes 1)$ est solution du même problème universel que le couple $(\mathrm{L}_{\mathrm{K}'}(\mathrm{X}), x \mapsto x)$.

Remarque. — Soient $\mathfrak{h}'$ une K'-algèbre de Lie et $\mathfrak{h}$ la K-algèbre de Lie déduite de $\mathfrak{h}'$ par restriction de l'anneau des scalaires. Si $\mathrm{P} \in \mathrm{L}_\mathrm{K}(\mathrm{X})$, on peut définir $\tilde{\mathrm{P}}: \mathfrak{h}^\mathrm{X} \to \mathfrak{h}$ (n° 4). On voit aussitôt que

$$\tilde{\mathrm{P}} = (v(\mathrm{P} \otimes 1))^\sim.$$

6. Graduations

Soit Δ un monoïde commutatif, noté additivement. On note φ_0 une application de X dans Δ et φ l'homomorphisme du magma libre M(X) dans Δ qui prolonge φ_0. Pour tout $\delta \in \Delta$, soit $\mathrm{Lib}^\delta(\mathrm{X})$ le sous-module de Lib(X) ayant pour base la partie $\varphi^{-1}(\delta)$ de M(X). La famille $(\mathrm{Lib}^{\delta}(X))_{\delta\in\Delta}$ est une graduation de l'algèbre Lib(X), c'est-à-dire que l'on a

$$\mathrm{Lib}(X) = \bigoplus_{\delta\in\Delta} \mathrm{Lib}^{\delta}(X) \tag{8}$$

$$\mathrm{Lib}^{\delta}(X).\mathrm{Lib}^{\delta'}(X) \subset \mathrm{Lib}^{\delta+\delta'}(X) \qquad \text{pour } \delta, \delta' \text{ dans } \Delta \tag{9}$$

(A, III, p. 31, *Exemple* 3).

Lemme 1. — *L'idéal* $\mathfrak{a}$ *de la définition* 1 *est gradué.*

Pour a, b dans Lib(X), posons $B(a, b) = a.b + b.a$. Les formules

$$B(a, b) = Q(a + b) - Q(a) - Q(b) \tag{10}$$

$$Q(\lambda_1.w_1 + \cdots + \lambda_n.w_n) = \sum_i \lambda_i^2 Q(w_i) + \sum_{i<j} \lambda_i\lambda_j B(w_i, w_j) \tag{11}$$

pour $w_1, \ldots, w_n$ dans M(X) et $\lambda_1, \ldots, \lambda_n$ dans K, montrent que les familles $(Q(a))_{a\in\mathrm{Lib}(X)}$ et $(Q(w), B(w, w'))_{w,w'\in M(X)}$ engendrent le même sous-module de Lib(X). Comme J est trilinéaire, l'idéal $\mathfrak{a}$ est engendré par les éléments homogènes $Q(w)$, $B(w, w')$ et $J(w, w', w'')$ pour w, w', w'' dans M(X), donc est gradué (A, III, p. 32, prop. 1).

C.Q.F.D.

Munissons l'algèbre de Lie $L(X) = \mathrm{Lib}(X)/\mathfrak{a}$ de la graduation quotient. La composante homogène de degré δ de L(X) est notée $L^{\delta}(X)$; c'est le sous-module de L(X) engendré par les images des éléments $w \in M(X)$ tels que $\varphi(w) = \delta$.

Nous utiliserons surtout les deux cas particuliers suivants:

a) *Graduation totale*: on prend $\Delta = \mathbf{N}$ et $\varphi_0(x) = 1$ pour tout $x \in X$, d'où $\varphi(w) = l(w)$ pour w dans M(X). Le K-module $L^n(X)$ est engendré par les images des éléments de longueur n dans M(X), que nous appellerons *alternants de degré n*. Nous verrons plus tard que le module $L^n(X)$ est libre et admet une base formée d'alternants de degré n (n° 11, th. 1). On a $L(X) = \bigoplus_{n\geqslant 1} L^n(X)$, et $L^1(X)$ admet X pour base (n° 2, cor. 1 de la prop. 1). Par construction de M(X), on a

$$L^n(X) = \sum_{p=1}^{n-1} [L^p(X), L^{n-p}(X)] \tag{12}$$

et en particulier

$$[L^m(X), L^n(X)] \subset L^{m+n}(X). \tag{13}$$

b) *Multigraduation*: on prend pour Δ le monoïde commutatif libre $\mathbf{N}^{(X)}$ construit sur X. L'application φ_0 de X dans Δ est définie par $(\varphi_0(x))(x') = \delta_{xx'}$, où $\delta_{xx'}$ est le symbole de Kronecker. Pour $w \in M(X)$ et $x \in X$, l'entier $(\varphi(w))(x)$ est « le nombre d'occurrences de la lettre x dans w ». Pour α dans $\mathbf{N}^{(X)}$, on pose $|\alpha| = \sum_{x\in X} \alpha(x)$, d'où $|\varphi(w)| = l(w)$ pour tout w dans M(X). On en déduit

(14) $$\mathrm{L}^n(\mathrm{X}) = \bigoplus_{|\alpha|=n} \mathrm{L}^\alpha(\mathrm{X});$$
on a évidemment

(15) $$[\mathrm{L}^\alpha(\mathrm{X}), \mathrm{L}^\beta(\mathrm{X})] \subset \mathrm{L}^{\alpha+\beta}(\mathrm{X}) \qquad \text{pour } \alpha, \beta \text{ dans } \mathbf{N}^{(\mathrm{X})}.$$

PROPOSITION 4. — *Soit* S *une partie de* X. *Si l'on identifie* $\mathbf{N}^{(\mathrm{S})}$ *à son image canonique dans* $\mathbf{N}^{(\mathrm{X})}$ (A, I, p. 89), *on a* $\mathrm{L}(\mathrm{S}) = \sum_{\alpha \in \mathbf{N}^{(\mathrm{S})}} \mathrm{L}^\alpha(\mathrm{X})$. *De plus, pour tout* $\alpha \in \mathbf{N}^{(\mathrm{S})}$, *la composante homogène de degré* α *pour la multigraduation de* L(S) *est égale à* $\mathrm{L}^\alpha(\mathrm{X})$.

Soit $\alpha \in \mathbf{N}^{(\mathrm{S})}$. Le module $\mathrm{L}^\alpha(\mathrm{S})$ est engendré par les images dans L(X) des éléments w *de* M(S) tels que $\varphi(w) = \alpha$, c'est-à-dire (A, I, p. 91, formules (23) et (24)) l'ensemble des w *de* M(X) tels que $\varphi(w) = \alpha$. On a donc $\mathrm{L}^\alpha(\mathrm{S}) = \mathrm{L}^\alpha(\mathrm{X})$. La proposition résulte de là et de la relation $\mathrm{L}(\mathrm{S}) = \sum_{\alpha \in \mathbf{N}^{(\mathrm{S})}} \mathrm{L}^\alpha(\mathrm{S})$.

COROLLAIRE. — *Pour toute famille* $(\mathrm{S}_i)_{i \in \mathrm{I}}$ *de parties de* X, *on a*

(16) $$\mathrm{L}\Big(\bigcap_{i \in \mathrm{I}} \mathrm{S}_i\Big) = \bigcap_{i \in \mathrm{I}} \mathrm{L}(\mathrm{S}_i).$$

Cela résulte de la prop. 4 et de la formule évidente

(17) $$\mathbf{N}^{(\mathrm{S})} = \bigcap_{i \in \mathrm{I}} \mathbf{N}^{(\mathrm{S}_i)}$$
où l'on a posé $\mathrm{S} = \bigcap_{i \in \mathrm{I}} \mathrm{S}_i$.

7. Suite centrale descendante

PROPOSITION 5. — *Soient* $\mathfrak{g}$ *une algèbre de Lie et* P *un sous-module de* $\mathfrak{g}$. *Définissons les sous-modules* P_n *de* $\mathfrak{g}$ *par les formules* $\mathrm{P}_1 = \mathrm{P}$ *et* $\mathrm{P}_{n+1} = [\mathrm{P}, \mathrm{P}_n]$ *pour* $n \geqslant 1$. *Alors on a*

(18) $$[\mathrm{P}_m, \mathrm{P}_n] \subset \mathrm{P}_{m+n},$$

(19) $$\mathrm{P}_n = \sum_{p=1}^{n-1} [\mathrm{P}_p, \mathrm{P}_{n-p}] \quad \textit{pour } n \geqslant 2.$$

Démontrons (18) par récurrence sur m. Le cas $m = 1$ est clair. D'après l'identité de Jacobi, on a
$$[[\mathrm{P}, \mathrm{P}_m], \mathrm{P}_n] \subset [\mathrm{P}_m, [\mathrm{P}, \mathrm{P}_n]] + [\mathrm{P}, [\mathrm{P}_m, \mathrm{P}_n]],$$
c'est-à-dire
$$[\mathrm{P}_{m+1}, \mathrm{P}_n] \subset [\mathrm{P}_m, \mathrm{P}_{n+1}] + [\mathrm{P}, [\mathrm{P}_m, \mathrm{P}_n]].$$

L'hypothèse de récurrence entraîne $[\mathrm{P}_m, \mathrm{P}_{n+1}] \subset \mathrm{P}_{m+n+1}$ et $[\mathrm{P}_m, \mathrm{P}_n] \subset \mathrm{P}_{m+n}$, d'où
$$[\mathrm{P}_{m+1}, \mathrm{P}_n] \subset \mathrm{P}_{m+n+1} + [\mathrm{P}, \mathrm{P}_{m+n}] = \mathrm{P}_{m+n+1}.$$

D'après la formule (18), on a $P_n \supset \sum_{p=1}^{n-1} [P_p, P_{n-p}] \supset [P_1, P_{n-1}] = P_n$, d'où (19).

Lorsque l'on prend $P = \mathfrak{g}$, la suite (P_n) est la *suite centrale descendante* $(\mathscr{C}^n\mathfrak{g})$ de $\mathfrak{g}$ (chap. I, § 1, n° 5, 2ème édition).[1] On a donc:

PROPOSITION 6. — *Soient* $\mathfrak{g}$ *une algèbre de Lie et* $(\mathscr{C}^n\mathfrak{g})_{n\geqslant 1}$ *la suite centrale descendante de* $\mathfrak{g}$. *On a*

$$[\mathscr{C}^m\mathfrak{g}, \mathscr{C}^n\mathfrak{g}] \subset \mathscr{C}^{m+n}\mathfrak{g} \qquad \textit{pour } m \geqslant 1 \textit{ et } n \geqslant 1.$$

Généralisant la déf. 1 du chap. I, § 4, n° 1, nous dirons qu'une algèbre de Lie $\mathfrak{g}$ est *nilpotente* si $\mathscr{C}^n\mathfrak{g} = \{0\}$ pour n assez grand. On appelle *classe de nilpotence* d'une algèbre de Lie nilpotente $\mathfrak{g}$ le plus petit entier n tel que $\mathscr{C}^{n+1}\mathfrak{g} = \{0\}$.

PROPOSITION 7. — *Soit* X *un ensemble et soit n un entier* $\geqslant 1$.

a) On a $L^{n+1}(X) = [L^1(X), L^n(X)]$.

b) Le module $L^n(X)$ *est engendré par les éléments* $[x_1, [x_2, \ldots, [x_{n-1}, x_n]\ldots]]$ *où* $(x_1, \ldots, x_n)$ *parcourt l'ensemble des suites de n éléments de* X.

c) La suite centrale descendante de L(X) *est donnée par* $\mathscr{C}^n(L(X)) = \sum_{p\geqslant n} L^p(X)$.

a) Nous appliquerons la prop. 5 avec $\mathfrak{g} = L(X)$ et $P = L^1(X)$. Par récurrence sur n, on déduit de (12) (n° 6) et (19) l'égalité $P_n = L^n(X)$. La relation cherchée équivaut alors à la définition $[P, P_n] = P_{n+1}$.

b) Cela résulte de *a*) par récurrence sur n.

c) Posons $\mathfrak{g} = L(X)$ et $\mathfrak{g}_n = \sum_{p\geqslant n} L_p(X)$. On a $\mathfrak{g} = \mathfrak{g}_1$ et la formule (13) du n° 6 entraîne $[\mathfrak{g}_n, \mathfrak{g}_m] \subset \mathfrak{g}_{n+m}$, et en particulier $[\mathfrak{g}, \mathfrak{g}_n] \subset \mathfrak{g}_{n+1}$. Par récurrence sur n, on a $\mathscr{C}^n\mathfrak{g} \subset \mathfrak{g}_n$. Par ailleurs, de *a*) on déduit $L^n(X) \subset \mathscr{C}^n\mathfrak{g}$ par récurrence sur n. Comme $\mathscr{C}^n\mathfrak{g}$ est un idéal de $\mathfrak{g}$, la relation $L^p(X) \subset \mathscr{C}^n\mathfrak{g}$ entraîne

$$L^{p+1}(X) = [L^1(X), L^p(X)] \subset \mathscr{C}^n\mathfrak{g}$$

d'après *a*). On a donc $L^p(X) \subset \mathscr{C}^n\mathfrak{g}$ pour $p \geqslant n$, d'où $\mathfrak{g}_n \subset \mathscr{C}^n\mathfrak{g}$.

COROLLAIRE. — *Soient* $\mathfrak{g}$ *une algèbre de Lie et* $(x_i)_{i\in I}$ *une famille génératrice dans* $\mathfrak{g}$. *Le n-ième terme* $\mathscr{C}^n\mathfrak{g}$ *de la suite centrale descendante de* $\mathfrak{g}$ *est le module engendré par les crochets itérés* $[x_{i_1}, [x_{i_2}, \ldots, [x_{i_{p-1}}, x_{i_p}]\ldots]]$ *pour* $p \geqslant n$ *et* $i_1, \ldots, i_p$ *dans* I.

Soit f l'homomorphisme de L(I) dans $\mathfrak{g}$ tel que $f(i) = x_i$ pour tout $i \in I$. Comme $(x_i)_{i\in I}$ engendre $\mathfrak{g}$, on a $\mathfrak{g} = f(L(I))$, d'où $\mathscr{C}^n\mathfrak{g} = f(\mathscr{C}^n(L(I)))$ d'après la prop. 4 du chap. I, § 1, n° 5. Le corollaire résulte alors des assertions *b*) et *c*) de la prop. 7.

[1] Avec la définition adoptée dans la première édition du chap. I, on aurait $P_n = \mathscr{C}^{n-1}\mathfrak{g}$.

8. Dérivations des algèbres de Lie libres

PROPOSITION 8. — *Soit* X *un ensemble, soit* M *un* L(X)*-module et soit* d *une application de* X *dans* M. *Il existe une application linéaire* D *de* L(X) *dans* M, *et une seule, prolongeant* d *et satisfaisant à la relation*:

$$\text{(20)} \qquad D([a, a']) = a.D(a') - a'.D(a) \qquad \textit{pour } a, a' \textit{ dans } L(X).$$

On définit une algèbre de Lie $\mathfrak{g}$ ayant pour module sous-jacent M × L(X) au moyen du crochet

$$\text{(21)} \qquad [(m, a), (m', a')] = (a.m' - a'.m, [a, a']),$$

pour a, a' dans L(X) et m, m' dans M (chap. I, § 1, n° 8). Soit f l'homomorphisme de L(X) dans $\mathfrak{g}$ tel que $f(x) = (d(x), x)$ pour tout x dans X; posons $f(a) = (D(a), u(a))$ pour tout a dans L(X). D'après la formule (21), u est un homomorphisme de L(X) dans elle-même; comme on a $u(x) = x$ pour x dans X, on a $u(a) = a$ pour tout a dans L(X), d'où

$$\text{(22)} \qquad f(a) = (D(a), a).$$

D'après (21) et (22), la relation (20) découle alors de $f([a, a']) = [f(a), f(a')]$.

Réciproquement, soit D′ une application de L(X) dans M qui satisfasse à la relation (20′) analogue à (20) et prolonge d. Posons $f'(a) = (D'(a), a)$ pour $a \in L(X)$; d'après (20′) et (21), f' est un homomorphisme de L(X) dans $\mathfrak{g}$, coïncidant avec f dans X, d'où $f' = f$ et D′ = D.

COROLLAIRE. — *Toute application de* X *dans* L(X) *se prolonge de manière unique en une dérivation de* L(X).

Lorsque M est égal à L(X) muni de la représentation adjointe, la relation (20) signifie que D est une dérivation.

9. Théorème d'élimination

PROPOSITION 9. — *Soient* S_1 *et* S_2 *deux ensembles disjoints et* d *une application de* $S_1 \times S_2$ *dans* $L(S_2)$. *Soit* $\mathfrak{g}$ *l'algèbre de Lie quotient de* $L(S_1 \cup S_2)$ *par l'idéal qu'engendrent les éléments* $[s_1, s_2] - d(s_1, s_2)$ *pour* $s_1 \in S_1$, $s_2 \in S_2$; *soit* ψ *l'application canonique de* $L(S_1 \cup S_2)$ *sur* $\mathfrak{g}$.

a) Pour $i = 1, 2$, *la restriction* φ_i *de* ψ *à* S_i *se prolonge en un isomorphisme de* $L(S_i)$ *sur une sous-algèbre* $\mathfrak{a}_i$ *de* $\mathfrak{g}$.

b) On a $\mathfrak{g} = \mathfrak{a}_1 + \mathfrak{a}_2$, $\mathfrak{a}_1 \cap \mathfrak{a}_2 = \{0\}$ *et* $\mathfrak{a}_2$ *est un idéal de* $\mathfrak{g}$.

Pour $i = 1, 2$, notons ψ_i l'homomorphisme de $L(S_i)$ dans $\mathfrak{g}$ qui prolonge φ_i, et $\mathfrak{a}_i$ son image. Il est clair que $\varphi_i(S_i)$ engendre $\mathfrak{a}_i$.

Soit $s_1 \in S_1$; on pose $D = \operatorname{ad} \varphi_1(s_1)$. La dérivation D de $\mathfrak{g}$ applique $\varphi_2(S_2)$ dans $\mathfrak{a}_2$ d'après la relation

$$[\varphi_1(s_1), \varphi_2(s_2)] = \psi_2(d(s_1, s_2)) \qquad \text{pour } s_2 \in S_2;$$

comme la sous-algèbre $\mathfrak{a}_2$ de $\mathfrak{g}$ est engendrée par $\varphi_2(S_2)$, on a donc $D(\mathfrak{a}_2) \subset \mathfrak{a}_2$. L'ensemble des $x \in \mathfrak{g}$ tels que ad x laisse stable $\mathfrak{a}_2$ est une sous-algèbre de Lie de $\mathfrak{g}$, qui contient $\varphi_1(S_1)$ d'après ce qui précède, donc aussi $\mathfrak{a}_1$. On a donc

(23) $$[\mathfrak{a}_1, \mathfrak{a}_2] \subset \mathfrak{a}_2.$$

Par suite $\mathfrak{a}_1 + \mathfrak{a}_2$ est une sous-algèbre de Lie de $\mathfrak{g}$, et comme elle contient l'ensemble générateur $\varphi_1(S_1) \cup \varphi_2(S_2)$, on a

(24) $$\mathfrak{a}_1 + \mathfrak{a}_2 = \mathfrak{g}.$$

Pour tout $s_1 \in S_1$, il existe une dérivation D_{s_1} de $L(S_2)$ telle que $D_{s_1}(s_2) = d(s_1, s_2)$ pour tout s_2 dans S_2 (nº 8, cor. de la prop. 8). L'application $s_1 \mapsto D_{s_1}$ se prolonge en un homomorphisme D de $L(S_1)$ dans l'algèbre de Lie des dérivations de $L(S_2)$. Soit $\mathfrak{h}$ le produit semi-direct de $L(S_1)$ par $L(S_2)$ correspondant à D (chap. I, § 1, nº 8). En tant que module, $\mathfrak{h}$ est égal à $L(S_1) \times L(S_2)$, et l'on a en particulier

(25) $$[(s_1, 0), (0, s_2)] = (0, d(s_1, s_2))$$

pour $s_1 \in S_1$ et $s_2 \in S_2$.

De (25) on déduit l'existence d'un homomorphisme f de $\mathfrak{g}$ dans $\mathfrak{h}$ tel que $f(\varphi_1(s_1)) = (s_1, 0)$ et $f(\varphi_2(s_2)) = (0, s_2)$ pour $s_1 \in S_1$ et $s_2 \in S_2$. On en déduit aussitôt la relation

(26) $$f(\psi_1(a_1) + \psi_2(a_2)) = (a_1, a_2)$$

pour $a_1 \in L(S_1)$ et $a_2 \in L(S_2)$.

La relation (26) montre que ψ_1 et ψ_2 sont injectifs et que $\mathfrak{a}_1 \cap \mathfrak{a}_2 = \{0\}$. Les formules (23) et (24) entraînent alors la proposition.

Proposition 10 (théorème d'élimination). — *Soient* X *un ensemble,* S *une partie de* X, *et* T *l'ensemble des suites* $(s_1, \ldots, s_n, x)$ *avec* $n \geqslant 0$, $s_1, \ldots, s_n$ *dans* S *et* x *dans* X − S.[1]

a) Le module L(X) *est somme directe de la sous-algèbre* L(S) *de* L(X) *et de l'idéal* $\mathfrak{a}$ *de* L(X) *engendré par* X − S.

b) Il existe un isomorphisme d'algèbres de Lie φ *de* L(T) *sur* $\mathfrak{a}$ *qui transforme* $(s_1, \ldots, s_n, x)$ *en* $(\operatorname{ad} s_1 \circ \ldots \circ \operatorname{ad} s_n)(x)$.

[1] Pour $n = 0$, on obtient les éléments de X − S, d'où X − S ⊂ T.

Soit $\mathfrak{g}$ l'algèbre de Lie construite comme dans la prop. 9 avec les données

$$S_1 = S, \qquad S_2 = T, \qquad d(s, t) = (s, s_1, \ldots, s_n, x) \in T \subset L(T)$$

pour $t = (s_1, \ldots, s_n, x)$ dans T et $s \in S_1$. Nous identifions L(S) et L(T) à leurs images canoniques dans $\mathfrak{g}$ (prop. 9, *a*)).

Soit ψ l'application $(s_1, \ldots, s_n, x) \mapsto (\mathrm{ad}\, s_1 \circ \cdots \circ \mathrm{ad}\, s_n)(x)$ de T dans L(X). On a évidemment $\psi(d(s, t)) = [s, \psi(t)]$ pour $s \in S$ et $t \in T$, et il existe donc un homomorphisme $\alpha: \mathfrak{g} \to L(X)$ dont la restriction à S est l'identité et dont la restriction à T est ψ. On a $X - S \subset T$, d'où un homomorphisme $\beta: L(X) \to \mathfrak{g}$ dont la restriction à $X = S \cup (X - S)$ est l'identité.

Montrons que α est un isomorphisme, et β l'isomorphisme réciproque. Comme on a $\psi(x) = x$ pour x dans $X - S$, on voit que $\alpha \circ \beta$ coïncide avec l'identité dans X, d'où $\alpha \circ \beta = \mathrm{Id}_{L(X)}$. On a par ailleurs $[s, t] = d(s, t)$ dans $\mathfrak{g}$ pour $s \in S$, $t \in T$, par construction même; on en déduit que $t = (s_1, \ldots, s_n, x)$ est égal dans $\mathfrak{g}$ à $(\mathrm{ad}\, s_1 \circ \cdots \circ \mathrm{ad}\, s_n)(x)$, d'où $t = \beta(\alpha(t))$. Comme on a $\beta(\alpha(s)) = s$ pour $s \in S$ et que $S \cup T$ engendre $\mathfrak{g}$, on a $\beta \circ \alpha = \mathrm{Id}_{\mathfrak{g}}$.

Comme α est un isomorphisme de $\mathfrak{g}$ sur L(X), la prop. 9 montre que la restriction de α à L (T) est un isomorphisme φ de L(T) sur un idéal $\mathfrak{b}$ de L(X), tel que le module L(X) soit somme directe de L(S) et $\mathfrak{b}$. On a évidemment

$$\varphi(s_1, \ldots, s_n, x) = (\mathrm{ad}\, s_1 \circ \ldots \circ \mathrm{ad}\, s_n)(x)$$

pour $(s_1, \ldots, s_n, x)$ dans T.

On a donc $\varphi(T) \subset \mathfrak{a}$, d'où $\mathfrak{b} \subset \mathfrak{a}$ puisque $\varphi(T)$ engendre la sous-algèbre $\mathfrak{b}$ de L(X). Mais $\mathfrak{b}$ est un idéal et $X - S \subset \varphi(T) \subset \mathfrak{b}$, d'où $\mathfrak{a} \subset \mathfrak{b}$.

COROLLAIRE. — *Soit* $y \in X$. *L'algèbre de Lie libre* L(X) *est somme directe du sous-module libre* K.y *et de la sous-algèbre de Lie admettant comme famille basique la famille des* $((\mathrm{ad}\, y)^n . z)$ *pour* $n \geqslant 0$ *et* $z \in X - \{y\}$.

Il suffit de faire $S = \{y\}$ dans la prop. 10.

10. Ensembles de Hall dans un magma libre

Soient X un ensemble, M(X) le magma libre construit sur X et $M^n(X)$, pour $n \in \mathbf{N}^*$, l'ensemble des éléments de M(X) de longueur n (n° 1). Si $w \in M(X)$ et $l(w) \geqslant 2$, on note $\alpha(w)$ et $\beta(w)$ les éléments de M(X) déterminés par la relation $w = \alpha(w)\beta(w)$; on a $l(\alpha(w)) < l(w)$, $l(\beta(w)) < l(w)$. Enfin, pour u, v dans M(X), on note $u^m v$ l'élément défini par récurrence sur l'entier $m \geqslant 0$ par $u^0 v = v$ et $u^{m+1}v = u(u^m v)$.

DÉFINITION 2. — *On appelle* ensemble de Hall relatif à X *toute partie* H *de* M(X) *munie d'une relation d'ordre total satisfaisant aux conditions suivantes*:

(A) *Si* $u \in H$, $v \in H$ *et* $l(u) < l(v)$, *on a* $u < v$.

(B) *On a* $X \subset H$ *et* $H \cap M^2(X)$ *se compose des produits* xy *avec* x, y *dans* X *et* $x < y$.

(C) *Un élément* w *de* M(X) *de longueur* $\geqslant 3$ *appartient à* H *si et seulement s'il est de la forme* $a(bc)$ *avec* a, b, c *dans* H, $bc \in H$, $b \leqslant a < bc$ *et* $b < c$.

PROPOSITION 11. — *Il existe un ensemble de Hall relatif à* X.

Nous allons construire par récurrence sur l'entier $n \geqslant 1$ des ensembles $H_n \subset M^n(X)$ et une relation d'ordre total sur chacun de ces ensembles:

a) On pose $H_1 = X$ et on le munit d'une relation d'ordre total.

b) L'ensemble H_2 se compose des produits xy avec x, y dans X et $x < y$. On le munit d'un ordre total.

c) Soit $n \geqslant 3$ tel que les ensembles totalement ordonnés $H_1, \ldots, H_{n-1}$ soient déjà définis. L'ensemble $H'_{n-1} = H_1 \cup \cdots \cup H_{n-1}$ est muni de la relation d'ordre total qui induit les relations données sur $H_1, \ldots, H_{n-1}$ et telle que l'on ait $w < w'$ si $l(w) < l(w')$. On définit H_n comme l'ensemble des produits $a(bc) \in M^n(X)$ avec a, b, c dans H'_{n-1} satisfaisant aux relations $bc \in H'_{n-1}$, $b \leqslant a < bc$, $b < c$ et on munit H_n d'une structure d'ordre total.

Posons $H = \bigcup_{n \geqslant 1} H_n$; on munit H de l'ordre total défini ainsi: on a $w \leqslant w'$ si et seulement si $l(w) < l(w')$ ou bien $l(w) = l(w') = n$ et $w \leqslant w'$ dans l'ensemble H_n. Il est immédiat que H est un ensemble de Hall relatif à X.

Pour toute partie S de X, nous identifions le magma libre M(S) à son image canonique dans M(X).

PROPOSITION 12. — *Soit* H *un ensemble de Hall relatif à* X *et soient* x, y *dans* X.

a) *On a* $H \cap M(\{x\}) = \{x\}$.

b) *Supposons* $x < y$ *et soit* d_y *l'homomorphisme de* M(X) *dans* **N** *tel que* $d_y(y) = 1$ *et* $d_y(z) = 0$ *pour* $z \in X$, $z \neq y$. *L'ensemble des éléments* $w \in H \cap M(\{x, y\})$ *tels que* $d_y(w) = 1$ *se compose des éléments* $x^n y$ *pour* n *entier* $\geqslant 0$.

D'après la déf. 2 (B), on a $x \in H$ et $H \cap M^2(\{x\}) = \emptyset$. Si $w \in H \cap M(\{x\})$, avec $n = l(w) \geqslant 3$, les éléments $\alpha(w)$ et $\beta(w)$ appartiennent aussi à $H \cap M(\{x\})$ d'après la déf. 2 (C). On en déduit aussitôt par récurrence sur n que $H \cap M^n(\{x\}) = \emptyset$ pour $n \geqslant 2$, d'où *a*).

Démontrons maintenant *b*). D'après la déf. 2 (B), on a $y \in H$ et $xy \in H$. Démontrons par récurrence sur n que $x^n y \in H$ pour n entier $\geqslant 2$. On a $x^n y = x(x(x^{n-2}y))$ et l'hypothèse de récurrence entraîne que $x^{n-2}y \in H$. On a $l(x) < l(x^{n-2}y)$ pour $n > 2$ et $x < y$, d'où $x < x^{n-2}y$ dans tous les cas; la condition (C) de la déf. 2 montre que $x^n y \in H$. D'autre part, on a bien $d_y(x^n y) = 1$. Inversement, soit $w \in H \cap M(\{x, y\})$, avec $d_y(w) = 1$. Si $l(w) = 1$, on a $w = y$; si $l(w) = 2$, on a $w = xy$ d'après la déf. 2 (B). Si $l(w) \geqslant 3$, on a $w = a(bc)$, avec a, b, c, bc dans $H \cap M(\{x, y\})$ (déf. 2 (C)). On ne peut pas avoir $d_y(bc) = 0$, car ceci entraînerait $bc \in M(\{x\})$, ce qui est impossible d'après *a*).

On a donc $d_y(bc) = 1$ et $d_y(a) = 0$, d'où $a = x$ d'après *a*). On en déduit aussitôt par récurrence sur $n = l(w)$ que $w = x^{n-1}y$, ce qui achève la démonstration de *b*).

Corollaire. — *Si* Card $X \geqslant 2$, *on a* $H \cap M^n(X) \neq \emptyset$, *pour tout entier* $n \geqslant 1$.

Proposition 13. — *Soit* X *un ensemble fini possédant au moins deux éléments. On note* H *un ensemble de Hall relatif à* X. *Il existe alors une bijection strictement croissante* $p \mapsto w_p$ *de* $\mathbf{N}$ *sur* H *et une suite* $(P_p)_{p \in \mathbf{N}}$ *de parties de* H *avec les propriétés suivantes:*

a) *On a* $P_0 = X$.

b) *Pour tout entier* $p \geqslant 0$, *on a* $w_p \in P_p$.

c) *Pour tout entier* $n \geqslant 1$, *il existe un entier* $p(n)$ *tel que tout élément de* P_p *soit de longueur* $> n$ *pour tout* $p \geqslant p(n)$.

d) *Pour tout entier* $p \geqslant 0$, *l'ensemble* P_{p+1} *se compose des éléments de la forme* $w_p^i w$ *avec* $i \geqslant 0$, $w \in P_p$ *et* $w \neq w_p$.

Comme X est fini, chacun des ensembles $M^n(X)$ est fini. Posons $H_n = H \cap M^n(X)$ pour tout $n \geqslant 1$. Le cor. de la prop. 12 montre que l'ensemble fini H_n est non vide. Soit u_n le cardinal de H_n; posons $v_0 = 0$ et $v_n = u_1 + \cdots + u_n$ pour $n \geqslant 1$. Comme H_n est un ensemble fini totalement ordonné, il existe une bijection strictement croissante $p \mapsto w_p$ de l'intervalle $[v_{n-1}, v_n - 1]$ de $\mathbf{N}$ sur H_n. Il est immédiat que $p \mapsto w_p$ est une bijection strictement croissante de $\mathbf{N}$ sur H.

Posons $P_0 = X$ et pour tout entier $p \geqslant 1$, soit P_p l'ensemble des éléments w de H tels que $w \geqslant w_p$ et que l'on ait, ou bien $w \in X$, ou bien $\alpha(w) < w_p$ (remarquons que si w est de longueur $\geqslant 2$, la relation $w \in H$ entraîne $\alpha(w) \in H$ d'après la condition (C) de la déf. 2). On a $w_p \in P_p$; cela est clair si $w_p \in X$ et cela résulte de l'inégalité $l(\alpha(w_p)) < l(w_p)$ et de la condition (A) de la déf. 2 lorsque $w_p \notin X$.

Les conditions *a*) et *b*) sont donc satisfaites.

Soit n un entier $\geqslant 1$ et soit $p \geqslant v_n$. Pour tout $w \in P_p$, on a $l(w) \geqslant l(w_p) > n$ d'après la définition même de l'application $p \mapsto w_p$. Ceci établit *c*).

Montrons que tout élément de la forme $u = w_p^i w$ avec $i \geqslant 0$, $w \in P_p$ et $w \neq w_p$ appartient à P_{p+1}. Si $i \neq 0$, on a $l(u) > l(w_p)$ d'où $u > w_p$ et $u \geqslant w_{p+1}$; on a $u \notin X$ et $\alpha(u) = w_p < w_{p+1}$, d'où $u \in P_{p+1}$. Si $i = 0$, on a $u \in P_p$ et $u \neq w_p$; on a donc $u > w_p$, d'où $u \geqslant w_{p+1}$; si u n'appartient pas à X, on a $\alpha(w) < w_p$ d'où $\alpha(w) < w_{p+1}$; on a encore $u \in P_{p+1}$.

Réciproquement, soit $u \in P_{p+1}$. Distinguons deux cas:

α) Il n'existe aucun élément v de M(X) tel que $u = w_p v$. Par définition de P_{p+1}, on a $u > w_p$. De plus, si $u \notin X$, on a $\alpha(u) \neq w_p$ par l'hypothèse faite, et l'on a $\alpha(u) < w_{p+1}$ puisque $u \in P_{p+1}$; donc $\alpha(u) < w_p$. Donc on a $u \in P_p$ et $u \neq w_p$.

β) Il existe v dans M(X) tel que $u = w_p v$. D'après la déf. 2, on a nécessairement, soit $w_p \in X$, $v \in X$ et $w_p < v$, soit $v \notin X$ et $\alpha(v) \leqslant w_p < v$. Dans les deux éventualités, on a $v \in P_{p+1}$.

Ceci posé, il existe un entier $i \geqslant 0$ et un élément w de M(X) tels que $u = w_p^i w$, et ou bien $w \in X$, ou bien $w \notin X$ et $\alpha(w) \neq w_p$. Si $i = 0$, on est dans le cas α) ci-dessus, d'oú $w \in P_p$ et $w \neq w_p$. Si $i > 0$, la démonstration de β) ci-dessus établit, par récurrence sur i, les relations $w \in P_{p+1}$ et $w \neq w_p$. Supposons $w \notin X$; de $w \in P_{p+1}$ on déduit $\alpha(w) \leqslant w_p$ et comme on a $\alpha(w) \neq w_p$, on conclut que $w \in P_p$. Ceci achève de prouver d).

Exemple. — Supposons que X ait deux éléments x, y; ordonnons X de telle sorte que l'on ait $x < y$. La construction donnée dans la démonstration de la prop. 11 fournit un ensemble H qui a 14 éléments de longueur $\leqslant 5$ donnés dans le tableau suivant:

H_1	$w_1 = x$	$w_2 = y$	
H_2	$w_3 = (xy)$		
H_3	$w_4 = (x(xy))$	$w_5 = (y(xy))$	
H_4	$w_6 = (x(x(xy)))$	$w_7 = (y(x(xy)))$	$w_8 = (y(y(xy)))$
H_5	$w_9 = (x(x(x(xy))))$	$w_{10} = (y(x(x(xy))))$	$w_{11} = (y(y(x(xy))))$
	$w_{12} = (y(y(y(xy))))$	$w_{13} = ((xy)(x(xy)))$	$w_{14} = ((xy)(y(xy)))$.

(On a numéroté les éléments de H suivant les relations d'ordre total choisies dans chaque H_n.)

11. Bases de Hall d'une algèbre de Lie libre

On conserve les notations du n° précédent.

THÉORÈME 1. — *Soient* H *un ensemble de Hall relatif à* X *et* Ψ *l'application canonique de* M(X) *dans l'algèbre de Lie libre* L(X). *La restriction de* Ψ *à* H *est une base du module* L(X).

Pour tout élément w de H, on pose $\overline{w} = \Psi(w)$.

A) *Cas où* X *est fini.*

Si X est vide, il en est de même de M(X) et donc de H, et L(X) est réduit à 0. Si X a un seul élément x, $H \cap M^n(X)$ est vide pour $n \geqslant 2$ (prop. 12 a)). Par suite, on a $H = \{x\}$; on sait aussi (n° 2, *Remarque*) que le module L(X) est libre de base $\{\overline{x}\}$. Le théorème est donc vrai lorsque X a au plus un élément.

Supposons désormais que X ait au moins deux éléments; choisissons des suites (w_p) et (P_p) ayant les propriétés énoncées dans la prop. 13. Pour tout entier $p \geqslant 0$, on note L_p le sous-module de L(X) engendré par les éléments $\overline{w}_i$ pour $0 \leqslant i < p$ et $\mathfrak{g}_p$ la sous-algèbre de Lie de L(X) engendrée par la famille $(\overline{u})_{u \in P_p}$.

Lemme 2. — *Pour tout entier* $p \geqslant 0$, *le module* L_p *admet la famille* $(\overline{w}_i)_{0 \leqslant i < p}$ *pour base, l'algèbre de Lie* $\mathfrak{g}_p$ *admet* $(\overline{u})_{u \in P_p}$ *pour famille basique, et le module* L(X) *est somme directe de* L_p *et* $\mathfrak{g}_p$.

On a $L_0 = \{0\}$ et $\mathfrak{g}_0 = L(X)$, et le lemme est vrai pour $p = 0$. Raisonnons par récurrence sur p. Supposons donc que le lemme soit vrai pour un entier $p \geqslant 0$. Posons $u_{i,w} = (\operatorname{ad} \overline{w}_p)^i . \overline{w} = \Psi(w_p^i w)$ pour $i \geqslant 0$, $w \in P_p$, $w \neq w_p$. D'après le cor.

de la prop. 10 du n° 9, l'algèbre de Lie libre $\mathfrak{g}_p$ est somme directe du module T_p de base $\{\overline{w}_p\}$ et d'une sous-algèbre de Lie $\mathfrak{h}_p$ admettant $\mathscr{F} = (u_{i,w})_{i \geqslant 0, w \in P_p, w \neq w_p}$ pour famille basique. D'après la prop. 13*d*), la famille $(\overline{u})_{u \in P_{p+1}}$ est égale à $\mathscr{F}$, donc est une famille basique de $\mathfrak{h}_p = \mathfrak{g}_{p+1}$. On a donc $L(X) = L_p \oplus T_p \oplus \mathfrak{g}_{p+1}$ et comme $L_{p+1} = L_p + T_p$, on a $L(X) = L_{p+1} \oplus \mathfrak{g}_{p+1}$ et $(\overline{w}_0, \overline{w}_1, \ldots, \overline{w}_{p-1}, \overline{w}_p)$ est une base du module L_{p+1}.

C.Q.F.D.

Soit n un entier positif. D'après la prop. 13*c*), il existe un entier $p(n)$ tel que P_p n'ait que des éléments de longueur $> n$ pour $p \geqslant p(n)$. Pour $p \geqslant p(n)$, la sous-algèbre de Lie $\mathfrak{g}_p$ de $L(X)$ est engendrée par des éléments de degré $> n$, donc $L^n(X) \cap \mathfrak{g}_p = \{0\}$. Par ailleurs, les éléments $\overline{w}_i$ de $L(X)$ sont homogènes et la famille $(\overline{w}_i)_{0 \leqslant i < p}$ est une base d'un module supplémentaire de $\mathfrak{g}_p$. Il en résulte immédiatement que la famille des éléments $\overline{w}_i$ de degré n est une base du module $L^n(X)$, et que la suite $(\overline{w}_i)_{i \geqslant 0}$ est une base du module $L(X)$.

B) *Cas général.*

Si S est une partie de X, rappelons que M(S) est identifié au sous-magma de M(X) engendré par S et L(S) est identifiée à la sous-algèbre de Lie de L(X) engendrée par S; on a vu que si $w \in M(S)$ est de longueur $\geqslant 2$, on a $\alpha(w) \in M(S)$ et $\beta(w) \in M(S)$. Il en résulte immédiatement que $H \cap M(S)$ est un ensemble de Hall relatif à S.

Pour toute partie finie Φ de H, il existe une partie finie S de X telle que $\Phi \subset M(S)$. Le cas A) montre alors que les éléments $\overline{w}$ pour $w \in \Phi$ sont linéairement indépendants dans L(S), donc dans L(X). Par suite, la famille $(\overline{w})_{w \in H}$ est libre.

Pour tout élément a de L(X), il existe une partie finie S de X telle que $a \in L(S)$. D'après le cas A), la partie $\Psi(H \cap M(S))$ de $\Psi(H)$ engendre le module L(S), donc a est combinaison linéaire d'éléments de $\Psi(H)$. Donc $\Psi(H)$ engendre le module L(X), ce qui achève la démonstration.

Corollaire. — *Le module* L(X) *est libre, ainsi que chacun des sous-modules* $L^\alpha(X)$ *pour* $\alpha \in \mathbf{N}^{(X)}$ *et* $L^n(X)$ *pour* $n \in \mathbf{N}$. *Les modules* $L^\alpha(X)$ *sont de rang fini, et il en est de même des modules* $L^n(X)$ *si* X *est fini.*

Il existe un ensemble de Hall H relatif à X (prop. 11). Pour tout $w \in H$, l'élément $\Psi(w)$ de L(X) appartient à l'un des modules $L^\alpha(X)$ (avec $\alpha \in \mathbf{N}^{(X)}$), et le module L(X) est somme des sous-modules $L^\alpha(X)$. De plus, pour tout $\alpha \in \mathbf{N}^{(X)}$, l'ensemble des éléments de M(X) dont l'image canonique dans $\mathbf{N}^{(X)}$ est égale à α est fini; ceci montre que chacun des modules $L^\alpha(X)$ est libre de rang fini, et que L(X) est libre. On a $L^n(X) = \sum_{|\alpha| = n} L^\alpha(X)$, donc $L^n(X)$ est libre; lorsque X est fini, l'ensemble des $\alpha \in \mathbf{N}^{(X)}$ tels que $|\alpha| = n$ est fini, donc $L^n(X)$ est alors de rang fini.

DÉFINITION 3. — *On appelle base de Hall d'une algèbre de Lie libre* L(X) *toute base de* L(X) *qui est l'image canonique d'un ensemble de Hall relatif à* X.

Remarque. — Supposons que X se compose de deux éléments distincts x et y et soit $L^{(\cdot,1)}$ le sous-module de L(X) somme des $L^{\alpha}(X)$ pour $\alpha \in \mathbf{N}^{X}$, avec $\alpha(y) = 1$. On déduit aussitôt du th. 1 et de la prop. 12 du n° 10 que les éléments $(\mathrm{ad}\, x)^{n}.y$ pour n entier $\geqslant 0$ forment une *base* du sous-module $L^{(\cdot,1)}$. Il en résulte que *la restriction à* $L^{(\cdot,1)}$ *de l'application* ad x *est injective.*

§ 3. Algèbre enveloppante de l'algèbre de Lie libre

Dans ce paragraphe, on note $A(X) = A_{K}(X)$ *l'algèbre associative libre* Libas(X) *de l'ensemble* X *sur l'anneau* K (A, III, p. 21, déf. 2). *On identifie* X *à son image canonique dans* A(X); *rappelons que le* K*-module* A(X) *admet pour base le monoïde libre* Mo(X) *déduit de* X; *on note* $A^{+}(X)$ *le sous-module de* A(X) *engendré par les mots non vides.*

1. Algèbre enveloppante de L(X)

THÉORÈME 1. — *Soit* $\alpha : L(X) \to A(X)$ *l'unique homomorphisme d'algèbres de Lie prolongeant l'injection canonique de* X *dans* A(X) (§ 2, n° 2, prop. 1). *Soit* $\sigma : L(X) \to U(L(X))$ *l'application canonique de* L(X) *dans son algèbre enveloppante et soit* $\beta : U(L(X)) \to A(X)$ *l'unique homomorphisme d'algèbres unifères tel que* $\beta \circ \sigma = \alpha$ (chap. I, § 2, n° 1, prop. 1). *Alors*:

a) α *est injectif, et* $\alpha(L(X))$ *est un sous-module facteur direct de* A(X).

b) β *est bijectif.*

Soient B une K-algèbre unifère et φ une application de X dans B; d'après la prop. 1 du § 2, n° 2, il existe un homomorphisme d'algèbres de Lie $\psi : L(X) \to B$ tel que $\psi \mid X = \varphi$; d'après la prop. 1 du chap. I, § 2, n° 1, il existe un homomorphisme d'algèbres unifères $\theta : U(L(X)) \to B$ tel que $\theta \circ \sigma = \psi$, donc tel que $(\theta \circ \sigma) \mid X = \varphi$. Comme $\sigma(X)$ engendre l'algèbre unifère U(L(X)), l'homomorphisme θ est l'unique homomorphisme d'algèbres unifères satisfaisant à cette dernière condition. Ceci montre que le couple $(U(L(X)), \sigma \mid X)$ est une solution du même problème universel que A(X); prenant pour φ l'injection canonique de X dans A(X), on en déduit que β est un isomorphisme, ce qui démontre *b*).

Enfin, comme L(X) est un K-module libre (§ 2, n° 11, cor. du th. 1), σ est injectif et $\sigma(L(X))$ est un sous-module facteur direct de U(L(X)) (chap. I, § 2, n° 7, cor. 3 du th. 1). D'après *b*), cela démontre *a*).

COROLLAIRE 1. — *Il existe sur l'algèbre* A(X) *un unique coproduit faisant de* A(X) *une bigèbre et tel que les éléments de* X *soient primitifs. De plus,* β *est un isomorphisme de la bigèbre* U(L(X)) *sur* A(X) *munie de cette structure de bigèbre.*

Cela résulte de l'assertion *b*) du théorème et du fait que X engendre l'algèbre unifère A(X).

Dorénavant, on munit A(X) de cette structure de bigèbre et *on identifie* L(X) à son image par α, c'est-à-dire *à la sous-algèbre de Lie de* A(X) *engendrée par* X.

Corollaire 2. — *Si* K *est un corps de caractéristique* 0, L(X) *est l'algèbre de Lie des éléments primitifs de* A(X).

Cela résulte du cor. 1 et du cor. de la prop. 9 du § 1, n° 5.

Remarques. — 1) Soit K′ un anneau commutatif contenant K. Si on identifie A(X), L(X) et $L_{K'}(X)$ à des parties de $A_{K'}(X)$, il résulte de la partie *a*) du th. 1 la relation

$$L(X) = L_{K'}(X) \cap A(X). \tag{1}$$

2) Le cor. 2 du th. 1 reste valable si on suppose seulement que le groupe additif de l'anneau K est sans torsion. En effet, supposons d'abord $K = \mathbf{Z}$; tout élément primitif de A(X) est un élément primitif de $A_{\mathbf{Q}}(X)$, donc est dans $L_{\mathbf{Q}}(X) \cap A(X) = L(X)$ (cor. 2 et formule (1)). Dans le cas général, K est plat sur $\mathbf{Z}$ et on applique la *Remarque* 2 du § 1, n° 2 et la prop. 3 du § 2, n° 5.

3) Soient Δ un monoïde commutatif, φ_0 une application de X dans Δ, $\varphi \colon \mathrm{Mo}(X) \to \Delta$ l'homomorphisme de monoïde associé; si on munit A(X) de la graduation $(A^\delta(X))_{\delta \in \Delta}$ définie en A, III, p. 31, *Exemple* 3 et L(X) de la graduation $(L^\delta(X))_{\delta \in \Delta}$ définie au § 2, n° 6, on a aussitôt, pour $\delta \in \Delta$, $L^\delta(X) \subset L(X) \cap A^\delta(X)$. Comme L est la somme des $L^\delta(X)$ pour $\delta \in \Delta$, et que la somme des $L(X) \cap A^\delta(X)$ pour $\delta \in \Delta$ est directe, cela entraîne

$$L^\delta(X) = L(X) \cap A^\delta(X). \tag{2}$$

4) Soit A une algèbre associative unifère, et soit $\boldsymbol{t} = (t_i)_{i \in I}$ une famille d'éléments de A. On a un diagramme

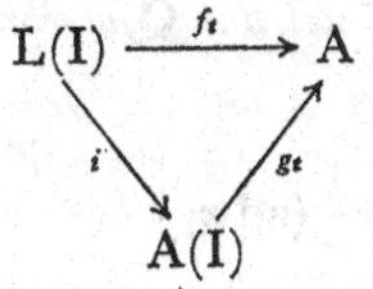

où i est l'injection canonique, f_t est l'homomorphisme d'algèbre de Lie défini par $\boldsymbol{t}$ et g_t l'homomorphisme d'algèbre unifère tel que $g_t(i) = t_i$ pour $i \in I$. Le diagramme est commutatif car $g_t \circ i$ et f_t coïncident dans I. Il en résulte que, si $P \in L(I)$, l'élément $P((t_i)_{i \in I})$ défini au § 2, n° 4, coïncide avec l'élément $P((t_i)_{i \in I})$ défini en A, III, p. 24, *Exemple* 2.

2. Projecteur de $A^+(X)$ sur $L(X)$

Soit π l'application linéaire de $A^+(X)$ dans $L(X)$ définie par

$$\pi(x_1 \ldots x_n) = (\operatorname{ad}(x_1) \circ \cdots \circ \operatorname{ad}(x_{n-1}))(x_n) \tag{3}$$

pour $n > 0$, $x_1, \ldots, x_n$ dans X.

PROPOSITION 1. — *a) La restriction π_0 de π à $L(X)$ est une dérivation de $L(X)$.*

b) Pour tout entier $n \geqslant 1$ et tout u dans $L^n(X)$, on a $\pi(u) = n.u$.

a) Soient E l'algèbre des endomorphismes du module L(X) et θ l'homomorphisme de A(X) dans E tel que $\theta(x) = \operatorname{ad} x$ pour tout $x \in X$. La restriction de θ à L(X) est un homomorphisme d'algèbres de Lie de L(X) dans E, qui coïncide sur X avec la représentation adjointe de L(X), d'où

$$\theta(u).v = [u, v] \qquad \text{pour } u, v \text{ dans } L(X). \tag{4}$$

Soient a dans A(X) et b dans $A^+(X)$; on a

$$\pi(a.b) = \theta(a).\pi(b). \tag{5}$$

Il suffit en effet de considérer le cas $a = x_1 \ldots x_p$, $b = x_{p+1} \ldots x_{p+q}$ avec $p \geqslant 0$, $q \geqslant 1$ et $x_1, \ldots, x_{p+q}$ dans X; mais alors (5) résulte immédiatement de (3) puisque l'on a $\theta(x) = \operatorname{ad} x$ pour $x \in X$.

Soient u et v dans L(X); d'après (4) et (5), on a

$$\begin{aligned} \pi_0([u, v]) &= \pi(uv - vu) = \theta(u).\pi(v) - \theta(v).\pi(u) \\ &= [u, \pi(v)] - [v, \pi(u)] = [u, \pi_0(v)] + [\pi_0(u), v], \end{aligned}$$

donc π_0 est une dérivation de L(X).

b) Soit π_1 l'endomorphisme du module L(X) qui coïncide dans $L^n(X)$ avec la multiplication par l'entier $n \geqslant 1$. La formule $[L^n(X), L^m(X)] \subset L^{n+m}(X)$ montre que π_1 est une dérivation (A, III, p. 119, *Exemple* 6). La dérivation $\pi_1 - \pi_0$ de L(X) s'annule dans X, et comme X engendre L(X), on a $\pi_0 = \pi_1$, d'où *b*).

COROLLAIRE. — *Supposons que* K *soit une* **Q**-*algèbre. Soit* P *l'application linéaire de* $A^+(X)$ *dans lui-même telle que*

$$P(x_1 \ldots x_n) = \frac{1}{n} (\operatorname{ad} x_1 \circ \cdots \circ \operatorname{ad} x_{n-1})(x_n) \tag{6}$$

pour $n \geqslant 1$, et $x_1, \ldots, x_n$ dans X. *Alors* P *est un projecteur de* $A^+(X)$ *sur* L(X).

L'image de P est contenue dans L(X). De plus, pour tout $n \geqslant 1$ et tout u dans $L^n(X)$, on a $P(u) = \frac{1}{n}\pi(u)$, d'où $P(u) = u$ d'après la prop. 1. Comme $L(X) = \sum_{n \geqslant 1} L^n(X)$, on voit que la restriction de P à L(X) est l'identité.

Remarque. — Supposons que K soit un corps de caractéristique zéro et soit Q le projecteur de A(X) = U(L(X)) sur L(X) associé à la graduation canonique de U(L(X)), cf. § 1, n° 5. *Pour* $\alpha \in \mathbf{N}^{(X)}$, *on a* $Q(A^\alpha(X)) \subset L^\alpha(X)$. En effet, il suffit de vérifier que l'image et le noyau de Q sont des sous-modules gradués de A(X) pour la graduation de type $\mathbf{N}^{(X)}$. C'est évident pour l'image, qui est égale à L(X). D'autre part, soit n un entier $\geqslant 1$. Le sous-espace vectoriel de A(X) engendré par les y^n, où $y \in L(X)$, est égal au sous-espace vectoriel de A(X) engendré par les $\sum_{\sigma \in \mathfrak{S}_n} y_{\sigma(1)} y_{\sigma(2)} \cdots y_{\sigma(n)}$, où $y_1, y_2, \ldots, y_n$ sont des éléments homogènes de L(X); ce sous-espace est donc un sous-module gradué de A(X).

(On notera que, si Card(X) $\geqslant 2$, les projecteurs P et Q *ne coïncident pas* dans $A^+(X)$. En effet, soient x, y dans X, tels que $x \neq y$, et posons

$$z = x[x,y] + [x,y]x = x^2y - yx^2.$$

On a $Q(z) = 0$ et $P(z) = \frac{1}{3}[x,[x,y]] \neq 0$, cf. § 2, n° 10, *Exemple* et n° 11, th. 1.)

3. Dimension des composantes homogènes de L(X)

Soient X un ensemble, α un élément de $\mathbf{N}^{(X)}$, et d un entier >0. On écrit $d|\alpha$ s'il existe un $\beta \in \mathbf{N}^{(X)}$ tel que $\alpha = d\beta$. L'élément β, qui est unique, se note alors α/d.

Lemme 1. — *Soient n un entier >0, $T_1, \ldots, T_n$ des indéterminées, et $u_1, \ldots, u_n$ dans* $\mathbf{Z}$. *Soit* $(c(\alpha))_{\alpha \in \mathbf{N}^n - \{0\}}$ *une famille d'éléments de* $\mathbf{Z}$ *telle que*

$$(7) \qquad 1 - \sum_{i=1}^{n} u_i T_i = \prod_{\alpha \neq 0} (1 - T^\alpha)^{c(\alpha)}.$$

Pour tout $\alpha \in \mathbf{N}^n - \{0\}$, *on a*

$$(8) \qquad c(\alpha) = \frac{1}{|\alpha|} \sum_{d|\alpha} \mu(d) \frac{(|\alpha|/d)!}{(\alpha/d)!} u^{\alpha/d}$$

où μ *est la fonction de Möbius* (App.).

La formule (7) est équivalente, en prenant le logarithme des deux membres (A, IV, § 6, n° 9, n^lle édition) à:

$$(9) \qquad \log\Big(1 - \sum_{i=1}^{n} u_i T_i\Big) = \sum_{\alpha \neq 0} c(\alpha) \log(1 - T^\alpha).$$

Or

$$(10) \qquad -\log\Big(1 - \sum_{i=1}^{n} u_i T_i\Big) = \sum_{j \geqslant 1} \frac{1}{j} \Big(\sum_{i=1}^{n} u_i T_i\Big)^j$$

$$= \sum_{j \geqslant 1} \frac{1}{j} \sum_{|\beta| = j} \frac{|\beta|!}{\beta!} u^\beta T^\beta$$

$$= \sum_{|\beta| > 0} \frac{1}{|\beta|} \frac{|\beta|!}{\beta!} u^\beta T^\beta.$$

D'autre part

$$(11) \qquad -\sum_{\alpha\neq 0} c(\alpha)\log(1-\mathrm{T}^{\alpha}) = \sum_{|\alpha|>0,k\geqslant 1} \frac{1}{k} c(\alpha)\mathrm{T}^{k\alpha}$$

$$= \sum_{|\beta|>0,k|\beta} \frac{1}{k} c\left(\frac{\beta}{k}\right)\mathrm{T}^{\beta}.$$

Donc (7) équivaut à

$$(12) \qquad \sum_{k|\beta} \left|\frac{\beta}{k}\right| c\left(\frac{\beta}{k}\right) = \frac{|\beta|!}{\beta!} u^{\beta} \qquad \text{pour tout } \beta \in \mathbf{N}^n - \{0\}.$$

Soit Λ l'ensemble des $(\lambda_1, \lambda_2, \ldots, \lambda_n) \in \mathbf{N}^n - \{0\}$ tels que le p.g.c.d. de $\lambda_1, \lambda_2, \ldots, \lambda_n$ soit égal à 1. Tout élément de $\mathbf{N}^n - \{0\}$ s'écrit de manière unique sous la forme $m\lambda$, où m est un entier $\geqslant 1$ et où $\lambda \in \Lambda$. La condition (12) équivaut à

$$(13) \qquad \sum_{k|m} \left|\frac{m\lambda}{k}\right| c\left(\frac{m\lambda}{k}\right) = \frac{(m|\lambda|)!}{(m\lambda)!} u^{m\lambda} \qquad \text{pour tout } \lambda \in \Lambda \text{ et tout } m \geqslant 1.$$

D'après la formule d'inversion de Möbius (App.), la condition (13) équivaut à

$$(14) \qquad |m\lambda| c(m\lambda) = \sum_{d|m} \mu(d) \frac{\left|\frac{m\lambda}{d}\right|!}{\left(\frac{m\lambda}{d}\right)!} u^{\frac{m\lambda}{d}}$$

pour tout $\lambda \in \Lambda$ et tout $m \geqslant 1$.

C.Q.F.D.

THÉORÈME 2. — *Soient* X *un ensemble fini et* $n = \mathrm{Card}(\mathrm{X})$.

a) Pour tout entier $r \geqslant 1$, *le* K-*module* $\mathrm{L}^r(\mathrm{X})$ *est libre de rang*

$$(15) \qquad c(r) = \frac{1}{r}\sum_{d|r} \mu(d) n^{r/d},$$

où μ *est la fonction de Möbius.*

b) Pour tout $\alpha \in \mathbf{N}^{\mathrm{X}} - \{0\}$, *le* K-*module* $\mathrm{L}^{\alpha}(\mathrm{X})$ (§ 2, n° 6) *est libre de rang*

$$(16) \qquad c(\alpha) = \frac{1}{|\alpha|}\sum_{d|\alpha} \mu(d) \frac{(|\alpha|/d)!}{(\alpha/d)!}.$$

Nous savons déjà que les modules $\mathrm{L}^r(\mathrm{X})$ pour $r \in \mathbf{N}$, et $\mathrm{L}^{\alpha}(\mathrm{X})$ pour $\alpha \in \mathbf{N}^{\mathrm{X}}$, sont libres (§ 2, n° 11, cor. du th. 1). Considérons la multigraduation $(\mathrm{A}^{\alpha}(\mathrm{X}))_{\alpha\in\mathbf{N}^{\mathrm{X}}}$ de A(X) définie par l'homomorphisme canonique φ de Mo(X) dans $\mathbf{N}^{\mathrm{X}}$ (A, III, p. 31, *Exemple* 3); on a $\mathrm{A}^{\alpha}(\mathrm{X}) \cap \mathrm{L}(\mathrm{X}) = \mathrm{L}^{\alpha}(\mathrm{X})$ d'après la *Remarque* 3 du n° 1. Pour $\alpha \in \mathbf{N}^{\mathrm{X}}$, le K-module $\mathrm{A}^{\alpha}(\mathrm{X})$ admet pour base l'ensemble des mots dans lesquels chaque lettre x de X apparaît $\alpha(x)$ fois. Soit $d(\alpha)$ le nombre de ces mots, c'est-à-dire le rang de $A^\alpha(X)$; nous allons calculer de deux manières différentes la série formelle $P((T_x)_{x\in X}) \in \mathbf{Z}[[(T_x)_{x\in X}]]$ définie par

$$\text{(17)} \qquad P(T) = \sum_{\alpha\in \mathbf{N}^X} d(\alpha) T^\alpha.$$

1) On a

$$P(T) = \sum_{m\in \mathrm{Mo}(X)} T^{\varphi(m)} = \sum_{r=0}^{\infty} \sum_{x_1,\ldots,x_r} T_{x_1}\ldots T_{x_r} = \sum_{r=0}^{\infty} \Big(\sum_{x\in X} T_x\Big)^r$$

d'où

$$\text{(18)} \qquad P(T) = \Big(1 - \sum_{x\in X} T_x\Big)^{-1}.$$

2) Pour tout $\alpha \in \mathbf{N}^X - \{0\}$, soit $(e_{\alpha,j})_{1\leqslant j\leqslant c(\alpha)}$ une base de $L^\alpha(X)$ et munissons l'ensemble I des couples (α, j) tels que $\alpha \in \mathbf{N}^X - \{0\}$ et $1 \leqslant j \leqslant c(\alpha)$ d'une relation d'ordre total. D'après le th. 1 du n° 1 et le th. de Poincaré–Birkhoff–Witt (chap. I, § 2, n° 7, cor. 3 du th. 1), les éléments

$$y_m = \prod_{(\alpha,j)\in I} (e_{\alpha,j})^{m(\alpha,j)},$$

l'indice m parcourant $\mathbf{N}^{(I)}$, forment une base de A(X). Chaque y_m est de multidegré $\sum_{(\alpha,j)\in I} m(\alpha, j)\alpha$. Notons $u(m)$ ce multidegré. Il en résulte que

$$P(T) = \sum_{m\in \mathbf{N}^{(I)}} T^{u(m)} = \sum_{m\in \mathbf{N}^{(I)}} \prod_{(\alpha,j)\in I} T^{m(\alpha,j)\alpha}$$
$$= \prod_{(\alpha,j)\in I} \sum_{r=0}^{\infty} T^{r\alpha} = \prod_{(\alpha,j)\in I} (1 - T^\alpha)^{-1},$$

d'où enfin

$$\text{(19)} \qquad P(T) = \prod_{\alpha\in \mathbf{N}^X-\{0\}} (1 - T^\alpha)^{-c(\alpha)}.$$

En comparant (18) et (19), on obtient

$$\text{(20)} \qquad 1 - \sum_{x\in X} T_x = \prod_{\alpha\in \mathbf{N}^X-\{0\}} (1 - T^\alpha)^{c(\alpha)}.$$

Le lemme 1 donne alors *b*).

Substituant maintenant une même indéterminée U aux T_x pour $x \in X$, dans la formule (20), on obtient

$$1 - nU = \prod_{\alpha\in \mathbf{N}^X-\{0\}} (1 - U^{|\alpha|})^{c(\alpha)} = \prod_{r>0} (1 - U^r)^{c(r)}.$$

En appliquant de nouveau le lemme 1, on en déduit *a*).

Exemples. — On a:

$$c(1) = n, \qquad c(2) = \tfrac{1}{2}(n^2 - n), \qquad c(3) = \tfrac{1}{3}(n^3 - n),$$
$$c(4) = \tfrac{1}{4}(n^4 - n^2), \qquad c(5) = \tfrac{1}{5}(n^5 - n), \qquad c(6) = \tfrac{1}{6}(n^6 - n^3 - n^2 + n).$$

Remarque. — Soit X un ensemble et soit $\alpha \in \mathbf{N}^{(X)}$; le rang du K-module libre $L^\alpha(X)$ est encore donné par la formule (16). Cela résulte aussitôt du th. 2*b*) et de la prop. 4 du § 2, n° 6.

§ 4. Filtrations centrales

1. Filtrations réelles

DÉFINITION 1. — *Soit* G *un groupe. On appelle filtration réelle sur* G *une famille* $(G_\alpha)_{\alpha \in \mathbf{R}}$ *de sous-groupes de* G *telle que*

$$G_\alpha = \bigcap_{\beta < \alpha} G_\beta \quad \textit{pour tout } \alpha \in \mathbf{R}. \tag{1}$$

La formule (1) entraîne $G_\alpha \subset G_\beta$ pour $\beta < \alpha$, donc la famille (G_α) est *décroissante*. On dit que la filtration (G_α) est *séparée* si $\bigcap_\alpha G_\alpha$ est réduit à l'élément neutre et qu'elle est *exhaustive* si $G = \bigcup_\alpha G_\alpha$.

Remarque. — Soit $(G_n)_{n \in \mathbf{Z}}$ une suite décroissante de sous-groupes de G. C'est une filtration décroissante au sens de AC, III, § 2, n° 1, déf. 1. Pour tout entier n et tout α dans l'intervalle $]n-1, n]$ de $\mathbf{R}$, posons $H_\alpha = G_n$, d'où en particulier $H_n = G_n$. Il est immédiat qu'on obtient ainsi une filtration réelle $(H_\alpha)_{\alpha \in \mathbf{R}}$ sur G; on dira qu'une telle filtration est une *filtration entière*. On peut donc identifier les filtrations décroissantes au sens de AC, III, § 2 aux filtrations entières.

Soit A une algèbre; une filtration réelle (A_α) sur le groupe additif de A est dite compatible avec la structure d'algèbre si l'on a $A_\alpha . A_\beta \subset A_{\alpha+\beta}$ pour α, β dans $\mathbf{R}$ et $K.A_\alpha \subset A_\alpha$ pour $\alpha \in \mathbf{R}$. Si la filtration est exhaustive, (A_α) est un système fondamental de voisinages de 0 pour une topologie sur A qui est compatible avec la structure d'algèbre. Soit B une algèbre unifère; une filtration réelle (B_α) sur le groupe additif de B est dite compatible avec la structure d'algèbre unifère si elle est compatible avec la structure d'algèbre et si l'on a $1 \in B_0$.

2. Fonction d'ordre

Soit G un groupe d'élément neutre e. Soit (G_α) une filtration réelle sur G. Pour tout x dans G, notons I_x l'ensemble des nombres réels α tels que $x \in G_\alpha$. Si $\alpha \in I_x$ et $\beta < \alpha$, on a $\beta \in I_x$, donc I_x est un intervalle (TG, IV, § 2, n° 4, prop. 1). En utilisant la relation (1), on voit que I_x contient son extrémité supérieure lorsque celle-ci est finie. Par conséquent, I_x est de la forme $]-\infty, v(x)] \cap \mathbf{R}$ avec $v(x) \in \overline{\mathbf{R}}$; on a $v(x) = \sup \{\alpha \mid x \in G_\alpha\}$.

L'application v de G dans $\overline{\mathbf{R}}$ s'appelle la *fonction d'ordre* associée à la filtration réelle (G_α) et $v(x)$ s'appelle l'*ordre* de x. Cette application possède les propriétés suivantes:

a) Pour $x \in G$ et $\alpha \in \mathbf{R}$, les relations $x \in G_\alpha$ et $v(x) \geqslant \alpha$ sont équivalentes.

b) Pour x, y dans G, on a

(2) $$v(x^{-1}) = v(x), \qquad v(e) = +\infty,$$

(3) $$v(xy) \geqslant \inf(v(x), v(y)).$$

De plus, il y a égalité dans (3) *si $v(x) > v(y)$.*

c) Pour tout $\alpha \in \mathbf{R}$, notons G_α^+ l'ensemble des $x \in G$ tels que $v(x) > \alpha$. On a $G_\alpha^+ = \bigcup_{\beta > \alpha} G_\beta$ et en particulier G_α^+ est un sous-groupe de G.

Réciproquement, soit v une application de G dans $\overline{\mathbf{R}}$ satisfaisant aux relations (2) et (3). Pour tout $\alpha \in \mathbf{R}$, soit G_α l'ensemble des $x \in G$ tels que $v(x) \geqslant \alpha$. Alors $(G_\alpha)_{\alpha \in \mathbf{R}}$ est une filtration réelle de G, et v est la fonction d'ordre associée à cette filtration. Pour que la filtration (G_α) soit entière, il faut et il suffit que v applique G dans $\mathbf{Z} \cup \{+\infty, -\infty\}$. Pour qu'elle soit exhaustive (resp. séparée), il faut et il suffit que $v^{-1}(-\infty) = \emptyset$ (resp. $v^{-1}(+\infty) = \{e\}$).

Soit A une K-algèbre (resp. K-algèbre unifère). D'après ce qui précède, la relation

$$\text{« } x \in A_\alpha \Leftrightarrow v(x) \geqslant \alpha \text{ pour } x \in A \text{ et } \alpha \in \mathbf{R} \text{ »}$$

définit une bijection de l'ensemble des filtrations réelles exhaustives $(A_\alpha)_{\alpha \in \mathbf{R}}$ compatibles avec la structure d'algèbre (resp. d'algèbre unifère) de A, sur l'ensemble des applications $v: A \to \overline{\mathbf{R}}$ ne prenant pas la valeur $-\infty$ et satisfaisant aux axiomes (4) à (7) (resp. (4) à (8)) suivants:

(4) $$v(x + y) \geqslant \inf(v(x), v(y)) \qquad (x, y \text{ dans A})$$

(5) $$v(-x) = v(x) \qquad (x \in A)$$

(6) $$v(\lambda x) \geqslant v(x) \qquad (\lambda \in K, x \in A)$$

(7) $$v(xy) \geqslant v(x) + v(y) \qquad (x, y \text{ dans A})$$

(8) $$v(1) \geqslant 0.$$

Remarque. — Si $v(x)$ n'est pas toujours égal à $+\infty$, les conditions (7) et (8) entraînent $v(1) = 0$.

3. Algèbre graduée associée à une algèbre filtrée

Soit G un groupe *commutatif* muni d'une filtration réelle $(G_\alpha)_{\alpha \in \mathbf{R}}$. Posons comme précédemment

(9) $$G_\alpha^+ = \bigcup_{\beta > \alpha} G_\beta;$$

il est clair que G_α^+ est un sous-groupe de G_α. Nous poserons $gr_\alpha(G) = G_\alpha/G_\alpha^+$ et $gr(G) = \bigoplus_{\alpha \in \mathbf{R}} gr_\alpha(G)$. On appelle *groupe gradué associé au groupe filtré* G le groupe gr(G) muni de sa graduation naturelle de type **R**.

Remarque. — Lorsque la filtration (G_α) est entière, on a $gr_\alpha(G) = \{0\}$ pour α non entier et $gr_n(G) = G_n/G_{n-1}$ pour tout entier n. La définition du groupe gradué associé coïncide donc essentiellement avec celle de AC, III, § 2, n° 3.

Soient A une algèbre (resp. une algèbre unifère) et $(A_\alpha)_{\alpha \in \mathbf{R}}$ une filtration réelle compatible avec la structure d'algèbre (resp. d'algèbre unifère) (n° 1). On a

$$A_\alpha . A_\beta \subset A_{\alpha+\beta}, \qquad A_\alpha^+ . A_\beta + A_\alpha . A_\beta^+ \subset A_{\alpha+\beta}^+,$$

et l'application bilinéaire de $A_\alpha \times A_\beta$ dans $A_{\alpha+\beta}$ restriction de la multiplication de A définit par passage au quotient une application bilinéaire

$$gr_\alpha(A) \times gr_\beta(A) \to gr_{\alpha+\beta}(A).$$

On en déduit une application bilinéaire de $gr(A) \times gr(A)$ dans gr(A) qui en fait une algèbre graduée (resp. une algèbre graduée unifère) de type **R**. Si A est une algèbre associative (resp. commutative, resp. de Lie), il en est de même de gr(A).

4. Filtrations centrales sur un groupe

DÉFINITION 2. — *Soit* G *un groupe. On dit qu'une filtration réelle* (G_α) *sur* G *est centrale si l'on a* $G = \bigcup_{\alpha > 0} G_\alpha$ *et si le commutateur* $(x, y) = x^{-1}y^{-1}xy$ *d'un élément* x *de* G_α *et d'un élément* y *de* G_β *appartient à* $G_{\alpha+\beta}$.

En termes de la fonction d'ordre v, la définition précédente se traduit par les relations

(10) $\quad v(x) > 0, \quad v((x, y)) \geqslant v(x) + v(y) \quad$ quels que soient x, y dans G.

On en déduit que $v((x, y)) > v(x)$ si $v(x) \neq +\infty$; si l'on pose $x^y = y^{-1}xy$ (cf. A, I, p. 66), on a $x^y = x.(x, y)$ d'où

(11) $$v(x^y) = v(x).$$

Cette relation traduit le fait que chacun des sous-groupes G_α de G est *distingué*. Les G_α forment un système fondamental de voisinages de e pour une *topologie* compatible avec la structure de groupe de G (TG, III, § 1, n° 2, *Exemple*), dite définie par la filtration (G_α).

Dans la suite de ce n°, on note G un groupe muni d'une filtration *centrale* (G_α). Pour tout $\alpha \in \mathbf{R}$, on définit le sous-groupe G_α^+ de G par

(12) $$G_\alpha^+ = \bigcup_{\beta > \alpha} G_\beta.$$

On a en particulier $G_\alpha^+ = G_\alpha = G$ pour $\alpha \leqslant 0$. Rappelons que si A et B sont deux sous-groupes de G, on note (A, B) le sous-groupe de G engendré par les commutateurs (a, b) avec $a \in A$ et $b \in B$. Avec cette notation, on a les formules

(13) $$(G_\alpha, G_\beta) \subset G_{\alpha+\beta}$$

(13′) $$(G_\alpha^+, G_\beta) \subset G_{\alpha+\beta}^+$$

(14) $$(G, G_\alpha) \subset G_\alpha^+.$$

D'après (14), G_α^+ est un sous-groupe distingué de G_α pour tout $\alpha \in \mathbf{R}$ et le groupe quotient $\mathrm{gr}_\alpha(G) = G_\alpha/G_\alpha^+$ est commutatif. On pose $\mathrm{gr}(G) = \bigoplus_{\alpha \in \mathbf{R}} \mathrm{gr}_\alpha(G)$, et l'on munit ce groupe de la graduation de type $\mathbf{R}$ dans laquelle $\mathrm{gr}_\alpha(G)$ se compose des éléments de degré α. On a $\mathrm{gr}_\alpha(G) = \{0\}$ pour $\alpha \leqslant 0$.

Proposition 1. — (i) *Soient α, β dans $\mathbf{R}$. Il existe une application biadditive*

$$\varphi_{\alpha\beta}\colon \mathrm{gr}_\alpha(G) \times \mathrm{gr}_\beta(G) \to \mathrm{gr}_{\alpha+\beta}(G)$$

qui applique $(xG_\alpha^+, yG_\beta^+)$ sur $(x, y)G_{\alpha+\beta}^+$.

(ii) *Soit φ l'application biadditive de $\mathrm{gr}(G) \times \mathrm{gr}(G)$ dans $\mathrm{gr}(G)$ dont la restriction à $\mathrm{gr}_\alpha(G) \times \mathrm{gr}_\beta(G)$ est $\varphi_{\alpha\beta}$ pour tout couple (α, β). L'application φ munit $\mathrm{gr}(G)$ d'une structure de $\mathbf{Z}$-algèbre de Lie.*

(i) Rappelons l'identité

(15) $$(xx', y) = (x, y)^{x'}(x', y)$$

pour x, x', y dans G (A, I, p. 66, formule (4 bis)).

Pour $x \in G_\alpha$ et $y \in G_\beta$, la classe modulo $G_{\alpha+\beta}^+$ de l'élément (x, y) de $G_{\alpha+\beta}$ sera notée $f(x, y)$. Pour a dans $G_{\alpha+\beta}$ et x' dans G, on a $a^{-1}.a^{x'} = (a, x') \in G_{\alpha+\beta}^+$; en particulier $f(x, y)$ est égale à la classe modulo $G_{\alpha+\beta}^+$ de $(x, y)^{x'}$. La formule (15) entraîne donc

(16) $$f(xx', y) = f(x, y)f(x', y).$$

On a $(y, x) = (x, y)^{-1}$, d'où

(17) $$f(y, x) = f(x, y)^{-1}.$$

De (16) et (17), on déduit

(18) $$f(x, yy') = f(x, y)f(x, y').$$

Nous avons à prouver que l'application $f\colon G_\alpha \times G_\beta \to \mathrm{gr}_{\alpha+\beta}(G)$ définit par passage au quotient une application $\varphi_{\alpha\beta}\colon \mathrm{gr}_\alpha(G) \times \mathrm{gr}_\beta(G) \to \mathrm{gr}_{\alpha+\beta}(G)$. D'après (16) et (18), il suffit de prouver que l'on a $f(x, y) = 0$ si $x \in G_\alpha^+$ *ou* si $y \in G_\beta^+$, ce qui résulte de (13′).

(ii) Comme on a $(x, x) = e$, il résulte de (17) que φ est une application

Z-bilinéaire alternée. Il reste donc à prouver que pour $u \in \mathrm{gr}_\alpha(G)$, $v \in \mathrm{gr}_\beta(G)$ et $w \in \mathrm{gr}_\gamma(G)$, on a

$$\varphi(u, \varphi(v, w)) + \varphi(v, \varphi(w, u)) + \varphi(w, \varphi(u, v)) = 0. \tag{19}$$

Soient $x \in G_\alpha$, $y \in G_\beta$ et $z \in G_\gamma$ des éléments représentant respectivement u, v et w. On sait que x^y et x sont deux éléments de G_α congrus modulo G_α^+, donc x^y est un représentant de u dans G_α; comme (y, z) est un représentant de $\varphi(v, w)$ dans $G_{\beta+\gamma}$, on voit que $(x^y, (y, z))$ est un représentant de $\varphi(u, \varphi(v, w))$ dans $G_{\alpha+\beta+\gamma}$. Par permutation circulaire, on voit que $(y^z, (z, x))$ et $(z^x, (x, y))$ représentent respectivement $\varphi(v, \varphi(w, u))$ et $\varphi(w, \varphi(u, v))$ dans $G_{\alpha+\beta+\gamma}$. La relation (19) est alors conséquence de l'identité suivante (A, I, p. 66, formule (15)):

$$(x^y, (y, z)).(y^z, (z, x)).(z^x, (x, y)) = e. \tag{20}$$

C.Q.F.D.

L'algèbre de Lie gr(G) sur **Z** définie dans la proposition 1 s'appelle l'*algèbre de Lie graduée associée au groupe filtré* G.

5. Un exemple de filtration centrale

Soit A une algèbre associative unifère munie d'une filtration d'algèbre unifère (A_α) telle que $A_0 = A$; alors A_α est un idéal bilatère de A pour tout $\alpha \in \mathbf{R}$. On note A^* le groupe multiplicatif des éléments inversibles de A. Pour tout $\alpha > 0$, on note Γ_α l'ensemble des $x \in A^*$ tels que $x - 1 \in A_\alpha$; on pose $\Gamma = \bigcup_{\alpha>0} \Gamma_\alpha$ et $\Gamma_\beta = \Gamma$ pour $\beta \leqslant 0$.

Proposition 2. — *L'ensemble* Γ *est un sous-groupe de* A^* *et* (Γ_α) *est une filtration centrale sur* Γ.

On a $\Gamma = \bigcup_{\alpha>0} \Gamma_\alpha$ par construction, et la relation $\Gamma_\alpha = \bigcap_{\beta<\alpha} \Gamma_\beta$ résulte de $A_\alpha = \bigcap_{\beta<\alpha} A_\beta$.

Montrons que Γ_α est un sous-groupe de A^*. On a $1 \in \Gamma_\alpha$; soient x, y dans Γ_α, d'où $x - 1 \in A_\alpha$, $y - 1 \in A_\alpha$. Comme A_α est un idéal bilatère de A, les formules

$$xy - 1 = (x - 1)(y - 1) + (x - 1) + (y - 1) \tag{21}$$

$$x^{-1} - 1 = -x^{-1}(x - 1), \tag{22}$$

entraînent $xy - 1 \in A_\alpha$ et $x^{-1} - 1 \in A_\alpha$, d'où $xy \in \Gamma_\alpha$ et $x^{-1} \in \Gamma_\alpha$.

Comme $\Gamma = \bigcup_{\alpha>0} \Gamma_\alpha$, c'est un sous-groupe de A^*.

Soient enfin $\alpha > 0$, $\beta > 0$, $x \in \Gamma_\alpha$ et $y \in \Gamma_\beta$. Posons $x - 1 = \xi$ et $y - 1 = \eta$.

On a

$$(x, y) - 1 = x^{-1}y^{-1}(\xi\eta - \eta\xi); \tag{23}$$

par hypothèse, on a $\xi \in A_\alpha$ et $\eta \in A_\beta$, d'où $\xi\eta - \eta\xi \in A_{\alpha+\beta}$. Comme $A_{\alpha+\beta}$ est un idéal bilatère de A, on a $(x, y) - 1 \in A_{\alpha+\beta}$ d'où $(x, y) \in \Gamma_{\alpha+\beta}$.

C.Q.F.D.

Remarque. — Soient $\alpha \geqslant 0$, $\beta \geqslant 0$ et $x \in \Gamma_\alpha$, $y \in \Gamma_\beta$. D'après les formules (21), (22) et (23), on a

$$x^{-1} - 1 \equiv -(x - 1) \quad \text{mod. } A_{2\alpha} \tag{24}$$

$$xy - 1 \equiv (x - 1) + (y - 1) \quad \text{mod. } A_{\alpha+\beta} \tag{25}$$

$$(x, y) - 1 \equiv [(x - 1), (y - 1)] \quad \text{mod. } A_{\alpha+\beta+\inf(\alpha,\beta)}. \tag{26}$$

Démontrons par exemple (26). Si $x - 1 = \xi$ et $y - 1 = \eta$, (23) donne:

$$(x, y) - 1 - [\xi, \eta] = ((x^{-1} - 1) + (y^{-1} - 1) + (x^{-1} - 1)(y^{-1} - 1))[\xi, \eta].$$

Or $[\xi, \eta] \in A_{\alpha+\beta}$, $(x^{-1} - 1) \in A_\alpha$, $(y^{-1} - 1) \in A_\beta$, d'où (26).

Soient G un groupe et $\rho: G \to \Gamma$ un homomorphisme. Pour tout α réel, on pose $G_\alpha = \rho^{-1}(\Gamma_\alpha)$. Comme (Γ_α) est une filtration centrale sur Γ, il est immédiat que (G_α) est une filtration centrale sur G.

PROPOSITION 3. — (i) *Pour tout $\alpha \in \mathbf{R}$, il existe un unique homomorphisme de groupes g_α: $\mathrm{gr}_\alpha(G) \to \mathrm{gr}_\alpha(A)$ qui applique la classe modulo G_α^+ d'un élément $a \in G_\alpha$ sur la classe modulo A_α^+ de $\rho(a) - 1$.*

(ii) *Soit g l'homomorphisme de groupes de* gr(G) *dans* gr(A) *dont la restriction à* $\mathrm{gr}_\alpha(G)$ *est g_α pour tout α. L'application g est un homomorphisme injectif de* **Z**-*algèbres de Lie.*

(i) Soit $\alpha > 0$. Par hypothèse, pour tout a dans G_α, on a $\rho(a) - 1 \in A_\alpha$; on note $p_\alpha(a)$ la classe de $\rho(a) - 1$ modulo A_α^+. Comme on a $A_{2\alpha} \subset A_\alpha^+$, la relation (25) entraîne $p_\alpha(ab) = p_\alpha(a) + p_\alpha(b)$. On a $a \in G_\alpha^+$ si et seulement si $\rho(a) - 1 \in A_\alpha^+$; par suite, G_α^+ est le noyau de l'homomorphisme p_α de G_α dans $\mathrm{gr}_\alpha(A)$. Par passage au quotient, p_α définit donc un homomorphisme injectif g_α de $\mathrm{gr}_\alpha(G)$ dans $\mathrm{gr}_\alpha(A)$.

Pour $\alpha \leqslant 0$, on a $\mathrm{gr}_\alpha(G) = \{0\}$, et l'on n'a pas d'autre choix que $g_\alpha = 0$.

(ii) Comme g_α est injectif pour tout α réel, g est injectif. Montrons que g est un homomorphisme d'algèbres de Lie. Comme on a $\mathrm{gr}_\alpha(G) = \{0\}$ pour $\alpha \leqslant 0$, il suffit d'établir la formule

$$p_{\alpha+\beta}((a, b)) = [p_\alpha(a), p_\beta(b)] \tag{27}$$

pour $\alpha > 0$, $\beta > 0$, $a \in G_\alpha$ et $b \in G_\beta$, ce qui résulte de (26).

6. Filtrations centrales entières

Rappelons (n° 1, *Remarque*) qu'une filtration (G_α) sur le groupe G est dite entière si l'on a $G_\alpha = G_n$ pour tout entier n et tout $\alpha \in]n-1, n]$. La donnée d'une filtration centrale entière sur un groupe G équivaut à la donnée d'une suite $(G_n)_{n\geqslant 1}$ de sous-groupes de G satisfaisant aux conditions

(i) $$G_1 = G$$

(ii) $$G_n \supset G_{n+1} \quad \text{pour tout} \quad n \geqslant 1$$

(iii) $$(G_m, G_n) \subset G_{m+n} \quad \text{pour} \quad m \geqslant 1 \quad \text{et} \quad n \geqslant 1.$$

Pour tout entier $n \geqslant 1$, G_n est un sous-groupe distingué de G et le groupe quotient $\mathrm{gr}_n(G) = G_n/G_{n+1}$ est commutatif. Par passage au quotient, l'application $(x, y) \mapsto (x, y) = x^{-1}y^{-1}xy$ de $G_m \times G_n$ dans G_{m+n} permet de définir sur $\mathrm{gr}(G) = \bigoplus_{n\geqslant 1} \mathrm{gr}_n(G)$ une structure d'algèbre de Lie graduée de type **N** sur l'anneau **Z**.

On rappelle (A, I, p. 68, déf. 5) que la *suite centrale descendante* du groupe G est définie par

(28) $$C^1G = G, \qquad C^{n+1}G = (G, C^nG) \qquad \text{pour } n \geqslant 1.$$

La filtration correspondante s'appelle la *filtration centrale descendante* de G.

PROPOSITION 4. — (i) *La suite centrale descendante de* G *est une filtration centrale entière sur* G.

(ii) *Si* $(G_n)_{n\in\mathbf{N}^*}$ *est une filtration centrale entière sur* G, *on a* $C^nG \subset G_n$ *pour tout* $n \in \mathbf{N}^*$.

L'assertion (i) a été prouvée en A, I, p. 68, formule (7).

On démontre (ii) par récurrence sur n; on a $C^1G = G = G_1$; pour $n > 1$, on a $C^nG = (G, C^{n-1}G) \subset (G, G_{n-1}) \subset G_n$.

PROPOSITION 5. — *Soit* G *un groupe et soit* gr(G) *la* **Z**-*algèbre de Lie graduée associée à la filtration centrale descendante de* G. *Alors* gr(G) *est engendrée par* $\mathrm{gr}_1(G) = G/(G, G)$.

Soit L la sous-algèbre de Lie de gr(G) engendrée par $\mathrm{gr}_1(G)$; montrons que $L \supset \mathrm{gr}_n(G)$ par récurrence sur n, l'assertion étant triviale pour $n = 1$. Supposons $n > 1$ et $L \supset \mathrm{gr}_{n-1}(G)$. Comme $C^nG = (G, C^{n-1}G)$, la construction de la loi d'algèbre de Lie sur gr(G) montre aussitôt que $\mathrm{gr}_n(G) = [\mathrm{gr}_1(G), \mathrm{gr}_{n-1}(G)] \subset L$.

La démonstration précédente montre que la suite centrale descendante de l'algèbre de Lie gr(G) (§ 2, n° 7) est donnée par

(29) $$\mathscr{C}^n(\mathrm{gr}(G)) = \sum_{m\geqslant n} \mathrm{gr}_m(G).$$

Remarque. — Soient k un anneau, n un entier > 0, A l'ensemble des matrices à n lignes et n colonnes, à éléments dans k, triangulaires inférieures. Pour $p \geqslant 0$, soit A_p l'ensemble des $(x_{ij}) \in A$ telles que $x_{ij} = 0$ pour $i - j < p$. Alors $A_0 = A$ et

$A_pA_q \subset A_{p+q}$. Soit $\Gamma_p = 1 + A_p$. Alors Γ_1 est un sous-groupe de $\mathbf{GL}(n, k)$ appelé *groupe trigonal strict inférieur* d'ordre n sur k. D'après la prop. 2 du n° 5, (Γ_p) est une filtration centrale entière sur Γ_1. Comme $\Gamma_n = \{1\}$, on voit que *le groupe* Γ_1 *est nilpotent* (A, I, p. 69, déf. 6).

§ 5. Algèbres de Magnus

Dans ce paragraphe, on note X *un ensemble*, F(X) *le groupe libre construit sur* X (A, I, p. 84, n° 5) *et* A(X) *l'algèbre associative libre construite sur* X, *munie de sa graduation totale* $(A^n(X))_{n \geqslant 0}$ (cf. A, III, p. 31, *Exemple* 3). *On identifie* X *à ses images dans* F(X) *et* A(X).

1. Algèbres de Magnus

Soit $\hat{A}(X)$ le module produit $\prod_{n \geqslant 0} A^n(X)$. Dans $\hat{A}(X)$ on définit une multiplication par la règle

$$(1) \qquad (a.b)_n = \sum_{i=0}^{n} a_i . b_{n-i}$$

pour $a = (a_n)$ et $b = (b_n)$ dans $\hat{A}(X)$. On sait (AC, III, § 2, n° 12, *Exemple* 1) que $\hat{A}(X)$ est une algèbre associative et que A(X) s'identifie à la sous-algèbre de $\hat{A}(X)$ formée des suites dont tous les termes sont nuls à l'exception d'un nombre fini.

On munit $\hat{A}(X)$ de la topologie produit des topologies discrètes des facteurs $A^n(X)$; cette topologie fait de $\hat{A}(X)$ une algèbre topologique séparée et complète, l'anneau K étant muni de la topologie discrète, et A(X) est dense dans $\hat{A}(X)$. Soit $a = (a_n) \in \hat{A}(X)$; la famille $(a_n)_{n \geqslant 0}$ est sommable et $a = \sum_{n \geqslant 0} a_n$.

Pour tout entier $m \geqslant 0$, on note $\hat{A}_m(X)$ l'idéal formé des séries $a = \sum_{n \geqslant m} a_n$ telles que $a_n \in A^n(X)$ pour tout $n \geqslant m$. Cette suite d'idéaux est un système fondamental de voisinages de 0 dans $\hat{A}(X)$ et une filtration entière sur $\hat{A}(X)$. La fonction d'ordre associée à la filtration précédente est notée ω; on a donc $\omega(0) = +\infty$ et $\omega(a) = m$ si $a = \sum_{n \geqslant m} a_n$ avec $a_n \in A^n(X)$ pour tout $n \geqslant m$ et $a_m \neq 0$ (§ 4, n°s 1 et 2).

On dit que $\hat{A}(X)$ est l'*algèbre de Magnus* de l'ensemble X à coefficients dans K. Si une ambiguïté sur K est possible on écrira $\hat{A}_K(X)$.

PROPOSITION 1. — *Soit* B *une algèbre associative unifère, munie d'une filtration réelle* $(B_\alpha)_{\alpha \in \mathbf{R}}$ *pour laquelle* B *est séparée et complète* (§ 4, n°s 1 et 2). *Soit* f *une application de* X *dans* B, *telle qu'il existe* $\lambda > 0$ *pour lequel* $f(X) \subset B_\lambda$. *Alors* f *se prolonge d'une manière et d'une seule en un homomorphisme unifère continu* $\hat{f}$ *de* $\hat{A}(X)$ *dans* B.

Soit f' l'unique homomorphisme d'algèbre unifère de A(X) dans B prolongeant f (A, III, p. 22, prop. 7). Montrons que f' est *continu*: en effet, on a $f'(\mathrm{A}^n(\mathrm{X})) \subset \mathrm{B}_{n\lambda}$ d'où $f'(\hat{\mathrm{A}}_n(\mathrm{X}) \cap \mathrm{A}(\mathrm{X})) \subset \mathrm{B}_{n\lambda}$. Par suite, f' se prolonge d'une manière et d'une seule par continuité en un homomorphisme $\hat{f}$: $\hat{\mathrm{A}}(\mathrm{X}) \to \mathrm{B}$.

Conservons les hypothèses et notations de la prop. 1 et soit $u \in \hat{\mathrm{A}}(\mathrm{X})$. L'élément $\hat{f}(u)$ se note $u((f(x))_{x\in\mathrm{X}})$ et s'appelle le *résultat de la substitution des* $f(x)$ *aux* x *dans* u. En particulier, on a $u((x)_{x\in\mathrm{X}}) = u$. Soit maintenant $\boldsymbol{u} = (u_y)_{y\in\mathrm{Y}}$ une famille d'éléments de $\hat{\mathrm{A}}_1(\mathrm{X})$ et soit $v \in \hat{\mathrm{A}}(\mathrm{Y})$. Ce qui précède permet de définir l'élément $v((u_y)_{y\in\mathrm{Y}}) \in \hat{\mathrm{A}}(\mathrm{X})$. On le note $v \circ \boldsymbol{u}$. Comme $u_y((f(x))) \in \mathrm{B}_\lambda$, on peut substituer les éléments $u_y((f(x)))$ aux y dans v. Les applications $v \mapsto (v \circ \boldsymbol{u})((f(x)))$ et $v \mapsto v((u_y((f(x)))))$ sont alors deux homomorphismes continus d'algèbres unifères de $\hat{\mathrm{A}}(\mathrm{Y})$ dans B, et prennent la même valeur $u_y((f(x)))$ sur l'élément $y \in \mathrm{Y}$. Par suite (prop. 1), on a

$$(v \circ \boldsymbol{u})((f(x))) = v((u_y((f(x))))) \tag{2}$$

pour tout $v \in \hat{\mathrm{A}}(\mathrm{Y})$.

2. Groupe de Magnus

Pour tout $a = (a_n)_{n\geqslant 0}$ dans $\hat{\mathrm{A}}(\mathrm{X})$, l'élément a_0 de K sera appelé le *terme constant* de a, et noté $\varepsilon(a)$. La formule (1) montre que ε est un homomorphisme d'algèbre de $\hat{\mathrm{A}}(\mathrm{X})$ dans K.

Lemme 1. — *Pour qu'un élément a de* $\hat{\mathrm{A}}(\mathrm{X})$ *soit inversible, il faut et il suffit que son terme constant soit inversible dans* K.

Si a est inversible dans $\hat{\mathrm{A}}(\mathrm{X})$, $\varepsilon(a)$ est inversible dans K. Inversement, si $\varepsilon(a)$ est inversible dans K, il existe $u \in \hat{\mathrm{A}}_1(\mathrm{X})$ tel que $a = \varepsilon(a)(1 - u)$; posons $b = \left(\sum_{n\geqslant 0} u^n\right)\varepsilon(a)^{-1}$. On a $ab = ba = 1$, et a est inversible.

L'ensemble des éléments de $\hat{\mathrm{A}}(\mathrm{X})$ de terme constant 1 est donc un sous-groupe du monoïde multiplicatif $\hat{\mathrm{A}}(\mathrm{X})$, qu'on appelle le *groupe de Magnus* construit sur X (relativement à K). Dans ce chapitre, on le notera $\Gamma(\mathrm{X})$, ou simplement Γ. Pour tout entier $n \geqslant 1$, on note Γ_n l'ensemble des $a \in \Gamma$ tels que $\omega(a - 1) \geqslant n$. D'après la prop. 2 du § 4, n° 5, la suite $(\Gamma_n)_{n\geqslant 1}$ est une *filtration centrale entière sur* Γ.

3. Groupe de Magnus et groupe libre

Théorème 1. — *Soit r une application de* X *dans* $\hat{\mathrm{A}}(\mathrm{X})$ *telle que* $\omega(r(x)) \geqslant 2$ *pour tout* $x \in \mathrm{X}$. *L'unique homomorphisme g du groupe libre* F(X) *dans le groupe de Magnus* $\Gamma(\mathrm{X})$, *tel que* $g(x) = 1 + x + r(x)$ *pour tout* $x \in \mathrm{X}$, *est injectif.*

Démontrons d'abord trois lemmes.

Lemme 2. — Soit n un entier rationnel non nul. Dans l'anneau de séries formelles K[[t]], *on pose* $(1+t)^n = \sum_{j\geqslant 0} c_{j,n}t^j$. *Il existe un entier* $j \geqslant 1$ *tel que* $c_{j,n} \neq 0$.

Si $n > 0$, on a $c_{n,n} = 1$ d'après la formule du binôme.

Supposons $n < 0$ et posons $m = -n$. Si l'on avait $c_{j,n} = 0$ pour tout $j \geqslant 1$, on aurait $(1+t)^n = 1$, d'où en prenant l'inverse, $(1+t)^m = 1$, ce qui est contraire à la formule $c_{m,m} = 1$.

Lemme 3. — Soient $x_1, \ldots, x_s$ *des éléments de* X, *tels que* $s \geqslant 1$ *et* $x_i \neq x_{i+1}$ *pour* $1 \leqslant i \leqslant s-1$; *soient* $n_1, \ldots, n_s$ *des entiers rationnels non nuls. Alors l'élément* $\prod_{i=1}^{s}(1+x_i)^{n_i}$ *de* $\hat{A}(X)$ *est* $\neq 1$.

Soient $\mathfrak{m}$ un idéal maximal de K et k le corps $K/\mathfrak{m}$; soit $p\colon \hat{A}_K(X) \to \hat{A}_k(X)$ l'unique homomorphisme continu de K-algèbres unifères tel que $p(x) = x$ pour $x \in X$ (n° 1, prop. 1). Il suffit de prouver que $p(\Pi(1+x_i)^{n_i}) \neq 1$, et on est ramené au cas où K est un corps.

Avec les notations du lemme 2, on a:

$$\prod_{i=1}^{s}(1+x_i)^{n_i} = \sum_{b_i\geqslant 0} c_{b_1,n_1}\ldots c_{b_s,n_s}x_1^{b_1}\ldots x_s^{b_s}.$$

D'après le lemme 2, il existe des entiers $a_i > 0$ tels que $c_{a_i,n_i} \neq 0$ $(1 \leqslant i \leqslant s)$. D'après A, I, p. 84, prop. 6, aucun monôme $x_1^{b_1}\ldots x_s^{b_s}$ tel que $b_i \geqslant 0$ et $(b_1, \ldots, b_s) \neq (a_1, \ldots, a_s)$ ne peut être égal à $x_1^{a_1}\ldots x_s^{a_s}$. Il s'ensuit que le coefficient de $x_1^{a_1}\ldots x_s^{a_s}$ dans $\prod_{i=1}^{s}(1+x_i)^{n_i}$ est $c_{a_1,n_1}\ldots c_{a_s,n_s} \neq 0$, ce qui entraîne le résultat.

Lemme 4. — Soit σ *l'endomorphisme continu de* $\hat{A}(X)$ *tel que* $\sigma(x) = x + r(x)$ *pour* $x \in X$ (n° 1, prop. 1). *Alors* σ *est un automorphisme et* $\sigma(\hat{A}_m(X)) = \hat{A}_m(X)$ *pour tout* $m \in \mathbf{N}$.

On a $\sigma(x) \equiv x$ mod. $\hat{A}_2(X)$ pour $x \in X$, d'où, pour $n \geqslant 1$ et $x_1, \ldots, x_n$ dans X,

$$\sigma(x_1)\ldots\sigma(x_n) \equiv x_1\ldots x_n \quad \text{mod. } \hat{A}_{n+1}(X);$$

il en résulte par linéarité que $\sigma(a) \equiv a$ modulo $\hat{A}_{n+1}(X)$ pour tout $a \in A^n(X)$, et en particulier $\sigma(A^n(X)) \subset \hat{A}_n(X)$. On en déduit $\sigma(A^m(X)) \subset \hat{A}_n(X)$ pour $m \geqslant n$, d'où $\sigma(\hat{A}_n(X)) \subset \hat{A}_n(X)$. Autrement dit, σ est compatible avec la filtration $(\hat{A}_m(X))$ de A(X) et sa restriction au gradué associé est l'identité. Donc σ est bijectif (AC, III, § 2, n° 8, cor. 3 du th. 1).

Démontrons enfin le théorème 1. Soit $w \neq 1$ un élément de F(X). D'après A, I, p. 84, prop. 7, il existe $x_1, \ldots, x_s$ dans X et des entiers rationnels non nuls $n_1, \ldots, n_s$, tels que $s \geqslant 1$, $x_i \neq x_{i+1}$ $(1 \leqslant i \leqslant s-1)$, et

$$w = x_1^{n_1}\ldots x_s^{n_s}.$$

Avec les notations du lemme 4, on a

$$g(w) = \prod (1 + \sigma(x_i))^{n_i} = \sigma\left(\prod (1 + x_i)^{n_i}\right),$$

donc $g(w) \neq 1$ d'après les lemmes 3 et 4.

4. Suite centrale descendante d'un groupe libre

Nous allons démontrer les deux théorèmes suivants:

THÉORÈME 2. — *On suppose que dans l'anneau* K, *la relation* $n \cdot 1 = 0$ *entraîne* $n = 0$ *pour tout entier* n. *Soit* r *une application de* X *dans* $\hat{A}(X)$ *telle que* $\omega(r(x)) \geqslant 2$ *pour* $x \in X$, *et soit* g *l'homomorphisme de* F(X) *dans le groupe de Magnus* $\Gamma(X)$ *tel que* $g(x) = 1 + x + r(x)$ *pour* $x \in X$. *Pour tout* $n \geqslant 1$, $C^nF(X)$ *est l'image réciproque par* g *du sous-groupe* $1 + \hat{A}_n(X)$ *de* $\Gamma(X)$.

THÉORÈME 3.—*Pour tout* $x \in X$, *soit* $c(x)$ *l'image canonique de* x *dans* $F(X)/(F(X), F(X))$. *Soit* $\mathfrak{g}$ *la* **Z**-*algèbre de Lie graduée associée à la filtration* $(C^nF(X))_{n \geqslant 1}$ *de* F(X) (§ 4, nº 6). *L'unique homomorphisme de la* **Z**-*algèbre de Lie libre* $L_{\mathbf{Z}}(X)$ *dans* $\mathfrak{g}$ *qui prolonge* c *est un isomorphisme.*

En termes imagés, la **Z**-algèbre de Lie graduée associée au groupe libre F(X) (muni de la suite centrale descendante) est la **Z**-algèbre de Lie libre $L_{\mathbf{Z}}(X)$.

Posons $F(X) = F$, $\Gamma(X) = \Gamma$, $\hat{A}(X) = \hat{A}$, $\hat{A}_{\mathbf{Z}}(X) = \hat{A}_{\mathbf{Z}}$, $C^nF(X) = C^n$, $\Gamma_n = 1 + \hat{A}_n(X)$, et soit $\alpha: L_{\mathbf{Z}}(X) \to \mathfrak{g}$ l'homomorphisme introduit dans l'énoncé du th. 3.

A) *Réductions préliminaires.*

Notons γ l'homomorphisme de F dans Γ défini par $\gamma(x) = 1 + x$ pour $x \in X$. D'après le lemme 4, il existe un automorphisme σ de l'algèbre $\hat{A}$ respectant la filtration de $\hat{A}$ et tel que $\sigma(1 + x) = g(x)$ pour tout $x \in X$; on a $\sigma(\Gamma_n) = \Gamma_n$ pour tout n. Comme les homomorphismes g et $\sigma \circ \gamma$ de F dans Γ coïncident dans X, on a $g = \sigma \circ \gamma$, donc $g^{-1}(\Gamma_n) = \gamma^{-1}(\Gamma_n)$. Sous les hypothèses du th. 2, on peut identifier **Z** à un sous-anneau de K; l'algèbre de Magnus $\hat{A}_{\mathbf{Z}}$ s'identifie donc à un sous-anneau de $\hat{A}$, la filtration de $\hat{A}_{\mathbf{Z}}$ étant induite par celle de $\hat{A}$. Comme γ applique F dans $\hat{A}_{\mathbf{Z}}$, on voit qu'il suffit de prouver les th. 2 et 3 sous les hypothèses supplémentaires $K = \mathbf{Z}$ et $r = 0$, donc $g = \gamma$, *hypothèses que nous ferons désormais.*

B) *Surjectivité de* α.

Comme X engendre le groupe $F = C^1$, l'ensemble $c(X)$ engendre le **Z**-module $\mathfrak{g}^1 = C^1/C^2$. Or $\mathfrak{g}^1$ engendre la **Z**-algèbre de Lie $\mathfrak{g}$ (§ 4, nº 6, prop. 5), donc $c(X)$ engendre $\mathfrak{g}$, ce qui prouve que α est surjectif.

C) Identifions l'algèbre graduée $\mathrm{gr}(\hat{A})$ à A(X) par les isomorphismes canoniques $A^n(X) \to \hat{A}_n/\hat{A}_{n+1}$. Pour tout entier $n \geqslant 1$, posons $F^n = \gamma^{-1}(\Gamma_n)$; on sait (§ 4, n° 5) que $(F^n)_{n\geqslant 1}$ est une filtration centrale entière sur F. Notons $\mathfrak{g}'$ la **Z**-algèbre de Lie graduée associée (§ 4, n° 4). Soit f l'homomorphisme d'algèbres de Lie de $\mathfrak{g}'$ dans A(X) associé à γ (§ 4, n° 5, prop. 3). Or, on a $C^n \subset F^n$ pour tout entier $n \geqslant 1$ (§ 4, n° 6, prop. 4), d'où un homomorphisme canonique ε de $\mathfrak{g} = \bigoplus_{n\geqslant 1} C^n/C^{n+1}$ dans $\mathfrak{g}' = \bigoplus_{n\geqslant 1} F^n/F^{n+1}$

$$L_{\mathbf{Z}}(X) \xrightarrow{\alpha} \mathfrak{g} \xrightarrow{\varepsilon} \mathfrak{g}' \xrightarrow{f} A(X).$$

On pose $\beta = f \circ \varepsilon$; on peut expliciter β ainsi: si u est la classe modulo C^{n+1} d'un élément w de C^n, alors $\gamma(w) - 1$ est d'ordre $\geqslant n$ dans $\hat{A}$ et $\beta(u)$ est la composante homogène de degré n de $\gamma(w) - 1$. En particulier, on a

$$(3) \qquad \beta(c(x)) = x \qquad \text{pour tout } x \in X.$$

D) *Démonstration des théorèmes* 2 *et* 3.

L'homomorphisme d'algèbres de Lie $\beta \circ \alpha : L_{\mathbf{Z}}(X) \to A(X)$ a pour restriction à X l'identité d'après (3), donc est l'*injection canonique* (§ 3, n° 1). Par suite, α est injectif, donc bijectif d'après B); ceci démontre le th. 3. Comme $\beta \circ \alpha = f \circ \varepsilon \circ \alpha$ est injectif et que α est bijectif, ε est injectif. Pour tout $n \geqslant 1$,

$$\varepsilon_n : C^n/C^{n+1} \to F^n/F^{n+1}$$

est injectif, donc

$$C^n \cap F^{n+1} = C^{n+1}.$$

On a $C^1 = F = F^1$; si $C^n = F^n$, on a $C^n \cap F^{n+1} = F^{n+1}$ d'où $C^{n+1} = F^{n+1}$, ce qui démontre le th. 2 par récurrence sur $n \geqslant 1$.

COROLLAIRE. — *On a*

$$\bigcap_{n\geqslant 1} C^nF(X) = \{e\}.$$

En effet, appliquant le th. 2 pour K = **Z** et $r = 0$, on a

$$\bigcap_{n\geqslant 1} C^nF(X) = \bigcap_{n\geqslant 1} g^{-1}(1 + \hat{A}_n(X)) = g^{-1}\Big(\bigcap_{n\geqslant 1} (1 + \hat{A}_n(X))\Big) = g^{-1}(1) = \{e\}.$$

Remarque. — Soit H un ensemble de Hall relatif à X (§ 2, n° 10). Soit M le magma défini par la loi de composition $(x, y) \mapsto (x, y) = x^{-1}y^{-1}xy$ sur F(X), et soit φ l'homomorphisme de M(X) dans M dont la restriction à X est l'identité. Les éléments de $\varphi(H)$ s'appellent les *commutateurs basiques* de F(X) associés à l'ensemble de Hall H. Pour tout entier $n \geqslant 1$, soit H_n la partie de H formée des éléments de longueur n; on sait (§ 2, n° 11, th. 1) que l'application canonique de H_n dans $L_{\mathbf{Z}}(X)$ est une base du groupe abélien $L^n_{\mathbf{Z}}(X)$. De plus, on a $\varphi(H_n) \subset C^n$; pour tout $m \in H_n$, notons $\varphi_n(m)$ la classe mod. C^{n+1} de $\varphi(m) \in C^n$. Le th. 3 montre alors que φ_n *est une bijection de* H_n *sur une base du groupe abélien* C^n/C^{n+1}. On déduit aussitôt de là que, pour tout $w \in \mathrm{F}(\mathrm{X})$, et tout $i \geqslant 1$, il existe un élément unique α_i de $\mathbf{Z}^{(\mathrm{H}_i)}$ tel que, pour tout $n \geqslant 1$, on ait

$$(4) \qquad w = \prod_{i=1}^{n} \prod_{m \in \mathrm{H}_i} \varphi(m)^{\alpha_i(m)} \quad \text{mod. } \mathrm{C}^{n+1},$$

où le produit est calculé suivant l'ordre total donné sur H.

Exemple. — Supposons que X soit un ensemble à deux éléments x, y et prenons $\mathrm{H}_1 = \{x, y\}$, $\mathrm{H}_2 = \{xy\}$. Tout élément w de F(X) peut donc s'écrire

$$w \equiv x^a y^b (x, y)^c \text{ mod. } \mathrm{C}^3 \qquad \text{avec } a, b, c \text{ dans } \mathbf{Z}.$$

Pour $w = (xy)^n$, on a $a = b = n$ et $c = n(1 - n)/2$ (cf. exerc. 9), d'où

$$(xy)^n \equiv x^n y^n (x, y)^{n(1-n)/2} \text{ mod. } \mathrm{C}^3.$$

5. *p*-filtration des groupes libres

Dans ce n°, on note p un nombre premier et l'on suppose $\mathrm{K} = \mathbf{F}_p$. Soit γ l'homomorphisme de F(X) dans $\Gamma(\mathrm{X})$ défini par $\gamma(x) = 1 + x$ pour x dans X; posons $\mathrm{F}_n^{(p)}(\mathrm{X}) = \gamma^{-1}(1 + \hat{\mathrm{A}}_n(\mathrm{X}))$. La suite $(\mathrm{F}_n^{(p)}(\mathrm{X}))_{n \geqslant 1}$ est une filtration centrale entière sur F(X), qui est *séparée* car γ est injectif (n° 3, th. 1). On l'appelle la *p-filtration* de F(X).

PROPOSITION 2. — *Supposons* X *fini. Pour tout entier* $n \geqslant 1$, *le groupe* $\mathrm{F}(\mathrm{X})/\mathrm{F}_n^{(p)}(\mathrm{X})$ *est un p-groupe fini de classe de nilpotence* $\leqslant n$.

Raisonnant par récurrence sur n, il suffit de prouver que $\mathrm{F}_n^{(p)}(\mathrm{X})/\mathrm{F}_{n+1}^{(p)}(\mathrm{X})$ est un p-groupe commutatif fini pour tout $n \geqslant 1$. Pour tout $w \in \mathrm{F}_n^{(p)}(\mathrm{X})$, l'élément $\gamma(w) - 1$ de $\hat{\mathrm{A}}(\mathrm{X})$ est d'ordre $\geqslant n$; on note $\delta_n(w)$ la composante homogène de degré n de $\gamma(w) - 1$. L'application $\delta_n \colon \mathrm{F}_n^{(p)}(\mathrm{X}) \to \mathrm{A}^n(\mathrm{X})$ est un homomorphisme de noyau $\mathrm{F}_{n+1}^{(p)}(\mathrm{X})$ (§ 4, n° 5, prop. 3), donc $\mathrm{F}_n^{(p)}(\mathrm{X})/\mathrm{F}_{n+1}^{(p)}(\mathrm{X})$ est isomorphe à un sous-groupe de $\mathrm{A}^n(\mathrm{X})$. Puisque X est fini, $\mathrm{A}^n(\mathrm{X})$ est un espace vectoriel de dimension finie sur $\mathbf{F}_p$, donc un p-groupe commutatif fini et il en est de même de $\mathrm{F}_n^{(p)}(\mathrm{X})/\mathrm{F}_{n+1}^{(p)}(\mathrm{X})$.

PROPOSITION 3. — *Pour tout* $w \neq 1$ *dans* F(X), *il existe un p-groupe fini* G *et un homomorphisme* f *de* F(X) *dans* G *tel que* $f(w) \neq 1$.

Il existe des éléments $x_1, \ldots, x_r$ de X et des entiers $n_1, \ldots, n_r$ tels que $w = x_1^{n_1} \ldots x_r^{n_r}$. Soit $\mathrm{Y} = \{x_1, \ldots, x_r\}$. L'injection canonique de Y dans X se prolonge en un homomorphisme $\alpha \colon \mathrm{F}(\mathrm{Y}) \to \mathrm{F}(\mathrm{X})$; par ailleurs, soit β l'homomorphisme de F(X) dans F(Y) dont la restriction à Y est l'identité et qui applique X − Y dans {1}. On a $\beta(\alpha(y)) = y$ pour $y \in \mathrm{Y}$, donc $\beta \circ \alpha$ est l'automorphisme identique de F(Y). Il existe évidemment w' dans F(Y) tel que

$w = \alpha(w')$; alors $\beta(w) = w' \neq 1$; or on a $\bigcap_{n \geqslant 1} F_n^{(p)}(Y) = \{1\}$ et il existe donc un entier $n \geqslant 1$ tel que $\beta(w) \notin F_n^{(p)}(Y)$. D'après la prop. 2, le groupe $G = F(Y)/F_n^{(p)}(Y)$ est un p-groupe fini. Si f est le composé de β et de l'homomorphisme canonique de $F(Y)$ sur G, on a $f(w) \neq 1$.

COROLLAIRE. — *L'intersection des sous-groupes distingués d'indice fini de* $F(X)$ *est réduite à* $\{1\}$.

§ 6. La série de Hausdorff

On suppose dans ce paragraphe que K *est un corps de caractéristique* 0.

1. Exponentielle et logarithme dans les algèbres filtrées

Soit A une algèbre associative unifère, séparée et complète pour une filtration réelle (A_α). On pose $\mathfrak{m} = A_0^+ = \bigcup_{\alpha > 0} A_\alpha$.

Pour $x \in \mathfrak{m}$, la famille $(x^n/n!)_{n \in \mathbf{N}}$ est sommable. On pose

(1) $$e^x = \exp x = \sum_{n \geqslant 0} x^n/n!.$$

On a $\exp(x) \in 1 + \mathfrak{m}$, et l'application $\exp\colon \mathfrak{m} \to 1 + \mathfrak{m}$ est dite *application exponentielle* de A.

Pour tout $y \in 1 + \mathfrak{m}$, la famille $((-1)^{n-1}(y-1)^n/n)_{n \geqslant 1}$ est sommable. On pose

(2) $$\log y = \sum_{n \geqslant 1} (-1)^{n-1}(y-1)^n/n.$$

On a $\log y \in \mathfrak{m}$, et l'application $\log\colon 1 + \mathfrak{m} \to \mathfrak{m}$ est dite *application logarithme* de A.

PROPOSITION 1. — *L'application exponentielle est un homéomorphisme de* $\mathfrak{m}$ *sur* $1 + \mathfrak{m}$ *et l'application logarithme en est l'homéomorphisme réciproque.*

Pour $x \in A_\alpha$, on a $\dfrac{x^n}{n!} \in A_{n\alpha}$. Il en résulte que la série définissant l'exponentielle converge uniformément dans chacun des ensembles A_α pour $\alpha > 0$; comme A_α est ouvert dans $\mathfrak{m}$ et que $\mathfrak{m} = \bigcup_{\alpha > 0} A_\alpha$, l'application exponentielle est continue. On montre de même que l'application logarithme est continue.

Soient e et l les séries formelles sans terme constant

$$e(X) = \sum_{n \geqslant 1} \frac{X^n}{n!} \qquad l(X) = \sum_{n \geqslant 1} (-1)^{n-1}X^n/n.$$

On sait (A, IV, § 6, n° 9, n^elle édition) que l'on a $e(l(X)) = l(e(X)) = X$ dans $\hat{A}(\{X\}) = K[[X]]$. Par substitution (§ 5, n° 1), on en déduit $e(l(x)) = l(e(x)) = x$ pour $x \in \mathfrak{m}$; comme on a

$$\exp x = e(x) + 1, \qquad \log(1 + x) = l(x)$$

on en déduit immédiatement

$$\log \exp x = x, \qquad \exp \log(1 + x) = 1 + x$$

pour x dans $\mathfrak{m}$, d'où la proposition.

Remarques.—1) Si $x \in \mathfrak{m}$, $y \in \mathfrak{m}$ et si x et y commutent, on a $\exp(x + y) = \exp(x)\exp(y)$, la famille $\left(\frac{x^i}{i!}\cdot\frac{y^j}{j!}\right)_{i,j \in \mathbf{N}}$ étant sommable (cf. A, IV, § 6, n° 9, prop. 11).

2) Comme les séries e et l sont sans terme constant et que A_α est un idéal fermé de A, on a $\exp A_\alpha \subset 1 + A_\alpha$ et $\log(1 + A_\alpha) \subset A_\alpha$ d'où $\exp A_\alpha = 1 + A_\alpha$ et $\log(1 + A_\alpha) = A_\alpha$ pour $\alpha > 0$.

3) Soient B une algèbre associative unifère filtrée, séparée et complète, et $\mathfrak{n} = \bigcup_{\alpha > 0} B_\alpha$. Soit f un homomorphisme unifère continu de A dans B tel que $f(\mathfrak{m}) \subset \mathfrak{n}$. On a $f(\exp x) = \exp f(x)$ pour $x \in \mathfrak{m}$ et $f(\log y) = \log f(y)$ pour $y \in 1 + \mathfrak{m}$; démontrons par exemple la première de ces formules:

$$f(\exp x) = \sum_{n \geqslant 0} f(x^n)/n! = \sum_{n \geqslant 0} f(x)^n/n! = \exp f(x).$$

4) Soit E une algèbre associative unifère. Si a est un élément nilpotent de E, la famille $\left(\frac{a^n}{n!}\right)_{n \in \mathbf{N}}$ est à support fini et on pose $\exp a = \sum_{n \geqslant 0} a^n/n!$. On dit qu'un élément b est unipotent si $b - 1$ est nilpotent; on pose alors $\log b = \sum_{n \geqslant 1} (-1)^{n-1}(b - 1)^n/n$. On déduit des relations $e(l(X)) = l(e(X)) = X$ que l'application $a \mapsto \exp a$ est une bijection de l'ensemble des éléments nilpotents de E sur l'ensemble des éléments unipotents de E, et que $b \mapsto \log b$ en est l'application réciproque.

2. Groupe de Hausdorff

Soit X un ensemble. Reprenons les notations du § 5, n°s 1 et 2. On identifie l'algèbre de Lie libre L(X) à son image canonique dans A(X) (§ 3, n° 1, th. 1). On notera $\hat{L}(X)$ l'adhérence de L(X) dans $\hat{A}(X)$, c'est-à-dire l'ensemble des éléments de $\hat{A}(X)$ de la forme $a = \sum_{n \geqslant 1} a_n$ tels que $a_n \in L^n(X)$ pour tout $n \geqslant 0$; c'est une sous-algèbre de Lie filtrée de $\hat{A}(X)$.

THÉORÈME 1. — *La restriction de l'application exponentielle de* $\hat{A}(X)$ *à* $\hat{L}(X)$ *est une bijection de* $\hat{L}(X)$ *sur un sous-groupe fermé du groupe de Magnus* $\Gamma(X)$.

Posons $A(X) = A$, $A^n(X) = A^n$, $\hat{A}(X) = \hat{A}$, $L^n(X) = L^n$, $\hat{L}(X) = \hat{L}$, $\Gamma(X) = \Gamma$. Soit B l'algèbre $A \otimes A$ munie de la graduation de type **N** définie par $B^n = \sum_{i+j=n} A^i \otimes A^j$. Soit $\hat{B} = \prod_{n \geqslant 0} B^n$ l'algèbre filtrée complète associée (AC, III, § 2, n° 12, *Exemple* 1). Le coproduit $c\colon A \to A \otimes A$ défini au § 3, n° 1, cor. 1 du th. 1, est gradué de degré 0, donc se prolonge par continuité en un homomorphisme $\hat{c}\colon \hat{A} \to \hat{B}$ donné par

$$\hat{c}\Big(\sum_{n\geqslant 0} a_n\Big) = \sum_{n\geqslant 0} c(a_n) \qquad \text{pour } a_n \in A^n.$$

On définit aussi les homomorphismes continus δ' et δ'' de $\hat{A}$ dans $\hat{B}$ par

$$\delta'\Big(\sum_{n\geqslant 0} a_n\Big) = \sum_{n\geqslant 0} (a_n \otimes 1), \qquad \delta''\Big(\sum_{n\geqslant 0} a_n\Big) = \sum_{n\geqslant 0} (1 \otimes a_n) \qquad \text{pour } a_n \in A^n.$$

D'après le cor. 2 du th. 1 du § 3, n° 1, L^n est l'ensemble des $a_n \in A^n$ tels que $c(a_n) = a_n \otimes 1 + 1 \otimes a_n$. Il en résulte que $\hat{L}$ est l'ensemble des $a \in \hat{A}$ tels que

$$\hat{c}(a) = \delta'(a) + \delta''(a). \tag{3}$$

Soit Δ l'ensemble des $b \in \hat{A}$ de terme constant égal à 1 et satisfaisant à la relation

$$\hat{c}(b) = \delta'(b)\,.\,\delta''(b), \tag{4}$$

autrement dit, l'ensemble des $b = \sum_{n\geqslant 0} b_n$ tels que $b_n \in A^n$ pour tout $n \geqslant 0$, $b_0 = 1$ et $c(b_n) = \sum_{i+j=n} b_i \otimes b_j$ pour $n \geqslant 0$. Cette dernière caractérisation montre que Δ est une partie fermée de Γ; comme $\hat{c}$, δ' et δ'' sont des homomorphismes d'anneaux, et que tout élément de $\delta'(\hat{A})$ commute à tout élément de $\delta''(\hat{A})$, les restrictions à Γ des applications $\hat{c}$ et $\delta'\delta''$ sont des homomorphismes de groupes et Δ est un sous-groupe de Γ.

D'après la prop. 1 du n° 1, l'application exponentielle de $\hat{A}$ est une bijection de l'ensemble $\hat{A}^+$ des éléments de $\hat{A}$ sans terme constant sur Γ. Soient $a \in \hat{A}^+$ et $b = \exp a$. Comme $\hat{c}$ est un homomorphisme continu d'anneaux, on a

$$\hat{c}(b) = \hat{c}\Big(\sum_{n\geqslant 0} a^n/n!\Big) = \sum_{n\geqslant 0} \hat{c}(a)^n/n! = \exp \hat{c}(a).$$

On prouve de même les relations

$$\delta'(b) = \exp \delta'(a), \quad \delta''(b) = \exp \delta''(a),$$

et comme $\delta'(a)$ commute à $\delta''(a)$, on a (n° 1, *Remarque* 1)

$$\delta'(b)\delta''(b) = \exp\,(\delta'(a) + \delta''(a)).$$

Par suite, a satisfait à (3) si et seulement si b satisfait à (4), ce qui démontre le théorème.

Remarque. — La démonstration précédente montre que $\exp(\hat{L})$ est le sous-groupe Δ de Γ formé des b satisfaisant à (4).

On peut donc transporter par l'application exponentielle la loi de groupe de Δ à $\hat{L}$. Autrement dit, $\hat{L}$ est un groupe topologique complet pour la loi de composition $(a, b) \mapsto a \,\mathrm{H}\, b$ donnée par

$$a \,\mathrm{H}\, b = \log(\exp a . \exp b).$$

Le groupe topologique ainsi obtenu s'appelle le *groupe de Hausdorff* (déduit de X relativement à K).

Soit g l'homomorphisme du groupe libre $F = F(X)$ dans Γ tel que $g(x) = \exp x$ pour $x \in X$. Comme $\exp x - 1 - x = \sum_{n \geqslant 2} x^n/n!$ est d'ordre $\geqslant 2$, g est injectif d'après le th. 1 du § 5, n° 3. Par suite, *l'application* $\log \circ g$ *est un homomorphisme injectif de* F *dans le groupe de Hausdorff qui prolonge l'injection canonique* $X \to \hat{L}$.

Pour tout entier $m \geqslant 1$, on note $\hat{L}_m$ l'ensemble des éléments d'ordre $\geqslant m$ de $\hat{L}$ et Γ_m l'ensemble des $u \in \Gamma$ tels que $u - 1$ soit d'ordre $\geqslant m$. On a $\hat{L}_m = \exp^{-1}(\Gamma_m)$ d'après la *Remarque* 2 du n° 1; comme $(\Gamma_m)_{m \geqslant 1}$ est une filtration centrale entière sur Γ (§ 4, n° 5, prop. 2), $(\hat{L}_m)_{m \geqslant 1}$ *est une filtration centrale entière sur le groupe* $\hat{L}$.

3. Séries formelles de Lie

Lemme 1. — *Soient* $\mathfrak{g}$ *une algèbre de Lie filtrée* (§ 4, n° 1), $(\mathfrak{g}_\alpha)_{\alpha \in \mathbf{R}}$ *sa filtration, et soit* $\alpha \in \mathbf{R}$. *Soit* P *un polynôme de Lie homogène de degré* n *en les indéterminées* $(T_i)_{i \in I}$ (§ 2, n° 4). *On a* $P((a_i)) \in \mathfrak{g}_{n\alpha}$ *pour toute famille* $(a_i)_{i \in I}$ *d'éléments de* $\mathfrak{g}_\alpha$.

Tout polynôme de Lie de degré $n \geqslant 2$ est somme finie de termes de la forme $[Q, R]$ où Q et R sont de degré $< n$ et dont la somme des degrés est égale à n (§ 2, n° 7, prop. 7). Le lemme en résulte par récurrence sur n.

On appelle *série formelle de Lie*[1] (à coefficients dans K) *en les indéterminées* $(T_i)_{i \in I}$ tout élément de l'algèbre de Lie $\hat{L}((T_i)_{i \in I}) = \hat{L}(I)$. Un tel élément u s'écrit de manière unique comme somme d'une famille sommable $(u_\nu)_{\nu \in \mathbf{N}^{(I)}}$ où $u_\nu \in L^\nu(I)$.

Supposons I *fini*. Soit $\mathfrak{g}$ une algèbre de Lie filtrée séparée et complète, telle que $\mathfrak{g} = \bigcup_{\alpha > 0} \mathfrak{g}_\alpha$; soit $\boldsymbol{t} = (t_i)_{i \in I}$ une famille d'éléments de $\mathfrak{g}$.

PROPOSITION 2. — *L'homomorphisme* $f_{\boldsymbol{t}} \colon L(I) \to \mathfrak{g}$ *tel que* $f_{\boldsymbol{t}}(T_i) = t_i$ (§ 2, n° 4) *se prolonge par continuité en un homomorphisme continu, et un seul,* $f_{\boldsymbol{t}}$ *de* $\hat{L}(I)$ *dans* $\mathfrak{g}$.

En effet, il existe $\alpha > 0$ tel que $t_i \in \mathfrak{g}_\alpha$ pour tout $i \in I$; on a donc $f_{\boldsymbol{t}}(L^\nu(I)) \subset \mathfrak{g}_{|\nu|\alpha}$ pour tout ν (lemme 1), ce qui entraîne la continuité de $f_{\boldsymbol{t}}$.

C.Q.F.D.

[1] Une série formelle de Lie n'est pas en général une série formelle au sens de A, IV, § 6.

Si $u \in \hat{L}(I)$, on pose $u((t_i)) = f_t(u)$. En particulier, prenant $\mathfrak{g} = \hat{L}(I)$, on a $u = u((T_i))$; dans le cas général, on dit que $u((t_i))$ est le résultat de la substitution des t_i aux T_i dans la série formelle de Lie $u((T_i))$. Si $u = \sum_{\nu \in \mathbf{N}^{(I)}} u_\nu$, avec $u_\nu \in L^\nu(X)$, la famille $(u_\nu((t_i)))_{\nu \in \mathbf{N}^{(I)}}$ est sommable et

(5) $$u((t_i)) = \sum_{\nu \in \mathbf{N}^I} u_\nu((t_i)).$$

Soit σ un homomorphisme continu de $\mathfrak{g}$ dans une algèbre de Lie filtrée séparée et complète $\mathfrak{g}'$, telle que $\mathfrak{g}' = \bigcup_{\alpha > 0} \mathfrak{g}'_\alpha$. Pour toute famille *finie* $\boldsymbol{t} = (t_i)_{i \in I}$ d'éléments de $\mathfrak{g}$ et tout $u \in \hat{L}(I)$, on a

(6) $$\sigma(u((t_i))) = u((\sigma(t_i))),$$

car l'homomorphisme $\sigma \circ f_t$ est continu et applique T_i sur $\sigma(t_i)$, pour $i \in I$.

Soit $\boldsymbol{u} = (u_j)_{j \in J}$ une famille *finie* d'éléments de $\hat{L}(I)$ et soit $v \in \hat{L}(J)$; par substitution des u_j aux T_j dans v, on obtient un élément $w = v((u_j)_{j \in J})$ de $\hat{L}(I)$ noté $v \circ \boldsymbol{u}$. On a

(7) $$w((t_i)_{i \in I}) = v((u_j((t_i)_{i \in I}))_{j \in J}),$$

pour toute famille *finie* $\boldsymbol{t} = (t_i)_{i \in I}$ d'éléments de $\mathfrak{g}$, comme on le voit en transformant par l'homomorphisme continu f_t l'égalité $w = v((u_j)_{j \in J})$.

Soit $u = \sum_{\nu \in \mathbf{N}^I} u_\nu \in \hat{L}(I)$, avec $u_\nu \in L^\nu(I)$. L'application $\tilde{u}: (t_i) \mapsto u((t_i))$ de $\mathfrak{g}^I$ dans $\mathfrak{g}$ est *continue* : en effet, dans chacun des ouverts $\mathfrak{g}_\alpha$ pour $\alpha > 0$, la famille des $\tilde{u}_\nu$ est uniformément sommable et il suffit de prouver que chaque $\tilde{u}_\nu$ est continue, ce qui est immédiat par récurrence sur $|\nu|$.

4. La série de Hausdorff

Soit $\{U, V\}$ un ensemble à deux éléments.

DÉFINITION 1. — *L'élément* $H = U \,{\scriptstyle H}\, V = \log(\exp U . \exp V)$ (n° 2) *de l'algèbre de Lie* $\hat{L}_{\mathbf{Q}}(\{U, V\})$ *s'appelle la série de Hausdorff en les indéterminées* U *et* V.

On désigne par H_n (resp. $H_{r,s}$) la composante homogène de degré total n (resp. de multidegré (r, s)) de H. On a

(8) $$H = \sum_{n \geqslant 0} H_n = \sum_{r,s \geqslant 0} H_{r,s} \qquad H_n = \sum_{\substack{r+s=n \\ r,s \geqslant 0}} H_{r,s}.$$

THÉORÈME 2. — *Si r et s sont deux entiers positifs, tels que $r + s \geqslant 1$, on a* $H_{r,s} = H'_{r,s} + H''_{r,s}$ *avec*

(9) $(r+s)\,H'_{r,s} =$

$$\sum_{m\geqslant 1} \frac{(-1)^{m-1}}{m} \sum_{\substack{r_1+\cdots+r_m=r\\ s_1+\cdots+s_{m-1}=s-1\\ r_1+s_1\geqslant 1,\ldots,r_{m-1}+s_{m-1}\geqslant 1}} \left(\left(\prod_{i=1}^{m-1} \frac{(\mathrm{ad}\,U)^{r_i}}{r_i!}\frac{(\mathrm{ad}\,V)^{s_i}}{s_i!}\right)\frac{(\mathrm{ad}\,U)^{r_m}}{r_m!}\right)(V)$$

(10) $(r+s)\,H''_{r,s} =$

$$\sum_{m\geqslant 1} \frac{(-1)^{m-1}}{m} \sum_{\substack{r_1+\cdots+r_{m-1}=r-1\\ s_1+\cdots+s_{m-1}=s\\ r_1+s_1\geqslant 1,\ldots,r_{m-1}+s_{m-1}\geqslant 1}} \left(\prod_{i=1}^{m-1} \frac{(\mathrm{ad}\,U)^{r_i}}{r_i!}\frac{(\mathrm{ad}\,V)^{s_i}}{s_i!}\right)(U).$$

Dans $\hat{A}_{\mathbf{Q}}(\{U, V\})$, on a $\exp U.\exp V = 1 + W$ avec $W = \sum_{r+s\geqslant 1} \frac{U^r}{r!}\frac{V^s}{s!}$, d'où $H = \sum_{m\geqslant 1} (-1)^{m-1}W^m/m$ (n° 2), c'est-à-dire:

(11) $$H_{r,s} = \sum_{m\geqslant 1} \frac{(-1)^{m-1}}{m} \sum_{\substack{r_1+\cdots+r_m=r\\ s_1+\cdots+s_m=s\\ r_1+s_1\geqslant 1,\ldots,r_m+s_m\geqslant 1}} \prod_{i=1}^{m} \frac{U^{r_i}}{r_i!}\frac{V^{s_i}}{s_i!}.$$

L'application linéaire P_n, définie par $P_n(x_1,\ldots,x_n) = \frac{1}{n}\left(\prod_{i=1}^{n-1} (\mathrm{ad}\,x_i)\right)(x_n)$ pour $n \geqslant 1$ et $x_1, \ldots, x_n$ dans $\{U, V\}$, est un projecteur de $A^n_{\mathbf{Q}}(\{U, V\})$ sur $L^n_{\mathbf{Q}}(\{U,V\})$ (§ 3, n° 2, cor. de la prop. 1); comme $H_{r,s}$ appartient à $L^{r+s}_{\mathbf{Q}}(\{U, V\})$, on a $H_{r,s} = P_{r+s}(H_{r,s})$. Or, on a

(12) $$P_{r+s}\left(\prod_{i=1}^{m} \frac{U^{r_i}}{r_i!}\frac{V^{s_i}}{s_i!}\right) = \frac{1}{r+s}\left(\left(\prod_{i=1}^{m-1} \frac{(\mathrm{ad}\,U)^{r_i}}{r_i!}\frac{(\mathrm{ad}\,V)^{s_i}}{s_i!}\right)\frac{(\mathrm{ad}\,U)^{r_m}}{r_m!}\frac{(\mathrm{ad}\,V)^{s_m-1}}{s_m!}\right)(V)$$

lorsque $s_m \geqslant 1$, et

(13) $$P_{r+s}\left(\prod_{i=1}^{m} \frac{U^{r_i}}{r_i!}\frac{V^{s_i}}{s_i!}\right) = \frac{1}{r+s}\left(\left(\prod_{i=1}^{m-1} \frac{(\mathrm{ad}\,U)^{r_i}}{r_i!}\frac{(\mathrm{ad}\,V)^{s_i}}{s_i!}\right)\frac{(\mathrm{ad}\,U)^{r_m-1}}{r_m!}\right)(U)$$

lorsque $r_m \geqslant 1$ et $s_m = 0$. De plus, on a évidemment $(\mathrm{ad}\,t)^{p-1}.t = 0$ si $p \geqslant 2$ et $(\mathrm{ad}\,t)^0.t = t$. Il en résulte que les deux membres de (12) sont nuls lorsque $s_m \geqslant 2$ et que ceux de (13) le sont lorsque $r_m \geqslant 2$. Le théorème résulte de là, $H'_{r,s}$ étant la somme des termes du type (12) et $H''_{r,s}$ celle des termes du type (13).

C.Q.F.D.

Remarques. — 1) On a défini (§ 3, n° 2, *Remarque*) un projecteur Q de A(X) sur L(X) tel que $Q(a^m) = 0$ pour $a \in L(X)$ et $m \geqslant 2$, et $Q(1) = 0$. On a alors $H = Q(\exp H) = Q(\exp U . \exp V)$, d'où immédiatement

$$H_{r,s} = Q\left(\frac{U^r}{r!}\frac{V^s}{s!}\right) \quad \text{pour } r + s \geqslant 1. \tag{14}$$

2) On a

$$\begin{aligned} H(U, V) \equiv U + V + \tfrac{1}{2}[U, V] + \tfrac{1}{12}[U, [U, V]] \\ + \tfrac{1}{12}[V, [V, U]] - \tfrac{1}{24}[U, [V, [U, V]]] \end{aligned} \tag{15}$$

modulo $\sum_{n \geqslant 5} L^n(\{U, V\})$.

3) On a $H_{0,n} = H_{n,0} = 0$ pour tout entier $n \neq 1$, d'où

$$H(U, 0) = H(0, U) = U. \tag{16}$$

D'autre part, comme $[U, -U] = 0$, on a

$$H(U, -U) = 0. \tag{17}$$

5. Substitutions dans la série de Hausdorff

Comme K est un corps contenant $\mathbf{Q}$, la série de Hausdorff peut être considérée comme une série formelle de Lie à coefficients dans K. Par suite, si $\mathfrak{g}$ est une algèbre de Lie filtrée, séparée et complète avec $\mathfrak{g} = \bigcup_{\alpha > 0} \mathfrak{g}_\alpha$, on peut, pour a, b dans $\mathfrak{g}$, substituer a et b à U et V dans H (cf. n° 3 et § 2, n° 5, *Remarque*).

En particulier, soit A une algèbre associative unifère, filtrée, séparée et complète. Posons $\mathfrak{m} = \bigcup_{\alpha > 0} A_\alpha$ et $\mathfrak{m}_\alpha = A_\alpha \cap \mathfrak{m}$ pour $\alpha \in \mathbf{R}$; on a donc $\mathfrak{m}_\alpha = A_\alpha$ pour $\alpha > 0$ et $\mathfrak{m}_\alpha = \mathfrak{m}$ pour $\alpha \leqslant 0$. Pour le crochet $[a, b] = ab - ba$, $\mathfrak{m}$ est une algèbre de Lie filtrée, séparée et complète, à laquelle on peut appliquer ce qui précède. Avec ces notations, on a le résultat suivant, qui complète la prop. 1 du n° 1.

PROPOSITION 3. — *Si* $a \in \mathfrak{m}$, $b \in \mathfrak{m}$, *on a* $\exp H(a, b) = \exp a . \exp b$.

Soient a, b dans $\mathfrak{m}$; il existe $\alpha > 0$ tel que $a \in A_\alpha$ et $b \in A_\alpha$. Par suite, il existe un homomorphisme continu θ de l'algèbre de Magnus $\hat{A}(\{U, V\})$ dans A appliquant U sur a et V sur b (§ 5, n° 1, prop. 1).

La restriction de θ à $\hat{L}(\{U, V\})$ est un homomorphisme continu d'algèbres de Lie de $\hat{L}(\{U, V\})$ dans $\mathfrak{m}$ qui applique U (resp. V) sur a (resp. b). D'après la formule (6) du n° 3, on a donc $\theta(H) = H(a, b)$. Il suffit alors d'appliquer l'homomorphisme continu θ aux deux membres de la relation $\exp H(U, V) = \exp U . \exp V$ en tenant compte de la *Remarque* 3 du n° 1.

Remarque 1. — Si a et b commutent, on a $H_{r,s}(a, b) = 0$ pour $r + s \geqslant 2$, car tout polynôme de Lie homogène de degré $\geqslant 2$ est nul en (a, b). On a donc $H(a, b) = a + b$, et la prop. 3 redonne la formule $\exp(a + b) = \exp a . \exp b$.

PROPOSITION 4. — *Soit* $\mathfrak{g}$ *une algèbre de Lie filtrée, séparée et complète, telle que* $\mathfrak{g} = \bigcup_{\alpha > 0} \mathfrak{g}_\alpha$. *L'application* $(a, b) \mapsto H(a, b)$ *est une loi de groupe sur* $\mathfrak{g}$, *compatible avec la topologie de* $\mathfrak{g}$, *pour laquelle* 0 *est élément neutre et* $-a$ *est inverse de* a, *pour tout* $a \in \mathfrak{g}$.

L'application $(a, b) \mapsto H(a, b)$ de $\mathfrak{g} \times \mathfrak{g}$ dans $\mathfrak{g}$ est continue (nº 3); comme l'application $a \mapsto -a$ est évidemment continue, il suffit de prouver les relations

$$H(H(a, b), c) = H(a, H(b, c)) \tag{18}$$

$$H(a, -a) = 0 \tag{19}$$

$$H(a, 0) = H(0, a) = a \tag{20}$$

pour a, b, c dans $\mathfrak{g}$. D'après la formule (7) du nº 3, il suffit de démontrer ces formules lorsque a, b, c sont trois indéterminées et que $\mathfrak{g} = \hat{L}(\{a, b, c\})$. Or la restriction de l'application exponentielle à $\hat{L}(\{a, b, c\})$ est une injection dans l'algèbre de Magnus $\hat{A}(\{a, b, c\})$ et l'on a d'après la prop. 3:

$$\begin{gathered}\exp H(H(a, b), c) = \exp H(a, b) . \exp c = \exp a . \exp b . \exp c \\ \exp H(a, H(b, c)) = \exp a . \exp H(b, c) = \exp a . \exp b . \exp c \\ \exp H(a, -a) = \exp a . \exp(-a) = \exp(a - a) = \exp 0 \\ \exp H(a, 0) = \exp a . \exp 0 = \exp a \\ \exp H(0, a) = \exp 0 . \exp a = \exp a.\end{gathered}$$

Ceci établit les relations (18) à (20).

Remarques. — 2) Prenons pour $\mathfrak{g}$ l'algèbre de Lie $\hat{L}(X)$. La loi de groupe introduite dans la proposition précédente coïncide avec la loi définie au nº 2. En d'autres termes, on a

$$a \mathbin{\scriptstyle H} b = H(a, b) \qquad \text{pour } a, b \text{ dans } \hat{L}(X); \tag{21}$$

la loi du groupe de Hausdorff est donc donnée par la série de Hausdorff.

3) Soit $\mathfrak{g}$ une algèbre de Lie munie de la filtration entière $(\mathscr{C}^n\mathfrak{g})$ définie par la suite centrale descendante. Supposons qu'il existe un $m \geqslant 1$ tel que $\mathscr{C}^m\mathfrak{g} = \{0\}$. Pour la topologie déduite de la filtration $(\mathscr{C}^n\mathfrak{g})_{n \geqslant 1}$, l'algèbre de Lie $\mathfrak{g}$ est séparée, complète, et même discrète. On a $P(a_1, \ldots, a_r) = 0$ pour $a_1, \ldots, a_r$ dans $\mathfrak{g}$ et pour tout polynôme de Lie P homogène de degré $\geqslant m$; en particulier, on a $H_{r,s}(a, b) = 0$ pour $r + s \geqslant m$, et la série $H(a, b) = \sum_{r,s} H_{r,s}(a, b)$ n'a qu'un nombre fini de termes non nuls. La loi de groupe $(a, b) \mapsto H(a, b)$ sur $\mathfrak{g}$ est alors une application polynomiale (§ 2, nº 4).

Proposition 5. — *Soit* $K_{r,s}$ *la composante de multidegré* (r, s) *de* $H(U + V, -U)$. *On a*

$$K_{n,1}(U, V) = \frac{1}{(n + 1)!} (\mathrm{ad}\, U)^n(V) \qquad \textit{pour } n \geqslant 0.$$

En effet, posons $K(U, V) = H(U+V, -U)$, $K_1(U, V) = \sum_{n \geqslant 0} K_{n,1}(U, V)$. Notons L (resp. R) la multiplication à gauche (resp. à droite) par U dans $\hat{A}(\{U, V\})$.

On peut écrire

$$\begin{aligned} e^U V e^{-U} &= \sum_{p,q} \frac{U^p}{p!} V \frac{(-U)^q}{q!} \\ &= \sum_{n \geqslant 0} \frac{1}{n!} \Big(\sum_{p+q=n} \frac{n!}{p!q!} (L^p(-R)^q).V \Big) \\ &= \sum_{n \geqslant 0} \frac{1}{n!} (L - R)^n.V \end{aligned}$$

et par suite

$$e^U V e^{-U} = \sum_{n \geqslant 0} \frac{1}{n!} (\mathrm{ad}\, U)^n V. \tag{22}$$

Calculons maintenant modulo l'idéal $\sum_{m \geqslant 0} \sum_{n \geqslant 2} A^{m,n}(\{U, V\})$ de $A(\{U, V\})$. Pour tout $n \geqslant 1$, on a

$$(U+V)^n \equiv U^n + \sum_{i=1}^{n-1} U^i V U^{n-1-i}$$

d'où

$$\begin{aligned} (\mathrm{ad}\, U)(U+V)^n &\equiv ((L - R) \sum_{i=1}^{n-1} L^i R^{n-i}).V \\ &\equiv (L^n - R^n).V \\ &\equiv U^n V - V U^n. \end{aligned}$$

Par suite, on a

$$(\mathrm{ad}\, U).e^{U+V} \equiv e^U V - V e^U \tag{23}$$

par sommation sur n.

Par ailleurs, $K_1(U, V) \equiv K(U, V)$ et $e^{K_1(U,V)} \equiv 1 + K_1(U, V)$, donc

$$K_1 \equiv e^K - 1 \equiv e^{U+V} e^{-U} - 1$$

d'après la prop. 3. On en déduit

$$\begin{aligned}(\operatorname{ad} U)K_1 &\equiv Ue^{U+V}e^{-U} - e^{U+V}e^{-U}U \equiv (Ue^{U+V} - e^{U+V}U)e^{-U}\\ &\equiv (e^{U}V - Ve^{U})e^{-U} && \text{d'après (23)}\\ &\equiv e^{U}Ve^{-U} - V\\ &\equiv \sum_{n\geqslant 1}\frac{1}{n!}(\operatorname{ad} U)^n V && \text{d'après (22)}\\ &\equiv (\operatorname{ad} U)\Big(\sum_{n\geqslant 0}\frac{(\operatorname{ad} U)^n}{(n+1)!}V\Big).\end{aligned}$$

Il suffit alors d'appliquer la *Remarque* du § 2, nº 11.

§ 7. Convergence de la série de Hausdorff (cas réel ou complexe)

Dans ce paragraphe, on suppose que K est l'un des corps **R** ou **C** que l'on munit de sa valeur absolue usuelle. Rappelons qu'on appelle algèbre normable sur K une algèbre A (non nécessairement associative) sur K, munie d'une topologie $\mathscr{T}$ possédant les propriétés suivantes:

1) $\mathscr{T}$ peut être définie par une norme;

2) l'application $(x, y) \mapsto xy$ de $A \times A$ dans A est continue.

On appelle algèbre normée sur K une algèbre A sur K, munie d'une norme telle que $\|xy\| \leqslant \|x\|\,\|y\|$ quels que soient x, y dans A.

On désigne par $\mathfrak{g}$ une algèbre de Lie normable complète sur K. On choisit une norme sur $\mathfrak{g}$ et un nombre $M > 0$ tels que

(1) $$\|[x,y]\| \leqslant M\|x\|\,\|y\| \qquad \text{pour } x, y \text{ dans } \mathfrak{g}.$$

1. Polynômes-continus à valeurs dans $\mathfrak{g}$

Soit I un ensemble *fini* et soit $P(\mathfrak{g}^I; \mathfrak{g})$ (resp. $\hat{P}(\mathfrak{g}^I; \mathfrak{g})$) l'espace vectoriel *des polynômes-continus* (resp. *séries formelles à composantes continues*) sur $\mathfrak{g}^I$ à valeurs dans $\mathfrak{g}$. Rappelons (VAR, R, App.) que $P(\mathfrak{g}^I; \mathfrak{g})$ est muni d'une graduation de type $\mathbf{N}^I$ et que $\hat{P}(\mathfrak{g}^I; \mathfrak{g})$ s'identifie au complété de l'espace vectoriel $P(\mathfrak{g}^I; \mathfrak{g})$ pour la topologie définie par la filtration associée à la graduation de $P(\mathfrak{g}^I; \mathfrak{g})$. De plus, $P(\mathfrak{g}^I; \mathfrak{g})$ est une algèbre de Lie graduée pour le crochet défini par $[f, g](\boldsymbol{x}) = [f(\boldsymbol{x}), g(\boldsymbol{x})]$ pour f, g dans $P(\mathfrak{g}^I; \mathfrak{g})$, $\boldsymbol{x} \in \mathfrak{g}^I$; cette structure d'algèbre de Lie se prolonge par continuité à $\hat{P}(\mathfrak{g}^I; \mathfrak{g})$ et en fait une algèbre de Lie filtrée séparée et complète.

D'après la prop. 2 du § 6, nº 3, il existe un homomorphisme continu $\varphi_I : u \mapsto \tilde{u}$ d'algèbres de Lie et un seul de $\hat{L}(I)$ dans $\hat{P}(\mathfrak{g}^I; \mathfrak{g})$ appliquant l'indéterminée d'indice i sur pr_i pour tout $i \in I$, puisque $\mathrm{pr}_i \in P(\mathfrak{g}^I; \mathfrak{g})$. Il en résulte que $\tilde{u} \in P(\mathfrak{g}^I; \mathfrak{g})$ pour $u \in L(I)$; plus précisément, lorsque $u \in L(I)$, $\tilde{u}$ n'est autre que l'application polynomiale $(t_i) \mapsto u((t_i))$ du § 2, n° 4. Il est d'autre part clair que φ_I est compatible avec les multigraduations de L(I) et $P(\mathfrak{g}^I; \mathfrak{g})$. Si $u = \sum_{\nu \in \mathbf{N}^I} u_\nu$, où $u_\nu \in L^\nu(I)$ pour $\nu \in \mathbf{N}^I$, on a

$$\tilde{u} = \sum_{\nu \in \mathbf{N}^I} \tilde{u}_\nu, \qquad \text{avec } \tilde{u}_\nu \in P_\nu(\mathfrak{g}^I; \mathfrak{g}).$$

Soit $\boldsymbol{u} = (u_j)_{j \in J}$ une famille *finie* d'éléments de $\hat{L}(I)$, soit $v \in \hat{L}(J)$ et soit $w = v \circ \boldsymbol{u}$ (§ 6, n° 3). Posons $\tilde{\boldsymbol{u}} = (\tilde{u}_j)_j \in \mathcal{J}$. On a

$$\tilde{v} \circ \tilde{\boldsymbol{u}} = (v \circ \boldsymbol{u})^\sim. \tag{2}$$

En effet, ceci résulte par prolongement par continuité de la formule (7) du § 6, n° 3, et de (VAR, R, App., n° 6).

2. Groupuscule défini par une algèbre de Lie normée complète

Soient $H = \sum_{r,s \geqslant 0} H_{r,s} \in \hat{L}(U, V)$ la série de Hausdorff (§ 6, n° 4, déf. 1). Nous allons montrer que la série formelle correspondante

$$\tilde{H} = \sum_{r,s \geqslant 0} \tilde{H}_{r,s} \in \hat{P}(\mathfrak{g} \times \mathfrak{g}, \mathfrak{g}) \tag{3}$$

est *convergente* (VAR, R, 3.1.1).

Introduisons la série formelle $\eta \in \mathbf{Q}[[U, V]]$ suivante

$$\eta(U, V) = -\log(2 - \exp(U + V)) \tag{4}$$

$$= \sum_{m \geqslant 1} \frac{1}{m} (\exp(U + V) - 1)^m \tag{5}$$

$$= \sum_{m \geqslant 1} \frac{1}{m} \sum_{\substack{r_1, \ldots, r_m \\ s_1, \ldots, s_m \\ r_i + s_i \geqslant 1}} \frac{U^{r_1}}{r_1!} \frac{V^{s_1}}{s_1!} \frac{U^{r_2}}{r_2!} \cdots \frac{V^{s_m}}{s_m!}. \tag{6}$$

D'où

$$\eta(U, V) = \sum_{r,s \geqslant 0} \eta_{r,s} U^r V^s, \tag{7}$$

avec

$$\eta_{r,s} = \sum_{m \geqslant 1} \frac{1}{m} \sum_{\substack{r_1 + \cdots + r_m = r \\ s_1 + \cdots + s_m = s \\ r_i + s_i \geqslant 1}} \frac{1}{r_1! \ldots r_m! s_1! \ldots s_m!}. \tag{8}$$

Soient maintenant u et v deux nombres réels positifs tels que $u + v < \log 2$; on a $0 \leqslant \exp(u + v) - 1 < 1$; les séries déduites de (5) et (6) par substitution de u à U et de v à V sont convergentes, et les calculs précédents entraînent

$$\sum_{r,s \geqslant 0} \eta_{r,s} u^r v^s = -\log(2 - \exp(u + v)) < +\infty. \tag{9}$$

Soient $r, s \geqslant 0$, et soit $\|\tilde{H}_{r,s}\|$ la norme du polynôme-continu $\tilde{H}_{r,s}$ (VAR, R, App., n° 2).

Lemme 1. — *On a*

$$\|\tilde{H}_{r,s}\| \leqslant M^{r+s-1}\eta_{r,s}.$$

Soient r_i, s_i dans $\mathbf{N}$ pour $1 \leqslant i \leqslant m$, avec $s_m = 1$; posons $r = \sum_i r_i$, $s = \sum_i s_i$ et considérons l'élément suivant de $L(\{U, V\})$:

$$Z = \left(\left(\prod_{i=1}^{m-1} (\mathrm{ad}U)^{r_i} (\mathrm{ad}V)^{s_i}\right) (\mathrm{ad}U)^{r_m}\right)(V).$$

On a $\tilde{Z} = f \circ p$, où f est l'application $(r + s)$-linéaire de $\mathfrak{g}^{r+s}$ dans $\mathfrak{g}$ suivante:

$$(x_1, \ldots, x_r, y_1, \ldots, y_s) \mapsto$$
$$(\mathrm{ad}(x_1) \circ \cdots \circ \mathrm{ad}(x_{r_1}) \circ \mathrm{ad}(y_1) \circ \cdots \circ \mathrm{ad}(y_{s_1}) \circ \mathrm{ad}(x_{r_1+1}) \circ \cdots \circ \mathrm{ad}(x_r))(y_s)$$

et où p est l'application de $\mathfrak{g}^2$ dans $\mathfrak{g}^{r+s}$ suivante:

$$(x, y) \mapsto (\underbrace{x, \ldots, x}_{r}, \underbrace{y, \ldots, y}_{s});$$

on a donc $\|\tilde{Z}\| \leqslant \|f\| \leqslant M^{r+s-1}$ (VAR, R, App.). Appliquant cette majoration aux différents termes du second membre de la formule (9) du § 6, nº 4, on obtient:

$$(10) \quad \|(H'_{r,s})^{\sim}\| \leqslant \frac{M^{r+s-1}}{r+s} \sum_{m \geqslant 1} \frac{1}{m} \sum_{\substack{r_1 + \cdots + r_m = r \\ s_1 + \cdots + s_{m-1} = s-1 \\ r_1 + s_1 \geqslant 1, \ldots, r_{m-1} + s_{m-1} \geqslant 1}} \frac{1}{r_1! \ldots r_m! s_1! \ldots s_{m-1}!}.$$

Un raisonnement analogue donne

$$(11) \quad \|(H''_{r,s})^{\sim}\| \leqslant \frac{M^{r+s-1}}{r+s} \sum_{m \geqslant 1} \frac{1}{m} \sum_{\substack{r_1 + \cdots + r_{m-1} = r-1 \\ s_1 + \cdots + s_{m-1} = s \\ r_1 + s_1 \geqslant 1, \ldots, r_{m-1} + s_{m-1} \geqslant 1}} \frac{1}{r_1! \ldots r_{m-1}! s_1! \ldots s_{m-1}!},$$

d'où, d'après (8),

$$\|\tilde{H}_{r,s}\| \leqslant \eta_{r,s} \frac{M^{r+s-1}}{r+s} \leqslant \eta_{r,s} M^{r+s-1},$$

ce qui démontre le lemme.

Proposition 1. — *La série formelle* $\tilde{H}$ *est une série convergente* (VAR, R, 3.1.1); *son domaine de convergence strict* (VAR, R, 3.1.4) *contient l'ouvert*

$$\Omega = \left\{(x, y) \in \mathfrak{g} \times \mathfrak{g} \mid \|x\| + \|y\| < \frac{1}{M} \log 2\right\}.$$

En effet, soient u, v deux nombres réels > 0 tels que $u + v < \frac{1}{M} \log 2$; on a (lemme 1)

$$(12) \quad M \sum_{r,s \geqslant 0} \|\tilde{H}_{r,s}\| u^r v^s \leqslant \sum_{r,s \geqslant 0} \eta_{r,s} M^{r+s} u^r v^s = -\log(2 - \exp M(u + v)) < +\infty$$

d'après (9).

Notons $h: \Omega \to \mathfrak{g}$ la *fonction analytique* (VAR, R, 3.2.9) définie par $\tilde{\mathrm{H}}$, c'est-à-dire par la formule

$$(13)\qquad h(x, y) = \sum_{r,s\geqslant 0} \tilde{\mathrm{H}}_{r,s}(x, y) = \sum_{r,s\geqslant 0} \mathrm{H}_{r,s}(x, y) \qquad \text{pour } (x, y) \in \Omega.$$

Cette fonction s'appelle la *fonction de Hausdorff* de $\mathfrak{g}$ relativement à M (ou simplement la fonction de Hausdorff de $\mathfrak{g}$ si aucune confusion n'est à craindre). Remarquons que $\mathrm{H}_{r,s}(\mathrm{U}, -\mathrm{U}) = 0$ pour $r + s \geqslant 2$, donc

$$(14)\qquad h(x, -x) = 0 \qquad \text{pour } \|x\| < \frac{1}{2\mathrm{M}}\log 2.$$

De même

$$(15)\qquad h(0, x) = h(x, 0) = x \qquad \text{pour } \|x\| < \frac{1}{\mathrm{M}}\log 2.$$

Proposition 2. — *Soit*

$$\Omega' = \left\{(x, y, z) \in \mathfrak{g} \times \mathfrak{g} \times \mathfrak{g} \mid \|x\| + \|y\| + \|z\| < \frac{1}{\mathrm{M}}\log\frac{3}{2}\right\}.$$

Si $(x, y, z) \in \Omega'$, *on a*

$$(16)\qquad (x, y) \in \Omega, \qquad (h(x, y), z) \in \Omega, \qquad (y, z) \in \Omega, \qquad (x, h(y, z)) \in \Omega$$

et

$$(17)\qquad h(h(x, y), z) = h(x, h(y, z)).$$

Soit $(x, y, z) \in \Omega'$; il est clair que $(x, y) \in \Omega$ et que $(y, z) \in \Omega$. De plus, on a :

$$\|h(x, y)\| \leqslant \sum_{r,s} \|\tilde{\mathrm{H}}_{r,s}\| \, \|x\|^r \|y\|^s,$$

donc d'après (13)

$$\|h(x, y)\| \leqslant -\frac{1}{\mathrm{M}}\log(2 - \exp \mathrm{M}(\|x\| + \|y\|)).$$

Or $\mathrm{M}(\|x\| + \|y\|) < \log\frac{3}{2} - \mathrm{M}\|z\|$; posons $u = \exp(\mathrm{M}\|z\|)$; on a $1 \leqslant u \leqslant \frac{3}{2}$ et

$$\begin{aligned}\mathrm{M}(\|h(x, y)\| + \|z\|) &< -\log(2 - \exp(\log\tfrac{3}{2} - \mathrm{M}\|z\|)) + \mathrm{M}\|z\| \\ &= -\log\left(2 - \frac{3}{2u}\right) + \log u = \log\frac{2u^2}{4u - 3} \\ &= \log\left(2 + \frac{2(u-1)(u-3)}{4u-3}\right) \leqslant \log 2.\end{aligned}$$

On voit de même que $(x, h(y, z)) \in \Omega$.

Démontrons maintenant (17). Dans l'algèbre de Lie $\hat{\mathrm{L}}(\{\mathrm{U}, \mathrm{V}, \mathrm{W}\})$, on a

$$\mathrm{H}(\mathrm{H}(\mathrm{U}, \mathrm{V}), \mathrm{W}) = \mathrm{H}(\mathrm{U}, \mathrm{H}(\mathrm{V}, \mathrm{W}))$$

d'après la prop. 4 du § 6, n° 5. D'après le n° 1, formule (2), on a donc dans $\hat{P}(\mathfrak{g} \times \mathfrak{g} \times \mathfrak{g}, \mathfrak{g})$ la relation

$$\tilde{H} \circ (\tilde{H} \times \mathrm{Id}_{\mathfrak{g}}) = \tilde{H} \circ (\mathrm{Id}_{\mathfrak{g}} \times \tilde{H}).$$

D'après VAR, R, 3.1.9, il existe un nombre $\varepsilon > 0$ tel que la formule (17) soit vraie lorsque $\|x\|$, $\|y\|$ et $\|z\|$ sont $\leqslant \varepsilon$. Mais les fonctions $(x, y, z) \mapsto h(h(x, y), z)$ et $(x, y, z) \mapsto h(x, h(y, z))$ sont des fonctions analytiques dans Ω' à valeurs dans $\mathfrak{g}$ (VAR, R, 3.2.7). Comme Ω' est connexe, et qu'elles coïncident au voisinage de 0, elles sont égales (VAR, R, 3.2.5).

Les résultats précédents entraînent:

Soit α un nombre réel tel que $0 < \alpha \leqslant \frac{1}{3M} \log \frac{3}{2}$. Soient $G = \{x \in \mathfrak{g} \mid \|x\| < \alpha\}$, $\Theta = \{(x, y) \in G \times G \mid h(x, y) \in G\}$, et $m: \Theta \to G$ la restriction de h à Θ. Alors:

1) Θ est ouvert dans $G \times G$, et m est analytique.

2) $x \in G$ implique $(0, x) \in \Theta$, $(x, 0) \in \Theta$ et $m(0, x) = m(x, 0) = x$.

3) $x \in G$ implique $-x \in G$, $(x, -x) \in \Theta$, $(-x, x) \in \Theta$ et $m(x, -x) = m(-x, x) = 0$.

4) Soient x, y, z dans G tels que $(x, y) \in \Theta$, $(m(x, y), z) \in \Theta$, $(y, z) \in \Theta$ et $(x, m(y, z)) \in \Theta$. Alors $m(m(x, y), z) = m(x, m(y, z))$.

$*$*Autrement dit* (chap. III, § 1), *si on pose* $-x = \sigma(x)$, *le quadruplet* $(G, 0, \sigma, m)$ *est un groupuscule de Lie sur* K.$_*$

3. Exponentielle dans les algèbres associatives normées complètes

Dans ce n°, on désigne par A une *algèbre associative unifère normée complète* (TG, IX, § 3, n° 7). On a donc $\|x.y\| \leqslant \|x\| . \|y\|$ pour x, y dans A.

Soit I un ensemble *fini* et soit $\hat{P}(A^I; A)$ l'espace vectoriel des *séries formelles à composantes continues* sur A^I à valeurs dans A (VAR, R, App., n° 5), munie de la structure d'algèbre obtenue en posant

$$f.g = m \circ (f, g) \qquad \text{pour } f, g \text{ dans } \hat{P}(A^I; A),$$

où $m: A \times A \to A$ désigne la multiplication de A. Raisonnant comme au n° 1 et utilisant la prop. 1 du § 5, n° 1, on définit un homomorphisme continu d'algèbres unifères $u \mapsto \tilde{u}$ de $\hat{A}(I)$ dans $\hat{P}(A^I; A)$ appliquant l'indéterminée d'indice i sur pr_i; cet homomorphisme prolonge l'homomorphisme d'algèbres de Lie de $\hat{L}(I)$ dans $\hat{P}(A^I; A)$ défini au n° 1. Si $u = \sum_\nu u_\nu$ avec $u_\nu \in A^\nu(I)$ pour $\nu \in \mathbf{N}^I$, alors $\tilde{u} = \sum_\nu \tilde{u}_\nu$, où $\tilde{u}_\nu$ est l'application polynomiale $(t_i)_{i \in I} \mapsto u_\nu((t_i))$.

Soit $\boldsymbol{u} = (u_j)_{j \in J}$ une famille finie d'éléments de $\hat{A}(I)$, soit $v \in \hat{A}(J)$ et posons $w = v \circ \boldsymbol{u}$ (§ 5, n° 1). On a

$$(v \circ \boldsymbol{u})^\sim = \tilde{v} \circ \tilde{\boldsymbol{u}}. \tag{18}$$

Ceci résulte par prolongement par continuité de la formule (2) du § 5, n° 1 et de VAR, R, App., n° 6.

Prenons en particulier $I = \{U\}$, identifions A et $A^{(U)}$, et considérons les images $\tilde{e}$ et $\tilde{l}$ des séries $e(U) = \sum_{n \geqslant 1} U^n/n!$ et $l(U) = \sum_{n \geqslant 1} (-1)^{n-1} U^n/n$ dans $\hat{P}(A; A)$. On a $\|\widetilde{U^n}\| \leqslant 1$ car $\|x_1 \ldots x_n\| \leqslant \|x_1\| \ldots \|x_n\|$ pour $x_1, \ldots, x_n$ dans A. Par suite, le *rayon de convergence strict de* $\tilde{e}$ (resp. $\tilde{l}$) *est infini* (resp. $\geqslant 1$).

Nous désignerons par e_A (resp. l_A) l'application analytique de A dans A (resp. de B dans A, où B est la boule unité ouverte de A) définie par la série convergente $\tilde{e}$ (resp. $\tilde{l}$) et nous poserons $\exp_A(x) = 1 + e_A(x)$ (pour $x \in A$) et $\log_A(x) = l_A(x - 1)$ (pour $x \in A$, $\|x - 1\| < 1$). On a donc

(19) $$\exp_A x = \sum_{n \geqslant 0} \frac{x^n}{n!} \quad (x \in A)$$

(20) $$\log_A x = \sum_{n \geqslant 1} (-1)^{n-1} \frac{(x-1)^n}{n} \quad (x \in A, \|x - 1\| < 1).$$

Comme $(e \circ l)(U) = (l \circ e)(U) = U$ (cf. § 6, n° 1), on a d'après (18) $\tilde{e} \circ \tilde{l} = \tilde{l} \circ \tilde{e} = \mathrm{Id}_A$. Par suite (VAR, R, 3.1.9)

(21) $$\exp_A(\log_A(x)) = x \quad (x \in A, \|x - 1\| < 1)$$

(22) $$\log_A(\exp_A(x)) = x \quad (x \in A, \|x\| < \log 2)$$

car $\|x\| < \log 2$ entraîne $\|\exp_A(x) - 1\| \leqslant \exp\|x\| - 1 < 1$.

Enfin, considérons A comme une algèbre de Lie normée complète. On a $\|[x, y]\| = \|xy - yx\| \leqslant 2\|x\| . \|y\|$. La prop. 1 du n° 2 entraîne que le domaine de convergence strict de la série formelle $\tilde{H}$ contient l'ensemble

$$\Omega = \{(x, y) \in A \times A \mid \|x\| + \|y\| < \tfrac{1}{2} \log 2\}.$$

Donc $\tilde{H}$ définit une fonction analytique $h\colon \Omega \to A$. On a $h(x, y) = \sum_{r,s \geqslant 0} H_{r,s}(x, y)$ (cf. § 3, n° 1, *Remarque* 4).

PROPOSITION 3. — *Pour* $\|x\| + \|y\| < \frac{1}{2} \log 2$, *on a*

(23) $$\exp_A x . \exp_A y = \exp_A h(x, y).$$

En effet, il résulte de (18) et de la relation $e^U e^V = e^{H(U,V)}$ que

$$m \circ (1 + \tilde{e}, 1 + \tilde{e}) = (1 + \tilde{e}) \circ \tilde{H}$$

dans $\hat{P}(A \times A; A)$. On déduit donc de VAR, R, 3.1.9, que (23) est vraie pour (x, y) assez voisin de $(0, 0)$, d'où la proposition par prolongement analytique (VAR, R, 3.2.5).

§ 8. Convergence de la série de Hausdorff (cas ultramétrique)

Dans ce paragraphe, on suppose que K est un *corps valué complet* non discret *de caractéristique zéro*, à valeur absolue *ultramétrique*. On désigne par p la caractéristique du corps résiduel de K (AC, VI, § 3, nº 2).

Si $p \neq 0$, on pose $a = |p|$; on sait (AC, VI, § 6, nºs 2 et 3) que $0 < a < 1$, et qu'il existe une valuation v de K à valeurs dans $\mathbf{R}$, et une seule, dont la restriction à $\mathbf{Q}$ est la valuation p-adique v_p, et qui est telle que $|x| = a^{v(x)}$ pour tout $x \in \mathrm{K}$. On pose d'autre part:

$$\theta = \frac{1}{p-1}. \tag{1}$$

Si $p = 0$, on désigne par a un nombre réel tel que $0 < a < 1$, et par v une valuation de K à valeurs dans $\mathbf{R}$ telle que $|x| = a^{v(x)}$ pour tout $x \in \mathrm{K}$ (*loc. cit.*). On a $v(x) = 0$ pour $x \in \mathbf{Q}^*$. On pose d'autre part:

$$\theta = 0. \tag{2}$$

1. Majoration p-adique des séries exp, log et H

Dans ce numéro, on suppose $p \neq 0$.

Lemme 1. — *Soit* n *un entier* $\geqslant 0$, *et soit* $n = n_0 + n_1 p + \cdots + n_k p^k$, *avec* $0 \leqslant n_i \leqslant p-1$, *le développement* p*-adique de* n. *Soit* $\mathrm{S}(n) = n_0 + n_1 + \cdots + n_k$. *Alors*

$$v_p(n!) = \frac{n - \mathrm{S}(n)}{p-1}. \tag{3}$$

En effet, on a $v_p(n!) = \sum_{i=1}^{n} v_p(i)$, et le nombre d'entiers i compris entre 1 et n pour lesquels $v_p(i) \geqslant j$ est égal à la partie entière $[n/p^j]$ de n/p^j. On a donc:

$$v_p(n!) = \sum_{j \geqslant 0} j([n/p^j] - [n/p^{j+1}]) = \sum_{j \geqslant 1} [n/p^j].$$

Comme $[n/p^j] = \sum_{i \geqslant j} n_i p^{i-j}$, le lemme en résulte.

Lemme 2. — *On a* $v(n) \leqslant v(n!) \leqslant (n-1)\theta$ *et* $v(n) \leqslant (\log n)/(\log p)$ *pour tout entier* $n \geqslant 1$.

En effet $v(n!) = v_p(n!) = (n - \mathrm{S}(n))\theta \leqslant (n-1)\theta$ d'après le lemme 1. D'autre part, $n \geqslant p^{v(n)}$, d'où $v(n) \leqslant (\log n)/(\log p)$.

Soit $\mathrm{I} = \{\mathrm{U}, \mathrm{V}\}$ un ensemble à deux éléments, et soit

$$\mathrm{H} = \sum_{r,s \geqslant 0} \mathrm{H}_{r,s}(\mathrm{U}, \mathrm{V}) \in \hat{\mathrm{L}}_{\mathbf{Q}}(\mathrm{I})$$

la série de Hausdorff (§ 6, n° 4, déf. 1). Soient $\mathbf{Z}_{(p)}$ l'anneau local de $\mathbf{Z}$ relativement à l'idéal premier (p), et $(e_b)_{b \in B}$ une base de $L_{\mathbf{Z}_{(p)}}(I)$ sur $\mathbf{Z}_{(p)}$ (§ 2, n° 11, th. 1). C'est aussi une base de $L_{\mathbf{Q}}(I)$ sur $\mathbf{Q}$.

PROPOSITION 1. — *Soient r et s deux entiers $\geqslant 0$. Si $H_{r,s} = \sum_{b \in B} \lambda_b e_b$, où $\lambda_b \in \mathbf{Q}$, est la décomposition de $H_{r,s}$ par rapport à la base $(e_b)_{b \in B}$, on a*

$$v_p(\lambda_b) \geqslant -(r+s-1)\theta \quad \textit{pour tout } b \in B. \tag{4}$$

L'anneau $A_{\mathbf{Z}_{(p)}}(I)$ s'identifie au sous-$\mathbf{Z}_{(p)}$-module de $A_{\mathbf{Q}}(I)$ engendré par les mots $w \in \mathrm{Mo}(I)$. Comme $L_{\mathbf{Z}_{(p)}}(I)$ est facteur direct dans $A_{\mathbf{Z}_{(p)}}(I)$, on a

$$L_{\mathbf{Z}_{(p)}}(I) = A_{\mathbf{Z}_{(p)}}(I) \cap L_{\mathbf{Q}}(I). \tag{5}$$

Soit f l'entier tel que $f \leqslant (r+s-1)\theta < f+1$. La relation (4) équivaut à $v_p(\lambda_b) \geqslant -f$ pour tout $b \in B$, c'est-à-dire à $H_{r,s} \in p^{-f} L_{\mathbf{Z}_{(p)}}(I)$. Or cela équivaut aussi, d'après (5), à $H_{r,s} \in p^{-f} A_{\mathbf{Z}_{(p)}}(I)$.

D'après la formule (11) du § 6, n° 4, il suffit de montrer que, quel que soit l'entier $m \geqslant 1$ et quels que soient les entiers $r_1, \ldots, r_m, s_1, \ldots, s_m$ tels que

$$r_1 + \cdots + r_m = r, \qquad s_1 + \cdots + s_m = s, \tag{6}$$
$$r_i + s_i \geqslant 1 \qquad \text{pour } 1 \leqslant i \leqslant m,$$

on a

$$v_p(m.r_1!\ldots r_m! s_1! \ldots s_m!) \leqslant f. \tag{7}$$

Or, d'après le lemme 2, $v_p(r_i!s_i!) \leqslant (r_i + s_i - 1)\theta$ et $v_p(m) \leqslant v_p(m!) \leqslant (m-1)\theta$; le premier membre de (7) est donc majoré par $\theta(m - 1 + \sum_{i=1}^{m} (r_i + s_i - 1)) = \theta(r+s-1)$; comme c'est un entier, il est $\leqslant f$, ce qui achève la démonstration.

2. Algèbres de Lie normées

DÉFINITION 1. — *On appelle algèbre de Lie normée sur K une algèbre de Lie munie d'une norme telle que*

$$\|x+y\| \leqslant \sup(\|x\|, \|y\|) \tag{8}$$

$$\|[x,y]\| \leqslant \|x\| . \|y\| \tag{9}$$

quels que soient x, y dans $\mathfrak{g}$.

Dans tout le reste de ce paragraphe, on désigne par $\mathfrak{g}$ une algèbre de Lie normée complète.

Pour tout ensemble fini I, on définit comme au § 7, n° 1, un homomorphisme continu $u \mapsto \tilde{u}$ d'algèbres de Lie de $\hat{L}(I)$ dans $\hat{P}(\mathfrak{g}^I; \mathfrak{g})$. On voit comme au § 7 que si $u = \sum_\nu u_\nu$, avec $u_\nu \in L^\nu(I)$ pour $\nu \in \mathbf{N}^I$, alors $\tilde{u} = \sum_\nu \tilde{u}_\nu$, où $\tilde{u}_\nu$ est l'application polynomiale $(t_i)_{i \in I} \mapsto u_\nu((t_i))$ définie au § 2, n° 4. La formule de composition (2) du § 7, n° 1, reste valable.

3. Groupe défini par une algèbre de Lie normée complète

Soit $H = \sum_{r \geqslant 0} H_{r,s} \in \hat{L}(\{U, V\})$ la série de Hausdorff (§ 6, n° 4, déf. 1). Nous allons montrer que la série formelle à composantes continues correspondante

$$\tilde{H} = \sum_{r,s \geqslant 0} \tilde{H}_{r,s} \in \hat{P}(\mathfrak{g} \times \mathfrak{g}, \mathfrak{g}) \tag{10}$$

est *convergente* (VAR, R, 4.1.1).

Soient $r \geqslant 0$, $s \geqslant 0$, tels que $r + s \neq 0$ et soit $\|\tilde{H}_{r,s}\|$ la norme du polynôme continu $\tilde{H}_{r,s}$ (VAR, R, App., n° 2).

Lemme 3. — *On a*

$$\|\tilde{H}_{r,s}\| \leqslant a^{-(r+s-1)\theta}.$$

Soit B un ensemble de Hall relatif à I, et soit $H_{r,s} = \sum_{b \in B} \lambda_b e_b$ la décomposition de $H_{r,s}$ par rapport à la base correspondante de $L(\{U, V\})$. On a

$$|\lambda_b| \leqslant a^{-(r+s-1)\theta}. \tag{11}$$

En effet, cela est trivial pour $p = 0$, car $\lambda_b \in \mathbf{Q}$; et cela résulte de la prop. 1 du n° 1 pour $p \neq 0$.

De plus, on a

$$\|\tilde{e}_b\| \leqslant 1 \qquad \text{pour } b \in B. \tag{12}$$

En effet, montrons, plus généralement, par récurrence sur n, que pour tout alternant b de degré n en les deux indéterminées U et V (§ 2, n° 6), on a $\|\tilde{b}\| \leqslant 1$. Si $n = 1$, $\tilde{b}$ est une des projections de $\mathfrak{g} \times \mathfrak{g}$ sur $\mathfrak{g}$, donc est de norme $\leqslant 1$; si $n > 1$, il existe deux alternants b_1 et b_2 de degrés $< n$, tels que $b = [b_1, b_2]$. Comme l'application $\gamma \colon (x, y) \mapsto [x, y]$ de $\mathfrak{g} \times \mathfrak{g} \to \mathfrak{g}$ est bilinéaire de norme $\leqslant 1$, on a (VAR, R, App., n° 4)

$$\|\tilde{b}\| = \|\gamma \circ (\tilde{b}_1, \tilde{b}_2)\| \leqslant \|\tilde{b}_1\| \cdot \|\tilde{b}_2\| \leqslant 1. \tag{13}$$

Les relations (11) et (12) entraînent le lemme.

PROPOSITION 2. — *La série formelle* $\tilde{H}$ *est une série convergente* (VAR, R, 4.1.1). *Si* G *est la boule* $\{x \in \mathfrak{g} \mid \|x\| < a^{\theta}\}$, *le domaine de convergence strict de* $\tilde{H}$ (VAR, R, 4.1.3) *contient* G × G.

En effet, si u et v sont deux nombres réels > 0 tels que $u < a^{\theta}$ et $v < a^{\theta}$, on a (lemme 3)

$$\|\tilde{H}_{r,s}\| u^r v^s \leqslant a^{\theta} (u a^{-\theta})^r (v a^{-\theta})^s \tag{14}$$

et $\|\tilde{H}_{r,s}\| u^r v^s$ tend vers 0 lorsque $r + s$ tend vers l'infini.

Notons $h\colon G \times G \to \mathfrak{g}$ la *fonction analytique* (VAR, R, 4.2.4) définie par $\tilde{H}$, c'est-à-dire par la formule

$$(15)\qquad h(x, y) = \sum_{r,s\geqslant 0} \tilde{H}_{r,s}(x, y) = \sum_{r,s\geqslant 0} H_{r,s}(x, y) \qquad \text{pour } (x, y) \in G \times G.$$

Cette fonction s'appelle la *fonction de Hausdorff* de $\mathfrak{g}$.

Soit $(x, y) \in G \times G$. On a

$$(16)\qquad \|\tilde{H}_{r,s}(x, y)\| \leqslant \sup(\|x\|, \|y\|)$$

$$(17)\qquad \|h(x, y)\| \leqslant \sup(\|x\|, \|y\|).$$

En effet (17) résulte aussitôt de (16), et (16) est trivial pour $r = s = 0$; si $r \geqslant 1$, on a

$$\begin{aligned}\|\tilde{H}_{r,s}(x, y)\| &\leqslant \|\tilde{H}_{r,s}\|\,\|x\|^r\|y\|^s\\ &\leqslant \|x\|\left(\frac{\|x\|}{a^\theta}\right)^{r-1}\left(\frac{\|y\|}{a^\theta}\right)^s\\ &\leqslant \|x\|;\end{aligned}$$

on raisonne de façon analogue si $s \geqslant 1$.

En particulier, $\|h(x, y)\| < a^\theta$ pour $(x, y) \in G \times G$.

PROPOSITION 3. — *Soit* G *la boule* $\{x \in \mathfrak{g} \mid \|x\| < a^\theta\}$. *L'application analytique* $h\colon G \times G \to G$ *fait de* G *un groupe, dans lequel* 0 *est élément neutre et* $-x$ *inverse de* x *pour tout* $x \in G$. *De plus, si* R *est un nombre réel tel que* $0 < R < a^\theta$, *la boule* $\{x \in \mathfrak{g} \mid \|x\| < R\}$ (*resp.* $\{x \in \mathfrak{g} \mid \|x\| \leqslant R\}$) *est un sous-groupe ouvert de* G.

Comme $H(U, -U) = 0$ et $H(0, U) = H(U, 0) = U$, on a $h(x, -x) = 0$ et $h(0, x) = h(x, 0) = x$ pour tout $x \in G$. Il ne reste donc qu'à démontrer la formule d'associativité

$$(18)\qquad h(h(x, y), z) = h(x, h(y, z)) \qquad \text{pour } x, y, z \text{ dans G.}$$

Comme on a

$$H(H(U, V), W) = H(U, H(V, W))$$

dans $\hat{L}(\{U, V, W\})$ (§ 6, n° 5, prop. 4), on a

$$(19)\qquad \tilde{H} \circ (\tilde{H} \times \mathrm{Id}_{\mathfrak{g}}) = \tilde{H} \circ (\mathrm{Id}_{\mathfrak{g}} \times \tilde{H})$$

dans $\hat{P}(\mathfrak{g} \times \mathfrak{g} \times \mathfrak{g}; \mathfrak{g})$ (n° 2), et (19) entraîne (18) d'après (16) et VAR, R, 4.1.5.

Autrement dit (chap. III, § 1), G, muni de la fonction de Hausdorff, est un groupe de Lie.

4. Exponentielle dans les algèbres associatives normées complètes

Dans ce n°, on désigne par A une algèbre associative unifère munie d'une norme $x \mapsto \|x\|$ satisfaisant aux conditions:

$$\|x + y\| \leqslant \sup(\|x\|, \|y\|)$$
$$\|xy\| \leqslant \|x\| . \|y\|$$
$$\|1\| = 1$$

pour x, y dans A, et *complète* pour cette norme. Les résultats des deuxième et troisième alinéas du § 7, n° 3 restent valables.

Prenons $I = \{U\}$ et considérons les images $\tilde{e}$ et $\tilde{l}$ des séries $e(U) = \sum_{n \geqslant 1} \frac{U^n}{n!}$ et $l(U) = \sum_{n \geqslant 1} (-1)^{n-1} \frac{U^n}{n}$ dans $\hat{P}(A; A)$. On a:

$$\left\| \left(\frac{U^n}{n!}\right)^{\sim} \right\| \leqslant a^{-(n-1)\theta} \tag{20}$$

$$\left\| \left(\frac{U^n}{n}\right)^{\sim} \right\| \leqslant a^{-\frac{\log n}{\log p}} \tag{21}$$

d'après le lemme 2 du n° 1. Donc le *rayon de convergence strict* de la série $\tilde{e}$ (resp. $\tilde{l}$) est $\geqslant a^\theta$ (resp. $\geqslant 1$) (VAR, R, 4.1.3). Pour $R > 0$, soit $G_R = \{x \in A \mid \|x\| < R\}$; posons $G = G_{a^\theta}$. La série $\tilde{e}$ (resp. $\tilde{l}$) définit une application analytique e_A (resp. l_A) de G (resp. G_1) dans A. On posera:

$$\exp_A(x) = 1 + e_A(x) = \sum_{n \geqslant 0} \frac{x^n}{n!} \qquad \text{pour } x \in G \tag{22}$$

$$\log_A(x) = l_A(x-1) = \sum_{n \geqslant 1} (-1)^{n-1} \frac{(x-1)^n}{n} \qquad \text{pour } x - 1 \in G_1 \tag{23}$$

(on omet l'indice A quand aucune confusion n'est à craindre). Pour $x \in G_R$ et $n \geqslant 1$, on a

$$\left\| \frac{x^n}{n} \right\| \leqslant \left\| \frac{x^n}{n!} \right\| < R^n a^{-(n-1)\theta} = R\left(\frac{R}{a^\theta}\right)^{n-1} \tag{24}$$

donc $e_A(G_R) \subset G_R$, $l_A(G_R) \subset G_R$ pour $R \leqslant a^\theta$.

PROPOSITION 4. — *Soit* R *un nombre réel tel que* $0 < R \leqslant a^\theta$. *L'application* $\exp_A$ *définit un isomorphisme analytique de* G_R *sur* $1 + G_R$, *et l'isomorphisme réciproque est la restriction de* $\log_A$ *à* $1 + G_R$.

On a $e(l(X)) = l(e(X)) = X$. D'après (20), (21), et VAR, R, 4.1.5, on en déduit que $e_A(l_A(x)) = l_A(e_A(x))$ pour $x \in G_R$. Donc

$$\exp_A(\log_A x) = x \qquad \text{pour } x \in 1 + G_R$$
$$\log_A(\exp_A x) = x \qquad \text{pour } x \in G_R$$

ce qui achève la démonstration.

Si on munit A du crochet $[x, y] = xy - yx$, A devient une algèbre de Lie normée complète, car $\|xy - yx\| \leqslant \sup(\|xy\|, \|yx\|) \leqslant \|x\| . \|y\|$. La prop. 2 du n° 3 entraîne que le domaine de convergence strict de $\tilde{H}$ contient $G \times G$, et $\tilde{H}$ définit donc une fonction analytique $h: G \times G \rightarrow A$; on a

$$h(x, y) = \sum_{r,s \geqslant 0} H_{r,s}(x, y). \tag{25}$$

Proposition 5. — *Pour x, y dans* G, *on a*

$$\exp_A x . \exp_A y = \exp_A h(x, y). \tag{26}$$

En effet, on a $e^U e^V = e^{H(U,V)}$, donc

$$m \circ (1 + \tilde{e}, 1 + \tilde{e}) = (1 + \tilde{e}) \circ \tilde{H}$$

dans $\tilde{H}(A \times A; A)$ (en désignant par m la multiplication de A). La proposition résulte alors de la prop. 2, du lemme 3, et de VAR, R, 4.1.5.

APPENDICE

Fonction de Möbius

Soit n un entier $\geqslant 1$. Si n est divisible par le carré d'un nombre premier, on pose $\mu(n) = 0$. Si n n'est divisible par le carré d'aucun nombre premier, on pose $\mu(n) = (-1)^k$, où k est le nombre de diviseurs premiers de n. La fonction $\mu : \mathbf{N}^* \to \{-1, 0, 1\}$ ainsi définie s'appelle *fonction de Möbius*.

Rappelons qu'étant donnés deux entiers $n_1 \geqslant 1$, $n_2 \geqslant 1$, on écrit $n_1 \mid n_2$ si n_1 divise n_2.

Proposition. — (i) *La fonction* μ *est l'unique application de* $\mathbf{N}^*$ *dans* $\mathbf{Z}$ *telle que* $\mu(1) = 1$ *et que*

$$\sum_{d \mid n} \mu(d) = 0 \tag{1}$$

pour tout entier $n > 1$.

(ii) *Soient s et t deux applications de* $\mathbf{N}^*$ *dans un groupe commutatif noté additivement. Pour que l'on ait*

$$s(n) = \sum_{d \mid n} t(d) \qquad \textit{pour tout entier } n \geqslant 1, \tag{2}$$

il faut et il suffit que l'on ait

$$t(n) = \sum_{d \mid n} \mu(d) s\left(\frac{n}{d}\right) \qquad \textit{pour tout entier } n \geqslant 1. \tag{3}$$

L'assertion d'unicité dans (i) est évidente, car (1) permet de déterminer $\mu(n)$ par récurrence sur n. Montrons que la fonction μ satisfait bien à (1). En effet, soit n un entier > 1. Soit P l'ensemble des diviseurs premiers de n et soit $n = \prod_{p \in P} p^{v_p(n)}$

la décomposition de n en facteurs premiers. Si d est un diviseur de n, on a $\mu(d) = 0$ sauf si d est de la forme $\prod_{p \in \mathrm{H}} p$, où H est une partie de P. On a donc

$$\sum_{d|n} \mu(d) = \sum_{\mathrm{H} \subset \mathrm{P}} (-1)^{\mathrm{Card}\,\mathrm{H}}$$
$$= \sum_{k=0}^{\mathrm{Card}\,\mathrm{P}} \binom{n}{k} (-1)^k = (1-1)^{\mathrm{Card}\,\mathrm{P}} = 0.$$

Soient s et t deux applications de $\mathbf{N}^*$ dans un groupe commutatif noté additivement. Soit $n \in \mathbf{N}^*$. Si (2) est vérifiée, on a

$$\sum_{d|n} \mu(d) s\left(\frac{n}{d}\right) = \sum_{d|n} \mu(d) \sum_{\delta|\frac{n}{d}} t(\delta) = \sum_{d\delta|n} \mu(d) t(\delta)$$
$$= \sum_{\delta|n} t(\delta) \sum_{d|\frac{n}{\delta}} \mu(d) = t(n).$$

Réciproquement, si (3) est vérifiée, on a

$$\sum_{d|n} t(d) = \sum_{d|n} \sum_{\delta|d} \mu(\delta) s\left(\frac{d}{\delta}\right) = \sum_{d|n} s(d) \sum_{\delta|\frac{n}{d}} \mu(\delta) = s(n),$$

ce qui achève la démonstration.

La formule (3) s'appelle *formule d'inversion de Möbius*.

Exercices

§ 1

1) On suppose que K est un corps de caractéristique 0. Soit E une bigèbre de rang fini sur K, et cocommutative. Montrer que P(E) = {0} (appliquer le th. 1 du n° 6).

2) Soit E une bigèbre telle que P(E) = {0}, et soit $(E_n)_{n \geq 0}$ une filtration de E compatible avec sa structure de bigèbre. Montrer, par récurrence sur n, que l'on a $E_n^+ = \{0\}$ pour tout $n \geq 0$, et en déduire que $E^+ = \{0\}$, i.e. que E est réduite à K.

3) Soit G un monoïde et soit E = K[G] son algèbre (A, III, p. 19).
a) Montrer qu'il existe sur E une structure de cogèbre et une seule telle que $c(g) = g \otimes g$ pour tout $g \in G$; cette structure est compatible avec la structure d'algèbre de E et fait de E une bigèbre cocommutative dont la coünité ε est telle que $\varepsilon(g) = 1$ pour tout $g \in G$.
b) Montrer que tout élément primitif de E est nul. En déduire que, si $G \neq \{e\}$, la bigèbre E n'admet aucune filtration compatible avec sa structure de bigèbre (appliquer l'exerc. 2).
c) On suppose K intègre. Montrer que les éléments de G sont les seuls éléments $x \in E$ non nuls tels que $c(x) = x \otimes x$. Montrer que E possède une inversion i (cf. A, III, p. 198, exerc. 4) si et seulement si G est un groupe, et que l'on a alors $i(g) = g^{-1}$ pour tout $g \in G$.

4) Soit E une bigèbre cocommutative, et soit G l'ensemble des $g \in E$ tels que $\varepsilon(g) = 1$ et $c(g) = g \otimes g$. Montrer que G est stable pour la multiplication, et que c'est un groupe si E possède une inversion. Montrer que, si K est un corps, les éléments de G sont linéairement indépendants sur K.

5) Soit E une bigèbre et soit E' = Hom(E, K) sa duale, munie de la structure d'algèbre déduite par dualité de la structure de cogèbre de E (A, III, p. 141). Soit $\mathfrak{m}$ le noyau de l'homomorphisme $u \mapsto u(1)$ de E' sur K; c'est un idéal de E'. Montrer que, si $u \in \mathfrak{m}^2$ et $x \in P(E)$, on a $u(x) = 0$. Lorsque K est un corps, montrer que P(E) est l'orthogonal de $\mathfrak{m}^2$ dans E^+; en déduire que $\dim P(E) \leq \dim \mathfrak{m}/\mathfrak{m}^2$ et qu'il y a égalité si E est de rang fini sur K.

6) Soit E une bigèbre et soit $u \in E' = \mathrm{Hom}(E, K)$ (cf. exerc. 5). Soit $g \in E$ tel que $\varepsilon(g) = 1$ et que $c(g) = g \otimes g$. Montrer que l'application $u \mapsto u(g)$ est un homomorphisme d'algèbres de E' dans K et que l'application $y \mapsto gy$ est un endomorphisme de la cogèbre E; montrer que cet endomorphisme est un automorphisme si E possède une inversion.

7) On suppose que K est un corps. Soit E une bigèbre satisfaisant aux conditions suivantes:
(i) E est cocommutative;
(ii) E possède une inversion (A, III, p. 198, exerc. 4);
(iii) P(E) = {0};
(iv) E est de rang fini sur K.
On note E' la K-algèbre duale de la cogèbre E. On note G l'ensemble des éléments $g \in E$ tels que $\varepsilon(g) = 1$ et $c(g) = g \otimes g$; c'est un groupe (cf. exerc. 4).
a) Soit $g \in G$, et soit $\mathfrak{m}_g$ le noyau de l'homomorphisme $u \mapsto u(g)$ de E' dans K. Montrer que l'on a $\mathfrak{m}_g = \mathfrak{m}_g^2$ (se ramener au cas $g = 1$ en utilisant l'exerc. 6; puis appliquer l'exerc. 5).

b) On suppose K algébriquement clos. Montrer que les idéaux $\mathfrak{m}_g$ sont les seuls idéaux maximaux de E′; en déduire que leur intersection est réduite à 0, que E′ s'identifie au produit K^G et que E s'identifie à la bigèbre K[G] du groupe fini G (cf. exerc. 3).

8) Montrer que la bigèbre enveloppante d'une algèbre de Lie $\mathfrak{g}$ possède une inversion i, et que l'on a $i(x) = -x$ pour tout $x \in \sigma(\mathfrak{g})$.

9) On suppose que K est une **Q**-algèbre. Soit $\mathfrak{g}$ une algèbre de Lie admettant une K-base, et soit U sa bigèbre enveloppante, munie de sa filtration canonique $(U_n)_{n\geqslant 0}$. Soit $x \in U^+$ et soit n un entier $\geqslant 1$. Montrer que x appartient à U_n^+ si et seulement si $c^+(x)$ appartient à $\sum\limits_{\substack{i+j=n\\ i,j\geqslant 1}} \operatorname{Im}(U_i^+ \otimes U_j^+)$.

10) On suppose que K est une **Q**-algèbre. Soit E une K-bigèbre cocommutative et possédant une filtration compatible avec sa structure de bigèbre. Montrer que le morphisme

$$f_E\colon U(P(E)) \to E$$

défini au n° 4, prop. 8 est un isomorphisme, si l'on suppose que P(E) est un K-module libre (même démonstration que pour le th. 1).

¶11) Soit E une bigèbre, et soit I un ensemble fini. On se donne une base (e_α) de E, indexée par les éléments α de $\mathbf{N}^I$, et telle que:

(i) $e_0 = 1$;

(ii) $c(e_\gamma) = \sum\limits_{\alpha+\beta=\gamma} e_\alpha \otimes e_\beta$ pour tout $\gamma \in \mathbf{N}^I$.

La condition (ii) entraîne que E est isomorphe, en tant que cogèbre, à la cogèbre $\mathsf{TS}(K^I)$ des tenseurs symétriques de K^I (cf. A, IV, § 5, n° 7, n^elle^ édition).

a) Soit $E' = \operatorname{Hom}(E, K)$ l'algèbre duale de E, et soit $\Lambda = K[[(X_i)_{i\in I}]]$ l'algèbre des séries formelles en des indéterminées X_i indexées par I. Pour tout $u \in E'$, soit φ_u la série formelle

$$\sum_\alpha u(e_\alpha)\boldsymbol{x}^\alpha,$$

où $\boldsymbol{x}^\alpha = \prod\limits_{i\in I} X_i^{\alpha(i)}$.

Montrer que $u \mapsto \varphi_u$ est un isomorphisme de E′ sur Λ et que cet isomorphisme transforme la topologie de la convergence simple sur E′ en la topologie produit de Λ.

b) Soient $c_{\alpha\beta\gamma}$ les constantes de structure de l'algèbre E relativement à la base (e_α). On a

$$e_\alpha e_\beta = \sum_\gamma c_{\alpha\beta\gamma} e_\gamma.$$

Ecrivons $\boldsymbol{x}$ au lieu de $(X_i)_{i\in I}$, et $\boldsymbol{y}$ au lieu de $(Y_i)_{i\in I}$, les Y_i étant de nouvelles indéterminées. Montrer qu'il existe une famille $\boldsymbol{f}(\boldsymbol{x}, \boldsymbol{y}) = (f_i(\boldsymbol{x}, \boldsymbol{y}))_{i\in I}$ de séries formelles en les variables $\boldsymbol{x}, \boldsymbol{y}$ telle que

$$\boldsymbol{f}(\boldsymbol{x}, \boldsymbol{y})^\gamma = \sum_{\alpha,\beta} c_{\alpha\beta\gamma} \boldsymbol{x}^\alpha \boldsymbol{y}^\beta \qquad \text{pour tout } \gamma \in \mathbf{N}^I,$$

en posant, comme ci-dessus, $\boldsymbol{x}^\alpha = \prod\limits_i X_i^{\alpha(i)}$ et de même pour $\boldsymbol{y}^\beta$ et $\boldsymbol{f}(\boldsymbol{x}, \boldsymbol{y})^\gamma$.

Montrer que $\boldsymbol{f}(\boldsymbol{x}, \boldsymbol{y})$ est une *loi de groupe formel* sur K, de dimension $n = \operatorname{Card}(I)$, au sens du chap. I, § 1, exerc. 24[1]; définir un isomorphisme de l'algèbre de Lie de cette loi de groupe formel sur l'algèbre de Lie P(E), qui a pour base les e_α avec $|\alpha| = 1$.

c) Inversement, montrer que toute loi de groupe formel sur K en les $\boldsymbol{x}$ et $\boldsymbol{y}$ peut être obtenue par le procédé ci-dessus, et de façon unique à isomorphisme près.

[1] L'exercice en question suppose que K est un corps, mais il n'y a rien à changer si l'on supprime cette hypothèse.

d) Lorsque K est une $\mathbf{Q}$-algèbre, appliquer ce qui précède à la bigèbre enveloppante d'une algèbre de Lie $\mathfrak{g}$ ayant une base finie sur K. En déduire l'existence (et l'unicité, à isomorphisme près) d'une loi de groupe formel ayant $\mathfrak{g}$ pour algèbre de Lie.
e) Expliciter la bigèbre correspondant à la loi de groupe formel à un paramètre $f(x, y) = x + y$ (resp. $f(x, y) = x + y + xy$).

¶12) On suppose que K est un corps de caractéristique $p > 0$.
a) Soit $\mathfrak{g}$ une p-algèbre de Lie (chap. I, § 1, exerc. 20) et soit $\tilde{\mathrm{U}}$ son algèbre enveloppante restreinte (chap. I, § 2, exerc. 6). Montrer qu'il existe sur $\tilde{\mathrm{U}}$ une structure de bigèbre et une seule qui soit compatible avec sa structure d'algèbre, et pour laquelle les éléments de $\mathfrak{g}$ soient primitifs. Montrer que $\tilde{\mathrm{U}}$ est cocommutative et que $\mathrm{P}(\tilde{\mathrm{U}}) = \mathfrak{g}$.
b) Si n est un entier $\geqslant 0$, on note $\tilde{\mathrm{U}}_n$ le sous-espace vectoriel de $\tilde{\mathrm{U}}$ engendré par les produits $x_1 \ldots x_n$, où $x_i \in \mathfrak{g}$ pour tout i. Montrer que $(\tilde{\mathrm{U}}_n)_{n \geqslant 0}$ est une filtration de $\tilde{\mathrm{U}}$ compatible avec sa structure de bigèbre.
c) Soit E une bigèbre, et soit $\mathfrak{g} = \mathrm{P}(\mathrm{E})$ l'algèbre de Lie de ses éléments primitifs. L'application $x \mapsto x^p$ laisse stable $\mathfrak{g}$, et munit $\mathfrak{g}$ d'une structure de p-algèbre de Lie. Montrer que l'injection canonique $\mathfrak{g} \to \mathrm{E}$ se prolonge de façon unique en un morphisme de bigèbres $\tilde{\mathrm{U}} \to \mathrm{E}$ et que ce morphisme est injectif (utiliser le fait que, si $(x_i)_{i \in \mathrm{I}}$ est une base de $\mathfrak{g}$ munie d'un ordre total, les monômes $\prod x_i^{n_i}$ $(0 \leqslant n_i < p)$ forment une base de $\tilde{\mathrm{U}}$ (*loc. cit.*), et raisonner comme dans la démonstration du lemme 2).

§ 2

1) Soit $\mathfrak{g}$ une algèbre de Lie libre de famille basique $(x_1, \ldots, x_n, \ldots)$. On note $\mathfrak{g}_n$ la sous-algèbre de $\mathfrak{g}$ engendrée par $x_1, \ldots, x_n$, et l'on note $\mathfrak{b}_n$ le plus petit idéal de $\mathfrak{g}_n$ contenant x_n.
a) Montrer que $\mathfrak{b}_n$ est le sous-module de $\mathfrak{g}_n$ engendré par les $(\mathrm{ad}(x_{i_1}) \circ \ldots \circ \mathrm{ad}(x_{i_k}))x_n$, avec $k \geqslant 0$ et $i_h \leqslant n$ pour tout h.
b) Montrer que $\mathfrak{g}_n = \mathfrak{g}_{n-1} \oplus \mathfrak{b}_n$; en déduire que $\mathfrak{g}$ est somme directe des $\mathfrak{b}_n$ pour $n \geqslant 1$.
c) Montrer, en utilisant *a*) et *b*), que le K-module $\mathfrak{g}$ est engendré par les éléments $[x_{i_1}, [x_{i_2}, \ldots, [x_{i_{k-1}}, x_{i_k}] \ldots]]$, avec $k \geqslant 0$ et $i_h \leqslant i_k$ pour $h < k$.

¶2) Soit X un ensemble dénombrable ayant au moins deux éléments, et soit $\mathfrak{H}$ l'ensemble des parties de M(X) qui sont des ensembles de Hall (cf. déf. 2). Montrer que $\mathrm{Card}(\mathfrak{H}) = 2^{\aleph_0}$.

3) Soit X un ensemble muni d'une relation d'ordre totale. Montrer qu'il existe un ensemble de Hall H relatif à X tel que $\mathrm{H} \cap \mathrm{M}^3(\mathrm{X})$ se compose des produits $z(yx)$ avec $y < x$, $y \leqslant z$ et que $\mathrm{H} \cap \mathrm{M}^4(\mathrm{X})$ se compose des produits $w(z(yx))$ avec $w \geqslant z \geqslant y$, $y < x$ et des produits $(ab)(cd)$ avec $a < b$, $c < d$ et, soit $a < c$, soit $a = c$ et $b < d$.

4) *a*) Montrer que l'algèbre de Lie définie par la présentation

$$\{x, y; [x, [x, y]] = [y, [x, y]] = 0\}$$

admet pour base $(x, y, [x, y])$. Définir un plongement de cette algèbre dans une algèbre de matrices.
b) Mêmes questions pour l'algèbre de Lie définie par la présentation

$$\{x, y; [x, [x, y]] - 2x = [y, [x, y]] + 2y = 0\}.$$

c) Montrer que l'algèbre de Lie de présentation

$$\{x, y, z; [x, y] - x = [y, z] - y = [z, x] - z = 0\}$$

est réduite à 0.

5) Soit $\mathfrak{g}$ une algèbre de Lie libre et soit $\mathfrak{r}$ un idéal de $\mathfrak{g}$. On suppose que $\mathfrak{r} = [\mathfrak{g}, \mathfrak{r}]$. Montrer que $\mathfrak{r} = \{0\}$ (utiliser le fait que $\bigcap_{n \geqslant 0} \mathscr{C}^n \mathfrak{g} = \{0\}$).

6) Soit E un module. Soit ME l'algèbre libre de E (A, III, p. 181, exerc. 13). On rappelle que $ME = \bigoplus_{n \geqslant 1} E_n$, avec

$$E_1 = E, \quad E_n = \bigoplus_{p+q=n} E_p \otimes E_q \quad \text{si} \quad n \geqslant 2,$$

la structure d'algèbre de ME étant définie grâce aux applications canoniques $E_n \otimes E_m \to E_{n+m}$.

a) Soit J le plus petit idéal bilatère de ME contenant les éléments de la forme xx et $(xy)z + (yz)x + (zx)y$ avec x, y, z dans E. On pose LE = ME/J. Montrer que J est un idéal gradué de ME; en déduire une graduation $(L^nE)_{n \geqslant 1}$ de LE.

b) Montrer que LE est une algèbre de Lie; on l'appelle l'*algèbre de Lie libre du module* E. Montrer que, pour toute algèbre de Lie $\mathfrak{g}$, et toute application linéaire $f \colon E \to \mathfrak{g}$, il existe un homomorphisme d'algèbres de Lie $F \colon LE \to \mathfrak{g}$ et un seul qui prolonge f.

c) Définir des isomorphismes $E \to L^1E$ et $\wedge^2 E \to L^2E$. Montrer que L^3E s'identifie au quotient de $E \otimes \wedge^2 E$ par le sous-module engendré par les éléments

$$x \otimes (y \wedge z) + y \otimes (z \wedge x) + z \otimes (x \wedge y) \text{ pour } \quad x, y, z \text{ dans E}.$$

d) Montrer que, lorsque E est un module libre de base X, LE s'identifie à l'algèbre de Lie libre L(X) définie au n° 2.

e) Montrer que l'application canonique de E dans l'algèbre enveloppante U(LE) de LE se prolonge en un isomorphisme de l'algèbre tensorielle TE sur U(LE).

f) Soit σ l'application linéaire de $\wedge^2 E$ dans T^2E telle que $\sigma(x \wedge y) = x \otimes y - y \otimes x$. Construire un module E pour lequel σ n'est pas injective. En déduire que, pour ce module, l'application canonique de LE dans U(LE) n'est pas injective (comparer à l'exerc. 9 du chap. I, § 2).

7) On suppose que K est un corps. Soit $\mathfrak{l}$ une algèbre de Lie libre, de famille basique $(x_i)_{i \in I}$, et soit M un $\mathfrak{l}$-module.

a) Montrer que $H^2(\mathfrak{l}, M) = \{0\}$, cf. chap. I, § 3, exerc. 12. (Utiliser le cor. 2 de la prop. 1, ainsi que la partie (i) de l'exercice en question.)

b) Montrer que, pour toute famille $(m_i)_{i \in I}$ d'éléments de M, il existe un cocycle $\varphi \colon \mathfrak{l} \to M$, de degré 1, tel que $\varphi(x_i) = m_i$, et que ce cocycle est unique. En déduire une suite exacte:

$$0 \to H^0(\mathfrak{l}, M) \to M \to M^I \to H^1(\mathfrak{l}, M) \to 0.$$

Si I est fini, de cardinal n, et si M est de rang fini sur K, on a

$$\text{rg}\, H^1(\mathfrak{l}, M) - \text{rg}\, H^0(\mathfrak{l}, M) = (n-1)\, \text{rg}\, M.$$

8) On suppose que K est un corps. Soit $\mathfrak{l}$ une algèbre de Lie libre, de famille basique $(\bar{x}_i)_{i \in I}$, soit $\mathfrak{r}$ un idéal de $\mathfrak{l}$ contenu dans $[\mathfrak{l}, \mathfrak{l}]$ et soit $\mathfrak{g} = \mathfrak{l}/\mathfrak{r}$; on note x_i l'image de $\bar{x}_i$ dans $\mathfrak{g}$.

Démontrer l'équivalence des propriétés suivantes:

(i) $\mathfrak{g}$ est une algèbre de Lie libre.

(ii) $\mathfrak{g}$ admet (x_i) pour famille basique (i.e. on a $\mathfrak{r} = \{0\}$).

(iii) Pour tout $\mathfrak{g}$-module M, on a $H^2(\mathfrak{g}, M) = \{0\}$.

(iv) Si $\mathfrak{g}$ opère trivialement sur K, on a $H^2(\mathfrak{g}, K) = \{0\}$.

(Les implications (ii) $\Rightarrow$ (i) et (iii) $\Rightarrow$ (iv) sont évidentes et (i) $\Rightarrow$ (iii) résulte de l'exerc. 7. Pour prouver que (iv) $\Rightarrow$ (ii) il suffit de montrer que $\mathfrak{r} = [\mathfrak{l}, \mathfrak{r}]$, cf. exerc. 5; dans le cas contraire, prendre un hyperplan $\mathfrak{h}$ de $\mathfrak{r}$ contenant $[\mathfrak{l}, \mathfrak{r}]$, et remarquer que l'extension $\mathfrak{r}/\mathfrak{h} \to \mathfrak{l}/\mathfrak{h} \to \mathfrak{l}/\mathfrak{r} = \mathfrak{g}$ est essentielle.)

¶ 9) Soit $\mathfrak{g} = \bigoplus_{n \geqslant 1} \mathfrak{g}_n$ une algèbre de Lie graduée. Si $\mathfrak{h}$ est une sous-algèbre graduée de $\mathfrak{g}$ telle que $\mathfrak{g} = \mathfrak{h} + [\mathfrak{g}, \mathfrak{g}]$, montrer que l'on a $\mathfrak{h} = \mathfrak{g}$. Si (x_i) est une famille d'éléments homogènes de $\mathfrak{g}$, en déduire que (x_i) est une famille génératrice si et seulement si les images des x_i dans $\mathfrak{g}/[\mathfrak{g}, \mathfrak{g}]$ engendrent $\mathfrak{g}/[\mathfrak{g}, \mathfrak{g}]$.

Si K est un corps sur lequel $\mathfrak{g}$ opère trivialement, et si $H^2(\mathfrak{g}, K) = \{0\}$, montrer que la famille (x_i) est basique si et seulement si les images des x_i dans $\mathfrak{g}/[\mathfrak{g}, \mathfrak{g}]$ forment une base de cet espace vectoriel. (Utiliser l'exercice 8.) [1]

10) Soit $\mathfrak{l}$ une algèbre de Lie libre admettant une famille basique finie à n éléments, et soit u un endomorphisme surjectif de $\mathfrak{l}$. Montrer que u est un isomorphisme. (Poser $\mathrm{gr}^n(\mathfrak{l}) = \mathscr{C}^n\mathfrak{l}/\mathscr{C}^{n+1}\mathfrak{l}$ et noter $\mathrm{gr}^n(u)$ l'endomorphisme de $\mathrm{gr}^n(\mathfrak{l})$ déduit de u; remarquer que $\mathrm{gr}^n(u)$ est surjectif; comme $\mathrm{gr}^n(\mathfrak{l})$ est un K-module libre de rang fini, en déduire que $\mathrm{gr}^n(u)$ est bijectif, puis que le noyau de u est contenu dans $\bigcap_n \mathscr{C}^n\mathfrak{l}$, qui est réduit à 0.)

Si $(y_1, \ldots, y_m)$ est une famille génératrice de $\mathfrak{l}$, montrer que $m \geqslant n$, et qu'il y a égalité si et seulement si $(y_1, \ldots, y_m)$ est une famille basique.

¶11) Soient Y et Z deux ensembles disjoints (Y étant muni d'une structure d'ordre total), soit $X = Y \cup Z$ et soit $\mathfrak{l} = L(X)$. Soit $\mathfrak{a}_Y$ le sous-module de $\mathfrak{l}$ engendré par Z et $[\mathfrak{l}, \mathfrak{l}]$; c'est un idéal de l'algèbre de Lie $\mathfrak{l}$. On se propose d'expliciter une famille basique de $\mathfrak{a}_Y$.

Soit M l'ensemble des fonctions positives entières sur Y, à support fini. Si $m \in M$, on note θ^m l'endomorphisme de $\mathfrak{l}$ donné par

$$\theta^m = \prod_{y \in Y} (\operatorname{ad} y)^{m(y)},$$

le produit étant relatif à la relation d'ordre donnée sur Y. On note $\mathfrak{S}$ la partie de $Y \times M$ formée des couples (u, m) tels qu'il existe $y \in Y$ pour lequel $y > u$ et $m(y) \geqslant 1$. Montrer que les éléments

$$\theta^m(u) \text{ pour } (u, m) \in \mathfrak{S} \quad \text{et} \quad \theta^m(z) \text{ pour } (z, m) \in Z \times M$$

forment une famille basique de l'algèbre de Lie $\mathfrak{a}_Y$.

(Se ramener au cas où Y est fini, et raisonner par récurrence sur Card(Y). Utiliser le cor. de la prop. 10, appliqué au plus grand élément y de Y, et appliquer l'hypothèse de récurrence à $Y - \{y\}$.)

12) Soit $X = \{x, y\}$ un ensemble à deux éléments. Montrer que l'algèbre dérivée de L(X) est une algèbre de Lie libre, admettant pour famille basique les éléments $((\operatorname{ad} y)^q \circ (\operatorname{ad} x)^p)(y)$, pour $p \geqslant 1$, $q \geqslant 0$. (Utiliser l'exerc. 11.)

¶ 13) (Dans cet exercice, on suppose que tout module projectif sur K est *libre*; il en est par exemple ainsi si K est un anneau principal.)

Soit $\mathfrak{l} = \sum_{n=1}^{\infty} \mathfrak{l}_n$ une algèbre de Lie graduée admettant une famille basique B formée d'éléments homogènes, et soit $\mathfrak{h}$ une sous-algèbre de Lie graduée de $\mathfrak{l}$, qui soit facteur direct dans $\mathfrak{l}$ comme module.

a) Pour tout $i \geqslant 0$, soit $\mathfrak{l}^{(i)}$ la sous-algèbre graduée de $\mathfrak{l}$ telle que

$$\mathfrak{l}_j^{(i)} = \mathfrak{h}_j \quad \text{si} \quad j \leqslant i.$$
$$\mathfrak{l}_j^{(i)} = \mathfrak{l}_j \quad \text{si} \quad j > i.$$

On a $\mathfrak{l} = \mathfrak{l}^{(0)} \supset \mathfrak{l}^{(1)} \supset \cdots \supset \mathfrak{h}$. Montrer, en raisonnant par récurrence sur i, l'existence d'une famille basique $B^{(i)}$ de $\mathfrak{l}^{(i)}$, formée d'éléments homogènes, et telle que les éléments de $B^{(i-1)}$ et de $B^{(i)}$ de degré $< i - 1$ soient les mêmes. (Supposons $B^{(i-1)}$ construite. Soit $\mathfrak{m}_i$ l'intersection de $\mathfrak{l}_i = \mathfrak{l}_i^{(i-1)}$ avec la sous-algèbre engendrée par les $\mathfrak{h}_j$ pour $j < i$, et soit $\mathfrak{b}_i$ le sous-module de $\mathfrak{l}_i$ engendré par les éléments de degré i de $B^{(i-1)}$. L'hypothèse de récurrence entraîne que $\mathfrak{l}_i = \mathfrak{m}_i \oplus \mathfrak{b}_i$. Comme $\mathfrak{m}_i \subset \mathfrak{h}_i$, on peut décomposer $\mathfrak{b}_i$ en $\mathfrak{b}_i = \mathfrak{y}_i \oplus \mathfrak{z}_i$, de telle sorte que

[1] Lorsque $\mathfrak{g}$ n'est pas graduée, on ignore si la condition

« $H^2(\mathfrak{g}, M) = \{0\}$ pour tout $\mathfrak{g}$-module M »

entraîne que $\mathfrak{g}$ est une algèbre de Lie libre.

$\mathfrak{h}_i = \mathfrak{m}_i \oplus \mathfrak{z}_i$; vu l'hypothèse faite sur K, les modules $\mathfrak{y}_i$ et $\mathfrak{z}_i$ sont libres; quitte à changer les éléments de degré i de $B^{(i-1)}$, on peut donc supposer que $\mathfrak{z}_i$ est engendré par une partie de $B^{(i-1)}$. En appliquant l'exerc. 11 à $\mathfrak{l}^{(i-1)}$ et à son idéal $\mathfrak{l}^{(i)}$, on en déduit une famille basique $B^{(i)}$ de $\mathfrak{l}^{(i)}$ ayant les propriétés voulues.)

b) Déduire de *a*) le fait que $\mathfrak{h}$ possède une famille basique formée d'éléments homogènes.

¶14) On suppose que K est un corps. Soit X un ensemble, et soient x, y deux éléments de L(X) linéairement indépendants sur K. Montrer que la famille (x, y) est libre dans l'algèbre de Lie L(X). (Soit x_p (resp. y_q) la composante homogène non nulle de plus haut degré de x (resp. de y). Quitte à ajouter à x un multiple de y, on peut supposer que x_p et y_q sont linéairement indépendants. La sous-algèbre de L(X) engendrée par x_p et y_q est graduée, donc libre, cf. exerc. 13. En déduire que (x_p, y_q) est une famille libre et passer de là à (x, y).)

¶15) Soit $X = \{x, y\}$ un ensemble à deux éléments, et soit σ un automorphisme de l'algèbre de Lie L(X). Montrer que, si K est un corps, σ respecte la graduation de L(X) (appliquer l'exerc. 14 aux composantes homogènes non nulles de plus haut degré de $\sigma(x)$ et $\sigma(y)$); en déduire un isomorphisme de Aut(L(X)) sur $\mathbf{GL}(2, K)$. Etendre ces résultats au cas où l'anneau K n'a pas d'élément nilpotent $\neq 0$. Lorsque K contient un élément $\varepsilon \neq 0$ de carré nul, montrer que $x \mapsto x$, $y \mapsto y + \varepsilon[x, y]$ se prolonge en un automorphisme de L(X) ne respectant pas la graduation de L(X).

¶16) On suppose que K est une $\mathbf{Q}$-algèbre. Si $\mathfrak{g}$ est une algèbre de Lie, on note $U(\mathfrak{g})$ son algèbre enveloppante, σ l'application canonique de $\mathfrak{g}$ dans $U(\mathfrak{g})$, et $S(\mathfrak{g})$ l'algèbre symétrique du K-module $\mathfrak{g}$. Il existe une application linéaire

$$\eta(\mathfrak{g}) : S(\mathfrak{g}) \to U(\mathfrak{g})$$

et une seule telle que $\eta(\mathfrak{g})(x^n) = \sigma(x)^n$ pour tout $x \in \mathfrak{g}$ et tout $n \in \mathbf{N}$. On a:

$$\eta(\mathfrak{g})(x_1 \ldots x_n) = \frac{1}{n!} \sum_{s \in \mathfrak{S}_n} \sigma(x_{s(1)}) \ldots \sigma(x_{s(n)}), \qquad x_i \in \mathfrak{g}.$$

On se propose de montrer que $\eta(\mathfrak{g})$ est *bijective*.

a) Prouver que $\eta(\mathfrak{g})$ est surjective, et qu'elle est bijective lorsque le K-module $\mathfrak{g}$ est libre (utiliser le théorème de Poincaré–Birkhoff–Witt).

b) Soit $\mathfrak{h}$ un idéal de $\mathfrak{g}$. On note $\mathfrak{s}_\mathfrak{h}$ (resp. $\mathfrak{u}_\mathfrak{h}$) l'idéal de $S(\mathfrak{g})$ (resp. l'idéal bilatère de $U(\mathfrak{g})$) engendré par $\mathfrak{h}$ (resp. par $\sigma(\mathfrak{h})$). Le diagramme

$$\begin{array}{ccccccccc} 0 & \to & \mathfrak{s}_\mathfrak{h} & \to & S(\mathfrak{g}) & \to & S(\mathfrak{g}/\mathfrak{h}) & \to & 0 \\ & & & & \downarrow{\scriptstyle \eta(\mathfrak{g})} & & \downarrow{\scriptstyle \eta(\mathfrak{g}/\mathfrak{h})} & & \\ 0 & \to & \mathfrak{u}_\mathfrak{h} & \to & U(\mathfrak{g}) & \to & U(\mathfrak{g}/\mathfrak{h}) & \to & 0 \end{array}$$

est commutatif, et ses lignes sont exactes. En déduire que l'image $\tilde{\mathfrak{u}}_\mathfrak{h}$ de $\mathfrak{s}_\mathfrak{h}$ par $\eta(\mathfrak{g})$ est contenue dans $\mathfrak{u}_\mathfrak{h}$ et que l'on a $\tilde{\mathfrak{u}}_\mathfrak{h} = \mathfrak{u}_\mathfrak{h}$ lorsque $\eta(\mathfrak{g})$ et $\eta(\mathfrak{g}/\mathfrak{h})$ sont injectifs (en particulier lorsque les modules $\mathfrak{g}$ et $\mathfrak{g}/\mathfrak{h}$ sont libres).

c) On prend pour $\mathfrak{g}$ une algèbre de Lie libre, de famille basique $(X_1, \ldots, X_n, H)$, avec $n \geqslant 0$, et on prend pour $\mathfrak{h}$ l'idéal de $\mathfrak{g}$ engendré par H. Montrer que $\mathfrak{g}$ et $\mathfrak{g}/\mathfrak{h}$ sont des modules libres. En déduire que, dans ce cas, on a $\tilde{\mathfrak{u}}_\mathfrak{h} = \mathfrak{u}_\mathfrak{h}$. En particulier, il existe $x \in \mathfrak{s}_\mathfrak{h}$ tel que $(\eta(\mathfrak{g}))(x) = \sigma(X_1) \ldots \sigma(X_n)\sigma(H)$.

d) On revient au cas général. Montrer que $\mathfrak{u}_\mathfrak{h}$ est engendré sur K par les éléments de la forme $\sigma(x_1) \ldots \sigma(x_n)\sigma(h)$, avec $n \geqslant 0$, $x_i \in \mathfrak{g}$, et $h \in \mathfrak{h}$ (remarquer que $\mathfrak{u}_\mathfrak{h}$ coïncide avec l'idéal à gauche engendré par $\mathfrak{h}$). Montrer, en utilisant *c*), qu'un tel élément appartient à $\tilde{\mathfrak{u}}_\mathfrak{h}$ (utiliser un homomorphisme convenable d'une algèbre de Lie libre dans $\mathfrak{g}$). En déduire que $\tilde{\mathfrak{u}}_\mathfrak{h} = \mathfrak{u}_\mathfrak{h}$.

e) Montrer que, si $\eta(\mathfrak{g})$ est bijectif, il en est de même de $\eta(\mathfrak{g}/\mathfrak{h})$. En déduire finalement que, pour toute algèbre de Lie $\mathfrak{g}$, $\eta(\mathfrak{g})$ *est bijectif* (écrire $\mathfrak{g}$ comme quotient d'une algèbre de Lie libre), et que l'homomorphisme canonique

$$\omega : S(\mathfrak{g}) \to \operatorname{gr} U(\mathfrak{g}) \qquad \text{(cf. chap. I, § 2, n° 6)}$$

est une *isomorphisme* (« théorème de Poincaré–Birkhoff–Witt » pour les algèbres de Lie sur les $\mathbf{Q}$-algèbres).

§ 3

La lettre X désigne un ensemble.

1) *a*) Montrer que tout élément $u \in A^+(X)$ s'écrit de façon unique sous la forme $u = \sum_{x \in X} u_x x$, avec $u_x \in A(X)$.
b) Montrer que {0} est le seul sous-module de $A^+(X)$ stable par toutes les applications $u \mapsto u_x$ ($x \in X$). (Si $\mathfrak{a}$ est un tel sous-module, et si $\mathfrak{a} \neq \{0\}$, considérer un élément non nul de $\mathfrak{a}$ de degré minimal.)

2) Soit $\mathfrak{g}$ une algèbre de Lie qui soit un module libre; on l'identifie au moyen de $\sigma: \mathfrak{g} \to U\mathfrak{g}$ à son image dans l'algèbre enveloppante $U\mathfrak{g}$. Soit $U^+\mathfrak{g}$ le noyau de l'homomorphisme canonique $U\mathfrak{g} \to K$. Soit i une application de X dans $\mathfrak{g}$ telle que $i(X)$ engendre $\mathfrak{g}$ comme algèbre de Lie.
a) Montrer que $U^+\mathfrak{g}$ est engendré par $i(X)$ comme $U\mathfrak{g}$-module à gauche.
b) Montrer l'équivalence des propriétés suivantes:
(i) $\mathfrak{g}$ est libre de famille basique $i: X \to \mathfrak{g}$.
(ii) La famille i est une base du $U\mathfrak{g}$-module à gauche $U^+\mathfrak{g}$.
(L'implication (i) ⇒ (ii) résulte de l'exerc. 1 *a*), compte tenu de l'isomorphisme $U\mathfrak{g} \to A(X)$. Pour démontrer (ii) ⇒ (i), appliquer l'exerc. 1 *b*) au noyau de l'homomorphisme $A(X) \to U\mathfrak{g}$ défini par i.)

3) Soit $x \in X$. Montrer que le commutant de x dans A(X) est la sous-algèbre engendrée par x. En déduire que les seuls éléments de L(X) qui commutent à x sont les multiples de x. En particulier, le centre de L(X) est réduit à 0 si $\mathrm{Card}(X) \geqslant 2$, et le centre de $L(X)/\left(\sum_{n>p} L^n(X)\right)$ est réduit à l'image canonique de $L^p(X)$.

¶4) On suppose que K est un corps de caractéristique $p > 0$.
a) Soit H une base de la sous-algèbre de Lie L(X) de A(X). Montrer (en utilisant l'isomorphisme $U(L(X)) \to A(X)$, ainsi que le théorème de Poincaré-Birkhoff-Witt) que les éléments h^{p^n} ($h \in H$, $n \in \mathbf{N}$) sont linéairement indépendants sur K.
b) Si m est un entier $\geqslant 0$, on note L_m le sous-module de A(X) de base les h^{p^n} pour $h \in H$, $n \leqslant m$. Montrer que L_m est une sous-algèbre de Lie de A(X), et que, si $a \in L_{m-1}$, on a $a^p \in L_m$ (raisonner par récurrence sur m, et utiliser les *formules de Jacobson*, cf. chap. I, § 1, exerc. 19). En déduire que L_m ne dépend pas du choix de H, et que c'est la sous-algèbre de Lie de A(X) engendrée par les x^{p^n}, pour $x \in X$, $n \leqslant m$.
c) Soit L(X, p) la réunion des L_m pour $m \geqslant 0$. Montrer que L(X, p) est la plus petite p-sous-algèbre de Lie de A(X) contenant X (cf. chap. I, § 1, exerc. 20); elle admet pour base la famille des h^{p^n} pour $h \in H$, $n \in \mathbf{N}$.
d) Soit $\tilde{U}(L(X, p))$ l'algèbre enveloppante restreinte de L(X, p), cf. chap. I, § 2, exerc. 6. Montrer que l'injection de L(X, p) dans A(X) se prolonge en un *isomorphisme* de $\tilde{U}(L(X, p))$ sur A(X). (Utiliser le théorème de Poincaré-Birkhoff-Witt, ainsi que l'exerc. cité ci-dessus.) En déduire que L(X, p) est l'ensemble des éléments primitifs de A(X), cf. § 1, exerc. 12.
e) Soit f une application de X dans une p-algèbre de Lie $\mathfrak{g}$. Montrer que f se prolonge de façon unique en un p-homomorphisme $F: L(X, p) \to \mathfrak{g}$. (Commencer par prolonger f en un homomorphisme d'algèbres de A(X) dans $\tilde{U}\mathfrak{g}$.)
(La p-algèbre de Lie L(X, p) s'appelle la *p-algèbre de Lie libre* sur l'ensemble X.)

§ 4

Dans les exercices ci-après, la lettre G *désigne un groupe.*

1) Soit (G_n) une filtration centrale entière sur G. Montrer que l'algèbre de Lie gr(G) est engendrée par $\mathrm{gr}_1(G)$ si et seulement si l'on a $G_n = G_{n+1} . C^nG$ pour tout $n \geqslant 1$. Dans ce cas, montrer que $G_n = G_m . C^nG$ pour $m > n$, et en déduire que $(G_n) = (C^nG)$ s'il existe un entier m tel que $G_m = \{e\}$.

2) Soit (G_α) une filtration réelle sur un groupe G, et soit v la fonction d'ordre correspondante. Soit H un sous-groupe de G.

a) Soit $H_\alpha = H \cap G_\alpha$. Montrer que (H_α) est une filtration réelle de H, et que la fonction d'ordre correspondante est la restriction de v à H. On a $H_\alpha^+ = H \cap G_\alpha^+$ et gr(H) s'identifie à un sous-groupe gradué de gr(G).

b) On suppose que H est distingué, et que $v(G) \cap \mathbf{R}$ est une partie *discrète* de $\mathbf{R}$. On pose $(G/H)_\alpha = (G_\alpha H)/H$. Montrer que $((G/H)_\alpha)$ est une filtration réelle de G/H, et que la fonction d'ordre correspondante $v_{G/H}$ est donnée par la formule

$$v_{G/H}(x) = \operatorname*{Sup}_{y \in x} v(y).$$

Montrer que, pour tout $\alpha \in \mathbf{R}$, on a une suite exacte

$$0 \to \mathrm{gr}_\alpha(H) \to \mathrm{gr}_\alpha(G) \to \mathrm{gr}_\alpha(G/H) \to 0.$$

c) Les hypothèses étant celles de *b*), on suppose que (G_α) est une filtration *centrale*. Montrer qu'il en est de même des filtrations de H et de G/H induites par (G_α), et que l'algèbre de Lie gr(G/H) s'identifie au quotient de gr(G) par l'idéal gr(H).

¶3) Soit (H_α) une filtration réelle d'un groupe H et soit v_H la fonction d'ordre correspondante. On suppose que G opère à gauche sur H et que, pour tout $g \in G$, l'application $h \mapsto g(h)$ est un automorphisme du groupe filtré H.

a) Si $\alpha \in \mathbf{R}$, on note G_α l'ensemble des $g \in G$ tels que

$$v_H(h^{-1}g(h)) \geqslant v_H(h) + \alpha \qquad \text{pour tout } h \in H.$$

Montrer que (G_α) est une filtration réelle de G et que $G_\alpha = G$ si $\alpha \leqslant 0$. On note v la fonction d'ordre correspondante.

b) On suppose que la filtration (H_α) est centrale, et que $G_0^+ = G$. Montrer que (G_α) est une filtration centrale de G. Si $\xi \in \mathrm{gr}_\alpha(G)$ et $\eta \in \mathrm{gr}_\beta(H)$, soit g (resp. h) un représentant de ξ (resp. η) dans G_α (resp. H_β); montrer que l'image de $h^{-1}g(h)$ dans $\mathrm{gr}_{\alpha+\beta}(H)$ est indépendante des choix de g et h; si on la note $D_\xi(\eta)$, montrer que D_ξ se prolonge en une dérivation de degré α de l'algèbre de Lie gr(H) et que $\xi \mapsto D_\xi$ est un homomorphisme de l'algèbre de Lie gr(G) dans l'algèbre de Lie des dérivations de gr(H). Si $v_H(H) \cap \mathbf{R}$ est contenu dans un sous-groupe discret Γ de $\mathbf{R}$, il en est de même de $v(G) \cap \mathbf{R}$, et, pour tout $\alpha \in \mathbf{R}$, l'application $\xi \mapsto D_\xi$ définie ci-dessus est injective.

4) Soit H un groupe nilpotent de classe c, et soit G le groupe des automorphismes de H qui opèrent trivialement sur H/(H, H). Montrer que G est nilpotent de classe $\leqslant c - 1$. (Appliquer l'exerc. 3 à la suite centrale descendante de H, et remarquer que G opère trivialement sur gr(H).) Montrer que, si H est un p-groupe fini (p premier), il en est de même de G (même méthode).

5) Soit K un corps commutatif et soit L une extension galoisienne finie de K, de groupe de Galois G. Soit v_L une valuation de L à valeurs dans $\mathbf{Z}$ (AC, VI, § 3, nº 2), invariante par G. Si $g \in G$, on pose

$$v(g) = \sup_{x \in L^*} v_L\left(\frac{g(x) - x}{x}\right).$$

Montrer que v est la fonction d'ordre d'une filtration entière séparée (G_n) sur G telle que $G_0 = G$, et que la restriction de cette filtration à G_1 est centrale (appliquer l'exerc. 3, en prenant pour H l'idéal de v_L). Montrer que G_1 est un p-groupe (resp. est réduit à l'élément neutre) si le corps résiduel de L est de caractéristique $p > 0$ (resp. de caractéristique zéro); lorsque les corps L et K ont même corps résiduel, G_1 est le noyau de l'homomorphisme φ défini dans AC, VI, § 8, exerc. 11 *b*).

¶6) Soit K[G] l'algèbre de G sur K et soit I le noyau de l'homomorphisme canonique $K[G] \to K$ (« idéal d'augmentation »). On a $K[G] = K \oplus I$ et I admet pour base la famille des $g - 1$ pour $g \in G - \{e\}$.
a) Si n est un entier $\geqslant 0$, on note I^n l'idéal de K[G] puissance n-ième de I. Soit G_n l'ensemble des $g \in G$ tels que $g - 1 \in I^n$. Montrer que (G_n) est une filtration centrale entière sur G. En particulier, on a $G_n \supset C^nG$ pour tout n.
b) Montrer que, si $K = \mathbf{Z}$, l'application $g \mapsto g - 1$ définit, par passage aux quotients, un isomorphisme de G/(G, G) sur I/I^2. En déduire que $G_2 = C^2G$.[1]
c) On suppose que K est un corps de caractéristique zéro, et que G est fini. Montrer que $I^n = I$ pour tout $n \geqslant 1$.
d) On suppose que K est un corps de caractéristique $p > 0$, et que G est un p-groupe. Montrer que $I^n = \{0\}$ pour n assez grand. (On montrera d'abord, en utilisant A, I, p. 73, prop. 11, que tout K[G]-module simple est isomorphe à K; en déduire que I est le radical de K[G], donc est nilpotent puisque K[G] est de rang fini sur K.)
e) On suppose que $K = \mathbf{Z}$, et que G possède la propriété suivante: pour tout $g \in G$ tel que $g \neq 1$, il existe un nombre premier p, un p-groupe P, et un homomorphisme $f: G \to P$ tels que $f(g) \neq e$. Montrer que l'on a alors $\bigcap_n I^n = \{0\}$. (On se ramène aussitôt au cas où G = P. En appliquant *d*) au corps $\mathbf{F}_p$, on voit qu'il existe m tel que $I^m \subset p.\mathbf{Z}[G]$, et comme I est facteur direct dans $\mathbf{Z}[G]$, cela entraîne $I^m \subset pI$, d'où $\bigcap_n I^{mn} \subset \bigcap_n p^nI$, qui est réduit à 0 puisque I est un groupe abélien de type fini.)

7) On munit G de la filtration (C^nG) et l'on suppose que $gr_1(G) = G/(G, G)$ est cyclique. Montrer que $gr_n(G) = \{0\}$ pour $n \geqslant 2$ (utiliser la prop. 5) et en déduire que $C^nG = (G, G)$ pour $n \geqslant 2$.

8) Soit $G = \mathbf{SL}_2(\mathbf{Z})$, et soient $x = \begin{pmatrix} 1 & 1 \\ 0 & 1 \end{pmatrix}$, $y = \begin{pmatrix} 1 & 0 \\ 1 & 1 \end{pmatrix}$, $w = \begin{pmatrix} 0 & 1 \\ -1 & 0 \end{pmatrix}$.
a) Vérifier les formules $w^4 = 1$, $w = xy^{-1}x$, $wxw^{-1} = y^{-1}$.
b) Si $g = \begin{pmatrix} a & b \\ c & d \end{pmatrix}$ est un élément de G, on pose $l(g) = |a| + |b|$. Montrer que l'on a $l(g) = 1$ si et seulement si g est de la forme y^nw^a, avec $n \in \mathbf{Z}$ et $0 \leqslant a \leqslant 3$. Si $l(g) \geqslant 2$, montrer qu'il existe une puissance h de x ou de y telle que $l(gh) < l(g)$. En déduire que G est *engendré par* $\{x, y\}$.
c) En utilisant *a*) et *b*), montrer que G/(G, G) est engendré par l'image ξ de x, et que l'on a $\xi^{12} = e$.[2] En déduire que $C^nG = (G, G)$ pour $n \geqslant 2$ (appliquer l'exerc. 7).

9) On munit G de la filtration (C^nG).
a) Montrer que l'idéal de gr(G) engendré par $gr_2(G)$ est $\sum_{q \geqslant 2} gr_q(G)$.
b) Soit $(x_i)_{i \in I}$ une famille génératrice de G, et soit $m \geqslant 1$. On suppose que, pour tout $(i, j) \in I^2$, on a $(x_i, x_j)^m \in C^3G$. Montrer que, pour tout $q \geqslant 2$, et tout $u \in C^qG$, on a $u^m \in C^{q+1}G$ (utiliser *a*)).

10) Soient x, y dans G et soient r, s deux entiers $\geqslant 1$. On suppose que $(x^r, y^s) = e$.
a) Montrer que, pour tout $n \geqslant 1$, on a $(x, y)^{(rs)^n} \in C^{n+2}G$. (On peut supposer G engendré par $\{x, y\}$; appliquer alors l'exerc. 9 *b*) en remarquant que $(x^r, y^s) \equiv (x, y)^{rs}$ mod. C^3G.)
b) On suppose que $x^r = y^s = e$; on note t le pgcd de r et s. Montrer que $(x, y)^t \in C^3G$ et en déduire que $(x, y)^{t^n} \in C^{n+2}G$ pour tout $n \geqslant 1$ (même méthode).

11) Soit H un sous-groupe de G, et soit m un entier $\geqslant 1$. On suppose G engendré par une famille $(x_i)_{i \in I}$ telle que $x_i^m \in H$ pour tout i.

[1] On ignore si l'on a $G_n = C^nG$ pour tout n. C'est en tout cas vrai lorsque G est un *groupe libre*, cf. § 5, exerc. 1.
[2] On peut montrer que ξ est *d'ordre* 12.

a) On munit H de la filtration induite par la filtration (C^nG) de G, et on identifie gr(H) à une sous-algèbre de Lie graduée de gr(G), cf. exerc. 2. Montrer que, pour tout $n \geqslant 0$, on a

$$m^n . \mathrm{gr}_n(G) \subset \mathrm{gr}_n(H).$$

En déduire que, pour tout $z \in H . C^nG$, on a $z^{m^n} \in H . C^{n+1}G$.

b) Si G est nilpotent, montrer qu'il existe un entier $N \geqslant 0$ (ne dépendant que de la classe de nilpotence de G) tel que $z^{m^N} \in H$ pour tout $z \in G$.

12) On suppose G nilpotent. Soit H un sous-groupe de G, soit m un entier $\geqslant 1$, et soient x, y dans G tels que $x^m \in H$ et $y^m \in H$. Montrer qu'il existe un entier $N \geqslant 0$ tel que $(xy)^{m^N} \in H$. (Appliquer l'exerc. 11 au groupe engendré par $\{x, y\}$, et à son intersection avec H.)

13) *a*) Soit F un groupe libre de famille basique $\{\bar{x}, \bar{y}\}$ à deux éléments, soit c un entier $\geqslant 2$ et soit m un entier $\geqslant 1$. On pose $F^c = F/C^cF$, et on note x, y les images de $\bar{x}, \bar{y}$ dans F^c. Soit F^c_m le sous-groupe de F^c engendré par $\{x^m, y\}$. Montrer qu'il existe un entier $N \geqslant 0$ tel que $z^{m^N} \in F^c_m$ pour tout $z \in F^c$ (utiliser l'exerc. 11).

b) Soit I^c (resp. I^c_m) le sous-groupe distingué de F^c (resp. de F^c_m) engendré par y. Montrer que, si N est choisi comme ci-dessus, et si z appartient à I^c, on a $z^{m^N} \in I^c_m$ (remarquer que F^c/I^c est un groupe cyclique infini de générateur l'image de x, et en déduire que $F^c_m/I^c_m \to F^c/I^c$ est injectif, donc que $I^c_m = F^c_m \cap I^c$). En particulier, on a $xy^{m^N}x^{-1} \in I^c_m$.

c) Supposons G nilpotent. Soit H un sous-groupe de G, et soit L un sous-groupe distingué de H. Soit $g \in G$ et soit $m \geqslant 1$ tel que $g^m \in H$. Montrer que, si N est assez grand, on a $gl^{m^N}g^{-1} \in L$ pour tout $l \in L$. (Si G est de classe $< c$, choisir N comme dans *a*) et utiliser l'homomorphisme $f \colon F^c \to G$ tel que $f(x) = g$, $f(y) = l$; remarquer que $f(F^c_m) \subset H$, $f(I^c_m) \subset L$, et appliquer *b*) ci-dessus.)

¶14) Soit P un ensemble de nombres premiers. Un entier n est appelé un P-*entier* s'il est $\neq 0$ et si tous ses facteurs premiers appartiennent à P. Un élément $x \in G$ est dit *de* P-*torsion* s'il existe un P-entier n tel que $x^n = e$; on dit que G *est de* P-*torsion* (resp. *sans* P-*torsion*) si tout élément de G est de P-torsion (resp. si aucun élément de G distinct de e n'est de P-torsion). On dit que G est P-*divisible* si, pour tout $x \in G$ et pour tout P-entier n, il existe $y \in G$ tel que $x = y^n$.

On suppose G *nilpotent*.

a) Soit H un sous-groupe de G, et soit H_P l'ensemble des $x \in G$ tels qu'il existe un P-entier n pour lequel $x^n \in H$. Montrer que H_P est un sous-groupe de G (utiliser l'exerc. 12) et que $(H_P)_P = H_P$. Le groupe H_P est appelé le P-*saturé* de H dans G. Si G est P-divisible, il en est de même de H_P.

b) Soit L un sous-groupe distingué de H. Montrer que L_P est distingué dans H_P. (Utiliser l'exerc. 13 *c*) pour prouver que, si $g \in H_P$ et $l \in L$, on a $glg^{-1} \in L_P$.)

En particulier, si L est distingué dans G, il en est de même de L_P, et G/L_P est sans P-torsion. En déduire que l'ensemble des éléments de P-torsion de G est le plus petit sous-groupe distingué N de G tel que G/N soit sans P-torsion.

c) On suppose que G est sans P-torsion. Soit n un P-entier, et soient x, y dans G tels que $x^n = y^n$. Montrer que $x = y$. (Appliquer l'exerc. 10 *a*), avec $r = s = n$. En déduire qu'il existe un P-entier N tel que $(x, y)^N = e$, d'où $(x, y) = e$ puisque G est sans P-torsion; on a alors $(x^{-1}y)^n = e$, d'où finalement $x = y$.)

d) Soit H un sous-groupe de G, soit L un groupe nilpotent, et soit $f \colon H \to L$ un homomorphisme. Soit Γ le graphe de f dans $H \times L$ et soit Γ_P son P-saturé dans $G \times L$. Montrer que Γ_P est contenu dans $H_P \times L$, et que $\mathrm{pr}_1 \colon \Gamma_P \to H_P$ est surjectif si L est P-divisible, et injectif si L est sans P-torsion.

On suppose L P-divisible et sans P-torsion. Montrer que f se prolonge de façon unique en un homomorphisme $f_P \colon H_P \to L$, et que le graphe de f_P est Γ_P.

¶15) On conserve les notations de l'exercice précédent. On suppose G nilpotent. Soit $i \colon G \to \overline{G}$ un homomorphisme de G dans un groupe nilpotent $\overline{G}$. On dit que $(i, \overline{G})$ est une P-*enveloppe* de G si les conditions suivantes sont vérifiées:

(i) $\bar{G}$ est P-divisible et sans P-torsion;
(ii) Le noyau de i est l'ensemble des éléments de P-torsion de G.
(iii) Le P-saturé de $i(G)$ dans $\bar{G}$ est égal à $\bar{G}$.

a) Soit $(i, \bar{G})$ une P-enveloppe de G et soit L un groupe nilpotent P-divisible et sans P-torsion. Montrer que, pour tout homomorphisme $f \colon G \to L$, il existe un homomorphisme $\bar{f} \colon \bar{G} \to L$ et un seul tel que $\bar{f} \circ i = f$ (se ramener au cas où G est sans P-torsion, et utiliser l'exerc. 14 *d*)). En déduire que, si G possède une P-enveloppe,[1] celle-ci est unique, à isomorphisme unique près.

b) Soit $(i, \bar{G})$ une P-enveloppe de G, soit H un sous-groupe de G, soit $\bar{H}$ la P-enveloppe de $i(H)$ dans $\bar{G}$, et soit $i_H \colon H \to \bar{H}$ l'homomorphisme induit par i. Montrer que $(i_H, \bar{H})$ est une P-enveloppe de H.

On suppose H distingué dans G. Alors $\bar{H}$ est distingué dans $\bar{G}$, cf. exerc. 14 *b*); si $i_{G/H} \colon G/H \to \bar{G}/\bar{H}$ est l'homomorphisme induit par i, montrer que $(i_{G/H}, \bar{G}/\bar{H})$ est une P-enveloppe de G/H.

16) On conserve les notations des deux exercices précédents.

a) Soit S_P l'ensemble des P-entiers et soit $\mathbf{Z}_P = S_P^{-1}\mathbf{Z}$ l'anneau de fractions de $\mathbf{Z}$ défini par S_P (AC, II, § 2, n° 1). Supposons que G soit nilpotent, sans P-torsion et P-divisible, et soient $t \in \mathbf{Z}_P$, $g \in G$. Montrer qu'il existe un élément h et un seul de G tel que $h^s = g^{st}$ pour tout $s \in S_P$ tel que $st \in \mathbf{Z}$. L'élément h est appelé la *puissance t-ième* de g, et noté g^t. L'application $t \mapsto g^t$ est un homomorphisme de $\mathbf{Z}_P$ dans G. Si t est inversible dans $\mathbf{Z}_P$, $g \mapsto g^t$ est bijectif. (Utiliser l'exerc. 14 *c*)).

b) Soit A un groupe commutatif, et soit i l'application canonique de A dans $A_P = \mathbf{Z}_P \otimes A$. Montrer que (i, A_P) est une P-enveloppe de A.

c) Soit G (resp. $\bar{G}$) le groupe *trigonal strict* inférieur d'ordre n sur un anneau k (resp. sur l'anneau $k_P = k \otimes \mathbf{Z}_P$), et soit i l'homomorphisme de G dans $\bar{G}$ défini par l'homomorphisme canonique de k dans k_P (A, II, p. 145). Montrer que $(i, \bar{G})$ est une P-enveloppe de G.

d) Soit G un groupe nilpotent *fini*, donc produit direct de ses p-groupes de Sylow G_p (A, I, p. 76, th. 4). Soit $\bar{G}$ le produit des G_p pour $p \notin P$, et soit i la projection canonique de G sur $\bar{G}$. Montrer que $(i, \bar{G})$ est une P-enveloppe de G.

¶17) On suppose G nilpotent. Soit P un ensemble de nombres premiers, et soit $\mathfrak{V}_P(G)$ l'ensemble des sous-groupes distingués de G d'indice fini dont l'indice est un P-entier (cf. exerc. 14). Soit $\mathscr{T}_P(G)$ la topologie définie sur G par la base de filtre $\mathfrak{V}_P(G)$ (TG, III, § 1, n° 2, *Exemple*).

a) Soit N un sous-groupe d'indice fini de G, tel que $(G : N)$ soit un P-entier, et soit N′ l'intersection des conjugués de N. Montrer que $(G : N')$ est un P-entier (utiliser le fait que le groupe G/N′ est produit de ses groupes de Sylow); en déduire que N est ouvert pour $\mathscr{T}_P(G)$.

b) Soit H un sous-groupe d'indice fini de G. Montrer que $\mathscr{T}_P(H)$ coïncide avec la topologie induite sur H par $\mathscr{T}_P(G)$. (Même méthode.)

c) Soit H un sous-groupe distingué de G tel que G/H soit isomorphe à $\mathbf{Z}$, et soit x un représentant dans G d'un générateur de G/H. Soit $N \in \mathfrak{V}_P(H)$, et soit $N' = \bigcap_{n \in \mathbf{Z}} x^n N x^{-n}$. Montrer que $N' \in \mathfrak{V}_P(H)$, et que $xN'x^{-1} = N'$. Si N″ est le sous-groupe engendré par N′ et x, montrer que $(G : N'') = (H : N')$. En déduire que $\mathscr{T}_P(H)$ est induite par $\mathscr{T}_P(G)$.

d) On suppose G de type fini. Montrer que, si H est un sous-groupe de G, il existe une suite de sous-groupes

$$H = H_0 \subset H_1 \subset \cdots \subset H_k = G,$$

telle que H_i soit distingué dans H_{i+1} pour $0 \leqslant i < k$, et que H_{i+1}/H_i soit fini ou isomorphe à $\mathbf{Z}$. En déduire, en utilisant *b*) et *c*), que $\mathscr{T}_P(H)$ est induite par $\mathscr{T}_P(G)$.

[1] En fait, tout groupe nilpotent possède une P-enveloppe, cf. § 5, exerc. 6; voir aussi M. LAZARD, *Annales E.N.S.*, t. LXXI (1954), p. 101–190, chap. II, § 3.

e) Les hypothèses étant celles de *d*), on note P′ le complémentaire de P dans l'ensemble des nombres premiers. Montrer que l'adhérence de H pour $\mathscr{T}_{\mathrm{P}}(\mathrm{G})$ coïncide avec le P′-saturé de H dans G (exerc. 14); en particulier, G est séparé si et seulement s'il est sans P′-torsion.

18) La *suite centrale ascendante* $(\mathrm{Z}_i\mathrm{G})$ du groupe G est définie par récurrence de la manière suivante:

(i) $\mathrm{Z}_i\mathrm{G} = \{e\}$ si $i \leqslant 0$;

(ii) $\mathrm{Z}_i\mathrm{G}/\mathrm{Z}_{i-1}\mathrm{G}$ est le centre de $\mathrm{G}/\mathrm{Z}_{i-1}\mathrm{G}$.

On a $\{e\} = \mathrm{Z}_0\mathrm{G} \subset \mathrm{Z}_1\mathrm{G} \subset \cdots$ et $\mathrm{Z}_1\mathrm{G}$ est le centre de G; les $\mathrm{Z}_i\mathrm{G}$ sont des sous-groupes caractéristiques de G.

a) Montrer que G est nilpotent de classe $\leqslant c$ si et seulement si $\mathrm{G} = \mathrm{Z}_c\mathrm{G}$.

b) Montrer que $(\mathrm{C}^n\mathrm{G}, \mathrm{Z}_m\mathrm{G}) \subset \mathrm{Z}_{m-n}\mathrm{G}$.

c) On suppose que G est nilpotent et sans P-torsion (P étant un ensemble de nombres premiers, cf. exerc. 14). Montrer que les $\mathrm{Z}_i\mathrm{G}$ sont P-saturés. (Il suffit de le voir pour $\mathrm{Z}_1\mathrm{G}$; si n est un P-entier, et si $g \in \mathrm{G}$ est tel que $g^n \in \mathrm{Z}_1\mathrm{G}$, on a $xg^nx^{-1} = g^n$ pour tout $x \in \mathrm{G}$, d'où $xgx^{-1} = x$ d'après l'exerc. 14 *c*) et on en déduit bien que g appartient à $\mathrm{Z}_1\mathrm{G}$.)

§ 5

Dans les exercices ci-dessous, les hypothèses et notations sont celles du § 5. On note F le groupe libre F(X), et g l'unique homomorphisme de F dans le groupe de Magnus $\Gamma(\mathrm{X})$ tel que $g(x) = 1 + x$ pour tout $x \in \mathrm{X}$ (cf. th. 1).

1) On munit l'algèbre K[F] de F de la filtration (I^n) formée par les puissances de l'idéal d'augmentation I (§ 4, exerc. 6).

a) Soit $\tilde{g}\colon \mathrm{K[F]} \to \hat{\mathrm{A}}(\mathrm{X})$ l'unique homomorphisme d'algèbres prolongeant $g\colon \mathrm{F} \to \hat{\mathrm{A}}(\mathrm{X})^*$. Montrer que $\tilde{g}$ applique I^n dans l'idéal $\hat{\mathrm{A}}_n(\mathrm{X})$ (cf. nº 1) et définit par passage au quotient un *isomorphisme* $\tilde{g}_n$ de $\mathrm{K[F]}/\mathrm{I}^n$ sur $\hat{\mathrm{A}}(\mathrm{X})/\hat{\mathrm{A}}_n(\mathrm{X})$. (Définir un homomorphisme inverse de $\tilde{g}_n$ au moyen de l'homomorphisme de A(X) dans K[F] qui applique x sur $x - 1$ pour tout $x \in \mathrm{X}$.) En déduire que $\hat{\mathrm{A}}(\mathrm{X})$ *est isomorphe au séparé complété de* K[F] pour la topologie définie par (I^n).

b) On suppose que $\mathrm{K} = \mathbf{Z}$. Montrer que la filtration (I^n) est séparée (utiliser la prop. 3 et l'exerc. 6 *e*) du § 4) et que la filtration de F qu'elle définit (exerc. 6 *a*) du § 4) coïncide avec la filtration $(\mathrm{C}^n\mathrm{F})$. En déduire que $\tilde{g}\colon \mathbf{Z}[\mathrm{F}] \to \hat{\mathrm{A}}_{\mathbf{Z}}(\mathrm{X})$ est injective.

2) Soit G un groupe, soit K[G] son algèbre sur K, et soit I son idéal d'augmentation (§ 4, exerc. 6). On note ε l'homomorphisme canonique de K[G] sur K; on a $\mathrm{Ker}(\varepsilon) = \mathrm{I}$.

a) Soit M un K[G]-module à gauche, et soit Z(G, M) le groupe des *homomorphismes croisés* de G dans M (A, I, p. 135, exerc. 7). Si $f \in \mathrm{Hom}_{\mathrm{K[G]}}(\mathrm{I}, \mathrm{M})$, soit f_1 l'application $g \mapsto f(g - 1)$ de G dans M. Montrer que f_1 est un homomorphisme croisé (utiliser l'identité $gg' - 1 = g(g' - 1) + g - 1$ pour montrer que $f_1(gg') = g.f_1(g') + f_1(g)$), et que $f \mapsto f_1$ est un *isomorphisme* de $\mathrm{Hom}_{\mathrm{K[G]}}(\mathrm{I}, \mathrm{M})$ sur Z(G, M).

b) On prend pour G le groupe libre F = F(X). Montrer que, pour toute application $\theta\colon \mathrm{X} \to \mathrm{M}$, il existe un élément f_θ de Z(F, M) et un seul qui prolonge θ. (Utiliser l'interprétation de Z(F, M) en termes de produit semi-direct de F par M, cf. A, I, *loc. cit.*) En déduire, grâce à *a*), que la famille $(x - 1)_{x \in \mathrm{X}}$ est une *base* de I comme K[F]-module à gauche.

c) D'après *b*), tout élément $u \in \mathrm{K[F]}$ s'écrit de manière unique sous la forme

$$u = \varepsilon(u) + \sum_{x \in \mathrm{X}} \mathrm{D}_x(u)(x - 1),$$

avec $\mathrm{D}_x(u) \in \mathrm{K[F]}$, les $\mathrm{D}_x(u)$ étant nuls sauf un nombre fini d'entre eux. L'application $u \mapsto \mathrm{D}_x(u)$ s'appelle la *dérivée partielle par rapport à* x. Elle est caractérisée par les propriétés suivantes:

(i) D_x est une application K-linéaire de K[F] dans K[F].

(ii) $\mathrm{D}_x(uv) = u.\mathrm{D}_x(v) + \varepsilon(v).\mathrm{D}_x(u)$ pour u, v dans K[F].

(iii) $\mathrm{D}_x(x) = 1$ et $\mathrm{D}_x(y) = 0$ si $y \in \mathrm{X} - \{x\}$.

Si $n \geqslant 1$, on a

$$\mathrm{D}_x(x^n) = 1 + x + \cdots + x^{n-1}$$
$$\mathrm{D}_x(x^{-n}) = -x^{-n} - x^{-n+1} - \cdots - x^{-1}.$$

d) Soit ε_{A} l'homomorphisme canonique de A(X) sur K. Montrer que tout élément u de A(X) s'écrit de façon unique sous la forme

$$u = \varepsilon_{\mathrm{A}}(u) + \sum_{x \in \mathrm{X}} d_x(u).x,$$

avec $d_x(u) \in \mathrm{A}(\mathrm{X})$, les $d_x(u)$ étant nuls sauf un nombre fini d'entre eux. Montrer que $d_x : u \mapsto d_x(u)$ est un endomorphisme de A(X) qui se prolonge par continuité à $\hat{\mathrm{A}}(\mathrm{X})$, et jouit de propriétés analogues à (i), (ii), (iii) ci-dessus. Montrer que $d_x \circ \tilde{g} = \tilde{g} \circ \mathrm{D}_x$, où $\tilde{g}$ est l'homomorphisme de K[F] dans $\hat{\mathrm{A}}(\mathrm{X})$ qui prolonge g (cf. exerc. 1).[1]

¶3) On conserve les notations de l'exerc. 2.

a) Soit J un idéal à droite de K[F] contenu dans I, et soit u un élément de I. Montrer que

$$u \in \mathrm{J}.\mathrm{I} \Leftrightarrow \mathrm{D}_x(u) \in \mathrm{J} \text{ pour tout } x \in \mathrm{X}.$$

En particulier, un élément de I appartient à I^n ($n \geqslant 1$) si et seulement si toutes ses dérivées partielles appartiennent à I^{n-1}.

b) Soit R un sous-groupe distingué de F, soit $\mathrm{G} = \mathrm{F}/\mathrm{R}$ et soit J le noyau de l'homomorphisme canonique $\gamma : \mathrm{K}[\mathrm{F}] \to \mathrm{K}[\mathrm{G}]$. Montrer que J est engendré comme idéal à gauche (resp. à droite) par les éléments $r - 1$, avec $r \in \mathrm{R}$. Démontrer l'exactitude de la suite

$$(*) \qquad 0 \to \mathrm{J}/(\mathrm{J}.\mathrm{I}) \xrightarrow{\alpha} \mathrm{I}/(\mathrm{J}.\mathrm{I}) \xrightarrow{\beta} \mathrm{K}[\mathrm{G}] \xrightarrow{\varepsilon} \mathrm{K} \to 0,$$

où α est déduit par passage aux quotients de l'inclusion de J dans I, et β est déduit per passage aux quotients de la restriction de γ à I.

c) Pour $u \in \mathrm{I}$, $x \in \mathrm{X}$, notons $\overline{\mathrm{D}}_x(u)$ l'image de $\mathrm{D}_x(u)$ dans K[G] par γ. Montrer, en utilisant *a*), que la famille $(\overline{\mathrm{D}}_x)_{x \in \mathrm{X}}$ définit par passage au quotient un *isomorphisme* de $\mathrm{I}/(\mathrm{J}.\mathrm{I})$ sur $\mathrm{K}[\mathrm{G}]^{(\mathrm{X})}$.

d) Pour $r \in \mathrm{R}$, soit $\theta(r)$ l'image de $r - 1$ dans $\mathrm{J}/(\mathrm{J}.\mathrm{I})$. Montrer que l'on a

$$\theta(rr') = \theta(r) + \theta(r') \quad \text{et} \quad \theta(yry^{-1}) = y.\theta(r) \quad \text{pour} \quad r, r' \text{ dans } \mathrm{R}, y \in \mathrm{F}.$$

(Utiliser les identités

$$rr' - 1 = (r-1)(r'-1) + (r-1) + (r'-1)$$
$$yry^{-1} - 1 = y(r-1)(y^{-1}-1) + y(r-1).)$$

En déduire que θ définit un homomorphisme de $\mathrm{R}/(\mathrm{R}, \mathrm{R})$ dans $\mathrm{J}/(\mathrm{J}.\mathrm{I})$ compatible avec l'action de G, et montrer que l'image de cet homomorphisme engendre le K-module $\mathrm{J}/(\mathrm{J}.\mathrm{I})$; lorsque $\mathrm{K} = \mathbf{Z}$, montrer que l'on obtient ainsi un *isomorphisme de* $\mathrm{R}/(\mathrm{R}, \mathrm{R})$ sur $\mathrm{J}/(\mathrm{J}.\mathrm{I})$ (définir directement l'homomorphisme réciproque).

e) Soit $(r_a)_{a \in \mathrm{A}}$ une famille d'éléments de R engendrant R comme sous-groupe distingué de F. Montrer que les $\theta(r_a)$ engendrent le K[G]-module $\mathrm{J}/(\mathrm{J}.\mathrm{I})$.

f) La matrice $(\overline{\mathrm{D}}_x(r_a))_{x \in \mathrm{X}, a \in \mathrm{A}}$ définit un homomorphisme

$$\rho : \mathrm{K}[\mathrm{G}]^{(\mathrm{A})} \to \mathrm{K}[\mathrm{G}]^{(\mathrm{X})}$$

de K[G]-modules à gauche. Montrer que la suite

$$(**) \qquad \mathrm{K}[\mathrm{G}]^{(\mathrm{A})} \xrightarrow{\rho} \mathrm{K}[\mathrm{G}]^{(\mathrm{X})} \xrightarrow{\delta} \mathrm{K}[\mathrm{G}] \xrightarrow{\varepsilon} \mathrm{K} \to 0,$$

est exacte, δ étant l'homomorphisme $(u_x) \mapsto \sum_{x \in \mathrm{X}} u_x(\gamma(x) - 1)$.

(Transformer la suite exacte (*) au moyen de *c*), *d*), *e*) ci-dessus.)[2]

[1] Pour plus de détails sur les D_x, voir R. FOX, *Ann. of Math.*, t. LVII (1953), p. 547–560.

[2] Pour plus de détails sur cet exercice, voir K. W. GRUENBERG, *Lecture Notes in Math.*, n° 143, chap. 3, ainsi que R. SWAN, *J. of Algebra*, t. XII (1969), p. 585–601.

4) Pour tout $n \in \mathbf{N}$, on note $\binom{T}{n}$ le polynôme $T(T-1)\dots(T-n+1)/n!$. Si $f(T)$ est un polynôme, on note Δf le polynôme $f(T+1) - f(T)$. On a $\Delta\binom{T}{0} = \Delta 1 = 0$ et $\Delta\binom{T}{n} = \binom{T}{n-1}$ si $n \geqslant 1$.

a) Soit $f \in \mathbf{Q}[T]$. Montrer l'équivalence des propriétés suivantes:

(i) f applique $\mathbf{Z}$ dans lui-même.

(ii) f est combinaison linéaire à coefficients dans $\mathbf{Z}$ des $\binom{T}{n}$.

(iii) $f(0) \in \mathbf{Z}$ et Δf applique $\mathbf{Z}$ dans lui-même.

(Raisonner par récurrence sur $\deg(f)$, en remarquant que $\deg(\Delta f) = \deg(f) - 1$ si $\deg(f) \neq 0$.)

Un polynôme f vérifiant les propriétés ci-dessus est dit *binomial*. La somme, le produit, le composé de deux polynômes binomiaux est un polynôme binomial.

b) Soit p un nombre premier et soit f un polynôme binomial. Montrer que f applique l'anneau $\mathbf{Z}_p$ des entiers p-adiques dans lui-même (utiliser la continuité de f et le fait que $\mathbf{Z}$ est dense dans $\mathbf{Z}_p$).

c) Soit P un ensemble de nombres premiers, soit S_P l'ensemble des P-entiers (§ 4, exerc. 14) et soit $\mathbf{Z}_P = S_P^{-1}\mathbf{Z}$. Montrer que, si f est un polynôme binomial, f applique $\mathbf{Z}_P$ dans lui-même (appliquer *b*) aux nombres premiers p n'appartenant pas à P).

5) Soit $\Gamma = \Gamma(X)$ le groupe de Magnus sur X, et soit (Γ_n) sa filtration naturelle (nº 2). Montrer que l'algèbre de Lie graduée $\mathrm{gr}(\Gamma)$ correspondant à cette filtration est isomorphe à la sous-algèbre de Lie $\bigoplus_{n \geqslant 1} A^n(X)$ de $A(X)$. Si $X \neq \emptyset$, cette algèbre de Lie n'est pas engendrée par ses éléments de degré 1; en déduire que (Γ_n) n'est pas la suite centrale descendante de Γ.

¶6) Soit P un ensemble de nombres premiers, soit S_P l'ensemble des P-entiers (§ 4, exerc. 14) et soit $\mathbf{Z}_P = S_P^{-1}\mathbf{Z}$.

a) On suppose que, pour tout $s \in S_P$, l'application $k \mapsto sk$ est une bijection de K sur lui-même; cela équivaut à dire que K peut être muni d'une structure de $\mathbf{Z}_P$-algèbre.

Les notations étant celles de l'exerc. 5, montrer que, pour tout $s \in S_P$, l'application $a \mapsto a^s$ de Γ dans lui-même est bijective, et qu'il en est de même dans chaque quotient Γ/Γ_n pour $n \geqslant 1$. Si $t \in \mathbf{Z}_P$, et si $a \in \Gamma$ (resp. $a \in \Gamma/\Gamma_n$), on définit a^t comme dans l'exerc. 16 du § 4; en écrivant a sous la forme $1 + \alpha$, avec $\alpha \in \hat{A}_1(X)$, montrer que l'on a

$$a^t = (1+\alpha)^t = \sum_{n=0}^{\infty} \binom{t}{n} \alpha^n.$$

(Remarquer que les coefficients $\binom{t}{n}$ appartiennent à $\mathbf{Z}_P$, cf. exerc. 4.)

b) On suppose maintenant que $K = \mathbf{Z}_P$. Soit c un entier $\geqslant 1$. On identifie le groupe $F^c = F/C^cF$ à un sous-groupe de Γ/Γ_c grâce à l'homomorphisme déduit de g par passage aux quotients (notation du th. 2). Le groupe Γ/Γ_c est un groupe P-divisible, sans P-torsion, de classe $< c$. Soit F_P^c le P-saturé de F^c dans Γ/Γ_c (§ 4, exerc. 14), et soit i l'injection de F^c dans F_P^c. Le couple (i, F_P^c) est une P-*enveloppe* de F^c (§ 4, exerc. 15). En déduire que *tout groupe nilpotent possède une* P-*enveloppe* (remarquer que tout groupe nilpotent de classe $< c$ est quotient d'un groupe F^c, pour X convenable, et utiliser la partie *b*) de l'exerc. 15 du § 4).

c) Si $n \leqslant c$, soit $F_{P,n}^c$ l'intersection de F_P^c avec Γ_n/Γ_c; si $n \geqslant c$, posons $F_{P,n}^c = \{e\}$. Montrer que $F_{P,n}^c$ est le P-saturé de C^nF^c dans Γ/Γ_c. La filtration $(F_{P,n}^c)$ est une filtration centrale entière de F_P^c; soit $\mathrm{gr}(F_P^c)$ le gradué associé à cette filtration. Montrer que, si $n < c$, l'image de $\mathrm{gr}_n(F_P^c)$ dans $\mathrm{gr}_n(\Gamma) = A_{\mathbf{Z}_P}^n(X)$ est $S_P^{-1}.L_{\mathbf{Z}}^n(X) = L_{\mathbf{Z}_P}^n(X)$. En déduire que l'algèbre de Lie $\mathrm{gr}(F_P^c)$ est engendrée par ses éléments de degré 1, donc que $F_{P,n}^c = C^n(F_P^c)$ pour tout n

(§ 4, exerc. 1). Montrer que le groupe F^c_P est engendré par les $x^{1/s}$ pour $x \in X$, $s \in S_P$ (remarquer que les images de ces éléments dans $\mathrm{gr}_1(F^c_P) \simeq \mathbf{Z}_P^{(X)}$ engendrent le groupe $\mathrm{gr}_1(F^c_P)$, et appliquer le cor. 3 de la prop. 8 de A, I, p. 70).

d) Soit H un ensemble de Hall relatif à X (§ 2, n° 10), et soit $H(c)$ la partie de H formée des éléments de longueur $< c$. Pour $m \in H(c)$, notons $\varphi_c(m)$ l'image dans F^c du commutateur basique $\varphi(m)$ défini par m (cf. n° 4, *Remarque*). Montrer que, pour tout $w \in F^c_P$, il existe un élément unique α de $\mathbf{Z}_P^{(H(c))}$ tel que l'on ait

$$w = \prod_{m \in H(c)} \varphi_c(m)^{\alpha(m)}.$$

(Utiliser la détermination de $\mathrm{gr}(F^c_P)$ faite ci-dessus.)

7) On conserve les notations de l'exerc. 6.

a) Soit G un groupe nilpotent de classe $< c$, et soit $(i, \overline{G})$ une P-enveloppe de G. Soit $\rho: F^c \to G$ un homomorphisme surjectif (un tel homomorphisme existe si X est choisi convenablement), et soit $\bar{\rho}$ l'homomorphisme correspondant de F^c_P dans $\overline{G}$ (§ 4, exerc. 15). L'homomorphisme ρ est surjectif, et applique $C^nF^c_P = F^c_{P,n}$ sur $C^n\overline{G}$. Montrer que $C^n\overline{G}$ *est la* P-*enveloppe de* $i(C^nG)$ *dans* $\overline{G}$ et que *l'algèbre de Lie* $\mathrm{gr}(\overline{G})$ *s'identifie à* $\mathbf{Z}_P \otimes \mathrm{gr}(G)$.

b) En déduire que G est P-divisible et sans P-torsion si et seulement s'il en est de même des $C^nG/C^{n+1}G$.

¶8) On suppose que $K = \mathbf{Z}$ et que X est fini. Pour tout entier $k \geqslant 0$, on note $(e_{k,\alpha})$ une base de $A_k(X)$.

a) Soit $(w_n)_{n \in \mathbf{Z}}$ une suite d'éléments de F. Notons $w_{k,\alpha}(n)$ le coefficient de $e_{k,\alpha}$ dans le terme de degré k de $g(w_n) \in \hat{A}(X)$. On a:

$$g(w_n) = \sum_{k,\alpha} w_{k,\alpha}(n) e_{k,\alpha} \qquad \text{pour tout } n \in \mathbf{Z}.$$

On dit que la suite (w_n) est *typique* si, pour tout couple (k, α), la fonction $w_{k,\alpha}: n \mapsto w_{k,\alpha}(n)$ est un *polynôme binomial de degré* $\leqslant k$, cf. exerc. 4. Cette condition est indépendante du choix des bases $(e_{k,\alpha})$. Montrer qu'elle équivaut à l'existence d'une suite $(a_k)_{k \in \mathbf{N}}$ d'éléments de $\hat{A}_{\mathbf{Q}}(X)$ telle que $\omega(a_k) \geqslant k$ pour tout k, et que

$$g(w_n) = \sum_{k=0}^{\infty} n^k a_k \qquad \text{pour tout } n \in \mathbf{Z}.$$

b) Montrer que, si (w_n) et (w'_n) sont deux suites typiques, il en est de même de (w_n^{-1}) et de $(w_n w'_n)$.

c) Soit w un élément de C^kF pour $k \geqslant 1$, et soit f un polynôme binomial de degré $\leqslant k$. Montrer que $(w^{f(n)})$ est une suite typique. En particulier, si $z \in F$, la suite (z^n) des puissances de z est typique.

d) Soit (w_n) une suite d'éléments de F. Montrer que (w_n) est typique si et seulement s'il existe $y_0, y_1, \ldots, y_n, \ldots$ dans F, avec $y_i \in C^iF$ pour tout $i \geqslant 1$ et

$$w_n \equiv y_0 y_1^n \ldots y_k^{\binom{n}{k}} \qquad \text{mod. } C^{k+1}F$$

pour tout $n \in \mathbf{Z}$ et tout $k \geqslant 1$. (Déterminer les y_i à partir de (w_n) en faisant successivement $n = 0, 1, \ldots$. Par exemple $w_0 = y_0$, $w_1 = y_0 y_1, \ldots$).

e) Soit H un ensemble de Hall relatif à X, et soit (w_n) une suite d'éléments de F. Soit $(\alpha(m, n))_{m \in H, n \in \mathbf{Z}}$ la famille d'entiers telle que

$$w_n \equiv \prod_{m \in H} \varphi(m)^{\alpha(m,n)} \qquad \text{mod. } C^cF$$

pour tout $n \in \mathbf{Z}$ et tout $c \geqslant 1$ (cf. n° 4, *Remarque*). Montrer que (w_n) est typique si et seulement si, pour tout $m \in H$, la fonction $n \mapsto \alpha(m, n)$ est un polynôme binomial de degré $\leqslant l(m)$, où $l(m)$ est la longueur de m.[1]

f) Une suite (w_n) est dite 1-*typique* si les fonctions $w_{k,\alpha}$ correspondantes sont des polynômes binomiaux de degré $\leqslant k - 1$. Montrer que, si (w_n) est 1-typique, on peut trouver des $y_i \in C^{i+1}F$ pour $i = 0, 1, \ldots$, tels que

$$w_n \equiv y_0 y_1^n \ldots y_k^{\binom{n}{k}} \quad \text{mod. } C^{k+1}F$$

pour tout $n \in \mathbf{Z}$ et tout $k \geqslant 1$.

¶9) On prend pour X un ensemble à deux éléments $\{x, y\}$.

a) Montrer qu'il existe une suite $w_2, w_3, \ldots$ d'éléments de F, avec $w_i \in C^iF$ pour tout i, et

$$(xy)^n \equiv x^n y^n w_2^{\binom{n}{2}} \ldots w_i^{\binom{n}{i}} \quad \text{mod. } C^{i+1}F$$

pour tout $n \in \mathbf{Z}$ et tout $i \geqslant 1$. (Appliquer l'exerc. 8 *d*) à la suite des $x^{-n}(xy)^n$.)

Montrer que $w_2 = y^{-1}(y^{-1}, x^{-1})y \equiv (x, y)^{-1}$ mod. C^3F.

b) Soit G un groupe nilpotent de classe $\leqslant c$, et soient x, y dans G. Déduire de ce qui précède la formule suivante (« *formule de Hall* »):

$$(xy)^n = x^n y^n \prod_{i=2}^{c} w_i(x, y)^{\binom{n}{i}}.$$

c) Soit p un nombre premier. Montrer qu'il existe $u_i \in C^iF$ $(2 \leqslant i \leqslant p - 1)$ et $w \in C^pF$ tels que

$$(xy)^p = x^p y^p u_2^p \ldots u_{p-1}^p w.$$

(Utiliser *a*) en remarquant que $\binom{p}{i}$ est divisible par p si $1 < i < p$.) Soit $\overline{w}$ l'image de w dans $\operatorname{gr}_p(F) = L^p_{\mathbf{Z}}(X)$, et soit $\overline{w}_p$ l'image de $\overline{w}$ dans $L^p_{\mathbf{F}_p}(X)$. Montrer que $\overline{w}_p = \Lambda_p(x, y)$, cf. chap. I, § 1, exerc. 19. (Utiliser le plongement g de F dans $\hat{A}(X)$ et comparer les termes de degré p de $g((xy)^p)$ et de $g(x^p y^p u_2^p \ldots u_{p-1}^p w)$. Le premier est égal à $(x + y)^p$ et le second est congru mod. p à $x^p + y^p + \overline{w}_p$. D'où le résultat.)

Montrer qu'il existe $a \in C^2F$ et $w' \in C^pF$ tels que

$$(xya)^p = x^p y^p w'.$$

(Utiliser la formule ci-dessus donnant $(xy)^p$.) En déduire que, dans un groupe nilpotent de classe p, les puissances p-ièmes forment un sous-groupe.

d) Montrer qu'il existe une suite $v_3, v_4, \ldots$, d'éléments de F, avec $v_i \in C^iF$ pour tout i, et

$$(x^n, y) \equiv (x, y)^n v_3^{\binom{n}{2}} \ldots v_{i+1}^{\binom{n}{i}} \quad \text{mod. } C^{i+2}F$$

pour tout $n \in \mathbf{Z}$ et tout $i \geqslant 1$. (Appliquer l'exerc. 8 *f*) à la suite des (x^n, y).)

En déduire que, si p est un nombre premier, il existe $t_i \in C^iF$ pour $3 \leqslant i \leqslant p$, et $z \in C^{p+1}F$ tels que

$$(x^p, y) = (x, y)^p t_3^p \ldots t_p^p z.$$

Montrer que l'image $\overline{z}_p$ de z dans $L^{p+1}_{\mathbf{F}_p}(X)$ est $(\operatorname{ad} x)^p(y)$. (Même méthode que pour *c*).)

¶10) Soit p un nombre premier, et soit G un groupe muni d'une filtration centrale réelle (G_α). On suppose que la relation $x \in G_\alpha$ entraîne $x^p \in G_{p\alpha}$, auquel cas on dit que la filtration (G_α) est *restreinte*.

[1] Pour plus de détails sur les suites typiques, voir M. LAZARD, *Annales E.N.S.*, t. LXXI (1954), p. 101–190, chap. II, §§ 1, 2.

a) Montrer que l'algèbre de Lie gr(G) associée à (G_α) est telle que $p.\mathrm{gr}(G) = 0$, donc peut être munie d'une structure *d'algèbre sur* $\mathbf{F}_p$.
b) Soit $\xi \in \mathrm{gr}_\alpha(G)$, et soit x un représentant de ξ dans G_α. Montrer que l'image de x^p dans $\mathrm{gr}_{p\alpha}(G)$ ne dépend pas du choix de x (utiliser l'exerc. 9 *c*)). Si on note cette image $\xi^{[p]}$, démontrer que $\xi \mapsto \xi^{[p]}$ est une application linéaire de $\mathrm{gr}_\alpha(G)$ dans $\mathrm{gr}_{p\alpha}(G)$, et que $(\xi + \xi')^{[p]} = \xi^{[p]} + \xi'^{[p]} + \Lambda_p(\xi, \xi')$. (Même méthode.)

Montrer que, si $\xi \in \mathrm{gr}_\alpha(G)$ et $\eta \in \mathrm{gr}_\beta(G)$, on a

$$[\xi^{[p]}, \eta] = (\mathrm{ad}\,\xi)^p(\eta).$$

(Utiliser l'exerc. 9 *d*).)
c) Montrer qu'il existe une *p-application* de gr(G) dans elle-même (chap. I, § 1, exerc. 20) et une seule qui prolonge les applications $\xi \mapsto \xi^{[p]}$ définies sur les $\mathrm{gr}_\alpha(G)$. Munie de cette structure, gr(G) est une *p-algèbre de Lie*, dite associée à la filtration restreinte (G_α).

¶11) *a*) Soit A une algèbre filtrée vérifiant les conditions du § 4, n°5 et soit $\Gamma = A^* \cap (1 + A_0^+)$. On munit Γ de la filtration (Γ_α) induite par celle de A (*loc. cit.*, prop. 2). Montrer que, si K est un corps de caractéristique $p > 0$, (Γ_α) est une *filtration restreinte* (exerc. 10) et le plongement de $\mathrm{gr}(\Gamma)$ dans gr(A) défini dans *loc. cit.*, prop. 3, est compatible avec les structures de p-algèbres de Lie de $\mathrm{gr}(\Gamma)$ et gr(A).
b) On suppose que $K = \mathbf{F}_p$. On applique ce qui précède à l'algèbre filtrée $\hat{A}(X)$, dans laquelle on plonge $F = F(X)$ au moyen de l'homomorphisme g. La filtration (Γ_n) de Γ induit une filtration (F_n) de F, qui est une filtration restreinte. La p-algèbre de Lie gr(F) s'identifie à une p-sous-algèbre de Lie de A(X) contenant X. En déduire que gr(F) contient la p-algèbre de Lie libre $L(X, p)$, cf. § 3, exerc. 4 *e*).
c) Soit H un ensemble de Hall relatif à X; pour tout entier i, soit H_i l'ensemble des éléments de H de longueur i. Soit $w \in F$, et soient $\alpha_i \in \mathbf{Z}^{(H_i)}$ tels que

$$w \equiv \prod_{i=1}^{n} \prod_{m \in H_i} \varphi(m)^{\alpha_i(m)} \quad \mathrm{mod.}\ C^{n+1}F$$

pour tout n, cf. n° 4. Pour tout $m \in H$, on note $l(m)$ la longueur de m et $q(m, w)$ la plus grande puissance de p qui divise $\alpha_i(m)$, où $i = l(w)$ (si $\alpha_i(m) = 0$, on convient que $q(m, w) = +\infty$). Soit $N = \inf_{m \in H} (l(m).q(m, w))$. Montrer que les $\varphi(m)^{\alpha_i(m)}$ appartiennent à F_N, et même à F_{N+1} si $l(w).q(m, w) > N$. Montrer que, si $l(w).q(m, w) = N$, l'image de $\varphi(m)^{\alpha_i(m)}$ dans $\mathrm{gr}_N(\hat{A}(X)) = A^N(X)$ est un multiple non nul de $\bar{m}^{[q(m,w)]}$, où $\bar{m}$ est l'élément de L(X) défini par m (§ 2, n° 11). Or, ces éléments sont linéairement indépendants (§ 3, exerc. 4); en déduire que l'image de w dans $\mathrm{gr}_N(F)$ est $\neq 0$, et appartient à $L(X, p)$, d'où le fait que $\mathrm{gr}(F) = L(X, p)$.

12) Soit $\mathfrak{g}$ une algèbre de Lie sur un corps k de caractéristique $p > 0$.
a) Soit h un entier $\leqslant p - 1$. On dit que $\mathfrak{g}$ vérifie la *h-ième condition d'Engel* si l'on a $(\mathrm{ad}\,x)^h(y) = 0$ pour tout couple (x, y) d'éléments de $\mathfrak{g}$. Montrer que cela équivaut à

$$\sum_{\sigma \in \mathfrak{S}_h} \mathrm{ad}(x_{\sigma(1)}) \circ \cdots \circ \mathrm{ad}(x_{\sigma(h)}) = 0$$

pour $x_1, \ldots, x_h$ dans $\mathfrak{g}$ (appliquer la formule $(\mathrm{ad}\,x)^h = 0$ aux combinaisons linéaires des x_i).
b) Soient x, y dans $\mathfrak{g}$ tels que $\Lambda_p(ax, by) = 0$ quels que soient a, b dans k. Montrer que, si $\Lambda_p^{r,s}$ est la composante bihomogène de Λ_p de bidegré (r, s), on a $\Lambda_p^{r,s}(x, y) = 0$ pour tout couple (r, s). En déduire (en prenant $r = p - 1$, $s = 1$) que $(\mathrm{ad}\,x)^{p-1}(y) = 0$. En particulier, si $\Lambda_p(x, y) = 0$ pour x, y dans $\mathfrak{g}$, l'algèbre de Lie $\mathfrak{g}$ vérifie la $(p - 1)$-ième condition d'Engel.
c) Soit $\mathfrak{c}$ le centre de $\mathfrak{g}$. On suppose que $(\mathrm{ad}\,x)^p = 0$ pour tout $x \in \mathfrak{g}$. Montrer que $\mathfrak{g}/\mathfrak{c}$ vérifie la $(p - 1)$-ième condition d'Engel. (Montrer que $\Lambda_p(\mathrm{ad}\,x, \mathrm{ad}\,y) = 0$ pour x, y dans $\mathfrak{g}$, et appliquer *b*) à l'algèbre de Lie $\mathrm{ad}\,\mathfrak{g} = \mathfrak{g}/\mathfrak{c}$.)

d) Soit G un groupe tel que $x^p = 1$ pour tout $x \in G$, et soit (G_α) une filtration centrale réelle de G. La filtration (G_α) est *restreinte* (exerc. 10), et gr(G) est une p-algèbre de Lie dont la p-application est nulle. En déduire que gr(G) vérifie la $(p-1)$-ième condition d'Engel.[1]

§ 6

1) Montrer que $\exp(U).\exp(V).\exp(-U) = \exp\left(\sum_{n=0}^{\infty} \frac{1}{n!} (\mathrm{ad}\, U)^n(V)\right)$. En déduire que

$$H(U, H(V, -U)) = \sum_{n=0}^{\infty} \frac{1}{n!} (\mathrm{ad}\, U)^n(V) = (\exp(\mathrm{ad}\, U))(V).$$

2) Montrer que $H(U, V) = \sum_{n=0}^{\infty} \frac{1}{n!} (\mathrm{ad}\, U)^n(H(V, U))$. (Appliquer l'exerc. 1 en remarquant que $H(U, H(H(V, U), -U)) = H(U, V)$.)

3) On pose $M(U, V) = H(-U, U + V)$. On a $\exp(M(U, V)) = \exp(-U).\exp(U + V)$. On note $M_1(U, V)$ (resp. $H_1(U, V)$) la somme des termes bihomogènes de la série M (resp. de la série H) dont le degré en V est 1.

a) Montrer que l'on a

$$M_1(U, V) = \sum_{n=0}^{\infty} \frac{(-1)^n}{(n+1)!} (\mathrm{ad}\, U)^n(V) = (f(\mathrm{ad}\, U))(V)$$

avec $f(T) = (1 - e^{-T})/T$.

(Même argument que pour la démonstration de la prop. 5. On peut aussi se ramener à la prop. 5 en utilisant l'identité

$$\exp(U).\exp(M(U, V)).\exp(-U) = \exp(H(U + V, -U)),$$

combinée avec l'exerc. 1.)

b) Montrer que $H(U, M(U, V)) = U + V$. En déduire que $H_1(U, M_1(U, V)) = V$.

c) On pose $g(T) = 1/f(T) = 1 + T/2 + \sum_{n=1}^{\infty} \frac{1}{(2n)!} b_{2n} T^{2n}$, où les b_{2n} sont les *nombres de Bernoulli* (FVR, VI, § 1, n° 4). Montrer que l'on a

$$H_1(U, V) = (g(\mathrm{ad}\, U))(V) = V + \tfrac{1}{2}[U, V] + \sum_{n=1}^{\infty} \frac{1}{(2n)!} b_{2n} (\mathrm{ad}\, U)^{2n}(V).$$

En déduire les premiers termes du développement de $H_1(U, V)$:

$$H_1(U, V) = V + \tfrac{1}{2}(\mathrm{ad}\, U)(V) + \tfrac{1}{12}(\mathrm{ad}\, U)^2(V) - \tfrac{1}{720}(\mathrm{ad}\, U)^4(V) + \tfrac{1}{30240}(\mathrm{ad}\, U)^6(V) - \cdots$$

d) Montrer que la somme des termes bihomogènes de H(U, V) dont le degré en U est 1 est la série:

$$U + \tfrac{1}{2}[U, V] + \sum_{n=1}^{\infty} \frac{1}{(2n)!} b_{2n} (\mathrm{ad}\, V)^{2n}(U).$$

(Appliquer *c*) à H(V, U) et utiliser l'exerc. 2 pour passer de H(V, U) à H(U, V).)

e) Soit W une autre indéterminée, et soit X(U, V, W) la somme des termes trihomogènes de H(U, V + W) dont le degré en W est 1. Montrer que l'on a

$$X(U, H_1(V, W)) = H_1(H(U, V), W).$$

(Utiliser l'identité $H(U, H(V, W)) = H(H(U, V), W)$.) En déduire que

$$X(U, V, W) = (g(\mathrm{ad}\, H(U, V)) \circ f(\mathrm{ad}\, V))(W).$$

[1] Pour les propriétés des algèbres de Lie vérifiant une condition d'Engel, et leurs applications au « problème restreint de Burnside », voir A. KOSTRIKIN, *Izv. Akad. Nauk SSSR*, t. XXIII (1959), p. 3–34.

¶4) Soit X un ensemble fini, et soit $\hat{L} = \hat{L}(X)$. On munit $\hat{L}$ de la loi de composition de Hausdorff $(a, b) \mapsto a \text{ H } b$, que l'on note simplement $a.b$. Si $t \in K$, $a \in \hat{L}$, on pose $a^t = ta$.
a) Soit $\mathscr{H}$ un ensemble de Hall relatif à X. Si $m \in \mathscr{H}$, on note m_L l'élément correspondant de l'algèbre de Lie L(X) (§ 2, nº 11), et $m_{\mathscr{H}}$ le commutateur basique du groupe $\hat{L}$ défini par m (§ 5, nº 4, *Remarque*). Si m est de longueur l, montrer que $m_{\mathscr{H}} = m_L + \mu$, où μ est de filtration $\geqslant l + 1$ (raisonner par récurrence sur l). En déduire que tout élément w du groupe $\hat{L}$ s'écrit de façon unique sous la forme

$$w = \prod_{m \in \mathscr{H}} m_{\mathscr{H}}^{\alpha(m)},$$

avec $\alpha(m) \in K$, le produit étant convergent dans le groupe topologique $\hat{L}$.
b) Soit **P** l'ensemble des nombres premiers, et soit c un entier $\geqslant 1$. On prend $K = \mathbf{Q}$. Montrer que le groupe $\hat{L}/\hat{L}_c$ s'identifie à la **P**-enveloppe $F^c_{\mathbf{P}}$ du groupe $F^c = F(X)/C^cF(X)$, cf. § 5, exerc. 6.
c) On prend pour X un ensemble à deux éléments {U, V}. Montrer l'existence de deux familles $\alpha(m)$, $\beta(m)$ de nombres rationnels telles que

$$U + V = \prod_{m \in \mathscr{H}} m_{\mathscr{H}}^{\alpha(m)}$$

$$[U, V] = \prod_{m \in \mathscr{H}} m_{\mathscr{H}}^{\beta(m)}.$$

On a par exemple

$$U + V = U.V.(U, V)^{-1/2}\ldots$$
$$[U, V] = (U, V)\ldots$$

d) Soit $\mathfrak{g}$ une **Q**-algèbre de Lie nilpotente, munie de la loi de groupe de Hausdorff. Soient u, v dans $\mathfrak{g}$. Montrer que l'on a

$$u + v = \prod_{m \in \mathscr{H}} m_{\mathscr{H}}(u, v)^{\alpha(m)}$$

$$[u, v] = \prod_{m \in \mathscr{H}} m_{\mathscr{H}}(u, v)^{\beta(m)},$$

où α et β sont les familles de nombres rationnels définies ci-dessus (« *inversion de la formule de Hausdorff* »). (Utiliser l'homomorphisme continu $\varphi: \hat{L} \to \mathfrak{g}$ tel que $\varphi(U) = u$, $\varphi(V) = v$, et remarquer que c'est aussi un homomorphisme pour la loi de groupe de Hausdorff.)
e) Soit G un groupe nilpotent divisible sans torsion (i.e. **P**-divisible et sans **P**-torsion). Si $u \in G$, $t \in \mathbf{Q}$, u^t est défini (§ 4, exerc. 16). Si $u \in G$, $v \in G$, on définit $u + v$ et $[u, v]$ par les formules de *d*) ci-dessus. Montrer que G se trouve ainsi muni d'une structure de **Q**-*algèbre de Lie* nilpotente et que la loi de Hausdorff correspondante est la loi de groupe donnée sur G (vérifier ces assertions lorsque G est un groupe $F^c_{\mathbf{P}}$, cf. *b*), et passer de là au cas général en utilisant des homomorphismes de $F^c_{\mathbf{P}}$ dans G).

Soit f une application de G dans un groupe nilpotent divisible sans torsion G'. Montrer que f est un homomorphisme (de groupes) si et seulement si c'est un homomorphisme d'algèbres de Lie. (La loi de Hausdorff définit donc un *isomorphisme* de la « catégorie » des **Q**-algèbres de Lie nilpotentes sur celle des groupes nilpotents divisibles sans torsion.)

5) Soit $\mathfrak{g}$ une **Q**-algèbre de Lie nilpotente, que l'on munit de la loi de groupe de Hausdorff, notée $(x, y) \mapsto x.y$.
a) Montrer que, si $x \in \mathfrak{g}$, $y \in \mathfrak{g}$, on a

$$x.y.x^{-1} = \sum_{n=0}^{\infty} \frac{1}{n!} (\text{ad } x)^n(y).$$

(Utiliser l'exerc. 2.)

b) Soit $\mathfrak{h}$ une partie de $\mathfrak{g}$. Montrer que $\mathfrak{h}$ est une sous-algèbre de Lie (resp. un idéal) de $\mathfrak{g}$ si et seulement si c'est un sous-groupe saturé (resp. un sous-groupe distingué saturé) du groupe $\mathfrak{g}$. (Utiliser les formules de l'exerc. 4 *d*) pour passer de la loi de groupe à celle d'algèbre de Lie.)
c) Soit $\mathfrak{h}$ un sous-groupe du groupe $\mathfrak{g}$. Montrer que le **P**-saturé de $\mathfrak{h}$ est $\mathbf{Q}.\mathfrak{h}$.
d) Soit $\mathfrak{h}$ une sous-algèbre de Lie de $\mathfrak{g}$. Montrer que le centralisateur (resp. le normalisateur) de $\mathfrak{h}$ dans le groupe $\mathfrak{g}$ est l'ensemble des $x \in \mathfrak{g}$ tels que $(\mathrm{ad}\,x)(\mathfrak{h}) = 0$ (resp. tels que $(\mathrm{ad}\,x)(\mathfrak{h}) \subset \mathfrak{h}$).
e) Montrer que la suite centrale descendante de l'algèbre de Lie $\mathfrak{g}$ coïncide avec celle du groupe $\mathfrak{g}$ et que l'algèbre de Lie graduée associée $\mathrm{gr}(\mathfrak{g})$ est la même du point de vue « groupe » et du point de vue « algèbre de Lie ».

¶6) Soit G un groupe nilpotent sans torsion de type fini. Montrer que, si n est assez grand, on peut plonger G dans le groupe trigonal strict inférieur d'ordre n sur **Z**. (Soit $(i, \overline{G})$ une **P**-enveloppe de G, cf. § 5, exerc. 6; munie de sa structure d'algèbre de Lie canonique (exerc. 4), $\overline{G}$ est une **Q**-algèbre de Lie nilpotente de dimension finie. Appliquer à $\overline{G}$ le théorème d'Ado (chap. I, § 7) et en déduire un plongement de $\overline{G}$ dans un groupe trigonal strict sur **Q**. Passer de **Q** à **Z** en conjuguant par une matrice diagonale entière convenable.)

§ 7

1) Soit $\mathfrak{g}$ une algèbre de Lie normée complète sur K telle que $\|[x, y]\| \leqslant \|x\|\,\|y\|$ pour x, y dans $\mathfrak{g}$. On note Θ l'ensemble des $x \in \mathfrak{g}$ tels que $\|x\| < \frac{1}{3}\log\frac{3}{2}$. Pour x, y dans Θ, on a $h(x, y) \in \Theta$, cf. nº 2.
a) On pose $f(\mathrm{T}) = (1 - e^{-\mathrm{T}})/\mathrm{T}$ et $g(\mathrm{T}) = 1/f(\mathrm{T})$. La série f converge dans tout le plan complexe, et la série g dans le disque ouvert de rayon 2π (cf. FVR, VI, § 2, nº 3). En déduire que, si $z \in \Theta$, $f(\mathrm{ad}\,z)$ et $g(\mathrm{ad}\,z)$ sont définis, et que ce sont des éléments de $\mathscr{L}(\mathfrak{g}; \mathfrak{g})$ inverses l'un de l'autre.
b) Soit $\mathrm{D}_2 h(x, y)$ la seconde dérivée partielle de h en un point (x, y) de $\Theta \times \Theta$ (VAR, R, 1.6.2). C'est un élément de $\mathscr{L}(\mathfrak{g}; \mathfrak{g})$. Montrer que l'on

$$\mathrm{D}_2 h(x, y) = g(\mathrm{ad}\,h(x, y)) \circ f(\mathrm{ad}\,y).$$

(Utiliser l'exerc. 3 *e*) du § 6 pour démontrer cette formule lorsque x et y sont assez voisins de zéro, et passer de là au cas général par prolongement analytique.)

Montrer que la formule

$$f(\mathrm{ad}\,h(x, y)) \circ \mathrm{D}_2 h(x, y) = f(\mathrm{ad}\,y)$$

est valable en tout point du domaine de convergence strict de la série formelle $\widetilde{\mathrm{H}}$ (cf. prop. 1).

§ 8

On suppose que la caractéristique résiduelle p du corps K est >0. On note $\mathfrak{o}_{\mathrm{K}}$ l'anneau de la valuation v de K.

1) *a*) Un élément π de K est dit admissible si $v(\pi) = \theta$, et si $\pi^{p-1}/p \equiv -1 \pmod{\pi\mathfrak{o}_{\mathrm{K}}}$. (Noter que l'on a $\pi^{p-1}/p \in \mathfrak{o}_{\mathrm{K}}$ puisque $v(\pi) = \theta$.)

Montrer qu'il existe des corps K qui vérifient les conditions du paragraphe, et contiennent un élément admissible (adjoindre à $\mathbf{Q}_p$ une racine $(p - 1)$-ième de $-p$).
b) Soit π un élément admissible de K. On considère les séries formelles suivantes, à coefficients dans K:

$$e_\pi(\mathrm{U}) = \frac{1}{\pi} e(\pi\mathrm{U}) = \sum_{n=1}^{\infty} \pi^{n-1}\mathrm{U}^n/n!,$$

$$l_\pi(\mathrm{U}) = \frac{1}{\pi} l(\pi\mathrm{U}) = \sum_{n=1}^{\infty} (-\pi)^{n-1}\mathrm{U}^n/n.$$

Montrer que ces séries sont réciproques l'une de l'autre et que leurs coefficients appartiennent à $\mathfrak{o}_K$ (utiliser le lemme 2).

c) Soit $\{U, V\}$ un ensemble à deux éléments, et soit $H(U, V)$ la série de Hausdorff. On pose

$$H_\pi(U, V) = \frac{1}{\pi} H(\pi U, \pi V).$$

On a $H_\pi(U, V) \in \hat{L}_K(\{U, V\})$.

Montrer que

$$H_\pi(U, V) = l_\pi(e_\pi(U) + e_\pi(V) + \pi e_\pi(U).e_\pi(V)).$$

En déduire que $H_\pi \in \hat{L}_{\mathfrak{o}_K}(\{U, V\})$, i.e. que les coefficients de H_π appartiennent à $\mathfrak{o}_K$; d'où une autre démonstration de la prop. 1.

d) On note $\tilde{e}_\pi$, $\tilde{l}_\pi$ et $\tilde{H}_\pi$ les séries obtenues en réduisant e_π, l_π et H_π modulo $\pi\mathfrak{o}_K$; leurs coefficients appartiennent à l'anneau $\mathfrak{o}_K/\pi\mathfrak{o}_K$.

Montrer que l'on a $\tilde{l}_\pi(U) = U - U^p$ (noter que $v_p(n) < (n-1)\theta$ si $n \neq 1, p$). En déduire que

$$\tilde{e}_\pi(U) = U + U^p + \cdots + U^{p^n} + \cdots$$

et que

$$\tilde{H}_\pi(U, V) = \tilde{e}_\pi(U) + \tilde{e}_\pi(V) - (\tilde{e}_\pi(U) + \tilde{e}_\pi(V))^p,$$

ou encore:

$$\tilde{H}_\pi(U, V) = U + V - \Lambda_p\Big(\sum_{n=0}^{\infty} U^{p^n}, \sum_{n=0}^{\infty} V^{p^n}\Big),$$

où Λ_p est défini par la formule

$$\Lambda_p(U, V) = (U + V)^p - U^p - V^p, \quad \text{cf. chap. I, § 1, exerc. 19.}$$

En particulier, $\tilde{H}_\pi(U, V)$ appartient à $\hat{L}_{\mathbf{F}_p}(\{U, V\})$ et sa composante homogène de degré p est $-\Lambda_p(U, V)$. On a

$$\tilde{H}_\pi(U, V) = \tilde{H}_\pi(V, U)$$
$$\tilde{H}_\pi(U, \tilde{H}_\pi(V, W)) = \tilde{H}_\pi(\tilde{H}_\pi(U, V), W) \quad \text{dans } \hat{L}_{\mathbf{F}_p}(\{U, V, W\}),$$

W étant une troisième indéterminée.

e) Soit $C(U, V) = H(-U, H(-V, H(U, V)))$ (« commutateur de Hausdorff »). On a $\exp(C(U, V)) = \exp(-U)\exp(-V)\exp(U)\exp(V)$. Posons

$$C_\pi(U, V) = \frac{1}{\pi} C(\pi U, \pi V).$$

Montrer que les coefficients de $C_\pi(U, V)$ appartiennent à $\pi\mathfrak{o}_K$ (utiliser le fait que $\tilde{H}_\pi(U, V) = \tilde{H}_\pi(V, U)$).[1]

2) On sait (§ 6, exerc. 3) que, si $n \geqslant 2$, la composante de bidegré $(n, 1)$ de $H(U, V)$ est $\frac{1}{n!} b_n (\operatorname{ad} U)^n(V)$, où b_n est le n-ième nombre de Bernoulli. Déduire de là, et de la prop. 1, l'inégalité

$$v_p(b_n/n!) \leqslant n/(p-1).$$

Retrouver ce résultat au moyen du théorème de Clausen–von Staudt (FVR, VI, § 2, exerc. 6) et montrer qu'il y a égalité si et seulement si $S(n) = p - 1$.

[1] Pour plus de détails sur cet exercice, voir M. LAZARD, *Bull. Soc. Math. France*, t. XCI (1963), p. 435–451.

3) On suppose que K contient une racine primitive p-ième de l'unité w. On pose $\pi = w - 1$. En utilisant la formule

$$w^i - 1 = \pi(1 + w + \cdots + w^{i-1})$$

montrer que $v(w^i - 1) = v(\pi)$ pour $1 \leqslant i \leqslant p - 1$, et que

$$\frac{w^i - 1}{\pi} \equiv i \quad (\text{mod. } \pi).$$

En déduire, au moyen de la formule $p = \prod_{i=1}^{p-1} (w^i - 1)$, que π est *admissible* (exerc. 1).

¶4) Soit c un entier $\geqslant 1$, et soit P un ensemble de nombres premiers contenant tous les nombres premiers $\leqslant c$. Soit $\mathbf{Z}_P = S_P^{-1}\mathbf{Z}$ (§ 4, exerc. 16). Montrer que les termes de degré $\leqslant c$ de la série de Hausdorff H(U, V) appartiennent à $L_{\mathbf{Z}_P}(\{U, V\})$. En déduire que, si $\mathfrak{g}$ est une $\mathbf{Z}_P$-algèbre de Lie nilpotente de classe $\leqslant c$, la loi de composition $(u, v) \mapsto H(u, v)$ fait de $\mathfrak{g}$ un groupe nilpotent P-divisible et sans P-torsion de classe $\leqslant c$. Montrer qu'inversement tout groupe possédant ces propriétés peut être obtenu par ce procédé. (Utiliser « l'inversion de la formule de Hausdorff », cf. § 6, exerc. 4, et montrer que les exposants $\alpha(m)$, $\beta(m)$ qui y figurent appartiennent à $\mathbf{Z}_P$ lorsque $l(m) \leqslant c$.)

En particulier, tout p-groupe d'ordre p^n et de classe $< p$ s'obtient au moyen de la loi de Hausdorff à partir d'une $\mathbf{Z}$-algèbre de Lie nilpotente de classe $< p$ ayant p^n éléments. (Prendre pour P l'ensemble des nombres premiers distincts de p.)

APPENDICE

1) Soit Φ_n le polynôme cyclotomique d'indice n (A, V, § 11, nº 2,). En utilisant la formule

$$X^n - 1 = \prod_{d|n} \Phi_d(X),$$

montrer que l'on a

$$\Phi_n(X) = \prod_{d|n} (X^{n/d} - 1)^{\mu(d)}.$$

(Appliquer la formule d'inversion de Möbius au groupe multiplicatif du corps $\mathbf{Q}(X)$.)

2) Soit D l'algèbre large du monoïde $\mathbf{N}^*$ (A, III, p. 27). Si $n \in \mathbf{N}^*$, on note n^ω son image dans D, de sorte que l'on a $1^\omega = 1$ et $(nm)^\omega = n^\omega m^\omega$ pour n, m dans $\mathbf{N}^*$.[1] Tout élément f de D s'écrit de façon unique comme série $\sum_{n=1}^{\infty} a_n n^\omega$, avec $a_n \in K$.

a) Soit $f = \sum_{n=1}^{\infty} a_n n^\omega$ un élément de D. Montrer que f est inversible dans D si et seulement si a_1 est inversible dans K. En particulier, si K est un anneau local, il en est de même de D.

b) On pose $\zeta = \sum_{n=1}^{\infty} n^\omega$ et $\mu = \sum_{n=1}^{\infty} \mu(n) n^\omega$. Montrer que ζ et μ sont inverses l'un de l'autre. En déduire que, si $s = \sum_n s(n) n^\omega$ et $t = \sum_n t(n) n^\omega$ sont deux éléments de D, les relations $s = \zeta . t$ et $t = \mu . s$ sont équivalentes (variante de la formule d'inversion de Möbius).

c) Soit P l'ensemble des nombres premiers. Montrer que la famille des $(1 - p^\omega)$ pour $p \in P$, est multipliable dans D, et que l'on a

$$\mu = \prod_{p \in P} (1 - p^\omega) \quad \text{et} \quad \zeta = \prod_{p \in P} \frac{1}{1 - p^\omega}.$$

[1] On écrit souvent $-s$ à la place de ω; on dit alors que les éléments de D sont les *séries formelles de Dirichlet* à coefficients dans K.

GROUPES DE LIE

Dans tout le chapitre, K *désigne soit le corps valué* **R** *des nombres réels, soit le corps valué* **C** *des nombres complexes, soit un corps commutatif ultramétrique complet non discret. On suppose que* K *est de caractéristique* 0 *à partir du* § 4, *que* K = **R** *ou* **C** *au* § 6, *que* K *est ultramétrique au* § 7. *Sauf mention du contraire, toutes les variétés, toutes les algèbres et tous les espaces vectoriels considérés sont sur* K. *Rappelons que, lorsqu'on parle d'une variété de classe* C^r, *on a* $r \in N_K$ *c'est-à-dire que* $r = \omega$ *si* $K \neq \mathbf{R}$, *et* $1 \leqslant r \leqslant \omega$ *si* $K = \mathbf{R}$.

Les conventions sur les normes, les espaces normables et les espaces normés sont les mêmes que dans VAR, R.

Rappelons qu'on appelle *algèbre normable* sur K une algèbre A (non nécessairement associative) sur K, munie d'une topologie $\mathscr{T}$ possédant les propriétés suivantes:

1) $\mathscr{T}$ peut être définie par une norme;
2) l'application $(x, y) \mapsto xy$ de A × A dans A est continue.

On note Aut(A) le groupe des automorphismes bicontinus de A. Toute algèbre de dimension finie sur K est une algèbre normable pour la topologie canonique. On appelle *algèbre normée* sur K une algèbre A sur K, munie d'une norme telle que $\|xy\| \leqslant \|x\| \|y\|$ quels que soient x, y dans A; l'algèbre A, munie de la topologie définie par cette norme, est une algèbre normable. Si A est une algèbre normable, il existe une norme sur A définissant sa topologie et faisant de A une algèbre normée.

Si G est un groupe, on note e_G, ou simplement e, l'élément neutre de G. Pour $g \in G$, on note $\gamma(g)$, $\delta(g)$ et $\mathrm{Int}(g)$ les applications $g' \mapsto gg'$, $g' \mapsto g'g^{-1}$ et $g' \mapsto gg'g^{-1}$ de G dans G. Si f est une application de G dans un ensemble E, on note $\check{f}$ l'application $g \mapsto f(g^{-1})$ de G dans E.

§ 1. Groupes de Lie

1. Définition d'un groupe de Lie

Soit G un ensemble. Une structure de groupe et une structure de K-variété analytique sur G sont dites *compatibles* si la condition suivante est vérifiée:

(GL) L'application $(g, h) \mapsto gh^{-1}$ de G × G dans G est analytique.

Définition 1. — *On appelle groupe de Lie sur* K *un ensemble* G *muni d'une structure de groupe et d'une structure de* K*-variété analytique, ces deux structures étant compatibles.*

Un groupe de Lie sur **R** (resp. **C**, $\mathbf{Q}_p$) est appelé groupe de Lie réel (resp. complexe, p-adique).

Soit G un groupe muni d'une structure de variété analytique. Pour g, h, g_0, h_0 dans G, on a

$$gh^{-1} = (g_0 h_0^{-1}) h_0 ((g_0^{-1} g)(h_0^{-1} h)^{-1}) h_0^{-1}. \tag{1}$$

Il en résulte que G est un groupe de Lie si et seulement si les trois conditions suivantes sont vérifiées:

(GL_I) pour tout $g_0 \in G$, l'application $g \mapsto g_0 g$ de G dans G est analytique;
(GL_2) pour tout $g_0 \in G$, l'application $g \mapsto g_0 g g_0^{-1}$ de G dans G est analytique dans un voisinage ouvert de e;
(GL_3) l'application $(g, h) \mapsto gh^{-1}$ de G × G dans G est analytique dans un voisinage ouvert de (e, e).

Soit G un groupe de Lie. Pour tout $g \in G$, $\gamma(g)$ et $\delta(g)$ sont des automorphismes de la variété sous-jacente à G. Il en résulte que cette variété est pure (VAR, R, 5.1.7). En particulier, la dimension de G en g est égale à dim G pour tout $g \in G$ (rappelons que dim G est un entier $\geqslant 0$ ou $+\infty$).

Puisqu'une application analytique est continue, un groupe de Lie est un groupe topologique pour la topologie sous-jacente à sa structure de variété. Soit G un ensemble. Une structure de groupe topologique et une structure de K-variété analytique sur G sont dites *compatibles* si la structure de groupe et la structure de variété sont compatibles, et si la topologie de G est la topologie sous-jacente à la structure de variété.

Lemme 1. — *Soient* G *un groupe de Lie,* U *un voisinage ouvert de* e, E *un espace normé complet,* φ: U → E *une carte de la variété* G. *Il existe un voisinage* W *de* e *contenu dans* U *tel que* $\varphi \mid W$ *soit un isomorphisme de* W (*muni de la structure uniforme droite*) *sur* $\varphi(W)$ (*muni de la structure uniforme induite par celle de* E).

On peut supposer que $\varphi(e) = 0$. Soit $U' = \varphi(U)$. Soit $\psi: U' \to U$ l'application réciproque de φ. Soit V un voisinage ouvert symétrique de e tel que $V^2 \subset U$, et posons $V' = \varphi(V)$. Définissons des applications θ_1, θ_2 de $V' \times V'$ dans $V' \times U'$ de la manière suivante:

$$\theta_1(x, y) = (x, \varphi(\psi(x)\psi(y)^{-1}))$$

$$\theta_2(x, y) = (x, \varphi(\psi(y)^{-1}\psi(x))).$$

On vérifie aussitôt que $\theta_2(\theta_1(x, y)) = \theta_1(\theta_2(x, y)) = (x, y)$ pour x, y assez voisins de 0. D'autre part, θ_1 et θ_2 sont analytiques, donc strictement dérivables en (0, 0).

Par suite (VAR, R, 1.2.2) il existe un voisinage W′ de 0 dans V′ et des constantes $a > 0$, $b > 0$ telles que

$$a(\|x_1 - x_2\| + \|\varphi(\psi(x_1)\psi(y_1)^{-1}) - \varphi(\psi(x_2)\psi(y_2)^{-1})\|)$$
$$\leqslant \|x_1 - x_2\| + \|y_1 - y_2\|$$
$$\leqslant b(\|x_1 - x_2\| + \|\varphi(\psi(x_1)\psi(y_1)^{-1}) - \varphi(\psi(x_2)\psi(y_2)^{-1})\|)$$

quels que soient x_1, x_2, y_1, y_2 dans W′. Faisant $x_1 = x_2 = y_2$, il vient

$$a\|\varphi(\psi(x_1)\psi(y_1)^{-1})\| \leqslant \|x_1 - y_1\| \leqslant b\|\varphi(\psi(x_1)\psi(y_1)^{-1})\|. \tag{2}$$

Pour $\delta > 0$, soit N_δ l'ensemble des couples $(x, y) \in W' \times W'$ tels que $\|x - y\| \leqslant \delta$. Les N_δ forment un système fondamental d'entourages dans W′. Posons $W = \psi(W')$. Soit M_δ l'ensemble des couples $(u, v) \in W \times W$ tels que $\|\varphi(uv^{-1})\| \leqslant \delta$. Les M_δ forment un système fondamental d'entourages dans W pour la structure uniforme droite. Or la relation (2) prouve que

$$N_\delta \subset (\varphi \times \varphi)(M_{a^{-1}\delta}), \qquad (\varphi \times \varphi)(M_\delta) \subset N_{b\delta}$$

donc W possède la propriété du lemme.

Proposition 1. — *Un groupe de Lie est un groupe topologique métrisable et complet.*

Puisque e admet un voisinage ouvert homéomorphe à une boule ouverte d'un espace normé, e admet un système fondamental dénombrable de voisinages dont l'intersection est $\{e\}$. Donc G est métrisable (TG, III, § 1, cor. de la prop. 2, et IX, § 3, prop. 1). D'après le lemme 1, il existe un voisinage de e qui est complet pour la structure uniforme droite, donc G est complet (TG, III, § 3, prop. 4).

Proposition 2. — *Soit* G *un groupe de Lie.*

(i) *Si* K = **R** *ou* **C**, G *est localement connexe.*

(ii) *Si* K *est distinct de* **R** *et* **C**, G *est éparpillé* (TG, IX, § 6, déf. 5).

(iii) *Supposons* K *localement compact. Pour que* G *soit localement compact, il faut et il suffit que* G *soit de dimension finie.*

(iv) *Si* G *est engendré par un sous-espace dont la topologie admet une base dénombrable, alors la topologie de* G *admet une base dénombrable.*

Soit U un voisinage de e. Il existe un voisinage ouvert U_1 de e contenu dans U et homéomorphe à une boule ouverte d'un espace normé E sur K. Si K = **R** ou **C**, U_1 est connexe, ce qui prouve (i). Supposons K ultramétrique. Il existe un voisinage U_2 de e fermé dans G et tel que $U_2 \subset U_1$. Puis il existe un voisinage U_3 de e tel que $U_3 \subset U_2$ et tel que U_3 soit ouvert et fermé relativement à U_1. Alors U_3 est fermé relativement à U_2, donc à G, et ouvert relativement à U_1, donc à G. Ceci prouve (ii). Pour que G soit localement compact, il faut et il suffit que E soit localement compact; si K est localement compact, cela revient à dire que E est de dimension finie (EVT, I, § 2, th. 3), d'où (iii). Supposons G engendré par un sous-ensemble V, et posons $W = V \cup V^{-1}$; on a $G = W \cup W^2 \cup W^3 \cup \cdots$; s'il existe une suite dense dans V, on voit qu'il existe une suite dense dans G, et, comme G est métrisable (prop. 1), la topologie de G admet une base dénombrable.

Corollaire. — *Si* $K = \mathbf{R}$ *ou* $\mathbf{C}$, *et si* G *est connexe de dimension finie, alors* G *est localement connexe, localement compact, et sa topologie admet une base dénombrable.*

Lemme 2. — *Soient* X *une variété de classe* C^r, *e un point de* X, U *et* V *des voisinages ouverts de e, et m une application de classe* C^r *de* $U \times U$ *dans* X, *vérifiant les conditions suivantes:*

a) $m(e, x) = m(x, e) = x$ *pour tout* $x \in U$;

b) On a $V \subset V$, $m(V \times V) \subset U$ *et* $m(m(x, y), z) = m(x, m(y, z))$ *quels que soient* x, y, z *dans* V.

Alors il existe un voisinage ouvert W *de e dans* V *et un automorphisme* θ *de la variété* W, *tels que* $\theta(e) = e$, $\theta(\theta(x)) = x$ *et* $m(x, \theta(x)) = m(\theta(x), x) = e$ *pour tout* $x \in W$.

On a $m(e, y) = y$ pour tout $y \in U$, donc, d'après le théorème des fonctions implicites, il existe un voisinage ouvert W_1 de e dans V et une application θ_1 de classe C^r de W_1 dans V tels que $\theta_1(e) = e$, $m(x, \theta_1(x)) = e$ pour tout $x \in W_1$. De même, il existe un voisinage ouvert W_2 de e dans V et une application θ_2 de classe C^r de W_2 dans V tels que $\theta_2(e) = e$, $m(\theta_2(x), x) = e$ pour tout $x \in W_2$. Pour $x \in W_1 \cap W_2$, on a

$$\begin{aligned}\theta_2(x) &= m(\theta_2(x), e) = m(\theta_2(x), m(x, \theta_1(x))) \\ &= m(m(\theta_2(x), x), \theta_1(x)) = m(e, \theta_1(x)) = \theta_1(x).\end{aligned}$$

Soit $\theta(x)$ la valeur commune de $\theta_1(x)$ et $\theta_2(x)$ pour $x \in W_1 \cap W_2$. Soit W l'ensemble des $x \in W_1 \cap W_2$ tels que $\theta(x) \in W_1 \cap W_2$. L'ensemble W est ouvert. Pour $x \in W$, on a

$$\theta(\theta(x)) = m(m(x, \theta(x)), \theta(\theta(x))) = m(x, m(\theta(x), \theta(\theta(x)))) = m(x, e) = x,$$

donc $\theta(x) \in W$. On voit que $\theta \mid W$ définit un automorphisme de la variété W.

Proposition 3. — *Soient* X *une variété analytique, et m une loi de composition associative analytique sur* X, *admettant un élément neutre. L'ensemble* G *des éléments inversibles de* X *est ouvert dans* X, *et* G *est un groupe de Lie pour* $m \mid (G \times G)$ *et pour la structure de variété induite par celle de* X.

D'après le lemme 2, G est un voisinage de l'élément neutre. Pour tout $g \in G$, l'application $x \mapsto m(g, x)$ est un automorphisme de la variété X. Donc l'image de G par cette application est un voisinage de g, évidemment contenu dans G. Par suite, G est ouvert dans X. Il est clair que les conditions (GL_1) et (GL_2) sont vérifiées. La condition (GL_3) est vérifiée d'après le lemme 2.

Exemples de groupes de Lie.

1. Soit E un espace normable complet sur K. L'application $(x, y) \mapsto x - y$ de $E \times E$ dans E est linéaire continue, donc analytique. Donc E, muni de ses structures de groupe additif et de variété analytique, est un groupe de Lie.

En particulier, K est un groupe de Lie.

2. Soit A une algèbre associative unifère normable complète sur K. La multiplication $(x, y) \mapsto xy$ de $A \times A$ dans A est bilinéaire continue, donc analytique. La prop. 3 montre que le groupe A^* des éléments inversibles de A est ouvert dans A (ce qui résulte aussi de TG, IX, § 3, prop. 13), et que A^* est un groupe de Lie.

Par exemple, soit E un espace normable complet sur K, et prenons $A = \mathscr{L}(E)$ (TG, IX, § 3, prop. 5). Alors A^* est le groupe $\mathbf{GL}(E)$ des automorphismes de E. *Ce groupe est donc muni canoniquement d'une structure de groupe de Lie sur* K. Plus particulièrement, $\mathbf{GL}(n, K)$, muni de la structure de variété induite par celle de $\mathbf{M}_n(K)$, est un groupe de Lie. Pour $n = 1$, on voit que le groupe multiplicatif K^* est un groupe de Lie pour la structure de variété induite par celle de K.

3. Soit G un groupe de Lie sur K. Soient $K' = \mathbf{R}$ ou $\mathbf{C}$ ou un corps ultramétrique complet non discret, et σ un isomorphisme du corps valué K' sur un sous-corps valué de K. Alors le groupe G, muni de la structure de K'-variété obtenue par restriction des scalaires, est un groupe de Lie sur K', qui est dit *déduit du groupe de Lie* G *par restriction des scalaires* (de K à K' au moyen de σ). Par exemple, tout groupe de Lie complexe est canoniquement muni d'une structure de groupe de Lie réel. Par exemple encore, à tout groupe de Lie complexe G est associé un groupe de Lie complexe appelé le *conjugué* de G, déduit de G au moyen de l'automorphisme $z \mapsto \bar{z}$ de $\mathbf{C}$.

2. Morphismes de groupes de Lie

DÉFINITION 2. — *Soient* G *et* H *des groupes de Lie. On appelle morphisme de groupes de Lie de* G *dans* H (*ou simplement morphisme de* G *dans* H *si aucune confusion n'est à craindre*) *une application de* G *dans* H *qui est un homomorphisme de groupes et qui est analytique. Le groupe des automorphismes de* G *se note* Aut(G).

L'application identique de G est un morphisme. Le composé de deux morphismes est un morphisme. Si $f \colon G \to H$ et $f' \colon H \to G$ sont deux morphismes réciproques, f et f' sont des isomorphismes de groupes de Lie.

Exemples. — 1) Soit G un groupe de Lie. Pour tout $x \in G$, $\mathrm{Int}(x)$ est un automorphisme du groupe de Lie G.

2) Soit G un groupe de Lie. On note $G^{\vee}$ le groupe opposé à G, muni de la même structure de variété que G. Il est immédiat que $G^{\vee}$ est un groupe de Lie (dit groupe de Lie *opposé* à G), et que l'application $g \mapsto g^{-1}$ est un isomorphisme du groupe de Lie G sur le groupe de Lie $G^{\vee}$.

3) Soient G un groupe de Lie, E un espace normable complet. On appelle *représentation linéaire analytique* de G dans E (ou simplement représentation linéaire de G dans E si aucune confusion n'est à craindre) un morphisme du groupe de Lie G dans le groupe de Lie $\mathbf{GL}(E)$, autrement dit une application analytique π de G dans $\mathbf{GL}(E)$ telle que $\pi(gg') = \pi(g)\pi(g')$ pour g, g' dans G. Supposons que E

admette une base finie $(e_1, e_2, \ldots, e_n)$ sur K; soit $(e_1^*, e_2^*, \ldots, e_n^*)$ la base duale; soit ρ un homomorphisme du groupe G dans le groupe $\mathbf{GL}(E)$; alors les conditions suivantes sont équivalentes:

(i) ρ est une représentation linéaire analytique;

(ii) quels que soient $x \in E$ et $x' \in E'$, la fonction $g \mapsto \langle \rho(g)x, x' \rangle$ sur G est analytique;

(iii) quels que soient i et j, la fonction $g \mapsto \langle \rho(g)e_i, e_j^* \rangle$ sur G est analytique.

En effet, les implications (i) $\Rightarrow$ (ii) $\Rightarrow$ (iii) sont claires. D'autre part, les fonctions $u \mapsto \langle ue_i, e_j^* \rangle$ forment un système de coordonnées sur $\mathscr{L}(E)$; donc leurs restrictions à $\mathbf{GL}(E)$ forment un système de coordonnées sur $\mathbf{GL}(E)$, d'où l'implication (iii) $\Rightarrow$ (i).

Soient G un groupe de Lie réel, E un espace normable complet réel, ρ un homomorphisme du groupe G dans le groupe $\mathbf{GL}(E)$. On verra au § 8, th. 1, que, si ρ est continu (lorsque $\mathbf{GL}(E)$ est muni de la topologie déduite de la norme de $\mathscr{L}(E)$), alors ρ est analytique. Mais on prendra garde que cette notion de continuité est différente de celle considérée en INT, VIII, § 2, déf. 1 (ii) (exerc. 1).

4) Soient G un groupe de Lie *réel*, E un espace normable complet *complexe*. Une *représentation linéaire analytique de* G *dans* E est un morphisme de G dans le groupe de Lie réel sous-jacent à $\mathbf{GL}(E)$.

PROPOSITION 4. — *Soient* G *et* H *des groupes de Lie, f un homomorphisme du groupe* G *dans le groupe* H. *Pour que f soit analytique, il faut et il suffit qu'il existe une partie ouverte non vide* U *de* G *telle que $f \mid U$ soit analytique.*

La condition est évidemment nécessaire. Supposons-la vérifiée. Pour tout $x_0 \in G$, on a $f(x_0x) = f(x_0)f(x)$ quel que soit $x \in U$, donc $f \mid x_0U$ est analytique. Or les ensembles x_0U, pour $x_0 \in G$, forment un recouvrement ouvert de G.

Remarque. — Si f est une immersion en e (resp. une submersion en e), il est clair que f est une immersion (resp. une submersion).

3. Sous-groupes de Lie

Soient G un groupe de Lie, H un sous-groupe de G qui est en même temps une sous-variété de G. Alors l'application $(x, y) \mapsto xy^{-1}$ de H × H dans G est analytique, donc l'application $(x, y) \mapsto xy^{-1}$ de H × H dans H est analytique (VAR, R, 5.8.5). Ainsi H, muni des structures de groupe et de variété induites par celles de G, est un groupe de Lie.

DÉFINITION 3. — *Soit* G *un groupe de Lie. On dit qu'un sous-ensemble* H *de* G *est un sous-groupe de Lie si* H *est un sous-groupe et une sous-variété de* G.

Un sous-groupe ouvert de G est un sous-groupe de Lie de G. En particulier, si G est un groupe de Lie réel ou complexe, sa composante neutre est un sous-groupe de Lie de G.

PROPOSITION 5. — *Soient* G *un groupe de Lie*, H *un sous-groupe de Lie de* G.

(i) H *est fermé dans* G.

(ii) *L'injection canonique de* H *dans* G *est un morphisme de groupes de Lie.*

(iii) *Soient* L *un groupe de Lie et* f *une application de* L *dans* G *telle que* $f(L) \subset H$. *Pour que* f *soit un morphisme de* L *dans* H, *il faut et il suffit que* f *soit un morphisme de* L *dans* G.

D'après VAR, R, 5.8.3, H est localement fermé. Donc H est fermé (TG, III, § 2, prop. 4). L'assertion (ii) est évidente. L'assertion (iii) résulte de VAR, R, 5.8.5.

PROPOSITION 6. — *Soient* G *un groupe de Lie*, H *un sous-groupe de* G. *Pour que* H *soit un sous-groupe de Lie de* G, *il faut et il suffit qu'il existe un point* $h \in H$ *et un voisinage ouvert* U *de* h *dans* G *tels que* $H \cap U$ *soit une sous-variété de* G.

La condition est évidemment nécessaire. Supposons-la vérifiée. Pour tout $h' \in H$, la translation $\gamma(h'h^{-1})$ est un automorphisme de la variété G et transforme la sous-variété $H \cap U$ de U en la sous-variété $(h'h^{-1}H) \cap (h'h^{-1}U)$ de $h'h^{-1}U$. Comme $h'h^{-1}H = H$ et que $h'h^{-1}U$ est un voisinage ouvert de h' dans G, on voit que tout point de H possède un voisinage ouvert V tel que $V \cap H$ soit une sous-variété de G. Donc H est une sous-variété de G.

C.Q.F.D.

Soient G un groupe de Lie, H un sous-groupe de Lie de G. Si L est un sous-groupe de Lie de H, L est un sous-groupe de Lie de G d'après VAR, R, 5.8.6. Soit M un sous-groupe de Lie de G tel que $M \subset H$. Alors M est un sous-groupe de Lie de H, car l'injection canonique de M dans H est évidemment une immersion.

Soit k un sous-corps fermé non discret de K. On appelle k-sous-groupe de Lie de G un sous-groupe de Lie du k-groupe de Lie sous-jacent à G.

Remarque. — Si on remplace « sous-variété » par « quasi-sous-variété » dans la déf. 3, on obtient la définition des *quasi-sous-groupes de Lie* de G. (Pour G de dimension finie, les quasi-sous-groupes de Lie ne sont autres que les sous-groupes de Lie.) Supposons K de caractéristique 0. La prop. 5 reste valable, avec la même démonstration, pour les quasi-sous-groupes de Lie. La prop. 6 reste valable, avec la même démonstration, en remplaçant « sous-groupe de Lie » par « quasi-sous-groupe de Lie », et « sous-variété » par « quasi-sous-variété ».

4. Produits semi-directs de groupes de Lie

Soient I un ensemble *fini*, $(L_\iota)_{\iota \in I}$ une famille de groupes de Lie. Les structures de groupe et de variété sur $L = \prod_{\iota \in I} L_\iota$ sont compatibles, et L est ainsi muni d'une structure de groupe de Lie. On dit que L est le groupe de Lie *produit* de la famille de groupes de Lie $(L_\iota)_{\iota \in I}$.

Soient L et M des groupes de Lie, σ un homomorphisme de L dans le groupe des automorphismes du groupe M. Soit S le produit semi-direct externe de L par M relatif à σ (A, I, p. 64, déf. 2).

Proposition 7. — *Si l'application* $(m, l) \mapsto \sigma(l)m$ *de* $M \times L$ *dans* M *est analytique, le groupe* S, *muni de la structure de variété produit de* M *et* L, *est un groupe de Lie.*

En effet, on a, pour l, l' dans L et m, m' dans M,

$$(m, l)(m', l')^{-1} = mll'^{-1}m'^{-1} = m(\sigma(ll'^{-1})m'^{-1})ll'^{-1}$$
$$= (m(\sigma(ll'^{-1})m'^{-1}), ll'^{-1})$$

d'où la proposition.

Si les conditions de la prop. 7 sont vérifiées, on dit que le groupe de Lie S est le *groupe de Lie produit semi-direct* (*externe*) *de* L *par* M *relatif à* σ.

Il est clair que l'injection canonique de L (resp. M) dans S est un isomorphisme de L (resp. M) sur un sous-groupe de Lie de S, que l'on identifie à L (resp. M). L'application canonique de S sur L est un morphisme de groupes de Lie.

Réciproquement, soient G un groupe de Lie, et L, M deux sous-groupes de Lie tels que le groupe G soit (algébriquement) produit semi-direct de L par M (A, I, p. 65). Posons $\sigma(l)m = lml^{-1}$ pour $l \in L$ et $m \in M$. Alors σ vérifie la condition de la prop. 7. On peut donc former le groupe de Lie S produit semi-direct de L par M relatif à σ. L'application $j: (m, l) \mapsto ml$ de S sur G est un isomorphisme de groupes, et est analytique. Si j est un isomorphisme de groupes de Lie, on dit que *le groupe de Lie* G *est produit semi-direct* (*interne*) *de* L *par* M, et l'on identifie S et G. Pour tout $g \in G$, écrivons $g = p(g)q(g)$, où $p(g) \in M$ et $q(g) \in L$. Pour que le groupe de Lie G soit produit semi-direct de L par M, il faut et il suffit que l'une des applications $p: G \to M$ et $q: G \to L$ soit analytique, auquel cas toutes deux sont analytiques; ou encore, il faut et il suffit que $T_e(G)$ soit somme directe topologique de $T_e(M)$ et $T_e(L)$ (car, si cette condition est vérifiée, j est étale en e_S).

Exemple. — Soient E un espace normable, $G = \mathbf{GL}(E)$, T le groupe des translations de E, A le groupe de permutations de E engendré par G et T. Le groupe A est algébriquement produit semi-direct de G par T. (Si E est de dimension finie, A est le groupe affine de E, cf. A, II, p. 131.) Soient σ la représentation linéaire identique de G dans E, et S le produit semi-direct externe de G par E relatif à σ. Pour tout $x \in E$, soit t_x la translation de E définie par x. L'application $(x, u) \mapsto t_x \circ u$ est un isomorphisme Φ du groupe S sur le groupe A. L'application $(x, u) \mapsto \sigma(u)x = u(x)$ de $E \times \mathscr{L}(E)$ dans E est bilinéaire continue, donc analytique; sa restriction à $E \times G$ est par suite analytique. Ainsi, le groupe S, muni de la structure de variété produit de E et G, est un groupe de Lie. Transportons cette structure à A grâce à Φ. Alors A devient un groupe de Lie, produit semi-direct interne de G par T en tant que groupe de Lie.

PROPOSITION 8. — *Soient* G *et* H *des groupes de Lie,* $p: G \to H$ *et* $s: H \to G$ *des morphismes de groupes de Lie tels que* $p \circ s = \mathrm{id}_H$, *et* $N = \operatorname{Ker} p$. *Alors* N *est un sous-groupe de Lie de* G, *s est un isomorphisme de* H *sur un sous-groupe de Lie de* G, *et le groupe de Lie* G *est produit semi-direct interne de* $s(H)$ *par* N.

On a $T_e(p) \circ T_e(s) = \mathrm{id}_{T_e(H)}$, donc p (resp. s) est une submersion (resp. une immersion). D'après VAR, R, 5.10.5, N est un sous-groupe de Lie de G. D'autre part, s est un homéomorphisme de H sur $s(H)$, donc s est un isomorphisme de H sur un sous-groupe de Lie de G (VAR, R, 5.8.3). Enfin, pour tout $g \in G$, on a $g = (s \circ p)(g).n$ avec un $n \in N$; comme $s \circ p$ est analytique, le groupe de Lie G est produit semi-direct de $s(H)$ par N.

5. Quotient d'une variété par un groupe de Lie

Soient G un groupe de Lie, X une variété de classe C^r, et $(g, x) \mapsto gx$ une loi d'opération à gauche (A, I, p. 49) de classe C^r de G dans X. Pour tout $g \in G$, notons $\tau(g)$ l'automorphisme $x \mapsto gx$ de X défini par g. Pour tout $x \in X$, notons $\rho(x)$ l'application orbitale $g \mapsto gx$ de G dans X définie par x. On a

$$(3) \qquad \rho(x) = \rho(gx) \circ \delta(g) \qquad \rho(x) = \tau(g) \circ \rho(x) \circ \gamma(g^{-1})$$

quels que soient $g \in G$ et $x \in X$. Donc

$$(4) \qquad T_g(\rho(x)) = T_e(\rho(gx)) \circ T_g(\delta(g))$$

$$(5) \qquad T_g(\rho(x)) = T_x(\tau(g)) \circ T_e(\rho(x)) \circ T_g(\gamma(g^{-1})).$$

PROPOSITION 9. — *Soient* $x \in X$ *et* $g_0 \in G$.

(i) *Si* $\rho(x)$ *est une immersion* (resp. *une submersion, une subimmersion*) *en* g_0, *alors, pour tout* $g \in G$, $\rho(gx)$ *est une immersion* (resp. *une submersion, une subimmersion*).

(ii) *Si* $\rho(x)$ *est de rang k en* g_0, *alors, pour tout* $g \in G$, $\rho(gx)$ *est de rang constant égal à k.*

Cela résulte aussitôt des formules (4) et (5) puisque $T_g(\delta(g))$, $T_x(\tau(g))$, $T_g(\gamma(g^{-1}))$ sont des isomorphismes.

COROLLAIRE. — *Soit* $x \in X$. *Si* K *est de caractéristique* 0 *et* X *de dimension finie,* $\rho(x)$ *est une subimmersion. Si de plus* $\rho(x)$ *est injective,* $\rho(x)$ *est une immersion.*

Cela résulte de la prop. 9 et de VAR, R, 5.10.6.

Observons que, si η désigne l'application $(g, x) \mapsto gx$ de $G \times X$ dans X, on a, pour $g \in G$, $x \in X$, $u \in T_g(G)$, $v \in T_x(X)$,

$$T_{(g,x)}(\eta)(u, v) = T_{(g,x)}(\eta)(u, 0) + T_{(g,x)}(\eta)(0, v)$$

c'est-à-dire

$$(6) \qquad T_{(g,x)}(\eta)(u, v) = T_g(\rho(x))u + T_x(\tau(g))v.$$

PROPOSITION 10. — *Soient* G *un groupe de Lie,* X *une variété de classe* C^r *munie d'une loi d'opération à gauche de classe* C^r *de* G *dans* X. *Supposons que:*

a) le groupe G *opère proprement et librement dans* X;

b) pour tout $x \in X$, $\rho(x)$ *est une immersion (ce qui est une conséquence de a) si* K *est de caractéristique* 0 *et* X *de dimension finie).*

Alors la relation d'équivalence définie par G *dans* X *est régulière* (VAR, R, 5.9.5). *Il existe sur l'ensemble quotient* X/G *une structure de variété et une seule telle que l'application canonique* $\pi\colon X \to X/G$ *soit une submersion. La topologie sous-jacente à cette structure de variété est la topologie quotient de celle de* X; *elle est séparée. Enfin,* (X, G, X/G, π) *est une fibration principale à gauche*.[1]

Soit θ l'application $(g, x) \mapsto (x, gx)$ de $G \times X$ dans $X \times X$. Cette application est de classe C^r. Montrons que c'est une immersion. Pour $u \in T_g(G)$ et $v \in T_x(X)$, on a, d'après (6),

$$T_{(g,x)}(\theta)(u, v) = (v, T_g(\rho(x))u + T_x(\tau(g))v). \tag{7}$$

Mais $T_g(\rho(x))$ est injective d'après l'hypothèse *b*), donc $T_{(g,x)}(\theta)$ est injective. Son image est somme directe topologique du sous-espace $H_{g,x}$ formé par les vecteurs $(v, T_x(\tau(g))v)$ pour $v \in T_x(X)$, et du sous-espace $I_{g,x} = \{0\} \times T_g(\rho(x))(T_g(G))$. D'après l'hypothèse *b*), $T_g(\rho(x))(T_g(G))$ admet un supplémentaire topologique $J_{g,x}$ dans $T_{gx}(X)$. Donc l'image de $T_{(g,x)}(\theta)$ admet le supplémentaire topologique $\{0\} \times J_{g,x}$. On a donc bien prouvé que θ est une immersion de $G \times X$ dans $X \times X$.

Comme G opère librement dans X, θ est injective. Soit C le graphe de la relation d'équivalence R définie par G dans X. Comme G opère proprement, θ est un homéomorphisme de $G \times X$ sur C (TG, I, § 10, prop. 2). D'après VAR, R, 5.8.3, C'est une sous-variété de $X \times X$, et θ est un isomorphisme de la variété $G \times X$ sur la variété C. L'espace tangent $T_{(x,gx)}(C)$ s'identifie à

$$T_{(g,x)}(\theta)(T_{(g,x)}(G \times X)) = H_{g,x} \oplus I_{g,x} \subset T_{(x,gx)}(X \times X).$$

Soient pr_1 et pr_2 les projections canoniques de $X \times X$ sur les deux facteurs. Il est immédiat que $T_{(x,gx)}(pr_1)$ applique $H_{g,x}$ sur $T_x(X)$, et que le noyau de $T_{(x,gx)}(pr_1) \mid T_{(x,gx)}(C)$ est $I_{g,x}$. Ainsi, $pr_1 \mid C$ est une submersion de C sur X. D'après VAR, R, 5.9.5, R est régulière. Par définition, il existe donc sur l'ensemble quotient X/G une structure de variété et une seule telle que π soit une submersion. La topologie sous-jacente de X/G est la topologie quotient de celle de X (VAR, R, 5.9.4). Cette topologie est séparée (TG, III, § 4, prop. 3).

Pour tout $b \in X/G$, il existe un voisinage ouvert W de b et un morphisme $\sigma\colon W \to X$ tel que $\pi \circ \sigma = \mathrm{id}_W$ (VAR, R, 5.9.1). Soit φ la bijection $(g, w) \mapsto g\sigma(w)$ de $G \times W$ sur $\pi^{-1}(W)$. Elle est de classe C^r. On a $\pi(g\sigma(w)) = w$, et

[1] Les fibrations principales définies en VAR, R, 6.2.1, sont des fibrations principales *à droite*. La définition des fibrations principales à gauche s'en déduit de manière évidente.

$\theta^{-1}(\sigma(w), g\sigma(w)) = (g, \sigma(w))$, donc la bijection réciproque de φ est de classe C^r. Il est clair que $\varphi(gg', w) = g\varphi(g', w)$ pour $w \in W$, $g \in G$, $g' \in G$. Donc $(X, G, X/G, \pi)$ est une fibration principale à gauche.

C.Q.F.D.

Remarque. — Conservons les hypothèses précédentes. Soient de plus H une variété de classe C^r et $(x, h) \mapsto m(x, h)$ une application de classe C^r de $X \times H$ dans X telle que $m(gx, h) = gm(x, h)$ pour $x \in X$, $g \in G$, $h \in H$. Soit n l'application de $(X/G) \times H$ dans X/G déduite de m par passage aux quotients. Montrons que n *est de classe* C^r. Considérons le diagramme

$$\begin{array}{ccc} X \times H & \xrightarrow{m} & X \\ {\scriptstyle \pi \times 1}\downarrow & & \downarrow{\scriptstyle \pi} \\ (X/G) \times H & \xrightarrow{n} & X/G. \end{array}$$

Il est commutatif, $\pi \circ m$ est de classe C^r, et $\pi \times 1$ est une submersion surjective; il suffit alors d'appliquer VAR, R, 5.9.5.

Soient G un groupe de Lie, X une variété de classe C^r, et $(g, x) \mapsto xg$ une loi d'opération à droite de classe C^r de G dans X. Posons $\tau(g)x = \rho(x)g = xg$ pour $g \in G$, $x \in X$. On a cette fois

(3') $$\rho(x) = \rho(xg) \circ \gamma(g^{-1}), \qquad \rho(x) = \tau(g) \circ \rho(x) \circ \delta(g),$$

donc

(4') $$T_g(\rho(x)) = T_e(\rho(xg)) \circ T_g(\gamma(g^{-1}))$$

(5') $$T_g(\rho(x)) = T_x(\tau(g)) \circ T_e(\rho(x)) \circ T_g(\delta(g)).$$

D'autre part, si η désigne l'application $(g, x) \mapsto xg$ de $G \times X$ dans X, la formule (6) reste valable. La prop. 9, son corollaire, et la prop. 10 restent également valables (à condition de remplacer, dans cette dernière, « fibration principale à gauche » par « fibration principale à droite »).

6. Espaces homogènes et groupes quotients

PROPOSITION 11. — *Soient* X *un groupe de Lie,* G *un sous-groupe de Lie de* X.

(i) *Il existe sur l'ensemble homogène* X/G *une structure de variété analytique et une seule telle que la projection canonique* π *de* X *sur* X/G *soit une submersion. La loi d'opération de* X *dans* X/G *est analytique. Pour tout* $x \in X$, *le noyau de* $T_x(\pi)$ *se déduit de* $T_e(G)$ *par* $T_e(\gamma(x))$.

(ii) *Si* G *est distingué dans* X, X/G *est un groupe de Lie pour sa structure de groupe et sa structure de variété définie en* (i). *L'application* π *est un morphisme de groupes de Lie.*

D'après TG, III, § 4, n° 1, *Exemple* 1, G opère proprement et librement dans X par translations à droite. Donc la première assertion de (i) résulte de la prop. 10 du n° 5. La deuxième résulte de la *Remarque* du n° 5. Puisque π est une submersion, le noyau de $T_x(\pi)$ est l'espace tangent en x à

$$\pi^{-1}(\pi(x)) = xG = \gamma(x)(G),$$

donc se déduit de $T_e(G)$ par $T_e(\gamma(x))$.

Supposons G distingué. Soit m l'application $(x, y) \mapsto xy^{-1}$ de $(X/G) \times (X/G)$ dans X/G. On a $(m \circ (\pi \times \pi))(x, y) = \pi(xy^{-1})$ quels que soient x, y dans X. Donc $m \circ (\pi \times \pi)$ est analytique. Comme $\pi \times \pi$ est une submersion surjective, m est analytique (VAR, R, 5.9.5), d'où (ii).

On dit que l'ensemble homogène X/G, muni de la structure de variété définie en (i), est *l'espace homogène de Lie (à gauche) quotient de* X *par* G. On définit de façon analogue l'espace homogène de Lie (à droite) G\X. Quand G est distingué, le groupe de Lie X/G défini en (ii) s'appelle le *groupe de Lie quotient de* X *par* G.

PROPOSITION 12. — *Soient* X *un groupe de Lie,* Y *une variété analytique non vide munie d'une loi d'opération à gauche analytique de* X *dans* Y. *Pour tout* $y \in Y$, *soient* $\rho(y)$ *l'application orbitale définie par* y, *et* X_y *le stabilisateur de* y *dans* X. *Les conditions suivantes sont équivalentes*:

(i) *il existe* $y \in Y$ *tel que* $\rho(y)$ *soit une submersion surjective;*

(i') *pour tout* $y \in Y$, $\rho(y)$ *est une submersion surjective;*

(ii) *il existe* $y \in Y$ *tel que* X_y *soit un sous-groupe de Lie de* X *et que l'application canonique de* X/X_y *dans* Y *soit un isomorphisme de variétés;*

(ii') *pour tout* $y \in Y$, X_y *est un sous-groupe de Lie de* X, *et l'application canonique de* X/X_y *dans* Y *est un isomorphisme de variétés;*

(iii) *l'application* $(x, y) \mapsto (y, xy)$ *de* $X \times Y$ *dans* $Y \times Y$ *est une submersion surjective.*

Comme l'application canonique de X sur X/X_y est une submersion, les équivalences (i) $\Leftrightarrow$ (ii), (i') $\Leftrightarrow$ (ii') sont immédiates. On a (i) $\Leftrightarrow$ (i') d'après la prop. 9 du n° 5. L'équivalence (i') $\Leftrightarrow$ (iii) résulte de la formule (7) du n° 5.

Sous les conditions de la prop. 12, on dit que Y est un *espace homogène de Lie (à gauche) pour* X. On définit de manière analogue un espace homogène de Lie à droite pour X.

Exemple. — Soit G un groupe de Lie. Faisons opérer $G \times G$ à gauche dans G par $(g_1, g_2)x = g_1 x g_2^{-1}$. Soit ρ l'application orbitale de e. Alors les restrictions de $T_{(e,e)}(\rho)$ à $T_{(e,e)}(G \times \{e\}) = T_e(G) \times \{0\}$ et à $T_{(e,e)}(\{e\} \times G) = \{0\} \times T_e(G)$ sont des isomorphismes de ces espaces sur $T_e(G)$. Donc $T_{(e,e)}(\rho)$ est surjective, et $\operatorname{Ker} T_{(e,e)}(\rho)$ admet par exemple le supplémentaire topologique $T_e(G) \times \{0\}$ dans $T_{(e,e)}(G \times G)$. Ainsi, ρ est une submersion en (e, e). Donc G est un espace homogène de Lie à gauche pour $G \times G$.

PROPOSITION 13. — *Soient* G *un groupe de Lie,* H *un sous-groupe de Lie distingué de* G, X *une variété de classe* C^r, *et* $(g, x) \mapsto gx$ *une loi d'opération à gauche de classe* C^r *de* G *dans* X. *On suppose que les conditions a) et b) de la prop.* 10 *sont vérifiées.*

(i) *La loi d'opération à gauche* $(h, x) \mapsto hx$ *de* H *dans* X *vérifie les conditions a) et b) de la prop.* 10 (*de sorte qu'on peut considérer les variétés quotients* X/G *et* X/H).

(ii) *La loi d'opération à gauche de* G *dans* X *définit par passage aux quotients une loi d'opération à gauche de classe* C^r *de* G/H *dans* X/H; *cette loi vérifie les conditions a) et b) de la prop.* 10 (*de sorte qu'on peut considérer la variété quotient* (X/H)/(G/H)).

(iii) *L'application canonique de* X *sur* X/H *définit par passage aux quotients une bijection de* X/G *sur* (X/H)/(G/H). *Cette bijection est un isomorphisme de variétés de classe* C^r.

Il est clair que H opère librement dans X; il opère proprement d'après TG, III, § 4, n° 1, *Exemple* 1. Les applications orbitales de H dans X sont des immersions puisque l'injection canonique de H dans G est une immersion. Cela prouve (i).

La loi d'opération de G dans X définit évidemment, par passage aux quotients, une loi d'opération à gauche de G/H dans X/H. Cette loi est de classe C^r d'après VAR, R, 5.9.6. Soient $g \in G$ et $x \in X$ tels que $(Hg)(Hx) = Hx$; alors $H(gx) = Hx$, donc $gx \in Hx$ et $g \in H$; cela prouve que G/H opère librement dans X/H. L'application $\theta: (g, x) \mapsto (x, gx)$ de $G \times X$ dans $X \times X$ est fermée; d'autre part, on a $\theta(Hg \times Hx) = Hx \times H(gx)$; il en résulte aussitôt que l'application

$$(Hg, Hx) \mapsto (Hx, H(gx))$$

de $(G/H) \times (X/H)$ dans $(X/H) \times (X/H)$ est fermée; comme en outre G/H opère librement dans X/H, le th. 1 *c*) de TG, I, § 10, n° 2 prouve que G/H opère proprement dans X/H.

Soient π l'application canonique de X sur X/H, σ l'application canonique de G sur G/H, x un élément de X et $y = \pi(x)$.

$$\begin{array}{ccc} G & \xrightarrow{\rho(x)} & X \\ \downarrow{\scriptstyle\sigma} & & \downarrow{\scriptstyle\pi} \\ G/H & \xrightarrow[\rho(y)]{} & X/H \end{array}$$

Alors, $\pi \circ \rho(x) = \rho(y) \circ \sigma$, donc

$$T_x(\pi) \circ T_e(\rho(x)) = T_e(\rho(y)) \circ T_e(\sigma).$$

Soit $u \in T_e(G/H)$ tel que $T_e(\rho(y))u = 0$. Il existe $v \in T_e(G)$ tel que $u = T_e(\sigma)v$. Alors $(T_x(\pi)(T_e(\rho(x))v) = 0$, donc $T_e(\rho(x))v$ est tangent à Hx (VAR, R, 5.10.5) et par suite de la forme $T_e(\rho(x)|H)v'$ pour un $v' \in T_e(H)$. Comme $T_e(\rho(x))$ est injective, on en déduit que $v = v'$, d'où $v \in T_e(H)$ et par suite $u = 0$. Ainsi, $T_e(\rho(y))$ est injective. L'image de $T_e(\rho(y))$ est égale à celle de $T_x(\pi) \circ T_e(\rho(x))$;

or l'image de $T_e(\rho(x))$ admet un supplémentaire topologique dans $T_x(X)$, et contient le noyau de $T_x(\pi)$. On voit donc que $\rho(y)$ est une immersion, ce qui achève de prouver (ii).

L'assertion (iii) résulte de ce qui précède, et de VAR, R, 5.9.7.

COROLLAIRE. — *Soient* G *un groupe de Lie,* H *et* L *des sous-groupes de Lie distingués de* G, *avec* $L \subset H$. *Alors* H/L *est un sous-groupe de Lie distingué de* G/L, *et la bijection canonique de* G/H *sur* (G/L)/(H/L) *est un isomorphisme de groupes de Lie.*

7. Orbites

PROPOSITION 14. — *Soient* G *un groupe de Lie,* X *une variété analytique, et* $(g, x) \mapsto gx$ *une loi d'opération à gauche analytique de* G *dans* X. *Soit* $x \in X$. *Supposons que l'application orbitale correspondante* $\rho(x)$ *soit une subimmersion (ce qui est toujours le cas si* K *est de caractéristique* 0 *et* X *de dimension finie (cor. de la prop.* 9)). *Soit* G_x *le stabilisateur de* x *dans* G.

(i) G_x *est un sous-groupe de Lie, et* $T_e(G_x) = \operatorname{Ker} T_e(\rho(x))$.

(ii) *L'application canonique* i_x *de l'espace homogène* G/G_x *dans* X *est une immersion d'image* Gx.

(iii) *Si de plus l'orbite* Gx *est localement fermée et si la topologie de* G *admet une base dénombrable, alors* Gx *est une sous-variété de* X, i_x *est un isomorphisme de la variété* G/G_x *sur la variété* Gx, *et* $T_x(Gx) = \operatorname{Im} T_e(\rho(x))$.

L'image réciproque de x par $\rho(x)$ est G_x. Comme $\rho(x)$ est une subimmersion, G_x est une sous-variété, et, pour tout $g \in G$, l'espace tangent J à $gG_x = \rho(x)^{-1}(gx)$ en g est $\operatorname{Ker} T_g(\rho(x))$ (VAR, R, 5.10.5), d'où (i). Soit $\pi\colon G \to G/G_x$ l'application canonique. On a $i_x \circ \pi = \rho(x)$. Comme G/G_x est variété quotient de G, cette égalité prouve que i_x est analytique. De plus, les noyaux de $T_g(\rho(x))$ et de $T_g(\pi)$ sont tous deux égaux à J. Donc $T_{\pi(g)}(i_x)$ est injective. L'image de $T_{\pi(g)}(i_x)$ est égale à l'image de $T_g(\rho(x))$, donc admet un supplémentaire topologique. Ceci prouve (ii).

Supposons Gx localement fermée. Tout point de Gx possède alors un voisinage dans Gx qui est homéomorphe à un sous-espace fermé d'un espace métrique complet, donc qui est un espace de Baire. Donc Gx est un espace de Baire (TG, IX, § 5, prop. 4). Si G est à base dénombrable, i_x est donc un homéomorphisme de G/G_x sur Gx (TG, IX, § 5). Alors, d'après (ii) et VAR, R, 5.8.3, i_x est un isomorphisme de la variété G/G_x sur la variété Gx, et

$$T_x(Gx) = \operatorname{Im} T_{\pi(e)}(i_x) = \operatorname{Im} T_e(\rho(x)).$$

Remarque. — Soient G un groupe de Lie de dimension finie, X une variété de classe C^r, et $(g, x) \mapsto gx$ une loi d'opération à gauche de classe C^r de G dans X. Alors la prop. 14 reste valable. Le seul point qui nécessite une démonstration différente est le fait que G_x est un sous-groupe de Lie. Mais si $r \neq \omega$, on a $K = \mathbf{R}$; comme il est clair que G_x est fermé, G_x est un sous-groupe de Lie d'après le § 8, th. 2.

COROLLAIRE. — *Soient* G *un groupe de Lie dont la topologie admet une base dénombrable,* X *une variété analytique non vide de dimension finie, munie d'une loi d'opération à gauche analytique de* G *dans* X. *On suppose que* G *opère transitivement dans* X, *et que* K *est de caractéristique* 0. *Alors* X *est un espace homogène de Lie pour* G.

Soit $x \in X$. L'orbite de x, égale à X, est fermée, et on peut donc appliquer la prop. 14 (iii).

8. Fibrés vectoriels à opérateurs

Soient G un groupe de Lie, X une variété de classe C^r, et $(g, x) \mapsto gx$ une loi d'opération à gauche de classe C^r de G dans X. Soit E un fibré vectoriel de classe C^r, de base X, et $\pi: E \to X$ la projection de E sur X. Pour tout $x \in X$, soit E_x la fibre de E en x. Soit $(g, u) \mapsto gu$ une loi d'opération à gauche de G dans E telle que π soit compatible avec les opérations de G dans X et dans E. Pour tout $g \in G$ et tout $x \in X$, la restriction à E_x de l'application $u \mapsto gu$ est une bijection $\psi_{g,x}$ de E_x sur E_{gx}. Nous supposerons que, pour tout $g \in G$ et tout $x \in X$, $\psi_{g,x}$ est linéaire continue, donc est un isomorphisme de l'espace normable E_x sur l'espace normable E_{gx}.

Soit φ l'automorphisme $(g, x) \mapsto (g, gx)$ de la variété $G \times X$. Soient p la projection canonique de $G \times X$ sur X, et E' l'image réciproque de E relativement à p. Soit $\psi: E' \to E'$ l'application somme des $\psi_{g,x}: E'_{(g,x)} \to E'_{(g,gx)}$.

DÉFINITION 4. — *Si* ψ *est un* φ*-morphisme de fibrés vectoriels de classe* C^r, *on dit que* E *est un* G*-fibré vectoriel de classe* C^r.

Autrement dit, E est un G-fibré vectoriel de classe C^r si, quel que soit $(g_0, x_0) \in G \times X$, la condition suivante est vérifiée: il existe un voisinage ouvert U de (g_0, x_0) dans $G \times X$ tel que, si l'on identifie $E' | U$ (resp. $E' | \varphi(U)$) à un fibré vectoriel trivial de fibre M (resp. N) grâce à une carte vectorielle, l'application $(g, x) \mapsto \psi_{g,x}$ de U dans $\mathscr{L}(M, N)$ soit de classe C^r.

L'application ψ est évidemment bijective, et il résulte du critère local ci-dessus que ψ^{-1} est un φ^{-1}-morphisme de fibrés vectoriels, de sorte que ψ est un φ-*isomorphisme* de fibrés vectoriels.

On appelle G-*fibré vectoriel trivial de base* X un fibré vectoriel $X \times F$ (où F est un espace normable complet), muni de la loi d'opération $(g, (x, f)) \mapsto (gx, f)$ de G dans $X \times F$.

Reprenons les hypothèses et notations précédant la déf. 4, et soit de plus τ un foncteur vectoriel de classe C^r pour les isomorphismes (VAR, R, 7.6.6). Alors τE est un fibré vectoriel de base X. Pour tout $x \in X$, sa fibre $(\tau E)_x$ est égale à $\tau(E_x)$. Quels que soient les espaces normables N_1, N_2, notons $\mathrm{Isom}(N_1, N_2)$ l'ensemble des isomorphismes de N_1 sur N_2. Si $g \in G$, on a

$$\tau(\psi_{g,x}) \in \mathrm{Isom}((\tau E)_x, (\tau E)_{gx}).$$

Les $\tau(\psi_{g,x})$ définissent une loi d'opération à gauche $(g, u) \mapsto gu$ de G dans τE, et la projection canonique de τE sur X est compatible avec les opérations de G dans X et τE.

PROPOSITION 15. — *Si* E *est un* G-*fibré vectoriel de classe* C^r, τE *est un* G-*fibré vectoriel de classe* C^r.

Soient g_0, x_0, U, M, N comme dans l'alinéa suivant la déf. 4. Alors l'application $(g, x) \mapsto \tau(\psi_{g,x})$ de U dans $\mathscr{L}(\tau M, \tau N)$ est composée de l'application $(g, x) \mapsto \psi_{g,x}$ de U dans $\mathscr{L}(M, N)$, et de l'application $f \mapsto \tau(f)$ de Isom(M, N) dans Isom(τM, τN); ces deux applications sont de classe C^r, donc il en est de même de leur composée, d'où la proposition.

PROPOSITION 16. — *Soient* G *un groupe de Lie,* X *une variété de classe* C^r $(r \geqslant 2)$, *et* $(g, x) \mapsto gx$ *une loi d'opération à gauche de classe* C^r *de* G *dans* X, *d'où, par transport de structure, une loi d'opération à gauche de* G *dans* TX. *Pour cette loi,* TX *est un* G-*fibré vectoriel de classe* C^{r-1}.

Soit pr_1 (resp. pr_2) la projection canonique de G × X sur G (resp. X), et soit E_1 (resp. E_2) l'image réciproque de TG (resp. TX) relativement à pr_1 (resp. pr_2). Alors le fibré vectoriel T(G × X) est somme directe de E_1 et E_2. Soient $i\colon E_2 \to T(G \times X)$ et $q\colon T(G \times X) \to E_2$ les morphismes canoniques de fibrés vectoriels définis par cette décomposition en somme directe. Soit φ l'application $(g, x) \mapsto (g, gx)$ de G × X dans G × X. Alors l'application notée ψ dans la déf. 4 (où l'on fait E = TX) n'est autre que $q \circ T(\varphi) \circ i$. Or $T(\varphi)$ est un φ-morphisme de fibrés vectoriels de classe C^{r-1} (VAR, R, 8.1.2).

COROLLAIRE. — *Si* τ *est un foncteur vectoriel de classe* C^r *pour les isomorphismes,* τ(TX) *est un* G-*fibré vectoriel de classe* C^{r-1}.

Cela résulte des prop. 15 et 16.

Remarque 1. — Si τ est un foncteur vectoriel de classe C^r pour les isomorphismes *en dimension finie*, et si E est de rang fini, τE se définit de la même manière, et la prop. 15 reste valable; le cor. de la prop. 16 reste valable pourvu que X soit de dimension finie.

Exemples. — Reprenons les hypothèses et notations de la prop. 16, et soit F un espace normable complet. Alors $\mathscr{L}((TX)^p; F)$ est un G-fibré vectoriel de classe C^{r-1}; il en est de même de $\mathrm{Alt}^p(TX; F)$ si K est de caractéristique zéro, ou si X est de dimension finie (cf. VAR, R, 7.7, 7.8). Si X est de dimension finie, $\bigotimes^p(TX) \otimes \bigotimes^q(TX)^*$ est un G-fibré vectoriel de classe C^{r-1}.

PROPOSITION 17. — *Soient* G *un groupe de Lie,* X *un espace homogène de Lie à gauche pour* G, x_0 *un point de* X, G_0 *le stabilisateur de* x_0 *dans* G, E *et* E′ *des* G-*fibrés vectoriels à gauche de classe* C^r *et de base* X, E_0 (resp. E'_0) *la fibre en* x_0 *de* E (resp. E'), *f un élément de* $\mathscr{L}(E_0, E'_0)$ *tel que* $f(gu) = gf(u)$ *quels que soient* $u \in E_0$ *et* $g \in G_0$. *Alors il existe un morphisme et un seul de* E *dans* E', *compatible avec les opérations de* G, *et prolongeant f.*

L'unicité de ce morphisme est évidente. Prouvons son existence. Soient g, g' dans G et $u \in E_0$ tels que $gu = g'u$. On a $g'^{-1}g \in G_0$ et $g'^{-1}gu = u$, donc $g'^{-1}gf(u) = f(u)$, c'est-à-dire $gf(u) = g'f(u)$. On définit donc une application φ de E dans E' en posant $\varphi(gu) = gf(u)$. Il est clair que cette application prolonge f, et qu'elle est compatible avec les opérations de G. Montrons que φ est un morphisme de fibrés vectoriels de classe C^r. Soit $x_1 \in X$. Il existe un voisinage ouvert V de x_1 dans X et une sous-variété W de G, tels que l'application $g \mapsto gx_0$ soit un isomorphisme θ de classe C^r de W sur V. En diminuant V et W, on peut supposer que:

1) E | V (resp. E' | V) s'identifie à un fibré vectoriel trivial de fibre M (resp. M');

2) si l'on note ψ_g (resp. ψ'_g) l'application $u \mapsto gu$ de E_0 (resp. E'_0) dans E_{gx_0} (resp. E'_{gx_0}), alors les applications $g \mapsto \psi_g$ et $g \mapsto \psi_g^{-1}$ (resp. $g \mapsto \psi'_g$ et $g \mapsto \psi_g'^{-1}$) de W dans $\mathscr{L}(E_0, M)$ et $\mathscr{L}(M, E_0)$ (resp. $\mathscr{L}(E'_0, M')$ et $\mathscr{L}(M', E'_0)$) sont de classe C^r.

Pour $x \in V$, soit $\varphi_x \colon M \to N$ la restriction de φ à $E_x = M$. Alors φ_x s'obtient en composant les applications suivantes:

1) l'application $(\psi_{\theta^{-1}x})^{-1}$ de M dans E_0;

2) l'application f de E_0 dans E_0;

3) l'application $\psi'_{\theta^{-1}x}$ de E_0 dans M'.

On voit donc que l'application $x \mapsto \varphi_x$ de V dans $\mathscr{L}(M, M')$ est de classe C^r.

Corollaire 1. — *Soit* $E_0^{G_0}$ *l'ensemble des éléments de* E_0 *invariants par* G_0. *Pour tout* $u \in E_0^{G_0}$, *soit* σ_u *l'application de* X *dans* E *définie par* $\sigma_u(gx_0) = gu$ *pour tout* $g \in G$.

(i) *Les sections*[1] G-*invariantes de* E *sont de classe* C^r.

(ii) $u \mapsto \sigma_u$ *est une bijection de* $E_0^{G_0}$ *sur l'ensemble des sections* G-*invariantes de* E.

L'assertion (ii) est évidente. Pour prouver (i), il suffit de prouver que chaque section σ_u est de classe C^r. Soit E' le G-fibré trivial de base X et de fibre $E_0^{G_0}$. Soit f l'injection canonique de $E_0^{G_0}$ dans E_0. D'après la prop. 17, il existe un morphisme φ de E' dans E compatible avec les opérations de G et prolongeant f. Si $u \in E_0^{G_0}$ et $g \in G$, on a

$$\sigma_u(gx_0) = gu = gf(u) = \varphi(gu) = \varphi((u, gx_0))$$

donc $\sigma_u(x) = \varphi((u, x))$ pour tout $x \in X$, ce qui prouve notre assertion.

*Par exemple, soient G un groupe de Lie réel de dimension finie, G_0 un sous-groupe de Lie compact de G, et X l'espace homogène G/G_0. Notons x_0 l'image canonique de e dans X. Il existe une forme bilinéaire symétrique positive non dégénérée sur $T_{x_0}(X)$

[1] Nous appelons ici *section* de E une application σ (non nécessairement de classe C^r) de X dans E telle que $p \circ \sigma = \mathrm{Id}_X$, où p désigne la projection de E sur X.

invariante par G_0 (INT, VII, § 3, prop. 1). Appliquant ce qui précède à $(TX)^* \otimes (TX)^*$, on voit qu'il existe sur X une métrique riemannienne analytique invariante par G.*

Corollaire 2. — *On suppose que* G_0 *opère trivialement dans* E_0. *Soit* E' *le* G-*fibré trivial de base* X *et de fibre* E_0. *Il existe un isomorphisme et un seul de* E *sur* E' *compatible avec les opérations de* G *et prolongeant* Id_{E_0}.

Cela résulte aussitôt de la prop. 17.

Remarque 2. — Dans ce n°, on peut remplacer partout les lois d'opération à gauche par des lois d'opération à droite.

9. Définition locale d'un groupe de Lie

Proposition 18. — *Soient* G *un groupe,* U *et* V *deux sous-ensembles de* G *contenant* e. *Supposons* U *muni d'une structure de variété analytique vérifiant les conditions suivantes :*

(i) $V = V^{-1}$, $V^2 \subset U$, V *est ouvert dans* U ;

(ii) *l'application* $(x, y) \mapsto xy^{-1}$ *de* $V \times V$ *dans* U *est analytique ;*

(iii) *pour tout* $g \in G$, *il existe un voisinage ouvert* V' *de* e *dans* V *tel que* $gV'g^{-1} \subset U$ *et tel que l'application* $x \mapsto gxg^{-1}$ *de* V' *dans* U *soit analytique.*

Il existe alors sur G *une structure de variété analytique et une seule possédant les propriétés suivantes :*

α) G, *muni de cette structure, est un groupe de Lie ;*

β) V *est ouvert dans* G ;

γ) *les structures de variété de* G *et* U *induisent la même structure sur* V.

a) Soient A une partie ouverte de V et v_0 un élément de V tels que $v_0A \subset V$. Alors v_0A est l'ensemble des $v \in V$ tels que $v_0^{-1}v \in A$, donc est une partie ouverte de V (compte tenu de (ii)). En outre, (ii) entraîne que les applications $v \mapsto v_0v$ de A sur v_0A et $v \mapsto v_0^{-1}v$ de v_0A sur A sont des bijections réciproques et analytiques, donc des isomorphismes analytiques.

b) Choisissons un voisinage ouvert W de *e* dans V tel que $W = W^{-1}$, $W^3 \subset V$, et tel qu'il existe une carte (W, φ, E) de la variété U, de domaine W. Pour tout $g \in G$, soit φ_g l'application $h \mapsto \varphi(g^{-1}h)$ de gW dans E. Montrons que les cartes φ_g de G sont analytiquement compatibles. Soient g_1, g_2 dans G tels que $g_1W \cap g_2W \neq \varnothing$, de sorte que $g_2^{-1}g_1$ et $g_1^{-1}g_2$ appartiennent à W^2. D'après *a*), $W \cap g_1^{-1}g_2W$ est une partie ouverte de W, donc

$$\varphi_{g_1}(g_1W \cap g_2W) = \varphi(W \cap g_1^{-1}g_2W)$$

est une partie ouverte D de E. Pour $d \in D$, on a,

$$(\varphi_{g_2} \circ \varphi_{g_1}^{-1})(d) = \varphi(g_2^{-1}g_1\varphi^{-1}(d));$$

d'après *a*), on voit que $\varphi_{g_2} \circ \varphi_{g_1}^{-1}$ est analytique.

c) D'après *b*), il existe sur G une structure de variété analytique telle que $(\varphi_g)_{g \in G}$ soit un atlas de G. Pour tout $g_0 \in G$, l'application $g \mapsto g_0 g$ $(g \in G)$ laisse cet atlas invariant, donc est un automorphisme de G pour cette structure de variété. En particulier la condition (GL_1) est vérifiée.

d) Soit $v_0 \in V$. D'après (ii), il existe un voisinage ouvert A de *e* dans W tel que $v_0 A \subset V$. Cela prouve d'abord que V est ouvert dans G. D'après *a*), l'application $v \mapsto v_0 v$ de A sur $v_0 A$ est un isomorphisme analytique pour les structures induites par U. Compte tenu de *c*), on voit que les structures de variété de G et U induisent la même structure sur $v_0 A$, donc finalement sur V.

e) Compte tenu de *d*), (ii) et (iii), on voit que les conditions (GL_2) et (GL_3) sont vérifiées. Donc G est un groupe de Lie.

f) Si une structure de variété sur G est compatible avec la structure de groupe de G et telle que V soit une sous-variété ouverte de G, alors $(\varphi_g)_{g \in G}$ est un atlas de G. D'où l'assertion d'unicité dans la proposition.

Proposition 19. — *Soient* G *un groupe topologique,* H *un groupe de Lie,* f *un homomorphisme du groupe* G *dans le groupe* H. *On suppose qu'il existe un voisinage ouvert* U *de* e_G *dans* G, *une carte* (V, φ, E) *de la variété* H *en* e_H, *et un sous-espace vectoriel fermé* F *de* E *admettant un supplémentaire topologique, tels que* $f(U) \subset V$ *et que* $(\varphi \circ f)|U$ *soit un homéomorphisme de* U *sur* $\varphi(V) \cap F$. *Alors, il existe sur* G *une structure unique de variété telle que* f *soit une immersion; cette structure est l'image inverse par* f *de la structure de variété de* H. *Pour cette structure,* G *est un groupe de Lie.*

Comme les translations de G (resp. H) sont des homéomorphismes (resp. des isomorphismes analytiques), f vérifie la condition (R) de VAR, R, 5.8.1. Les deux premières assertions de la proposition résultent alors de VAR, R, *loc. cit.* Considérons le diagramme commutatif

$$\begin{array}{ccc} G \times G & \xrightarrow{m} & G \\ \Big\downarrow{\scriptstyle f\times f} & & \Big\downarrow{\scriptstyle f} \\ H \times H & \xrightarrow{n} & H \end{array}$$

où $m(x, y) = xy^{-1}$ (resp. $n(x,y) = xy^{-1}$) pour x, y dans G (resp. H). Alors $n \circ (f \times f)$ est analytique, donc $f \circ m$ est analytique, donc m est analytique puisque f est une immersion. Par suite, G est un groupe de Lie.

On dit que la structure de groupe de Lie de G est *l'image inverse* de la structure de groupe de Lie de H par f.

Corollaire. — *Soient* G *un groupe topologique,* N *un sous-groupe distingué discret de* G, π *l'application canonique de* G *sur* G/N. *Supposons donnée une structure de variété analytique sur* G/N, *compatible avec la structure de groupe topologique de* G/N. *Alors il existe sur* G *une structure unique de variété telle que* π *soit une immersion; cette structure est l'image inverse par* π *de la structure de variété de* G/N. *Pour cette structure,* π *est étale,* G *est un groupe de Lie, et* G/N *est le groupe de Lie quotient de* G *par* N.

Remarque.—Soient H un groupe de Lie réel ou complexe connexe, $\hat{H}$ son revêtement universel[1], π l'application canonique de $\hat{H}$ sur H. Quand on parlera de $\hat{H}$ comme d'un groupe de Lie, il s'agira toujours de la structure image inverse de celle de H par π.

10. Groupuscules

DÉFINITION 5. — *On appelle groupuscule de Lie sur* K *un système* (G, e, θ, m) *vérifiant les conditions suivantes:*

(i) G *est une variété analytique sur* K;

(ii) $e \in G$;

(iii) θ *est une application analytique de* G *dans* G;

(iv) m *est une application analytique d'une partie ouverte* Ω *de* $G \times G$ *dans* G;

(v) *pour tout* $g \in G$, *on a* $(e, g) \in \Omega$, $(g, e) \in \Omega$, $m(e, g) = m(g, e) = g$;

(vi) *pour tout* $g \in G$, *on a* $(g, \theta(g)) \in \Omega$, $(\theta(g), g) \in \Omega$, $m(g, \theta(g)) = m(\theta(g), g) = e$;

(vii) *si* g, h, k *sont des éléments de* G *tels que* $(g, h) \in \Omega$, $(h, k) \in \Omega$, $(m(g, h), k) \in \Omega$, $(g, m(h, k)) \in \Omega$, *alors* $m(m(g, h), k) = m(g, m(h, k))$.

On dit que e est l'élément neutre du groupuscule. On écrit souvent gh au lieu de $m(g, h)$, et (par abus de notation) g^{-1} au lieu de $\theta(g)$.

Un groupe de Lie G est un groupuscule de Lie pour le choix évident de e, θ, m.

Soit G un groupuscule de Lie. On a $ee^{-1} = e$, c'est-à-dire

$$e^{-1} = e. \tag{8}$$

Pour tout $g \in G$, on a

$$g = eg = ((g^{-1})^{-1}g^{-1})g = (g^{-1})^{-1}(g^{-1}g) = (g^{-1})^{-1}e,$$

c'est-à-dire

$$(g^{-1})^{-1} = g. \tag{9}$$

Un sous-ensemble de G invariant par l'application $g \mapsto g^{-1}$ est dit symétrique.

La variété G, munie du point e, de l'application $g \mapsto g^{-1}$, et de l'application $(g, h) \mapsto hg$, est un groupuscule de Lie $G^{\vee}$ dit opposé à G.

Le groupuscule de Lie G est dit commutatif si, pour tout $(g, h) \in G \times G$ tel que gh soit défini, hg est défini et égal à gh.

[1] Cf. TG, XI; en attendant la parution de ce chapitre, voir par exemple L. S. PONTRJAGIN, *Topological groups*, 2nd edition translated from Russian, Gordon and Breach, 1966; ou G. HOCHSCHILD, *The structure of Lie groups*, Holden-Day, 1965.

Soit G un groupuscule de Lie. L'ensemble des $(g, h) \in G \times G$ tels que gh soit défini est un voisinage de (e, e). D'autre part, les applications $(g, h) \mapsto gh$ et $g \mapsto g^{-1}$ sont continues. Donc $(gh)k = g(hk)$ pour g, h, k assez voisins de e. De même, $(h^{-1}g^{-1})(gh) = h^{-1}(eh) = h^{-1}h = e$ pour g, h assez voisins de e, d'où, en multipliant à droite par $(gh)^{-1}$,

(10) $$(gh)^{-1} = h^{-1}g^{-1} \quad \text{pour } g, h \text{ assez voisins de } e.$$

Proposition 20. — *Soient* G *un groupuscule de Lie et* $g \in G$. *Il existe un voisinage ouvert* U *de* e *et un voisinage ouvert* V *de* g *possédant les propriétés suivantes:*

a) ug *est défini pour tout* $u \in U$;

b) vg^{-1} *est défini pour tout* $v \in V$;

c) les applications $u \mapsto ug$, $v \mapsto vg^{-1}$ *sont des isomorphismes analytiques réciproques l'un de l'autre de* U *sur* V *et de* V *sur* U.

Comme l'ensemble de définition du produit est ouvert dans $G \times G$, il existe un voisinage ouvert U de e et un voisinage ouvert V de g avec les propriétés *a)* et *b)*. Posons $\eta(u) = ug$ pour $u \in U$, $\eta'(v) = vg^{-1}$ pour $v \in V$. En diminuant U et V, on peut supposer que $(ug)g^{-1} = u$ et $(vg^{-1})g = v$ pour $u \in U$ et $v \in V$. Alors η et η' sont des injections. En diminuant encore U, on peut supposer $\eta(U) \subset V$. Alors $\eta'(V) \supset U$, et $\eta(U)$ est l'image réciproque de U par η', donc est un voisinage ouvert de g dans V. Remplaçant V par $\eta(U)$, on se ramène finalement au cas où η et η' sont des bijections réciproques et analytiques.

C.Q.F.D.

Soient G_1, G_2 deux groupuscules de Lie, d'éléments neutres e_1, e_2. On dit qu'une application f de G_1 dans G_2 est un *morphisme* si f vérifie les conditions suivantes:

(i) f est analytique;

(ii) $f(e_1) = e_2$;

(iii) si g, h dans G_1 sont tels que gh soit défini, alors $f(g)f(h)$ est défini et égal à $f(gh)$.

Soit $g \in G_1$. Comme gg^{-1} est défini et égal à e_1, $f(g)f(g^{-1})$ est défini et égal à e_2, donc

$$f(g)^{-1} = f(g)^{-1}(f(g)f(g^{-1})) = (f(g)^{-1}f(g))f(g^{-1})$$

c'est-à-dire

(11) $$f(g)^{-1} = f(g^{-1}).$$

Le composé de deux morphismes est un morphisme.

Si $f\colon G_1 \to G_2$ et $f'\colon G_2 \to G_1$ sont des morphismes réciproques l'un de l'autre, ce sont des isomorphismes (compte tenu notamment de la formule (11)).

Soient G_1, G_2 deux groupuscules de Lie, f une application de G_1 dans G_2 vérifiant les conditions (ii) et (iii) ci-dessus, et analytique dans un voisinage ouvert de e_1. Compte tenu de la prop. 20, on démontre, comme pour la prop. 4, que f est un morphisme.

Soient (G, e, θ, m) un groupuscule de Lie, Ω l'ensemble de définition de m. Soit H une sous-variété de G contenant e et stable par θ. Supposons que l'ensemble Ω_1 des $(x, y) \in \Omega \cap (H \times H)$ tels que $m(x, y) \in H$ soit ouvert dans $H \times H$. Alors $(H, e, \theta|H, m|\Omega_1)$ est un groupuscule de Lie. Un tel groupuscule de Lie s'appelle un *sous-groupuscule de Lie de* G. L'injection canonique de H dans G est un morphisme. Si $f: L \to G$ est un morphisme de groupuscules de Lie tel que $f(L) \subset H$, alors $f: L \to H$ est un morphisme de groupuscules de Lie.

Supposons K de caractéristique 0. Remplaçons l'hypothèse que H est une sous-variété de G par l'hypothèse que H est une quasi-sous-variété de G. Ce qu'on a énoncé dans l'alinéa précédent reste valable (cf. VAR, R, 5.8.5). On dit alors que H est un quasi-sous-groupuscule de Lie de G.

Si G est un groupuscule de Lie d'élément neutre e, tout voisinage ouvert symétrique de e dans G est un sous-groupuscule de Lie de G. (Ceci s'applique en particulier lorsque G est un groupe de Lie.) Soit H un sous-groupuscule de Lie de G; si H est un voisinage de e dans G, alors H est ouvert dans G d'après la prop. 20.

On définit de manière évidente le groupuscule de Lie *produit* d'un nombre fini de groupuscules de Lie.

PROPOSITION 21. — *Soient* G, H *deux groupuscules de Lie,* φ *un morphisme de* G *dans* H. *Les conditions suivantes sont équivalentes*:

(i) φ *est étale en* e;

(ii) *il existe des sous-groupuscules de Lie ouverts* G', H' *de* G, H *tels que* $\varphi|G'$ *soit un isomorphisme de* G' *sur* H'.

L'implication (ii) ⇒ (i) est évidente. Supposons φ étale en e. Il existe un sous-groupuscule de Lie ouvert G_1 de G tel que $\varphi(G_1)$ soit ouvert dans H et que $\varphi \mid G_1$ soit un isomorphisme de la variété G_1 sur la variété $\varphi(G_1)$. Puis il existe un sous-groupuscule de Lie ouvert G' de G_1 tel que le produit dans G de deux éléments de G' soit toujours défini et appartienne à G_1. Si g, g' dans G' sont tels que $gg' \in G'$, on a $\varphi(g)\varphi(g') = \varphi(gg') \in \varphi(G')$; si g, g' dans G' sont tels que $gg' \in G_1 - G'$, on a $\varphi(g)\varphi(g') = \varphi(gg') \in \varphi(G_1) - \varphi(G')$. Donc $\varphi|G'$ est un isomorphisme du groupuscule de Lie G' sur le sous-groupuscule de Lie ouvert $\varphi(G')$ de H.

Si les conditions de la prop. 21 sont vérifiées, on dit que G et H sont *localement isomorphes*.

PROPOSITION 22. — *Soient* H *un groupe de Lie,* U *un sous-groupuscule de Lie de* H, N *l'ensemble des* $g \in H$ *tels que* U *et* gUg^{-1} *aient même germe en* e (TG, I, § 6, nº 10).

Alors N *est un sous-groupe de* H *contenant* U. *Il existe sur* N *une structure de variété analytique et une seule possédant les propriétés suivantes:*

(i) N, *muni de cette structure, est un groupe de Lie;*

(ii) U *est une sous-variété ouverte de* N;

(iii) *l'injection canonique de* N *dans* H *est une immersion.*

Il est clair que N est un sous-groupe de H. Si $g \in$ U, on a $ge \in$ U et $geg^{-1} \in$ U, donc $gu \in$ U et $gug^{-1} \in$ U pour u assez voisin de e dans U, donc le germe de $g\mathrm{U}g^{-1}$ en e est contenu dans celui de U; changeant g en g^{-1}, on voit que les germes de $g\mathrm{U}g^{-1}$ et de U en e sont égaux. Donc U $\subset$ N.

Soit V un voisinage ouvert de e dans U tel que $\mathrm{V} = \mathrm{V}^{-1}$, $\mathrm{V}^2 \subset \mathrm{U}$. Les conditions (i), (ii), (iii) de la prop. 18 du n° 9 (où l'on remplace G par N) sont vérifiées. Donc il existe une structure de variété analytique sur N ayant les propriétés suivantes: α) N, muni de cette structure, est un groupe de Lie; β) V est ouvert dans N; γ) les structures de variété de N et U induisent la même structure sur V. Puisque V est une sous-variété de H, l'injection canonique de N dans H est une immersion en e, donc en tout point de N. Soit $u \in$ U. Il existe un voisinage ouvert V′ de e dans V tel que l'application $v \mapsto uv$ soit un isomorphisme analytique de V′ sur un voisinage ouvert de u dans U (prop. 20), et en même temps sur un voisinage ouvert de u dans N. Donc U est ouvert dans N et l'application identique de U est un isomorphisme pour la structure de variété donnée sur U et la structure de sous-variété ouverte de N; autrement dit, U est une sous-variété ouverte de N.

Enfin, considérons sur N une structure de variété analytique ayant les propriétés (i) et (ii) de la proposition, et soit N* le groupe de Lie ainsi obtenu. Alors l'application identique de N dans N* est étale en e, donc est un isomorphisme de groupes de Lie. Cela prouve l'assertion d'unicité de la proposition.

Soient H un groupe de Lie, U un quasi-sous-groupuscule de Lie de H, N l'ensemble des $g \in$ H tels que U et $g\mathrm{U}g^{-1}$ aient même germe en e. Si K est de caractéristique 0, il existe sur G une structure de variété et une seule avec les propriétés (i) et (ii) de la prop. 22. La démonstration est la même que pour la prop. 22.

Corollaire. — *Conservons les notations de la prop.* 22. *Soit* G *le sous-groupe de* H *engendré par* U. *Alors* G *est un sous-groupe ouvert de* N. *Il existe sur* G *une structure de groupe de Lie et une seule telle que* U *soit une sous-variété ouverte de* G *et que l'injection canonique de* G *dans* H *soit une immersion.*

Remarque. — Conservons les notations de la prop. 22 et de son corollaire. Supposons que K soit de caractéristique 0, que H soit de dimension finie, et que la topologie de U admette une base dénombrable. Même avec toutes ces hypothèses, il se peut que G ne soit pas fermé dans H (exerc. 3). Mais, *si* G *est fermé*, G *est un sous-groupe de Lie de* H. En effet, l'application $(g, h) \mapsto gh$ est une loi d'opération à gauche analytique de G dans H. L'orbite de e est G. Notre assertion résulte alors des prop. 2 (iv) et 14 (iii).

11. Morceaux de lois d'opération

Soient (G, e, θ, m) un groupuscule de Lie, X une variété de classe C^r.

DÉFINITION 6. — *On appelle morceau de loi d'opération à gauche de classe* C^r *de* G *dans* X *une application* ψ, *définie dans une partie ouverte* Ω *de* $G \times X$ *contenant* $\{e\} \times X$, *à valeurs dans* X, *et possédant les propriétés suivantes*:

(i) ψ *est de classe* C^r;

(ii) *pour tout* $x \in X$, *on a* $\psi(e, x) = x$;

(iii) *il existe un voisinage* Ω_1 *de* $\{e\} \times \{e\} \times X$ *dans* $G \times G \times X$ *tel que, pour* $(g, g', x) \in \Omega_1$, *les éléments* $m(g, g')$, $\psi(g', x)$, $\psi(m(g, g'), x)$, $\psi(g, \psi(g', x))$ *soient définis et* $\psi(g, \psi(g', x)) = \psi(m(g, g'), x)$.

On définit de manière analogue les morceaux de lois d'opération à droite de classe C^r.

On écrit souvent gx au lieu de $\psi(g, x)$.

Soient G′ un sous-groupuscule de Lie de G et X′ un sous-variété de X. Supposons que l'ensemble Ω' des $(g, x) \in \Omega \cap (G' \times X')$ tels que $\psi(g, x) \in X'$ soit ouvert dans $G' \times X'$ (condition toujours remplie si X′ est ouvert dans X). Alors $\psi|\Omega'$ est un morceau de loi d'opération à gauche de classe C^r de G′ dans X′, qui est dit déduit de ψ par restriction à G′ et X′.

PROPOSITION 23. — *Soient* (G, e, θ, m) *un groupuscule de Lie,* X *une variété de classe* C^r, x_0 *un point de* X, Ω *un voisinage ouvert de* (e, x_0) *dans* $G \times X$, ψ *une application de* Ω *dans* X *ayant les propriétés suivantes*:

(i) ψ *est de classe* C^r;

(ii) $\psi(e, x)$ *est égal à* x *pour* x *assez voisin de* x_0;

(iii) $\psi(m(g, g'), x) = \psi(g, \psi(g', x))$ *pour* (g, g', x) *assez voisin de* (e, e, x_0).

Il existe alors un voisinage ouvert X′ *de* x_0 *dans* X, *et une partie ouverte* Ω' *de* $\Omega \cap (G \times X')$, *tels que* $\psi|\Omega'$ *soit un morceau de loi d'opération à gauche de classe* C^r *de* G *dans* X′.

Il existe un voisinage ouvert X′ de x_0 dans X et un voisinage ouvert G′ de e dans G tels que $\psi(e, x) = x$ pour tout $x \in X'$ et que $\psi(g, \psi(g', x)) = \psi(m(g, g'), x)$ pour $(g, g', x) \in G' \times G' \times X'$. Soit Ω' l'ensemble des $(g, x) \in \Omega \cap (G' \times X')$ tels que $\psi(g, x) \in X'$. Alors Ω' est ouvert dans $G \times X'$, et X′, Ω' ont les propriétés de la proposition.

Lemme 3. — *Soient* X *un espace normal,* $(X_i)_{i \in I}$ *un recouvrement ouvert localement fini de* X. *Pour tout* $(i, j) \in I \times I$ *et tout* $x \in X_i \cap X_j$, *soit* $V_{ij}(x)$ *un voisinage de* x *contenu dans* $X_i \cap X_j$. *Alors on peut associer, à tout* $x \in X$, *un voisinage* $V(x)$ *de* x *de telle sorte que les conditions suivantes soient vérifiées*:

a) *la relation* $x \in X_i \cap X_j$ *implique* $V(x) \subset V_{ij}(x)$;

b) *si* $V(x)$ *et* $V(y)$ *se rencontrent, il existe un* $i \in I$ *tel que* $V(x) \cup V(y) \subset X_i$.

Il existe un recouvrement ouvert $(X'_i)_{i \in I}$ de X tel que $\overline{X'_i} \subset X_i$ pour tout $i \in I$ (TG, IX, § 4, th. 3). Soit $x \in X$. Soit $V_1(x)$ l'intersection des $V_{ij}(x)$ et des X'_k qui contiennent x; c'est un voisinage ouvert de x. Soit $V_2(x)$ un voisinage de x contenu dans $V_1(x)$ et ne rencontrant qu'un nombre fini de X_i. Alors $V_2(x)$ ne rencontre qu'un nombre fini de $\overline{X'_i}$, donc l'ensemble

$$V(x) = V_2(x) \cap \bigcap_{i \in I,\, x \notin \overline{X'_i}} (X - \overline{X'_i})$$

est un voisinage de x. Si $x \in X_i \cap X_j$, on a $V_1(x) \subset X_i \cap X_j$, donc $V(x) \subset X_i \cap X_j$. Soient x, y dans X et supposons que $V(x)$ et $V(y)$ se rencontrent. Il existe un $i \in I$ tel que $x \in X'_i$. Alors $V_1(x) \subset X'_i$, donc $V(x) \subset X'_i$, donc $V(y) \cap \overline{X'_i} \neq \varnothing$. Alors $y \in \overline{X'_i}$ par définition de $V(y)$, d'où $y \in X_i$ et $V(y) \subset X_i$. Ainsi, X_i contient $V(x)$ et $V(y)$.

PROPOSITION 24. — *Soient G un groupuscule de Lie, X une variété de classe* C^r, $(X_i)_{i \in I}$ *un recouvrement ouvert localement fini de X. Pour tout* $i \in I$, *soit* ψ_i *un morceau de loi d'opération à gauche de classe* C^r *de G dans* X_i. *On suppose que l'espace topologique sous-jacent à X est normal et que, pour tout* $(i, j) \in I \times I$ *et tout* $x \in X_i \cap X_j$, ψ_i *et* ψ_j *coïncident dans un voisinage de* (e, x). *Il existe un morceau de loi d'opération à gauche de classe* C^r *de G dans X tel que, pour tout* $i \in I$ *et tout* $x \in X_i$, ψ_i *et* ψ *coïncident dans un voisinage de* (e, x).

Pour tout $(i, j) \in I \times I$ et tout $x \in X_i \cap X_j$, choisissons un voisinage ouvert $V_{ij}(x)$ de x dans $X_i \cap X_j$ tel que ψ_i et ψ_j soient définies et égales sur un voisinage de $\{e\} \times V_{ij}(x)$ dans $G \times X$. Pour tout $x \in X$, choisissons un voisinage ouvert $V(x)$ de x dans X de telle sorte que les conditions *a)* et *b)* du lemme 3 soient vérifiées. Soit I_x l'ensemble des $i \in I$ tels que $x \in X_i$. C'est un ensemble fini. Soit U_x l'ensemble des $(g, y) \in G \times V(x)$ tels que les ψ_i, pour $i \in I_x$, soient définies et coïncident dans un voisinage de (g, y). Alors U_x est ouvert et $(e, x) \in U_x$. Les ψ_i, pour $i \in I_x$, ont toutes même restriction à U_x. Soient x, y dans X. Si U_x et U_y se rencontrent, $V(x)$ et $V(y)$ se rencontrent, donc il existe $i \in I$ tel que

$$V(x) \cup V(y) \subset X_i.$$

Alors $i \in I_x$, $i \in I_y$, $\psi_i | U_x = \psi_x$, $\psi_i | U_y = \psi_y$, donc $\psi_x | (U_x \cap U_y) = \psi_y | (U_x \cap U_y)$. Les ψ_x définissent donc une application ψ de $U = \bigcup_{x \in X} U_x$ dans X, et U est un voisinage ouvert de $\{e\} \times X$ dans $G \times X$. Il est clair que ψ est de classe C^r et que $\psi(e, x) = x$ pour tout $x \in X$. Pour tout $i \in I$ et tout $x \in X_i$, ψ coïncide avec ψ_x, donc avec ψ_i, dans un voisinage de (e, x), donc ψ vérifie la condition (iii) de la déf. 6.

§ 2. Groupe des vecteurs tangents à un groupe de Lie

1. Lois de composition tangentes

Soient X et Y des variétés de classe C^r. On sait (VAR, R, 8.1.4) que $X \times Y$ est une variété de classe C^r et que l'application $(T(pr_1), T(pr_2))$, produit des applications tangentes aux projections canoniques, est un isomorphisme de classe C^{r-1} de $T(X \times Y)$ sur $T(X) \times T(Y)$.[1] Cet isomorphisme est compatible avec les structures de fibré vectoriel de base $X \times Y$, et permet d'identifier $T(X \times Y)$ avec $T(X) \times T(Y)$. Soient $a \in X$, $b \in Y$, $u \in T_a(X)$, $v \in T_b(Y)$; l'identification précédente permet de considérer (u, v) comme un élément de $T_{(a,b)}(X \times Y)$; on a

$$(u, v) = (u, 0) + (0, v),$$

et $(u, 0)$ (resp. $(0, v)$) est l'image de u par l'application tangente à l'immersion $x \mapsto (x, b)$ (resp. $y \mapsto (a, y)$) de X (resp. Y) dans $X \times Y$. Quand il sera nécessaire de préciser, on notera 0_a l'élément nul de $T_a(X)$.

Soient maintenant X, Y, Z des variétés de classe C^r, et f une application de classe C^r de $X \times Y$ dans Z. L'application tangente est, compte tenu de l'identification précédente, une application de classe C^{r-1} de $T(X) \times T(Y)$ dans $T(Z)$. Pour $u \in T_a(X)$ et $v \in T_b(Y)$, on a

(1) $$T(f)(u, v) = T(f)(u, 0_b) + T(f)(0_a, v),$$

(2) $$T(f)(0_a, 0_b) = 0_{f(a,b)}.$$

D'autre part, l'application $y \mapsto f(a, y)$ est composée de l'immersion $y \mapsto (a, y)$ et de f ; on en déduit que

(3) $T(f)(0, v)$ est l'image de v par l'application tangente à $y \mapsto f(a, y)$.

De même

(4) $T(f)(u, 0)$ est l'image de u par l'application tangente à $x \mapsto f(x, b)$.

Si l'application f de $X \times Y$ dans Z est notée $(x, y) \mapsto xy$, on note souvent uv l'élément $T(f)(u, v)$ pour $u \in T(X)$, $v \in T(Y)$.

Soient X une variété de classe C^r, et $m: X \times X \to X$ une loi de composition de classe C^r sur X. Alors $T(m)$ est une loi de composition de classe C^{r-1} sur $T(X)$. On l'appelle la *loi de composition tangente à m*. La projection canonique p de $T(X)$ sur X est compatible avec les lois m et $T(m)$; autrement dit, on a

(5) $$p \circ T(m) = m \circ (p \times p).$$

[1] Pour $r = 1$, cela signifie que $(T(pr_1), T(pr_2))$ est un homéomorphisme de $T(X \times Y)$ sur $T(X) \times T(Y)$.

Il résulte de (2) que

$$\text{(6)} \qquad T(m)(0_x, 0_y) = 0_{m(x,y)}$$

quels que soient x, y dans X; autrement dit, la section nulle $x \mapsto 0_x$ de T(X) est compatible avec les lois m et $T(m)$.

PROPOSITION 1. — *Soient* X *une variété de classe* C^r, *et* m *une loi de composition de classe* C^r *sur* X. *Si* m *est associative* (resp. *commutative*), *alors* $T(m)$ *est associative* (resp. *commutative*).

Si m est associative, on a $m \circ (m \times \mathrm{Id}_X) = m \circ (\mathrm{Id}_X \times m)$, d'où

$$T(m) \circ (T(m) \times \mathrm{Id}_{T(X)}) = T(m) \circ (\mathrm{Id}_{T(X)} \times T(m))$$

donc $T(m)$ est associative. Soit s l'application $(x, y) \mapsto (y, x)$ de $X \times X$ dans $X \times X$. Si m est commutative, on a $m \circ s = m$, donc

$$T(m) \circ T(s) = T(m).$$

Mais $T(s)$ est l'application $(u, v) \mapsto (v, u)$ de $T(X) \times T(X)$ dans $T(X) \times T(X)$. Donc $T(m)$ est commutative.

PROPOSITION 2. — *Soient* X *une variété de classe* C^r, m *une loi de composition de classe* C^r *sur* X, e *un élément neutre pour* m.

(i) *Le vecteur* 0_e *est élément neutre pour* $T(m)$.

(ii) $T_e(X)$ *est stable pour* $T(m)$, *et la loi de composition induite sur* $T_e(X)$ *par* $T(m)$ *est l'addition de l'espace vectoriel* $T_e(X)$.

(iii) *Soient* U *une partie ouverte de* X, *et* α *une application de classe* C^r *de* U *dans* X *telle que, pour tout* $x \in U$, $\alpha(x)$ *soit inverse de* x *pour* m. *Alors, pour tout* $u \in T(U)$, $T(\alpha)u$ *est inverse de* u *pour* $T(m)$.

Les propriétés (3) et (4) montrent que $T(m)(0_e, u) = T(m)(u, 0_e) = u$ pour tout $u \in T(X)$, d'où (i). Pour u, v dans $T_e(X)$, on a

$$T(m)(u, v) = T(m)(u, 0_e) + T(m)(0_e, v) = u + v$$

d'où (ii). Enfin, les relations $m(x, \alpha(x)) = m(\alpha(x), x) = e$ pour tout $x \in U$ entraînent

$$T(m)(u, T(\alpha)(u)) = T(m)(T(\alpha)u, u) = 0_e$$

pour tout $u \in T(U)$, d'où (iii).

PROPOSITION 3. — *Soient* $X_1, X_2, \ldots, X_p$, Y *des variétés de classe* C^r, i *un entier de* $[1, p]$, m_i (resp. n) *une loi de composition de classe* C^r *sur* X_i (resp. Y), u *une application de classe* C^r *de* $X_1 \times X_2 \times \cdots \times X_p$ *dans* Y. *Si* u *est distributive relativement à la variable d'indice* i, *alors* $T(u)$ *est distributive relativement à la variable d'indice* i.

La démonstration est analogue à celle de la prop. 1.

2. Groupe des vecteurs tangents à un groupe de Lie

PROPOSITION 4. — *Soit* G *un groupe de Lie. Alors* T(G), *muni de la loi de composition tangente à la multiplication de* G, *est un groupe de Lie. L'élément neutre de* T(G) *est le vecteur* 0_e.

Cela résulte des prop. 1 et 2.

PROPOSITION 5. — *Soient* G *et* H *des groupes de Lie,* f *un morphisme de* G *dans* H. *Alors* T(f) *est un morphisme du groupe de Lie* T(G) *dans le groupe de Lie* T(H).

On sait que T(f) est analytique. D'autre part, soit m (resp. n) la multiplication dans G (resp. H). On a $f \circ m = n \circ (f \times f)$, d'où

$$T(f) \circ T(m) = T(n) \circ (T(f) \times T(f)),$$

ce qui exprime que T(f) est un homomorphisme de groupes.

COROLLAIRE. — *Soient* $G_1, \ldots, G_n$ *des groupes de Lie. L'isomorphisme canonique de la variété* $T(G_1 \times \cdots \times G_n)$ *sur la variété* $T(G_1) \times \cdots \times T(G_n)$ *est un isomorphisme de groupes de Lie.*

En effet, pr_i est un morphisme de $G_1 \times \cdots \times G_n$ dans G_i, donc $T(\mathrm{pr}_i)$ est un morphisme de $T(G_1 \times \cdots \times G_n)$ dans $T(G_i)$.

PROPOSITION 6. — *Soit* G *un groupe de Lie.*

(i) *La projection canonique* $p\colon T(G) \to G$ *est un morphisme de groupes de Lie.*

(ii) *Le noyau de* p *est* $T_e(G)$. *C'est un sous-groupe de Lie de* T(G). *La structure de groupe de Lie induite sur* $T_e(G)$ *par celle de* T(G) *est la structure de groupe de Lie de l'espace normable complet* $T_e(G)$.

(iii) *La section nulle* s *est un isomorphisme du groupe de Lie* G *sur un sous-groupe de Lie* s(G) *de* T(G) *(sous-groupe qu'on identifie à* G*).*

(iv) *Le groupe de Lie* T(G) *est produit semi-direct de* G *par* $T_e(G)$.

L'assertion (i) résulte de (5). L'assertion (ii) est évidente compte tenu de la prop. 2 (ii). Les assertions (iii) et (iv) résultent de (6) et du § 1, prop. 8.

C.Q.F.D.

Soient $u \in T(G)$ et $g \in G$. D'après (3) et (4), les produits ug, gu calculés dans le groupe T(G) sont les images de u par $T(\delta(g^{-1}))$, $T(\gamma(g))$. Il résulte du § 1, cor. 2 de la prop. 17, que l'application $(g, u) \mapsto gu$ de $G \times T_e(G)$ dans T(G) est un isomorphisme du fibré vectoriel trivial $G \times T_e(G)$ de base G sur le fibré vectoriel T(G). L'isomorphisme réciproque s'appelle la *trivialisation gauche* de T(G). En considérant l'application $(g, u) \mapsto ug$, on définit de même la *trivialisation droite* de T(G).

PROPOSITION 7. — *Soient* G *un groupe de Lie,* M *une variété de classe* C^r, *f et g des applications de classe* C^r *de* M *dans* G, *de sorte que fg est une application de classe* C^r *de* M *dans* G. *Soient* $m \in M$, $x = f(m)$, $y = g(m)$, $u \in T_m(M)$. *On a*

$$T(fg)u = T(f)u.y + x.T(g)u.$$

Soit m la multiplication de G. On a $fg = m \circ (f, g)$. Or

$$T(f, g)(u) = (T(f)u, T(g)u),$$

donc $T(fg)u = T(f)u.T(g)u$. Il suffit alors d'appliquer (1) où l'on remplace f par m.

COROLLAIRE. — *Soit* $n \in \mathbf{Z}$. *L'application tangente en e à l'application* $g \mapsto g^n$ *de* G *dans* G *est l'application* $x \mapsto nx$ *de* $T_e(G)$ *dans* $T_e(G)$.

Pour $n \geqslant 0$, cela résulte par récurrence sur n de la prop. 7. D'autre part, l'application tangente en e à l'application $g \mapsto g^{-1}$ est l'application $x \mapsto -x$ (n° 1, prop. 2).

Soient G un groupe de Lie, X une variété de classe C^r, et $(g, x) \mapsto gx$ une loi d'opération à gauche de classe C^r de G dans X. Raisonnant comme pour la prop. 1, on en déduit une loi d'opération à gauche de classe C^{r-1} de T(G) dans T(X), que nous noterons encore $(u, v) \mapsto uv$. Identifiant G (resp. X) à l'image de la section nulle de T(G) (resp. T(X)), on voit, d'après (6), que la loi d'opération à gauche de T(G) dans T(X) prolonge la loi d'opération à gauche de G dans X. Quels que soient $u \in T_g(G)$ et $v \in T_x(X)$, on a, d'après (1),

(7) $$uv = gv + ux.$$

Si $g \in G$ et $v \in T_x(X)$, gv est, d'après (3), l'image de v par l'application tangente en x à l'application $y \mapsto gy$ de X dans X. Cette application tangente est un isomorphisme de $T_x(X)$ sur $T_{gx}(X)$. En particulier,

(8) $g(v + v') = gv + gv'$, $\quad g(\lambda v) = \lambda(gv)$ $\quad$ pour v, v' dans $T_x(X)$, $\lambda \in K$.

Si $x \in X$ et $u \in T_g(G)$, ux est, d'après (4), l'image de u par l'application tangente en g à l'application $h \mapsto hx$ de G dans X. Donc

(9) $(u + u')x = ux + u'x$, $\quad (\lambda u)x = \lambda(ux)$ $\quad$ pour u, u' dans $T_g(G)$, $\lambda \in K$.

Ce qui précède s'applique au cas d'un groupe de Lie opérant dans lui-même par translations à gauche (resp. à droite). La loi d'opération correspondante de T(G) dans T(G) est définie par les translations à gauche (resp. à droite) du groupe de Lie T(G). Les formules (7), (8), (9) sont donc valables dans T(G).

PROPOSITION 8. — *Soient* G_1 *et* G_2 *des groupes de Lie,* X_1 *et* X_2 *des variétés de classe* C^r, f_i *une loi d'opération à gauche de classe* C^r *de* G_i *dans* X_i $(i = 1, 2)$. *Soient* φ *un morphisme de* G_1 *dans* G_2, ψ *un* φ*-morphisme de* X_1 *dans* X_2. *Alors* $T(\psi)$ *est un* $T(\varphi)$*-morphisme de* $T(X_1)$ *dans* $T(X_2)$.

En effet, on a $f_2 \circ (\varphi \times \psi) = \psi \circ f_1$, d'où

$$T(f_2) \circ (T(\varphi) \times T(\psi)) = T(\psi) \circ T(f_1).$$

Soient G un groupe de Lie, X une variété de classe C^r, et $(g, x) \mapsto gx$ une loi d'opération à gauche de classe C^r de G dans X. Soient I une partie ouverte de K contenant 0, et $\gamma: I \to G$ une application de classe C^r telle que $\gamma(0) = e$. Soit $a = T_0(\gamma)1 \in T_e(G)$. Soit $x \in X$. Compte tenu de (4), ax est l'image, par l'application tangente à $\lambda \mapsto \gamma(\lambda)x$, du vecteur tangent 1 à I en 0. Donc *le champ de vecteurs* $x \mapsto ax$ *sur* X *est le champ de vecteurs défini par l'application* $(\lambda, x) \mapsto \gamma(\lambda)x$ *au sens de* VAR, R, 8.4.5.

3. Cas des groupuscules

Soient (G, e, θ, m) un groupuscule de Lie, Ω l'ensemble de définition de m. Alors $T(\Omega)$ s'identifie à une partie ouverte de $T(G) \times T(G)$, et $T(m)$ est une application analytique de $T(\Omega)$ dans $T(G)$. On vérifie comme au n° 2 que $(T(G), 0_e, T(\theta), T(m))$ est un groupuscule de Lie. On note souvent multiplicativement les produits dans G et T(G). La projection canonique de T(G) dans G est un morphisme de groupuscules de Lie. La restriction de $T_e(m)$ à $T_e(G)$ est l'addition de l'espace vectoriel $T_e(G)$. La section nulle de T(G) est un isomorphisme du groupuscule de Lie G sur un sous-groupuscule de Lie de T(G) qu'on identifie à G. Si f est un morphisme de G dans un groupuscule de Lie H, $T(f): T(G) \to T(H)$ est un morphisme de groupuscules de Lie.

L'application $\varphi: (g, u) \mapsto gu$ de $G \times T_e(G)$ dans T(G) est un isomorphisme du fibré vectoriel trivial $G \times T_e(G)$ de base G sur le fibré vectoriel T(G); en effet, φ et φ^{-1} sont analytiques, et sont des morphismes de fibration, de sorte qu'il suffit d'appliquer VAR, R, 7.2.1. (On pourrait aussi adapter la démonstration du n° 2.) L'isomorphisme φ^{-1} s'appelle la trivialisation gauche de T(G). L'isomorphisme réciproque de l'application $(g, u) \mapsto ug$ s'appelle la trivialisation droite.

Soient X une variété de classe C^r, ψ un morceau de loi d'opération à gauche de classe C^r de G dans X. Alors $T(\psi)$ est un morceau de loi d'opération à gauche de classe C^{r-1} de T(G) dans T(X), prolongeant ψ. Les formules (7), (8), (9) restent valables si gx est défini. Si I est une partie ouverte de K contenant 0, si $\gamma: I \to G$ est une application de classe C^r telle que $\gamma(0) = e$, et si $a = T_0(\gamma)1$, le champ de vecteurs $x \mapsto ax$, défini sur X, est le champ de vecteurs défini par l'application $(\lambda, x) \mapsto \gamma(\lambda)x$ au sens de VAR, R, 8.4.5.

§ 3. Passage d'un groupe de Lie à son algèbre de Lie

1. Convolution des distributions ponctuelles sur un groupe de Lie

DÉFINITION 1. — *Soient* G *un groupe de Lie, g et g' deux points de* G, *et soient* $t \in T_g^{(\infty)}(G)$, $t' \in T_{g'}^{(\infty)}(G)$ *deux distributions ponctuelles en g et g' sur* G (VAR, R, 13.2.1). *On appelle produit de convolution de t et t', et on note* $t * t'$, *l'image de* $t \otimes t'$ *par l'application* $(h, h') \mapsto hh'$ *de* $G \times G$ *dans* G (VAR, R, 13.2.3).

PROPOSITION 1. — (i) *Si* $t \in T_g^{(s)}(G)$ *et* $t' \in T_{g'}^{(s')}(G)$, *on a* $t * t' \in T_{gg'}^{(s+s')}(G)$.

(ii) *Si t ou t' est sans terme constant,* $t * t'$ *est sans terme constant.*

(iii) $\varepsilon_g * \varepsilon_{g'} = \varepsilon_{gg'}$.

(iv) *Soient* $t \in T_g^{(s)}(G)$, $t' \in T_{g'}^{(s')}(G)$, *et f une fonction de classe* $C^{s+s'}$ *dans un voisinage ouvert de gg', à valeurs dans un espace polynormé séparé. On a*

$$\begin{aligned}\langle t * t', f\rangle &= \langle t', h' \mapsto \langle t, h \mapsto f(hh')\rangle\rangle \\ &= \langle t, h \mapsto \langle t', h' \mapsto f(hh')\rangle\rangle.\end{aligned}$$

Cela résulte de VAR, R, 13.4.1, 13.2.3 et 13.4.4.

Supposons $K = \mathbf{R}$ ou $\mathbf{C}$, et G de dimension finie. Alors G est localement compact. Si t, t' sont des mesures ponctuelles, la définition de $t * t'$ concorde avec celle de INT, VIII, § 1. Nous verrons plus tard comment le produit de convolution des mesures et celui des distributions ponctuelles sont deux cas particuliers du produit de convolution de distributions non nécessairement ponctuelles.

Soit $\mathscr{T}^{(\infty)}(G)$ la somme directe des $T_g^{(\infty)}(G)$ pour $g \in G$ (cf. VAR, R, 13.6.1). On définit le produit de convolution dans $\mathscr{T}^{(\infty)}(G)$ comme l'application bilinéaire de $\mathscr{T}^{(\infty)}(G) \times \mathscr{T}^{(\infty)}(G)$ dans $\mathscr{T}^{(\infty)}(G)$ prolongeant le produit de convolution de la déf. 1. On le note encore $*$. Ainsi, $\mathscr{T}^{(\infty)}(G)$ est muni d'une structure d'algèbre, filtrée par les $\mathscr{T}^{(s)}(G)$. La sous-algèbre $\mathscr{T}^{(0)}(G) = \bigoplus_{g \in G} T_g^{(0)}(G)$ s'identifie à l'algèbre $K^{(G)}$ du groupe G sur K.

PROPOSITION 2. — *L'algèbre* $\mathscr{T}^{(\infty)}(G)$ *est associative. Elle est commutative si et seulement si* G *est commutatif.*

Soient $t \in \mathscr{T}^{(\infty)}(G)$, $t' \in \mathscr{T}^{(\infty)}(G)$, $t'' \in \mathscr{T}^{(\infty)}(G)$. Alors $t * (t' * t'')$ est l'image de $t \otimes t' \otimes t''$ par l'application $(g, g', g'') \mapsto g(g'g'')$ de $G \times G \times G$ dans G, et $(t * t') * t''$ est l'image de $t \otimes t' \otimes t''$ par l'application $(g, g', g'') \mapsto (gg')g''$ de $G \times G \times G$ dans G. Donc $(t * t') * t'' = t * (t' * t'')$. On voit de même que, si G est commutatif, $t * t' = t' * t$. Si le produit de convolution est commutatif, G est commutatif d'après la prop. 1 (iii).

PROPOSITION 3. — *Si* $t \in \mathscr{T}^{(\infty)}(G)$ *et* $g \in G$, *on a* $\gamma(g)_* t = \varepsilon_g * t$, $\delta(g)_* t = t * \varepsilon_{g^{-1}}$, $(\operatorname{Int} g)_* t = \varepsilon_g * t * \varepsilon_{g^{-1}}$. *En particulier,* ε_e *est élément unité de* $\mathscr{T}^{(\infty)}(G)$.

Considérons le diagramme

$$G \xrightarrow{\varphi} G \times G \xrightarrow{\psi} G$$

où φ est l'application $h \mapsto (g, h)$ et où ψ est l'application $(h', h) \mapsto h'h$. On a $\gamma(g) = \psi \circ \varphi$, donc $\gamma(g)_* t = \psi_*(\varphi_*(t))$. Or $\varphi_*(t) = \varepsilon_g \otimes t$, donc $\psi_*(\varphi_*(t)) = \varepsilon_g * t$. On raisonne de même pour $\delta(g)_* t$. Enfin, $\operatorname{Int} g = \gamma(g) \circ \delta(g)$, donc $(\operatorname{Int} g)_* = \gamma(g)_* \circ \delta(g)_*$.

On voit donc que, pour $t \in T(G)$, $\varepsilon_g * t$ et $t * \varepsilon_g$ sont égaux à gt et tg calculés dans le groupe $T(G)$ (§ 2, nº 2). On prendra garde que, pour t, t' dans $T(G)$, le produit tt' au sens du § 2 est en général distinct de $t * t'$.

DÉFINITION 2. — *Soit* G *un groupe de Lie. La sous-algèbre de* $\mathscr{T}^{(\infty)}(G)$ *formée des distributions à support contenu dans* $\{e\}$ *se note* $U(G)$.

Cette algèbre est filtrée par les sous-espaces

$$U_s(G) = U(G) \cap \mathscr{T}^{(s)}(G) = T_e^{(s)}(G).$$

On pose $U^+(G) = T_e^{(\infty)+}(G)$, $U_s^+(G) = U^+(G) \cap U_s(G)$ (cf. VAR, R, 13.2.1). Rappelons que $U_0(G)$ s'identifie à K, et $U_1^+(G)$ à l'espace tangent $T_e(G)$. Dans $U(G)$, $U^+(G)$ est un idéal bilatère supplémentaire de $U_0(G)$.

Exemple. — Soit E un espace normable complet, considéré comme groupe de Lie. Alors l'espace vectoriel $U(E)$ s'identifie canoniquement à l'espace vectoriel $\mathsf{TS}(E)$ (VAR, R, 13.2.4). Soit $m \colon E \times E \to E$ l'addition dans E. Alors

$$m_* \colon \mathsf{TS}(E \times E) \to \mathsf{TS}(E)$$

est égal à $\mathsf{TS}(m)$ (VAR, R, 13.2.4). Pour t, t' dans $U(E) = \mathsf{TS}(E)$, l'image $t * t'$ du produit tensoriel symétrique $t \otimes t'$ par m_* est donc $\mathsf{TS}(m)(t \otimes t')$. D'après A, IV, § 5, nº 6, prop. 7, n^{elle} édition, cette image n'est autre que le produit tt' dans l'algèbre $\mathsf{TS}(E)$. Ainsi, l'algèbre $U(E)$ s'identifie à l'algèbre $\mathsf{TS}(E)$.

PROPOSITION 4. — *Considérons l'application bilinéaire* $(u, v) \mapsto u * v$ (*resp.* $(u, v) \mapsto v * u$) *de* $U(G) \times K^{(G)}$ *dans* $\mathscr{T}^{(\infty)}(G)$. *L'application linéaire correspondante de* $U(G) \otimes K^{(G)}$ *dans* $\mathscr{T}^{(\infty)}(G)$ *est un isomorphisme d'espaces vectoriels.*

En effet, $K^{(G)}$ est somme directe des $K\varepsilon_x$ pour $x \in G$. D'autre part, l'application $u \mapsto u * \varepsilon_g$ (resp. $u \mapsto \varepsilon_g * u$) est un isomorphisme de l'espace vectoriel $U(G) = T_e^{(\infty)}(G)$ sur l'espace vectoriel $T_g^{(\infty)}(G)$ d'après la prop. 3. Enfin, $\mathscr{T}^{(\infty)}(G)$ est somme directe des $T_g^{(\infty)}(G)$ pour $g \in G$.

C.Q.F.D.

Soient X une variété de classe C^r ($r \geqslant \infty$) et $x \in X$. On a défini (VAR, R, 13.3.1) une filtration canonique sur l'espace vectoriel $T_x^{(\infty)}(X)$, et un isomorphisme canonique $i_{X,x}$ de l'espace vectoriel gradué associé sur l'espace vectoriel gradué

$\mathsf{TS}(T_x(X))$. En particulier, posons $T_e(G) = L$; alors $i_{G,e}$ est un isomorphisme de l'espace vectoriel gradué gr U(G) sur l'espace vectoriel gradué $\mathsf{TS}(L)$. Mais U(G) est une algèbre filtrée, d'où une structure d'algèbre graduée sur gr U(G).

PROPOSITION 5. — *L'isomorphisme* $i_{G,e}\colon \mathrm{gr}\, U(G) \to \mathsf{TS}(L)$ *est un isomorphisme d'algèbres.*

Soit p l'application $(t, t') \mapsto t \otimes t'$ de $U(G) \times U(G)$ dans $U(G \times G)$. Soit c l'application $(t, t') \mapsto t * t'$ de $U(G) \times U(G)$ dans U(G). Soit m l'application $(g, g') \mapsto gg'$ de $G \times G$ dans G. On a d'après la déf. 1

$$c = m_* \circ p. \tag{1}$$

Considérons le diagramme

$$\begin{array}{ccccc} \mathrm{gr}\,U(G)\times \mathrm{gr}\,U(G) & \xrightarrow{\mathrm{gr}(p)} & \mathrm{gr}\,U(G\times G) & \xrightarrow{\mathrm{gr}(m_*)} & \mathrm{gr}\,U(G)\\ \downarrow{\scriptstyle i_{G,e}\times i_{G,e}} & & \downarrow{\scriptstyle i_{G\times G,e}} & & \downarrow{\scriptstyle i_{G,e}}\\ \mathsf{TS}(L)\times \mathsf{TS}(L) & \xrightarrow{q} & \mathsf{TS}(L\times L) & \xrightarrow{\mathsf{TS}(T(m))} & \mathsf{TS}(L)\end{array}$$

où q est l'application déduite de l'isomorphisme canonique de $\mathsf{TS}(L) \otimes \mathsf{TS}(L)$ sur $\mathsf{TS}(L \times L)$. D'après VAR, R, 13.4.6 et 13.3.5, les deux carrés du diagramme sont commutatifs. Donc, compte tenu de (1), le diagramme

$$\begin{array}{ccc} \mathrm{gr}\,U(G)\times \mathrm{gr}\,U(G) & \xrightarrow{\mathrm{gr}(c)} & \mathrm{gr}\,U(G)\\ \downarrow{\scriptstyle i_{G,e}\times i_{G,e}} & & \downarrow{\scriptstyle i_{G,e}}\\ \mathsf{TS}(L)\times \mathsf{TS}(L) & \xrightarrow{\mathsf{TS}(T(m))\circ q} & \mathsf{TS}(L)\end{array}$$

est commutatif. Or $T(m)\colon L \times L \to L$ transforme (x, y) en $x + y$ (§ 2, n° 1, prop. 2 (ii)). D'après A, IV, § 5, n° 6, prop. 7, n^elle^ édition, $\mathsf{TS}(T(m)) \circ q$ est donc la multiplication de l'algèbre $\mathsf{TS}(L)$.

2. Propriétés fonctorielles

PROPOSITION 6. — *Soient* G, H *des groupes de Lie,* φ *un morphisme de* G *dans* H. *Pour* t, t' *dans* $\mathscr{T}^{(\infty)}(G)$, *on a* $\varphi_*(t * t') = \varphi_*(t) * \varphi_*(t')$.

Considérons le diagramme

$$\begin{array}{ccc} G\times G & \xrightarrow{m} & G\\ \downarrow{\scriptstyle \varphi\times\varphi} & & \downarrow{\scriptstyle \varphi}\\ H\times H & \xrightarrow{n} & H\end{array}$$

où $m(g, g') = gg'$, $n(h, h') = hh'$. Ce diagramme est commutatif. Donc

$$\begin{aligned}\varphi_*(t * t') &= \varphi_*(m_*(t \otimes t')) = n_*((\varphi \times \varphi)_*(t \otimes t')) \\ &= n_*(\varphi_*(t) \otimes \varphi_*(t')) = \varphi_*(t) * \varphi_*(t').\end{aligned}$$

Les groupes de Lie G et $G^\vee$ ont la même variété sous-jacente, donc les espaces vectoriels $\mathscr{T}^{(\infty)}(G)$ et $\mathscr{T}^{(\infty)}(G^\vee)$ sont les mêmes. Soit θ l'application $g \mapsto g^{-1}$, qui est un isomorphisme du groupe de Lie G sur le groupe de Lie $G^\vee$. Alors θ_* est un automorphisme de l'espace vectoriel $\mathscr{T}^{(\infty)}(G)$, automorphisme qu'on note $t \mapsto t^\vee$. On a $(\varepsilon_g)^\vee = \varepsilon_{g^{-1}}$. Si $t \in T_e(G)$, on a

(2) $$t^\vee = -t \qquad (\S\, 2, \text{prop. } 2).$$

Exemple. — Supposons que G soit le groupe de Lie défini par un espace normable complet E. Alors U(G) s'identifie à TS(E) et la restriction de θ_* à U(G) s'identifie à $TS(T_e(\theta))$ (VAR, R, 13.2.4). Par suite, si $t \in TS^s(E)$, on a $t^\vee = (-1)^s t$.

PROPOSITION 7. — *Soit* G *un groupe de Lie. Soient* t, t' *dans* $\mathscr{T}^{(\infty)}(G)$.

(i) *Le produit* $t * t'$ *calculé relativement à* $G^\vee$ *est égal au produit* $t' * t$ *calculé relativement à* G.

(ii) *On a* $(t * t')^\vee = t'^\vee * t^\vee$.

Considérons le diagramme

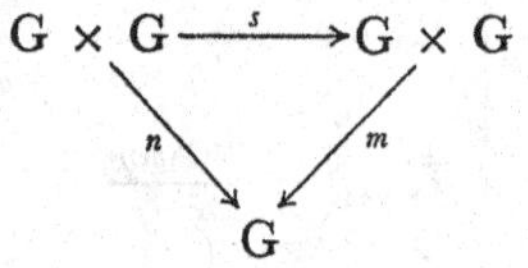

où $s(g, g') = (g', g)$, $m(g, g') = gg'$, $n(g, g') = g'g$ quels que soient g, g' dans G. Ce diagramme est commutatif. Donc $n_*(t \otimes t') = m_*(s_*(t \otimes t')) = m_*(t' \otimes t)$. Cette égalité n'est autre que (i). L'assertion (ii) résulte de (i) et de la prop. 6.

PROPOSITION 8. — *Soient* G, H *des groupes de Lie,* φ *un morphisme de* G *dans* H. *Si* $t \in \mathscr{T}^{(\infty)}(G)$, *on a* $\varphi_*(t^\vee) = (\varphi_*(t))^\vee$.

Soit θ (resp. θ') l'application $g \mapsto g^{-1}$ de G dans G (resp. de H dans H). On a $\varphi \circ \theta = \theta' \circ \varphi$, d'où $\varphi_*(\theta_*(t)) = \theta'_*(\varphi_*(t))$.

PROPOSITION 9. — *Soient* $G_1, \ldots, G_n$ *des groupes de Lie, et* $G = G_1 \times \cdots \times G_n$. *Si l'on identifie canoniquement les espaces vectoriels* $\mathscr{T}^{(\infty)}(G)$ *et* $\mathscr{T}^{(\infty)}(G_1) \otimes \cdots \otimes \mathscr{T}^{(\infty)}(G_n)$, *l'algèbre* $\mathscr{T}^{(\infty)}(G)$ *est produit tensoriel des algèbres* $\mathscr{T}^{(\infty)}(G_1), \ldots, \mathscr{T}^{(\infty)}(G_n)$. *Si* $t_i \in \mathscr{T}^{(\infty)}(G_i)$ *pour* $i = 1, \ldots, n$, *on a*

$$(t_1 \otimes \cdots \otimes t_n)^{\vee} = t_1^{\vee} \otimes \cdots \otimes t_n^{\vee}.$$

Il suffit d'envisager le cas où $n = 2$. Soient t_1, t_1' dans $\mathscr{T}^{(\infty)}(G_1)$, t_2, t_2' dans $\mathscr{T}^{(\infty)}(G_2)$. Il s'agit de montrer que $(t_1 \otimes t_2) * (t_1' \otimes t_2') = (t_1 * t_1') \otimes (t_2 * t_2')$, et que $(t_1 \otimes t_2)^{\vee} = t_1^{\vee} \otimes t_2^{\vee}$. Considérons le diagramme

$$
\begin{array}{ccc}
(G_1 \times G_2) \times (G_1 \times G_2) & \xrightarrow{\ m\ } & G_1 \times G_2 \\
& \searrow^{n} \qquad \nearrow_{p_1 \times p_2} & \\
& (G_1 \times G_1) \times (G_2 \times G_2) &
\end{array}
$$

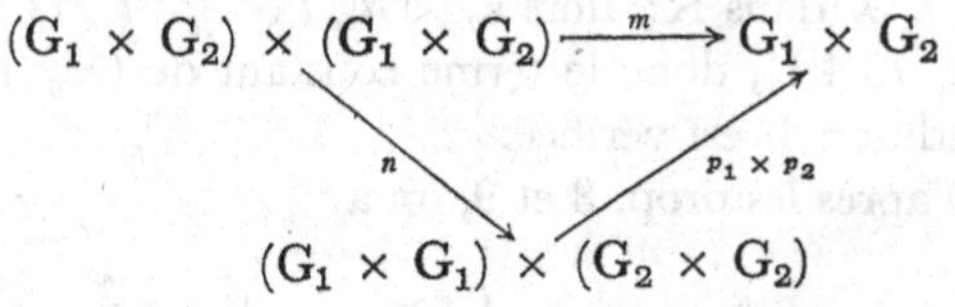

où $m((x_1, x_2), (x_1', x_2')) = (x_1 x_1', x_2 x_2')$, $n((x_1, x_2), (x_1', x_2')) = ((x_1, x_1'), (x_2, x_2'))$, $p_1(x_1, x_1') = x_1 x_1'$, $p_2(x_2, x_2') = x_2 x_2'$. Ce diagramme est commutatif. Donc

$$m_*((t_1 \otimes t_2) \otimes (t_1' \otimes t_2')) = (p_1 \times p_2)_*(n_*((t_1 \otimes t_2) \otimes (t_1' \otimes t_2'))),$$

c'est-à-dire

$$
\begin{aligned}
(t_1 \otimes t_2) * (t_1' \otimes t_2') &= (p_1 \times p_2)_*((t_1 \otimes t_1') \otimes (t_2 \otimes t_2')) \\
&= p_{1*}(t_1 \otimes t_1') \otimes p_{2*}(t_2 \otimes t_2') \\
&= (t_1 * t_1') \otimes (t_2 * t_2').
\end{aligned}
$$

On voit de façon analogue que $(t_1 \otimes t_2)^{\vee} = t_1^{\vee} \otimes t_2^{\vee}$.

PROPOSITION 10. — *Soient* H *un sous-groupe de Lie de* G, *et* $i: H \to G$ *l'injection canonique. Alors* i_* *est un homomorphisme injectif de l'algèbre* $\mathscr{T}^{(\infty)}(H)$ *dans l'algèbre* $\mathscr{T}^{(\infty)}(G)$, *et* $i_*(t^{\vee}) = (i_*(t))^{\vee}$ *pour tout* $t \in \mathscr{T}^{(\infty)}(H)$.
   Cela résulte des prop. 6, 8 et de VAR, R, 13.2.3.

On identifie $\mathscr{T}^{(\infty)}(H)$ à une sous-algèbre de $\mathscr{T}^{(\infty)}(G)$ grâce à l'isomorphisme de la prop. 10.

   Remarque. — La prop. 10 reste valable si H est un quasi-sous-groupe de Lie.

Rappelons (VAR, R, 13.5.1) que, si V est une variété analytique sur K, $\mathscr{T}^{(\infty)}(V)$ est munie canoniquement d'une structure de cogèbre sur K, à coünité; la coünité est l'application linéaire de $\mathscr{T}^{(\infty)}(G)$ dans K qui associe, à tout élément de $T_x^{(\infty)}(V)$, son terme constant.

PROPOSITION 11. — *Soit* G *un groupe de Lie.*
   (i) *La cogèbre* $\mathscr{T}^{(\infty)}(G)$, *munie de la convolution, est une bigèbre* (A, III, p. 149).

(ii) *Soit c le coproduit dans* $\mathscr{T}^{(\infty)}(G)$. *Soit* $t \in \mathscr{T}^{(\infty)}(G)$, *et posons* $c(t) = \sum_{i=1}^{n} t_i \otimes t'_i$. *Alors* $c(t^\vee) = \sum_{i=1}^{n} t_i^\vee \otimes t_i'^\vee$.

Prouvons (i). Dans la définition citée des bigèbres, la condition 1° résulte des prop. 2 et 3, la condition 2° résulte de VAR, R, 13.5.1. Soit d l'application $g \mapsto (g, g)$ de G dans $G \times G$. On a $c = d_*$, donc c est un morphisme d'algèbres (prop. 6 et 9), ce qui est la condition 3°. Soient $t \in T_g^{(\infty)}(G)$, $t' \in T_{g'}^{(\infty)}(G)$, sans termes constants et λ, λ' dans K; alors $\varepsilon_g \otimes tt'$, $t \otimes \varepsilon_{g'}$, $t \otimes t'$ sont sans termes constants (VAR, R, 13.4.1), donc le terme constant de $(\lambda\varepsilon_g + t) * (\lambda'\varepsilon_{g'} + t')$ est $\lambda\lambda'$; donc la condition 4° est vérifiée.

Prouvons (ii). D'après les prop. 8 et 9, on a

$$c(t^\vee) = d_*(t^\vee) = (d_*(t))^\vee = \left(\sum_{i=1}^{n} t_i \otimes t'_i\right)^\vee = \sum_{i=1}^{n} t_i^\vee \otimes t_i'^\vee.$$

PROPOSITION 12. — *Soient* G, H *deux groupes de Lie,* φ *un morphisme de* G *dans* H. *Alors* φ_* *est un morphisme de bigèbres de* $\mathscr{T}^{(\infty)}(G)$ *dans* $\mathscr{T}^{(\infty)}(H)$.

Cela résulte de la prop. 6 et de VAR, R, 13.5.1.

Soit G un groupe de Lie. La restriction de la convolution et du coproduit à U(G) définissent sur U(G) une structure de bigèbre. On a $U(G)^\vee = U(G)$. Si $\varphi: G \to H$ est un morphisme de groupes de Lie, on note $U(\varphi)$ l'application $t \mapsto \varphi_*(t)$ de U(G) dans U(H); c'est un morphisme de bigèbres. Si $\psi: H \to L$ est un autre morphisme de groupes de Lie, on a $U(\psi \circ \varphi) = U(\psi) \circ U(\varphi)$. Si φ est une immersion (resp. submersion), $U(\varphi)$ est injectif (resp. surjectif) d'après VAR, R, 13.2.3. En particulier, si H est un sous-groupe de Lie de G, U(H) s'identifie à une sous-algèbre de U(G), le coproduit de U(H) étant la restriction du coproduit de U(G). Si H est ouvert dans G, on a U(H) = U(G). Si G_1, G_2 sont des groupes de Lie, $U(G_1 \times G_2)$ s'identifie à $U(G_1) \otimes U(G_2)$. Les éléments primitifs de U(G) sont ceux de $T_e(G)$ (VAR, R, 13.5.3).

Soit à nouveau $\varphi: G \to H$ un morphisme de groupes de Lie. Si l'on identifie gr U(G) à $\mathsf{TS}(T_e(G))$ et gr U(H) à $\mathsf{TS}(T_e(H))$, alors gr $U(\varphi)$ s'identifie à $\mathsf{TS}(T_e(\varphi))$ (VAR, R, 13.3.5). Appliquons cela à l'isomorphisme $g \mapsto g^{-1}$ de G sur $G^\vee$; alors $T_e(\varphi) = -1$, donc

(3) $$t \in U_s(G) \Rightarrow t^\vee \equiv (-1)^s t \bmod. U_{s-1}(G).$$

3. Cas d'un groupe opérant dans une variété

Soient G un groupe de Lie, X une variété de classe C^r, et f une loi d'opération à gauche de classe C^r de G dans X. Si $t \in T_g^{(s)}(G)$ et $u \in T_x^{(s')}(X)$, et si $s + s' \leqslant r$, on note $t * u$ l'image de $t \otimes u$ par f_*. On prolonge le produit $*$ en une application bilinéaire, notée encore $*$, de $\mathscr{T}^{(s)}(G) \times \mathscr{T}^{(s')}(X)$ dans $\mathscr{T}^{(s+s')}(X)$. La prop. 1 du n° 1 s'étend, avec des modifications évidentes, à la présente situation.

Lorsqu'on fait opérer G à gauche dans lui-même par translations, on retrouve la déf. 1 du n° 1.

Proposition 13. — *Soient* $t \in \mathscr{T}^{(s)}(G)$, $t' \in \mathscr{T}^{(s')}(G)$, $u \in \mathscr{T}^{(s'')}(X)$, *tels que* $s + s' + s'' \leqslant r$. *On a* $(t * t') * u = t * (t' * u)$.

Cela se démontre comme la prop. 2 du n° 1.

En particulier, si $r \geqslant \infty$, l'espace vectoriel $\mathscr{T}^{(\infty)}(X)$ est un module à gauche sur l'algèbre $\mathscr{T}^{(\infty)}(G)$ pour le produit $*$.

Proposition 14. — (i) *Soient* $g_0 \in G$, *et* $\tau(g_0)$ *l'application* $x \mapsto f(g_0, x)$ *de* X *dans* X. *Si* $u \in \mathscr{T}^{(r)}(X)$, *on a* $\tau(g_0)_* u = \varepsilon_{g_0} * u$.

(ii) *Soient* $x_0 \in X$, *et* $\rho(x_0)$ *l'application* $g \mapsto f(g, x_0)$ *de* G *dans* X. *Si* $t \in T^{(r)}(G)$, *on a* $\rho(x_0)_* t = t * \varepsilon_{x_0}$.

Cela se démontre comme la prop. 3 du n° 1.

En particulier, si $u \in T(X)$ et $t \in T(G)$, $\varepsilon_{g_0} * u$ et $t * \varepsilon_{x_0}$ sont égaux aux produits $g_0 u$, $t x_0$ définis au § 2, n° 2.

Proposition 15. — *Soient* G (resp. G') *un groupe de Lie,* X (resp. X') *une variété de classe* C^r. *On suppose donnée une loi d'opération à gauche de classe* C^r *de* G (resp. G') *dans* X (resp. X'). *Soient* φ *un morphisme de* G *dans* G', ψ *un* φ*-morphisme de* X *dans* X'. *Soient* $t \in \mathscr{T}^{(s)}(G)$, $u \in \mathscr{T}^{(s')}(X)$, *tels que* $s + s' \leqslant r$. *Alors* $\psi_*(t * u) = \varphi_*(t) * \psi_*(u)$.

Cela se démontre comme la prop. 6 du n° 2.

Remarque. — Soit f une loi d'opération à droite de classe C^r de G dans X. Si $t \in \mathscr{T}^{(s)}(G)$ et $u \in \mathscr{T}^{(s')}(X)$, avec $s + s' \leqslant r$, on note $u * t$ l'image de $u \otimes t$ par f_*. Les prop. 13, 14, 15 se transposent de manière évidente à cette situation.

Proposition 16. — *Soient* G, G' *des groupes de Lie,* X *une variété de classe* C^r, *et supposons que* G (resp. G') *opère à gauche* (resp. *à droite*) *dans* X, *avec* $(gx)g' = g(xg')$ *quels que soient* $x \in X$, $g \in G$, $g' \in G$. *Soient* $t \in \mathscr{T}^{(s)}(G)$, $t' \in \mathscr{T}^{(s')}(G')$, $t'' \in \mathscr{T}^{(s'')}(X)$ *avec* $s + s' + s'' \leqslant r$. *Alors*

$$(t * t'') * t' = t * (t'' * t').$$

En effet, $(t * t'') * t'$ (resp. $t * (t'' * t')$) est l'image de $t \otimes t'' \otimes t'$ par l'application $(g, x, g') \mapsto (gx)g'$ (resp. $g(xg')$) de $G \times X \times G'$ dans X.

4. Convolution des distributions ponctuelles et des fonctions

Soient G un groupe de Lie, X une variété de classe C^r, et $(g, x) \mapsto gx$ une loi d'opération à gauche de classe C^r de G dans X. Pour tout $x \in X$, notons $\rho(x)$ l'application orbitale de x.

DÉFINITION 3. — *Soit* $t \in \mathscr{T}^{(s)}(G)$ *avec* $s \leqslant r$. *Soit* $f\colon X \to F$ *une fonction de classe* C^r *à valeurs dans un espace polynormé séparé* (*par exemple* $F = K$). *On appelle convolée de t et f, et l'on note* $t * f$, *la fonction sur* X *à valeurs dans* F *définie par*

$$(t * f)(x) = \langle t^\vee * \varepsilon_x, f \rangle.$$

On a

$$(4) \qquad \begin{aligned}(t * f)(x) &= \langle \rho(x)_*(t^\vee), f \rangle && (\text{n}^\text{o}\ 3,\ \text{prop. } 14\ (\text{ii}))\\ &= \langle t^\vee, f \circ \rho(x) \rangle && (\text{VAR, R, } 13.2.3)\\ &= \langle t, (f \circ \rho(x))^\vee \rangle && (\text{VAR, R, } 13.2.3).\end{aligned}$$

Notons aussi que la déf. 3 s'écrit sous forme plus symétrique

$$(5) \qquad \langle \varepsilon_x, t * f \rangle = \langle t^\vee * \varepsilon_x, f \rangle.$$

La fonction $(g, x) \mapsto f(gx) = (f \circ \rho(x))(g)$ sur $G \times X$ est de classe C^r. D'après VAR, R, 13.4.4, la fonction $x \mapsto \langle t^\vee, f \circ \rho(x) \rangle$ est donc de classe C^{r-s} si $s < \infty$. Autrement dit, si $s < \infty$, $t * f$ *est de classe* C^{r-s}.

Il est clair que $t * f$ dépend linéairement de t et de f.

La formule (4) entraîne en particulier, pour $g \in G$,

$$(6) \qquad (\varepsilon_g * f)(x) = f(g^{-1}x)$$

c'est-à-dire

$$(7) \qquad \varepsilon_g * f = \gamma(g) f.$$

Supposons $K = \mathbf{R}$ ou $\mathbf{C}$, G et X de dimension finie, et X munie d'une mesure positive invariante par G. La définition de $\varepsilon_g * f$ est en accord avec celle de INT, VIII, § 4, n° 1 (cf. formule (2), *loc. cit.*).

PROPOSITION 17. — *Soient* $t \in \mathscr{T}^{(s)}(G)$, $t' \in \mathscr{T}^{(s')}(X)$, *et* $f\colon X \to F$ *une fonction de classe* C^r, *avec* $s + s' \leqslant r$. *On a*

$$\langle t', t * f \rangle = \langle t^\vee * t', f \rangle.$$

En effet,

$$\begin{aligned}\langle t', t * f \rangle &= \langle t', x \mapsto \langle t, g \mapsto f(g^{-1}x) \rangle \rangle && \text{d'après (4)}\\ &= \langle t \otimes t', (g, x) \mapsto f(g^{-1}x) \rangle && (\text{VAR, R, } 13.4.4)\\ &= \langle t^\vee \otimes t', (g, x) \mapsto f(gx) \rangle && (\text{VAR, R, } 13.2.3)\\ &= \langle t^\vee * t', f \rangle.\end{aligned}$$

PROPOSITION 18. — *Soient* $t \in \mathscr{T}^{(s)}(G)$, $t' \in \mathscr{T}^{(s')}(G)$, *et* $f\colon X \to F$ *une fonction de classe* C^r, *tels que* $s + s' \leqslant r$. *On a*

$$(t * t') * f = t * (t' * f).$$

En effet, pour tout $x \in X$, on a

$$\begin{aligned}\langle \varepsilon_x, (t * t') * f\rangle &= \langle (t * t')^\vee * \varepsilon_x, f\rangle && \text{d'après (5)}\\ &= \langle t'^\vee * (t^\vee * \varepsilon_x), f\rangle && \text{(prop. 2 et 7)}\\ &= \langle t^\vee * \varepsilon_x, t' * f\rangle && \text{(prop. 17)}\\ &= \langle \varepsilon_x, t * (t' * f)\rangle && \text{(prop. 17).}\end{aligned}$$

C.Q.F.D

Si $r \geqslant \infty$, on voit que l'ensemble des fonctions de classe C^∞ sur X à valeurs dans F est un module à gauche sur l'algèbre $\mathscr{T}^{(\infty)}(G)$.

PROPOSITION 19. — *Soit* $t \in \mathscr{T}^{(s)}(G)$, *avec* $s \leqslant r$. *Soit* f (resp. f') *une fonction de classe* C^r *sur* X *à valeurs dans un espace polynormé séparé* F (resp. F'). *Soit* $(u, u') \mapsto uu'$ *une application bilinéaire continue de* $F \times F'$ *dans un espace polynormé séparé* F", *de sorte que* ff' *est une fonction de classe* C^r *sur* X *à valeurs dans* F". *Soit* $\sum_{i=1}^{n} t_i \otimes t'_i$ *l'image de* t *dans* $\mathscr{T}^{(s)}(G) \otimes \mathscr{T}^{(s)}(G)$ *par le coproduit. On a*

$$t * (ff') = \sum_{i=1}^{n} (t_i * f)(t'_i * f').$$

En effet, soit $x \in X$, et notons toujours $\rho(x)$ l'application orbitale de x. On a

$$\begin{aligned}\langle \varepsilon_x, t * (ff')\rangle &= \langle t^\vee, (ff') \circ \rho(x)\rangle && \text{d'après (4)}\\ &= \langle t^\vee, (f \circ \rho(x))(f' \circ \rho(x))\rangle \\ &= \sum_{i=1}^{n} \langle t_i^\vee, f \circ \rho(x)\rangle\langle t_i'^\vee, f' \circ \rho(x)\rangle && \text{(VAR, R, 13.5.2)}\\ &= \sum_{i=1}^{n} \langle \varepsilon_x, t_i * f\rangle\langle \varepsilon_x, t'_i * f'\rangle && \text{d'après (4).}\end{aligned}$$

Remarque 1. — Soient G un groupe de Lie, X une variété de classe C^r, et $(x, g) \mapsto xg$ une loi d'opération à droite de classe C^r de G dans X. Si $t \in \mathscr{T}^{(s)}(G)$ avec $s \leqslant r$, et $f : X \to F$ est une fonction de classe C^r sur X, on note $f * t$ la fonction sur X définie par

(8) $$\begin{aligned}\langle \varepsilon_x, f * t\rangle &= \langle \varepsilon_x * t^\vee, f\rangle\\ &= \langle \rho(x)_*(t^\vee), f\rangle\\ &= \langle t^\vee, f \circ \rho(x)\rangle\\ &= \langle t, (f \circ \rho(x))^\vee\rangle.\end{aligned}$$

En particulier

(9) $$(f * \varepsilon_g)(x) = f(xg^{-1})$$

c'est-à-dire

$$f * \varepsilon_g = \delta(g)^{-1} f. \tag{10}$$

Les prop. 17, 18, 19 deviennent, avec des notations évidentes,

$$\langle t', f * t\rangle = \langle t' * t^{\vee}, f\rangle \tag{11}$$

$$f * (t * t') = (f * t) * t' \tag{12}$$

$$(ff') * t = \sum_{i=1}^{n} (f * t_i)(f' * t'_i). \tag{13}$$

PROPOSITION 20. — *Soient* G, G' *des groupes de Lie,* X *une variété de classe* C^r, *et* $(g, x) \mapsto gx$ (resp. $(x, g') \mapsto xg'$) *une loi d'opération à gauche* (resp. *à droite*) *de classe* C^r *de* G (resp. G') *dans* X. *Supposons que* $(gx)g' = g(xg')$ *quels que soient* $x \in X$, $g \in G$, $g' \in G'$. *Soient* $t \in \mathscr{T}^{(s)}(G)$, $t' \in \mathscr{T}^{(s')}(G')$, *et* $f : X \to F$ *une fonction de classe* C^r, *tels que* $s + s' \leqslant r$. *Alors*

$$(t * f) * t' = t * (f * t').$$

En effet, pour tout $x \in X$, on a

$$\begin{aligned}
\langle \varepsilon_x, (t * f) * t'\rangle &= \langle \varepsilon_x * t'^{\vee}, t * f\rangle && \text{d'après (8)}\\
&= \langle t^{\vee} * (\varepsilon_x * t'^{\vee}), f\rangle && \text{(prop. 17)}\\
&= \langle t^{\vee} * \varepsilon_x, f * t'\rangle && \text{(prop. 2, et (11))}\\
&= \langle \varepsilon_x, t * (f * t')\rangle && \text{d'après (5).}
\end{aligned}$$

C.Q.F.D.

En particulier, considérons G comme opérant sur lui-même par les translations à gauche et à droite. Si $f : G \to F$ est une fonction de classe C^r sur G, et si $t \in \mathscr{T}^{(s)}(G)$ (avec $s \leqslant r$), $t * f$ et $f * t$ sont, si $s < \infty$, des fonctions de classe C^{r-s} sur G. Soit en outre $t' \in \mathscr{T}^{(s')}(G)$, avec $s + s' \leqslant r$. Alors

$$(t * f) * t' = t * (f * t'). \tag{14}$$

En particulier, $\mathscr{C}^{\infty}(G)$ est un $(\mathscr{T}^{(\infty)}(G), \mathscr{T}^{(\infty)}(G))$-bimodule. Les formules (5) et (8) admettent comme cas particuliers

$$\langle t, f\rangle = \langle \varepsilon_e, t^{\vee} * f\rangle = \langle \varepsilon_e, f * t^{\vee}\rangle. \tag{15}$$

Remarque 2. — Soit $(g, x) \mapsto gx$ une loi d'opération à gauche de classe C^r de G dans X. Soient $t \in U_s(G)$ avec $s \leqslant r$, Ω une partie ouverte de X, et $f : \Omega \to F$ une fonction de classe C^r. On peut encore définir $t * f$ par les formules (4) ou (5); c'est une fonction définie sur Ω, à valeurs dans F, de classe C^{r-s} si $s < \infty$. Les résultats de ce n° s'étendent de façon évidente à cette situation.

5. Champs de distributions ponctuelles définis par l'action d'un groupe sur une variété

Soit $(g, x) \mapsto \lambda(g, x) = gx$ une loi d'opération à gauche de classe C^r de G dans X. Soient $s \leqslant r$ et $t \in U_s(G)$. Pour tout $x \in X$, on a $t * \varepsilon_x \in T_x^{(s)}(X)$. L'application $x \mapsto t * \varepsilon_x$ s'appelle *le champ de distributions ponctuelles défini par t et par l'action de* G *sur* X, et se note parfois D_t^λ ou simplement D_t. Soient Ω une partie ouverte de X et F un espace polynormé séparé. Si $f\colon \Omega \to F$ est de classe C^r et si $s \leqslant r$, la fonction $t^\vee * f$ sur Ω se note aussi $D_t f$. On a donc

$$(D_t f)(x) = \langle t * \varepsilon_x, f\rangle. \tag{16}$$

Si $s < \infty$, on a $D_t f \in \mathscr{C}^{r-s}(\Omega, F)$ d'après le n° 4. Ainsi, $f \mapsto D_t f$ est une application de $\mathscr{C}^r(\Omega, F)$ dans $\mathscr{C}^{r-s}(\Omega, F)$ (notée souvent D_t par abus de notation).

Si $t \in U_s(G)$, $t' \in U_{s'}(G)$, et $s + s' \leqslant r$, on a, d'après la prop. 18 du n° 4,

$$D_{t*t'} f = D_{t'}(D_t f) \tag{17}$$

donc, avec l'abus de notation signalé ci-dessus,

$$D_{t*t'} = D_{t'} \circ D_t. \tag{18}$$

Supposons G et X de dimension finie. L'application $(t, x) \mapsto t \otimes \varepsilon_x$ de $T^{(s)}(G) \times X$ dans le fibré vectoriel $T^{(s)}(G \times X)$ (cf. VAR, R, 13.2.5) est de classe C^{r-s}. Donc (VAR, R, 13.2.5), l'application $(t, x) \mapsto t * \varepsilon_x$ de $T^{(s)}(G) \times X$ dans le fibré vectoriel $T^{(s)}(X)$ est de classe C^{r-s}. En particulier, D_t est un opérateur différentiel d'ordre $\leqslant s$ et de classe C^{r-s} au sens de VAR, R, 14.1.6. D'après la formule (16), la fonction $D_t f$ est alors la transformée de f par cet opérateur différentiel (VAR, R, 14.1.4).

Ne supposons plus G et X de dimension finie. Soient ψ un automorphisme de la variété X, et Δ un champ de distributions ponctuelles sur X. Conformément aux définitions générales, on appelle transformé de Δ par ψ le champ de distributions ponctuelles sur X dont la valeur en $\psi(x)$ est $\psi_*(\Delta(x))$; on note $\psi(\Delta)$ cette application. Si $g \in G$, et si $\tau(g)$ désigne l'automorphisme $x \mapsto gx$ de X, le transformé de Δ par $\tau(g)$ s'appelle aussi le transformé de Δ par g.

PROPOSITION 21. — *Soit ψ un automorphisme de* X *commutant avec les opérations de* G. *Alors D_t est invariant par ψ.*

En effet, pour tout $x \in X$, on a

$$\begin{aligned}(\psi(D_t))(\psi(x)) &= \psi_*(D_t(x)) = \psi_*(t * \varepsilon_x)\\ &= t * \psi_*(\varepsilon_x) \qquad \text{(prop. 15)}\\ &= t * \varepsilon_{\psi(x)} = D_t(\psi(x)).\end{aligned}$$

PROPOSITION 22. — *Si $g \in G$, le transformé de D_t par g est $D_{\varepsilon_g * t * \varepsilon_{g^{-1}}}$.*

En effet, la valeur de ce transformé en gx est

$$\begin{aligned} \tau(g)_*(D_t(x)) &= \tau(g)_*(t * \varepsilon_x) \\ &= \varepsilon_g * (t * \varepsilon_x) && \text{(prop. 14 (i))} \\ &= (\varepsilon_g * t * \varepsilon_{g^{-1}}) * \varepsilon_{gx} && \text{(prop. 1 et 2)} \\ &= D_{\varepsilon_g * t * \varepsilon_{g^{-1}}}(gx). \end{aligned}$$

C.Q.F.D.

Soit $(x, g) \mapsto \mu(x, g) = xg$ une loi d'opération à droite de classe C^r de G dans X. Soient $s \leqslant r$ et $t \in U_s(G)$. Pour tout $x \in X$, on a $\varepsilon_x * t \in T_x^{(s)}(X)$. L'application $x \mapsto \varepsilon_x * t$ s'appelle le champ de distributions défini par t et par l'action de G sur X, et se note parfois D_t^μ ou simplement D_t. Soit Ω une partie ouverte de X. Si $f\colon \Omega \to F$ est de classe C^r, la fonction $f * t^\vee$ se note $D_t f$. On a donc

$$(D_t f)(x) = \langle \varepsilon_x * t, f \rangle \tag{19}$$

et, avec des notations évidentes,

$$D_{t * t'} f = D_t(D_{t'} f) \tag{20}$$

$$D_{t * t'} = D_t \circ D_{t'}. \tag{21}$$

La prop. 21 reste valable. Soit $g \in G$. Le transformé de D_t par g (c'est-à-dire par l'automorphisme $x \mapsto xg$ de X) est $D_{\varepsilon_{g^{-1}} * t * \varepsilon_g}$.

6. Champs invariants de distributions ponctuelles sur un groupe de Lie

DÉFINITION 4. — *Soit G un groupe de Lie. Un champ de distributions sur G est dit invariant à gauche* (resp. *à droite*) *s'il est invariant par les translations à gauche* (resp. *à droite*) *de* G.

Autrement dit, un champ de distributions $g \mapsto \Delta_g$ sur G est invariant à gauche si

$$\Delta_{gg'} = \gamma(g)_* \Delta_{g'} \qquad \text{pour } g, g' \text{ dans G,}$$

ou encore si

$$\Delta_{gg'} = \varepsilon_g * \Delta_{g'} \qquad \text{pour } g, g' \text{ dans G.}$$

Il est invariant à droite si

$$\Delta_{gg'} = \delta(g'^{-1})_* \Delta_g \qquad \text{pour } g, g' \text{ dans G,}$$

ou encore si

$$\Delta_{gg'} = \Delta_g * \varepsilon_{g'} \qquad \text{pour } g, g' \text{ dans G.}$$

DÉFINITION 5. — *Soient G un groupe de Lie, et $t \in U(G)$. On note L_t le champ de distributions $g \mapsto \varepsilon_g * t$ sur G, et R_t le champ de distributions $g \mapsto t * \varepsilon_g$ sur G.*

Autrement dit, L_t (resp. R_t) est le champ de distributions défini par t et par G opérant à droite (resp. à gauche) dans G grâce à l'application $(g, g') \mapsto gg'$. Soient Ω une partie ouverte de G et F un espace polynormé séparé; si $f \in \mathscr{C}^\omega(\Omega, F)$, on a $L_t f = f * t^\vee \in \mathscr{C}^\omega(\Omega, F)$ et $R_t f = t^\vee * f \in \mathscr{C}^\omega(\Omega, F)$ (n° 5). Si G est de dimension finie, les opérateurs différentiels L_t et R_t sont de classe C^ω (n° 5).

PROPOSITION 23. — (i) *L'application* $t \mapsto L_t$ (resp. $t \mapsto R_t$) *est un isomorphisme de l'espace vectoriel* U(G) *sur l'espace vectoriel des champs de distributions invariants à gauche* (resp. *à droite*) *sur* G.

(ii) *Pour* t, t' *dans* U(G), *on a* $L_{t*t'} = L_t \circ L_{t'}$, $R_{t*t'} = R_{t'} \circ R_t$, $L_t \circ R_{t'} = R_{t'} \circ L_t$ (*avec l'abus de notation du* n° 5).

(iii) *Si* θ *est l'application* $g \mapsto g^{-1}$ *de* G *sur* G, *on a* $\theta(L_t) = R_{t^\vee}$.

(iv) *Si* $t \in U(G)$ *et* $g \in G$, *on a* $(L_t)_g = (R_{\varepsilon_g * t * \varepsilon_{g^{-1}}})_g$.

Dans G, toute translation à droite commute à toute translation à gauche. D'après la prop. 21 du n° 5, L_t est donc invariant à gauche. Comme $(L_t)_e = t$, l'application $t \mapsto L_t$ est injective. Soit Δ un champ de distributions invariant à gauche sur G; soit $t = \Delta_e$; alors Δ et L_t ont même valeur en e et sont invariants à gauche, donc $\Delta = L_t$. Ceci prouve (i) pour L_t et on raisonne de même pour R_t. Les formules $L_{t*t'} = L_t \circ L_{t'}$, $R_{t*t'} = R_{t'} \circ R_t$ résultent de (21) et (18). Soient $t \in U_s(G)$, $t' \in U_{s'}(G)$, $f \in \mathscr{C}^r(\Omega, F)$, où Ω est ouvert dans G et où $s + s' \leqslant r$; on a

$$\begin{aligned} L_t R_{t'} f &= L_t(t'^\vee * f) = (t'^\vee * f) * t^\vee \\ &= t'^\vee * (f * t^\vee) \qquad \text{(prop. 20)} \\ &= R_{t'} L_t f \end{aligned}$$

donc $L_t \circ R_{t'} = R_{t'} \circ L_t$. Comme θ est un isomorphisme de G sur $G^\vee$, $\theta(L_t)$ est un champ de distributions invariant à droite sur G; sa valeur en e est $\theta^*(t) = t^\vee$; donc $\theta(L_t) = R_{t^\vee}$. Enfin, on a

$$(L_t)_g = \varepsilon_g * t = (\varepsilon_g * t * \varepsilon_{g^{-1}}) * \varepsilon_g = (R_{\varepsilon_g * t * \varepsilon_{g^{-1}}})_g.$$

Remarque 1. — C'est l'action de G sur lui-même par translations *à droite* qui définit les champs de distributions invariants *à gauche*.

Remarque 2. — Supposons G de dimension finie. L'application

$$(t, g) \mapsto (R_t)_g = t * \varepsilon_g$$

de $U_s(G) \times G$ dans $T^{(s)}(G)$ est un isomorphisme de fibrés vectoriels analytiques; en effet, cette application est bijective, linéaire sur chaque fibre, et analytique (n° 5); d'autre part, soit $\varphi: T^{(s)}(G) \to U_s(G) \times G$ la bijection réciproque; si $t \in T_g^{(s)}(G)$, on a $\varphi(t) = (t * \varepsilon_{g^{-1}}, g)$, donc φ est analytique. L'isomorphisme φ s'appelle la trivialisation droite de $T^{(s)}(G)$. De même, considérons l'application $(t, g) \mapsto (L_t)_g = \varepsilon_g * t$ de $U_s(G) \times G$ dans $T^{(s)}(G)$; l'isomorphisme réciproque s'appelle la trivialisation gauche de $T^{(s)}(G)$. Par restriction, on retrouve les trivialisations droite et gauche de T(G) (§ 2, n° 2).

7. Algèbre de Lie d'un groupe de Lie

Soit G un groupe de Lie. Dans U(G), comme dans toute algèbre associative, on pose $[t, t'] = t * t' - t' * t$. Comme $T_e(G)$ est l'ensemble des éléments primitifs de U(G), on a $[T_e(G), T_e(G)] \subset T_e(G)$ (chap. II, § 1, n° 2, prop. 4). La restriction du crochet à $T_e(G)$ définit donc sur $T_e(G)$ une structure d'algèbre de Lie.

Lemme 1. — *Soient* X *et* X' *des espaces normables complets,* X_0 *un voisinage ouvert de* 0 *dans* X, f *une application analytique de* X_0 *dans* X' *telle que* $f(0) = 0$. *Soit* $f = f_1 + f_2 + f_3 + \cdots$ *le développement en série entière de* f *en* 0, *où* f_i *est un polynôme-continu homogène de degré* i *sur* X *à valeurs dans* X'. *Soit* t *un élément de* $\mathsf{TS}^2(X)$, *considéré comme distribution ponctuelle sur* X *de support contenu dans* {0}. *Soit* $t' = f_*(t) \in \mathsf{TS}(X')$. *La composante homogène de degré* 1 *de* t' *est* $\langle f_2, t\rangle$.

Notons t'_1 cette composante. On a, pour toute application linéaire continue u de X' dans un espace polynormé,

$$\begin{aligned} u(t'_1) &= \langle t', u\rangle && \text{parce que } u \text{ est linéaire continue} \\ &= \langle t, u\circ f\rangle && \text{(VAR, R, 13.2.3)} \\ &= \langle t, u\circ f_2\rangle && \text{parce que } t\in \mathsf{TS}^2(X) \\ &= u(\langle t, f_2\rangle) && \text{(VAR, R, 13.2.2)} \end{aligned}$$

d'où le lemme.

Proposition 24. — *Soient* G *un groupe de Lie,* (U, φ, E) *une carte de* G *telle que* $\varphi(e) = 0$. *Soit* V *un voisinage ouvert de* e *tel que* $V^2 \subset U$. *Soit* m *l'application analytique* $(a, b) \mapsto \varphi(\varphi^{-1}(a)\varphi^{-1}(b))$ *de* $\varphi(V) \times \varphi(V)$ *dans* E. *Soit* $m = \sum_{i,j\geqslant 0} m_{i,j}$ *le développement en série entière de* m *en* (0, 0), *où* m_{ij} *est un polynôme-continu bihomogène de bidegré* (i, j) *sur* E × E, *à valeurs dans* E.

(i) *On a* $m_{i,0} = m_{0,j} = 0$ *quels que soient* $i \neq 1$ *et* $j \neq 1$.

(ii) $m_{1,0}(a, b) = a$ *et* $m_{0,1}(a, b) = b$ *quels que soient* $a \in E$, $b \in E$.

(iii) *Soit* $\psi: T_e(G) \rightarrow E$ *la différentielle de* φ *en* e. *Quels que soient* u, v *dans* $T_e(G)$, *on a* $\psi([u, v]) = m_{1,1}(\psi(u), \psi(v)) - m_{1,1}(\psi(v), \psi(u))$.

On a $m(a, 0) = a$, $m(0, b) = b$ quels que soient a, b dans $\varphi(V)$, ce qui prouve (i) et (ii). Soient u, v dans $T_e(G)$. Identifions $T_0(E)$ à E, donc ψ à $T_e(\varphi)$. Les images de u et v par $T_e(\varphi)$ sont $\psi(u)$ et $\psi(v)$. La distribution ponctuelle produit tensoriel de ces images est le produit symétrique de $(\psi(u), 0)$ et de $(0, \psi(v))$ dans $\mathsf{TS}(E \times E) = \mathsf{TS}(E) \otimes \mathsf{TS}(E)$, c'est-à-dire

$$(\psi(u), 0) \otimes (0, \psi(v)) + (0, \psi(v)) \otimes (\psi(u), 0).$$

Donc $\varphi_*(u * v)$ est l'image de l'élément précédent par l'application m de $\varphi(V) \times \varphi(V)$ dans E. Sa composante de degré 1 dans TS(E) est, d'après le lemme 1,

$$x = \langle m_{1,1}, (\psi(u), 0) \otimes (0, \psi(v)) + (0, \psi(v)) \otimes (\psi(u), 0)\rangle.$$

Définissons une application bilinéaire n: $(E \times E)^2 \to E$ par

$$n((a, b), (a', b')) = m_{1,1}(a, b').$$

On a $n((a, b), (a, b)) = m_{11}(a, b)$, donc

$$\begin{aligned} x &= \langle n, (\psi(u), 0) \otimes (0, \psi(v)) + (0, \psi(v)) \otimes (\psi(u), 0)\rangle \\ &= m_{1,1}(\psi(u), \psi(v)) + m_{1,1}(0, 0) = m_{1,1}(\psi(u), \psi(v)). \end{aligned}$$

De même, $\varphi_*(v * u)$ admet $m_{1,1}(\psi(v), \psi(u))$ comme composante de degré 1 dans TS(E). Comme $\psi([u, v])$ est de degré 1, cela prouve (iii).

COROLLAIRE. — *L'espace normable* $T_e(G)$, *muni du crochet, est une algèbre de Lie normable.*

DÉFINITION 6. — *L'espace normable* $T_e(G)$, *muni du crochet, s'appelle l'algèbre de Lie normable de* G, *ou simplement l'algèbre de Lie de* G, *et se note* L(G).

PROPOSITION 25. — *Soient* G *un groupe de Lie,* E(G) *l'algèbre enveloppante de* L(G). *L'injection canonique de* L(G) *dans* U(G) *définit un homomorphisme* η *de l'algèbre* E(G) *dans l'algèbre* U(G). *Si* K *est de caractéristique* 0, η *est un isomorphisme de bigèbres.*

En effet, la bigèbre U(G) est cocommutative (VAR, R, 13.5.1) et la filtration $(U_s(G))$ est compatible avec la structure de bigèbre. L'ensemble des éléments primitifs de U(G) est L(G). Il suffit alors d'appliquer le chap. II, § 1, n° 6, th. 1.

Lorsque K est de caractéristique 0, nous identifions désormais U(G) à l'algèbre enveloppante de L(G). D'après (2) et la prop. 7 (ii), l'application $t \mapsto t^\vee$ de U(G) dans U(G) s'identifie alors à l'antiautomorphisme principal de U(G) (chap. I, § 2, n° 4).

PROPOSITION 26. — *Supposons* K *de caractéristique* $p > 0$. *Pour tout* $a \in L(G)$, *on a* $a^p \in L(G)$ *et* $\mathrm{ad}(a^p) = (\mathrm{ad}\, a)^p$ *(la puissance* a^p *étant calculée dans* U(G)).

Si $a \in L(G)$, a est primitif dans U(G), donc a^p est primitif dans U(G) (chap. II, § 1, n° 2, *Remarque* 1), donc $a^p \in L(G)$. Soit σ_a (resp. τ_a) l'application linéaire $x \mapsto a * x$ (resp. $x \mapsto x * a$) de U(G) dans U(G). Pour tout $x \in U(G)$, on a $(\mathrm{ad}\, a)(x) = (\sigma_a - \tau_a)(x)$, donc $(\mathrm{ad}\, a)^p = (\sigma_a - \tau_a)^p$. Mais σ_a et τ_a commutent, et par suite $(\sigma_a - \tau_a)^p = (\sigma_a)^p - (\tau_a)^p = \sigma_{a^p} - \tau_{a^p}$, d'où la seconde assertion.

DÉFINITION 7. — *Soient* X *une variété de classe* C^r ($r \geqslant 2$), $\mathfrak{g}$ *une algèbre de Lie normable complète. On appelle loi d'opération infinitésimale à gauche* (resp. *à droite*) *de classe* C^{r-1}

de $\mathfrak{g}$ *dans* X *une application* $a \mapsto D_a$ *de* $\mathfrak{g}$ *dans l'ensemble des champs de vecteurs sur* X, *possédant les propriétés suivantes* :

a) *l'application* $(a, x) \mapsto D_a(x)$ *est un morphisme de classe* C^{r-1} *du fibré vectoriel trivial* $\mathfrak{g} \times X$ *dans le fibré vectoriel* T(X);

b) *on a* $[D_a, D_b] = -D_{[a,b]}$ (resp. $[D_a, D_b] = D_{[a,b]}$) *quels que soient a, b dans* $\mathfrak{g}$.

En particulier, chaque champ de vecteurs D_a est de classe C^{r-1}.

Remarque. — Soient X une variété de classe C^r, $\mathfrak{g}$ une algèbre de Lie de dimension finie, $a \mapsto D_a$ une application linéaire de $\mathfrak{g}$ dans l'espace vectoriel des champs de vecteurs de classe C^{r-1} sur X. Alors la condition *a*) de la déf. 7 est vérifiée. En effet, en considérant une base de $\mathfrak{g}$ et en appliquant VAR, R, 7.7.1, on se ramène au cas où $\dim \mathfrak{g} = 1$, et notre assertion est alors évidente.

Proposition 27. — *Soient* G *un groupe de Lie,* X *une variété de classe* C^r. *Supposons donnée une loi d'opération à gauche* (resp. *à droite*) *de classe* C^r *de* G *dans* X. *Pour tout* $a \in L(G)$, *soit* D_a *le champ de distributions ponctuelles défini par a sur* X.

(i) *L'application* $(a, x) \mapsto D_a(x)$ *est un morphisme de classe* C^{r-1} *du fibré vectoriel trivial* $L(G) \times X$ *dans le fibré vectoriel* T(X).

(ii) *Soient* I *une partie ouverte de* K *contenant* 0, *et* $\gamma: I \to G$ *une application de classe* C^r *telle que* $\gamma(0) = e$. *Soit* $a = T_0(\gamma)1 \in L(G)$. *Si f est une fonction de classe* C^r *sur une partie ouverte de* X, *on a*

$$(D_a f)(x) = \lim_{k \in K^*, k \to 0} k^{-1}(f(\gamma(k)x) - f(x)) \quad \text{si G opère à gauche,}$$

$$(D_a f)(x) = \lim_{k \in K^*, k \to 0} k^{-1}(f(x\gamma(k)) - f(x)) \quad \text{si G opère à droite.}$$

(iii) *Si* $r \geqslant 2$, *l'application* $a \mapsto D_a$ *est une loi d'opération infinitésimale à gauche* (resp. *à droite*) *de classe* C^{r-1} *de* L(G) *dans* X.

Supposons que G opère à gauche dans X. Soit $\varphi: G \times X \to X$ la loi d'opération. Alors $T(\varphi)$ est un φ-morphisme de classe C^{r-1} du fibré vectoriel $T(G) \times T(X)$ dans le fibré vectoriel T(X) (VAR, R, 8.1.2). Le fibré vectoriel induit $(T(G) \times T(X)) | (\{e\} \times X)$ s'identifie à $E = L(G) \times T(X)$. Donc $T(\varphi)|E$ est un morphisme de classe C^{r-1} de fibrés vectoriels. Pour $(a, x) \in L(G) \times X$, on a $T(\varphi)(a, x) = D_a(x)$, d'où (i).

La formule donnant $(D_a f)(x)$ résulte du § 2, fin du n° 2, et de VAR, R, 8.4.5.

Supposons $r \geqslant 2$. Soient a, b dans L(G) et f une fonction de classe C^r sur une partie ouverte de X. On a

$$\begin{aligned} D_{[a,b]}f &= D_b(D_a f) - D_a(D_b f) && \text{d'après (17)} \\ &= [D_b, D_a]f && \text{(VAR, R, 8.5.3).} \end{aligned}$$

Soit $x \in X$. En prenant pour f une carte d'un voisinage ouvert de x, on en déduit que $D_{[a,b]}(x) = [D_b, D_a](x)$, d'où (iii). On raisonne de même si G opère à droite dans X. C.Q.F.D.

Lorsque $r \geqslant 2$, l'application $a \mapsto D_a$ s'appelle la loi d'opération infinitésimale *associée* à la loi d'opération donnée.

8. Propriétés fonctorielles de l'algèbre de Lie

Soient G et H des groupes de Lie, φ un morphisme de G dans H. La restriction de $U(\varphi)$ à L(G), qui n'est autre que $T_e(\varphi)$, est un morphisme continu de L(G) dans L(H), qu'on note $L(\varphi)$. Si ψ est un morphisme de H dans un groupe de Lie, on a $L(\psi \circ \varphi) = L(\psi) \circ L(\varphi)$.

Pour que φ soit une immersion, il faut et il suffit que $L(\varphi)$ soit un isomorphisme de L(G) sur une sous-algèbre de L(H) admettant un supplémentaire topologique. En particulier, si G est un sous-groupe de Lie de H, et si φ est l'injection canonique, on identifie L(G) à une sous-algèbre de Lie de L(H) grâce à $L(\varphi)$. Plus particulièrement, si G est un sous-groupe ouvert de H, on a L(G) = L(H).

Si G est un quasi-sous-groupe de Lie de H, L(G) s'identifie encore à une sous-algèbre de Lie fermée de L(H).

Pour que φ soit une submersion, il faut et il suffit que $L(\varphi)$ soit surjectif et que son noyau admette un supplémentaire topologique. Dans ce cas, le noyau N de φ est un sous-groupe de Lie de G et $L(N) = \operatorname{Ker} L(\varphi)$. En particulier, si H est le groupe de Lie quotient de G par un sous-groupe de Lie distingué P, L(P) est un idéal de L(G), et, si φ est la surjection canonique de G sur H, on identifie L(G/P) à L(G)/L(P) grâce au morphisme déduit de $L(\varphi)$ par passage au quotient.

Soient I un ensemble fini, $(G_i)_{i \in I}$ une famille de groupes de Lie, G leur produit, p_i le morphisme canonique de G sur G_i. Alors $(L(p_i))_{i \in I}$ est un morphisme de l'algèbre de Lie L(G) dans l'algèbre de Lie $\prod_{i \in I} L(G_i)$, et est un isomorphisme d'espaces normables. On identifie donc L(G) à $\prod_{i \in I} L(G_i)$ grâce à $(L(p_i))_{i \in I}$.

Proposition 28. — *Soient* G *et* H *des groupes de Lie,* φ *un morphisme de* G *dans* H. *Supposons* K *de caractéristique* 0 *et* H *de dimension finie.*

(i) *Le noyau* N *de* φ *est un sous-groupe de Lie de* G, *et* $L(N) = \operatorname{Ker} L(\varphi)$.

(ii) *Le morphisme* ψ *de* G/N *dans* H *déduit de* φ *par passage au quotient est une immersion.*

(iii) *Si* $\varphi(G)$ *est fermé dans* H *et si la topologie de* G *a une base dénombrable,* $\varphi(G)$ *est un sous-groupe de Lie de* H, ψ *est un isomorphisme du groupe de Lie* G/N *sur le groupe de Lie* $\varphi(G)$, *et* $L(\varphi(G)) = \operatorname{Im} L(\varphi)$.

Faisons opérer G à gauche dans H par l'application $(g, h) \mapsto \varphi(g)h$. Il suffit d'appliquer à l'orbite de e la prop. 14 du § 1, n° 7.

PROPOSITION 29. — *Soient* G *et* H *des groupes de Lie,* φ *un morphisme de* G *dans* H. *Supposons* K *de caractéristique* 0 *et* H *de dimension finie. Si* H′ *est un sous-groupe de Lie de* H, *alors* $G' = \varphi^{-1}(H')$ *est un sous-groupe de Lie de* G, *et* $L(G') = L(\varphi)^{-1}(L(H'))$.

Soit π l'application canonique de H dans l'espace homogène $X = H/H'$. Faisons opérer G à gauche dans X par l'application $(g, x) \mapsto \varphi(g)x$. Le stabilisateur de $\pi(e)$ est G′, qui est donc un sous-groupe de Lie de G (§ 1, nº 7, prop. 14). L'application orbitale de $\pi(e)$ est $\pi \circ \varphi$. D'après la prop. 14 du § 1, L(G′) est le noyau de $L(\pi \circ \varphi) = T_e(\pi) \circ L(\varphi)$. Le noyau de $T_e(\pi)$ est L(H′) (§ 1, nº 6, prop. 11 (i)), donc $\operatorname{Ker} L(\pi \circ \varphi) = L(\varphi)^{-1}(L(H'))$.

COROLLAIRE 1. — *Soient* G, H *des groupes de Lie,* φ_1 *et* φ_2 *des morphismes de* G *dans* H. *Supposons* K *de caractéristique* 0 *et* H *de dimension finie. L'ensemble des* $g \in G$ *tels que* $\varphi_1(g) = \varphi_2(g)$ *est un sous-groupe de Lie* G′ *de* G, *et* L(G′) *est l'ensemble des* $x \in L(G)$ *tels que* $L(\varphi_1)x = L(\varphi_2)x$.

Posons $\varphi(g) = (\varphi_1(g), \varphi_2(g))$ pour tout $g \in G$, de sorte que φ est un morphisme de G dans $H \times H$. Soit Δ le sous-groupe diagonal de $H \times H$. Alors $G' = \varphi^{-1}(\Delta)$, et $L(\varphi)x = (L(\varphi_1)x, L(\varphi_2)x)$ pour tout $x \in L(G)$. Il suffit maintenant d'appliquer la prop. 29.

COROLLAIRE 2. — *Soient* G *un groupe de Lie de dimension finie,* G_1 *et* G_2 *deux sous-groupes de Lie de* G. *On suppose* K *de caractéristique* 0. *Alors* $G_1 \cap G_2$ *est un sous-groupe de Lie de* G *d'algèbre de Lie* $L(G_1) \cap L(G_2)$.

On applique la prop. 29 à l'injection canonique de G_1 dans G et au sous-groupe G_2.

COROLLAIRE 3. — *Soient* G, G′, H *des groupes de Lie,* $\varphi: G \to H$ *et* $\varphi': G' \to H$ *des morphismes de groupes de Lie. Supposons* K *de caractéristique* 0 *et* H *de dimension finie. Soit* F *l'ensemble des* $(g, g') \in G \times G'$ *tels que* $\varphi(g) = \varphi(g')$. *Alors* F *est un sous-groupe de Lie de* $G \times G'$, *et* L(F) *est l'ensemble des* $(x, x') \in L(G) \times L(G')$ *tels que* $L(\varphi)x = L(\varphi')x'$.

On applique le cor. 1 aux morphismes $(g, g') \mapsto \varphi(g)$ et $(g, g') \mapsto \varphi'(g')$ de $G \times G'$ dans H.

PROPOSITION 30. — *Soient* G *un groupe de Lie de dimension finie à base dénombrable,* H *et* H′ *des sous-groupes de Lie de* G. *On suppose* K *de caractéristique* 0, *et* HH′ *localement fermé dans* G.

(i) HH′ *est une sous-variété de* G, *et* $T_e(HH') = L(H) + L(H')$.

(ii) *Supposons tout élément de* H *permutable à tout élément de* H′. *Alors* HH′ *est un sous-groupe de Lie de* G. *Soit* φ *l'application* $(h, h') \mapsto hh'$ *de* $H \times H'$ *sur* HH′. *Le noyau de* φ *est l'ensemble des* (m, m^{-1}) *où* $m \in H \cap H'$, *et le morphisme de* $(H \times H')/\operatorname{Ker} \varphi$ *sur* HH′ *déduit de* φ *par passage au quotient est un isomorphisme de groupes de Lie.*

Faisons opérer $H \times H'$ à gauche dans G par l'application $((h, h'), g) \mapsto hgh'^{-1}$. L'application orbitale ρ de e est $(h, h') \mapsto hh'^{-1}$. D'après la prop. 14 (iii) du § 1, n° 7, HH' est une sous-variété de G, et $T_e(HH') = \operatorname{Im} T_e(\rho)$. Or

$$T_e(\rho)(L(H) \times \{0\}) = L(H) \text{ et } T_e(\rho)(\{0\} \times L(H')) = L(H')$$

donc $T_e(HH') = L(H) + L(H')$. Supposons tout élément de H permutable à tout élément de H'. Alors HH' est un sous-groupe de G. D'après (i), c'est un sous-groupe de Lie de G. Le reste de l'énoncé résulte de la prop. 28.

PROPOSITION 31. — *Soient* G *un groupe de Lie de dimension finie à base dénombrable,* H *un sous-groupe de Lie distingué de* G, A *un sous-groupe de Lie de* G. *On suppose que* K *est de caractéristique* 0 *et que* AH *est fermé. Soit* φ *le morphisme canonique de* G *sur* G/H. *Alors les applications canoniques*

$$A/(H \cap A) \to \varphi(A), \qquad AH/H \to \varphi(A)$$

sont des isomorphismes de groupes de Lie.

D'après la prop. 30, AH est un sous-groupe de Lie de G. D'après le cor. 2 de la prop. 29, $H \cap A$ est un sous-groupe de Lie de G. On peut donc parler des groupes de Lie AH/H et $A/(H \cap A)$. D'autre part, $\varphi(A)$, qui est l'image canonique de AH dans G/H, est fermé, donc est un sous-groupe de Lie de G/H (prop. 28 (iii)). La prop. 28, appliquée aux morphismes composés $A \to G \to G/H$ et $AH \to G \to G/H$, prouve que les applications canoniques de la proposition sont des isomorphismes de groupes de Lie.

PROPOSITION 32. — *Soient* G *et* H *des groupes de Lie,* k *un sous-corps fermé non discret de* K, *et* φ *un morphisme de* G *dans* H *pour les structures de groupes de Lie sur* k. *Supposons* K *de caractéristique* 0. *Si* $L(\varphi)$ *est* K*-linéaire,* φ *est un morphisme pour les structures de groupes de Lie sur* K.

Pour tout $g \in G$, on a

$$T_g(\varphi) = T_e(\gamma(\varphi(g))) \circ L(\varphi) \circ T_g(\gamma(g)^{-1})$$

donc $T_g(\varphi)$ est K-linéaire. La proposition résulte alors de VAR, R, 5.14.6.

9. Algèbre de Lie du groupe des éléments inversibles d'une algèbre

Soit A une algèbre associative normable complète, ayant un élément unité e. Soit A^* le groupe des éléments inversibles de A. On a vu (§ 1, n° 1) que A^* est une sous-variété ouverte de A, et est un groupe de Lie. Soient G un groupe de Lie, f un morphisme du groupe de Lie G dans le groupe de Lie A^*. On peut considérer

f comme une application analytique de G dans l'espace normable complet A. Donc, si $t \in \mathscr{T}^{(\infty)}(G)$, on peut former $\langle t, f\rangle$, qui est un élément de A.

PROPOSITION 33. — *L'application* $t \mapsto \langle t, f\rangle$ *est un morphisme de l'algèbre* $\mathscr{T}^{(\infty)}(G)$ *dans l'algèbre* A.

Il suffit de vérifier que, si t et t' sont des distributions ponctuelles sur G, on a $\langle t * t', f\rangle = \langle t, f\rangle\langle t', f\rangle$. Or

$$\begin{aligned}\langle t * t', f\rangle &= \langle t \otimes t', (g, g') \mapsto f(gg')\rangle \\ &= \langle t \otimes t', (g, g') \mapsto f(g)f(g')\rangle \\ &= \langle t, f\rangle\langle t', f\rangle \qquad \text{(VAR, R, 13.4.3).}\end{aligned}$$

C.Q.F.D.

Le morphisme de la prop. 33 est dit *associé* à f.

Prenons pour G le groupe A* lui-même, et pour f l'application identique ι de A*. Nous obtenons un morphisme, dit *canonique*, de l'algèbre $\mathscr{T}^{(\infty)}(A^*)$ dans l'algèbre A. L'espace tangent $T_e(A^*)$ s'identifie canoniquement à A; et, si $t \in T_e(A^*)$, la définition de cette identification est telle que $\langle t, \iota\rangle = t$. Ceci posé, la prop. 33 entraîne le corollaire suivant:

COROLLAIRE. — *L'application canonique* ζ *de* $L(A^*)$ *dans* A *est un isomorphisme de l'algèbre de Lie* $L(A^*)$ *sur l'algèbre de Lie* A. *Autrement dit, on a*

$$\zeta([a, b]) = \zeta(a)\zeta(b) - \zeta(b)\zeta(a)$$

quels que soient a, b *dans* $L(A^*)$. *Si* K *est de caractéristique* $p > 0$, *on a* $\zeta(a^p) = \zeta(a)^p$ *pour tout* $a \in L(A^*)$.

On identifie désormais $L(A^*)$ et A grâce à l'isomorphisme ζ.

Le morphisme canonique de $\mathscr{T}^{(\infty)}(A^*)$ dans A a été obtenu comme cas particulier du morphisme de la prop. 33. Mais on peut procéder en sens inverse:

PROPOSITION 34. — *Soient* H *un groupe de Lie,* A *une algèbre associative normable complète unifère,* $\varphi: H \to A^*$ *un morphisme de groupes de Lie. Le morphisme associé* φ' *de* $\mathscr{T}^{(\infty)}(H)$ *dans* A *s'obtient en composant* φ_* *et le morphisme canonique de* $\mathscr{T}^{(\infty)}(A^*)$ *dans* A. *En particulier,* $\varphi'(x) = L(\varphi)(x)$ *pour tout* $x \in L(H)$.

En effet, soit i l'application identique de A* dans A. On a, pour tout $t \in \mathscr{T}^{(\infty)}(H)$,

$$\begin{aligned}\varphi'(t) = \langle t, \varphi\rangle &= \langle t, i \circ \varphi\rangle \\ &= \langle \varphi_*(t), i\rangle \qquad \text{(VAR, R, 13.2.3).}\end{aligned}$$

10. Algèbres de Lie de certains groupes linéaires

Soit E un espace normable complet. Alors $\mathscr{L}(E)$ est une algèbre normable complète unifère, et **GL**(E) est un groupe de Lie. D'après le cor. de la prop. 33, n° 9, si on identifie canoniquement $T_1(\mathbf{GL}(E))$ à $\mathscr{L}(E)$, la structure d'algèbre de Lie de $L(\mathbf{GL}(E))$ est donnée par le crochet $(x, y) \mapsto xy - yx$ de deux éléments de $\mathscr{L}(E)$. En particulier, $L(\mathbf{GL}(n, K))$ s'identifie canoniquement à $\mathfrak{gl}(n, K)$ (chap. I, § 1, n° 2).

PROPOSITION 35. — *Soit* E *un espace vectoriel de dimension finie. Soit* φ *le morphisme* $g \mapsto \det g$ *du groupe de Lie* $\mathbf{GL}(E)$ *dans le groupe de Lie* K^*. *L'application* $L(\varphi)$ *de* $\mathscr{L}(E)$ *dans* K *est l'application* $x \mapsto \operatorname{Tr} x$. *Le noyau* $\mathbf{SL}(E)$ *de* φ *est un sous-groupe de Lie de* $\mathbf{GL}(E)$ *d'algèbre de Lie* $\mathfrak{sl}(E)$.

Choisissons une norme et une base dans E. Le développement du déterminant prouve que

$$\det(1 + u) \in 1 + \operatorname{Tr} u + o(\|u\|)$$

quand u tend vers 0 dans $\mathscr{L}(E)$. Donc, compte tenu de la prop. 34, n° 9, on a, pour $x \in \mathscr{L}(E) = L(\mathbf{GL}(E))$:

$$L(\varphi)(x) = \langle x, \varphi \rangle = \operatorname{Tr} x.$$

Il en résulte que φ est une submersion. Par suite, $\operatorname{Ker} \varphi = \mathbf{SL}(E)$ est un sous-groupe de Lie de $\mathbf{GL}(E)$ dont l'algèbre de Lie est $\operatorname{Ker} L(\varphi) = \mathfrak{sl}(E)$.

C.Q.F.D.

Soient $E_1, \ldots, E_n$ des espaces normables complets, E leur somme directe. Tout $x \in \mathscr{L}(E)$ se représente par une matrice $(x_{ij})_{1 \leqslant i, j \leqslant n}$, où $x_{ij} \in \mathscr{L}(E_i, E_j)$.

PROPOSITION 36. — *Soient* I *une partie de* $\{1, 2, \ldots, n\}$, G *le sous-groupe de* $\mathbf{GL}(E)$ *formé des* $g = (g_{ij})_{1 \leqslant i, j \leqslant n} \in \mathbf{GL}(E)$ *tels que* $g_{ij} = 0$ *pour* $i < j$ *et* $g_{ii} = 1$ *pour* $i \in I$. *Alors* G *est un sous-groupe de Lie de* $\mathbf{GL}(E)$, *et* $L(G)$ *est l'ensemble des* $x = (x_{ij})_{1 \leqslant i, j \leqslant n} \in \mathscr{L}(E)$ *tels que* $x_{ij} = 0$ *pour* $i < j$ *et* $x_{ii} = 0$ *pour* $i \in I$.

Soit S l'ensemble des $(x_{ij}) \in \mathscr{L}(E)$ tels que $x_{ij} = 0$ pour $i < j$ et $x_{ii} = 0$ pour $i \in I$. Alors G est l'intersection de $\mathbf{GL}(E)$ et du sous-espace affine $1 + S$ de $\mathscr{L}(E)$. Donc G est une sous-variété de $\mathbf{GL}(E)$, et l'espace tangent à G en 1 s'identifie à S.

C.Q.F.D

En particulier, dans $\mathbf{GL}(n, K)$, le sous-groupe trigonal large inférieur et le sous-groupe trigonal strict inférieur, définis comme dans INT, VII, § 3, n° 3, sont des sous-groupes de Lie d'algèbres de Lie $\mathfrak{t}(n, K)$ et $\mathfrak{n}(n, K)$ (chap. I, § 1, n° 2).

PROPOSITION 37. — *Soient* A *une algèbre associative unifère normable complète,* $x \mapsto x^\iota$ *une application linéaire continue de* A *dans* A *telle que* $(x^\iota)^\iota = x$, $(xy)^\iota = y^\iota x^\iota$ *quels que soient* x, y *dans* A. *Supposons* K *de caractéristique* $\neq 2$. *Soit* G *le sous-groupe de* A^* *formé des* $x \in A$ *tels que* $xx^\iota = x^\iota x = 1$. *Alors* G *est un sous-groupe de Lie de* A^*, *et* $L(G)$ *est l'ensemble des* $y \in A$ *tels que* $y^\iota = -y$.

Soit S (resp. S′) l'ensemble des $y \in A$ tels que $y = y^{\iota}$ (resp. $y = -y^{\iota}$). Alors S, S′ sont des sous-espaces vectoriels fermés de A. La formule

$$y = \tfrac{1}{2}(y + y^{\iota}) + \tfrac{1}{2}(y - y^{\iota})$$

prouve que A est somme directe topologique de S et S′. Soit f l'application de A dans S définie par $f(x) = xx^{\iota}$. Cette application est analytique. Pour tout $y \in A$, on a $f(1 + y) = 1 + y + y^{\iota} + yy^{\iota}$; choisissons une norme sur A compatible avec sa structure d'algèbre; alors

$$f(1 + y) \in 1 + y + y^{\iota} + o(\|y\|) \qquad \text{pour } y \text{ tendant vers } 0.$$

Ainsi, $T_1(f)(y) = y + y^{\iota}$, de sorte que f est une submersion en 1. Par suite, il existe un voisinage ouvert U de 1 dans A tel que $U \cap G$ soit une sous-variété de U. Donc (§ 1, nº 3, prop. 6), G est un sous-groupe de Lie de A^*. En outre, $L(G) = T_e(G) = \operatorname{Ker} T_1(f)$.

Corollaire 1. — *Supposons* K *de caractéristique* $\neq 2$. *Soient* E *un espace vectoriel de dimension finie sur* K, *et* φ *une forme bilinéaire symétrique* (resp. *alternée*) *non dégénérée sur* E. *Pour tout* $u \in \mathscr{L}(E)$, *soit* u^* *l'adjoint de* u *relativement à* φ. *Soit* G *le groupe orthogonal* (resp. *symplectique*) *de* φ. *Alors* G *est un sous-groupe de Lie de* **GL**(E), *et* L(G) *est l'ensemble des* $x \in \mathscr{L}(E)$ *tels que* $x^* = -x$.

On applique la prop. 37 avec $A = \mathscr{L}(E)$ et $x^{\iota} = x^*$.

Remarque. — Soient B une base de E, et J la matrice de φ par rapport à B. Alors L(G) est l'ensemble des éléments de $\mathscr{L}(E)$ dont la matrice X par rapport à B vérifie l'égalité

$$^{t}X = -J X J^{-1}.$$

Ceci résulte de A, IX, § 1, formule (50).

Corollaire 2. — *Soient* E *un espace hilbertien complexe* (resp. *réel*), U *le groupe unitaire de* E. *Alors* U *est un sous-groupe de Lie réel de* **GL**(E), *et* L(U) *est l'ensemble des* $x \in \mathscr{L}(E)$ *tels que* $x^* = -x$.

On applique la prop. 37 avec $A = \mathscr{L}(E)$ considérée comme algèbre sur **R**, et $x^{\iota} = x^*$.

Corollaire 3. — *Soient* E *un espace vectoriel complexe de dimension finie,* φ *une forme sesquilinéaire hermitienne non dégénérée sur* E, U *le groupe unitaire de* φ. *Alors* U *est un sous-groupe de Lie réel de* **GL**(E), *et* L(U) *est l'ensemble des* $x \in \mathscr{L}(E)$ *tels que* ix *soit hermitien.*

Lorsque $E \neq \{0\}$, U n'est *pas* un sous-groupe de Lie du groupe de Lie complexe **GL**(E), car L(U) n'est pas un sous-espace vectoriel complexe de $\mathscr{L}(E)$.

11. Représentations linéaires

Soient G un groupe de Lie, E un espace normable complet, π une représentation linéaire analytique de G dans E (§ 1, n° 2). Le morphisme associé $t \mapsto \langle t, \pi \rangle$ de $\mathcal{T}^{(\infty)}(G)$ dans $\mathcal{L}(E)$ est un morphisme d'algèbres (n° 9, prop. 33), et sa restriction à L(G) est $L(\pi)$. Donc $L(\pi)$ est une représentation de L(G) dans E (chap. I, § 3, déf. 1).

PROPOSITION 38. — *Considérons* G *comme opérant à gauche dans* E *par l'application* $(g, x) \mapsto \pi(g)x$. *Soient* $b \in E$ *et* $\rho(b)$ *son application orbitale. Identifions canoniquement* $T_b(E)$ *à* E. *Pour tout* $t \in L(G)$, *on a*

$$(L(\pi)t)(b) = \langle t, \rho(b) \rangle = \rho(b)_* t = t * \varepsilon_b.$$

En particulier, le champ de vecteurs défini par t sur E *est le champ* $b \mapsto (L(\pi)t)(b)$.

On a $L(\pi)t = \langle t, \pi \rangle$ (n° 9, prop. 34). Comme l'application $A \mapsto Ab$ de $\mathcal{L}(E)$ dans E est linéaire continue, on en déduit que

$$\begin{aligned}(L(\pi)t)(b) &= \langle t, g \mapsto \pi(g)b \rangle \\ &= \langle t, \mathrm{Id}_E \circ \rho(b) \rangle \\ &= \langle \rho(b)_* t, \mathrm{Id}_E \rangle \qquad \text{(VAR, R, 13.2.3)} \\ &= \rho(b)_* t.\end{aligned}$$

Enfin, $\rho(b)_* t = t * \varepsilon_b$ (n° 3, prop. 14 (ii)).

PROPOSITION 39. — *On suppose* K *de caractéristique* 0. *Soient* G *un groupe de Lie,* E *un espace vectoriel de dimension finie,* π *une représentation linéaire analytique de* G *dans* E. *Soient* E_1, E_2 *des sous-espaces vectoriels de* E *tels que* $E_2 \subset E_1$. *L'ensemble* G_1 *des* $g \in G$ *tels que* $\pi(g)x \equiv x \pmod{E_2}$ *pour tout* $x \in E_1$ *est un sous-groupe de Lie de* G, *et* $L(G_1)$ *est l'ensemble des* $a \in L(G)$ *tels que* $L(\pi)a$ *applique* E_1 *dans* E_2.

Cela résulte des prop. 29 (n° 8) et 36 (n° 10).

COROLLAIRE 1. — *Les notations étant celles de la prop.* 39, *l'ensemble des* $g \in G$ *tels que* $\pi(g)(E_1) \subset E_1$ *est un sous-groupe de Lie de* G, *et son algèbre de Lie est l'ensemble des* $a \in L(G)$ *tels que* $L(\pi)a$ *applique* E_1 *dans* E_1.

On applique la prop. 39 avec $E_1 = E_2$.

COROLLAIRE 2. — *Soient* G, E, π *comme dans la prop.* 39. *Soit* F *une partie de* E. *L'ensemble des* $g \in G$ *tels que* $\pi(g)x = x$ *pour tout* $x \in F$ *est un sous-groupe de Lie de* G, *et son algèbre de Lie est l'ensemble des* $a \in L(G)$ *tels que* $(L(\pi)a)(x) = 0$ *pour tout* $x \in F$.

On applique la prop. 39 avec $E_2 = \{0\}$, E_1 étant le sous-espace vectoriel de E engendré par F. C.Q.F.D.

Soient $\pi_1, \pi_2, \ldots, \pi_n$ des représentations linéaires analytiques de G. Il est clair que la somme directe π des π_i (A, VIII, § 13, n° 1) est une représentation linéaire analytique de G, et que $L(\pi)$ est la somme directe de $L(\pi_1)$, $L(\pi_2), \ldots, L(\pi_n)$ (chap. I, § 3, n° 1).

Proposition 40. — *Soient* G *un groupe de Lie,* E *un espace normable complet,* π *une représentation linéaire analytique de* G *dans* E, F *un sous-espace vectoriel fermé de* E *stable par* $\pi(G)$. *On suppose* K *de caractéristique* 0, *ou bien* F *facteur direct de* E.

(i) *La sous-représentation* π_1 *et la représentation quotient* π_2 *de* π *définies par* F *sont des représentations analytiques.*

(ii) F *est stable par* $L(\pi)(L(G))$.

(iii) *Soient* ρ_1 *et* ρ_2 *la sous-représentation et la représentation quotient de* $L(\pi)$ *définies par* F. *Alors* $L(\pi_1) = \rho_1$, $L(\pi_2) = \rho_2$.

Soit A l'ensemble des $u \in \mathscr{L}(E)$ tels que $u(F) \subset F$. Alors A est un sous-espace vectoriel fermé de $\mathscr{L}(E)$, et π prend ses valeurs dans A. En vertu des hypothèses sur K et F, l'application $\pi'\colon G \to A$ de même graphe que π est analytique (VAR, R, 5.8.5). Les applications canoniques $\theta_1\colon A \to \mathscr{L}(F)$ et $\theta_2\colon A \to \mathscr{L}(E/F)$ sont linéaires continues, donc analytiques. Cela prouve (i). Les applications $T_e(\pi)$ et $T_e(\pi')$ ont même graphe, donc $L(\pi)(L(G)) \subset A$, ce qui prouve (ii). On a

$$T_e(\pi_1) = T_e(\theta_1 \circ \pi') = \theta_1 \circ T_e(\pi') = \rho_1$$
$$T_e(\pi_2) = T_e(\theta_2 \circ \pi') = \theta_2 \circ T_e(\pi') = \rho_2.$$

Proposition 41. — *Soient* G *un groupe de Lie,* $\pi_1, \pi_2, \ldots, \pi_n, \pi$ *des représentations linéaires analytiques de* G *dans des espaces normables complets* $E_1, E_2, \ldots, E_n$, E. *Soit* $(x_1, x_2, \ldots, x_n) \mapsto x_1 x_2 \ldots x_n$ *une application multilinéaire continue de* $E_1 \times E_2 \times \cdots \times E_n$ *dans* E. *Supposons que*

$$\pi(g)(x_1 x_2 \ldots x_n) = (\pi_1(g)x_1)(\pi_2(g)x_2)\ldots(\pi_n(g)(x_n)$$

quels que soient $g \in G$, $x_1 \in E_1, \ldots, x_n \in E_n$. *Alors*

$$(L(\pi)a)(x_1 x_2 \ldots x_n) = \sum_{i=1}^{n} x_1 x_2 \ldots x_{i-1}((L(\pi_i)a)x_i)x_{i+1} \ldots x_n$$

quels que soient $a \in L(G)$, $x_1 \in E_1, \ldots, x_n \in E_n$.

Faisons le calcul pour $n = 2$ par exemple. On a

$$\begin{aligned}(L(\pi)a)(x_1x_2) &= \langle a, g \mapsto \pi(g)(x_1x_2)\rangle && \text{(prop. 38)}\\ &= \langle a, (g \mapsto \pi_1(g)x_1)(g \mapsto \pi_2(g)x_2)\rangle \\ &= \langle a, g \mapsto \pi_1(g)x_1\rangle . x_2 + x_1 . \langle a, g \mapsto \pi_2(g)x_2\rangle && \text{(VAR, R, 5.5.6)}\\ &= ((L(\pi_1)a)x_1) . x_2 + x_1 . ((L(\pi_2)a)x_2) && \text{(prop. 38).}\end{aligned}$$

COROLLAIRE 1. — *Soient* G *un groupe de Lie,* $E_1, \ldots, E_{n+1}$ *des espaces normables complets,* $\pi_1, \ldots, \pi_{n+1}$ *des représentations linéaires analytiques de* G *dans* $E_1, \ldots, E_{n+1}$. *Soit* $E = \mathscr{L}(E_1, \ldots, E_n; E_{n+1})$ *l'espace normable complet des applications multilinéaires continues de* $E_1 \times \cdots \times E_n$ *dans* E_{n+1} (TG, X, § 3, n° 2). *Pour tout* $g \in G$, *soit* $\pi(g)$ *l'automorphisme de* E *défini par*

$$(\pi(g)u)(x_1, \ldots, x_n) = \pi_{n+1}(g)(u(\pi_1(g)^{-1}x_1, \ldots, \pi_n(g)^{-1}x_n)).$$

Alors π *est une représentation linéaire analytique de* G *dans* E, *et*

$$((L(\pi)a)u)(x_1, \ldots, x_n) = -\sum_{i=1}^{n} u(x_1, \ldots, x_{i-1}, (L(\pi_i)a)x_i, x_{i+1}, \ldots, x_n) + (L(\pi_{n+1})a)(u(x_1, \ldots, x_n))$$

quels que soient $a \in L(G)$, $u \in E$, $x_1 \in E_1, \ldots, x_n \in E_n$.

Tout élément $(A_1, \ldots, A_{n+1})$ de $\mathscr{L}(E_1) \times \cdots \times \mathscr{L}(E_{n+1})$ définit un endomorphisme continu $\theta(A_1, \ldots, A_{n+1})$ de E par la formule

$$(\theta(A_1, \ldots, A_{n+1})u)(x_1, \ldots, x_n) = A_{n+1}(u(A_1x_1, \ldots, A_nx_n)).$$

L'application θ de $\mathscr{L}(E_1) \times \cdots \times \mathscr{L}(E_{n+1})$ dans $\mathscr{L}(E)$ est multilinéaire continue. On a, pour tout $g \in G$,

$$\pi(g) = \theta(\pi_1(g^{-1}), \ldots, \pi_n(g^{-1}), \pi_{n+1}(g))$$

donc π est analytique. Appliquons la prop. 41 à l'application

$$(x_1, \ldots, x_n, u) \mapsto u(x_1, \ldots, x_n)$$

de $E_1 \times \cdots \times E_n \times E$ dans E_{n+1}. On a bien

$$\pi_{n+1}(g)(u(x_1, \ldots, x_n)) = (\pi(g)u)(\pi_1(g)x_1, \ldots, \pi_n(g)x_n)$$

donc

$$(L(\pi_{n+1})a)(u(x_1, \ldots, x_n)) = \sum_{i=1}^{n} u(x_1, \ldots, (L(\pi_i)a)x_i, \ldots, x_n) + ((L(\pi)a)u)(x_1, \ldots, x_n).$$

Lorsque les E_i sont de dimension finie, la représentation $L(\pi)$ de L(G) se déduit des représentations $L(\pi_1), \ldots, L(\pi_{n+1})$ par le procédé du chap. I, § 3, prop. 3.

COROLLAIRE 2. — *Soient* G *un groupe de Lie,* π *une représentation linéaire analytique de* G *dans un espace normable complet* E. *Alors* $g \mapsto {}^t\pi(g)^{-1}$ *est une représentation linéaire analytique* ρ *de* G *dans l'espace normable complet* $\mathscr{L}(E, K)$,[1] *et* $L(\rho)a = -{}^t(L(\pi)a)$ *pour tout* $a \in L(G)$.

[1] Comme lorsque K = **R** ou **C**, le transposé ${}^t\pi(g)$ envisagé ici est la restriction à $\mathscr{L}(E, K)$ du transposé de $\pi(g)$ au sens purement algébrique.

C'est un cas particulier du cor. 1.

On dit que ρ est la représentation *contragrédiente* de π.

Lorsque E est de dimension finie, $L(\rho)$ est la représentation duale de $L(\pi)$ au sens du chap. I, § 3, n° 3.

COROLLAIRE 3. — *Soient* G *un groupe de Lie,* $\pi_1, \ldots, \pi_n$ *des représentations linéaires analytiques de* G *dans des espaces vectoriels de dimension finie* $E_1, \ldots, E_n$. *Alors la représentation* $\pi_1 \otimes \cdots \otimes \pi_n$ *de* G (*Appendice*) *est analytique, et* $L(\pi_1 \otimes \cdots \otimes \pi_n)$ *est le produit tensoriel de* $L(\pi_1), \ldots, L(\pi_n)$.

L'application $(A_1, \ldots, A_n) \mapsto A_1 \otimes \cdots \otimes A_n$ de $\mathscr{L}(E_1) \times \cdots \times \mathscr{L}(E_n)$ dans $\mathscr{L}(E_1 \otimes \cdots \otimes E_n)$ est multilinéaire, d'où le fait que π est analytique. Considérons l'application $(x_1, \ldots, x_n) \mapsto x_1 \otimes \cdots \otimes x_n$ de $E_1 \times \cdots \times E_n$ dans $E_1 \otimes \cdots \otimes E_n$. D'après la prop. 41, on voit que

$$(L(\pi)a)(x_1 \otimes \cdots \otimes x_n) = \sum_{i=1}^{n} x_1 \otimes \cdots \otimes (L(\pi_i)a)x_i \otimes \cdots \otimes x_n$$

quels que soient $a \in L(G)$, $x_i \in E_i$ pour $1 \leqslant i \leqslant n$. Donc $L(\pi)$ est produit tensoriel des $L(\pi_i)$.

COROLLAIRE 4. — *Soient* G *un groupe de Lie,* π *une représentation linéaire analytique de* G *dans un espace vectoriel de dimension finie* E. *Alors les représentations* $T^n(\pi)$, $S^n(\pi)$, $\wedge^n(\pi)$ *de* G (*Appendice*) *sont analytiques, et l'on a*

$$L(T^n(\pi)) = T^n(L(\pi)), \qquad L(S^n(\pi)) = S^n(L(\pi)), \qquad L(\wedge^n(\pi)) = \wedge^n(L(\pi)).$$

Cela résulte du cor. 3 et de la prop. 40.

COROLLAIRE 5. — *Soit* A *une algèbre de dimension finie. On suppose* K *de caractéristique* 0. *Le groupe* Aut(A) *des automorphismes de* A *est un sous-groupe de Lie de* **GL**(A), *et* L(Aut(A)) *est l'algèbre de Lie des dérivations de* A.

Cela résulte du cor. 1 (appliqué à $E = \mathscr{L}(A, A; A)$), et du cor. 2 de la prop. 39 (appliqué à la partie de E réduite à la seule multiplication de A).

Remarque. — Appliquons le cor. 1 avec G = **GL**(F) (F, espace normable complet), $\pi_1 = \pi_2 = \mathrm{Id}_G$, π_3 étant la représentation triviale de G dans K. On obtient une représentation analytique π de **GL**(F) dans $\mathscr{L}(F, F; K)$. Supposons F de dimension finie et K de caractéristique 0. Appliquant à π le cor. 2 de la prop. 39 on retrouve en partie le cor. 1 de la prop. 37.

PROPOSITION 42. — *Soient* G *un groupe de Lie,* X *une variété analytique,* $(g, x) \mapsto gx$ (resp. xg) *une loi d'opération à gauche* (resp. *à droite*) *analytique de* G *dans* X, x_0 *un point de* X *invariant par* G. *Pour tout* $g \in G$, *soit* $\tau(g)$ *l'automorphisme* $x \mapsto gx$ (resp. xg) *de* X, *et soit* $\pi(g)$ *l'automorphisme de* $T_{x_0}(X)$ *tangent en* x_0 *à* $\tau(g)$.

(i) π *est une représentation linéaire analytique de* G (resp. $G^{\vee}$) *dans* $T_{x_0}(X)$.

(ii) *Pour tout* $a \in L(G)$ *et tout* $\xi_0 \in T_{x_0}(X)$, $L(\pi)a.\xi_0$ *peut se calculer ainsi: soient*

D_a *le champ de vecteurs défini par* a *sur* X, *et* ξ *un champ de vecteurs de classe* C^1 *dans un voisinage ouvert de* x_0, *tel que* $\xi(x_0) = \xi_0$; *alors*

$$L(\pi)a.\xi_0 = -[D_a, \xi](x_0).$$

On a $\tau(gg') = \tau(g)\tau(g')$ (resp. $\tau(g')\tau(g)$), donc $\pi(gg') = \pi(g)\pi(g')$ (resp. $\pi(g')\pi(g)$). D'autre part, puisque TX est un G-fibré vectoriel de classe C^ω (§ 1, n° 8, prop. 16), π est analytique, d'où (i).

Pour prouver (ii), supposons que G opère à gauche. Il existe un voisinage ouvert I de 0 dans K et une application analytique γ de I dans G tels que $\gamma(0) = e$, $T_0(\gamma)1 = a$. Alors D_a est le champ de vecteurs sur X défini par l'application $\varphi: (\lambda, x) \mapsto \gamma(\lambda)x$ de $I \times X$ dans X (§ 2, n° 2). Si l'on note φ_λ la bijection $x \mapsto \gamma(\lambda)x$ de X dans X, on a

$$[D_a, \xi](x_0) = \left(\frac{d}{d\lambda}(T_{\varphi_\lambda(x_0)}(\varphi_\lambda^{-1})\xi(\varphi_\lambda(x_0)))\right)_{\lambda=0} \quad \text{(VAR, R, 8.4.5)}$$

$$= \left(\frac{d}{d\lambda}(T_{x_0}(\varphi_\lambda^{-1})\xi_0)\right)_{\lambda=0}$$

$$= \left(\frac{d}{d\lambda}(\pi(\gamma(\lambda))^{-1}\xi_0)\right)_{\lambda=0}.$$

Comme les applications $\lambda \mapsto \gamma(\lambda)^{-1}$ et $\lambda \mapsto \gamma(-\lambda)$ sont tangentes en 0, cela est encore égal à

$$= -\left(\frac{d}{d\lambda}(\pi(\gamma(\lambda))\xi_0)\right)_{\lambda=0}$$

$$= -\left(\frac{d}{d\lambda}(\pi\circ\gamma)(\lambda)\right)_{\lambda=0}\xi_0$$

$$= -L(\pi)a.\xi_0.$$

12. Représentation adjointe

Soit G un groupe de Lie. Considérons la loi d'opération à gauche analytique

$$(g, g') \mapsto gg'g^{-1} = (\operatorname{Int} g)g'$$

de G dans G. Cette loi d'opération définit, d'après le n° 3, une application bilinéaire de $\mathscr{T}^{(\infty)}(G) \times \mathscr{T}^{(\infty)}(G)$ dans $\mathscr{T}^{(\infty)}(G)$, que nous noterons $\top$ dans ce n°. D'après la prop. 13 du n° 3, on a

$$(t * t') \top t'' = t \top (t' \top t'') \tag{22}$$

quels que soient t, t', t'' dans $\mathscr{T}^{(\infty)}(G)$. D'après la prop. 14 (i) du n° 3, on a

$$\varepsilon_g \top t = (\operatorname{Int} g)_* t \tag{23}$$

quels que soient $g \in G$ et $t \in \mathscr{T}^{(\infty)}(G)$. En particulier, l'application $t \mapsto \varepsilon_g \top t$ de $\mathscr{T}^{(\infty)}(G)$ dans $\mathscr{T}^{(\infty)}(G)$ est un automorphisme de la bigèbre $\mathscr{T}^{(\infty)}(G)$. Ses restrictions à $U(G)$, $U_s(G)$, $L(G)$ se notent $\mathrm{Ad}_{U(G)}(g)$, $\mathrm{Ad}_{U_s(G)}(g)$, $\mathrm{Ad}_{L(G)}(g)$. On écrit souvent $\mathrm{Ad}(g)$ au lieu de $\mathrm{Ad}_{L(G)}(g)$ quand aucune confusion n'en résulte. D'après (23), $\mathrm{Ad}(g)$ *est l'application tangente en e à* $\mathrm{Int}(g)$. C'est un automorphisme de l'algèbre de Lie normable $L(G)$. Pour K de caractéristique 0, $\mathrm{Ad}_{U(G)}(g)$ est l'unique automorphisme de $U(G)$ prolongeant $\mathrm{Ad}(g)$.

Si φ est un morphisme du groupe de Lie G dans un groupe de Lie H, on a

$$\varphi_*(t \top t') = \varphi_*(t) \top \varphi_*(t') \tag{24}$$

quels que soient t, t' dans $\mathscr{T}^{(\infty)}(G)$; cela résulte de la prop. 15 du nº 3.

PROPOSITION 43. — *Soient t, u dans $\mathscr{T}^{(\infty)}(G)$. Soit $\sum_{i=1}^{n} t_i \otimes t'_i$ l'image de t par le coproduit. Alors*

$$t \top u = \sum_{i=1}^{n} t_i * u * t'^{\vee}_i.$$

Par définition, $t \top u$ est l'image de $t \otimes u$ par l'application $(g, g') \mapsto gg'g^{-1}$ de $G \times G$ dans G. Or cette application s'obtient en composant les applications suivantes:

α: $(g, g') \mapsto (g, g, g')$ de $G \times G$ dans $G \times G \times G$

β: $(g, g', g'') \mapsto (g, g'^{-1}, g'')$ de $G \times G \times G$ dans $G \times G \times G$

γ: $(g, g', g'') \mapsto gg''g'$ de $G \times G \times G$ dans G.

D'autre part:

$$\alpha_*(t \otimes u) = \sum_{i=1}^{n} (t_i \otimes t'_i) \otimes u = \sum_{i=1}^{n} t_i \otimes t'_i \otimes u$$

$$\beta_*\left(\sum_{i=1}^{n} t_i \otimes t'_i \otimes u\right) = \sum_{i=1}^{n} t_i \otimes t'^{\vee}_i \otimes u$$

$$\gamma_*\left(\sum_{i=1}^{n} t_i \otimes t'^{\vee}_i \otimes u\right) = \sum_{i=1}^{n} t_i * u * t'^{\vee}_i.$$

COROLLAIRE 1. — *Soient $u \in L(G)$, $u' \in \mathscr{T}^{(\infty)}(G)$. On a $u \top u' = u * u' - u' * u$.*

En effet, l'image de u par le coproduit est $u \otimes \varepsilon_e + \varepsilon_e \otimes u$, d'où

$$u \top u' = u * u' * \varepsilon_e + \varepsilon_e * u' * u^{\vee} = u * u' - u' * u.$$

COROLLAIRE 2. — *Soient $t \in \mathscr{T}^{(\infty)}(G)$ et $g \in G$. On a $\varepsilon_g \top t = \varepsilon_g * t * \varepsilon_{g^{-1}}$. Si $t \in L(G)$, on a $\varepsilon_g \top t = gtg^{-1}$ (ce dernier produit étant calculé dans le groupe $T(G)$).*

En effet, l'image de ε_g par le coproduit est $\varepsilon_g \otimes \varepsilon_g$.

COROLLAIRE 3. — *Soit* $a \in \mathrm{L}(\mathrm{G})$. *Le champ de vecteurs défini par a et par l'opération à gauche* $g \mapsto \mathrm{Int}\, g$ *de* G *dans* G *est le champ* $\mathrm{R}_a - \mathrm{L}_a$.

En effet, la valeur de ce champ en g est

$$\begin{aligned} a \top \varepsilon_g &= a * \varepsilon_g - \varepsilon_g * a && \text{(cor. 1)} \\ &= (\mathrm{R}_a)_g - (\mathrm{L}_a)_g && \text{(déf. 5).} \end{aligned}$$

C.Q.F.D.

Pour tout $g \in \mathrm{G}$ et tout $t \in \mathrm{L}(\mathrm{G})$, on a

$$(\mathrm{Ad}\, g)(t) = \varepsilon_g \top t = \varepsilon_g * t * \varepsilon_{g^{-1}} = gtg^{-1}. \tag{25}$$

Puisque $\mathrm{Ad}\, g = \mathrm{T}_e(\mathrm{Int}\, g)$, la prop. 42 du n° 11 prouve que Ad est une représentation linéaire analytique de G dans l'espace normable L(G).

DÉFINITION 7. — *La représentation* Ad *de* G *dans* L(G) *s'appelle la représentation adjointe de* G.

PROPOSITION 44. — *Pour tout* $a \in \mathrm{L}(\mathrm{G})$, *on a*

$$(\mathrm{L}(\mathrm{Ad}))(a) = \mathrm{ad}_{\mathrm{L}(\mathrm{G})} a.$$

Soit $b \in \mathrm{L}(\mathrm{G})$. D'après la prop. 42 (ii) du n° 11 et le cor. 3 de la prop. 43, on a

$$(\mathrm{L}(\mathrm{Ad}))(a) . b = -[\mathrm{R}_a - \mathrm{L}_a, \mathrm{L}_b](e).$$

Or $\mathrm{R}_a \circ \mathrm{L}_b = \mathrm{L}_b \circ \mathrm{R}_a$ (n° 6, prop. 23 (ii)), d'où $[\mathrm{R}_a, \mathrm{L}_b] = 0$; compte tenu encore de la prop. 23 (ii), on a

$$(\mathrm{L}(\mathrm{Ad}))(a) . b = [\mathrm{L}_a, \mathrm{L}_b](e) = \mathrm{L}_{[a,b]}(e) = [a, b] = (\mathrm{ad}_{\mathrm{L}(\mathrm{G})} a) b.$$

PROPOSITION 45. — *Supposons* G *de dimension finie et* K *de caractéristique* 0. *Soit s un entier* $\geqslant 0$. *Alors l'application* $\pi : g \mapsto \mathrm{Ad}_{\mathrm{U}_s(\mathrm{G})}(g)$ *est une représentation linéaire analytique de* G *dans* $\mathrm{U}_s(\mathrm{G})$, *et* $\mathrm{L}(\pi) a = \mathrm{ad}_{\mathrm{U}_s(\mathrm{G})} a$ *pour tout* $a \in \mathrm{L}(\mathrm{G})$.

La représentation linéaire π est un quotient de $\bigoplus_{r=0}^{s} \mathrm{T}^r(\mathrm{Ad})$, donc est analytique. Pour $a \in \mathrm{L}(\mathrm{G})$ et $x_1, x_2, \ldots, x_s$ dans L(G), on a

$$\begin{aligned} (\mathrm{L}(\pi)a)(x_1 x_2 \ldots x_s) &= \sum_{i=1}^{s} x_1 \ldots (\mathrm{L}(\mathrm{Ad})a . x_i) \ldots x_s && \text{(prop. 41)} \\ &= \sum_{i=1}^{s} x_1 \ldots ([a, x_i]) \ldots x_s && \text{(prop. 44)} \\ &= (\mathrm{ad}_{\mathrm{U}_s(\mathrm{G})} a)(x_1 x_2 \ldots x_s). \end{aligned}$$

PROPOSITION 46. — *Soient* $h \in G$, $x \in T_h(G)$ *et* $a \in L(G)$. *Soit* φ *l'application* $(g, g') \mapsto gg'g^{-1}$ *de* $G \times G$ *dans* G. *L'image* y *de* $(a, x) \in T_e(G) \times T_h(G)$ *par* $T_{(e,h)}(\varphi)$ *est* $y = x + h((\operatorname{Ad} h^{-1})a - a)$.

En effet,

$$\begin{aligned} y &= (T_{(e,h)}\varphi)(a \otimes \varepsilon_h + \varepsilon_e \otimes x) \\ &= a \top \varepsilon_h + \varepsilon_e \top x \\ &= a * \varepsilon_h - \varepsilon_h * a + x \\ &= h((\operatorname{Ad} h^{-1})a) - ha + x. \end{aligned}$$

PROPOSITION 47. — *Soient* G *un groupe de Lie,* H *et* E *des sous-groupes de Lie de* G, *et supposons que* $hEh^{-1} = E$ *pour tout* $h \in H$. *Alors* $\mathscr{T}^{(\infty)}(H) \top \mathscr{T}^{(\infty)}(E) \subset \mathscr{T}^{(\infty)}(E)$. *En particulier,* $\operatorname{Ad}(H)(L(E)) \subset L(E)$ *et* $[L(H), L(E)] \subset L(E)$.

En effet, si $t \in \mathscr{T}^{(\infty)}(H)$ et $t' \in \mathscr{T}^{(\infty)}(E)$, on a $t \otimes t' \in \mathscr{T}^{(\infty)}(H \times E)$, et l'image de $H \times E$ par l'application $(g, g') \mapsto gg'g^{-1}$ est contenue dans E.

PROPOSITION 48. — *Soient* G *un groupe de Lie,* H *et* E *des sous-groupes de Lie de* G. *Supposons que* G *soit, en tant que groupe de Lie, produit semi-direct de* H *par* E. *Soit* ρ *la représentation linéaire* $g \mapsto (\operatorname{Ad} g)|L(E)$ *du groupe de Lie* G *dans* L(E) (cf. prop. 47), *et soit* σ *la restriction de* ρ *à* H. *Alors*:

(i) L(G) *est somme directe topologique de* L(H) *et* L(E);

(ii) L(H) *est une sous-algèbre de* L(G), L(E) *est un idéal de* L(G);

(iii) $L(\sigma)$ *est une représentation linéaire de* L(H) *dans l'algèbre de Lie des dérivations de* L(E);

(iv) L(G) *est le produit semi-direct de* L(H) *par* L(E) *défini par* $L(\sigma)$ (chap. I, § 1, n° 8).

(i) est évident, (ii) résulte de la prop. 47. On a $L(\sigma) = L(\rho)|L(H)$. Or, d'après les prop. 40 (n° 11) et 44 (n° 12), $L(\rho)(t)$ est, pour tout $t \in L(G)$, la restriction de $\operatorname{ad}_{L(G)} t$ à L(E). Cela prouve (iii). Compte tenu de (i) et (ii), cela prouve aussi (iv).

COROLLAIRE. — *Soit* G *un groupe de Lie. Munissons* $T_e(G)$ *de son unique structure d'algèbre de Lie commutative. Soit* τ *la représentation adjointe de* L(G). *Alors l'algèbre de Lie de* T(G) *est le produit semi-direct de* L(G) *par* $T_e(G)$ *défini par* τ. *En d'autres termes, pour* x, x' *dans* L(G) *et* y, y' *dans* $T_e(G)$, *on a*

$$[(x, y), (x', y')] = ([x, x'], [x, y'] + [y, x'])$$

(*le crochet de gauche étant calculé dans* L(T(G)) *et les crochets de droite dans* L(G)).

Cela résulte de la prop. 48, et de la prop. 6 du § 2, n° 2.

PROPOSITION 49. — *Soit* A *une algèbre associative unifère normable complète. Identifions* A *à* L(A*). *Alors, si* $g \in A^*$ *et* $y \in A$, *on a* $(\operatorname{Ad} g)y = gyg^{-1}$.

Rappelons que $\mathrm{Ad}\, g = \mathrm{T}_1(\mathrm{Int}\, g)$. Soit u_g l'application $x \mapsto gxg^{-1}$ de A dans A. La carte identique de A* dans A transforme $\mathrm{Int}\, g$ en $u_g|\mathrm{A}^*$. L'application tangente en chaque point de A* à cette application est égale à u_g, d'où la proposition.

Corollaire. — *Pour tout* $g \in \mathrm{A}^*$, *soit* $i(g)$ *l'automorphisme* $y \mapsto gyg^{-1}$ *de* A, *de sorte que* i *est une représentation linéaire analytique de* A* *dans* A. *Pour tout* $z \in \mathrm{L}(\mathrm{A}^*) = \mathrm{A}$, $\mathrm{L}(i)z$ *est la dérivation intérieure* $y \mapsto zy - yz$ *de* A.

Cela résulte des prop. 49 et 44.

13. Tenseurs et formes invariantes

Soit G un groupe de Lie. Considérons G comme opérant sur lui-même par translations à gauche (resp. à droite). Soit λ un foncteur vectoriel de classe C^ω pour les isomorphismes. Alors $\lambda(\mathrm{TG})$ est un G-fibré vectoriel à gauche (resp. à droite) analytique (§ 1, n° 8, cor. de la prop. 16). L'application $(g, u) \mapsto gu$ (resp. ug) de $\mathrm{G} \times \lambda(\mathrm{L}(\mathrm{G}))$ sur $\lambda(\mathrm{TG})$ est un isomorphisme φ (resp. ψ) de G-fibrés vectoriels (§ 1, n° 8, cor. 2 de la prop. 17). Toute section G-invariante de $\lambda(\mathrm{TG})$ est analytique, et déterminé par sa valeur en e (§ 1, n° 8, cor. 1 de la prop. 17). Une telle section est dite *invariante à gauche* (resp. *à droite*). Soit σ une section invariante à gauche de $\lambda(\mathrm{TG})$; la transformée σ' de σ par une translation à droite $\delta(g)$ est définie par $\sigma'(\delta(g)h) = \lambda(\mathrm{T}_h(\delta(g)))\sigma(h)$ quel que soit $h \in \mathrm{G}$; elle est encore invariante à gauche; elle se déduit aussi de σ par $\gamma(g) \circ \delta(g) = \mathrm{Int}(g)$, donc

$$\sigma'(e) = \lambda(\mathrm{Ad}\, g).\sigma(e). \tag{26}$$

De même, soit τ une section invariante à droite de $\lambda(\mathrm{TG})$; la transformée τ' de τ par une translation à gauche $\gamma(g)$ est encore invariante à droite, et l'on a

$$\tau'(e) = \lambda(\mathrm{Ad}\, g).\tau(e). \tag{27}$$

Considérons maintenant $\mathrm{G} \times \mathrm{G}$ comme opérant à gauche dans G par $((g, g'), g'') \mapsto gg''g'^{-1}$. Alors G est un espace homogène de Lie à gauche pour $\mathrm{G} \times \mathrm{G}$ (§ 1, n° 6, *Exemple*). Donc $\lambda(\mathrm{TG})$ est un $(\mathrm{G} \times \mathrm{G})$-fibré vectoriel à gauche analytique. Une section de $\lambda(\mathrm{TG})$ est dite *biinvariante* si elle est invariante par l'action de $\mathrm{G} \times \mathrm{G}$ dans $\lambda(\mathrm{TG})$, autrement dit si elle est invariante par les translations à gauche et à droite. Soit $\lambda(\mathrm{L}(\mathrm{G}))_0$ l'ensemble des éléments de $\lambda(\mathrm{L}(\mathrm{G}))$ invariants par $\lambda(\mathrm{Ad}(\mathrm{G}))$. Pour tout $u \in \lambda(\mathrm{L}(\mathrm{G}))_0$, soit σ_u l'application de G dans $\lambda(\mathrm{TG})$ définie par $\sigma_u(g) = gu = ug$. Alors, $u \mapsto \sigma_u$ est une bijection de $\lambda(\mathrm{L}(\mathrm{G}))_0$ sur l'ensemble des sections biinvariantes de $\lambda(\mathrm{TG})$ (§ 1, n° 8, cor. 1 de la prop. 17).

Proposition 50. — *Soit* G *un groupe de Lie (supposé de dimension finie si* K *est de caractéristique* > 0). *Soit* E *l'espace vectoriel des formes multilinéaires alternées continues de* *degré k sur* $T_e(G)$. *Pour tout* $u \in E$, *soit* ω^u *la forme différentielle de degré* k *sur* G *telle que* $(\omega^u)_g$ *soit la forme multilinéaire sur* $T_g(G)$ *déduite de* u *par la translation* $h \mapsto gh$ (resp. $h \mapsto hg$). *Alors* ω^u *est analytique invariante à gauche* (resp. *à droite*) *sur* G. *L'application* $u \mapsto \omega^u$ *est un isomorphisme de* E *sur l'espace vectoriel des formes différentielles de degré* k *invariantes à gauche* (resp. *à droite*) *sur* G.

C'est un cas particulier de ce qu'on a dit plus haut.

Soit F un espace normable complet. La prop. 50 reste valable si l'on remplace les formes différentielles sur G à valeurs dans K par les formes différentielles sur G à valeurs dans F. Pour toute application linéaire continue u de $T_e(G)$ dans F, il existe une forme différentielle ω^u de degré 1 sur G, à valeurs dans F, telle que $(\omega^u)_g = u \circ T_g(\gamma(g)^{-1})$. En particulier, prenons $F = T_e(G)$ et $u = \mathrm{Id}_{T_e(G)}$. On obtient alors la forme différentielle ω sur G telle que $\omega_g = T_g(\gamma(g^{-1}))$; cette forme différentielle est invariante à gauche et analytique; on l'appelle la *forme différentielle canonique gauche* de G. On a $\omega_g(t) = g^{-1}t$ pour tout $t \in T_g(G)$.

Si F est de nouveau un espace normable complet quelconque, et si $u \in \mathscr{L}(T_e(G), F)$, on a $\omega^u = u \circ \omega$. En particulier (prenant F = K), l'application $v \mapsto v \circ \omega$ est une bijection linéaire du dual de $T_e(G)$ sur l'espace vectoriel des formes différentielles de degré 1 à valeurs dans K invariantes à gauche sur G.

De même, la forme différentielle ω' sur G telle que $\omega'_g = T_g(\delta(g))$ s'appelle la *forme différentielle canonique droite* de G. On a des propriétés analogues à celles de ω, qu'on laisse au lecteur le soin d'énoncer. L'application $g \mapsto g^{-1}$ de G sur G transforme ω en ω'.

14. Formules de Maurer-Cartan

Soit X une variété de classe C^r, de dimension finie si K est de caractéristique > 0 et soit L une algèbre de Lie normable complète. Soit α une forme différentielle de degré 1 sur X à valeurs dans L, de classe C^{r-1}. Soit $x \in X$. L'application

$$(u_1, u_2) \mapsto [\alpha_x(u_1), \alpha_x(u_2)]$$

de $T_x(X) \times T_x(X)$ dans L est une forme bilinéaire alternée continue sur $T_x(X)$, à valeurs dans L. Nous la noterons $[\alpha]^2_x$, de sorte que $[\alpha]^2$ est une forme différentielle de degré 2 sur X à valeurs dans L. Identifiant un voisinage ouvert de x dans X à une partie ouverte d'un espace de Banach, on voit aussitôt que $[\alpha]^2$ est de classe C^{r-1}. Si X' est une variété de classe C^r et f: X' $\rightarrow$ X un morphisme, on a

$$[f^*(\alpha)]^2 = f^*([\alpha]^2). \tag{28}$$

Soient α, β deux formes différentielles de degré 1 sur X à valeurs dans L, de classe C^{r-1}. Le produit extérieur $\alpha \wedge \beta$ de α et β (VAR, R, 7.8.2) est une forme différentielle de degré 2 sur X, à valeurs dans L, de classe C^{r-1}; on a

$$(\alpha \wedge \beta)_x(u_1, u_2) = [\alpha_x(u_1), \beta_x(u_2)] - [\alpha_x(u_2), \beta_x(u_1)] \tag{29}$$

pour u_1, u_2 dans $T_x(X)$. Il est immédiat que

$$(30) \qquad [\alpha + \beta]^2 = [\alpha]^2 + [\beta]^2 + \alpha \wedge \beta$$

$$(31) \qquad \alpha \wedge \alpha = 2[\alpha]^2.$$

PROPOSITION 51. — *Soit* G *un groupe de Lie, de dimension finie si* K *est de caractéristique* > 0, *et soient* $a_1, \ldots, a_p$ *des éléments de* L(G), F *un espace normable complet,* α *une forme différentielle de degré* $p - 1$ *sur* G *à valeurs dans* F. *Si* α *est invariante à gauche, on a*

$$(d\alpha)_e(a_1, \ldots, a_p) = \sum_{i<j} (-1)^{i+j} \alpha_e([a_i, a_j], a_1, \ldots, a_{i-1}, a_{i+1}, \ldots, a_{j-1}, a_{j+1}, \ldots, a_p).$$

Si α *est invariante à droite, on a*

$$(d\alpha)_e(a_1, \ldots, a_p) = -\sum_{i<j} (-1)^{i+j} \alpha_e([a_i, a_j], a_1, \ldots, a_{i-1}, a_{i+1}, \ldots, a_{j-1}, a_{j+1}, \ldots, a_p).$$

Supposons α invariante à gauche. D'après VAR, R, 8.5.7, on a

$$(d\alpha)(L_{a_1}, \ldots, L_{a_p}) = \sum_i (-1)^{i-1} L_{a_i} \alpha(L_{a_1}, \ldots, L_{a_{i-1}}, L_{a_{i+1}}, \ldots, L_{a_p})$$
$$+ \sum_{i<j} (-1)^{i+j} \alpha([L_{a_i}, L_{a_j}], L_{a_1}, \ldots, L_{a_{i-1}}, L_{a_{i+1}}, \ldots, L_{a_{j-1}}, L_{a_{j+1}}, \ldots, L_{a_p}).$$

Mais les fonctions $\alpha(L_{a_1}, \ldots, L_{a_{i-1}}, L_{a_{i+1}}, \ldots, L_{a_p})$ sur G sont invariantes à gauche, donc constantes. Donc

$$L_{a_i} \alpha(L_{a_1}, \ldots, L_{a_{i-1}}, L_{a_{i+1}}, \ldots, L_{a_p}) = 0.$$

Par ailleurs, $[L_{a_i}, L_{a_j}] = L_{[a_i, a_j]}$ (prop. 23), d'où la première formule de la prop. 51. La deuxième s'établit de manière analogue, en tenant compte cette fois de $[R_{a_i}, R_{a_j}] = -R_{[a_i, a_j]}$.

COROLLAIRE 1. — *Soient* G *un groupe de Lie, de dimension finie si* K *est de caractéristique* > 0, ω *et* ω' *les formes différentielles canoniques gauche et droite de* G. *On a*

$$d\omega + [\omega]^2 = 0 \qquad d\omega' - [\omega']^2 = 0.$$

D'après la prop. 51, on a

$$(d\omega)_e(a_1, a_2) = -\omega_e([a_1, a_2]) = -[a_1, a_2] = -[\omega_e(a_1), \omega_e(a_2)]$$
$$= -[\omega]_e^2(a_1, a_2)$$

d'où la première formule. La deuxième s'établit de manière analogue.

COROLLAIRE 2. — *Supposons* G *de dimension finie. Soient* $(e_1, \ldots, e_n)$ *une base de* L(G), $(e_1^*, \ldots, e_n^*)$ *la base duale,* (c_{ijk}) *les constantes de structure de* L(G) *relativement à la base*

$(e_1, \ldots, e_n)$, ω_i (resp. ω'_i) *la forme différentielle invariante à gauche* (resp. *à droite*) *sur* G, *à valeurs dans* K, *telle que* $(\omega_i)_e = e_i^*$ (resp. $(\omega'_i)_e = e_i^*$). *Alors*

$$d\omega_k + \sum_{i<j} c_{ijk}\omega_i \wedge \omega_j = 0 \qquad (k = 1, 2, \ldots, n)$$

$$d\omega'_k - \sum_{i<j} c_{ijk}\omega'_i \wedge \omega'_j = 0 \qquad (k = 1, 2, \ldots, n).$$

En effet, si $r < s$, on a

$$\begin{aligned}(d\omega_k)_e(e_r, e_s) &= -(\omega_k)_e([e_r, e_s]) \\ &= -\sum_l c_{rsl}(\omega_k)_e(e_l) \\ &= -c_{rsk} \\ &= -\sum_{i<j} c_{ijk}(\omega_i \wedge \omega_j)_e(e_r, e_s).\end{aligned}$$

On raisonne de même pour les ω'_k.

15. Construction de formes différentielles invariantes

Lemme 2. — *Soient* G *un groupe de Lie,* U *un voisinage ouvert symétrique de e dans* G, E *un espace normable complet,* $\varphi: U^2 \to E$ *une application analytique. Pour tout* $g \in U$, *soit* ω_g *la différentielle au point g de l'application* $h \mapsto \varphi(g^{-1}h)$. *Alors* ω *est la restriction à* U *de la forme différentielle invariante à gauche sur* G *dont la valeur en e est* $d_e\varphi$.

Il est clair que $\omega_e = d_e\varphi$. Pour tout $g \in U$ et tout $t \in T_e(G)$, on a

$$\begin{aligned}\langle \omega_g, T_e(\gamma(g))t\rangle &= \langle d_g(\varphi \circ \gamma(g)^{-1}), T_e(\gamma(g))t\rangle \\ &= \langle d_e\varphi \circ T_g(\gamma(g)^{-1}), T_e(\gamma(g))t\rangle = \langle d_e\varphi, t\rangle\end{aligned}$$

donc ω_g se déduit de $d_e\varphi$ par $T_e(\gamma(g))$.

Proposition 52. — *Soient n un entier* > 0, G *un groupe de Lie de dimension n,* U *un voisinage ouvert symétrique de e dans* G, $\psi: U^2 \to K^n$ *une carte de* G *telle que* $\psi(e) = 0$. *Si* $(x_1, \ldots, x_n)$ *sont les coordonnées de* $x \in \psi(U)$ *et* $(y_1, \ldots, y_n)$ *les coordonnées de* $y \in \psi(U)$, *notons*

$$m_1(x_1, \ldots, x_n, y_1, \ldots, y_n), \ldots, m_n(x_1, \ldots, x_n, y_1, \ldots, y_n)$$

les coordonnées de $\psi(\psi^{-1}(x)^{-1}\psi^{-1}(y))$. *Alors, si l'on pose, pour* $1 \leqslant k \leqslant n$,

$$(32) \quad \varpi_k(x_1, \ldots, x_n) = D_{n+1}m_k(x_1, \ldots, x_n, x_1, \ldots, x_n)\,dx_1 + \cdots + D_{2n}m_k(x_1, \ldots, x_n, x_1, \ldots, x_n)\,dx_n,$$

les formes différentielles ϖ_k *sur* $\psi(U)$ *sont déduites par* ψ *de formes différentielles invariantes à gauche sur* G, *et telles que* $\varpi_k(0, \ldots, 0) = dx_k$.

Appliquons le lemme 2 avec $E = K$, en prenant pour $\varphi(g)$ la coordonnée d'indice k de $\psi(g)$. On obtient une forme différentielle ω_k; soit ϖ_k sa transformée par ψ. La valeur de ϖ_k en $(x_1, \ldots, x_n)$ est la différentielle en $(x_1, \ldots, x_n)$ de la fonction $y \mapsto m_k(x_1, \ldots, x_n, y_1, \ldots, y_n)$; cette valeur est donc fournie par la formule (32). Il suffit alors d'utiliser la conclusion du lemme 2.

PROPOSITION 53. — *Soient* G *un groupe de Lie*, A *une algèbre normable complète*, φ *un morphisme de groupes de Lie de* G *dans* A^*. *Pour tout* $g \in G$, *soit* $\omega_g = \varphi(g)^{-1}.d_g\varphi$. *Alors* ω *est la forme différentielle invariante à gauche sur* G *dont la valeur en* e *est* $d_e\varphi$.

En effet, appliquons le lemme 2 avec $E = A$, $U = G$. La différentielle en g de l'application $h \mapsto \varphi(g^{-1}h) = \varphi(g)^{-1}\varphi(h)$ est $\varphi(g)^{-1}.d_g\varphi$.

16. Mesure de Haar sur un groupe de Lie

Soit G un groupe de Lie de dimension finie n. Alors $\bigwedge^n(T_e(G))$ est de dimension 1. Donc (n° 13) l'espace vectoriel S des formes différentielles de degré n invariantes à gauche sur G est de dimension 1. Soit $(\omega_1, \ldots, \omega_n)$ une base de l'espace vectoriel des formes différentielles de degré 1 invariantes à gauche sur G; alors $\omega_1 \wedge \omega_2 \wedge \cdots \wedge \omega_n$ est une base de S.

PROPOSITION 54. — *Soient* G *un groupe de Lie de dimension finie* n, ω *une forme différentielle de degré* n *invariante à gauche sur* G, *et* φ *un endomorphisme de* G. *On a*

$$\varphi^*(\omega) = (\det L(\varphi))\omega.$$

Posons $L(\varphi) = u$, $\omega_e = f$, $\varphi^*(\omega)_e = g$. Quels que soient $x_1, \ldots, x_n$ dans $L(G)$, on a

$$g(x_1, \ldots, x_n) = f(ux_1, \ldots, ux_n) = (\det u) f(x_1, \ldots, x_n)$$

donc $\varphi^*(\omega)_e = \det L(\varphi).\omega_e$. D'autre part, si $g \in G$, on a $\varphi \circ \gamma(g) = \gamma(\varphi(g)) \circ \varphi$, donc $\gamma(g)^*\varphi^*(\omega) = \varphi^*(\omega)$. Ainsi, $\varphi^*(\omega)$ est invariante à gauche, d'où la proposition.

COROLLAIRE. — *Pour tout* $g \in G$, *on a*

$$\delta(g)^*\omega = (\det \mathrm{Ad}\, g)\omega.$$

En effet, $\delta(g)^*\omega = \delta(g)^*\gamma(g)^*\omega = (\mathrm{Int}\, g)^*\omega$, et $L(\mathrm{Int}\, g) = \mathrm{Ad}\, g$.

C.Q.F.D.

Soient G un groupe localement compact, φ un endomorphisme de G. Supposons qu'il existe des voisinages ouverts V, V' de e tels que $\varphi(V) = V'$ et que $\varphi|V$ soit un isomorphisme local de G à G. Soit μ une mesure de Haar à gauche de G. D'après INT, VII, § 1, cor. de la prop. 9, il existe un nombre $a > 0$ unique tel que $\varphi(\mu|V) = a^{-1}\mu|V'$. Il est clair que a est indépendant des choix de V, V', μ. On l'appelle le module de φ et on le note $\mathrm{mod}_G\, \varphi$ ou simplement mod φ. Lorsque φ est un automorphisme de G, on retrouve la déf. 4 de INT, VII, § 1.

Proposition 55. — *Supposons* K *localement compact. Soit* μ *une mesure de Haar sur le groupe additif de* K. *Soit* G *un groupe de Lie de dimension finie n.*

(i) *Soit* ω *une forme différentielle de degré n sur* G, *invariante à gauche et non nulle. Alors la mesure* $\mathrm{mod}\,(\omega)_\mu$ (VAR, R, 10.1.6) *est une mesure de Haar à gauche de* G. *Si* $K = \mathbf{R}$, *et si* G *est muni de l'orientation définie par* ω, *la mesure définie par* ω (VAR, R, 10.4.3) *est une mesure de Haar à gauche de* G.

(ii) *Soit* φ *un endomorphisme étale de* G. *On a* $\mathrm{mod}\,\varphi = \mathrm{mod}\,\det L(\varphi)$.

(i) est évident. Soient V, V' des voisinages ouverts de e tels que $\varphi(V) = V'$ et que $\varphi|V$ soit un isomorphisme local de G à G. On a

$$\begin{aligned}\varphi^{-1}(\mathrm{mod}\,(\omega)_\mu \mid V') &= \mathrm{mod}\,(\varphi^*(\omega))_\mu \mid V) && \text{par transport de structure}\\ &= \mathrm{mod}(\det L(\varphi)\omega \mid V)_\mu && \text{(prop. 54)}\\ &= \mathrm{mod}\,\det L(\varphi)\ (\mathrm{mod}\,(\omega)_\mu) \mid V)\end{aligned}$$

d'où $\mathrm{mod}\,\varphi = \mathrm{mod}\,\det L(\varphi)$ par définition de mod φ.

Corollaire. — *Pour tout* $g \in G$, *on a* $\Delta_G(g) = (\mathrm{mod}\,\det \mathrm{Ad}\, g)^{-1}$. *En particulier, pour que* G *soit unimodulaire, il faut et il suffit* $\mathrm{mod}\,\det \mathrm{Ad}\, g = 1$ *pour tout* $g \in G$.

En effet,

$$\begin{aligned}\Delta_G(g) &= (\mathrm{mod}\,\mathrm{Int}\, g)^{-1} && \text{(INT, VII, § 1, formule (33))}\\ &= (\mathrm{mod}\,\det L(\mathrm{Int}\, g))^{-1} && \text{(prop. 55)}\\ &= (\mathrm{mod}\,\det \mathrm{Ad}\, g)^{-1}.\end{aligned}$$

Remarque. — Reprenons les hypothèses et les notations de la prop. 52, et supposons K localement compact. Soit μ la mesure

$$\mathrm{mod}\,\det\,(D_{n+i}\, m_k\,(x_1, \ldots, x_n, x_1, \ldots, x_n))_{1 \leqslant i,k \leqslant n}\, dx_1 \ldots dx_n$$

sur $\psi(U)$. Alors $\psi^{-1}(\mu)$ est la restriction à U d'une mesure de Haar de G.

Proposition 56. — *Soient* G *un groupe de Lie de dimension finie n,* H *un sous-groupe de Lie de dimension p,* X *l'espace homogène de Lie* G/H. *On suppose que*

$$\det \mathrm{Ad}_{L(G)}\, h = \det \mathrm{Ad}_{L(H)}\, h$$

pour tout $h \in H$. *Alors:*

(i) *Les formes différentielles de degré* $n - p$ *sur* X *invariantes par* G *sont analytiques.*

(ii) *L'espace vectoriel de ces formes est de dimension* 1.

(iii) *Si* ω *est une telle forme non nulle, et si* K *est localement compact,* mod $(\omega)_\mu$ *est une mesure non nulle sur* X *invariante par* G.

D'après le § 1, n° 8, *Exemples*, $\mathrm{Alt}^{n-p}(\mathrm{TX}, \mathrm{K})$ est un G-fibré vectoriel analytique. Soit x_0 l'image canonique de e dans X; son stabilisateur est H. La fibre de $\mathrm{Alt}^{n-p}(\mathrm{TX}, \mathrm{K})$ en x_0 est $\wedge^{n-p} \mathrm{T}_{x_0}(\mathrm{X})^*$, et $\mathrm{T}_{x_0}(\mathrm{X})$ s'identifie canoniquement à $\mathrm{L(G)/L(H)}$. Si $h \in \mathrm{H}$, l'automorphisme τ_h de X défini par h se déduit par passage au quotient de l'automorphisme $g \mapsto hgh^{-1}$ de G. Donc l'automorphisme $\mathrm{T}_{x_0}(\tau_h)$ se déduit par passage au quotient de $\mathrm{Ad}_{\mathrm{L(G)}}(h)$. Comme

$$\det \mathrm{Ad}_{\mathrm{L(G)}}\, h = (\det \mathrm{Ad}_{\mathrm{L(H)}}\, h).(\det \mathrm{T}_{x_0}(\tau_h)),$$

l'hypothèse entraîne que $\det \mathrm{T}_{x_0}(h) = 1$. Ainsi, tout élément de $\wedge^{n-p} \mathrm{T}_{x_0}(\mathrm{X})^*$ est invariant par H. Ceci posé, (i) et (ii) résultent du § 1, n° 8, cor. 1 de la prop. 17, et (iii) est évident.

L'existence d'une mesure positive non nulle sur X invariante par G résulte d'ailleurs d'INT, VII, § 2, cor. 2 du th. 3, car l'hypothèse de la prop. 56 implique $\Delta_{\mathrm{G}}|\mathrm{H} = \Delta_{\mathrm{H}}$ (cor. de la prop. 55).

PROPOSITION 57. — *Soit* G *un groupe de Lie de dimension finie n. Choisissons une base de* $\wedge^n \mathrm{T}_e(\mathrm{G})^*$; *grâce à la trivialisation droite* (resp. *gauche*) *de* $\wedge^n \mathrm{T(G)}^*$, *cela permet d'identifier ce fibré vectoriel au fibré vectoriel trivial* G × K, *de sorte que le transposé d'un opérateur différentiel scalaire s'identifie à un opérateur différentiel scalaire.*

Ceci posé, si $u \in \mathrm{U(G)}$, *le transposé de* L_u (resp. R_u) *est* $\mathrm{L}_{\check{u}}$ (resp. R_u).

Nous raisonnerons dans le cas où on a trivialisé $\wedge^n \mathrm{T(G)}^*$ à l'aide d'une forme ω invariante à droite.

Supposons la proposition prouvée pour des éléments u_1, u_2 de U(G). Alors,

$$\begin{aligned} {}^t(\mathrm{L}_{u_1 * u_2}) &= {}^t(\mathrm{L}_{u_1} \circ \mathrm{L}_{u_2}) && \text{(prop. 23)} \\ &= {}^t(\mathrm{L}_{u_2}) \circ {}^t(\mathrm{L}_{u_1}) && \text{(VAR, R, 14.3.3)} \\ &= \mathrm{L}_{\check{u}_2} \circ \mathrm{L}_{\check{u}_1} && \text{par hypothèse} \\ &= \mathrm{L}_{\check{u}_2 * \check{u}_1} && \text{(prop. 23)} \\ &= \mathrm{L}_{(u_1 * u_2)^\vee} && \text{(prop. 7),} \end{aligned}$$

donc la proposition est vraie pour $u_1 * u_2$. Il suffit par conséquent de prouver la proposition quand $u \in \mathrm{T}_e(\mathrm{G})$. Or, L_u est défini par G opérant à droite dans G (n° 6), donc $\theta_{\mathrm{L}_u}\omega = 0$ puisque ω est invariante à droite (VAR, R, 8.4.5); par suite, si f est une fonction analytique dans un voisinage ouvert de e, à valeurs dans K, on a $\theta_{\mathrm{L}_u}(f\omega) = (\theta_{\mathrm{L}_u} f)\omega$ (VAR, R, 8.4.8). Compte tenu des identifications faites et de VAR, R, 14.4.1, le transposé de L_u est $-\mathrm{L}_u$, c'est-à-dire $\mathrm{L}_{\check{u}}$.

COROLLAIRE. — *Soient* G *un groupe de Lie réel de dimension finie,* μ (resp. ν) *une mesure de Haar à gauche* (resp. *à droite*) *de* G, *k un entier* $\geqslant 0$, $u \in \mathrm{U}_k(\mathrm{G})$, *f et g des fonctions réelles de classe* C^k *sur* G *à support compact. Alors*

$$\int_{\mathrm{G}} (\mathrm{R}_u f)\, g\, d\mu = \int_{\mathrm{G}} f(\mathrm{R}_{\check{u}}\, g)\, d\mu$$

$$\int_{\mathrm{G}} (\mathrm{L}_u f)\, g\, d\nu = \int_{\mathrm{G}} f(\mathrm{L}_{\check{u}}\, g)\, d\nu.$$

Cela résulte de la prop. 57, et de VAR, R, 14.3.8.

17. Différentielle gauche

DÉFINITION 8. — *Soient* G *un groupe de Lie*, M *une variété de classe* C^r, *f une application de classe* C^r *de* M *dans* G. *On appelle différentielle gauche* (resp. *droite*) *de f la forme différentielle de degré* 1 *sur* M *à valeurs dans* L(G) *qui, à tout vecteur* $u \in \mathrm{T}_m(\mathrm{M})$, *associe l'élément* $f(m)^{-1}.(\mathrm{T}_m f)(u)$ (resp. $(\mathrm{T}_m f)(u).f(m)^{-1}$).

Dans ce chapitre, nous ne considérerons que la différentielle gauche, que nous noterons $f^{-1}.df$, et laisserons au lecteur le soin de traduire les résultats pour la différentielle droite.

Si f est l'application identique de G, $f^{-1}.df$ est la forme différentielle gauche canonique ω de G. Revenant au cas général de la déf. 8, on a $(f^{-1}.df)_m = \omega_{f(m)} \circ \mathrm{T}_m(f)$, donc $f^{-1}.df = f^*(\omega)$. Cela entraîne que $f^{-1}.df$ est de classe C^{r-1}.

Exemples. — 1) Si G est le groupe additif d'un espace normable complet, et si on identifie canoniquement $\mathrm{T}_0(\mathrm{E})$ à E, $f^{-1}.df$ est la différentielle df définie en VAR, R, 8.2.2.

2) Supposons que G soit le groupe multiplicatif A* associé à une algèbre normable complète A. Alors f peut être considérée comme une application de M dans A, donc la différentielle df au sens de VAR, R, 8.2.2 est définie, et le produit $f^{-1}\, df$ au sens de VAR, R, 8.3.2 est défini. Il est clair que cette dernière forme est identique à la différentielle gauche de f.

PROPOSITION 58. — *Soient* G *et* H *deux groupes de Lie*, M *une variété de classe* C^r, *f une application de classe* C^r *de* M *dans* G, *et h un morphisme de* G *dans* H. *On a*

$$(h \circ f)^{-1}.d(h \circ f) = \mathrm{L}(h) \circ (f^{-1}.df) = (h^{-1}.dh) \circ \mathrm{T}(f).$$

On a, en effet, quels que soient $x \in \mathrm{M}$ et $u \in \mathrm{T}_x(\mathrm{M})$,

$$(h \circ f)^{-1}.d(h \circ f)(u) = ((h \circ f)(x))^{-1}.\mathrm{T}(h \circ f)(u).$$

Cette dernière expression est égale, d'une part, à

$$\begin{aligned} &\mathrm{T}(h)(f(x)^{-1}.\mathrm{T}(f)(u)) \qquad (\S\ 2,\ \text{prop. } 5)\\ &= \mathrm{T}_e(h)((f^{-1}.df)(u)) \end{aligned}$$

et d'autre part à

$$\begin{aligned} &h(f(x))^{-1}\mathrm{T}(h)(\mathrm{T}(f)u) \\ &= (h^{-1}.dh)(\mathrm{T}(f)u). \end{aligned}$$

PROPOSITION 59. — *Soient* G *un groupe de Lie,* M *une variété de classe* C^r, *f et g des applications de classe* C^r *de* M *dans* G, *et p la surjection canonique de* TM *sur* M.

(i) *On a*

$$(fg)^{-1}.d(fg) = (\mathrm{Ad} \circ g \circ p)^{-1} \circ (f^{-1}.df) + g^{-1}.dg.$$

(ii) *Posons* $h(m) = f(m)^{-1}$ *pour tout* $m \in \mathrm{M}$. *Alors*

$$h^{-1}.dh = -(\mathrm{Ad} \circ f \circ p) \circ (f^{-1}.df).$$

L'assertion (i) résulte du § 2, n° 2, prop. 7. L'assertion (ii) résulte de (i) en faisant $g = h$.

COROLLAIRE 1. — *Soient* $s \in \mathrm{G}$, *et sg l'application* $x \mapsto sg(x)$ *de* M *dans* G. *On a* $(sg)^{-1}.d(sg) = g^{-1}.dg$.

Cela résulte de la prop. 59 (i) en prenant pour f l'application constante $x \mapsto s$ de M dans G.

COROLLAIRE 2. — *Si les applications f et g de* M *dans* G *ont même différentielle gauche, l'application tangente à* fg^{-1} *est partout nulle. Si de plus* K *est de caractéristique* 0, *alors* fg^{-1} *est localement constante.*

On a en effet, d'après la prop. 59

$$(fg^{-1})^{-1}.d(fg^{-1}) = (\mathrm{Ad} \circ g \circ p) \circ (f^{-1}.df) - (\mathrm{Ad} \circ g \circ p) \circ (g^{-1}.dg).$$

Si $f^{-1}.df = g^{-1}.dg$, on a donc $(fg^{-1})^{-1}.d(fg^{-1}) = 0$, c'est-à-dire $\mathrm{T}_x(fg^{-1}) = 0$ pour tout $x \in \mathrm{M}$. Ceci prouve la première assertion. La deuxième en résulte, d'après VAR, R, 5.5.3.

PROPOSITION 60. — *Soient* G *un groupe de Lie, de dimension finie si* K *est de caractéristique* >0, M *une variété de classe* C^r, *f une application de classe* C^r *de* M *dans* G, *et* α *la différentielle gauche de f. On a* $d\alpha + [\alpha]^2 = 0$.

En effet, soit ω la forme différentielle gauche canonique de G. Utilisant le cor. 1 de la prop. 51, n° 14, on a

$$\begin{aligned} d\alpha &= d(f^*(\omega)) = f^*(d\omega) = f^*(-[\omega]^2) \\ &= -[f^*(\omega)]^2 = -[\alpha]^2. \end{aligned}$$

18. Algèbre de Lie d'un groupuscule de Lie

Dans ce n°, on désigne par (G, e, θ, m) un groupuscule de Lie. Une grande partie des résultats du § sont encore valables, avec la même démonstration. Nous allons passer en revue ceux qui nous seront utiles.

18.1 Soit Ω l'ensemble de définition de m. Soient $(g, g') \in \Omega$, $t \in T_g^{(\infty)}(G)$, $t' \in T_{g'}^{(\infty)}(G)$. Comme au n° 1, on appelle produit de convolution de t et t', et on note $t * t'$, l'image de $t \otimes t'$ par m. On pose $U(G) = T_e^{(\infty)}(G)$, $U_s(G) = T_e^{(s)}(G)$, $U^+(G) = T_e^{(\infty)+}(G)$, $U_s^+(G) = T_e^{(s)+}(G)$. Pour t, t' dans $U(G)$, $t * t'$ est défini et appartient à $U(G)$. Pour le produit de convolution, $U(G)$ est une algèbre associative, avec l'élément unité ε_e, filtrée par les $U_s(G)$. L'isomorphisme canonique $i_{G,e}$ de gr $U(G)$ sur $\mathsf{TS}(T_e(G))$ est un isomorphisme d'algèbres.

18.2. Soient G, H des groupuscules de Lie, $\varphi: G \to H$ un morphisme. Si $t \in U(G)$, l'image $U(\varphi)(t)$ de t par φ_* est un élément de $U(H)$, et $U(\varphi)$ est un morphisme de l'algèbre $U(G)$ dans l'algèbre $U(H)$. L'application $\theta: x \mapsto x^{-1}$ de G dans G définit une application $t \mapsto t^\vee$ de $U(G)$ dans $U(G)$. Pour t, t' dans $U(G)$, le produit $t * t'$ calculé relativement à $G^\vee$ est égal au produit $t' * t$ calculé relativement à G, et $(t * t')^\vee = t'^\vee * t^\vee$. On a $U(\varphi)(t^\vee) = (U(\varphi)t)^\vee$. Si $G_1, \ldots, G_n$ sont des groupuscules de Lie, et $G = G_1 \times \cdots \times G_n$, l'isomorphisme canonique de $U(G_1) \otimes \cdots \otimes U(G_n)$ sur $U(G)$ est un isomorphisme d'algèbres; pour $t_1, \ldots, t_n$ dans $U(G)$, on a $(t_1 \otimes \cdots \otimes t_n)^\vee = t_1^\vee \otimes \cdots \otimes t_n^\vee$. Soient L un sous-groupuscule de Lie de G, et $i: L \to G$ l'injection canonique. Alors $U(i)$ est un homomorphisme injectif de l'algèbre $U(H)$ dans l'algèbre $U(G)$, et $U(i)(t^\vee) = (U(i)(t))^\vee$ pour tout $t \in U(H)$. Munie du produit de convolution et du coproduit que définit la structure de variété de G, $U(G)$ est une bigèbre, et $U(\varphi)$ est un morphisme de bigèbres.

18.3. Soient G un groupuscule de Lie, X une variété de classe C^r, et ψ un morceau de loi d'opération à gauche de classe C^r de G dans X. Soit Ω l'ensemble de définition de ψ. Si $t \in T_g^{(s)}(G)$, $u \in T_x^{(s')}(X)$, si $(g, x) \in \Omega$ et si $s + s' \leqslant r$, on note $t * u$ l'image de $t \otimes u$ par ψ_*. Soient $t \in T_g^{(s)}(G)$, $t' \in T_{g'}^{(s')}(G)$, $u \in T_x^{(s'')}(X)$; si $s + s' + s'' \leqslant r$, et si gg', $(gg')x$, $g'x$, $g(g'x)$ sont définis, alors

$$(t * t') * u = t * (t' * u).$$

Soient $x_0 \in X$, et $\rho(x_0)$ l'application $g \mapsto gx_0$, qui est définie dans un voisinage ouvert de e. Si $t \in U_r(G)$, on a $\rho(x_0)_* t = t * \varepsilon_{x_0}$. Ici et dans la suite de ce n°, nous laisserons au lecteur le soin de faire les traductions pour les morceaux de lois d'opération à droite.

18.4. Conservons les notations de 18.3. Soit $t \in U_s(G)$ avec $s \leqslant r$. Soit f une fonction de classe C^r sur X à valeurs dans un espace polynormé séparé. On note $t * f$ la fonction sur X définie par

$$\begin{aligned}(t * f)(x) &= \langle t, g \mapsto f(\psi(\theta(g), x))\rangle \\ &= \langle t^\vee, f \circ \rho(x)\rangle = \langle \rho(x)_*(t^\vee), f\rangle = \langle t^\vee * \varepsilon_x, f\rangle.\end{aligned}$$

Si $t \in U_s(G)$, $t' \in U_{s'}(G)$ et si $s + s' \leqslant r$, on a $\langle t', t * f \rangle = \langle t^\vee * t', f \rangle$, et $(t * t') * f = t * (t' * f)$. Soient $t \in U_s(G)$, f et f' des fonctions de classe C^r sur X à valeurs dans des espaces polynormés séparés F, F', et $(u, u') \mapsto u.u'$ une application bilinéaire continue de $F \times F'$ dans un espace polynormé séparé; soit $\sum_{i=1}^{n} t_i \otimes t'_i$ l'image de t par le coproduit; si $s \leqslant r$, on a

$$t * (ff') = \sum_{i=1}^{n} (t_i * f)(t'_i * f').$$

18.5. Conservons les notations de 18.3. Soit $t \in U_s(G)$, avec $s \leqslant r$. L'application $x \mapsto t * \varepsilon_x$ s'appelle le champ de distributions ponctuelles défini par t et par le morceau de loi d'opération, et se note parfois D_t^ψ ou D_t. Si $f: X \to F$ est une fonction de classe C^r, la fonction $t^\vee * f$ sur X se note aussi $D_t f$; elle est de classe C^{r-s} si $s < \infty$. Si $t \in U_s(G)$, $t' \in U_{s'}(G)$, et $s + s' \leqslant r$, on a $D_{t*t'} f = D_{t'}(D_t f)$. Si G et X sont de dimension finie, D_t est un opérateur différentiel sur X d'ordre $\leqslant s$, et de classe C^{r-s} (si $s < \infty$). La fonction $D_t f$ est alors la transformée de f par cet opérateur différentiel.

18.6. Soient G un groupuscule de Lie, et $t \in U(G)$. On note L_t le champ de distributions ponctuelles $g \mapsto \varepsilon_g * t$ sur G, et R_t le champ de distributions ponctuelles $g \mapsto t * \varepsilon_g$ sur G. Si $f \in \mathscr{C}^\omega(G, F)$, on a $L_t f \in \mathscr{C}^\omega(G, F)$ et $R_t f \in \mathscr{C}^\omega(G, F)$. Pour t, t' dans U(G), on a $L_{t*t'} = L_t \circ L_{t'}$, $R_{t*t'} = R_{t'} \circ R_t$, $L_t \circ R_{t'} = R_{t'} \circ L_t$, $\theta(L_t) = R_{t^\vee}$.

18.7. Comme $T_e(G)$ est l'ensemble des éléments primitifs de U(G), on a $[T_e(G), T_e(G)] \subset T_e(G)$. L'espace normable $T_e(G)$, muni du crochet, est une algèbre de Lie normable, appelée algèbre de Lie normable de G (ou algèbre de Lie de G), et notée L(G). Soit E(G) l'algèbre enveloppante de L(G). L'injection canonique de L(G) dans U(G) définit un homomorphisme η de l'algèbre E(G) dans l'algèbre U(G); si K est de caractéristique 0, η est un isomorphisme de bigèbres, grâce auquel on identifie U(G) à E(G). Reprenons les notations de 18.3. Pour tout $a \in L(G)$, soit D_a le champ de distributions ponctuelles défini par a sur X. L'application $(a, x) \mapsto D_a(x)$ est un morphisme de classe C^{r-1} du fibré vectoriel trivial $L(G) \times X$ dans le fibré vectoriel T(X). Soient I une partie ouverte de K contenant 0, et $\gamma: I \to G$ une application de classe C^r telle que $\gamma(0) = e$. Soit $a = T_0(\gamma)1 \in L(G)$. Si $f: X \to F$ est une fonction de classe C^r, on a

$$(D_a f)(x) = \lim_{k \in K^*, k \to 0} k^{-1}(f(\gamma(k)x) - f(x)).$$

Si $r \geqslant 2$, l'application $a \mapsto D_a$ est une loi d'opération infinitésimale à gauche de classe C^{r-1} de L(G) dans X.

18.8. Soient G et H des groupuscules de Lie, φ un morphisme de G dans H. La restriction de $U(\varphi)$ à $L(G)$, qui n'est autre que $T_e(\varphi)$, est un morphisme continu de $L(G)$ dans $L(H)$, qu'on note $L(\varphi)$. Si ψ est un morphisme de H dans un groupuscule de Lie, on a $L(\psi \circ \varphi) = L(\psi) \circ L(\varphi)$. Pour que φ soit une immersion, il faut et il suffit que $L(\varphi)$ soit un isomorphisme de $L(G)$ sur une sous-algèbre de Lie de $L(H)$ admettant un supplémentaire topologique. En particulier, si G est un sous-groupuscule de Lie de H et si φ est l'injection canonique, on identifie $L(G)$ à une sous-algèbre de Lie de $L(H)$ grâce à $L(\varphi)$. Si $(G_i)_{i \in I}$ est une famille finie de groupuscules de Lie et G leur produit, $L(G)$ s'identifie canoniquement à $\prod_{i \in I} L(G_i)$.

18.9. Soit G un groupuscule de Lie, de dimension finie si K est de caractéristique >0. Soit F un espace normable complet. Soit α une forme différentielle de degré k sur G à valeurs dans F. On dit que α est invariante à gauche sur G si α_g se déduit de α_e par l'application $h \mapsto gh$ d'un voisinage de e sur voisinage de g. Si α est invariante à gauche, α est analytique. L'application $\alpha \mapsto \alpha_e$ est une bijection de l'ensemble des formes différentielles de degré k sur G à valeurs dans F et invariantes à gauche sur l'ensemble des applications k-linéaires alternées continues de $T_e(G)$ dans F. Si $\alpha_e = \mathrm{Id}_{T(G)}$, α s'appelle la *forme différentielle canonique gauche de* G. On définit de manière analogue les formes différentielles invariantes à droite et la forme différentielle canonique droite de G. Si ω est la forme différentielle canonique gauche de G, on a $d\omega + [\omega]^2 = 0$. Soient M une variété de classe C^r, f une application de classe C^r de M dans G. On appelle différentielle gauche de f, et on note $f^{-1}.df$, la forme différentielle de degré 1 sur M à valeurs dans $L(G)$ qui, à tout vecteur $u \in T_m(M)$, associe l'élément $f(m)^{-1}.(T_m f)(u)$. On a $f^{-1}.df = f^*(\omega)$, $d\alpha + [\alpha]^2 = 0$. Si deux applications f et g de M dans G ont même différentielle gauche, et si K est de caractéristique 0, alors fg^{-1} est localement constante.

§ 4. Passage des algèbres de Lie aux groupes de Lie

Rappelons que, jusqu'à la fin du chapitre, K est supposé de caractéristique 0.

1. Passage des morphismes d'algèbres de Lie aux morphismes de groupes de Lie

Lemme 1. — *Soient* G *un groupuscule de Lie,* $\mathfrak{h}$ *une sous-algèbre de Lie de* $L(G)$ *admettant un supplémentaire topologique. La réunion des* $g\mathfrak{h}$ (resp. $\mathfrak{h}g$) *pour* $g \in G$ *est un sous-fibré vectoriel intégrable de* $T(G)$.

En considérant la trivialisation gauche de T(G) (§ 2, n° 3), on voit aussitôt que les $g\mathfrak{h}$, pour $g \in G$, sont les fibres d'un sous-fibré vectoriel E de T(G). Soit $g \in G$. L'ensemble des $(L_a)_g$, où $a \in \mathfrak{h}$, est égal à $g\mathfrak{h}$. Or, si a et b appartiennent à $\mathfrak{h}$, on a $[L_a, L_b] = L_{[a,b]}$, et $[a, b] \in \mathfrak{h}$. Donc E est intégrable (VAR, R, 9.3.3 (iv)). On raisonne de même pour les $\mathfrak{h}g$.

Le feuilletage intégral (VAR, R, 9.3.2) de la réunion des $g\mathfrak{h}$ (resp. $\mathfrak{h}g$) s'appelle le *feuilletage gauche* (resp. *droit*) de G associé à $\mathfrak{h}$.

THÉORÈME 1. — *Soient* G *et* H *des groupuscules de Lie, f un morphisme continu de* L(G) *dans* L(H).

(i) *Il existe un sous-groupuscule de Lie ouvert* G′ *de* G *et un morphisme* φ *de* G′ *dans* H *tels que* $f = L(\varphi)$.

(ii) *Soient* G_1, G_2 *des sous-groupuscules de Lie ouverts de* G, *et* φ_i *un morphisme de* G_i *dans* H *tel que* $f = L(\varphi_i)$ *pour* $i = 1, 2$. *Alors* φ_1 *et* φ_2 *coïncident dans un voisinage de e.*

Soient $p_1 : G \times H \to G$, $p_2 : G \times H \to H$ les projections canoniques. Pour tout $(g, h) \in G \times H$, soit $f_{g,h}$ l'application $ga \mapsto hf(a)$ de $T_g(G) = gL(G)$ dans $T_h(H) = hL(H)$. En considérant les trivialisations gauches de T(G) et T(H), on voit aussitôt que les $f_{g,h}$ définissent un morphisme de $p_1^*T(G)$ dans $p_2^*T(H)$. Soit $\mathfrak{a}$ le graphe de f; c'est une sous-algèbre de Lie fermée de $L(G) \times L(H)$ qui admet $\{0\} \times L(H)$ comme supplémentaire topologique. Pour tout $(g, h) \in G \times H$, le graphe de $f_{g,h}$ est $(g, h).\mathfrak{a}$. La réunion de ces graphes est un sous-fibré vectoriel intégrable de $T(G \times H)$ (lemme 1). Il existe alors (VAR, R, 9.3.7) un voisinage ouvert U de e_G dans G et une application analytique φ de U dans H telle que $\varphi(e_G) = e_H$ et $T_g(\varphi) = f_{g,\varphi(g)}$ pour tout $g \in U$. En particulier, $T_{e_G}(\varphi) = f$.

Soit V un voisinage ouvert de e_G dans G tel que, pour $(s, t) \in V \times V$, les produits st et $\varphi(s)\varphi(t)$ soient définis, et $st \in U$. Considérons les applications α_1, α_2 de $V \times V$ dans H définies par

$$\alpha_1(s, t) = \varphi(ts), \qquad \alpha_2(s, t) = \varphi(t)\varphi(s).$$

On a $\alpha_1(t, e) = \varphi(t) = \alpha_2(t, e)$. D'autre part, fixons t dans V, et soit β_i l'application $s \mapsto \alpha_i(s, t)$ de V dans H. On a, pour tout $s \in V$ et tout $a \in L(G)$,

$$\begin{aligned} T_s(\beta_1)(sa) &= T_{ts}(\varphi)(tsa) = f_{ts,\varphi(ts)}(tsa) \\ &= \varphi(ts)f(a) = f_{s,\beta_1(s)}(sa) \\ T_s(\beta_2)(sa) &= \varphi(t)T_s(\varphi)(sa) = \varphi(t)f_{s,\varphi(s)}(sa) \\ &= \varphi(t)\varphi(s)f(a) = f_{s,\beta_2(s)}(sa). \end{aligned}$$

Donc (VAR, R, 9.3.7) α_1 et α_2 coïncident dans un voisinage de (e_G, e_G). La restriction de φ à un voisinage ouvert symétrique assez petit de e_G est donc un morphisme de groupuscules de Lie, d'où (i).

Soient G_1, G_2, φ_1, φ_2 comme dans (ii), et prouvons que φ_1, φ_2 coïncident dans un voisinage de e_G. Il existe un voisinage ouvert W de e_G tel que $\varphi_1(ts) = \varphi_1(t)\varphi_1(s)$, $\varphi_2(ts) = \varphi_2(t)\varphi_2(s)$ quels que soient s, t dans W. Alors, si $s \in W$ et $a \in L(G)$, on a

$$T_s(\varphi_i)(sa) = \varphi_i(s)T_e(\varphi_i)(a) = \varphi_i(s)f(a) = f_{s,\varphi_i(s)}(sa)$$

pour $i = 1, 2$. Comme $\varphi_1(e_G) = e_H = \varphi_2(e_G)$, on conclut de VAR, R, 9.3.7, que φ_1 et φ_2 coïncident dans un voisinage de e_G.

Corollaire 1. — *Soient* G *et* H *deux groupuscules de Lie. Si* L(G) *et* L(H) *sont isomorphes,* G *et* H *sont localement isomorphes.*

Cela résulte du th. 1, et du § 1, nº 10, prop. 21.

Corollaire 2. — *Soit* G *un groupuscule de Lie. Si* L(G) *est commutative,* G *est localement isomorphe au groupe de Lie additif* L(G).

En effet, l'algèbre de Lie du groupe additif L(G) est isomorphe à L(G). Il suffit donc d'appliquer le cor. 1.

Corollaire 3. — *Soit* G *un groupe de Lie. Si* L(G) *est commutative,* G *contient un sous-groupe ouvert commutatif.*

Il existe un sous-groupuscule de Lie ouvert U de G qui est commutatif (cor. 2). Soit V un voisinage de e tel que $V^2 \subset U$. On a $xy = yx$ quels que soient x, y dans V. Donc le sous-groupe de G engendré par V est commutatif; il est évidemment ouvert.

2. Passage des algèbres de Lie aux groupes de Lie

Nous noterons H(X, Y) la série de Hausdorff (chap. II, § 6, nº 4, déf. 1).

Lemme 2. — *Soit* L *une algèbre de Lie normée complète sur* **R** *ou* **C**. *Soit* G *l'ensemble des* $x \in L$ *tels que* $\|x\| < \frac{1}{3}\log\frac{3}{2}$. *Soit* θ *l'application* $x \mapsto -x$ *de* G *dans* G. *Soit* H *la restriction à* G × G *de la fonction de Hausdorff de* L (chap. II, § 7, nº 2).

(i) (G, 0, θ, H) *est un groupuscule de Lie.*

(ii) *Soit* φ *l'application identique de* G *dans* L. *La différentielle de* φ *en* 0 *est un isomorphisme de l'algèbre de Lie normable* L(G) *sur* L.

(i) résulte du chap. II, § 7, nº 2.

Comme φ est une carte de G, la différentielle ψ de φ en 0 est un isomorphisme d'espaces normables. D'autre part, le développement en série entière $H = \sum_{i,j \geqslant 0} H_{ij}$ de l'application H est tel que $H_{11}(x, y) = \frac{1}{2}[x, y]$. D'après le § 3, prop. 24, on a, quels que soient a, b dans L(G),

$$\psi([a, b]) = H_{11}(\psi(a), \psi(b)) - H_{11}(\psi(b), \psi(a)) = [\psi(a), \psi(b)]$$

ce qui prouve (ii).

On dit que G est le *groupuscule de Lie défini par* L.

Supposons K ultramétrique. Soit p la caractéristique du corps résiduel de K. Si $p \neq 0$, posons $\lambda = |p|^{1/(p-1)}$; si $p = 0$, posons $\lambda = 1$.

Lemme 3. — *Soit* L *une algèbre de Lie normée complète sur* K. *Soit* G *l'ensemble des* $x \in$ L *tels que* $\|x\| < \lambda$. *Soit* $H: G \times G \to G$ *la fonction de Hausdorff de* L (chap. II, § 8, n° 3).

(i) *Muni de la loi de composition* H, G *est un groupe de Lie dans lequel* 0 *est élément neutre, et* $-x$ *inverse de* x *pour tout* $x \in G$.

(ii) *Soit* φ *l'application identique de* G *dans* L. *La différentielle de* φ *en* 0 *est un isomorphisme de l'algèbre de Lie normable* L(G) *sur* L.

(iii) *Pour tout* $\mu \in \mathbf{R}_+^*$, *soit* G_μ *l'ensemble des* $x \in$ L *tels que* $\|x\| < \mu$. *Alors les* G_μ, *pour* $\mu < \lambda$, *forment un système fondamental de voisinages ouverts et fermés de* 0, *et sont des sous-groupes de* G.

Les assertions (i) et (iii) résultent du chap. II, § 8, n° 3, prop. 3, et (ii) se démontre comme dans le lemme 2.

On dit que G est *le groupe de Lie défini par* L.

Théorème 2. — *Soit* L *une algèbre de Lie normable complète. Il existe un groupuscule de Lie* G *tel que* L(G) *soit isomorphe à* L. *Deux tels groupuscules de Lie sont localement isomorphes.*

La première assertion résulte des lemmes 2 et 3. La deuxième assertion résulte du cor. 1 du th. 1, n° 1.

Corollaire 1. — *Soit* G *un groupe de Lie. Il existe un voisinage de* e *qui ne contient aucun sous-groupe fini distinct de* $\{e\}$. *Si* K = **R** *ou* **C**, *il existe un voisinage de* e *qui ne contient aucun sous-groupe distinct de* $\{e\}$.

Posons L(G) = L. Choisissons une norme sur L définissant la topologie de L et telle que $\|[x, y]\| \leqslant \|x\| \|y\|$ quels que soient x, y dans L.

Supposons K = **R** ou **C**. Soit G′ le groupuscule de Lie défini par L. Il existe une boule ouverte U′ de centre 0 dans G′, et un isomorphisme φ du groupuscule de Lie U′ sur un voisinage ouvert U de e dans G. Soient $V' = \frac{1}{2}U'$, $V = \varphi(V')$, H un sous-groupe de G contenu dans V, et $h \in H$. Posons $x = \varphi^{-1}(h) \in V'$. Si $x \neq 0$, il existe un entier $n > 0$ tel que $x, 2x, \ldots, nx$ sont dans V′, $(n+1)x \in U'$, $(n+1)x \notin V'$. Alors $h, h^2, \ldots, h^n$ sont dans V, $h^{n+1} \in U$, $h^{n+1} \notin V$, ce qui est absurde. Donc $H = \{e\}$.

Supposons K ultramétrique. Il suffit de prouver le corollaire quand G est le groupe de Lie associé à L. Si $g \in G$, les puissances de g calculées dans G sont les éléments de $\mathbf{Z}g$ calculés dans L. Ceux-ci sont deux à deux distincts si $g \neq e$. Donc G ne contient aucun sous-groupe fini distinct de $\{e\}$.

Corollaire 2. — *Soient k un sous-corps fermé non discret de* K, G *un groupe de Lie sur k, et* L = L(G). *Supposons donnée sur* L *une structure* L′ *de* K*-algèbre de Lie normable, compatible avec la structure de k-algèbre de Lie normable, et invariante par la représentation adjointe de* G. *Il existe alors sur* G *une structure de* K*-groupe de Lie et une seule compatible avec la structure de k-groupe de Lie et pour laquelle l'algèbre de Lie est* L′.

Il existe un groupuscule de Lie G_1 sur K tel que $L(G_1) = L'$ (th. 2). D'après le cor. 1 du th. 1, n° 1, G et G_1, considérés comme k-groupuscules de Lie, sont localement isomorphes. Donc il existe un voisinage ouvert G′ de e dans G et une structure de K-groupuscule de Lie sur G′, d'algèbre de Lie L, compatible avec la structure de groupuscule de Lie sur k. Soit V un voisinage ouvert symétrique de e dans G tel que $V^2 \subset G'$. Soit $g \in G$. Alors $\varphi = \operatorname{Int} g$ est un k-isomorphisme d'un sous-groupuscule de Lie ouvert assez petit de G′ sur un sous-groupscule de Lie ouvert de G′; et $T_e(\varphi)$ est K-linéaire, donc $T_x(\varphi)$ est K-linéaire pour x assez voisin de e; par suite la restriction de Int g à un voisinage ouvert assez petit de e dans V est K-analytique (VAR, R, 5.14.6). D'après le § 1, n° 9, prop. 18, il existe sur G une structure de K-variété analytique pour laquelle G est un K-groupe de Lie et V une sous-K-variété ouverte de G. Par translation, on voit que la structure de k-variété sous-jacente de G est la structure donnée. L'algèbre de Lie du K-groupe de Lie G est la même que celle du K-sous-groupuscule de Lie ouvert V, donc est L′. Enfin, l'unicité annoncée dans le corollaire résulte du § 3, n° 8, prop. 32.

Théorème 3. — *Soient* G *un groupuscule de Lie,* $\mathfrak{h}$ *une sous-algèbre de Lie de* L(G) *admettant un supplémentaire topologique. Il existe un sous-groupuscule de Lie* H *de* G *tel que* $L(H) = \mathfrak{h}$. *Si* H_1 *et* H_2 *sont des sous-groupuscules de Lie de* G *tels que*

$$L(H_1) = L(H_2) = \mathfrak{h},$$

alors $H_1 \cap H_2$ *est ouvert dans* H_1 *et* H_2.

Il existe un groupuscule de Lie H′ d'algèbre de Lie isomorphe à $\mathfrak{h}$ (th. 2). Diminuant au besoin H′, on peut supposer qu'il existe un morphisme φ de H′ dans G tel que $L(\varphi)$ soit un isomorphisme de L(H′) sur $\mathfrak{h}$ (n° 1, th. 1). Comme $\mathfrak{h}$ admet un supplémentaire topologique, φ est une immersion en e. Donc, en diminuant encore H′, on peut supposer que φ est un isomorphisme de la variété H′ sur une sous-variété de G. Ceci prouve l'existence de H. La deuxième assertion résulte de la proposition suivante:

Proposition 1. — *Soient* G *un groupuscule de Lie,* H *et* H′ *deux sous-groupuscules de Lie. Pour que* $L(H) \supset L(H')$, *il faut et il suffit que* $H \cap H'$ *soit ouvert dans* H′.

Si $H \cap H'$ est ouvert dans H′, on a $L(H') = L(H \cap H') \subset L(H)$. Supposons $L(H) \supset L(H')$. Soient i, i' les injections canoniques de H, H′ dans G. En diminuant au besoin H′, on peut supposer qu'il existe un morphisme ψ de H′ dans H tel que $L(\psi)$ soit l'injection canonique de L(H′) dans L(H) (n° 1, th. 1).

Alors $L(i \circ \psi) = L(i')$, donc il existe un voisinage V de $e_{H'}$ dans H' tel que $i \circ \psi$ et i' coïncident dans V (th. 1). Par suite, $V \subset H$, donc $V \subset H \cap H'$, et $H \cap H'$ est ouvert dans H' (§ 1, n° 10).

PROPOSITION 2. — *Soient* G *un groupe de Lie sur* K, *k un sous-corps fermé non discret de* K, H *un sous-groupe de Lie du k-groupe de Lie* G. *On suppose que* L(H) *est un sous-*K*-espace vectoriel de* L(G) *admettant un supplémentaire topologique. Alors* H *est un sous-groupe de Lie du* K*-groupe de Lie* G.

Il existe un sous-groupuscule de Lie H' du K-groupe de Lie G tel que $L(H') = L(H)$ (th. 3). Considérons G, H, H' comme des k-groupuscules de Lie; le th. 3 prouve alors que $H \cap H'$ est ouvert dans H et H'. Donc il existe un voisinage ouvert U de e dans G tel que $U \cap H$ soit une sous-variété de G sur K. Par suite, H est un sous-groupe de Lie du K-groupe de Lie G (§ 1, n° 3, prop. 6).

3. Applications exponentielles

THÉORÈME 4. — *Soient* G *un groupuscule de Lie,* L *son algèbre de Lie,* V *un voisinage ouvert de* 0 *dans* L, φ *une application analytique de* V *dans* G *telle que* $\varphi(0) = 0$ *et* $T_0(\varphi) = \mathrm{Id}_L$. *Les conditions suivantes sont équivalentes:*

(i) *Quel que soit* $b \in L$, *on a* $\varphi((\lambda + \lambda')b) = \varphi(\lambda b)\varphi(\lambda' b)$ *pour* $|\lambda|$ *et* $|\lambda'|$ *assez petits.*

(ii) *Quel que soit* $b \in L$ *et l'entier* $n > 0$, $\varphi_*(b^n)$ *est homogène de degré n dans* U(G) (*on identifie* $T_0^{(\infty)}(L)$ *à* TS(L), *et* b^n *est calculé dans* TS(L)).

(iii) *L'application* φ_* *de* TS(L) *dans* U(G) *est compatible avec les graduations de* TS(L) *et* U(G).

(iv) *L'application* φ_* *de* TS(L) *dans* U(G) *est l'application canonique de* TS(L) *dans l'algèbre enveloppante de* L.

(v) *Il existe une norme sur* L *définissant la topologie de* L *et telle que*

$$\|[x, y]\| \leqslant \|x\| \, \|y\|$$

quels que soient x, y dans L, *et un sous-groupuscule ouvert* $W \subset V$ *du groupuscule de Lie défini par* L (n° 2), *tels que* $\varphi \mid W$ *soit un isomorphisme de* W *sur un sous-groupuscule de Lie ouvert de* G.

(v) ⇒ (i): évident, car on a $(\lambda b) . (\lambda' b) = (\lambda + \lambda')b$ dans W pour $|\lambda|$ et $|\lambda'|$ assez petits.

(i) ⇒ (ii): supposons vérifiée la condition (i). Soit $b \in L$. Soit ψ la restriction de φ à $V \cap Kb$. Par hypothèse, il existe un voisinage symétrique T de 0 dans le groupe de Lie additif Kb tel que $\psi|T$ soit un morphisme du groupuscule de Lie T dans G. Donc $\varphi_*(b^n) = (\psi|T)_*(b^n) = ((\psi|T)_*(b))^n = (\varphi_*(b))^n$, de sorte que $\varphi_*(b^n)$ est homogène de degré n dans U(G).

(ii) ⇒ (iii) : cela résulte du fait que $TS^n(L)$ est le sous-espace vectoriel de $TS(L)$ engendré par les puissances n-èmes des éléments de L (A, IV, § 5, prop. 5, n^elle^ édition).

(iii) ⇒ (iv) : l'application canonique de $TS(L)$ dans l'algèbre enveloppante de L est l'unique morphisme de cogèbres graduées transformant 1 en 1 et prolongeant Id_L (chap. II, § 1, nº 5, *Remarque* 3). Or φ_* est un morphisme de cogèbres, et $\varphi_*|L = Id_L$ par hypothèse. Si la condition (iii) est vérifiée, on voit que la condition (iv) l'est aussi.

(iv) ⇒ (v) : supposons vérifiée la condition (iv). Choisissons une norme sur L définissant la topologie de L et telle que $\|[x, y]\| \leqslant \|x\| \|y\|$ quels que soient x, y dans L. Soit H le groupuscule de Lie défini par l'algèbre de Lie normée L. D'après le th. 1, il existe un sous-groupuscule ouvert $S \subset V$ de H et un isomorphisme φ' de S sur un sous-groupuscule ouvert de G. Comme on sait déjà que (v) ⇒ (iv), l'application φ'_* de $TS(L)$ dans $U(G)$ est l'application canonique de $TS(L)$ dans l'algèbre enveloppante de L. Ainsi, $\varphi_*(t) = \varphi'_*(t)$ pour tout $t \in T_0^{(\infty)}(L)$. Comme φ et φ' sont analytiques, φ et φ' coïncident dans un voisinage de 0.

DÉFINITION 1. — *Soient* G *un groupuscule de Lie,* L *son algèbre de Lie. On appelle application exponentielle de* G *toute application analytique* φ, *définie dans un voisinage ouvert de* 0 *dans* L, *à valeurs dans* G, *et vérifiant les conditions du th.* 4.

Le th. 4 entraîne aussitôt que, pour tout groupuscule de Lie G, *il existe une application exponentielle de* G, et que *deux applications exponentielles de* G *coïncident dans un voisinage de* 0.

Exemples. — 1) Prenons pour G le groupe additif d'un espace normable complet E. L'isomorphisme canonique de $L(G)$ sur E vérifie la condition (i) du th. 4, donc est une application exponentielle de G.

2) Soit A une algèbre associative unifère normée complète. Soit A^* le groupe de Lie formé par les éléments inversibles de A. Identifions $L(A^*)$ à A (§ 3, nº 9, cor. de la prop. 33). Si $K = \mathbf{R}$ ou $\mathbf{C}$, on sait que l'application exp de A dans A^* définie au chap. II, § 7, nº 3, vérifie la condition (i) du th. 4, donc est une application exponentielle. Soit maintenant K ultramétrique. Soit p la caractéristique du corps résiduel de K. Si $p \neq 0$, posons $\lambda = |p|^{1/(p-1)}$; si $p = 0$, posons $\lambda = 1$. Soit U l'ensemble des $x \in A$ tels que $\|x\| < \lambda$. On sait (chap. II, § 8, nº 4) que l'application exp de U dans A^* vérifie la condition (i) du th. 4, donc est une application exponentielle. Remarquons que U est un sous-groupe additif de A.

Cet exemple explique la terminologie adoptée dans la déf. 1.

Soient G un groupuscule de Lie, φ une application exponentielle de G. Alors φ est étale en 0, donc il existe un voisinage ouvert U de 0 dans $L(G)$ tel que $\varphi(U)$ soit ouvert dans G et que $\varphi|U$ soit un isomorphisme de la variété analytique U sur la variété analytique $\varphi(U)$.

On appelle *carte canonique* (*de première espèce*) de G une carte ψ de la variété analytique G dont l'application réciproque est une application exponentielle. Si de plus G est de dimension finie et si on choisit une base de L(G), le système de coordonnées défini par ψ et par cette base dans le domaine de ψ s'appelle un *système de coordonnées canoniques* (*de première espèce*).

PROPOSITION 3. — *Soient* G *un groupuscule de Lie,* L *son algèbre de Lie, et* φ *une application exponentielle de* G. *Soient* $L_1, \ldots, L_n$ *des sous-espaces vectoriels de* L *tels que* L *soit somme directe topologique de* $L_1, \ldots, L_n$. *L'application*

$$(b_1, b_2, \ldots, b_n) \mapsto \theta(b_1, b_2, \ldots, b_n) = \varphi(b_1)\varphi(b_2)\ldots\varphi(b_n),$$

définie dans une partie ouverte de $L_1 \times L_2 \times \cdots \times L_n$, *est analytique. L'application tangente en* $(0, 0, \ldots, 0)$ *à* θ *est l'application canonique de* $L_1 \times \cdots \times L_n$ *dans* L.

Soit k_i l'injection canonique de L_i dans $L_1 \times L_2 \times \cdots \times L_n$. On a, pour tout $b \in L_i$, $(T_{(0,\ldots,0)}\theta)((T_0 k_i)(b)) = (T_0\varphi)(b) = b$, donc $(T_{(0,\ldots,0)}\theta)|L_i$ est l'injection canonique de L_i dans L. C.Q.F.D.

En particulier, θ est étale en $(0, 0, \ldots, 0)$. Sa restriction à un voisinage ouvert assez petit U de $(0, 0, \ldots, 0)$ a une image ouverte dans G, et est un isomorphisme de la variété U sur la variété $\theta(U)$. L'application réciproque η de $\theta(U)$ sur U s'appelle une *carte canonique de deuxième espèce* de G, associée à la décomposition donnée de L en somme directe. Si de plus G est de dimension finie et si chaque L_i est engendré par un vecteur non nul e_i, le système de coordonnées dans $\theta(U)$ défini par η et les e_i s'appelle un *système de cordonnées canoniques de deuxième espèce.*

PROPOSITION 4. — *Soient* G *un groupuscule de Lie,* φ *une application exponentielle injective de* G. *Quels que soient* x, y *dans* L(G), *on a*

$$x + y = \lim_{\lambda \in K^*, \lambda \to 0} \lambda^{-1}\varphi^{-1}(\varphi(\lambda x)\varphi(\lambda y)) \tag{1}$$

$$[x, y] = \lim_{\lambda \in K^*, \lambda \to 0} \lambda^{-2}\varphi^{-1}(\varphi(\lambda x)\varphi(\lambda y)\varphi(-\lambda x)\varphi(-\lambda y)) \tag{2}$$

(on notera que $\varphi^{-1}(\varphi(\lambda x)\varphi(\lambda y))$ et $\varphi^{-1}(\varphi(\lambda x)\varphi(\lambda y)\varphi(-\lambda x)\varphi(-\lambda y))$ sont définis pour $|\lambda|$ assez petit).

Munissons L = L(G) d'une norme définissant la topologie de L et telle que $\|[x, y]\| \leqslant \|x\|\,\|y\|$ quels que soient x, y dans L. Compte tenu des th. 2 et 4, on peut supposer que G est le groupuscule de Lie défini par L et que $\varphi = \mathrm{Id}_G$. Notons $(x, y) \mapsto x.y$ le produit dans le groupe G. Les formules à démontrer s'écrivent alors

$$x + y = \lim_{\lambda \in K^*, \lambda \to 0} \lambda^{-1}((\lambda x).(\lambda y)) \tag{3}$$

$$[x, y] = \lim_{\lambda \in K^*, \lambda \to 0} \lambda^{-2}((\lambda x).(\lambda y).(-\lambda x).(-\lambda y)). \tag{4}$$

Il existe un voisinage ouvert V de 0 dans K tel que la fonction

$$\lambda \mapsto f(\lambda) = (\lambda x).(\lambda y)$$

soit définie et analytique dans V. D'après le chap. II, § 6, nº 4, *Remarque* 2, le développement en série entière à l'origine de f est

$$\lambda(x + y) + \tfrac{1}{2}\lambda^2[x, y] + \cdots$$

et cela prouve (3). D'autre part, pour u, v dans G et $\|u\|$, $\|v\|$ assez petits, $u.v$ est une fonction analytique de (u, v) et les termes de degrés 1 et 2 dans le développement en série entière à l'origine de cette fonction sont $u + v + \frac{1}{2}[u, v]$. D'après VAR, R, 3.2.7 et 4.2.3, les termes de degrés 1 et 2 dans le développement en série entière à l'origine de la fonction $f(\lambda).f(-\lambda)$ sont les termes de degrés 1 et 2 dans

$$f(\lambda) + f(-\lambda) + \tfrac{1}{2}[f(\lambda), f(-\lambda)]$$

ou encore dans

$$\lambda(x + y) + \tfrac{1}{2}\lambda^2[x, y] - \lambda(x + y) + \tfrac{1}{2}\lambda^2[x, y] + \tfrac{1}{2}[\lambda(x + y), -\lambda(x + y)] = \lambda^2[x, y]$$

et cela prouve (4).

Proposition 5. — *Soient* G *un groupe de Lie,* k *un sous-corps fermé non discret de* K, G' *le groupe* G *considéré comme groupe de Lie sur* k, φ (resp. φ') *une application exponentielle de* G (resp. G'). *Alors* φ *et* φ' *coïncident dans un voisinage de* 0.

En effet, φ vérifie l'hypothèse (i) du th. 4 relativement à G', donc est une application exponentielle de G'.

Proposition 6. — *Soient* G *un groupuscule de Lie,* L *son algèbre de Lie,* φ: V $\to$ G *une application exponentielle de* G. *Pour tout* $x \in$ V, *identifions* $T_x(L)$ *à* L, *de telle sorte que la différentielle droite* $\varpi(x)$ *de* φ *en* x *soit une application linéaire de* L *dans* L. *Pour* x *assez voisin de* 0, *on a*

$$\varpi(x) = \sum_{n \geqslant 0} \frac{1}{(n+1)!} (\operatorname{ad} x)^n.$$

Munissons L d'une norme compatible avec sa topologie et telle que $\|[x, y]\| \leqslant \|x\| \|y\|$ quels que soient $x, y \in$ L. Il suffit d'envisager le cas où G est le groupuscule de Lie défini par L, et où $\varphi = \mathrm{Id}_G$. Par définition, $\varpi(x)$ est alors l'application tangente en x à l'application $y \mapsto y.x^{-1}$ de G dans G. Si on note H(X, Y) la série de Hausdorff, $\varpi(x)$ est donc, pour $\|x\|$ assez petit, l'application tangente en 0 à l'application $y \mapsto H(x + y, -x)$ de G dans G. Dans H(X + Y, −X), la somme des termes du premier degré en Y est

$$\sum_{m \geqslant 0} \frac{1}{(m+1)!} (\operatorname{ad} X)^m Y$$

(chap. II, § 6, nº 5, prop. 5). La proposition résulte alors de VAR, R, 3.2.4 et 4.2.3.

Soient G un groupuscule de Lie, et $t \in K$. On appelle *application puissance t-ème de* G toute application, définie et analytique dans un voisinage ouvert de e, à valeurs dans G, et coïncidant dans un voisinage de e avec une application

$$g \mapsto \varphi(t\varphi^{-1}(g))$$

où φ est une application exponentielle injective de G.

PROPOSITION 7. — (i) *Si* $t \in \mathbf{Z}$, *une application puissance t-ème coïncide dans un voisinage de e avec l'application* $g \mapsto g^t$.

(ii) *L'application tangente en e à une application puissance t-ème est l'homothétie de rapport t.*

(iii) *Si h est une application puissance t-ème et h' une application puissance t'-ème de* G, $h \circ h'$ *est une application puissance* (tt')*-ème, et* $g \mapsto h(g)h'(g)$ *est une application puissance* $(t + t')$*-ème.*

(iv) *Si h est une application puissance t-ème, et si* $u \in U^n(G)$, *on a* $h_*(u) = t^n u$.

Il suffit de prouver la proposition quand G est le groupuscule de Lie défini par une algèbre de Lie normée complète, et quand les applications puissance t-ème considérées sont construites à l'aide de l'application exponentielle $\varphi = \mathrm{Id}_G$. Mais alors tout est évident.

4. Fonctorialité des applications exponentielles

PROPOSITION 8. — *Soient* G *et* H *des groupuscules de Lie, h un morphisme de* G *dans* H, φ_G *et* φ_H *des applications exponentielles relativement à* G *et* H. *Il existe un voisinage* V *de* 0 *dans* L(G) *tel que* $h \circ \varphi_G$ *et* $\varphi_H \circ L(h)$ *coïncident dans* V.

Munissons L(G) et L(H) de normes définissant leurs topologies et telles que $\|[x, y]\| \leqslant \|x\| \|y\|$ quels que soient x et y. On peut supposer que G (resp. H) est le groupuscule de Lie défini par L(G) (resp. L(H)), de sorte que φ_G (resp. φ_H) coïncide avec Id_G (resp. Id_H) au voisinage de 0. D'autre part, il existe un voisinage ouvert symétrique W de 0 dans L(G) tel que L(h) soit un morphisme du groupuscule de Lie W dans H. D'après le th. 1, L(h) coïncide avec h dans un voisinage de 0, d'où la proposition.

En termes imagés, si l'on identifie G et H au voisinage de l'élément neutre à L(G) et L(H) grâce à des applications exponentielles, tout morphisme de G dans H est *linéaire* au voisinage de 0.

COROLLAIRE 1. — *Soient* G *un groupuscule de Lie,* G' *un sous-groupuscule de Lie de* G, φ *une application exponentielle de* G.

(i) *Il existe un voisinage ouvert* V *de* 0 *dans* L(G') *tel que* $\varphi|V$ *soit un isomorphisme de la variété* V *sur un voisinage ouvert de e dans* G'.

(ii) *Soit* $x \in L(G)$. *Les conditions suivantes sont équivalentes: a)* $x \in L(G')$; *b)* $\varphi(\lambda x) \in G'$ *pour* $|\lambda|$ *assez petit.*

(i) s'obtient en appliquant la prop. 8 à l'injection canonique de G' dans G, et (ii) résulte de (i).

Corollaire 2. — *Soient* G *un groupe de Lie,* ρ *une représentation linéaire analytique de* G, φ *une application exponentielle de* G. *Il existe un voisinage* V *de* 0 *dans* L(G) *tel que*

$$\rho(\varphi(x)) = \exp(L(\rho)x)$$

pour tout $x \in V$.

Cela résulte de la prop. 8 et de l'*Exemple* 2 du nº 3.

Corollaire 3. — *Soient* G *un groupe de Lie,* φ *une application exponentielle de* G.

(i) *Il existe un voisinage* V *de* 0 *dans* L(G) *tel que*

$$\mathrm{Ad}(\varphi(x)) = \exp \mathrm{ad}\, x$$

pour tout $x \in V$.

(ii) *Si* $g \in G$, *il existe un voisinage* W *de* 0 *dans* L(G) *tel que*

$$g\varphi(x)g^{-1} = \varphi(\mathrm{Ad}\, g.x)$$

pour tout $x \in W$.

(i) résulte du cor. 2, et du § 3, nº 12, prop. 44.

(ii) résulte de la prop. 8 appliquée à Int g.

5. Structure induite sur un sous-groupe

Lemme 4. — *Soient* G *un groupe de Lie de dimension finie,* Ω *un voisinage ouvert symétrique de* e *dans* G, H *un sous-ensemble de* Ω *contenant* e, *tel que les conditions* $x \in H$, $y \in H$, $xy^{-1} \in \Omega$ *entraînent* $xy^{-1} \in H$. *Soit* $r \in N_K$. *Pour tout* $x \in H$, *soit* $\mathfrak{h}_x$ *l'ensemble des* $a \in T_x(G)$ *possédant la propriété suivante: il existe un voisinage ouvert* I *de* 0 *dans* K, *et une application de classe* C^r *de* I *dans* G, *tels que* $f(0) = x$, $f(I) \subset H$, $(T_0 f)(1) = a$.

(i) *Posons* $\mathfrak{h}_e = \mathfrak{h}$. *Alors* $\mathfrak{h}$ *est une sous-algèbre de Lie de* L(G), *invariante par* $\mathrm{Ad}_{L(G)}(H)$.

(ii) *On a* $\mathfrak{h}_x = x\mathfrak{h} = \mathfrak{h}x$ *pour tout* $x \in H$ ($x\mathfrak{h}$ *et* $\mathfrak{h}x$ *étant calculés dans* T(G)).

(iii) *Soient* V *une variété de classe* C^r, v_0 *un point de* V, f *une application de classe* C^r *de* V *dans* G *telle que* $f(v_0) = e$ *et* $f(V) \subset H$. *Quel que soit le sous-groupuscule de Lie* H' *de* G *d'algèbre de Lie* $\mathfrak{h}$, *on a* $f(v) \in H'$ *pour* v *assez voisin de* v_0.

(iv) *Quel que soit le sous-groupuscule de Lie* H' *de* G *d'algèbre de Lie* $\mathfrak{h}$, $H' \cap H$ *est un voisinage de* e *dans* H'.

(v) *Pour tout* $x \in H$ *et tout* $a \in \mathfrak{h}_x$, *il existe un voisinage ouvert* I *de* 0 *dans* K, *et une application de classe* C^ω *de* I *dans* G *telle que* $f(0) = x$, $f(I) \subset H$, $(T_0 f)(1) = a$.

Il est clair que $K\mathfrak{h} = \mathfrak{h}$, et que $x\mathfrak{h}_y z = \mathfrak{h}_{xyz}$ pour x, y, xy, xyz dans H. Cela entraîne (ii) et le fait que $\mathfrak{h}$ est invariant par $\mathrm{Ad}_{L(G)}(H)$.

Soient a_1, a_2 dans $\mathfrak{h}$. Soient I un voisinage ouvert de 0 dans K, et f_1, f_2 des applications de classe C^r de I dans G telles que $f_j(0) = e$, $f_j(I) \subset H$, $(T_0 f_j)(1) = a_j$ $(j = 1, 2)$. Définissons $f\colon I \to G$ par $f(\lambda) = f_1(\lambda) f_2(\lambda)$. Alors f est de classe C^r et $f(0) = e$. En diminuant au besoin I, on a $f(I) \subset H$. D'autre part, l'application de $T_e(G) \times T_e(G)$ dans $T_e(G)$ tangente à l'application $(g, g') \mapsto gg'$ est l'addition; donc $(T_0 f)1 = a_1 + a_2$. Donc $a_1 + a_2 \in \mathfrak{h}$, et $\mathfrak{h}$ est un sous-espace vectoriel de L(G). Puisque $x\mathfrak{h}x^{-1} = \mathfrak{h}$ pour tout $x \in H$, on a $(\mathrm{Ad}\, f_1(\lambda)).a_2 \in \mathfrak{h}$ pour tout $\lambda \in I$. L'application tangente en 0 à l'application $\lambda \mapsto \mathrm{Ad}\, f_1(\lambda)$ est, d'après la prop. 44 du § 3, n° 12, l'application $\lambda \mapsto \mathrm{ad}(\lambda a_1)$; donc $[a_1, a_2] = (\mathrm{ad}\, a_1).a_2 \in \mathfrak{h}$ puisque $\mathfrak{h}$ est fermé dans L(G). On a donc prouvé (i). Dans la fin de la démonstration, nous fixons un sous-groupuscule de Lie H' de G d'algèbre de Lie $\mathfrak{h}$.

Soient V, v_0, f comme dans (iii). Soit Y le feuilletage gauche de G associé à $\mathfrak{h}$ (n° 1). Pour tout $y \in H'$, on a $T_y(H') = y\mathfrak{h}$. D'autre part, pour tout $v \in V$, l'image de $T_v(V)$ par $T_v(f)$ est contenue dans $\mathfrak{h}_{f(v)} = f(v)\mathfrak{h}$ (par définition de $\mathfrak{h}_{f(v)}$). D'après VAR, R, 9.3.2, f est un morphisme de V dans Y. Comme H' est une feuille de Y (VAR, R, 9.2.8), on a $f(v) \in H'$ pour v assez voisin de v_0.

Soit $(a_1, \ldots, a_s)$ une base de $\mathfrak{h}$. Il existe un voisinage ouvert I de 0 dans K, et des applications $f_1, \ldots, f_s$ de classe C^r de I dans G, telles que $f_j(0) = e$, $f_j(I) \subset H$, $(Tf_j)1 = a_j$ pour tout j. D'après (iii), on a $f_j(\lambda) \in H'$ pour $|\lambda|$ assez petit. Donc les $f_1(\lambda_1) f_2(\lambda_2) \ldots f_s(\lambda_s)$ constituent, pour $|\lambda_1|, \ldots, |\lambda_s|$ assez petits, un voisinage de e dans H'; et ce voisinage est contenu dans H. D'où (iv).

Si $a \in \mathfrak{h}$, il existe un voisinage ouvert I de 0 dans K et une application de classe C^ω de I dans G tels que $f(0) = e$, $f(I) \subset H'$, $(T_0 f)1 = a$. Cela, avec (iv), entraîne (v).

DÉFINITION 2. — *On dit que* $\mathfrak{h}$ *est la sous-algèbre tangente à* H *en* e.

PROPOSITION 9. — *Soient* G *un groupe de Lie de dimension finie,* H *un sous-groupe de* G.

(i) *Il existe sur* H *une structure de variété analytique et une seule ayant la propriété suivante: pour tout* r *compris entre* 1 *et* ω, *pour toute variété* V *de classe* C^r, *et pour toute application* f *de* V *dans* H, f *est de classe* C^r *comme application de* V *dans* H *si et seulement si* f *est de classe* C^r *comme application de* V *dans* G.

(ii) *Pour cette structure,* H *est un groupe de Lie, l'injection canonique* i *de* H *dans* G *est une immersion, et* $L(i)(L(H))$ *est la sous-algèbre de Lie tangente en* e *à* H.

Dans (i), l'unicité est évidente. Prouvons l'existence. Soit $\mathfrak{h}$ l'algèbre de Lie tangente en e à H. Soit H' un sous-groupuscule de Lie de G d'algèbre de Lie $\mathfrak{h}$. En remplaçant H' par un sous-groupuscule ouvert de H', on peut supposer $H' \subset H$ (lemme 4 (iv)). Pour tout $x \in H$, $xH'x^{-1}$ est un sous-groupuscule de Lie de G d'algèbre de Lie $x\mathfrak{h}x^{-1} = \mathfrak{h}$. Donc $H' \cap (xH'x^{-1})$ est ouvert dans H' (n° 2, th. 3), et l'application $y \mapsto xyx^{-1}$ est un isomorphisme de $H' \cap x^{-1}H'x$ sur $xH'x^{-1} \cap H'$. Compte tenu de la prop. 18 du § 1, n° 9, il existe un sous-groupuscule de Lie ouvert W de H', et une structure de groupe de Lie sur H, possédant les propriétés suivantes: W est ouvert dans H, et les structures de variétés de H et H' induisent la même structure sur W. Il résulte de là que l'injection canonique i de H dans G est une immersion, et que $L(i)(L(H)) = L(H') = \mathfrak{h}$. En outre, soient V et f comme dans (i). Si $f\colon V \to H$ est de classe C^r, $i \circ f\colon V \to G$ est de classe C^r. Supposons que $i \circ f\colon V \to G$ soit de classe C^r, et prouvons que $f\colon V \to H$ est de classe C^r. Par translation, il suffit d'envisager le cas où il existe un $v_0 \in V$ tel que $f(v_0) = e$, et de prouver que $f\colon V \to H$ est de classe C^r dans un voisinage ouvert de v_0. Or, d'après le lemme 4 (iii), on a $f(v) \in H'$ pour v assez voisin de v_0, d'où notre assertion. On a ainsi prouvé (i), et (ii) a été obtenu en cours de route.

DÉFINITION 3. — *La structure de groupe de Lie sur* H *définie dans la prop.* 9 *s'appelle la structure induite sur* H *par la structure de groupe de Lie de* G.

Si H est un sous-groupe de Lie de G, sa structure de groupe de Lie est induite par celle de G (VAR, R, 5.8.5).

Si $G = \mathbf{R}$ et $H = \mathbf{Q}$, on a $\mathfrak{h} = \{0\}$, donc la structure induite sur H est la structure de groupe de Lie discret. De même si $G = \mathbf{C}$ (considéré comme groupe de Lie complexe) et $H = \mathbf{R}$.

6. Primitives des formes différentielles à valeurs dans une algèbre de Lie

Lemme 5. — *Soient* X *une variété de classe* C^r, F *et* F' *des fibrés vectoriels de classe* C^r *et de base* X, φ *un morphisme de* F *dans* F'. *Pour tout* $x \in X$, *soit* S_x *l'ensemble des*

$$(a, \varphi(a)) \in F_x \oplus F'_x$$

pour $a \in F_x$. *Alors la réunion* S *des* S_x *est un sous-fibré vectoriel de* $F \oplus F'$.

Soient θ et θ' les applications de $F \oplus F'$ dans lui-même définies de la manière suivante: si $(u, v) \in F_x \oplus F'_x$, on a

$$\theta(u, v) = (u, v + \varphi(u)), \qquad \theta'(u, v) = (u, v - \varphi(u)).$$

D'après VAR, R, 7.7.1, θ et θ' sont des morphismes du fibré vectoriel $F \oplus F'$ dans lui-même. Il est clair que $\theta \circ \theta' = \theta' \circ \theta = \mathrm{Id}_{F \oplus F'}$. Donc θ et θ' sont des automorphismes de $F \oplus F'$. Par suite, $S = \theta(F \oplus \{0\})$ est un sous-fibré vectoriel de $F \oplus F'$.

Lemme 6. — *Soient* G *un groupuscule de Lie,* ω *la forme différentielle gauche canonique de* G (§ 3, n° 18.9), M *une variété de classe* C^r $(r \geqslant 2)$, α *une forme différentielle de classe* C^{r-1} *et de degré* 1 *sur* M, *à valeurs dans* L(G).

(i) *Les éléments de* $T(M \times G)$ *en lesquels s'annule la forme différentielle*

$$\theta = pr_1^* \alpha - pr_2^* \omega$$

constituent un sous-fibré vectoriel S *de classe* C^{r-1} *de* $T(M \times G)$.

(ii) *Pour tout* $(x, g) \in M \times G$, $T(pr_1)|S_{(x,g)}$ *est un isomorphisme de* $S_{(x,g)}$ *sur* $T_x(M)$.

(iii) *Si* $d\alpha + [\alpha]^2 = 0$ (cf. § 3, n° 14) *le sous-fibré vectoriel* S *est intégrable.*

Si $(x, g) \in M \times G$ et $(u, v) \in T_x(M) \times T_g(G)$, on a

$$\theta_{(x,g)}(u, v) = \alpha(u) - g^{-1}v.$$

Donc le noyau de $\theta_{(x,g)}$ est l'ensemble $S_{(x,g)}$ des $(u, g\alpha(u))$ pour $u \in T_x(M)$, d'où (ii). Considérons $T(M \times G)$ comme la somme directe de deux fibrés vectoriels F et F' avec $F_{(x,g)} = T_x(M) \times \{0\}$ et $F'_{(x,g)} = \{0\} \times T_g(G)$ pour tout

$$(x, g) \in M \times G.$$

Pour $u \in T_x(M) \times \{0\}$, posons $\varphi(u) = (0, g\alpha(u))$. En utilisant la trivialisation gauche de T(G), on voit que φ est un morphisme de F dans F', d'où (i) (lemme 5). Enfin, si $d\alpha + [\alpha]^2 = 0$, on a

$$\begin{aligned} d\theta &= pr_1^*(d\alpha) - pr_2^*(d\omega) \\ &= -\tfrac{1}{2}(pr_1^* \alpha \wedge pr_1^* \alpha - pr_2^* \omega \wedge pr_2^* \omega) \\ &= -\tfrac{1}{2}(pr_1^* \alpha - pr_2^* \omega) \wedge (pr_1^* \alpha + pr_2^* \omega) \\ &= -\tfrac{1}{2}\theta \wedge (pr_1^* \alpha + pr_2^* \omega) \end{aligned}$$

donc S est intégrable (VAR, R, 9.3.6).

THÉORÈME 5. — *Soient* G *un groupuscule de Lie,* M *une variété de classe* C^r $(r \geqslant 2)$, α *une forme différentielle de classe* C^{r-1} *et de degré* 1 *sur* M *à valeurs dans* L(G), *telle que* $d\alpha + [\alpha]^2 = 0$. *Pour tout* $x \in M$ *et tout* $g \in G$, *il existe une application* f, *définie et de classe* C^{r-1} *dans un voisinage ouvert de* x, *à valeurs dans* G, *telle que* $f(x) = g$ *et* $f^{-1}.df = \alpha$. *Deux applications qui vérifient ces conditions coïncident dans un voisinage de* x.

Soient $x \in M$ et $g \in G$. D'après le lemme 6 (dont nous adoptons les notations) et VAR, R, 9.3.7, il existe un voisinage ouvert U de x dans M et une application $m \mapsto \varphi(m) = (m, f(m))$ de classe C^{r-1} de U dans $M \times G$ telle que $f(x) = g$ et que $\varphi^*(\theta) = 0$. Alors

$$\begin{aligned} f^{-1}.df &= f^*(\omega) && (\text{§ 3, n° 18.9}) \\ &= (pr_2 \circ \varphi)^*(\omega) && (\text{car } f = pr_2 \circ \varphi) \\ &= \varphi^*(pr_1^* \alpha - \theta) && (\text{lemme 6}) \\ &= \varphi^*(pr_1^* \alpha) && (\text{car } \varphi^*(\theta) = 0) \\ &= \alpha && (\text{car } pr_1 \circ \varphi = Id_U). \end{aligned}$$

Soit f' une application de classe C^{r-1} de U dans G telle que $f'(x) = g$ et $f'^{-1}.df' = \alpha$. D'après le § 3, 18.9, ff'^{-1} est localement constante, donc $f' = f$ dans un voisinage de x.

Proposition 10. — *Soient* M *une variété analytique,* $\mathfrak{g}$ *une algèbre de Lie normable complète,* α *une forme différentielle de degré* 1 *analytique sur* M, *à valeurs dans* $\mathfrak{g}$, *possédant les propriétés suivantes :*

a) pour tout $m \in M$, α_m *est un isomorphisme de* $T_m(M)$ *sur* $\mathfrak{g}$;

b) $d\alpha + [\alpha]^2 = 0$.

Alors, pour tout $m_0 \in M$, *il existe un voisinage ouvert* M' *de* m_0 *dans* M, *et une structure de groupuscule de Lie sur* M', *compatible avec la structure de variété de* M', *d'élément neutre* m_0, *ayant les propriétés suivantes :*

(i) α_{m_0} *est un isomorphisme de* L(M') *sur* $\mathfrak{g}$;

(ii) *la forme différentielle* $m \mapsto \alpha_{m_0}^{-1} \circ \alpha_m$ *est la forme différentielle canonique gauche de* M'.

Si M'_1 *et* M'_2 *sont deux tels groupuscules,* M'_1 *et* M'_2 *possèdent un sous-groupuscule ouvert commun.*

Il existe un groupuscule de Lie G tel que $L(G) = \mathfrak{g}$. Soit $m_0 \in M$. D'après le th. 5, il existe un voisinage ouvert M' de m_0 dans M et une application analytique f de M' dans G telle que $f(m_0) = e$ et $f^{-1}.df = \alpha$. Alors $T_{m_0}(f) = \alpha_{m_0}$ est un isomorphisme de $T_{m_0}(M)$ sur $\mathfrak{g}$; donc, en diminuant M' et G, on peut supposer que f est un isomorphisme de la variété M' sur la variété G. Transportons à M' la structure de groupuscule de Lie de G grâce à f^{-1}. Alors $T_{m_0}(f)$ devient un isomorphisme de L(M') sur $L(G) = \mathfrak{g}$, d'où (i). D'autre part, en notant ω la forme différentielle canonique gauche de G, on a

$$\begin{aligned}\alpha_{m_0}^{-1} \circ \alpha_m &= (T_{m_0}f)^{-1} \circ (f^{-1}.df)(m)\\ &= (T_{m_0}f)^{-1} \circ \omega(f(m)) \circ T_m f\end{aligned}$$

donc $m \mapsto \alpha_{m_0}^{-1} \circ \alpha_m$ est la forme différentielle canonique gauche de M'.

Soit M'' un voisinage ouvert de m_0, muni d'une structure de groupuscule de Lie, d'élément neutre m_0, avec les propriétés analogues aux propriétés (i) et (ii). Alors α_{m_0} est un isomorphisme de L(M') sur $\mathfrak{g}$, et aussi de L(M'') sur $\mathfrak{g}$, donc L(M') = L(M''). Par suite, en diminuant M' et M'', on peut supposer qu'il existe un isomorphisme φ du groupuscule M' sur le groupuscule M'' (nº 1, cor. 1 du th. 1). Alors $\varphi^{-1}.d\varphi$ est la différentielle gauche canonique de M'. D'autre part, soit ψ l'injection canonique de la variété $M' \cap M''$ dans le groupuscule de Lie M''; il est clair que $\psi^{-1}.d\psi$ est une restriction de la différentielle gauche canonique de M''. Donc $(\psi^{-1}.d\psi)(m) = \alpha_{m_0}^{-1} \circ \alpha_m = (\varphi^{-1}.d\varphi)(m)$ pour tout $m \in M' \cap M''$. Par suite φ et ψ coïncident dans un voisinage de m_0 (§ 3, 18.9). Cela prouve la dernière assertion de la proposition.

Corollaire. — *Soit* M *une variété analytique de dimension finie n. Soient* $\omega_1, \ldots, \omega_n$ *des formes différentielles analytiques de degré* 1 *sur* M, *à valeurs scalaires, linéairement indépendantes en tout point de* M, *et telles que, pour tout* $k = 1, \ldots, n$, $d\omega_k$ *soit combinaison linéaire à coefficients constants des* $\omega_i \wedge \omega_j$. *Alors, pour tout* $m_0 \in \mathrm{M}$, *il existe un voisinage ouvert* M′ *de* m_0 *dans* M, *et une structure de groupuscule de Lie sur* M′, *compatible avec la structure de variété de* M′, *d'élément neutre* m_0, *et telle que* $\omega_1|\mathrm{M}', \ldots, \omega_n|\mathrm{M}'$ *forment une base de l'espace des formes différentielles de degré* 1 *à valeurs scalaires invariantes à gauche sur* M′.

Si M'_1 *et* M'_2 *sont deux tels groupuscules,* M'_1 *et* M'_2 *possèdent un sous-groupuscule ouvert commun.*

Soient $\mathrm{X}_1, \ldots, \mathrm{X}_n$ les champs de vecteurs sur M tels que, en chaque point m de M, les $(\mathrm{X}_i)_m$ constituent la base de $\mathrm{T}_m(\mathrm{M})$ duale de $((\omega_1)_m, \ldots, (\omega_n)_m)$. Ces champs sont analytiques. Par hypothèse, il existe des $c_{ijk} \in \mathrm{K}$ $(1 \leqslant i, j, k \leqslant n)$ tels que $c_{ijk} = -c_{jik}$ et que $d\omega_k = \sum_{i<j} c_{ijk}\omega_i \wedge \omega_j$. D'après VAR, R, 8.5.7, formule (11), on en déduit

$$\langle[\mathrm{X}_i, \mathrm{X}_j], \omega_k\rangle = -(d\omega_k)(\mathrm{X}_i, \mathrm{X}_j) = -\Big(\sum_{r<s} c_{rsk}\omega_r \wedge \omega_s\Big)(\mathrm{X}_i, \mathrm{X}_j) = -c_{ijk}$$

donc $[\mathrm{X}_i, \mathrm{X}_j] = -\sum_k c_{ijk}\mathrm{X}_k$. Il résulte de là que les $-c_{ijk}$ sont les constantes de structure d'une algèbre de Lie $\mathfrak{g}$ relativement à une base $(e_1, \ldots, e_n)$. Pour tout $m \in \mathrm{M}$, soit α_m l'application linéaire de $\mathrm{T}_m(\mathrm{M})$ dans $\mathfrak{g}$ qui transforme $(\mathrm{X}_1)_m$ en $e_1, \ldots, (\mathrm{X}_n)_m$ en e_n. Alors α est une forme différentielle de degré 1 analytique sur M à valeurs dans $\mathfrak{g}$, et α_m est un isomorphisme de $\mathrm{T}_m(\mathrm{M})$ sur $\mathfrak{g}$. D'autre part, $\alpha = \sum_{k=1}^{n} \omega_k e_k$, donc

$$d\alpha = \sum_{k=1}^{n} (d\omega_k)e_k = \sum_{k=1}^{n}\Big(\sum_{i<j} c_{ijk}\omega_i \wedge \omega_j\Big)e_k$$

et

$$(5) \qquad [\alpha]^2 = \sum_{k=1}^{n} [\omega_k e_k]^2 + \sum_{i<j} (\omega_i e_i) \wedge (\omega_j e_j) \qquad (\S\ 3, \text{ formule } (30))$$
$$= \sum_{i<j} (\omega_i \wedge \omega_j)[e_i, e_j]$$
$$= -\sum_{k=1}^{n} \sum_{i<j} (c_{ijk}\omega_i \wedge \omega_j)e_k$$
$$= -d\alpha.$$

Il suffit alors d'appliquer la prop. 10.

7. Passage des lois d'opérations infinitésimales aux lois d'opérations

PROPOSITION 11. — *Soient* G_1 *et* G_2 *des groupuscules de Lie,* X_1 *et* X_2 *des variétés de classe* C^r $(r \geqslant 2)$. *Pour* $i = 1, 2$, *soient* ψ_i *un morceau de loi d'opération à gauche de classe* C^r *de* G_i *dans* X_i, D_i *la loi d'opération infinitésimale associée. Soient* $\mu\colon G_1 \to G_2$ *un morphisme,* $\varphi\colon X_1 \to X_2$ *une application de classe* C^r. *On suppose que, pour tout* $a \in L(G)$, *les champs de vecteurs* $(D_1)_a$ *et* $(D_2)_{L(\mu)a}$ *soient* φ*-liés* (VAR, R, 8.2.6). *Alors, il existe un voisinage* Ω *de* $\{e\} \times X_1$ *dans* $G_1 \times X_1$ *tel que* $\varphi(\psi_1(g, x)) = \psi_2(\mu(g), \varphi(x))$ *pour tout* $(g, x) \in \Omega$.

Soient $p_1\colon G_1 \times X_2 \to G_1$, $p_2\colon G_1 \times X_2 \to X_2$ les projections canoniques. Pour tout $(g_1, x_2) \in G_1 \times X_2$, soit f_{g_1, x_2} l'application $g_1 a \mapsto (D_2)_{L(\mu)a}(x_2)$ de $T_{g_1}(G_1) = g_1 L(G_1)$ dans $T_{x_2}(X_2)$. Les f_{g_1, x_2} définissent un morphisme de $p_1^* T(G_1)$ dans $p_2^* T(X_2)$.

Soit $x_0 \in X_1$. Il existe un voisinage ouvert G de e dans G_1 et un voisinage ouvert X de x_0 dans X_1 tels que $\psi_1(g, x)$ et $\psi_2(\mu(g), \varphi(x))$ soient définis pour $(g, x) \in G \times X$. Posons, pour $(g, x) \in G \times X$,

$$\alpha(g, x) = \varphi(\psi_1(g, x)) \in X_2, \qquad \beta(g, x) = \psi_2(\mu(g), \varphi(x)) \in X_2.$$

Si G et X sont assez petits, on a, pour tout $(a, g, x) \in L(G_1) \times G \times X$,

$$\begin{aligned}
(T\alpha)(ag, 0_x) &= (T\varphi)((D_1)_a(\psi_1(g, x))) \\
&= (D_2)_{L(\mu)a}(\varphi(\psi_1(g, x))) \\
&= (D_2)_{L(\mu)a}\alpha(g, x), \\
(T\beta)(ag, 0_x) &= (T\psi_2)(L(\mu)a.\mu(g), \varphi(x)) \\
&= (D_2)_{L(\mu)a}(\psi_2(\mu(g), \varphi(x))) \\
&= (D_2)_{L(\mu)a}\beta(g, x).
\end{aligned}$$

Donc pour $x \in X$, les morphismes $g \mapsto \alpha\,(g, x)$ et $g \mapsto \beta(g, x)$ sont des intégrales de f; comme

$$\beta(e, x) = \varphi(x) = \alpha(e, x)$$

pour tout $x \in X$, on conclut de VAR, R, 9.3.7, que α et β coïncident dans un voisinage de (e, x_0). D'où la proposition.

COROLLAIRE. — *Soient* G *un groupuscule de Lie,* X *une variété de classe* C^r. *Considérons deux morceaux de lois d'opérations à gauche de classe* C^r *de* G *dans* X. *On suppose que, pour tout* $a \in L(G)$, *le champ de vecteurs correspondant* D_a *sur* X *soit le même pour les deux morceaux de lois. Alors ces dans deux morceaux de lois coïncident dans un voisinage de* $\{e\} \times X$.

THÉORÈME 6. — *Soient* G *un groupuscule de Lie,* X *une variété de classe* C^r $(r \geqslant 2)$, *et* x_0 *un point de* X. *Soit* $a \mapsto D_a$ *une loi d'opération infinitésimale à gauche de classe* C^{r-1} *de* L(G) *dans* X.

(i) *Il existe un voisinage ouvert* X′ *de* x_0 *dans* X, *et un morceau de loi d'opération à gauche de classe* C^{r-1} *de* G *dans* X′ *tels que la loi d'opération infinitésimale associée soit* $a \mapsto D_a | X'$.

(ii) *Soient deux morceaux de lois d'opérations à gauche de classe* C^{r-1} *de* G *dans un voisinage ouvert* X″ *de* x_0; *s'ils admettent* $a \mapsto D_a|X''$ *comme loi d'opération infinitésimale associée, ils coïncident dans un voisinage de* (e, x_0).

L'assertion (ii) résulte du cor. de la prop. 11. Prouvons (i). Pour tout $(g, x) \in G \times X$ et tout $a \in L(G)$, posons

$$Q_a(g, x) = (ag, D_a(x)) \in T_g(G) \times T_x(X).$$

Soit $S_{(g,x)}$ l'ensemble des $Q_a(g, x)$ pour $a \in L(G)$. D'après le lemme 5 du n° 6, les $S_{(g,x)}$ sont les fibres d'un sous-fibré vectoriel S de $T(G) \times T(X)$. Soient a, b dans L(G); on a

$$\begin{aligned}[Q_a, Q_b](g, x) &= ([R_a, R_b](g), [D_a, D_b](x)) \\ &= (-R_{[a,b]}(g), -D_{[a,b]}(x)) \qquad (\S\ 3, 18.6) \\ &= Q_{-[a,b]}(g, x)\end{aligned}$$

donc S est intégrable (VAR, R, 9.3.3 (iv)).

D'après VAR, R, 9.3.7, il existe un voisinage ouvert G_1 de e dans G, un voisinage ouvert X_1 de x_0 dans X, et une application $(g, x) \mapsto gx$ de classe C^{r-1} de $G_1 \times X_1$ dans X, tels que $ex = x$ pour tout $x \in X_1$, et

(6) $$(ag)x = D_a(gx) \quad \text{pour } a \in L(G),\ g \in G_1,\ x \in X_1.$$

En particulier

(7) $$ax = D_a(x).$$

Soient G_2 un voisinage ouvert de e dans G_1 et X_2 un voisinage ouvert de x_0 dans X_1 tels que gg' soit défini et appartienne à G_1 pour g, g' dans G_2, et que gx soit défini et appartienne à X_1 pour $(g, x) \in G_2 \times X_2$. Considérons les applications α_1, α_2 de $G_2 \times (G_2 \times X_2)$ dans X définies par

$$\alpha_1(g, (h, x)) = g(hx), \qquad \alpha_2(g, (h, x)) = (gh)x.$$

Elles sont de classe C^{r-1}. On a

$$\alpha_1(e, (h, x)) = hx = \alpha_2(e, (h, x)).$$

D'autre part

$$\begin{aligned}T(\alpha_1)(ag, 0_{(h,x)}) &= (ag)(hx) \\ &= D_a(g(hx)) \qquad \text{d'après (6)} \\ &= D_a(\alpha_1(g, (h, x))), \\ T(\alpha_2)(ag, 0_{(h,x)}) &= (agh)x \\ &= D_a((gh)x) \qquad \text{d'après (6)} \\ &= D_a(\alpha_2(g, (h, x))).\end{aligned}$$

D'après VAR, R, 9.3.7, α_1 et α_2 coïncident dans un voisinage de $(e, (e, x_0))$. Ceci posé, (i) résulte de (7) et de la prop. 23 du § 1, n° 11.

COROLLAIRE 1. — *Soient* G *un groupuscule de Lie,* X *une variété paracompacte de classe* C^r $(r \geqslant 2)$. *Soit* $a \mapsto D_a$ *une loi d'opération infinitésimale à gauche de classe* C^{r-1} *de* L(G) *dans* X.

(i) *Il existe un morceau de loi d'opération à gauche de classe* C^{r-1} *de* G *dans* X *tel que la loi d'opération infinitésimale associée soit* $a \mapsto D_a$.

(ii) *Deux lois d'opérations à gauche de classe* C^{r-1} *de* G *dans* X, *qui admettent* $a \mapsto D_a$ *comme loi d'opération infinitésimale associée, coïncident dans un voisinage de* $\{e\} \times X$.

L'assertion (ii) résulte du cor. de la prop. 11. D'après le th. 6 (i), il existe un recouvrement ouvert $(X_i)_{i \in I}$ de X, et, pour tout $i \in I$, un morceau de loi d'opération à gauche ψ_i de classe C^{r-1} de G dans X_i, tels que la loi d'opération infinitésimale associée soit $a \mapsto D_a \mid X_i$. Comme X est paracompacte, on peut supposer le recouvrement $(X_i)_{i \in I}$ localement fini. Pour tout $(i, j) \in I \times I$ et tout $x \in X_i \cap X_j$, ψ_i et ψ_j coïncident dans un voisinage de (e, x) (cor. de la prop. 11). Comme X est normale, on peut appliquer la prop. 24 du § 1, n° 11, ce qui prouve (i).

COROLLAIRE 2. — *Soient* X *une variété paracompacte de classe* C^r $(r \geqslant 2)$, *et* ξ *un champ de vecteurs de classe* C^{r-1} *sur* X. *Il existe un morceau de loi d'opération* ψ *de classe* C^{r-1} *de* K *dans* X *tel que, pour tout* $x \in X$, $\xi(x)$ *soit l'image par* $t \mapsto \psi(t, x)$ *du vecteur tangent* 1 *à* K *en* 0. *Deux morceaux de lois d'opérations possédant la propriété précédente coïncident dans un voisinage de* $\{0\} \times X$.

C'est un cas particulier du cor. 1.

Remarque. — On peut bien entendu remplacer partout, dans ce n°, les lois d'opérations à gauche par les lois d'opérations à droite.

§ 5. Calculs formels dans les groupes de Lie

Soient f, g deux séries formelles à coefficients dans K par rapport aux mêmes indéterminées; soit f_i (resp. g_i) la composante homogène de degré i de f (resp. g). Nous écrirons

$$f \equiv g \qquad \text{mod deg } p$$

si $f_i = g_i$ pour $i < p$.

Dans ce §, G désigne un groupuscule de Lie de dimension finie n; le corps de base K est supposé de caractéristique zéro. On identifie une fois pour toutes, à l'aide d'une carte, un voisinage ouvert de e dans G à un voisinage ouvert U de 0 dans K^n, de façon que e s'identifie à 0. Pour x, y dans U et $n \in \mathbf{Z}$, on note $x.y$ le produit de x et y, et $x^{[m]}$ la puissance m-ème de x dans G (lorsqu'ils sont définis). Les coordonnées de $x \in U$ sont notées $x_1, x_2, \ldots, x_n$.

1. Les coefficients $c_{\alpha\beta\gamma}$

Soit Ω l'ensemble des $(x, y) \in U \times U$ tels que $x.y$ soit défini et appartienne à U. Alors Ω est ouvert dans $U \times U$, et l'application $(x, y) \mapsto x.y$ de Ω dans U est analytique. Les coordonnées $z_1, \ldots, z_n$ de $z = x.y$ admettent donc des développements en série entière à l'origine suivant les puissances de $x_1, \ldots, x_n, y_1, \ldots, y_n$. Par suite, il existe des constantes $c_{\alpha_1,\ldots,\alpha_n,\beta_1,\ldots,\beta_n,\gamma_1,\ldots,\gamma_n} \in K$, bien déterminées, telles que

$$(1) \quad z_1^{\gamma_1}\ldots z_n^{\gamma_n} = \sum_{\alpha_1,\ldots,\beta_n \in \mathbf{N}} c_{\alpha_1,\ldots,\alpha_n,\beta_1,\ldots,\beta_n,\gamma_1,\ldots,\gamma_n} x_1^{\alpha_1}\ldots x_n^{\alpha_n} y_1^{\beta_1}\ldots y_n^{\beta_n}$$

pour $\gamma_1, \ldots, \gamma_n$ dans **N**. Adoptant les conventions de VAR, R, nous écrirons ces formules plus brièvement:

$$(2) \qquad (x.y)^{\gamma} = \sum_{\alpha,\beta \in \mathbf{N}^n} c_{\alpha,\beta,\gamma} x^{\alpha} y^{\beta} \qquad (\gamma \in \mathbf{N}^n).$$

Puisque $x.0 = 0.x = x$ pour $x \in U$, on a

$$(3) \qquad c_{\alpha,0,\gamma} = c_{0,\alpha,\gamma} = \delta_{\alpha\gamma}$$

où $\delta_{\alpha\gamma}$ est l'indice de Kronecker. En particulier, écrivant désormais k à la place de ε_k pour $k = 1, \ldots, n$,

$$(4) \qquad (x.y)_k = x_k + y_k + \sum_{|\alpha| \geqslant 1, |\beta| \geqslant 1} c_{\alpha,\beta,k} x^{\alpha} y^{\beta}.$$

Posant $c_{\alpha\beta} = (c_{\alpha\beta 1}, c_{\alpha\beta 2}, \ldots, c_{\alpha\beta n}) \in K^n$, on a donc

$$(5) \qquad x.y = x + y + \sum_{|\alpha| \geqslant 1, |\beta| \geqslant 1} c_{\alpha\beta} x^{\alpha} y^{\beta}.$$

Au second membre de (5), considérons la composante homogène de degré 2:

$$B(x, y) = \sum_{i,j=1}^{n} c_{ij} x_i y_j$$

de sorte que $(x, y) \mapsto B(x, y)$ est une application bilinéaire de $K^n \times K^n$ dans K^n. On a

$$(6) \qquad x.y \equiv x + y + B(x, y) \quad \text{mod deg } 3.$$

La formule (4) entraîne d'autre part que

$$(7) \qquad c_{\alpha,\beta,\gamma} = 0 \quad \text{si} \quad |\alpha| + |\beta| < |\gamma|$$

et que les termes de degré total $|\gamma|$ dans le développement de z^{γ} sont aussi ceux de $(x_1 + y_1)^{\gamma_1}(x_2 + y_2)^{\gamma_2}\ldots(x_n + y_n)^{\gamma_n} = \sum_{\alpha+\beta=\gamma} ((\alpha, \beta)) x^{\alpha} y^{\beta}$ (cf. VAR, R, Notations et conventions). Donc:

$$(8) \qquad c_{\alpha,\beta,\gamma} = 0 \quad \text{si} \quad |\alpha| + |\beta| = |\gamma| \quad \text{mais} \quad \alpha + \beta \neq \gamma$$

(9) $$c_{\alpha,\beta,\alpha+\beta} = ((\alpha, \beta)).$$

L'associativité du produit implique la relation

$$\sum_{\alpha,\xi} c_{\alpha\xi\eta} x^{\alpha}\Big(\sum_{\beta,\gamma} c_{\beta\gamma\xi} y^{\beta} z^{\gamma}\Big) = \sum_{\xi,\gamma} c_{\xi\gamma\eta}\Big(\sum_{\alpha,\beta} c_{\alpha\beta\xi} x^{\alpha} y^{\beta}\Big) z^{\gamma}$$

quels que soient x, y, z assez voisins de 0, d'où

(10) $$\sum_{\xi} c_{\alpha\xi\eta} c_{\beta\gamma\xi} = \sum_{\xi} c_{\xi\gamma\eta} c_{\alpha\beta\xi} \qquad (\alpha, \beta, \gamma, \eta \text{ dans } \mathbf{N}^n).$$

Le groupuscule G admet un sous-groupuscule ouvert commutatif si et seulement si $c_{\alpha\beta\gamma} = c_{\beta\alpha\gamma}$ quels que soient α, β, γ dans $\mathbf{N}^n$.

2. Crochet dans l'algèbre de Lie

Pour $\alpha \in \mathbf{N}^n$, soit e_α la distribution ponctuelle $\dfrac{1}{\alpha!}\dfrac{\partial^\alpha}{\partial x^\alpha}$ à l'origine. En particulier, $e_k = e_{\varepsilon_k} = \dfrac{\partial}{\partial x_k}$. Les e_α forment une base de l'espace vectoriel U(G). Si f est une fonction analytique dans un voisinage ouvert de 0 dans G, et si $f(x) = \sum_\alpha \lambda_\alpha x^\alpha$ est son développement en série entière à l'origine, on a

$$\langle e_\alpha, f\rangle = \lambda_\alpha.$$

En particulier,

$$\langle e_\alpha, x^\gamma\rangle = \delta_{\alpha\gamma}.$$

Donc

$$\begin{aligned}\langle e_\alpha * e_\beta, x^\gamma\rangle &= \langle e_\alpha \otimes e_\beta, (x.y)^\gamma\rangle \\ &= \langle e_\alpha \otimes e_\beta, \sum_{\alpha',\beta'} c_{\alpha'\beta'\gamma} x^{\alpha'} y^{\beta'}\rangle \\ &= \sum_{\alpha',\beta'} c_{\alpha'\beta'\gamma}\langle e_\alpha, x^{\alpha'}\rangle\langle e_\beta, y^{\beta'}\rangle = c_{\alpha\beta\gamma},\end{aligned}$$

donc

(11) $$e_\alpha * e_\beta = \sum_\gamma c_{\alpha\beta\gamma} e_\gamma.$$

(La formule (10) exprime alors l'associativité de U(G).)

En particulier, puisque L(G) est stable pour le crochet,

(12) $$[e_i, e_j] = \sum_k (c_{ijk} - c_{jik}) e_k,$$

Les constantes de structure de L(G) relativement à la base $(e_1, \ldots, e_n)$ sont donc les $c_{ijk} - c_{jik}$. Autrement dit, identifiant canoniquement L(G) à K^n, on obtient:

(13) $$[x, y] = \mathrm{B}(x, y) - \mathrm{B}(y, x).$$

PROPOSITION 1. —

(i) $x^{[-1]} \equiv -x + B(x, x)$ mod deg 3

(ii) $x.y.x^{[-1]} \equiv y + [x, y]$ mod deg 3

(iii) $y^{[-1]}.x.y \equiv x + [x, y]$ mod deg 3

(iv) $x^{[-1]}.y^{[-1]}.x.y \equiv [x, y]$ mod deg 3

(v) $x.y.x^{[-1]}.y^{[-1]} \equiv [x, y]$ mod deg 3.

(Dans (i), $x^{[-1]}$ représente bien entendu le développement en série entière à l'origine de l'application $x \mapsto x^{[-1]}$; les autres formules s'interprètent de manière analogue.)

Soient g_1 et g_2 les composantes homogènes de degrés 1 et 2 de $x^{[-1]}$. On a

$$\begin{aligned} 0 &= x.x^{[-1]} \\ &\equiv x + g_1(x) + B(x, g_1(x)) \quad \text{mod deg } 2 \quad \text{(d'après (6))} \\ &\equiv x + g_1(x) \quad \text{mod deg } 2 \end{aligned}$$

donc $g_1(x) = -x$. Ensuite

$$\begin{aligned} 0 &= x.x^{[-1]} \\ &\equiv x + (-x + g_2(x)) + B(x, -x + g_2(x)) \quad \text{mod deg } 3 \\ &\equiv g_2(x) - B(x, x) \quad \text{mod deg } 3 \end{aligned}$$

donc $g_2(x) = B(x, x)$. Cela prouve (i). En utilisant (i), on a

$$\begin{aligned} x.y.x^{[-1]} &\equiv (x + y + B(x, y)).(-x + B(x, x)) \quad \text{mod deg } 3 \\ &\equiv x + y + B(x, y) + (-x + B(x, x)) + B(x + y, -x) \quad \text{mod deg } 3 \\ &\equiv y + B(x, y) - B(y, x) \quad \text{mod deg } 3 \\ &\equiv y + [x, y] \quad \text{mod deg } 3 \quad \text{(d'après (13))} \end{aligned}$$

d'où (ii). La démonstration de (iii) est analogue. En combinant (i) et (iii), on obtient

$$\begin{aligned} x^{[-1]}.y^{[-1]}.x.y &\equiv (-x + B(x, x)).(x + [x, y]) \quad \text{mod deg } 3 \\ &\equiv -x + B(x, x) + x + [x, y] + B(-x, x) \quad \text{mod deg } 3 \\ &\equiv [x, y] \quad \text{mod deg } 3 \end{aligned}$$

d'où (iv). La démonstration de (v) est analogue.

3. Puissances

Considérons j points de G:

$$\begin{aligned} x(1) &= (x(1)_1, x(1)_2, \ldots, x(1)_n) \\ x(2) &= (x(2)_1, x(2)_2, \ldots, x(2)_n) \\ &\cdots\cdots\cdots \\ x(j) &= (x(j)_1, x(j)_2, \ldots, x(j)_n). \end{aligned}$$

L'application $(x(1), x(2), \ldots, x(j)) \mapsto x(1).x(2)\ldots.x(j)$ admet un développement en série entière à l'origine:

$$(14) \qquad x(1).x(2).\ldots.x(j) = \sum_{\alpha(1),\alpha(2),\ldots,\alpha(j)\in\mathbf{N}^n} a_{\alpha(1),\ldots,\alpha(j)} x(1)^{\alpha(1)}\ldots x(j)^{\alpha(j)}$$

où les $a_{\alpha(1),\ldots,\alpha(j)}$ sont des éléments de K^n. Posons, pour $j = 0, 1, 2, \ldots$

$$(15) \qquad \psi_j(x) = \sum_{\alpha(1)\neq 0,\ldots,\alpha(j)\neq 0} a_{\alpha(1),\ldots,\alpha(j)} x^{\alpha(1)+\cdots+\alpha(j)}$$

où le second membre est une série entière convergente par rapport à la variable $x \in \mathrm{K}^n$. On obtient cette série en supprimant dans (14) les termes dans lesquels l'une des variables $x(1), \ldots, x(j)$ n'intervient pas explicitement, puis en faisant $x(1) = x(2) = \cdots = x(j) = x$.

Si $t \in \mathrm{K}$, toutes les applications puissance t-ème de G ont même développement en série entière à l'origine, puisque deux quelconques d'entre elles coïncident dans un voisinage de 0. Nous noterons $x^{[t]}$ ce développement en série entière.

Proposition 2. — (i) *On a* $\psi_j \equiv 0 \bmod \deg j$.

(ii) *Si* $t \in \mathrm{K}$, *on a*

$$(16) \qquad x^{[t]} = \sum_{i=0}^{\infty} \binom{t}{i} \psi_i(x)$$

où la série formelle de droite a un sens grâce à (i).

$$\left(\textit{On pose } \binom{t}{i} = \frac{t(t-1)\ldots(t-i+1)}{i\,!} \textit{ pour tout } t \in \mathrm{K}.\right)$$

L'assertion (i) est évidente sur la définition des ψ_j.

Prouvons (ii) pour t entier $\geqslant 0$. D'après (14), on a

$$(17) \qquad x^{[t]} = \sum_{\alpha(1),\ldots,\alpha(t)\in\mathbf{N}^n} a_{\alpha(1),\ldots,\alpha(t)} x^{\alpha(1)+\cdots+\alpha(t)}.$$

Pour $\alpha = (\alpha(1), \ldots, \alpha(t)) \in (\mathbf{N}^n)^t$, notons $\sigma(\alpha)$ l'ensemble des $j \in \{1, 2, \ldots, t\}$ tels que $\alpha(j) \neq 0$. Si, dans la somme (17), on groupe les termes pour lesquels $\sigma(\alpha)$ est le même, il vient

$$(18) \qquad x^{[t]} = \sum_{\sigma\subset(1,t)} h_{t,\sigma}(x)$$

avec

$$(19) \qquad h_{t,\sigma}(x) = \sum_{\sigma(\alpha)=\sigma} a_{\alpha(1),\ldots,\alpha(t)} x^{\alpha(1)+\cdots+\alpha(t)}.$$

Posons $\sigma = \{j_1, j_2, \ldots, j_q\}$ avec $j_1 < j_2 < \cdots < j_q$. Dans (14) (où l'on remplace j

par t), substituons 0 à $x(k)$ pour $k \notin \sigma$; comme 0 est élément neutre de G, on obtient le développement en série entière à l'origine de $x(j_1).x(j_2).\ldots.x(j_q)$:

$$x(j_1).x(j_2).\ldots.x(j_q) = \sum_{\sigma(\alpha)\subset\sigma} a_{\alpha(1),\ldots,\alpha(t)} x(j_1)^{\alpha(j_1)} x(j_2)^{\alpha(j_2)} \ldots x(j_q)^{\alpha(j_q)}$$

donc, compte tenu de la définition de ψ_q:

$$\psi_q(x) = \sum_{\sigma(\alpha)=\sigma} a_{\alpha(1),\ldots,\alpha(t)} x^{\alpha(j_1)+\cdots+\alpha(j_q)}. \tag{20}$$

D'après (19) et (20), on voit que $h_{t,\sigma}(x) = \psi_{\mathrm{Card}\,\sigma}(x)$. Alors, (18) entraîne

$$x^{[t]} = \sum_{i=0}^{t} \binom{t}{i} \psi_i(x) = \sum_{i=0}^{\infty} \binom{t}{i} \psi_i(x).$$

Cela établi, posons $x^{[t]\prime} = \sum_{i=0}^{\infty} \binom{t}{i} \psi_i(x)$ pour tout $t \in \mathrm{K}$. Dans les séries entières $x^{[t]}$ et $x^{[t]\prime}$, chaque coefficient est fonction polynomiale de t. En effet, cela est évident pour $x^{[t]\prime}$. En ce qui concerne $x^{[t]}$, il suffit de prouver que, pour tout $u \in \mathrm{U(G)}$, l'image de u par $x \mapsto x^{[t]}$ est fonction polynomiale de t. Or, pour $u \in \mathrm{U}^m(\mathrm{G})$, cette image est $t^m u$ (§ 4, n° 3, prop. 7 (iv)).

Comme $x^{[t]} = x^{[t]\prime}$ pour t entier $\geqslant 0$, on conclut de là que $x^{[t]} = x^{[t]\prime}$ pour tout $t \in \mathrm{K}$.

Remarques. — 1) Ecrivons la condition (ii) de la prop. 2 pour t entier $\geqslant 0$:

$$\begin{aligned} 0 &= \psi_0(x) \\ x &= \psi_0(x) + \psi_1(x) \\ x^{[2]} &= \psi_0(x) + 2\psi_1(x) + \psi_2(x) \\ &\cdots\cdots\cdots \end{aligned}$$

Ces formules suffisent à déterminer les ψ_i.

2) On voit que $\psi_0(x) = 0$, $\psi_1(x) = x$, $\psi_2(x) = x^{[2]} - 2x$,

$$x^{[-1]} = \sum_{i=1}^{\infty} (-1)^i \psi_i(x).$$

3) L'expression précédente de ψ_2 et la formule (6) prouvent que

$$\psi_2(x) \equiv \mathrm{B}(x, x) \quad \mod \deg 3. \tag{21}$$

Compte tenu de la prop. 2, (i) et (ii), on voit que

$$x^{[t]} \equiv tx + \binom{t}{2} \mathrm{B}(x, x) \quad \mod \deg 3. \tag{22}$$

4) Notons $\psi_{p,m}(x)$ et $h_{t,m}(x)$ les composantes homogènes de degré m de $\psi_p(x)$ et de $x^{[t]}$. On a $\psi_{p,m} = 0$ pour $m < p$. D'autre part, la prop. 2 (ii) donne

$$h_{t,m}(x) = \sum_{p \leqslant m} \frac{t(t-1)\dots(t-p+1)}{p!} \psi_{p,m}(x) \tag{23}$$

c'est-à-dire

$$h_{t,m}(x) = \sum_{1 \leqslant r \leqslant m} t^r \varphi_{r,m}(x) \tag{24}$$

où les $\varphi_{r,m}$ sont des applications polynomiales homogènes de degré m de K^n dans K^n. On a en particulier, d'après (23),

$$\varphi_{1,m}(x) = \sum_{p \leqslant m} \frac{(-1)^{p-1}}{p} \psi_{p,m}(x) \tag{25}$$

$$\varphi_{m,m}(x) = \frac{1}{m!} \psi_{m,m}(x). \tag{26}$$

5) Si K est de caractéristique > 0, les résultats des n° 1 et 2 restent valables à condition de définir e_α, au n° 2, par $\langle e_\alpha, \sum_\beta \lambda_\beta x^\beta \rangle = \lambda_\alpha$. Au n° 3, si on définit les ψ_j comme ci-dessus, le raisonnement fait prouve encore que $x^{[t]} = \sum_{i=0}^{\infty} \binom{t}{i} \psi_i(x)$ si $t \in \mathbf{N}$.

4. Exponentielle

Soit $E(x)$ le développement en série entière en 0 d'une application exponentielle de G. Soit $L(x)$ le développement en série entière en 0 de l'application réciproque d'une application exponentielle injective de G. Puisque l'application tangente en 0 à toute application exponentielle est l'identité de $L(G)$, on a $E(x) \equiv x \bmod \deg 2$ et $L(x) \equiv x \bmod \deg 2$. Puisque $E(L(x)) = L(E(x))$ pour x assez voisin de 0, les séries formelles E et L sont telles que $E(L(X)) = L(E(X)) = X$. Un raisonnement analogue montre que $E(tX) = (E(X))^{[t]}$, $L(X^{[t]}) = tL(X)$ pour $t \in K$.

Proposition 3. — *On a*

$$L = \sum_{p=1}^{\infty} \frac{(-1)^{p-1}}{p} \psi_p \tag{27}$$

$$E = \sum_{p=1}^{\infty} \frac{1}{p!} \psi_{p,p} \tag{28}$$

(*rappelons que $\psi_{p,p}$ est la composante homogène de degré p de ψ_p*).

On a

$$\mathrm{E}(tx) = (\mathrm{E}(x))^{[t]}$$

ou, d'après (24),

$$\mathrm{E}(tx) = \sum_{m \geqslant 0} \sum_{1 \leqslant r \leqslant m} t^r \varphi_{r,m}(\mathrm{E}(x)).$$

Les deux membres sont des séries formelles en t et x. Egalons les termes du premier degré en t. Il vient

$$(29) \qquad x = \sum_{m \geqslant 0} \varphi_{1,m}(\mathrm{E}(x)).$$

Or l'inversion d'un système de séries formelles, quand elle est possible, ne l'est que d'une seule manière (A, IV, § 6, cor. de la prop. 8). Alors

$$\begin{aligned} \mathrm{L}(x) &= \sum_{m \geqslant 0} \varphi_{1,m}(x) && \text{d'après (29)} \\ &= \sum_{p,m} \frac{(-1)^p}{p} \psi_{p,m}(x) && \text{d'après (25)} \\ &= \sum_{p} \frac{(-1)^p}{p} \psi_p(x), \end{aligned}$$

d'où (i). De même, on a, pour $t \neq 0$,

$$\begin{aligned} \mathrm{L}(tx) &= t\mathrm{L}((tx)^{[t^{-1}]}) \\ &= t\mathrm{L}\Big(\sum_{m \geqslant 0} \sum_{1 \leqslant r \leqslant m} t^{m-r} \varphi_{r,m}(x)\Big) && \text{d'après (24).} \end{aligned}$$

Egalons les termes du premier degré en t. Il vient

$$x = \mathrm{L}\Big(\sum_{m \geqslant 0} \varphi_{m,m}(x)\Big)$$

d'où

$$\begin{aligned} \mathrm{E}(x) &= \sum_{m \geqslant 0} \varphi_{m,m}(x) \\ &= \sum_{m \geqslant 0} \frac{1}{m!} \psi_{m,m}(x) && \text{d'après (26).} \end{aligned}$$

Proposition 4. — *Pour que la carte utilisée de* G *soit canonique, il faut et il suffit que* $\psi_j = 0$ *pour* $j \geqslant 2$.

C'est suffisant d'après la prop. 3. Supposons que la carte soit canonique, et que $\psi_i = 0$ pour $2 \leqslant i < n$. On a $nx = x^{[n]} = \sum_{i=0}^{n} \binom{n}{i} \psi_i(x) = nx + \psi_n(x)$, d'où $\psi_n = 0$. Donc $\psi_j = 0$ pour $j \geqslant 2$ par récurrence sur j.

§ 6. Groupes de Lie réels ou complexes

Dans ce paragraphe, on suppose que K est égal à **R** ou à **C**.

1. Passage des morphismes d'algèbres de Lie aux morphismes de groupes de Lie

Lemme 1. — *Soient* G *un groupe topologique simplement connexe*,[1] W *un voisinage ouvert connexe symétrique de* e, H *un groupe*, f *une application de* W^3 *dans* H *telle que*

$$f(xyz) = f(x)f(y)f(z)$$

pour x, y, z *dans* W. *Il existe un morphisme* f' *de* G *dans* H *tel que* $f'|W = f|W$.

Pour $(g, h) \in G \times H$ et U voisinage ouvert de e dans W, soit $A(g, h, U)$ l'ensemble des $(gu, hf(u)) \in G \times H$ pour $u \in U$. On a $(g, h) \in A(g, h, U)$, et $A(g, h, U_1) \cap A(g, h, U_2) = A(g, h, U_1 \cap U_2)$. Soit $(s, t) \in A(g, h, U)$; on a $s = gu$ et $t = hf(u)$ pour un $u \in U$; il existe un voisinage ouvert U′ de e dans W tel que $uU' \subset U$; alors, pour $u' \in U'$, on a

$$(su', tf(u')) = (guu', hf(uu')) \in A(g, h, U)$$

donc $A(s, t, U') \subset A(g, h, U)$. Il résulte de là que les $A(g, h, U)$ forment la base d'une topologie sur $G \times H$. Nous noterons Y l'ensemble $G \times H$ muni de cette topologie, et désignerons par p la projection canonique de Y sur G, qui est ouverte. La restriction de p à $A(g, h, U)$ est un homéomorphisme de $A(g, h, U)$ sur gU. Donc (Y, p) est un revêtement de G. Soit Y_0 le sous-groupe de Y engendré par $A(e, e, W)$, et soit $\mathfrak{B}$ l'ensemble des $A(e, e, U)$. Il est clair que $\mathfrak{B}$ vérifie les conditions (GV'_{I}) et (GV'_{II}) de TG, III, § 1, n° 2. L'ensemble Y'_0 des $y \in Y_0$ tels que les applications $z \mapsto yzy^{-1}$ et $z \mapsto y^{-1}zy$ de Y_0 dans Y_0 soient continues en (e, e) est un sous-groupe de Y_0. Soit $w \in W$. L'application $w' \mapsto ww'w^{-1}$ de W dans G est continue, donc l'application $(w', f(w')) \mapsto (ww'w^{-1}, f(ww'w^{-1}))$ de $A(e, e, W)$ dans Y est continue en (e, e). Or $f(ww'w^{-1}) = f(w)f(w')f(w^{-1})$, et par suite

$$(ww'w^{-1}, f(ww'w^{-1})) = (w, f(w))(w', f(w'))(w, f(w))^{-1}.$$

Comme $w^{-1} \in W$, on voit que $(w, f(w)) \in Y'_0$. Ainsi, $A(e, e, W) \subset Y'_0$, de sorte que $Y'_0 = Y_0$. Le groupe Y_0, muni de la base de filtre $\mathfrak{B}$, vérifie donc la condition (GV'_{III}) de TG, III, § 1, n° 2. Comme $(g, h) . A(e, e, U) = A(g, h, U)$, Y_0 est un groupe topologique, connexe puisque $A(e, e, W)$ est connexe. Alors $p(Y_0)$ est un sous-groupe ouvert de G, d'où $p(Y_0) = G$ puisque G est connexe. Le noyau de $p|Y_0$ est discret. Comme G est simplement connexe, $p|Y_0$ est un homéomorphisme de Y_0 sur G. Par suite, Y_0 est le graphe d'un morphisme f' de G dans H. Pour $g \in W$, on a $(g, f(g)) \in A(e, e, W) \subset Y_0$, d'où $f(g) = f'(g)$.

[1] Cf. le chap. XI de TG (à paraître). Il est prouvé dans ce chapitre que si G_1, G_2 sont des groupes topologiques connexes, si φ est un homomorphisme continu ouvert de G_1 sur G_2 à noyau discret, et si G_2 est simplement connexe, alors φ est un homéomorphisme. Rappelons d'autre part qu'un espace simplement connexe est connexe.

THÉORÈME 1. — *Soient* G *et* H *des groupes de Lie, h un morphisme continu de* L(G) *dans* L(H). *On suppose* G *simplement connexe. Alors il existe un morphisme* φ *de groupes de Lie de* G *dans* H, *et un seul, tel que* $h = \mathrm{L}(\varphi)$.

L'existence de φ résulte du lemme 1, et du § 4, n° 1, th. 1 (i). L'unicité de φ résulte du § 4, n° 1, th. 1 (ii) et du fait que G est connexe.

COROLLAIRE. — *Soit* G *un groupe de Lie simplement connexe de dimension finie. Il existe une représentation linéaire analytique de dimension finie de* G *dont le noyau est discret.*

Il existe (chap. I, § 7, th. 2) un espace vectoriel E de dimension finie, et un morphisme injectif *h* de L(G) dans l'algèbre de Lie End(E). D'après le th. 1, il existe un morphisme φ de G dans GL(E) tel que $\mathrm{L}(\varphi) = h$. Donc φ est une immersion, et par suite son noyau est discret.

Remarques. — 1) Il existe des groupes de Lie simplement connexes de dimension finie qui ne possèdent aucune représentation linéaire analytique injective de dimension finie (exerc. 2).

2) Il existe des groupes de Lie connexes G de dimension finie tels que toute représentation linéaire analytique de dimension finie de G ait un noyau non discret (exerc. 3 et 4).

2. Sous-groupes intégraux

DÉFINITION 1. — *Soit* G *un groupe de Lie. On appelle sous-groupe intégral de* G *un sous-groupe* H *muni d'une structure de groupe de Lie* connexe *telle que l'injection canonique de* H *dans* G *soit une immersion.*

On appelle sous-groupe à un paramètre de G un sous-groupe intégral de dimension 1.

Soient H un sous-groupe intégral de G, *i* l'injection canonique de H dans G. Alors L(*i*) définit un isomorphisme de L(H) sur une sous-algèbre de Lie de L(G) admettant un supplémentaire topologique. On identifie L(H) à son image par L(*i*).

Exemples. — 1) Un sous-groupe de Lie connexe de G est un sous-groupe intégral de G.

2) Supposons G de dimension finie. Soit H un sous-groupe de G; munissons-le de la structure induite par la structure de groupe de Lie de G (§ 4, n° 5, déf. 3). Alors sa composante neutre H_0 est un sous-groupe intégral de G, et la sous-algèbre tangente en *e* à H est $\mathrm{L}(H_0)$ (§ 4, n° 5, prop. 9 (ii)).

3) Soient G un groupe de Lie complexe, H un sous-groupe intégral de G, G_1 (resp. H_1) le groupe de Lie réel sous-jacent à G (resp. H). Alors H_1 est un sous-groupe intégral de G_1, et $\mathrm{L}(H_1)$ est l'algèbre de Lie réelle sous-jacente à L(H).

Théorème 2.—*Soit* G *un groupe de Lie.*

(i) *L'application* $H \mapsto L(H)$ *est un bijection de l'ensemble des sous-groupes intégraux de* G *sur l'ensemble des sous-algèbres de Lie de* L(G) *admettant un supplémentaire topologique.*

(ii) *Soit* H *un sous-groupe intégral de* G. *Tout sous-groupuscule de Lie connexe de* G *d'algèbre de Lie* L(H) *est une sous-variété ouverte de* H *qui engendre* H.

a) Soit $\mathfrak{h}$ une sous-algèbre de Lie de L(G) admettant un supplémentaire topologique. Soit H_1 un sous-groupuscule de Lie de G tel que $L(H_1) = \mathfrak{h}$ (§ 4, th. 3). On peut choisir H_1 de telle sorte qu'il soit connexe. Soit H le sous-groupe de G engendré par H_1. Il existe (§ 1, cor. de la prop. 22) une structure de groupe de Lie sur H telle que H_1 soit une sous-variété ouverte de H et que l'injection canonique de H dans G soit une immersion. Comme H_1 est connexe, H est connexe, donc est un sous-groupe intégral de G. On a $L(H) = L(H_1) = \mathfrak{h}$. Cela prouve que l'application considérée en (i) est surjective.

b) Soient H un sous-groupe intégral de G, et N_1 un sous-groupuscule de Lie connexe de G d'algèbre de Lie L(H). Comme l'injection canonique de H dans G est une immersion, il existe un sous-groupuscule ouvert H_1 de H qui est en même temps sous-variété de G, donc un sous-groupuscule de Lie de G d'algèbre de Lie L(H). D'autre part, soit N le sous-groupe de G engendré par N_1; d'après la partie a) de la démonstration, il est muni d'une structure de sous-groupe intégral de G tel que N_1 soit une sous-variété ouverte de N. D'après le § 4, th. 3, $H_1 \cap N_1$ est ouvert dans H_1 et N_1. Donc le sous-groupe de G engendré par $H_1 \cap N_1$ est égal d'une part à H, d'autre part à N. Par suite les groupes de Lie H et N sont égaux. Cela prouve (ii), et prouve aussi que l'application considérée en (i) est injective.

Remarque 1.—Soit H un sous-groupe intégral de G. Soit Y le feuilletage gauche de G associée à L(H). Si $g \in G$, munissons gH de la structure de variété déduite de celle de H par $\gamma(g)$. D'après VAR, R, 9.3.2, l'injection canonique de gH dans Y est un morphisme. Ce morphisme est étale. Donc les feuilles connexes maximales de Y sont les classes à gauche suivant H.

Proposition 1.—*Soient* G *et* M *des groupes de Lie,* H *un sous-groupe intégral de* G, φ *un morphisme de* M *dans* G *tel que* $L(\varphi)(L(M)) \subset L(H)$. *On suppose* M *connexe. Alors* $\varphi(M) \subset H$, *et* φ, *considéré comme application de* M *dans* H, *est un morphisme de groupes de Lie.*

En effet, avec les notations de la *Remarque* 1, φ est un morphisme de M dans Y (VAR, R, 9.3.2), donc $\varphi(M) \subset H$ puisque M est connexe.

Corollaire 1. — *Soient* G *et* H *des groupes de Lie,* φ *un morphisme de groupes de Lie de* G *dans* H, N *le noyau de* φ, *et* $h = L(\varphi)$. *Supposons* G *connexe et* H *de dimension finie.*

(i) N *est un sous-groupe de Lie de* G, *et* $L(N) = \operatorname{Ker} h$.

(ii) *Soit* H′ *le sous-groupe intégral de* H *d'algèbre de Lie* Im h. *Alors* $\varphi(G) = H'$.

(iii) *L'application de* G/N *dans* H′ *déduite de* φ *par passage au quotient est un isomorphisme de groupes de Lie.*

(i) a déjà été démontré (§ 3, n° 8, prop. 28).

Soit ψ le morphisme de groupes de Lie de G/N dans H déduit de φ par passage au quotient; c'est une immersion (§ 3, n° 8, prop. 28). D'après la prop. 1, ψ est un morphisme de groupes de Lie de G/N dans H′. Ce morphisme est étale, donc $\psi(G/N) = H'$ puisque H′ est connexe; cela prouve (ii). Alors $\psi\colon G/N \to H'$ est bijectif, et est un isomorphisme de groupes de Lie, ce qui prouve (iii).

COROLLAIRE 2. — *Soient* G *un groupe de Lie,* H_1 *et* H_2 *des sous-groupes intégraux de* G. *Si* $L(H_2) \subset L(H_1)$, *alors* H_2 *est un sous-groupe intégral de* H_1.

Soient $i_1\colon H_1 \to G$, $i_2\colon H_2 \to G$ les injections canoniques. Alors

$$L(i_2)(L(H_2)) = L(H_2) \subset L(H_1).$$

D'après la prop. 1, i_2 est une application analytique de H_2 dans H_1, et même une immersion de H_2 dans H_1 puisque $L(i_2)$ est un isomorphisme de $L(H_2)$ sur une sous-algèbre de $L(H_1)$ admettant un supplémentaire topologique.

COROLLAIRE 3. — *Soient* G *un groupe de Lie de dimension finie,* $(H_\iota)_{\iota \in I}$ *une famille de sous-groupes de Lie de* G. *Alors* $H = \bigcap_{\iota \in I} H_\iota$ *est un sous-groupe de Lie de* G, *et*

$$L(H) = \bigcap_{\iota \in I} L(H_\iota).$$

Il existe une partie finie J de I telle que $\bigcap_{\iota \in J} L(H_\iota)$ soit égal à l'intersection M de tous les $L(H_\iota)$. On sait que $H^* = \bigcap_{\iota \in J} H_\iota$ est un sous-groupe de Lie tel que $L(H^*) = M$ (§ 3, n° 8, cor. 2 de la prop. 29). Soit H_0 la composante neutre de H^*. C'est un sous-groupe de Lie de G, et $L(H_0) = M$. D'après le cor. 2, on a $H_0 \subset H_\iota$ pour tout ι, donc $H_0 \subset H \subset H^*$, d'où le corollaire.

COROLLAIRE 4. — *Soit* G *un groupe de Lie connexe de dimension finie. Les conditions suivantes sont équivalentes*:

(i) G *est unimodulaire* (INT, VII, § 1, n° 3, déf. 3);

(ii) det Ad $g = 1$ *pour tout* $g \in G$;

(iii) Tr ad $a = 0$ *pour tout* $a \in L(G)$.

L'application $g \mapsto \det \operatorname{Ad} g$ est un morphisme φ de G dans K*. D'après le § 3, prop. 35 (n° 10) et 44 (n° 12), on a $L(\varphi)a = \operatorname{Tr} \operatorname{ad} a$ pour tout $a \in L(G)$. Il est clair que $\operatorname{Im} L(\varphi) = \{0\}$ ou K. Dans le premier (resp. deuxième) cas, on a

Im $\varphi = \{1\}$ (resp. Im $\varphi = K^*$) d'après le cor. 1, donc G est unimodulaire (resp. non unimodulaire) d'après le § 3, n° 16, cor. de la prop. 55.

PROPOSITION 2. — *Soient* G *un groupe de Lie de dimension finie,* H *un sous-groupe intégral de* G. *Les conditions suivantes sont équivalentes :*

(i) H *est fermé ;*

(ii) *la topologie de* H *est induite par celle de* G ;

(iii) H *est un sous-groupe de Lie de* G.

(i) $\Rightarrow$ (iii) : cela résulte du § 1, prop. 2 (iv) (n° 1) et 14 (iii) (n° 7).

(iii) $\Rightarrow$ (ii) : évident.

(ii) $\Rightarrow$ (i) : si la topologie de H est induite par celle de G, H est fermé parce que H est complet (§ 1, n° 1, prop. 1).

PROPOSITION 3. — *Soient* G *un groupe de Lie,* H *un sous-groupe intégral de* G, M *une variété analytique connexe non vide,* f *une application de* M *dans* G *et* $r \in N_K$. *Considérons les conditions suivantes :*

(i) f *est de classe* C^r, *et* $f(M) \subset H$;

(ii) $f(M) \subset H$, *et* f, *considérée comme application de* M *dans* H, *est de classe* C^r ;

(iii) f *est de classe* C^r, $f(M)$ *rencontre* H, *et l'image de* $T_m(M)$ *est contenue dans* $f(m).L(H)$ *pour tout* $m \in M$.

On a (ii) $\Leftrightarrow$ (iii) $\Rightarrow$ (i). *Si la topologie de* H *admet une base dénombrable, les trois conditions sont équivalentes.*

(ii) $\Rightarrow$ (i) et (ii) $\Rightarrow$ (iii) : évident.

(iii) $\Rightarrow$ (ii) : supposons vérifiée la condition (iii). D'après VAR, R, 9.2.8, f est un morphisme de classe C^r de M dans le feuilletage gauche associé à L(H). Comme M est connexe, on a $f(M) \subset H$.

Si la topologie de H admet une base dénombrable, la condition (i) implique que f est une application de classe C^r de M dans H (VAR, R, 9.2.8) ; donc (i) $\Rightarrow$ (ii).

COROLLAIRE 1. — *Soient* G *un groupe de Lie de dimension finie,* H *un sous-groupe intégral de* G. *Alors la sous-algèbre de Lie tangente en* e *à* H (§ 4, n° 5, déf. 2 et 3) *est* L(H), *et la structure de groupe de Lie de* H *est la structure induite par celle de* G.

En effet, comme H est connexe de dimension finie, sa topologie admet une base dénombrable.

COROLLAIRE 2. — *Soient* G *un groupe de Lie,* H_1 *et* H_2 *des sous-groupes intégraux de* G. *On suppose que la topologie de* H_1 *admet une base dénombrable. Alors*

$$H_2 \subset H_1 \Leftrightarrow L(H_2) \subset L(H_1),$$

et, si ces conditions sont vérifiées, H_2 *est un sous-groupe intégral de* H_1.

La dernière assertion, et l'implication $L(H_2) \subset L(H_1) \Rightarrow H_2 \subset H_1$, résultent du cor. 2 de la prop. 1. L'implication inverse résulte de la prop. 3.

COROLLAIRE 3. — *Soient* G *un groupe de Lie,* H_1 *et* H_2 *des sous-groupes intégraux de* G *dont la topologie admet une base dénombrable. Si* H_1 *et* H_2 *ont même ensemble sous-jacent, les structures de groupes de Lie de* H_1 *et* H_2 *sont égales.*

Cela résulte du cor. 2.

Remarque 2. — Soit G un groupe de Lie de dimension finie. Soit H un sous-groupe de G. Nous dirons, par abus de langage, que H est un sous-groupe intégral de G s'il existe une structure S de groupe de Lie sur H telle que H, muni de S, soit un sous-groupe intégral de G. D'après le cor. 3 de la prop. 3, si S existe, S est unique.

Remarque 3. — Soit V une variété de classe C^r. Soient M une partie de V, x et y des éléments de M. Considérons la propriété suivante:

$P_{M,x,y}$: il existe I, $x_0, x_1, \ldots, x_n f_1, \ldots, f_n$ tels que: *a)* I est une partie ouverte connexe de K; *b)* $x_0, \ldots, x_n$ sont dans M, $x_0 = x$, $x_n = y$; *c)* pour $1 \leqslant i \leqslant n$, f_i est une application de classe C^r de I dans V qui prend les valeurs x_{i-1} et x_i, et $f_i(I) \subset M$.

Nous dirons que M est une partie C^r-*connexe* de V si, quels que soient les éléments x, y de M, on a la propriété $P_{M,x,y}$.

PROPOSITION 4. — *Soient* G *un groupe de Lie de dimension finie,* H *un sous-groupe de* G. *Soit* $r \in N_K$. *Les conditions suivantes sont équivalentes:*

(i) H *est un sous-groupe intégral de* G;

(ii) *muni de la structure de groupe de Lie induite par celle de* G, H *est connexe;*

(iii) H *est* C^r-*connexe.*

(ii) $\Rightarrow$ (i): évident.

(i) $\Rightarrow$ (iii): supposons H muni d'une structure de groupe de Lie telle que H soit un sous-groupe intégral de G. Utilisons les notations de la *Remarque* 3. L'ensemble des $y \in H$ tels que la propriété $P_{H,e,y}$ soit vraie est un sous-groupe ouvert de H. Comme H est connexe, ce sous-groupe est égal à H, donc la condition (iii) est vérifiée.

(iii) $\Rightarrow$ (ii): supposons la condition (iii) vérifiée, et munissons H de la structure induite par la structure de groupe de Lie de G. Soit $\mathfrak{h}$ la sous-algèbre tangente à H en e. La composante neutre H_0 de H est un sous-groupe intégral de G tel que $L(H_0) = \mathfrak{h}$. Montrons que $H = H_0$. Il suffit de prouver ceci: soient I une partie ouverte connexe de K, f une application de classe C^r de I dans G telle que $f(I) \subset H$, λ et μ deux points de I; si $f(\lambda) \in H_0$, alors $f(\mu) \in H_0$. Or, pour tout $\nu \in I$, on a $(T_\nu f)(K) \subset f(\nu)\mathfrak{h}$ par définition de $\mathfrak{h}$, de sorte que notre assertion résulte de la prop. 3.

Remarque 4. — Si $K = \mathbf{R}$, on peut aussi caractériser les sous-groupes intégraux de G comme les sous-groupes qui, munis de la topologie induite par celle de G, sont *connexes par arcs* (§ 8, exerc. 4). Toutefois, il peut exister des sous-groupes *connexes* qui ne sont pas intégraux (AC, VI, § 9, § g, exerc. 9).

COROLLAIRE. — *Soient* G *un groupe de Lie de dimension finie,* H_1 *et* H_2 *deux sous-groupes intégraux de* G. *Le sous-groupe de* G *engendré par* H_1 *et* H_2, *et le sous-groupe* (H_1, H_2) *de* G, *sont des sous-groupes intégraux de* G.

Le sous-groupe (G, G) de G n'est pas toujours fermé (§ 9, exerc. 6).

Rappelons (§ 3, n° 11, cor. 5 de la prop. 41) que si $\mathfrak{a}$ est une algèbre de dimension finie, $\mathrm{Aut}(\mathfrak{a})$ est un sous-groupe de Lie de $\mathbf{GL}(\mathfrak{a})$ et que $L(\mathrm{Aut}(\mathfrak{a}))$ est l'algèbre de Lie des dérivations de $\mathfrak{a}$.

DÉFINITION 2. — *Soit* $\mathfrak{a}$ *une algèbre de Lie de dimension finie. On note* $\mathrm{Ad}(\mathfrak{a})$ *ou* $\mathrm{Int}(\mathfrak{a})$, *le sous-groupe intégral de* $\mathrm{Aut}(\mathfrak{a})$ *d'algèbre de Lie* $\mathrm{ad}(\mathfrak{a})$. *Les éléments de ce groupe s'appellent automorphismes intérieurs de* $\mathfrak{a}$.

Par transport de structure, $\mathrm{ad}(\mathfrak{a})$ est invariant par $\mathrm{Aut}(\mathfrak{a})$, donc $\mathrm{Int}(\mathfrak{a})$ est distingué dans $\mathrm{Aut}(\mathfrak{a})$. Compte tenu du § 4, n° 4, cor. 1 de la prop. 8, et du fait que $\mathrm{Int}(\mathfrak{a})$ est connexe, les éléments de $\mathrm{Int}(\mathfrak{a})$ sont les produits finis d'automorphismes de la forme $\exp \mathrm{ad}\, x$ où $x \in \mathfrak{a}$. En général, $\mathrm{Int}(\mathfrak{a})$ n'est pas un sous-groupe de Lie de $\mathrm{Aut}(\mathfrak{a})$ (exerc. 14).

3. Passage des algèbres de Lie aux groupes de Lie

THÉORÈME 3. — (i) *Si* L *est une algèbre de Lie de dimension finie, il existe un groupe de Lie* G *simplement connexe tel que* L(G) *soit isomorphe à* L.

(ii) *Soient* G_1 *et* G_2 *deux groupes de Lie connexes, avec* G_1 *simplement connexe. Soient* f *un isomorphisme de* $L(G_1)$ *sur* $L(G_2)$, φ *le morphisme de* G_1 *dans* G_2 *tel que* $L(\varphi) = f$, *et* N *le noyau de* φ. *Alors* N *est un sous-groupe discret du centre de* G_1, *et le morphisme de* G_1/N *dans* G_2 *déduit de* φ *est un isomorphisme de groupes de Lie. Si* G_2 *est simplement connexe,* φ *est un isomorphisme.*

Soit L une algèbre de Lie de dimension finie. Il existe un espace vectoriel E de dimension finie tel qu'on puisse identifier L à une sous-algèbre de Lie de End(E) (chap. I, § 7, th. 2). Soit H le sous-groupe intégral de $\mathbf{GL}(E)$ d'algèbre de Lie L. Soit $\hat{H}$ son revêtement universel (§ 1, n° 9, *Remarque*). Alors $L(\hat{H})$ est isomorphe à L, d'où (i).

Soient G_1, G_2, f, φ, N comme dans (ii). Alors φ est étale, donc $\varphi(G_1)$ est un sous-groupe ouvert de G_2, donc $\varphi(G_1) = G_2$. D'autre part, N est discret, donc contenu dans le centre de G_1 (INT, VII, § 3, lemme 4). Il est clair que le morphisme de G/N sur G_2 déduit de φ est un isomorphisme de groupe de Lie. Si G_2 est simplement connexe, toute application étale de G_1 sur G_2 est injective, donc $N = \{e\}$.

PROPOSITION 5. — *Soit* G *un groupe de Lie réel connexe. Supposons donnée sur* L(G) *une structure d'algèbre de Lie normable complexe* L′ *compatible avec sa structure d'algèbre de Lie normable réelle. Il existe sur* G *une structure de groupe de Lie complexe et une seule compatible avec la structure de groupe de Lie réel et pour laquelle l'algèbre de Lie est* L′.

D'après le § 4, n° 2, cor. 2 du th. 2, il suffit de prouver que la structure de L′ est invariante par Ad G. Soit φ une application exponentielle de G. D'après le § 4, n° 4, cor. 3 (i) de la prop. 8, il existe un voisinage V de 0 dans L(G) tel que la structure de L′ soit invariante par Ad $\varphi(V)$. Or $\varphi(V)$ engendre G parce que G est connexe.

La conclusion de la prop. 5 ne subsiste pas nécessairement si G n'est pas supposé connexe (exerc. 7).

PROPOSITION 6. — *Soit* G *un groupe de Lie complexe connexe. Si* G *est compact,* G *est commutatif.*

L'application holomorphe $g \mapsto \operatorname{Ad} g$ de G dans $\mathscr{L}(L(G))$ est constante (VAR, R, 3.3.7), donc ad $a = 0$ pour tout $a \in L(G)$ (§ 3, n° 12, prop. 44). Donc G est commutatif (§ 4, cor. 3 du th. 1).

4. Application exponentielle

THÉORÈME 4. — *Soit* G *un groupe de Lie. Il existe une application exponentielle de* G *et une seule définie dans* L(G).

Il existe un voisinage ouvert convexe U de 0 dans L(G) et une application exponentielle φ de G définie sur U. On peut supposer, en choisissant U assez petit, que

$$\varphi((\lambda + \lambda')a) = \varphi(\lambda a)\varphi(\lambda' a) \tag{1}$$

pour $a \in L(G)$, λ, λ' dans K, λa, $\lambda' a$, $(\lambda + \lambda')a$ dans U.

Soit $a \in L(G)$. Il existe un entier $n > 0$ tel que $\frac{1}{n} a \in U$. Si m est un autre entier > 0 tel que $\frac{1}{m} a \in U$, on a $\frac{1}{nm} a \in U$, et la relation (1) entraîne

$$\varphi\left(\frac{1}{n} a\right) = \left(\varphi\left(\frac{1}{nm} a\right)\right)^m, \qquad \varphi\left(\frac{1}{m} a\right) = \left(\varphi\left(\frac{1}{nm} a\right)\right)^n;$$

donc $\left(\varphi\left(\frac{1}{n} a\right)\right)^n = \left(\varphi\left(\frac{1}{m} a\right)\right)^m$. Il existe un prolongement $\psi : L(G) \to G$ de φ tel que $\psi(a) = \left(\varphi\left(\frac{1}{n} a\right)\right)^n$ pour $a \in L(G)$ et n entier > 0 tel que $\frac{1}{n} a \in U$. Il est clair que ψ est analytique, et est une application exponentielle de G. Si $\psi' : L(G) \to G$ est une application exponentielle de G, ψ et ψ' coïncident dans un voisinage de 0, donc sont égales puisque L(G) est connexe. C.Q.F.D.

Quand on parlera désormais de *l'application exponentielle de* G, il s'agira de l'application considérée au th. 4. On la note $\exp_G$ ou exp s'il n'y a pas risque de confusion.

Exemple. — Soit A une algèbre associative unifère normée complète. Alors $\exp_{A^*}$ est l'application exponentielle définie au chap. II, § 7, n° 3.

PROPOSITION 7. — *Soient* G *un groupe de Lie, a un élément de* L(G). *L'application* $\lambda \mapsto \exp(\lambda a)$ *de* K *dans* G *est l'unique morphisme* φ *du groupe de Lie* K *dans* G *tel que* $(T_0\varphi)1 = a$.

Les applications $(\lambda, \lambda') \mapsto \exp(\lambda a)\exp(\lambda' a)$ et $(\lambda, \lambda') \mapsto \exp(\lambda + \lambda')a$ de $K \times K$ dans G sont analytiques et coïncident dans un voisinage de (0, 0). Comme $K \times K$ est connexe, ces applications sont égales. Donc $\varphi : \lambda \mapsto \exp(\lambda a)$ est un morphisme de groupes de Lie de K dans G. L'application tangente en 0 à $\lambda \mapsto \lambda a$ est l'application $\lambda \mapsto \lambda a$; et $T_e(\exp) = \mathrm{Id}_{L(G)}$; donc $(T_0\varphi)1 = a$. L'assertion d'unicité de la proposition résulte du th. 1.

PROPOSITION 8. — *Soit* G *un groupe de Lie. Quels que soient x, y dans* L(G), *on a, en notant n un entier,*

$$\exp(x + y) = \lim_{n \to +\infty} \left(\left(\exp \frac{1}{n} x\right)\left(\exp \frac{1}{n} y\right)\right)^n \tag{2}$$

$$\exp[x, y] = \lim_{n \to +\infty} \left(\left(\exp \frac{1}{n} x\right)\left(\exp \frac{1}{n} y\right)\left(\exp \frac{1}{n} x\right)^{-1}\left(\exp \frac{1}{n} y\right)^{-1}\right)^{n^2}. \tag{3}$$

Compte tenu de la prop. 7, cela résulte de la prop. 4 du § 4, n° 3, en y prenant $\lambda = \frac{1}{n}$.

PROPOSITION 9. — *Soient* G *un groupe de Lie complexe,* G' *le groupe de Lie réel sous-jacent. Alors* $\exp_G = \exp_{G'}$.

Cela résulte de la prop. 5 du § 4, n° 3, et de l'analyticité de $\exp_G$ et $\exp_{G'}$.

PROPOSITION 10. — *Soient* G *et* H *des groupes de Lie,* φ *un morphisme de* G *dans* H.

(i) $\varphi \circ \exp_G = \exp_H \circ L(\varphi)$.

(ii) *Si* G *est un sous-groupe intégral de* H, *on a* $\exp_G = \exp_H | L(G)$.

Les deux membres de l'égalité (i) sont des applications analytiques de L(G) dans H qui coïncident dans un voisinage de 0 (§ 4, prop. 8, n° 4), donc sont égales. L'assertion (ii) est un cas particulier de (i).

COROLLAIRE 1. — *Soient* G *un groupe de Lie,* G' *un sous-groupe de Lie de* G, *et* $a \in L(G)$. *Les conditions suivantes sont équivalentes:*

(i) $a \in L(G')$;

(ii) $\exp(\lambda a) \in G'$ *pour* $\lambda \in K$ *et* $|\lambda|$ *assez petit*;

(iii) $\exp(\lambda a) \in G'$ *pour tout* $\lambda \in K$.

On raisonne comme au § 4, n° 4, cor. 1 de la prop. 8.

COROLLAIRE 2. — *Soient* G *un groupe de Lie,* H *un sous-groupe intégral de* G, *et* $a \in L(G)$. *Considérons les conditions suivantes*:

(i) $a \in L(H)$;

(ii) $\exp_G(\lambda a) \in H$ *pour tout* $\lambda \in K$.

On a (i) $\Rightarrow$ (ii). *Si la topologie de* H *admet une base dénombrable, on a* (i) $\Leftrightarrow$ (ii).

Soit i l'injection canonique de H dans G. Si $a \in L(H)$, on a

$$\exp_G(\lambda a) = (\exp_G \circ L(i))(\lambda a) = (i \circ \exp_H)(\lambda a) \in H.$$

Donc (i) $\Rightarrow$ (ii). La réciproque pour H à base dénombrable résulte de la prop. 3.

COROLLAIRE 3. — *Soient* G *un groupe de Lie,* ρ *une représentation linéaire analytique de* G, $x \in L(G)$ *et* $g \in G$.

(i) $\rho(\exp x) = \exp L(\rho)x$;

(ii) $\mathrm{Ad}(\exp x) = \exp \mathrm{ad}\, x$;

(iii) $g(\exp x)g^{-1} = \exp(\mathrm{Ad}\, g . x)$.

On raisonne comme au § 4, n° 4, cor. 2 et 3 de la prop. 8.

COROLLAIRE 4. — *Soit* G *un groupe de Lie connexe de dimension finie.*

(i) *On a* $\mathrm{Int}(L(G)) = \mathrm{Ad}(G)$.

(ii) *Soit* Z *le centre de* G. *Alors* Z *est un sous-groupe de Lie de* G *dont l'algèbre de Lie est le centre de* L(G). *L'application de* G/Z *dans* Int L(G) *déduite de* $g \mapsto \mathrm{Ad}\, g$ *par passage au quotient est un isomorphisme de groupes de Lie.*

L'assertion (i) résulte du cor. 3 (ii) et des remarques suivant la déf. 2. Soit $g \in G$. Pour que $\mathrm{Ad}\, g = \mathrm{Id}_{L(G)}$, il faut et il suffit que Int g coïncide avec Id_G dans un voisinage de e (§ 4, n° 1, th. 1 (ii)), donc dans G tout entier; autrement dit, il faut et il suffit que $g \in Z$. Ceci posé, (ii) résulte du cor. 1 de la prop. 1.

DÉFINITION 3. — *Soit* G *un groupe de Lie connexe de dimension finie. Le groupe de Lie* $\mathrm{Int}(L(G)) = \mathrm{Ad}(G)$ *s'appelle le groupe adjoint de* G.

PROPOSITION 11. — *Soit* G *un groupe de Lie commutatif connexe.*

(i) exp *est un morphisme étale du groupe de Lie additif* L(G) *sur* G.

(ii) *Si* $K = \mathbf{R}$, *et si* G *est de dimension finie,* G *est isomorphe à un groupe de Lie de la forme* $\mathbf{R}^p \times \mathbf{T}^q$ (p, q *entiers* $\geqslant 0$).

D'après la formule de Hausdorff, on a $(\exp x)(\exp y) = \exp(x + y)$ pour x, y

assez voisins de 0, donc quels que soient x et y dans L(G) par prolongement analytique. Donc exp est un homomorphisme de groupes, et est étale puisque

$$T_e(\exp) = \mathrm{Id}_{L(G)}.$$

D'où (i). L'assertion (ii) résulte de (i) et de TG, VII, § 1, prop. 9.

Proposition 12. — *Soient* G *un groupe de Lie, et* L = L(G). *Pour tout* $x \in L$, *identifions* $T_x(L)$ *à* L, *de sorte que la différentielle droite* $\varpi(x)$ *de* exp *en* x *est une application linéaire de* L *dans* L. *Pour tout* $x \in L$, *on a*

$$\varpi(x) = \sum_{n \geqslant 0} \frac{1}{(n+1)!} (\mathrm{ad}\, x)^n.$$

Les deux membres sont des fonctions analytiques de x, et sont égaux pour x assez voisin de 0 (§ 4, n° 3, prop. 6).

Remarque. — On a $\varpi(x) . (\mathrm{ad}\, x) = \exp \mathrm{ad}\, x - 1$. On écrit, par abus de notation,

$$\varpi(x) = \frac{\exp \mathrm{ad}\, x - 1}{\mathrm{ad}\, x}.$$

Corollaire. — *Soient* G *un groupe de Lie complexe, et* $x \in L(G)$. *L'application tangente en* x *à* $\exp_G$ *a pour noyau* $\bigoplus_{n \in \mathbf{Z} - \{0\}} \mathrm{Ker}(\mathrm{ad}\, x - 2i\pi n)$.

La fonction entière $z \mapsto \sum_{n \geqslant 0} \frac{1}{(n+1)!} z^n$, égale à $\frac{e^z - 1}{z}$ pour $z \neq 0$, admet pour zéros les points de $2\pi i\, \mathbf{Z} - \{0\}$, qui sont tous des zéros simples. Le corollaire résulte alors de la prop. 12 et du lemme suivant:

Lemme 2. — *Soient* E *un espace de Banach complexe,* u *un élément de* $\mathscr{L}(E)$, S *le spectre de* u *dans* $\mathscr{L}(E)$ (TS, I, § 1, n° 2), f *une fonction complexe holomorphe dans un voisinage ouvert* Ω *de* S. *On suppose que* f *n'admet dans* Ω *qu'un nombre fini de zéros* $z_1, \ldots, z_n$ *deux à deux distincts, de multiplicités* $h_1, \ldots, h_n$. *Alors* $\mathrm{Ker} f(u)$ *est somme directe des* $\mathrm{Ker}(u - z_i)^{h_i}$ *pour* $1 \leqslant i \leqslant n$.

(Pour la définition de $f(u)$, voir TS, I, § 4, n° 8.)

Il existe une fonction holomorphe g dans Ω, partout non nulle, telle que $f(z) = (z - z_1)^{h_1} \ldots (z - z_n)^{h_n} g(z)$. Alors $g(u) g^{-1}(u) = g^{-1}(u) g(u) = 1$, donc $\mathrm{Ker} f(u) = \mathrm{Ker} \prod_{i=1}^{n} (u - z_i)^{h_i}$. Considérons $\mathrm{Ker} f(u)$ comme un $\mathbf{C}[X]$-module grâce à la loi externe $(h, x) \mapsto h(u)x$ pour $h \in \mathbf{C}[X]$, $x \in \mathrm{Ker} f(u)$. On voit que $\mathrm{Ker} f(u)$ est somme directe des $\mathrm{Ker}(u - z_i)^{h_i}$ en utilisant, A, VII, § 2, n° 1, prop. 1.

5. Application aux représentations linéaires

PROPOSITION 13. — *Soient* G *un groupe de Lie connexe,* ρ *une représentation linéaire analytique de* G *dans un espace normable complet* E. *Soient* E_1, E_2 *deux sous-espaces vectoriels fermés de* E *tels que* $E_2 \subset E_1$. *Les conditions suivantes sont équivalentes:*

(i) $\rho(g)x \equiv x \pmod{E_2}$ *pour tout* $g \in G$ *et tout* $x \in E_1$;

(ii) $L(\rho)(L(G))$ *applique* E_1 *dans* E_2.

On a

$$\begin{aligned} &\rho(g)x \equiv x \pmod{E_2} && \text{pour tout } g \in G \text{ et tout } x \in E_1 \\ \Leftrightarrow\ &\rho(\exp a)x \equiv x \pmod{E_2} && \text{pour tout } a \in L(G) \text{ et tout } x \in E_1 \\ \Leftrightarrow\ &(\exp L(\rho)a)x \equiv x \pmod{E_2} && \text{pour tout } a \in L(G) \text{ et tout } x \in E_1. \end{aligned}$$

D'autre part, si $u \in \mathscr{L}(E)$, on a

$$\begin{aligned} &\exp(\lambda u)x \equiv x \pmod{E_2} && \text{pour tout } \lambda \in K \text{ et tout } x \in E_1 \\ \Leftrightarrow\ &u(E_1) \subset E_2 \end{aligned}$$

d'où la proposition.

COROLLAIRE 1. — *Pour que* E_1 *soit stable pour* ρ, *il faut et il suffit que* E_1 *soit stable pour* $L(\rho)$.

Il suffit de faire $E_1 = E_2$ dans la prop 13.

COROLLAIRE 2. — *Supposons* ρ *de dimension finie. Pour que* ρ *soit simple* (resp. *semi-simple*), *il faut et il suffit que* $L(\rho)$ *soit simple* (resp. *semi-simple*).

Cela résulte du cor. 1.

COROLLAIRE 3. — *Soit* $x \in E$. *Pour que* x *soit invariant par* $\rho(G)$, *il faut et il suffit que* x *soit annulé par* $L(\rho)(L(G))$ (c'est-à-dire que x soit invariant par $L(\rho)$ au sens du chap. I, § 3, déf. 3).

Il suffit de faire $E_1 = Kx$, $E_2 = 0$ dans la prop. 13.

COROLLAIRE 4. — *Soit* ρ' *une autre représentation linéaire analytique de* G *dans un espace normable complet* E'. *Soit* $T \in \mathscr{L}(E, E')$. *Les conditions suivantes sont équivalentes:*

(i) $T\rho(g) = \rho'(g)T$ *pour tout* $g \in G$;

(ii) $TL(\rho)(a) = L(\rho')(a)T$ *pour tout* $a \in L(G)$.

Soit σ la représentation linéaire de G dans $\mathscr{L}(E, E')$ déduite de ρ et ρ' (§ 3, nº 11, cor. 1 de la prop. 41). La condition (i) signifie que T est invariant par $\sigma(G)$. La condition (ii) signifie que T est annulé par $L(\sigma)(L(G))$. Il suffit alors d'appliquer le cor. 3.

COROLLAIRE 5. — *Supposons* ρ *et* ρ' *de dimension finie. Pour que* ρ *et* ρ' *soient équivalentes, il faut et il suffit que* $L(\rho)$ *et* $L(\rho')$ *soient équivalentes.*

C'est un cas particulier du cor. 4.

COROLLAIRE 6. — *Supposons* G *de dimension finie. Soit* $t \in U(G)$. *Pour que* L_t (resp. R_t) *soit invariant à droite* (resp. *à gauche*), *il faut et il suffit que t appartienne au centre de* U(G).

Pour que L_t (resp. R_t) soit invariant à droite (resp. à gauche), il faut et il suffit que $\varepsilon_g * t = t * \varepsilon_g$ pour tout $g \in G$, c'est-à-dire que $(\operatorname{Int} g)_* t = t$. Il existe un entier n tel que $t \in U_n(G)$. D'après le cor. 3, et d'après la prop. 45 du § 3, n° 12, on a $(\operatorname{Int} g)_* t = t$ pour tout $g \in G$ si et seulement si $[a, t] = 0$ pour tout $a \in L(G)$, c'est-à-dire si et seulement si t commute à U(G).

6. Sous-groupes intégraux distingués

Lemme 3. — *Soient* G *un groupe de Lie,* H_1 *et* H_2 *des sous-groupes intégraux dont la topologie admet une base dénombrable, et* $g \in G$. *Alors*

$$gH_1g^{-1} = H_2 \Leftrightarrow (\operatorname{Ad} g)(L(H_1)) = L(H_2).$$

On a $\operatorname{Ad} g = T_e(\operatorname{Int} g)$. Donc, par transport de structure, $(\operatorname{Int} g)(H_1)$ a pour algèbre de Lie $(\operatorname{Ad} g)(L(H_1))$. Comme H_1 et H_2 sont à base dénombrable, dire que les ensembles H_2 et $(\operatorname{Int} g)(H_1)$ sont égaux revient à dire que les sous-groupes intégraux H_2 et $(\operatorname{Int} g)H_1$ sont égaux (n° 2, cor. 3 de la prop. 3). Ceci posé, le lemme résulte du th. 2 (i).

PROPOSITION 14. — *Soient* G *un groupe de Lie,* H *un sous-groupe intégral dont la topologie admet une base dénombrable. Les conditions suivantes sont équivalentes*:

(i) H *est distingué dans* G;

(ii) L(H) *est invariant par* Ad(G).

Si de plus G *est connexe, ces conditions sont équivalentes à la suivante*:

(iii) L(H) *est un idéal de* L(G).

Si de plus G *est simplement connexe et* L(H) *de codimension finie dans* L(G), *ces conditions impliquent que* H *est un sous-groupe de Lie de* G *et que* G/H *est simplement connexe.*

L'équivalence (i) $\Leftrightarrow$ (ii) résulte du lemme 3. Si de plus G est connexe, la condition (ii) équivaut à dire que L(H) est stable pour ad L(G) (n° 5, cor. 1 de la prop. 13, et § 3, n° 12, prop. 44).

Supposons que G soit simplement connexe et que L(H) soit un idéal de codimension finie dans L(G). D'après le th. 3 du n° 3, il existe un groupe de Lie simplement connexe G′ tel que L(G′) soit isomorphe à L(G)/L(H). Il existe un morphisme continu f de L(G) sur L(G′) de noyau L(H). D'après le th. 1 du n° 1, il existe un morphisme φ de G dans G′ tel que $L(\varphi) = f$. Ce morphisme est une submersion, donc son noyau N est un sous-groupe de Lie de G tel que $L(N) = \operatorname{Ker} f = L(H)$. Donc H est la composante neutre de N et est par suite un sous-groupe de Lie de G. Soit ψ le morphisme de G/H dans G′ déduit de φ par passage au quotient. Ce morphisme est étale; puisque G′ est simplement connexe, ψ est un isomorphisme de G/H sur G′.

COROLLAIRE 1. — *Soit* G *un groupe de Lie simplement connexe de dimension finie. Soient* $\mathfrak{m}$, $\mathfrak{h}$ *des sous-algèbres de Lie de* L(G) *telles que* L(G) *soit produit semi-direct de* $\mathfrak{m}$ *par* $\mathfrak{h}$. *Soient* M, H *les sous-groupes intégraux correspondants de* G. *Alors* M *et* H *sont des sous-groupes de Lie simplement connexes de* G, *et, en tant que groupe de Lie,* G *est produit semi-direct de* M *par* H.

D'après la prop. 14, H est un sous-groupe de Lie distingué de G et le groupe de Lie G/H est simplement connexe. Soit π le morphisme canonique de G sur G/H. Il existe un morphisme θ de G/H dans M tel que $L(\theta)$ soit l'isomorphisme canonique de $L(G)/L(H) = L(G)/\mathfrak{h}$ sur $L(M) = \mathfrak{m}$. Alors

$$L(\pi \circ \theta) = L(\pi) \circ L(\theta) = \mathrm{Id}_{L(G/H)},$$

donc $\pi \circ \theta = \mathrm{Id}_{G/H}$. D'après le n° 1, cor. 1 de la prop. 1, $\theta(G/H) = M$. D'après la prop. 8 du § 1, n° 4, M est un sous-groupe de Lie de G, et le groupe de Lie G est produit semi-direct de M par H.

COROLLAIRE 2. — *Soient* G *un groupe de Lie simplement connexe de dimension finie,* H *un sous-groupe de Lie connexe distingué de* G, *et* π *le morphisme canonique de* G *sur* G/H.

(i) *Il existe une application analytique* ρ *de* G/H *dans* G *telle que* $\pi \circ \rho = \mathrm{Id}_{G/H}$.

(ii) *Pour toute application* ρ *ayant les propriétés de* (i), *l'application* $(h, m) \mapsto h\rho(m)$ *de* $H \times (G/H)$ *dans* G *est un isomorphisme de variétés analytiques.*

(iii) H *et* G/H *sont simplement connexes.*

Soit $n = \dim G - \dim H$. Le corollaire est évident pour $n = 0$. Raisonnons par récurrence sur n.

Supposons qu'il existe un idéal de L(G) contenant L(H), distinct de L(G) et L(H). Soit H′ le sous-groupe de Lie connexe correspondant de G. Soient $\pi_1 : G \to G/H'$ et $\pi_2 : H' \to H'/H$ les morphismes canoniques. D'après l'hypothèse de récurrence, il existe des applications analytiques $\rho_1 : G/H' \to G$, $\rho_2 : H'/H \to H'$ telles que $\pi_1 \circ \rho_1 = \mathrm{Id}_{G/H'}$, $\pi_2 \circ \rho_2 = \mathrm{Id}_{H'/H}$. Soit $\pi_3 : G/H \to G/H'$ le morphisme canonique. Si $x \in G/H$, et si y est un représentant de x dans G, y et $\rho_1(\pi_3(x))$ ont même image canonique modulo H′, donc $x^{-1}\pi(\rho_1(\pi_3(x))) \in H'/H$. Posons

$$\rho(x) = \rho_1(\pi_3(x))\rho_2(\pi(\rho_1(\pi_3(x)))^{-1}x) \in G.$$

Il est clair que ρ est une application analytique de G/H dans G. On a

$$\begin{aligned}\pi(\rho(x)) &= \pi(\rho_1(\pi_3(x)))\pi_2(\rho_2(\pi(\rho_1(\pi_3(x)))^{-1}x))\\ &= \pi(\rho_1(\pi_3(x)))\pi(\rho_1(\pi_3(x)))^{-1}x = x.\end{aligned}$$

Si maintenant les seuls idéaux de L(G) contenant L(H) sont L(G) et L(H), l'algèbre de Lie L(G)/L(H) est ou bien de dimension 1 ou bien simple. Dans les deux cas, L(G) est produit semi-direct d'une sous-algèbre par L(H); c'est évident dans le premier cas, et, dans le deuxième, cela résulte du chap. I, § 6, cor. 3 du th. 5. L'assertion (i) résulte alors du cor. 1.

L'assertion (ii) est évidente. L'assertion (iii) résulte de (i) et (ii).

Les conclusions du cor. 2 ne sont plus nécessairement vraies quand G est de dimension infinie, ou quand H n'est pas distingué (exerc. 8 et 15).

COROLLAIRE 3. — *Soient* G *un groupe de Lie connexe de dimension finie,* H *un sous-groupe de Lie connexe distingué de* G. *Le morphisme canonique de* $\pi_1(H)$ *dans* $\pi_1(G)$ *est injectif.*

Soient G_1 le revêtement universel de G, λ l'application canonique de G_1 sur G. L'algèbre de Lie de G_1 s'identifie à L(G). Le sous-groupe de Lie $\lambda^{-1}(H)$ de G_1 est distingué dans G_1, et son algèbre de Lie est L(H). Soient H_1 la composante neutre de $\lambda^{-1}(H)$ et $\lambda_1 = \lambda|H_1$. On a $L(H_1) = L(H)$, donc λ_1 est un morphisme étale de H_1 sur H. D'autre part, H_1 est simplement connexe (cor. 2), donc s'identifie au revêtement universel de H. Alors, d'après TG, XI, le morphisme canonique de $\pi_1(H)$ dans $\pi_1(G)$ s'identifie à l'injection canonique de Ker λ_1 dans Ker λ.

7. Primitives des formes différentielles à valeurs dans une algèbre de Lie

PROPOSITION 15. — *Soient* G *un groupe de Lie,* M *une variété de classe* C^r $(r \geqslant 2)$, α *une forme différentielle de classe* C^{r-1} *et de degré* 1 *sur* M *à valeurs dans* L(G), *telle que* $d\alpha + [\alpha]^2 = 0$. *On suppose* M *simplement connexe. Pour tout* $x \in M$ *et tout* $s \in G$, *il existe une application f de classe* C^{r-1} *de* M *dans* G *et une seule telle que* $f(x) = s$ *et* $f^{-1}.df = \alpha$.

L'unicité de f résulte du § 3, n° 17, cor. 2 de la prop. 59, et du fait que M est connexe. Prouvons l'existence de f. Il existe un recouvrement ouvert $(U_i)_{i\in I}$ de M, et, pour tout $i \in I$, une application $g_i \colon U_i \to G$ de classe C^{r-1} telle que $g_i^{-1}.dg_i = \alpha$ sur U_i (§ 4, n° 6, th. 5). D'après le § 3, n° 17, cor. 2 de la prop. 59, $g_i g_j^{-1}$ est localement constante dans $U_i \cap U_j$. Posons $g_i g_j^{-1} = g_{ij}$. Soit G_d le groupe G muni de la topologie discrète. Les $g_{ij} \colon U_i \cap U_j \to G_d$ sont continues, et $g_{ij}g_{jk} = g_{ik}$ dans $U_i \cap U_j \cap U_k$. Puisque M est simplement connexe, il existe des applications continues $\lambda_i \colon U_i \to G_d$ telles que $g_i g_j^{-1} = \lambda_i \lambda_j^{-1}$ dans $U_i \cap U_j$. Soit g l'application de M dans G ayant $\lambda_i^{-1} g_i$ pour restriction à U_i quel que soit $i \in I$. Cette application est de classe C^{r-1}, et $g^{-1}.dg = \alpha$. L'application f de M dans G définie par $f = s(g(x))^{-1}g$ vérifie les conditions $f^{-1}.df = \alpha$ et $f(x) = s$.

8. Passage des lois d'opérations infinitésimales aux lois d'opérations

Lemme 4. — *Soient* G *un groupe topologique connexe,* X *un espace topologique séparé, et* f_1, f_2 *des lois d'opérations à gauche* (resp. *à droite*) *de* G *dans* X *telles que, pour tout* $x \in X$, *les applications* $s \mapsto f_1(s, x)$, $s \mapsto f_2(s, x)$ *de* G *dans* X *soient continues. On suppose qu'il existe un voisinage* V *de* $\{e\} \times X$ *dans* $G \times X$ *tel que* f_1 *et* f_2 *coïncident sur* V. *Alors* $f_1 = f_2$.

Soient $x \in X$, et A l'ensemble des $g \in G$ tels que $f_1(g, x) = f_2(g, x)$. Alors A est fermé dans G. D'autre part, soit $g \in A$; posons $y = f_1(g, x) = f_2(g, x)$. Il existe un voisinage U de e dans G tel que $f_1(t, y) = f_2(t, y)$ pour $t \in U$, autrement dit tel que $f_1(t', x) = f_2(t', x)$ pour $t' \in Ug$ (resp. gU). Donc A est ouvert dans G, et par suite A = G.

Proposition 16. — *Soient* G *un groupe de Lie connexe,* X *une variété séparée de classe* C^r, *et* f_1, f_2 *des lois d'opérations à gauche* (resp. *à droite*) *de classe* C^r *de* G *dans* X. *Si les lois d'opérations infinitésimales associées à* f_1 *et* f_2 *sont égales, on a* $f_1 = f_2$.

D'après le § 4, n° 7, cor. de la prop. 11, il existe un voisinage V de $\{e\} \times X$ dans $G \times X$ tel que f_1 et f_2 coïncident dans V. Donc $f_1 = f_2$ (lemme 4).

Lemme 5. — *Soient* G *un groupe topologique simplement connexe,* X *un espace topologique séparé,* U *un voisinage ouvert de* e *dans* G, ψ *une application continue de* $U \times X$ *dans* X *telle que* $\psi(e, x) = x$ *et* $\psi(s, \psi(t, x)) = \psi(st, x)$ *quels que soient* $x \in X$ *et* s, t *dans* U *tels que* $st \in U$. *Soit* W *un voisinage ouvert connexe symétrique de* e *tel que* $W^3 \subset U$. *Il existe une loi d'opération à gauche continue* ψ' *de* G *dans* X *et une seule telle que* ψ' *et* ψ *coïncident dans* $W \times X$. *Si* G *est un groupe de Lie et* X *une variété de classe* C^r, *et si* ψ *est de classe* C^r, *alors* ψ' *est de classe* C^r.

L'unicité de ψ résulte du lemme 4. Soit P le groupe des permutations de X. Pour $u \in W^3$, l'application $x \mapsto \psi(u, x)$ est un élément $f(u)$ de P, et

$$f(u_1u_2u_3) = f(u_1)f(u_2)f(u_3)$$

pour u_1, u_2, u_3 dans W. Appliquant le lemme 1 du n° 1, on obtient un morphisme f' de G dans P qui prolonge $f|W$. Posons $\psi'(g, x) = f'(g)(x)$ pour tout $(g, x) \in G \times X$. Alors ψ' est une loi d'opération à gauche de G dans X qui coïncide avec ψ dans $W \times X$. Comme $\psi'(g, \psi'(g', x)) = \psi'(gg', x)$ pour $(g, g', x) \in G \times G \times X$, la continuité de ψ dans $W \times X$ entraîne la continuité de ψ' dans $gW \times X$ quel que soit $g \in G$. Donc ψ' est continue. Si ψ est de classe C^r, on voit de même que ψ' est de classe C^r.

Théorème 5. — *Soient* G *un groupe de Lie simplement connexe,* X *une variété compacte de classe* C^r $(r \geqslant 2)$, *et* $a \mapsto D_a$ *une loi d'opération infinitésimale à gauche* (resp. *à droite*) *de classe* C^{r-1} *de* L(G) *dans* X. *Il existe une loi d'opération à gauche* (resp. *à droite*) *de classe* C^{r-1}, *et une seule, de* G *dans* X *telle que la loi d'opération infinitésimale associée soit* $a \mapsto D_a$.

L'unicité résulte de la prop. 16. D'après le § 4, n° 7, cor. 1 du th. 6, il existe un voisinage V de $\{e\} \times X$ dans $G \times X$, et un morceau de loi d'opération à gauche (resp. à droite) de classe C^{r-1} de G dans X, défini dans V, tel que la loi d'opération infinitésimale associée soit $a \mapsto D_a$. Comme X est compacte, on peut supposer V de la forme $U \times X$, où U est un voisinage ouvert de e dans G. Il suffit alors d'appliquer le lemme 5.

9. Application exponentielle dans le groupe linéaire

PROPOSITION 17. — *Soient* Δ *l'ensemble des* $z \in \mathbf{C}$ *tels que* $-\pi < \mathcal{I}(z) < \pi$, *et* Δ' *l'ensemble des* $z \in \mathbf{C}$ *qui ne sont pas réels* $\leqslant 0$. *Soient* E *un espace normable complet sur* $\mathbf{C}$, A (resp. A') *l'ensemble des* $x \in \mathscr{L}(\mathrm{E})$ *dont le spectre* Sp x *est contenu dans* Δ (resp. *dans* Δ'). *Alors* A (resp. A') *est une partie ouverte de* $\mathscr{L}(\mathrm{E})$ (resp. *de* $\mathbf{GL}(\mathrm{E})$), *et les applications* exp: A $\rightarrow$ A' *et* log: A' $\rightarrow$ A (TS, I, § 4, n° 9) *sont des isomorphismes réciproques de variétés analytiques.*

Cela résulte de TS, I, § 4, prop. 10 et n° 9.

THÉORÈME 6. — *Soient* E *un espace hilbertien réel ou complexe,* U *le groupe unitaire de* E.

(i) *L'ensemble* H *des éléments hermitiens de* $\mathscr{L}(\mathrm{E})$ *est, pour la structure d'espace normé réel, un sous-espace vectoriel fermé de* $\mathscr{L}(\mathrm{E})$ *admettant un supplémentaire topologique.*

(ii) *L'ensemble* H' *des éléments* $\geqslant 0$ *de* $\mathbf{GL}(\mathrm{E})$ *est une sous-variété analytique réelle de* $\mathbf{GL}(\mathrm{E})$.

(iii) *La restriction à* H *de l'application* exp *est un isomorphisme de variétés analytiques réelles de* H *sur* H'.

(iv) *L'application* $(h, u) \mapsto (\exp h)u$ *de* $\mathrm{H} \times \mathrm{U}$ *dans* $\mathbf{GL}(\mathrm{E})$ *est un isomorphisme de variétés analytiques réelles.*

Rappelons que, si $x \in \mathscr{L}(\mathrm{E})$, on note x^* l'adjoint de x. Soit H_1 l'ensemble des $x \in \mathscr{L}(\mathrm{E})$ tels que $x^* = -x$. La formule $x = \frac{1}{2}(x + x^*) + \frac{1}{2}(x - x^*)$ prouve que, pour sa structure d'espace normé réel, $\mathscr{L}(\mathrm{E})$ est somme directe topologique de H et H_1, d'où (i).

Supposons $\mathrm{K} = \mathbf{C}$. Avec les notations de la prop. 17, H' est l'ensemble des $h \in \mathrm{H} \cap \mathrm{A}'$ tels que $\mathrm{Sp}\, h \subset \mathbf{R}_+^*$. Comme $\exp(\mathbf{R}) = \mathbf{R}_+^*$, (ii) et (iii) résultent de la prop. 17 et de TS, I, § 4, prop. 8 et § 6, n° 5. L'application $(h,u) \mapsto y = (\exp h)u$ de $\mathrm{H} \times \mathrm{U}$ dans $\mathbf{GL}(\mathrm{E})$ est bijective d'après TS, I, § 6, prop. 15. Elle est analytique réelle d'après ce qui précède. L'application $y \mapsto h = \frac{1}{2}\log(yy^*)$ est analytique réelle, donc aussi l'application $y \mapsto u = (\exp h)^{-1}y$. D'où (iv).

Supposons $\mathrm{K} = \mathbf{R}$. Soient $\tilde{\mathrm{E}}$ l'espace hilbertien complexifié de E et J l'application $\xi + i\eta \mapsto \xi - i\eta$ (pour ξ, η dans E) de $\tilde{\mathrm{E}}$ dans $\tilde{\mathrm{E}}$. Notons $\tilde{\mathrm{H}}, \tilde{\mathrm{H}}', \tilde{\mathrm{U}}$ les ensembles définis pour $\tilde{\mathrm{E}}$ comme H, H', U pour E. Alors H (resp. H', U) s'identifie à l'ensemble des $x \in \tilde{\mathrm{H}}$ (resp. $\tilde{\mathrm{H}}'$, $\tilde{\mathrm{U}}$) tels que $\mathrm{J}x\mathrm{J}^{-1} = x$. Les propriétés (ii), (iii), (iv) résultent alors facilement de (i) et des propriétés analogues dans le cas complexe.

PROPOSITION 18. — *Soient* E *un espace normable complet sur* $\mathbf{C}$, $v \in \mathscr{L}(\mathrm{E})$, *et* $g = \exp v$. *On suppose que* $\mathrm{Sp}(v)$ *ne contient aucun des points* $2i\pi n$ *avec* $n \in \mathbf{Z} - \{0\}$. *Alors, pour tout* $x \in \mathrm{E}$, *les conditions* $vx = 0$ *et* $gx = x$ *sont équivalentes.*

Cela résulte du lemme 2 du n° 4, appliqué à la fonction $z \mapsto e^z - 1$.

COROLLAIRE 1. — *Soient* E *un espace normable complet sur* $\mathbf{C}$, F *l'espace des applications n-linéaires continues de* E^n *dans* E. *Pour tout* $v \in \mathscr{L}(E)$, *soit* $\sigma(v)$ *l'élément de* $\mathscr{L}(F)$ *défini par*

$$(\sigma(v)f)(x_1, \ldots, x_n) = v(f(x_1, \ldots, x_n)) - \sum_{i=1}^{n} f(x_1, \ldots, vx_i, \ldots, x_n).$$

Pour tout $g \in \mathbf{GL}(E)$, *soit* $\rho(g)$ *l'élément de* $\mathbf{GL}(F)$ *défini par*

$$(\rho(g)f)(x_1, \ldots, x_n) = g(f(g^{-1}x_1, \ldots, g^{-1}x_n)).$$

Soit $u \in \mathscr{L}(E)$ *tel que tout* $z \in \operatorname{Sp} u$ *vérifie* $|\mathscr{I}(z)| < \frac{2\pi}{n+1}$. *Alors, pour tout* $f \in F$, *les conditions* $\sigma(u)f = 0$ *et* $\rho(\exp u)f = f$ *sont équivalentes.*

On a $L(\rho) = \sigma$ (§ 3, n° 11, cor. 1 de la prop. 41), donc $\rho(\exp u) = \exp \sigma(u)$ (n° 4, cor. 3 de la prop. 10). Compte tenu de la prop. 18, il suffit alors de prouver que $\operatorname{Sp} \sigma(u)$ ne rencontre pas $2i\pi(\mathbf{Z} - \{0\})$. Or cela résulte du lemme suivant:

Lemme 6. — *Si* $v \in \mathscr{L}(E)$, *on a* $\operatorname{Sp} \sigma(v) \subset \operatorname{Sp} v + \operatorname{Sp} v + \cdots + \operatorname{Sp} v$ *où la somme comporte* $n + 1$ *termes.*

Définissons des éléments $v_0, v_1, \ldots, v_n$ de $\mathscr{L}(F)$ en posant, pour tout $f \in F$,

$$(v_0 f)(x_1, \ldots, x_n) = v(f(x_1, \ldots, x_n))$$
$$(v_i f)(x_1, \ldots, x_n) = -f(x_1, \ldots, vx_i, \ldots, x_n) \qquad \text{pour } 1 \leqslant i \leqslant n.$$

Alors $\sigma(v) = \sum_{i=0}^{n} v_i$, et les v_i sont deux à deux permutables. Soit A la sous-algèbre fermée pleine de $\mathscr{L}(F)$ engendrée par les v_i; elle est commutative (TS, I, § 1, n° 4), et $\operatorname{Sp}_{\mathscr{L}(F)} v' = \operatorname{Sp}_A v' \subset \sum_{i=0}^{n} \operatorname{Sp} v_i$ (TS, I, § 3, prop. 3 (ii)). Or, si $\lambda \in \mathbf{C}$ est tel que $v - \lambda$ soit inversible, il est clair que les $v_i - \lambda$ sont inversibles, donc $\operatorname{Sp} v_i \subset \operatorname{Sp} v$ pour tout i.

Corollaire 2. — *Soient* E *une algèbre normable complète sur* $\mathbf{C}$, *et* $w \in \mathscr{L}(E)$. *On suppose que tout* $z \in \operatorname{Sp} w$ *vérifie* $|\mathscr{I}(z)| < \frac{2\pi}{3}$. *Les conditions suivantes sont équivalentes:*

(i) w *est une dérivation de* E;

(ii) $\exp w$ *est un automorphisme de* E.

Cela résulte du cor. 1 où l'on fait $n = 2$ et où l'on prend pour f la multiplication de E.

Proposition 19. — *Soient* E *un espace normable complet sur* $\mathbf{C}$, $v \in \mathscr{L}(E)$, *et* $g = \exp v$. *On suppose que tout* $z \in \operatorname{Sp} v$ *vérifie* $-\pi < \mathscr{I}(z) < \pi$. *Alors, pour tout sous-espace vectoriel fermé* E′ *de* E, *les conditions* $v(E') \subset E'$ *et* $g(E') = E'$ *sont équivalentes.*

La condition $v(E') \subset E'$ entraîne $g(E') \subset E'$ et $g^{-1}(E') \subset E'$ donc $g(E') = E'$. Supposons $g(E') = E'$. Utilisons les notations Δ, Δ' de la prop. 17. Puisque Sp v

est une partie compacte de Δ, il existe un rectangle compact $Q = [a, b] \times [a', b']$ tel que $\mathrm{Sp}\, v \subset Q \subset \Delta$. L'ensemble $\Delta - Q$ est connexe. Donc $\mathrm{Sp}\, g \subset \exp Q \subset \Delta'$, l'ensemble $\exp Q$ est compact, et l'ensemble $\Delta' - \exp Q$ est connexe. L'adhérence de ce dernier contient $]-\infty, 0]$, donc $(\Delta' - \exp Q) \cup]-\infty, 0] = \mathbf{C} - \exp Q$ est connexe. Alors $\exp Q$ est polynomialement convexe (TS, I, § 3, cor. 2 de la prop. 9), donc la fonction log, définie dans Δ', est limite dans $\mathscr{O}(\exp Q)$ de fonctions polynômes (TS, I, § 4, prop. 3). Donc $v = \log g$ est limite dans $\mathscr{L}(E)$ d'éléments de la forme $P(g)$, où P est un polynôme (TS, I, § 4, th. 3). Comme $P(g)(E') \subset E'$, on en déduit que $v(E') \subset E'$.

Corollaire. — *Soient* E *un espace normable complet sur* $\mathbf{C}$, $v \in \mathscr{L}(E)$, *et* $g = \exp v$. *On suppose que tout* $z \in \mathrm{Sp}\, v$ *vérifie* $-\frac{\pi}{2} < \mathscr{I}(z) < \frac{\pi}{2}$. *Alors, pour tout sous-espace vectoriel fermé* M *de* $\mathscr{L}(E)$, *les conditions* $gMg^{-1} = M$ *et* $[v, M] \subset M$ *sont équivalentes.*

Soient $F = \mathscr{L}(E)$, g' l'application $f \mapsto gfg^{-1}$ de F dans F, et v' l'application $f \mapsto [v, f]$ de F dans F. On a $g' = \exp v'$ (nº 4, cor. 3 de la prop. 10, et § 3, nº 11, cor. 1 de la prop. 41). Le lemme 6 prouve que $-\pi < \mathscr{I}(z) < \pi$ pour tout $z \in \mathrm{Sp}\, v'$. Il suffit alors d'appliquer la prop. 19.

10. Complexification d'un groupe de Lie réel de dimension finie

Lemme 7. — *Soient* B *un groupe*, A *un sous-groupe distingué de* B, C *le groupe* B/A, $i: A \to B$ *et* $p: B \to C$ *les morphismes canoniques. Soient* A′ *un groupe*, f *un homomorphisme de* A *dans* A′. *Soit* ω *un morphisme de* B *dans le groupe des automorphismes de* A′. *On suppose que, pour* $a \in A$, $a' \in A'$, $b \in B$, *on a*

$$f(bab^{-1}) = \omega(b)f(a), \qquad \omega(a)a' = f(a)a'f(a)^{-1}.$$

Soient B″ *le produit semi-direct de* B *par* A′ *relatif à* ω, q *le morphisme canonique de* B″ *sur* B.

(i) *L'application* $a \mapsto (f(a^{-1}), i(a))$ *de* A *dans* B″ *est un morphisme de* A *sur un sous-groupe distingué* D *de* B″. *Soient* $B' = B''/D$, *et* $i': A' \to B'$, $g: B \to B'$ *les morphismes de* A′ *et* B *dans* B′ *déduits par passage au quotient des injections canoniques de* A′ *et* B *dans* B″.

(ii) *Le morphisme* $p \circ q$ *de* B″ *dans* C *définit par passage au quotient un morphisme* p' *de* B′ *dans* C.

(iii) i' *est injectif*, p' *est surjectif*, $\mathrm{Ker}(p') = \mathrm{Im}(i')$, *et le diagramme ci-dessous est commutatif*

$$(4)\qquad \begin{array}{ccccc} A & \xrightarrow{i} & B & \xrightarrow{p} & C \\ {\scriptstyle f}\downarrow & & \downarrow{\scriptstyle g} & & \downarrow{\scriptstyle \mathrm{Id}_C} \\ A' & \xrightarrow{i'} & B' & \xrightarrow{p'} & C. \end{array}$$

(iv) *Si* $b \in B$ *et* $a' \in A'$, *on a*

$$g(b)i'(a')g(b)^{-1} = i'(\omega(b)a').$$

(i) Pour a_1, a_2 dans A, on a, dans B″,

$$(f(a_1^{-1}), i(a_1))(f(a_2^{-1}), i(a_2)) = (f(a_1^{-1})(\omega(a_1)f(a_2^{-1})), i(a_1)i(a_2))$$
$$= (f(a_1^{-1})f(a_1a_2^{-1}a_1^{-1}), i(a_1a_2)) = (f((a_1a_2)^{-1}), i(a_1a_2))$$

donc $a \mapsto (f(a^{-1}), i(a))$ est un homomorphisme h de A dans B″. Soient $a \in A$, $a' \in A'$, $b \in B$; on a, dans B″,

$$bh(a)b^{-1} = bf(a^{-1})ab^{-1} = (\omega(b)f(a^{-1}))(bab^{-1})$$
$$= f(ba^{-1}b^{-1})(bab^{-1}) = h(bab^{-1})$$
$$a'h(a)a'^{-1} = a'f(a^{-1})aa'^{-1} = a'f(a^{-1})(\omega(a)a'^{-1})a$$
$$= a'f(a^{-1})f(a)a'^{-1}f(a^{-1})a = h(a)$$

donc $h(A) = D$ est distingué dans B″.

(ii) Pour $a \in A$, on a

$$(p \circ q)(h(a)) = p(q(f(a^{-1})a)) = p(a) = e$$

donc $p \circ q$ est trivial dans D.

(iii) Soit $a' \in A'$ tel que $i'(a') = e$; on a $a' \in D$, donc il existe un $a \in A$ tel que $a' = f(a^{-1})a$; cela entraîne $a = e$, d'où $a' = e$; ainsi, i' est injectif. Comme p et q sont surjectifs, p' est surjectif.

Notons r le morphisme canonique de B″ sur B′. Soient $a' \in A'$, $b \in B$, et $b' = r(a'b)$. Si $b' \in \mathrm{Im}(i')$, il existe $a'_1 \in A'$ tel que $b' = r(a'_1)$; alors il existe $a \in A$ tel que $a'b = a'_1 f(a^{-1})a$, d'où $b = a \in A$, et

$$p'(b') = p(q(a'b)) = p(b) = e;$$

ainsi, $\mathrm{Im}(i') \subset \mathrm{Ker}(p')$. Conservons les notations a', b, b', mais supposons $b' \in \mathrm{Ker}(p')$; alors $e = p'(b') = p(q(a'b)) = p(b)$, donc $b \in A$, d'où

$$b' = r(a'f(b)f(b^{-1})b) = r(a'f(b)) \in \mathrm{Im}(i');$$

ainsi, $\mathrm{Ker}(p') \subset \mathrm{Im}(i')$.

Si $a \in A$, on a

$$i'(f(a)) = r(f(a)) = r(f(a)f(a^{-1})a) = r(a) = g(i(a)).$$

Si $b \in B$, on a

$$p'(g(b)) = p(b)$$

donc le diagramme (4) est commutatif.

(iv) Soient $b \in B$, $a' \in A'$. On a

$$g(b)i'(a')g(b)^{-1} = r(b)r(a')r(b)^{-1} = r(ba'b^{-1})$$
$$= r(\omega(b)a') = i'(\omega(b)a').$$

PROPOSITION 20. — *Soit G un groupe de Lie réel de dimension finie.*

(i) *Il existe un groupe de Lie complexe $\tilde{G}$ et un morphisme* **R**-*analytique γ de G dans $\tilde{G}$ ayant les propriétés suivantes: pour tout groupe de Lie complexe H et tout morphisme* **R**-*analytique φ de G dans H, il existe un morphisme* **C**-*analytique ψ de $\tilde{G}$ dans H et un seul tel que $\varphi = \psi \circ \gamma$.*

(ii) *Si $(\tilde{G}', \gamma')$ a les mêmes propriétés que (G, γ), il existe un isomorphisme θ et un seul de $\tilde{G}$ sur $\tilde{G}'$ tel que $\theta \circ \gamma = \gamma'$.*

(iii) *L'application* **C**-*linéaire de $L(G) \otimes \mathbf{C}$ dans $L(\tilde{G})$ qui prolonge $L(\gamma)$ est surjective; en particulier $\dim_{\mathbf{C}}(\tilde{G}) \leqslant \dim_{\mathbf{R}}(G)$.*

L'assertion (ii) est évidente. Prouvons l'existence d'un couple $(\tilde{G}, \gamma)$ avec les propriétés (i) et (iii).

a) Supposons d'abord G connexe. Soient $\mathfrak{g} = L(G)$, $\mathfrak{g}_{\mathbf{C}} = \mathfrak{g} \otimes_{\mathbf{R}} \mathbf{C}$ la complexification de $\mathfrak{g}$, S (resp. S′) le groupe de Lie réel (resp. complexe) simplement connexe d'algèbre de Lie $\mathfrak{g}$ (resp. $\mathfrak{g}_{\mathbf{C}}$), σ l'unique morphisme **R**-analytique de S dans S′ tel que $L(\sigma)$ soit l'injection canonique de $\mathfrak{g}$ dans $\mathfrak{g}_{\mathbf{C}}$. Soient π l'unique morphisme **R**-analytique de S sur G tel que $L(\pi) = \mathrm{Id}_{L(G)}$, et $F = \operatorname{Ker} \pi$.

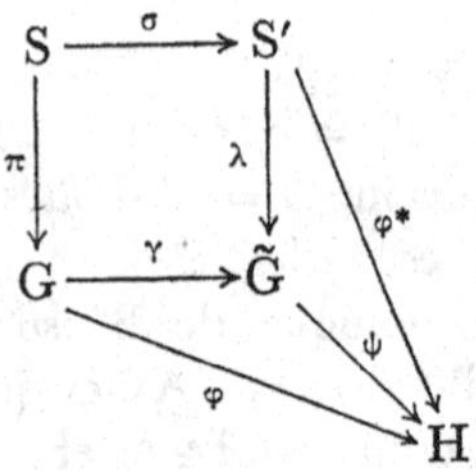

Pour tout groupe de Lie complexe H et tout morphisme **R**-analytique φ de G dans H, $L(\varphi): \mathfrak{g} \rightarrow L(H)$ possède un unique prolongement **C**-linéaire à $\mathfrak{g}_{\mathbf{C}}$, et cette extension est de la forme $L(\varphi^*)$, où φ^* est un morphisme **C**-analytique de S′ dans H. On a

$$L(\varphi \circ \pi) = L(\varphi) \circ L(\pi) = L(\varphi) = L(\varphi^*) \circ L(\sigma) = L(\varphi^* \circ \sigma),$$

donc $\varphi \circ \pi = \varphi^* \circ \sigma$. Par suite $\varphi^*(\sigma(F)) = \varphi(\pi(F)) = \{e\}$, d'où

$$\sigma(F) \subset \operatorname{Ker} \varphi^*.$$

Soit P l'intersection des $\operatorname{Ker} \varphi^*$ pour φ variable. C'est un sous-groupe de Lie distingué de S′ (nº 2, cor. 3 de la prop. 1). Soient $\tilde{G} = S'/P$, et $\lambda: S' \rightarrow \tilde{G}$ le morphisme canonique. On a $\sigma(F) \subset P$, donc il existe un morphisme **R**-analytique γ et un seul de G dans $\tilde{G}$ tel que $\gamma \circ \pi = \lambda \circ \sigma$. Si $\psi: \tilde{G} \rightarrow H$ désigne le morphisme déduit de φ^* par passage au quotient, on a

$$(\psi \circ \gamma) \circ \pi = \psi \circ (\lambda \circ \sigma) = \varphi^* \circ \sigma = \varphi \circ \pi$$

d'où $\psi \circ \gamma = \varphi$. Il est clair que $L(\psi)$, donc ψ, sont déterminés de manière unique par l'égalité $\psi \circ \gamma = \varphi$. On a ainsi prouvé que le couple $(\tilde{G}, \gamma)$ possède les propriétés (i) et (iii).

b) Passons au cas général. Soient F la composante neutre de G, $M = G/F$, $i: F \rightarrow G$ et $p: G \rightarrow M$ les morphismes canoniques. Appliquons à F la partie *a*) de la démonstration. On obtient un couple $(\tilde{F}, \delta)$. Pour tout $g \in G$, $\operatorname{Int} g|F = \omega'(g)$ est un automorphisme de F. D'après la propriété universelle de $\tilde{F}$, il existe un automorphisme $\omega(g)$ du groupe de Lie complexe $\tilde{F}$, et un seul, tel que $\delta \circ \omega'(g) = \omega(g) \circ \delta$. Il est clair que ω est un morphisme de G dans $\operatorname{Aut}(\tilde{H})$. Si $g \in G$ et $f \in F$, on a

$$\delta(gfg^{-1}) = (\delta \circ \omega'(g))\,(f) = (\omega(g) \circ \delta\,)(f) = \omega(g)(\delta(f)).$$

Si $f \in F$, on a $\delta \circ (\operatorname{Int}_F f) = (\operatorname{Int}_{\tilde{F}}\, \delta(f)) \circ \delta$, et $\operatorname{Int}_{\tilde{F}}\, \delta(f)$ est un automorphisme du groupe de Lie complexe $\tilde{F}$; donc $\operatorname{Int}_{\tilde{F}}\, \delta(f) = \omega(f)$.

On peut donc appliquer le lemme 7, ce qui donne un diagramme

$$\begin{array}{ccccc} F & \xrightarrow{i} & G & \xrightarrow{p} & M \\ \downarrow{\scriptstyle\delta} & & \downarrow{\scriptstyle\gamma} & & \downarrow{\scriptstyle \mathrm{Id}} \\ \tilde{F} & \xrightarrow{\tilde{i}} & \tilde{G} & \xrightarrow{\tilde{p}} & M. \end{array}$$

Identifions $\tilde{F}$ à un sous-groupe distingué de $\tilde{G}$ grace à $\tilde{i}$. Le groupe $\tilde{G}$ est engendré par $\tilde{F}$ et $\gamma(G)$; donc les automorphismes de $\tilde{F}$ définis par les éléments de $\tilde{G}$ sont des automorphismes de la structure de groupe de Lie complexe. D'après le § 1, n° 9, prop. 18, il existe une structure de groupe de Lie complexe et une seule sur $\tilde{G}$ telle que $\tilde{F}$ soit un sous-groupe de Lie ouvert de $\tilde{G}$. Nous munirons désormais $\tilde{G}$ de cette structure. Comme δ est **R**-analytique, γ est **R**-analytique.

Le couple $(\tilde{G}, \gamma)$ possède la propriété (iii) de la proposition. Montrons qu'il possède la propriété (i). Soient H un groupe de Lie complexe et ψ un morphisme **R**-analytique de G dans H. Il existe un morphisme **C**-analytique η de $\tilde{F}$ dans H tel que $\eta \circ \delta = \varphi|F$. Soit $g \in G$. Les applications

$$f \mapsto \eta(\omega(g)f), \qquad f \mapsto \varphi(g)\eta(f)\varphi(g)^{-1}$$

de $\tilde{F}$ dans H sont des morphismes **C**-analytiques; elles coïncident dans $\delta(F)$, car, si $f' \in F$, on a

$$\begin{aligned} \varphi(g)\eta(\delta(f'))\varphi(g)^{-1} &= \varphi(g)\varphi(f')\varphi(g)^{-1} = \varphi(gf'g^{-1}) \\ &= \eta(\delta(gf'g^{-1})) = \eta(\omega(g)\delta(f')); \end{aligned}$$

par suite, $\eta(\omega(g)f) = \varphi(g)\eta(f)\varphi(g)^{-1}$ pour tout $g \in G$ et tout $f \in \tilde{F}$. Si G' désigne le produit semi-direct de G et $\tilde{F}$ relatif à ω, il existe donc un morphisme ζ du groupe G' dans H qui coïncide avec φ dans G et avec η dans $\tilde{F}$. Pour $f \in F$, on a

$$\zeta(\delta(f^{-1})f) = \eta(\delta(f^{-1}))\varphi(f) = \varphi(f^{-1})\varphi(f) = e.$$

Donc ζ définit par passage au quotient un morphisme ψ de $\tilde{G}$ dans H. On a $\psi \circ \gamma = \varphi$ et $\psi \circ \tilde{i} = \eta$; cette dernière égalité entraîne que ψ est **C**-analytique.

Enfin, soit ψ' un morphisme **C**-analytique de $\tilde{G}$ dans H tel que $\varphi = \psi' \circ \gamma$. Alors

$$\psi' \circ \tilde{i} \circ \delta = \psi' \circ \gamma \circ i = \varphi \circ i = \psi \circ \tilde{i} \circ \delta$$

donc $\psi' \circ \tilde{i} = \psi \circ \tilde{i}$. Comme $\tilde{G}$ est engendré par $\tilde{i}(\tilde{F})$ et $\gamma(G)$, on a $\psi' = \psi$.

DÉFINITION 4. — *On dit que* $(\tilde{G}, \gamma)$, *ou simplement* $\tilde{G}$, *est la complexification universelle de* G.

Remarques. — 1) Soit $(\tilde{G}, \gamma)$ la complexification universelle de G. Soit G_0 (resp. $\tilde{G}_0$) la composante neutre de G (resp. $\tilde{G}$). D'après la démonstration de la prop. 20, $(\tilde{G}_0, \gamma | G_0)$ est la complexification universelle de G_0, et le morphisme composé

$$G \to \tilde{G} \to \tilde{G}/\tilde{G}_0$$

définit par passage au quotient un isomorphisme de G/G_0 sur $\tilde{G}/\tilde{G}_0$.

2) Supposons G simplement connexe. Soient $\mathfrak{g} = L(G)$, $\mathfrak{g}_{\mathbf{C}}$ la complexification de $\mathfrak{g}$, S' le groupe de Lie complexe simplement connexe d'algèbre de Lie $\mathfrak{g}_{\mathbf{C}}$, σ le morphisme de G dans S' tel que $L(\sigma)$ soit l'injection canonique de $\mathfrak{g}$ dans $\mathfrak{g}_{\mathbf{C}}$. Reprenons les notations de la démonstration de la prop. 20, partie *a*). Si H = S' et $\varphi = \sigma$, on a $\varphi^* = \mathrm{Id}_{S'}$. Donc (S', σ) est la complexification universelle de G. On notera que σ n'est pas injectif en général (exerc. 16); toutefois *son noyau est discret* puisque $L(\sigma)$ est injectif. D'autre part, soit θ l'involution de $\mathfrak{g}_{\mathbf{C}}$ définie par $\mathfrak{g}$, et soit η l'automorphisme correspondant du groupe de Lie réel sous-jacent à S'; soit S'^{η} l'ensemble des points de S' invariants par η; c'est un sous-groupe de Lie réel de S' d'algèbre de Lie $\mathfrak{g}$ (§ 3, n° 8, cor. 1 de la prop. 29). D'après le n° 1, cor. 1 de la prop. 1, $\sigma(G)$ est le sous-groupe intégral réel de S' d'algèbre de Lie $\mathfrak{g}$, donc $\sigma(G)$ *est la composante neutre de* S'^{η}; en particulier $\sigma(G)$ est un sous-groupe de Lie réel de S'.

§ 7. Groupes de Lie sur un corps ultramétrique

Dans ce paragraphe, le corps valué K est supposé ultramétrique et de caractéristique 0. On note A l'anneau de valuation de K, $\mathfrak{m}$ l'idéal maximal de A, p la caractéristique du corps résiduel $A/\mathfrak{m}$. Si K est localement compact, on a $p \neq 0$ (AC, VI, § 9, th. 1).

1. Passage des algèbres de Lie aux groupes de Lie

PROPOSITION 1. — *Soit* G *un groupuscule de Lie d'élément neutre e. Il existe un système fondamental de voisinages ouverts de e dans* G *formé des sous-groupes de Lie de* G.

Munissons L(G) d'une norme compatible avec sa topologie et telle que $\|[x, y]\| \leqslant \|x\| \, \|y\|$ quels que soient x, y dans L(G). Soit G_1 le groupe de Lie défini par L(G). D'après le § 4, n° 2, th. 2, G et G_1 sont localement isomorphes. Il suffit alors d'appliquer le § 4, n° 2, lemme 3 (iii).

THÉORÈME 1. — *Soit* L *une algèbre de Lie normable complète. Il existe un groupe de Lie* G *tel que* L(G) *soit isomorphe à* L. *Deux tels groupes sont localement isomorphes.*

La première assertion a été prouvée au § 4, n° 2, lemme 3. La deuxième est un cas particulier du § 4, n° 2, th. 2.

THÉORÈME 2. — *Soient* G *un groupe de Lie,* $\mathfrak{h}$ *une sous-algèbre de Lie de* L(G) *admettant un supplémentaire topologique. Il existe un sous-groupe de Lie* H *de* G *tel que* $L(H) = \mathfrak{h}$. *Si* H_1 *et* H_2 *sont des sous-groupes de Lie de* G *tels que* $L(H_1) = L(H_2) = \mathfrak{h}$, *alors* $H_1 \cap H_2$ *est ouvert dans* H_1 *et* H_2.

La première assertion résulte de la prop. 1, et du § 4, n° 2, th. 3. La deuxième est un cas particulier du § 4, n° 2, th. 3.

THÉORÈME 3. — *Soient* G *et* H *des groupes de Lie,* $\mathfrak{h}$ *un morphisme continu de* L(G) *dans* L(H).

(i) *Il existe un sous-groupe ouvert* G′ *de* G *et un morphisme de groupes de Lie* φ *de* G′ *dans* H *tel que* $h = L(\varphi)$.

(ii) *Soient* G_1, G_2 *des sous-groupes ouverts de* G, *et* φ_i *un morphisme de* G_i *dans* H *tel que* $h = L(\varphi_i)$. *Alors* φ_1 *et* φ_2 *coïncident dans un sous-groupe ouvert de* G.

Compte tenu de la prop. 1, cela résulte du § 4, n° 1, th. 1.

PROPOSITION 2. — *Soient* G *un groupe de Lie,* $\mathfrak{h}$ *une sous-algèbre de Lie de* L(G) *admettant un supplémentaire topologique. Les conditions suivantes sont équivalentes :*

(i) *Il existe un sous-groupe ouvert* G′ *de* G *et un sous-groupe de Lie distingué* H *de* G′ *tels que* $L(H) = \mathfrak{h}$.

(ii) $\mathfrak{h}$ *est un idéal de* L(H).

S'il existe G′ et H ayant les propriétés de (i), on a $L(G') = L(G)$, et L(H) est un idéal de L(G′) d'après le § 3, n° 12, prop. 47.

Supposons que $\mathfrak{h}$ soit un idéal de L(G). Il existe un groupe de Lie F tel que $L(F) = L(G)/\mathfrak{h}$ (th. 1). Soit h le morphisme canonique de L(G) sur L(F). D'après le th. 3 (i), il existe un sous-groupe ouvert G′ de G et un morphisme de groupes de Lie φ de G′ dans F tel que $L(\varphi) = h$. D'après le § 3, n° 8, le noyau H de φ est un sous-groupe de Lie de G′, et $L(H) = \operatorname{Ker} L(\varphi) = \operatorname{Ker} h = \mathfrak{h}$. Enfin, H est distingué dans G′ puisque $H = \operatorname{Ker} \varphi$.

2. Applications exponentielles

Proposition 3. — *Soit* G *un groupe de Lie. Il existe une application exponentielle* φ *de* G *ayant les propriétés suivantes*:

(i) φ *est définie dans un sous-groupe ouvert* U *du groupe additif* L(G);

(ii) $\varphi(U)$ *est un sous-groupe ouvert de* G, *et* φ *est un isomorphisme de la variété analytique* U *sur la variété analytique* $\varphi(U)$;

(iii) $\varphi(nx) = \varphi(x)^n$ *pour tout* $x \in U$ *et tout* $n \in \mathbf{Z}$.

Munissons L(G) d'une norme compatible avec sa topologie et telle que $\|[x, y]\| \leqslant \|x\|\,\|y\|$ pour x, y dans L(G). Soit G_1 le groupe de Lie défini par L(G). Soit $\psi = \mathrm{Id}_{G_1}$, qui est une application exponentielle de G_1. Pour tout $\mu > 0$, soit L_μ l'ensemble des $x \in L(G)$ tels que $\|x\| < \mu$. Alors, pour μ assez petit, L_μ est un sous-groupe ouvert du groupe additif L(G), $\psi(L_\mu)$ est un sous-groupe ouvert de G_1 (§ 4, n° 2, lemme 3), $\psi|L_\mu$ est un isomorphisme de variétés analytiques de L_μ sur $\psi(L_\mu)$, et $\psi(nx) = \psi(x)^n$ pour tout $x \in L_\mu$ et tout $n \in \mathbf{Z}$. Les L_μ forment un système fondamental de voisinages de 0 dans L(G). D'après le th. 1, il existe un μ et un sous-groupe ouvert G′ de G tels que $\psi(L_\mu)$ et G′ soient isomorphes, d'où la proposition.

Proposition 4. — *Soient* G *un groupe de Lie,* φ *une application exponentielle injective de* G. *Supposons* $p > 0$. *Quels que soient* x, y *dans* L(G), *on a*

$$x + y = \lim_{n \to +\infty} p^{-n} \varphi^{-1}(\varphi(p^n x)\varphi(p^n y)) \tag{1}$$

$$[x, y] = \lim_{n \to +\infty} p^{-2n} \varphi^{-1}(\varphi(p^n x)\varphi(p^n y)\varphi(-p^n x)\varphi(-p^n y)). \tag{2}$$

Ce sont des cas particuliers de la prop. 4 du § 4, n° 3.

3. Groupes standard[1]

Si $S(X_1, X_2, \ldots, X_n)$ est une série formelle à coefficients dans A, alors, quels que soient $x_1, \ldots, x_r$ dans $\mathfrak{m}$, la série $S(x_1, x_2, \ldots, x_r)$ est convergente. Plus précisément, $\mathfrak{m} \times \mathfrak{m} \times \cdots \times \mathfrak{m}$ est contenu dans le domaine de convergence stricte de S (VAR, R, 4.1.3).

Définition 1. — *Soit* r *un entier* $\geqslant 0$. *On appelle groupe standard de dimension* r *sur* K *un groupe de Lie* G *possédant les propriétés suivantes*:

(i) *la variété analytique sous-jacente de* G *est* $\mathfrak{m} \times \mathfrak{m} \times \cdots \times \mathfrak{m}$ (*r facteurs*);

(ii) *il existe une série formelle* F *en* $2r$ *variables, à coefficients dans* A^r, *sans terme constant, telle que* $x.y = F(x, y)$ *quels que soient* x, y *dans* G.

[1] Les résultats des n°s 3 et 4 et leurs démonstrations restent valables lorsque la caractéristique de K est > 0.

On a alors $0.0 = 0$, donc l'élément neutre de G est l'origine de $\mathfrak{m} \times \cdots \times \mathfrak{m}$.

On identifiera L(G) à K^r. D'après le § 5, formule (13), les constantes de structure de L(G) par rapport à la base canonique appartiennent à A. Il nous arrivera, dans une même démonstration, de considérer les éléments de $\mathfrak{m} \times \cdots \times \mathfrak{m}$, tantôt comme des éléments de G, tantôt comme des éléments de L(G).

Exemple. — Soit $G = 1 + \mathbf{M}_n(\mathfrak{m})$, qui est une partie ouverte de $\mathbf{M}_n(K)$. Si $x \in G$, on a $\det x \in 1 + \mathfrak{m}$, donc $G \subset \mathbf{GL}(n, K)$. Il est clair que $GG \subset G$. Si $x = 1 + y$ avec $y \in \mathbf{M}_n(\mathfrak{m})$, le calcul de l'inverse d'une matrice prouve d'abord que $x^{-1} \in \mathbf{M}_n(A)$; si l'on pose $x^{-1} = 1 + y'$, on a $y + y' + yy' = 0$, donc $y' \in \mathbf{M}_n(\mathfrak{m})$, et par suite $x^{-1} \in G$. Ainsi, G est un sous-groupe ouvert de $\mathbf{GL}(n, K)$. Identifions G à $\mathfrak{m}^{n^2}$ grâce à l'application $(\delta_{ij} + y_{ij}) \mapsto (y_{ij})$. Il est clair que G est un groupe standard.

THÉORÈME 4. — *Soit G un groupe de Lie de dimension finie. Il existe un sous-groupe ouvert de G isomorphe à un groupe standard.*

En remplaçant G par un groupe isomorphe à un sous-groupe ouvert de G, on se ramène au cas où G est une partie ouverte de K^r, d'élément neutre 0, et où les coordonnées du produit $x.y$ et de l'inverse $x^{[-1]}$ sont données par des formules

$$(3) \qquad (x.y)_i = x_i + y_i + \sum_{|\alpha| \geqslant 1, |\beta| \geqslant 1} c_{\alpha\beta i}\, x^\alpha y^\beta \qquad (i = 1, 2, \ldots, r)$$

$$(4) \qquad (x^{[-1]})_i = -x_i + \sum_{|\alpha| > 1} d_{\alpha i}\, x^\alpha \qquad (i = 2, 2, \ldots, r)$$

les séries des seconds membres étant convergentes pour x, y dans G (§ 5, n° 1). Soit $\lambda \in K^*$, et transportons la loi de groupe de G à $G' = \lambda G$ par l'homothétie de rapport λ. Pour x', y' dans G', le produit $x'.y'$ et l'inverse $x'^{[-1]}$ calculés dans G' ont pour coordonnées

$$(x'.y')_i = x'_i + y'_i + \sum_{|\alpha| \geqslant 1, |\beta| \geqslant 1} c'_{\alpha\beta i}\, x'^\alpha y'^\beta \qquad (i = 1, 2, \ldots, r)$$

$$(x'^{[-1]})_i = -x'_i + \sum_{|\alpha| > 1} d'_{\alpha i}\, x'^\alpha \qquad (i = 1, 2, \ldots, r)$$

avec

$$c'_{\alpha\beta i} = \lambda^{-|\alpha|-|\beta|+1} c_{\alpha\beta i}, \qquad d'_{\alpha i} = \lambda^{-|\alpha|+1} d_{\alpha i}.$$

Comme les séries (3) et (4) sont convergentes, on voit que, pour $|\lambda|$ assez grand, on a, quels que soient α, β, i,

$$|c'_{\alpha\beta i}| \leqslant 1, \qquad |d'_{\alpha i}| \leqslant 1$$

c'est-à-dire $c'_{\alpha\beta i} \in A$ et $d'_{\alpha i} \in A$; et d'autre part $G' \supset \mathfrak{m} \times \mathfrak{m} \times \cdots \times \mathfrak{m}$. Alors $\mathfrak{m} \times \mathfrak{m} \times \cdots \times \mathfrak{m}$ est un sous-groupe ouvert de G', et est un groupe standard.

4. Filtration des groupes standard

On reprend les notations de la déf. 1. Choisissons un nombre $a > 1$ et une valuation réelle v de K telle que $|x| = a^{-v(x)}$ pour tout $x \in K$ (AC, VI, § 6, prop. 3). Si $\mathfrak{a}$ est un idéal non nul (donc ouvert) de A contenu dans $\mathfrak{m}$, on note $G(\mathfrak{a})$ l'ensemble des éléments de G dont les coordonnées appartiennent à $\mathfrak{a}$. Si $\lambda \in \mathbf{R}$, on note $\mathfrak{a}_\lambda$ (resp. $\mathfrak{a}_\lambda^+$) l'ensemble des $x \in K$ tels que $v(x) \geqslant \lambda$ (resp. $v(x) > \lambda$); on a $\mathfrak{a}_0 = A$, $\mathfrak{a}_0^+ = \mathfrak{m}$. Pour $x = (x_1, \ldots, x_r) \in G$, nous poserons

$$\omega(x) = \inf(v(x_1), \ldots, v(x_r)). \tag{5}$$

PROPOSITION 5. — *Soit* G *un groupe standard.*

(i) *Si* $\mathfrak{a}$ *est un idéal non nul de* A *contenu dans* $\mathfrak{m}$, $G(\mathfrak{a})$ *est un sous-groupe distingué ouvert de* G.

(ii) *Les* $G(\mathfrak{a}_\lambda)$, *pour* $\lambda > 0$, *forment un système fondamental de voisinages de* e *dans* G.

(iii) *Supposons* $\mathfrak{a}_\lambda \subset \mathfrak{a}$ *pour* $\lambda \geqslant \lambda_0$, *et munissons les* $G(\mathfrak{a})/G(\mathfrak{a}_\lambda)$, *pour* $\lambda \geqslant \lambda_0$, *de la topologie discrète. Alors le groupe topologique* $G(\mathfrak{a})$ *est limite projective des groupes* $G(\mathfrak{a})/G(\mathfrak{a}_\lambda)$.

(iv) *Soient* $\mathfrak{a}$, $\mathfrak{b}$ *des idéaux non nuls de* A *contenus dans* $\mathfrak{m}$, *tels que* $\mathfrak{a} \supset \mathfrak{b} \supset \mathfrak{a}^2$. *L'application* $x \mapsto (x_1 \bmod \mathfrak{b}, \ldots, x_r \bmod \mathfrak{b})$ *de* $G(\mathfrak{a})$ *dans* $(\mathfrak{a}/\mathfrak{b}) \times \cdots \times (\mathfrak{a}/\mathfrak{b})$ *définit par passage au quotient un isomorphisme du groupe* $G(\mathfrak{a})/G(\mathfrak{b})$ *sur le groupe additif* $(\mathfrak{a}/\mathfrak{b}) \times \cdots \times (\mathfrak{a}/\mathfrak{b})$.

Si $x \in G$ et $y \in G(\mathfrak{a})$, les coordonnées de x et de $x.y$ sont égales modulo $\mathfrak{a}$. Donc, pour x', x'' dans G et y', y'' dans $G(\mathfrak{a})$, les coordonnées de $x'.x''$ et de $(x'.y').(x''.y'')$ sont égales modulo $\mathfrak{a}$. Cela prouve (i).

(ii) est évident.

(iii) résulte de ce qui précède et de TG, III, § 7, prop. 2.

Si $x \in G(\mathfrak{a})$ et $y \in G(\mathfrak{a})$, les coordonnées de $x.y$ sont congrues à celles de $x + y$ modulo $G(\mathfrak{a}^2)$ d'après la formule (4) du § 5. Cela prouve (iv).

COROLLAIRE. — *Supposons* K *localement compact et soit* $q = \text{Card}(A/\mathfrak{m})$.

(i) *Si* $\mathfrak{a} = \mathfrak{m}^a$ *et* $\mathfrak{b} = \mathfrak{m}^b$ *avec* $b \geqslant a \geqslant 1$, $G(\mathfrak{a})/G(\mathfrak{b})$ *est un* p*-groupe de cardinal* $q^{r(b-a)}$.

(ii) $G(\mathfrak{a})$ *est limite projective de* p*-groupes.*

Le nombre d'éléments de $G(\mathfrak{a})/G(\mathfrak{b})$ est $(\text{Card}(\mathfrak{a}/\mathfrak{b}))^r$; si $b = a + 1$, $\mathfrak{a}/\mathfrak{b}$ est un espace vectoriel de dimension 1 sur $A/\mathfrak{m}$, d'où (i) dans ce cas; le cas général s'en déduit par récurrence sur $b - a$. L'assertion (ii) résulte de (i) et de la prop. 5 (iii).

PROPOSITION 6. — *Soient* $\mathfrak{a}$, $\mathfrak{b}$, $\mathfrak{c}$, $\mathfrak{c}'$ *des idéaux non nuls de* A *contenus dans* $\mathfrak{m}$ *tels que*

$$\mathfrak{c}' \subset \mathfrak{c}, \qquad \mathfrak{a}\mathfrak{b} \subset \mathfrak{c}, \qquad \mathfrak{a}\mathfrak{b}^2 \subset \mathfrak{c}', \qquad \mathfrak{a}^2\mathfrak{b} \subset \mathfrak{c}'.$$

Si $x \in G(\mathfrak{a})$ *et* $y \in G(\mathfrak{b})$, *alors* $x^{[-1]}.y^{[-1]}.x.y$, $x.y.x^{[-1]}.y^{[-1]}$, $[x, y]$ *appartiennent à* $G(\mathfrak{c})$ *et sont congrus modulo* $G(\mathfrak{c}')$.

D'après le § 5, n° 2, prop. 1, il existe des $c_{\alpha\beta} \in A^r$ tels que

$$x^{[-1]}.y^{[-1]}.x.y - [x, y] = \sum_{|\alpha|+|\beta|\geqslant 3} c_{\alpha\beta}\, x^\alpha y^\beta.$$

Si $x = 0$, ou si $y = 0$, on a $x^{[-1]}.y^{[-1]}.x.y - [x, y] = 0$; donc $c_{0\beta} = c_{\alpha 0} = 0$. D'autre part, les conditions

$$x \in G(\mathfrak{a}), \qquad y \in G(\mathfrak{b}), \qquad |\alpha| \geqslant 1, \qquad |\beta| \geqslant 1, \qquad |\alpha| + |\beta| \geqslant 3$$

impliquent
$$c_{\alpha\beta}\, x^\alpha y^\beta \in G(\mathfrak{a}^2\mathfrak{b} + \mathfrak{a}\mathfrak{b}^2) \subset G(\mathfrak{c}')$$

donc $x^{[-1]}.y^{[-1]}.x.y - [x, y] \in G(\mathfrak{c}')$. On voit de même que

$$x.y.x^{[-1]}.y^{[-1]} - [x, y] \in G(\mathfrak{c}').$$

Enfin, d'après le § 5, formule (13), on a $[x, y] \in G(\mathfrak{a}\mathfrak{b}) \subset G(\mathfrak{c})$. C.Q.F.D.

Proposition 7. — (i) *La famille* $(G(\mathfrak{a}_\lambda))$ *est une filtration centrale sur* G (chap. II, § 4, n° 4, déf. 2).

(ii) *Pour* $\lambda \in \mathbf{R}_+^*$, *on a* $G(\mathfrak{a}_\lambda) = \{x \in G \,|\, \omega(x) \geqslant \lambda\}$, $G(\mathfrak{a}_\lambda^+) = \{x \in G \,|\, \omega(x) > \lambda\}$.

(ii) est évident. Prouvons (i). Il est clair que $G(\mathfrak{a}_\lambda) = \bigcap_{\mu<\lambda} G(\mathfrak{a}_\mu)$ et que $G = \bigcup_{\lambda>0} G(\mathfrak{a}_\lambda)$. D'autre part, si $x \in G(\mathfrak{a}_\lambda)$ et $y \in G(\mathfrak{a}_\mu)$, on a

$$x^{[-1]}.y^{[-1]}.x.y \in G(\mathfrak{a}_{\lambda+\mu})$$

d'après la prop. 6 appliquée avec $\mathfrak{a} = \mathfrak{a}_\lambda$, $\mathfrak{b} = \mathfrak{a}_\mu$, $\mathfrak{c} = \mathfrak{c}' = \mathfrak{a}_{\lambda+\mu}$.

D'après le chap. II, § 4, n° 4, on peut former le groupe gr(G) associé au groupe G muni de la filtration centrale $(G(\mathfrak{a}_\lambda))$. Posant $G_\lambda = G(\mathfrak{a}_\lambda)/G(\mathfrak{a}_\lambda^+)$ pour tout $\lambda > 0$, on a $\operatorname{gr}(G) = \bigoplus_{\lambda>0} G_\lambda$. Rappelons (*loc. cit.*, prop. 1) que le commutateur dans G permet de définir un crochet dans gr(G) pour lequel gr(G) est une algèbre de Lie, de la manière suivante: si $\bar{x} \in G_\lambda$ et $\bar{y} \in G_\mu$, on choisit un représentant x de $\bar{x}$ dans $G(\mathfrak{a}_\lambda)$ et un représentant y de $\bar{y}$ dans $G(\mathfrak{a}_\mu)$; alors $[\bar{x}, \bar{y}]$ est la classe de $x^{[-1]}.y^{[-1]}.x.y \in G(\mathfrak{a}_{\lambda+\mu})$ dans $G_{\lambda+\mu}$. D'après la prop. 6, appliquée avec $\mathfrak{a} = \mathfrak{a}_\lambda$, $\mathfrak{b} = \mathfrak{a}_\mu$, $\mathfrak{c} = \mathfrak{a}_{\lambda+\mu}$, $\mathfrak{c}' = \mathfrak{a}_{\lambda+\mu}^+$, on voit que $[\bar{x}, \bar{y}]$ est aussi la classe de $[x, y]$ dans $G_{\lambda+\mu}$. Ainsi, lorsqu'on considère G comme une sous-algèbre de Lie de $L(G) = K^r$, filtrée par les $G(\mathfrak{a}_\lambda)$, l'algèbre de Lie graduée associée (chap. II, § 4, n° 3) est égale à gr(G).

5. Puissances dans les groupes standard

On conserve les notations du n° 4.

Proposition 8. — *Soient* $n \in \mathbf{Z}$, *et* h_n *l'application* $x \mapsto x^n$ *de* G *dans* G. *Soit* $\mathfrak{a}$ *un idéal non nul de* A *contenu dans* $\mathfrak{m}$, *tel que* $n \notin \mathfrak{a}$. *Alors* $h_n|G(\mathfrak{a})$ *est un isomorphisme de la variété analytique* $G(\mathfrak{a})$ *sur la variété analytique* $G(n\mathfrak{a})$.

Par définition des groupes standards, h_n est égal dans tout G à la somme d'une série entière à coefficients dans A^r. D'après le § 5, formule (4), cette série est de la forme

$$h_n(x) = nx + \sum_{|\alpha| \geqslant 2} a_\alpha x^\alpha.$$

Donc, pour $x \in G$, on a

$$\begin{aligned} h_n(nx) &= n^2(x + \sum_{|\alpha| \geqslant 2} a_\alpha n^{|\alpha|-2} x^\alpha) \\ &= n^2 S(x) \end{aligned}$$

en posant $S(x) = x + \sum_{|\alpha| \geqslant 2} a_\alpha n^{|\alpha|-2} x^\alpha$. Cette série $S(x)$ définit une application analytique, que nous noterons encore S, de G dans G. D'après A, IV, § 6, prop. 8, il existe une série entière en r variables à coefficients dans A^r telle que $S'(S(X)) = S(S'(X)) = X$. Donc S est un isomorphisme de la variété analytique G sur elle-même, et, pour tout idéal non nul $\mathfrak{b}$ de A contenu dans $\mathfrak{m}$, on a $S(G(\mathfrak{b})) \subset G(\mathfrak{b}), S'(G(\mathfrak{b})) \subset G(\mathfrak{b})$, donc $S(G(\mathfrak{b})) = G(\mathfrak{b})$. Comme $h_n(y) = n^2 S\left(\frac{1}{n} y\right)$ pour $y \in nG$, on voit que $h_n | n\,G(\mathfrak{b})$ est un isomorphisme de la variété analytique $n\,G(\mathfrak{b})$ sur la variété analytique $n^2\,G(\mathfrak{b})$. Or, comme $n \notin \mathfrak{a}$, on a $|n| > |\lambda|$ pour tout $\lambda \in \mathfrak{a}$, donc $n^{-1}\mathfrak{a} \subset \mathfrak{m}$, donc $\mathfrak{a}$ est de la forme $n\mathfrak{b}$ où $\mathfrak{b}$ est un idéal non nul de A contenu dans $\mathfrak{m}$.

COROLLAIRE. — *Si n est inversible dans* A, h_n *est un isomorphisme de la variété analytique* G *sur elle-même. Pour tout idéal non nul* $\mathfrak{a}$ *de* A *contenu dans* $\mathfrak{m}$, *on a* $h_n(G(\mathfrak{a})) = G(\mathfrak{a})$. *Pour tout* $x \in G$, *on a* $\omega(x^n) = \omega(x)$.

Cela résulte aussitôt de la prop. 8.

PROPOSITION 9. — *Supposons* $p \neq 0$.

(i) *Soient* $\mathfrak{a}, \mathfrak{b}$ *des idéaux non nuls de* A *tels que* $\mathfrak{b} \subset \mathfrak{a} \subset \mathfrak{m}$. *Dans le groupe* $G(\mathfrak{a})/G(\mathfrak{b})$, *tout élément admet pour ordre une puissance de* p.

(ii) *Supposons* $v(p) = 1$. *Si* $x \in G$ *est tel que* $\omega(x) > \frac{1}{p-1}$, *on a*

$$\omega(x^p) = \omega(x) + 1.$$

D'après le § 5, formule (4), on a, pour tout $x \in G$,

$$x^p = px + \sum_{|\alpha| \geqslant 2} c_\alpha x^\alpha$$

où $c_\alpha \in A^r$ pour tout α. Même pour prouver (i), on peut supposer $v(p) = 1$. Alors si $\omega(x) \geqslant 1$, on en déduit $\omega(x^p) \geqslant \omega(x) + 1$, donc $\omega(x^{p^n})$ tend vers $+\infty$ quand

n tend vers $+\infty$; cela prouve (i). Comme $\binom{p}{i}$ est divisible par p pour $1 \leqslant i \leqslant p-1$, la prop. 2 du § 5, n° 3, prouve que $c_\alpha \in p\mathrm{A}^r$ pour $2 \leqslant |\alpha| \leqslant p-1$, donc

$$\omega(c_\alpha x^\alpha) > \omega(px) = \omega(x) + 1 \text{ pour } 2 \leqslant |\alpha| \leqslant p-1.$$

D'autre part, si $|\alpha| \geqslant p$, on a $\omega(c_\alpha x^\alpha) \geqslant p\omega(x)$, et $p\omega(x) > \omega(x) + 1$ si $\omega(x) > \frac{1}{p-1}$. Cela prouve (ii).

6. Application logarithme

Lemme 1. — *On suppose* $p \neq 0$. *Soient* G *un groupe de Lie*, G_1 *un sous-groupe ouvert de* G *qui soit isomorphe à un groupe standard, et* $x \in G$. *Les conditions suivantes sont équivalentes*:

(i) *il existe une puissance de x qui appartient à* G_1;

(ii) *il existe une suite strictement croissante* (n_i) *d'entiers tels que* x^{n_i} *tende vers e quand i tend vers* $+\infty$.

(ii) ⇒ (i): évident.

(i) ⇒ (ii): supposons que $y = x^m \in G_1$. D'après la prop. 9 (i) du n° 5, y^{p^n} tend vers e quand n tend vers $+\infty$, autrement dit x^{mp^n} tend vers e quand n tend vers $+\infty$.

Proposition 10. — *On suppose* $p \neq 0$. *Soit* G *un groupe de Lie de dimension finie. Soit* G_f *l'ensemble des* $x \in G$ *pour lesquels il existe une suite strictement croissante* (n_i) *d'entiers tels que* x^{n_i} *tende vers e quand i tend vers* $+\infty$.

(i) G_f *est ouvert dans* G.

(ii) *Il existe une application* ψ *et une seule de* G_f *dans* L(G) *possédant les propriétés suivantes*:

a) $\psi(x^n) = n\psi(x)$ *pour tout* $x \in G_f$ *et tout* $n \in \mathbf{Z}$;

b) *il existe un voisinage ouvert* V *de e dans* G_f *tel que* $\psi|V$ *soit l'application réciproque d'une application exponentielle injective.*

(iii) *L'application* ψ *est analytique.*

Il existe un sous-groupe ouvert de G qui est isomorphe à un groupe standard (n° 3, th. 4). L'assertion (i) résulte alors du lemme 1.

Soient U un sous-groupe ouvert de L(G), et φ: U → φ(U) une application exponentielle de G ayant les propriétés de la prop. 3 du n° 2. On peut supposer U assez petit pour que $\varphi(U) \subset G_f$. Soit $x \in G_f$. Il existe $m \in \mathbf{Z} - \{0\}$ tel que $x^m \in \varphi(U)$. L'élément $\frac{1}{m}\varphi^{-1}(x^m)$ ne dépend pas du choix de m. En effet, soit $m' \in \mathbf{Z}$ tel que $x^{m'} \in \varphi(U)$. On a $x^{mm'} \in \varphi(U)$, et

$$m'\varphi^{-1}(x^m) = \varphi^{-1}(x^{mm'}) = m\varphi^{-1}(x^{m'}),$$

d'où notre assertion. Posons $\psi(x) = \frac{1}{m}\varphi^{-1}(x^m)$. On a $\psi|\varphi(U) = \varphi^{-1}$. D'autre part, si $n \in \mathbf{Z}$, on a

$$\psi(x^n) = \frac{1}{m}\varphi^{-1}(x^{nm}) = \frac{n}{m}\varphi^{-1}(x^m) = n\psi(x).$$

Donc ψ possède les propriétés *a*) et *b*) de la proposition. Au voisinage de x, ψ est composée des applications $x \mapsto x^m$, $y \mapsto \varphi^{-1}(y)$ et $z \mapsto \frac{1}{m}z$; donc ψ est analytique dans G_f.

Enfin, soient ψ' une application de G_f dans L(G), et V′ un voisinage de e dans G_f, tels que $\psi'(x^n) = n\psi'(x)$ pour $x \in G_f$ et $n \in \mathbf{Z}$, et tels que $\psi'|V'$ soit l'application réciproque d'une application exponentielle injective. Alors ψ et ψ' coïncident dans un voisinage W de e. Si $x \in G_f$, il existe $n \in \mathbf{Z}$ tel que $x^n \in W$. Alors

$$n\psi'(x) = \psi'(x^n) = \psi(x^n) = n\psi(x)$$

donc $\psi = \psi'$.

Définition 2. — *L'application ψ de la prop.* 10 *s'appelle l'application logarithme de* G, *et se note* $\log_G$ *ou simplement* log.

Proposition 11. — *Supposons $p \neq 0$. Soient x, y deux éléments permutables de G_f. On a $xy \in G_f$ et* $\log(xy) = \log x + \log y$.

Le fait que $xy \in G_f$ résulte du lemme 1. Soient U un sous-groupe ouvert du groupe additif L(G) et $\varphi\colon U \to \varphi(U)$ une application exponentielle de G ayant les propriétés de la prop. 3 du n° 2; on peut supposer U assez petit pour que $\log|\psi(U)$ soit l'application réciproque de φ. Pour $n \in \mathbf{Z} - \{0\}$ bien choisi, on a $x^n \in \varphi(U)$, $y^n \in \varphi(U)$. Posons $u = \log x^n$, $v = \log y^n$, d'où $x^n = \varphi(u)$, $y^n = \varphi(v)$. D'après la formule (2), on a $[u, v] = 0$. La formule de Hausdorff prouve alors que $\varphi(\lambda(u + v)) = \varphi(\lambda u)\varphi(\lambda v)$ pour $|\lambda|$ assez petit; donc, pour tout entier i assez grand, on a

$$\varphi(p^i(u + v)) = \varphi(p^i u)\varphi(p^i v)$$

c'est-à-dire

$$p^i(\log x^n + \log y^n) = \log(x^{np^i} y^{np^i})$$

ou

$$np^i(\log x + \log y) = np^i \log(xy).$$

Proposition 12. — *Supposons $p \neq 0$. Soit $x \in G_f$. Les conditions suivantes sont équivalentes:*

(i) $\log x = 0$;

(ii) *x est d'ordre fini dans* G.

S'il existe un entier $n > 0$ tel que $x^n = e$, on en déduit que

$$n \log x = \log x^n = 0,$$

d'où $\log x = 0$. Si $\log x = 0$, soit V un voisinage de e dans G_f tel que $\log|V$ soit l'application réciproque d'une application exponentielle injective. Il existe un entier $n > 0$ tel que $x^n \in V$; l'égalité $\log x^n = 0$ entraîne $x^n = e$.

PROPOSITION 13. — *Supposons $p \neq 0$. Si* G *est compact ou standard, on a* $G_f = G$.

Si G est standard, il suffit d'utiliser le lemme 1. Supposons G compact. Soient $x \in G$ et V un voisinage de e dans G. Soit y une valeur d'adhérence de la suite $(x^n)_{n \geqslant 0}$. Quel que soit $n > 0$, il existe deux entiers n_1, n_2 tels que $n_1 \geqslant 2n_2 \geqslant n$ et $x^{n_1} \in yV$, $x^{n_2} \in yV$, d'où $x^{n_1 - n_2} \in V^{-1}V$ et $n_1 - n_2 \geqslant n$. Donc $x \in G_f$.

COROLLAIRE. — *Supposons* K *localement compact. Alors* G_f *est la réunion des sous-groupes compacts de* G.

Soit $x \in G$. Si x appartient à un sous-groupe compact de G, on a $x \in G_f$ (prop. 13). Supposons $x \in G_f$. Comme K est localement compact, il existe un sous-groupe ouvert G_1 de G qui est compact. Puis il existe un entier $m > 0$ tel que $x^m \in G_1$. Le sous-groupe fermé G_2 engendré par x^m est contenu dans G_1, donc compact. Alors x commute aux éléments de G_2, donc $G_2 \cup xG_2 \cup \cdots \cup x^{m-1}G_2$ est un sous-groupe compact de G, qui contient x.

Exemple. — Supposons K localement compact. Soit U l'ensemble des éléments inversibles de A; c'est un sous-groupe ouvert et compact du groupe de Lie K^*. On a $U \subset (K^*)_f$ d'après la prop. 13; d'autre part, si $x \in K^*$ est tel que $x \notin U$, ou bien x^n tend vers 0 quand n tend vers $+\infty$, ou bien x^n tend vers 0 quand n tend vers $-\infty$; donc $U = (K^*)_f$. La fonction $\log_{K^*}$ est définie et analytique dans U, à valeurs dans $L(K^*) = K$, et telle que $\log_{K^*}(xy) = \log_{K^*}(x) + \log_{K^*}(y)$ quels que soient x, y dans U; les éléments x de U tels que $\log_{K^*}(x) = 0$ sont les racines de l'unité de K.

On reprend les notations des nos 3, 4, 5.

PROPOSITION 14. — *On suppose que $p \neq 0$ et que v est choisie de telle sorte que $v(p) = 1$. Soient* G *un groupe standard,* E(X) (resp. L(X)) *le développement en série entière en* 0 *d'une application exponentielle de* G (resp. *de l'application logarithme de* G).

(i) *Le domaine de convergence stricte* (VAR, R, 4.1.3) *de* E *contient l'ensemble* Δ *des* $x \in G$ *tels que* $\omega(x) > \frac{1}{p-1}$. *Notons* E' *l'application définie dans* Δ *par cette série. Alors* E' *est une application exponentielle de* G, *et est un isomorphisme de la variété* Δ *sur elle-même.*

(ii) *Le domaine de convergence stricte de* L *contient* G. *Notons* L' *l'application définie dans* G *par cette série. Alors* L' *est l'application logarithme de* G, *et la restriction de* L' *à* Δ *est l'application réciproque de* E'.

(iii) *L'application* E' *est un isomorphisme de* Δ, *muni de la loi de Hausdorff, sur le sous-groupe* Δ *de* G.

Reprenons les notations du § 5, nos 3 et 4. On a $\mathrm{E} = \sum_{m \geqslant 1} \frac{\psi_{m,m}}{m!}$ (§ 5, n° 4, prop. 3). Comme les coefficients $c_{\alpha\beta\gamma}$ appartiennent à A, on a $\|\psi_{m,m}\| \leqslant 1$ (VAR, R, Appendice; on suppose K^r muni de la norme

$$\|(\lambda_1, \ldots, \lambda_r)\| = \sup(|\lambda_1|, \ldots, |\lambda_r|)).$$

D'après le chap. II, § 8, n° 1, lemme 1, on a $v(m!) \leqslant \frac{m-1}{p-1}$. Si $\omega(x) > \frac{1}{p-1}$, on voit que $m\,\omega(x) - v(m!)$ tend vers $+\infty$ avec m, d'où

$$\left\|\frac{\psi_{m,m}}{m!}\right\| \|x\|^m \leqslant \frac{1}{|m!|} \|x\|^m \qquad \text{qui tend vers 0 quand } m \text{ tend vers } +\infty$$

et

$$\omega\left(\frac{\psi_{m,m}(x)}{m!}\right) > \frac{m}{p-1} - \frac{m-1}{p-1} = \frac{1}{p-1} \qquad \text{pour } m \geqslant 1.$$

Par suite, Δ est contenu dans le domaine de convergence stricte de E, et $\mathrm{E}'(\Delta) \subset \Delta$. Il est clair que E' est une application exponentielle.

Si L_m désigne la composante homogène de degré m de L, la prop. 3 du § 5, n° 4, prouve que chaque coefficient de L_m est de la forme $a_1 + \frac{1}{2} a_2 + \cdots + \frac{1}{m} a_m$ avec $a_1, a_2, \ldots, a_m$ dans A; or

$$\inf\left(v(1), v\left(\frac{1}{2}\right), \ldots, v\left(\frac{1}{m}\right)\right) = O(\log m) \qquad \text{quand } m \text{ tend vers } +\infty$$

et

$$\inf\left(v(1), v\left(\frac{1}{2}\right), \ldots, v\left(\frac{1}{m}\right)\right) \geqslant v\left(\frac{1}{m!}\right) \geqslant -\frac{m-1}{p-1}.$$

Par suite, si $\omega(x) > 0$, $\|\mathrm{L}_m\| . \|x\|^m$ tend vers 0 quand m tend vers $+\infty$, de sorte que G est contenu dans le domaine de convergence stricte de L. D'autre part, si $\omega(x) > \frac{1}{p-1}$, on a $\omega(\mathrm{L}_m(x)) > \frac{m}{p-1} - \frac{m-1}{p-1} = \frac{1}{p-1}$ pour $m \geqslant 1$, donc $\mathrm{L}'(\Delta) \subset \Delta$.

Comme les séries formelles $\mathrm{L}(\mathrm{E}(\mathrm{X}))$ et $\mathrm{E}(\mathrm{L}(\mathrm{X}))$ sont égales à X, le n° 4.1.5 de VAR, R, prouve que $\mathrm{L}'(\mathrm{E}'(x)) = \mathrm{E}'(\mathrm{L}'(x)) = x$ pour $x \in \Delta$. Donc E' est un isomorphisme de la variété Δ sur elle-même, et l'isomorphisme réciproque est la restriction de L' à Δ.

On a $\mathrm{L}(\mathrm{X}^{[n]}) = n\mathrm{L}(\mathrm{X})$ pour n entier > 0 (cf. § 5, n° 4). Comme G est contenu dans le domaine de convergence stricte de L et de $\mathrm{X}^{[n]}$, on a donc $\mathrm{L}'(x^n) = n\mathrm{L}'(x)$ pour tout $x \in \mathrm{G}$. La relation $\mathrm{L}'|\Delta = \mathrm{E}'^{-1}$ entraîne que $\mathrm{L}'(x^n) = \log x^n$ pour assez grand. Donc $\mathrm{L}'(x) = \log x$. On a ainsi prouvé (i) et (ii).

Soient $\mathrm{H} = \sum_{r,s \geqslant 0} \mathrm{H}_{r,s}$ la série formelle de Hausdorff, et h la fonction de

Hausdorff, relatives à L(G). Le domaine de convergence strict de $\tilde{H}$ contient $\Delta \times \Delta$, et h est définie dans $\Delta \times \Delta$ (chap. II, § 8, prop. 2). On a

$$E'(x)E'(y) = E'(h(x, y))$$

pour x, y assez voisins de 0 (§ 4, th. 4 (v)). Donc, avec les notations du n° 3, déf. 1, les séries formelles F(E(X), E(Y)) et E(H(X, Y)) sont égales. Soient x, y dans Δ. On a

$$\sup_m \left\| \frac{\psi_{m,m}}{m!} \right\| (\sup (\|x\|, \|y\|))^m < 1$$

$$\sup_{r,s} \|H_{r,s}\| \, \|x\|^r \|y\|^s < |p|^{1/(p-1)}$$

d'après le chap. II, § 8, formule (14). D'après VAR, R, 4.1.5, $E'(x)E'(y)$ s'obtient en substituant x à X et y à Y dans F(E(X), E(Y)), et $E'(h(x, y))$ s'obtient en substituant x à X et y à Y dans E(H(X, Y)). Donc $E'(x)E'(y) = E'(h(x, y))$.

§ 8. Groupes de Lie sur R ou $\mathbf{Q}_p$

1. Morphismes continus

THÉORÈME 1. — *Soient* G *et* H *deux groupuscules de Lie sur* **R** *ou* $\mathbf{Q}_p$. *Soit* f *un morphisme continu de* G *dans* H. *Alors* f *est analytique.*

Munissons L(G) et L(H) de normes définissant leurs topologies et telles que $\|[x, y]\| \leqslant \|x\| \, \|y\|$ quels que soient x, y. Il existe une boule ouverte V de centre 0 dans L(G) et une application exponentielle φ de G définie dans V, telles que: 1) $\varphi(V)$ est un voisinage ouvert de e dans G; 2) φ est un isomorphisme de la variété analytique V sur la variété analytique $\varphi(V)$; 3) $\varphi(nx) = \varphi(x)^n$ pour tout $x \in V$ et tout $n \in \mathbf{Z}$ tel que $nx \in V$. Définissons de même W et ψ pour H. En diminuant au besoin V, on peut supposer que $f(\varphi(V)) \subset \psi(W)$. Alors $g = \psi^{-1} \circ f \circ \varphi$ est une application continue de V dans W.

Montrons que

$$(x \in V, \lambda \in \mathbf{Q} \text{ et } \lambda x \in V) \Rightarrow g(\lambda x) = \lambda g(x). \tag{1}$$

On peut supposer $\lambda \neq 0$. Soit $\lambda = \frac{p}{q}$ avec p, q dans $\mathbf{Z} - \{0\}$. Soit $y = \frac{p}{q} x$.

Si K = **R**, nous poserons $z = \frac{x}{q} = \frac{y}{p} \in V$. On a $x = qz, y = pz$, d'où

$$g(x) = \psi^{-1}(f(\varphi(qz))) = \psi^{-1}(f(\varphi(z)^q)) = \psi^{-1}(f(\varphi(z))^q) = q\psi^{-1}(f\varphi(z))) = qg(z)$$

De même, $g(y) = pg(z)$, d'où (1).

Si $K = \mathbf{Q}_p$, nous poserons $z = px = qy \in V$, d'où $g(z) = pg(x) = qg(y)$, d'où encore (1).

Comme $\mathbf{Q}$ est dense dans K, (1) entraîne que

(2) $$(x \in V, \lambda \in K \text{ et } \lambda x \in V) \Rightarrow g(\lambda x) = \lambda g(x).$$

Soient $x \in L(G)$, et λ, λ' dans K^* tels que $\lambda x \in V$, $\lambda' x \in V$. On a

$$g(\lambda' x) = g\left(\frac{\lambda'}{\lambda} \lambda x\right) = \frac{\lambda'}{\lambda} g(\lambda x)$$

d'après (2), donc $\frac{1}{\lambda} g(\lambda x) = \frac{1}{\lambda'} g(\lambda' x)$. On définit donc un prolongement h de g à L(G) en posant $h(x) = \frac{1}{\lambda} g(\lambda x)$ pour tout λ tel que $\lambda x \in V$. Il est clair que h est continu. Montrons que

(3) $$(x \in L(G) \text{ et } \lambda \in K) \Rightarrow h(\lambda x) = \lambda h(x).$$

Soit $\lambda' \in K^*$ tel que $\lambda' x \in V$ et $\lambda' \lambda x \in V$. On a

$$h(\lambda x) = \frac{1}{\lambda'} g(\lambda' \lambda x) = \frac{1}{\lambda'} \lambda g(\lambda' x) = \lambda \frac{1}{\lambda'} g(\lambda' x) = \lambda h(x).$$

Soient x, y dans L(G). On a, d'après la prop. 4 du § 4, n° 3,

$$\begin{aligned} h(x) + h(y) &= \lim_{\lambda \in K^*, \lambda \to 0} \lambda^{-1} \psi^{-1}(\psi(\lambda h(x)) \psi(\lambda h(y))) \\ &= \lim_{\lambda \in K^*, \lambda \to 0} \lambda^{-1} \psi^{-1}(\psi(h(\lambda x)) \psi(h(\lambda y))). \end{aligned}$$

Pour $|\lambda|$ assez petit, on a $\lambda x \in V$ et $\lambda y \in V$, donc l'expression précédente est égale à

$$\begin{aligned} &\lim_{\lambda \in K^*, \lambda \to 0} \lambda^{-1} \psi^{-1}(f(\varphi(\lambda x)) f(\varphi(\lambda y))) \\ &= \lim_{\lambda \in K^*, \lambda \to 0} \lambda^{-1} (\psi^{-1} \circ f)(\varphi(\lambda x) \varphi(\lambda y)) \\ &= \lim_{\lambda \in K^*, \lambda \to 0} \lambda^{-1} g(\varphi^{-1}(\varphi(\lambda x) \varphi(\lambda y))) \\ &= \lim_{\lambda \in K^*, \lambda \to 0} h(\lambda^{-1} \varphi^{-1}(\varphi(\lambda x) \varphi(\lambda y))) \\ &= h(\lim_{\lambda \in K^*, \lambda \to 0} \lambda^{-1} \varphi^{-1}(\varphi(\lambda x) \varphi(\lambda y))) \\ &= h(x + y). \end{aligned}$$

Ainsi, h est linéaire continu, donc $g = h|V$ est analytique, donc f est analytique dans $\varphi(V)$, donc f est analytique (§ 1, n° 10).

COROLLAIRE 1. — *Soit* G *un groupe topologique. Il existe sur* G *au plus une structure de variété analytique sur* $\mathbf{R}$ (resp. $\mathbf{Q}_p$) *compatible avec la structure de groupe et la topologie de* G.

Cela résulte aussitôt du th. 1.

DÉFINITION 1. — *On dit qu'un groupe topologique* G *est un groupe de Lie réel* (resp. *p-adique*) *s'il existe sur* G *une structure de groupe de Lie réel* (resp. *p-adique*) *compatible avec sa topologie.*

Cette structure est alors unique et on peut donc parler de la *dimension* d'un tel groupe. Si G et H sont deux tels groupes, tout morphisme continu de G dans H est analytique.

COROLLAIRE 2. — *Soient* G *un groupe topologique*, V *un voisinage ouvert de e. On suppose* V *muni d'une structure de variété analytique qui en fait un groupuscule de Lie réel* (resp. *p-adique*). *Alors* G *est un groupe de Lie réel* (resp. *p-adique*).

Soit $g \in G$. Il existe un voisinage ouvert V′ de e dans G tel que $V' \cup gV'g^{-1} \subset V$. L'application $v \mapsto gvg^{-1}$ de V′ dans V est un morphisme continu, donc analytique, du groupuscule de Lie V′ dans le groupuscule de Lie V. Il suffit alors d'appliquer la prop. 18 du § 1, n° 9.

Remarques. — 1) Le th. 1 et ses corollaires deviennent inexacts si on y remplace **R** (resp. $\mathbf{Q}_p$) par exemple par **C** (exerc. 1).

2) Soit G un groupe topologique. On peut montrer[1] que les conditions suivantes sont équivalentes: *a*) G est un groupe de Lie réel de dimension finie; *b*) G est localement compact et il existe un voisinage de e ne contenant aucun sous-groupe distinct de $\{e\}$; *c*) il existe un voisinage ouvert de e homéomorphe à une boule ouverte d'un espace $\mathbf{R}^n$. (Pour un résultat beaucoup moins difficile, cf. exerc. 6).

PROPOSITION 1. — *Soient* G, G′ *des groupes topologiques, f un morphisme continu de* G *dans* G′. *On suppose qu'on est dans l'un des trois cas suivants*:

a) G *est un groupe de Lie réel et* G′ *un groupe de Lie p-adique*;

b) G *est un groupe de Lie p-adique et* G′ *un groupe de Lie réel*;

c) G *est un groupe de Lie p-adique et* G′ *un groupe de Lie p′-adique, avec* $p \neq p'$.

Alors f est localement constant.

Cas a. Soit G_0 la composante neutre de G. Alors $f(G_0)$ est un sous-groupe connexe de G′, donc $f(G_0) = \{e\}$, et G_0 est ouvert dans G.

Cas b. Soit V′ un voisinage de e dans G′ tel que tout sous-groupe de G′ contenu dans V′ soit réduit à $\{e\}$ (§ 4, n° 2, cor. 1 du th. 2). Il existe un voisinage V de e dans G tel que $f(V) \subset V'$. Puis il existe un sous-groupe ouvert G_1 de G tel que $G_1 \subset V$ (§ 7, n° 1, prop. 1). On a alors $f(G_1) = \{e\}$.

Cas c. D'après le § 7, th. 4 et cor. de la prop. 8, il existe un voisinage V′ de e dans G′ tel que, pour tout $x' \in V' - \{e\}$, $x'^{p'^n}$ ne tende pas vers e quand n tend vers $+\infty$. Il existe un voisinage V de e dans G tel que $f(V) \subset V'$. D'après le § 7, th. 4 et prop. 9, il existe un sous-groupe ouvert G_1 de G tel que $G_1 \subset V$ et tel que, pour tout $x \in G_1$, x^{p^n} tend vers e quand n tend vers $+\infty$. On a alors $f(G_1) = \{e\}$.

2. Sous-groupes fermés

THÉORÈME 2. — *Soit* G *un groupe de Lie de dimension finie sur* **R** *ou* $\mathbf{Q}_p$. *Tout sous-groupe fermé de* G *est un sous-groupe de Lie de* G. *Plus généralement, soient* U *un voisinage*

[1] Voir par exemple D. MONTGOMERY et L. ZIPPIN, *Topological transformation groups*, Interscience tracts in pure and applied mathematics, n° 1, Interscience publishers, New York 1955 (en particulier p. 169 et 184).

ouvert symétrique de e dans G, *et* H *un sous-espace fermé non vide de* U *tel que les conditions* $x \in \mathrm{H}$, $y \in \mathrm{H}$ *et* $xy^{-1} \in \mathrm{U}$ *entraînent* $xy^{-1} \in \mathrm{H}$. *Alors* H *est un sous-groupuscule de Lie de* G.

Soit $\mathfrak{h}$ la sous-algèbre de Lie tangente en e à H (§ 4, n° 5, déf. 2). Il existe un sous-groupuscule de Lie H_0 de G d'algèbre de Lie $\mathfrak{h}$, et contenu dans H. Nous allons montrer que H_0 est ouvert dans H pour la topologie induite par celle de G. Ceci prouvera que H est une sous-variété analytique de G et le théorème sera établi.

Il existe un sous-espace vectoriel $\mathfrak{k}$ supplémentaire de $\mathfrak{h}$ dans L(G), des voisinages ouverts symétriques V_1, V_2 de zéro dans $\mathfrak{h}$ et $\mathfrak{k}$ respectivement, et une application exponentielle φ de G définie dans $\mathrm{V}_1 + \mathrm{V}_2$, possédant les propriétés suivantes:

a) l'application $(a_1, a_2) \mapsto \varphi(a_1)\varphi(a_2)$ est un isomorphisme analytique de $\mathrm{V}_1 \times \mathrm{V}_2$ sur une partie ouverte V de G;

b) $\varphi(\mathrm{V}_1) \subset \mathrm{H}_0$;

c) $\mathrm{V}^2 \subset \mathrm{U}$.

Nous allons montrer (ce qui achèvera la démonstration) qu'il existe un voisinage ouvert V'_2 de 0 dans V_2 tel que $\mathrm{H} \cap (\varphi(\mathrm{V}_1)\varphi(\mathrm{V}'_2)) = \varphi(\mathrm{V}_1)$.

Supposons cette assertion inexacte. Alors on peut trouver une suite (x_n) dans V_1 et une suite (y_n) dans $\mathrm{V}_2 - \{0\}$ tendant vers 0, telles que $\varphi(x_n)\varphi(y_n) \in \mathrm{H}$ pour tout n. On a $\varphi(y_n) \in \mathrm{H}$ d'après *c*).

Si $\mathrm{K} = \mathbf{Q}_p$, on peut de plus supposer que V_2 est un sous-groupe additif de $\mathfrak{k}$ et que $\varphi(pa) = \varphi(a)^p$ pour tout $a \in \mathrm{V}_2$ et tout $p \in \mathbf{Z}$. Alors $\varphi(\lambda y_1) \in \mathrm{H}$ pour tout $\lambda \in \mathbf{Z}$, donc par continuité pour tout $\lambda \in \mathbf{Z}_p$. L'application $f : \lambda \mapsto \varphi(\lambda y_1)$ de $\mathbf{Z}_p$ dans G est analytique, prend ses valeurs dans H, et $(\mathrm{T}_0 f)(1) = y_1$. Donc $y_1 \in \mathfrak{h}$, ce qui est absurde. Le théorème est donc établi dans le cas de $\mathbf{Q}_p$.

Si $\mathrm{K} = \mathbf{R}$, on peut supposer que V_2 est convexe et que y_n appartient à $\frac{1}{4}\mathrm{V}_2 - \{0\}$. Quitte à extraire de (y_n) une suite partielle, on peut trouver une suite (λ_n) de scalaires non nuls tels que $\lambda_n^{-1}y_n$ tende vers un élément y de $\mathrm{V}_2 - \{0\}$. La suite (λ_n) tend vers 0. Soit $\lambda \in \mathbf{R}$ tel que $\lambda y \in \frac{1}{4}\mathrm{V}_2$, et prouvons que $\exp(\lambda y) \in \mathrm{H}$. On peut supposer que $\lambda\lambda_n^{-1}y_n \in \frac{1}{4}\mathrm{V}_2$ pour tout n. Soit $k_n \in \mathbf{Z}$ tel que $|\lambda - k_n\lambda_n|$ tende vers 0. Pour n assez grand, on a $(\lambda - k_n\lambda_n)\lambda_n^{-1}y_n \in \frac{1}{4}\mathrm{V}_2$, donc $k_n y_n \in \frac{1}{2}\mathrm{V}_2$. Donc $\exp(hy_n) \in \mathrm{H}$ pour h entier et $0 \leqslant |h| \leqslant |k_n|$ (comme on le voit par récurrence sur $|h|$). Alors

$$\begin{aligned}\exp(\lambda y) &= \lim_{n\to\infty} \exp(\lambda\lambda_n^{-1}y_n) = \lim_{n\to\infty} (\exp((\lambda - k_n\lambda_n)\lambda_n^{-1}y_n)\exp(k_n y_n)) \\ &= \lim_{n\to\infty} \exp k_n y_n \in \mathrm{H}.\end{aligned}$$

Donc l'application $f : \lambda \mapsto \exp \lambda y$, où $\lambda y \in \dfrac{1}{4}\mathrm{V}_2$, prend ses valeurs dans H, et $(\mathrm{T}_0 f)(1) = y$. Donc $y \in \mathfrak{h}$, ce qui est absurde. Le théorème est ainsi établi dans le cas de $\mathbf{R}$.

Le th. 2 devient inexact si on ne suppose pas G de dimension finie (exerc. 12.)

Corollaire 1. — *Soient* G′ *un groupe localement compact,* G *un groupe de Lie de dimension finie sur* **R** (resp. $\mathbf{Q}_p$), f *un morphisme continu de* G′ *dans* G. *Si le noyau de* f *est discret,* G′ *est un groupe de Lie réel* (resp. *p-adique*) *de dimension finie.*

Il existe un voisinage compact V de e dans G′ tel que $f|V$ soit un homéomorphisme de V sur un sous-espace compact de G. Si U est un voisinage ouvert de e assez petit dans G, les hypothèses du th. 2 sont vérifiées avec $H = f(V) \cap U$. Donc H est un sous-groupuscule de Lie de G. Soit W l'image réciproque de H par $f|V$. Alors W est un voisinage de e dans G′. Munissons W de la structure de variété analytique transportée de celle de H par $(f|W)^{-1}$. Pour tout $z \in G'$, l'application $x \mapsto f(z)xf(z)^{-1}$ de G dans G est analytique; donc il existe un voisinage ouvert W′ de e dans W tel que l'application $x' \mapsto zx'z^{-1}$ de W′ dans W soit analytique. D'après la prop. 18 du § 1, n° 9, il existe sur G′ une structure de groupe de Lie qui induit, sur un voisinage ouvert assez petit de e, la même structure analytique que W, et donc la même topologie que la topologie initialement donnée de G′.

Corollaire 2. — *Soient* G *un groupe de Lie de dimension finie sur* K, H *un sous-groupe de* G, V *un voisinage ouvert de* e *dans* G, $(M_i)_{i \in I}$ *une famille de variétés analytiques sur* K; *pour tout* $i \in I$, *soit* f_i *une application* K*-analytique de* V *dans* M_i *telle que* $H \cap V = \{x \in V \mid f_i(x) = f_i(e) \text{ pour tout } i \in I\}$.

(i) *Si* $K = \mathbf{C}$, H *est un sous-groupe de Lie de* G.

(ii) *Si* K *est une extension de degré fini de* $\mathbf{Q}_p$, *et si* I *est fini,* H *est un sous-groupe de Lie de* G.

(i) Supposons $K = \mathbf{C}$. Considérons G comme un groupe de Lie réel. Alors H est un sous-groupe de Lie réel de G (th. 2). Soit $a \in L(H)$. Il existe un voisinage ouvert connexe W de 0 dans **C** tel que $\exp \lambda a \in V$ pour tout $\lambda \in W$. Soit $i \in I$. On a $f_i(\exp \lambda a) = f_i(e)$ si $\lambda \in \mathbf{R} \cap W$. Donc $f_i(\exp \lambda a) = f_i(e)$ si $\lambda \in W$ par prolongement analytique. Ainsi, $\exp \lambda a \in H$ pour $\lambda \in W$, et par suite $\mu a \in L(H)$ pour tout $\mu \in \mathbf{C}$. Par suite, H est un sous-groupe de Lie du groupe de Lie complexe G (§ 4, n° 2, prop. 2).

(ii) Supposons que K soit une extension de degré fini de $\mathbf{Q}_p$. Considérons G comme un groupe de Lie sur $\mathbf{Q}_p$. Il est de dimension finie, et le th. 2 implique que H est un sous-groupe de Lie p-adique de G. Puisque I est fini, $\prod_{i \in I} M_i$ est une variété, et on peut supposer que la famille (f_i) se réduit à une seule application f. Soit $a \in L(G)$. Soit φ une application exponentielle de G. On a $f(\varphi(\lambda a)) = f(e)$ pour $\lambda \in \mathbf{Q}_p$ et $|\lambda|$ assez petit. Puisque f est K-analytique, on en déduit que $f(\varphi(\lambda a)) = f(e)$ pour $\lambda \in K$ et $|\lambda|$ assez petit. Donc $\varphi(\lambda a) \in H$ pour $\lambda \in K$ et $|\lambda|$ assez petit, et par suite $\mu a \in L(H)$ pour tout $\mu \in K$. On termine comme dans (i).

Le cor. 2 (ii) devient inexact si l'on omet l'hypothèse que I est fini.

§ 9. Commutateurs, centralisateurs, normalisateurs dans un groupe de Lie

Dans ce paragraphe, on suppose que K est de caractéristique zéro.

1. Commutateurs dans un groupe topologique

Soit G un groupe topologique. On définit les groupes $\overline{D^0G}$, $\overline{D^1G}$, $\overline{D^2G}, \ldots$ et $\overline{C^1G}$, $\overline{C^2G}$, $\overline{C^3G}, \ldots$ par les formules

$$\overline{D^0G} = G, \qquad \overline{D^{i+1}G} = \overline{(\overline{D^iG}, \overline{D^iG})}$$

$$\overline{C^1G} = G, \qquad \overline{C^{i+1}G} = \overline{(G, \overline{C^iG})}.$$

PROPOSITION 1. — *Soient* G *un groupe topologique,* A *et* B *des sous-groupes de* G. *On a* $\overline{(A, B)} = \overline{(\overline{A}, \overline{B})}$, $\overline{D^i\overline{A}} = \overline{D^iA}$, $\overline{C^i\overline{A}} = \overline{C^iA}$.

Soit φ l'application continue $(x, y) \mapsto x^{-1}y^{-1}xy$ de $G \times G$ dans G. On a $\varphi(A \times B) \subset (A, B)$, donc $\varphi(\overline{A} \times \overline{B}) \subset \overline{(A, B)}$, donc $\overline{(\overline{A}, \overline{B})} \subset \overline{(A, B)}$; l'inclusion opposée est évidente, donc $\overline{(A, B)} = \overline{(\overline{A}, \overline{B})}$. Il est clair que $\overline{D^0\overline{A}} = \overline{D^0A}$; admettant l'égalité $\overline{D^i\overline{A}} = \overline{D^iA}$, on en déduit

$$\overline{D^{i+1}\overline{A}} = \overline{(\overline{D^i\overline{A}}, \overline{D^i\overline{A}})} = \overline{(\overline{D^iA}, \overline{D^iA})} = \overline{(D^iA, D^iA)} = \overline{D^{i+1}A}$$

donc $\overline{D^i\overline{A}} = \overline{D^iA}$ pour tout i. La démonstration de la formule $\overline{C^i\overline{A}} = \overline{C^iA}$ est analogue.

COROLLAIRE 1. — *Si* G *est séparé, les conditions suivantes sont équivalentes*:

(i) G *est résoluble* (resp. *nilpotent*);

(ii) *on a* $\overline{D^iG} = \{e\}$ (resp. $\overline{C^iG} = \{e\}$) *pour i assez grand.*

On a $D^iG \subset \overline{D^iG}$, $C^iG \subset \overline{C^iG}$, donc (ii) $\Rightarrow$ (i). On a $\{e\} = \overline{\{e\}}$, donc (i) $\Rightarrow$ (ii) d'après la prop. 1.

COROLLAIRE 2. — *Soient* G *un groupe topologique séparé,* A *un sous-groupe de* G. *Pour que* A *soit résoluble* (resp. *nilpotent, commutatif*), *il faut et il suffit que* $\overline{A}$ *le soit.*

Cela résulte aussitôt de la prop. 1.

PROPOSITION 2. — *Soient* G *un groupe topologique,* A *et* B *des sous-groupes de* G. *Si* A *est connexe,* (A, B) *est connexe.*

Pour y fixé dans B, l'ensemble M_y des (x, y) pour $x \in A$ est connexe (car l'application $x \mapsto (x, y)$ de A dans G est continue). On a $e \in M_y$, donc la réunion R des M_y pour $y \in B$ est connexe. Or (A, B) est le sous-groupe de G engendré par R, d'où la proposition.

2. Commutateurs dans un groupe de Lie

PROPOSITION 3. — *Soient* G *un groupe de Lie de dimension finie,* H_1 *et* H_2 *des sous-groupes de* G. *Soient* $\mathfrak{h}_1$, $\mathfrak{h}_2$ *et* $\mathfrak{h}$ *la sous-algèbre de Lie tangente en* e *à* H_1, H_2 *et* (H_1, H_2) *respectivement. Alors* $[\mathfrak{h}_1, \mathfrak{h}_2] \subset \mathfrak{h}$.

Soient $a \in \mathfrak{h}_1$, $b \in \mathfrak{h}_2$. Il existe un voisinage ouvert I de 0 dans K, et des applications analytiques f_1, f_2 de I dans G telles que

$$f_1(0) = f_2(0) = e, f_1(I) \subset H_1, f_2(I) \subset H_2, (T_0 f_1)1 = a, (T_0 f_2)1 = b.$$

Posons

$$f(\lambda, \mu) = (f_1(\lambda), f_2(\mu)) \in (H_1, H_2) \qquad \text{pour } \lambda, \mu \text{ dans I.}$$

Identifions un voisinage ouvert de e dans G à une partie ouverte de K^r à l'aide d'une carte qui transforme e en 0. Alors L(G) s'identifie à K^r. D'après le § 5, n° 2, prop. 1, le développement en série entière à l'origine de $f(\lambda, \mu)$ est

$$f(\lambda, \mu) = \lambda\mu[a, b] + \sum_{i \geqslant 1, j \geqslant 1, i+j \geqslant 3} \lambda^i \mu^j a_{ij}$$

où $a_{ij} \in K^r$ (les termes en λ^i ou en μ^j dans le développement de $f(\lambda, \mu)$ sont nuls parce que $f(\lambda, 0) = f(0, \mu) = 0$). Fixons μ dans I. En faisant tendre λ vers 0, on voit que

$$\mu[a, b] + \sum_{j \geqslant 2} \mu^j a_{1j} \in \mathfrak{h}.$$

Cela étant vrai pour tout $\mu \in I$, on en conclut que $[a, b] \in \mathfrak{h}$.

Remarque. — Même si H_1 et H_2 sont des sous-groupes de Lie connexes de G, la sous-algèbre de Lie de L(G) engendrée par $[\mathfrak{h}_1, \mathfrak{h}_2]$ est distincte de $\mathfrak{h}$ en général.

PROPOSITION 4. — *Soit* G *un groupe de Lie réel ou complexe de dimension finie. Soient* A, B, C *des sous-groupes intégraux de* G *tels que* $[L(A), L(C)] \subset L(C)$, $[L(B), L(C)] \subset L(C)$. *Si* $[L(A), L(B)] \subset L(C)$, *on a* $(A, B) \subset C$. *Si* $[L(A), L(B)] = L(C)$, *on a* $(A, B) = C$.

Supposons $[L(A), L(B)] \subset L(C)$. La somme $L(A) + L(B) + L(C)$ est une sous-algèbre de Lie de L(G). En considérant le sous-groupe intégral de G d'algèbre de Lie $L(A) + L(B) + L(C)$, on est ramené au cas où

$$L(A) + L(B) + L(C) = L(G)$$

et où G est connexe. Alors L(C) est un idéal de L(G). Supposons d'abord G simplement connexe. Alors C est un sous-groupe de Lie distingué de G (§ 6, n° 6, prop. 14). Soit φ le morphisme canonique de G sur G/C. Alors

$$[\mathrm{L}(\varphi)(\mathrm{L}(\mathrm{A})), \mathrm{L}(\varphi)(\mathrm{L}(\mathrm{B}))] = \{0\},$$

donc, $\varphi(\mathrm{A})$ et $\varphi(\mathrm{B})$ commutent d'après la formule de Hausdorff; par suite, $(\mathrm{A}, \mathrm{B}) \subset \mathrm{C}$. Dans le cas général, soient G' le revêtement universel de G, et A', B', C' les sous-groupes intégraux de G' tels que L(A') = L(A), L(B') = L(B), L(C') = L(C). On a $(\mathrm{A}', \mathrm{B}') \subset \mathrm{C}'$, et A, B, C sont les images canoniques de A', B', C' dans G, d'où $(\mathrm{A}, \mathrm{B}) \subset \mathrm{C}$. D'autre part, (A, B) est l'ensemble sous-jacent d'un sous-groupe intégral de G (§ 6, n° 2, cor. de la prop. 4), et son algèbre de Lie contient [L(A), L(B)] (prop. 3). Si [L(A), L(B)] = L(C), on a donc $(\mathrm{A}, \mathrm{B}) \supset \mathrm{C}$, d'où (A, B) = C.

Corollaire. — *Soit* G *un groupe de Lie réel ou complexe, connexe, de dimension finie, d'algèbre de Lie* $\mathfrak{g}$. *Les sous-groupes* $\mathrm{D}^i\mathrm{G}$ (resp. $\mathrm{C}^i\mathrm{G}$) *sont des sous-groupes intégraux d'algèbres de Lie* $\mathscr{D}^i\mathfrak{g}$ (resp. $\mathscr{C}^i\mathfrak{g}$). *Si* G *est simplement connexe, ce sont des sous-groupes de Lie.*

La première assertion résulte de la prop. 4 par récurrence sur i. La deuxième résulte de la première et du § 6, n° 6, prop. 14.

Proposition 5. — *Soient* G *un groupe de Lie réel ou complexe de dimension finie,* A *un sous-groupe intégral de* G. *On a* $\mathrm{D}\overline{\mathrm{A}} = \mathrm{DA}$. *En particulier,* A *est un sous-groupe distingué de* $\overline{\mathrm{A}}$, *et* $\overline{\mathrm{A}}/\mathrm{A}$ *est commutatif.*

Posons $\mathfrak{a} = \mathrm{L}(\mathrm{A})$. Soit G_1 l'ensemble des $g \in \mathrm{G}$ tels que

$$(\mathrm{Ad}\, g)x \equiv x \pmod{\mathscr{D}\mathfrak{a}} \qquad \text{pour tout } x \in \mathfrak{a}.$$

Alors G_1 est un sous-groupe fermé de G. Si $y \in \mathfrak{a}$, on a $\exp y \in \mathrm{G}_1$, d'après le § 6, n° 4, cor. 3 (ii) de la prop. 10. Donc G_1 contient A et par suite $\overline{\mathrm{A}}$. Ainsi, pour $g \in \overline{\mathrm{A}}$, L(Int g) laisse stable $\mathfrak{a}$, et par suite Int g laisse stable A; plus précisément, L(Int g) définit l'automorphisme identique de $\mathfrak{a}/\mathscr{D}\mathfrak{a}$, donc Int g définit l'automorphisme identique de A/DA. Cela prouve que $(\overline{\mathrm{A}}, \mathrm{A}) \subset \mathrm{DA}$. Pour la structure de groupe de Lie réel de G, $\overline{\mathrm{A}}$ est un sous-groupe de Lie (§ 8, n° 2, th. 2); soit $\mathfrak{b}$ son algèbre de Lie. Soit G_2 l'ensemble des $g \in \mathrm{G}$ tels que

$$(\mathrm{Ad}\, g)x \equiv x \pmod{\mathscr{D}\mathfrak{a}} \qquad \text{pour tout } x \in \mathfrak{b}.$$

D'après ce qui précède, on a $\mathrm{G}_2 \supset \mathrm{A}$, donc $\mathrm{G}_2 \supset \overline{\mathrm{A}}$. Par suite, pour $g \in \overline{\mathrm{A}}$, Int g laisse stable DA et définit l'automorphisme identique de $\overline{\mathrm{A}}/\mathrm{DA}$. Donc $\mathrm{DA} \supset \mathrm{D}\overline{\mathrm{A}}$.

Proposition 6. — *Supposons* K *ultramétrique. Soit* G *un groupe de Lie de dimension finie. Soient* A, B, C *des sous-groupes de Lie de* G *tels que* $[\mathrm{L}(\mathrm{A}), \mathrm{L}(\mathrm{C})] \subset \mathrm{L}(\mathrm{C})$, $[\mathrm{L}(\mathrm{B}), \mathrm{L}(\mathrm{C})] \subset \mathrm{L}(\mathrm{C})$. *Si* $[\mathrm{L}(\mathrm{A}), \mathrm{L}(\mathrm{B})] \subset \mathrm{L}(\mathrm{C})$, *il existe des sous-groupes ouverts* A', B' *de* A, B *tels que* $(\mathrm{A}', \mathrm{B}') \subset \mathrm{C}$. *Si* [L(A), L(B)] = L(C), *il existe des sous-groupes ouverts* A', B', C' *de* A, B, C *tels que* (A', B') = C.

Supposons $[L(A), L(B)] \subset L(C)$. Comme dans la démonstration de la prop. 4, on se ramène au cas où L(C) est un idéal de L(G). Puis, en remplaçant G par un sous-groupe ouvert, on se ramène au cas où C est distingué dans G (§ 7, n° 1, prop. 2). Soit φ le morphisme canonique de G sur G/C. Alors

$$[L(\varphi)(L(A)), L(\varphi)(L(B))] = \{0\}.$$

D'après la formule de Hausdorff, il existe des sous-groupes ouverts A', B' de A, B tels que $\varphi(A')$ et $\varphi(B')$ commutent, d'où $(A', B') \subset C$. Supposons de plus

$$[L(A), L(B)] = L(C).$$

D'après la prop. 3, la sous-algèbre de Lie tangente en e à (A', B') contient L(C). Donc (A', B') contient un sous-groupuscule de Lie de G d'algèbre de Lie L(C). Par suite, (A', B') est un sous-groupe ouvert de C.

Corollaire. — *Supposons* K *ultramétrique. Soit* G *un groupe de Lie de dimension finie, d'algèbre de Lie* $\mathfrak{g}$. *Il existe un sous-groupe ouvert* G_0 *de* G *tel que, pour tout* i, D^iG_0 (resp. C^iG_0) *soit un sous-groupe de Lie de* G *d'algèbre de Lie* $\mathscr{D}^i\mathfrak{g}$ (resp. $\mathscr{C}^i\mathfrak{g}$).

a) D'après la prop. 3 appliquée par récurrence, pour tout sous-groupe ouvert G_1 de G et pour tout i, D^iG_1 contient un sous-groupuscule de Lie de G d'algèbre de Lie $\mathscr{D}^i\mathfrak{g}$.

b) Soit G' un sous-groupe ouvert de G tel que, pour $i \leqslant n$, D^iG' soit un sous-groupe de Lie de G d'algèbre de Lie $\mathscr{D}^i\mathfrak{g}$. D'après la prop. 6, il existe des sous-groupes ouverts H_1, H_2 de D^nG' tels que (H_1, H_2) soit un sous-groupe de Lie d'algèbre de Lie $\mathscr{D}^{n+1}\mathfrak{g}$. Soit G'' un sous-groupe ouvert de G' assez petit pour que $D^nG'' \subset H_1 \cap H_2$. Alors $D^{n+1}G'' \subset (H_1, H_2)$. Les relations

$$D^0G'' \subset D^0G', \quad D^1G'' \subset D^1G', \ldots, D^nG'' \subset D^nG', \quad D^{n+1}G'' \subset (H_1, H_2)$$

prouvent, compte tenu de *a*), que D^iG'' est, pour $i \leqslant n+1$, un sous-groupe de Lie de G d'algèbre de Lie $\mathscr{D}^i\mathfrak{g}$.

c) Il existe un entier p tel que $\mathscr{D}^p\mathfrak{g} = \mathscr{D}^{p+1}\mathfrak{g} = \ldots$. D'après ce qui précède, il existe un sous-groupe ouvert G_0 de G tel que D^iG_0 soit, pour $i \leqslant p$, un sous-groupe de Lie de G d'algèbre de Lie $\mathscr{D}^i\mathfrak{g}$. Mais, compte tenu de *a*), la même assertion reste vraie pour $i > p$ puisque $D^pG_0 \supset D^iG_0$ pour $i > p$.

d) On raisonne de même pour les C^i.

3. Centralisateurs

Rappelons que deux éléments x, y d'un groupe sont dits permutables si $(x, y) = e$, ou $(\mathrm{Int}\, x)y = y$, ou $(\mathrm{Int}\, y)x = x$; et que deux éléments a, b d'une algèbre de Lie sont dits permutables si $[a, b] = 0$, ou $(\mathrm{ad}\, a).b = 0$, ou $(\mathrm{ad}\, b).a = 0$. Soient G un groupe de Lie, $x \in G$, $a \in L(G)$; on dira que x et a sont permutables si $(\mathrm{Ad}\, x).a = a$, c'est-à-dire si $xa = ax$ dans T(G).

Soient G un groupe de Lie, $\mathfrak{g}$ son algèbre de Lie, A une partie de G, $\mathfrak{a}$ une partie de $\mathfrak{g}$. On note $Z_G(A)$ (resp. $Z_G(\mathfrak{a})$) l'ensemble des éléments de G permutables à tous les éléments de A (resp. $\mathfrak{a}$). C'est un sous-groupe fermé de G. On note $\mathfrak{z}_{\mathfrak{g}}(A)$ (resp. $\mathfrak{z}_{\mathfrak{g}}(\mathfrak{a})$) l'ensemble des éléments de $\mathfrak{g}$ permutables à tous les éléments de A (resp. $\mathfrak{a}$). C'est une sous-algèbre de Lie fermée de $\mathfrak{g}$.

Proposition 7. — *Soient* G *un groupe de Lie de dimension finie,* $\mathfrak{g}$ *son algèbre de Lie,* $\mathfrak{a}$ *une partie de* $\mathfrak{g}$. *Alors* $Z_G(\mathfrak{a})$ *est un sous-groupe de Lie de* G *d'algèbre de Lie* $\mathfrak{z}_{\mathfrak{g}}(\mathfrak{a})$.

Cela résulte du § 3, prop. 44 et cor. 2 de la prop. 39.

Proposition 8. — *Soient* G *un groupe de Lie réel ou complexe de dimension finie,* $\mathfrak{g}$ *son algèbre de Lie,* A *une partie de* G. *Alors* $Z_G(A)$ *est un sous-groupe de Lie de* G *d'algèbre de Lie* $\mathfrak{z}_{\mathfrak{g}}(A)$.

Supposons A réduit à un point a. Alors $Z_G(A)$ est l'ensemble des points fixes de Int a; donc $Z_G(A)$ est un sous-groupe de Lie de G, et $L(Z_G(A))$ est l'ensemble des points fixes de Ad a, c'est-à-dire $\mathfrak{z}_{\mathfrak{g}}(A)$ (§ 3, nº 8, cor. 1 de la prop. 29). Le cas général se déduit de là grâce au § 6, nº 2, cor. 3 de la prop. 1.

Proposition 9. — *Soient* G *un groupe de Lie réel ou complexe de dimension finie,* $\mathfrak{g}$ *son algèbre de Lie,* A *un sous-groupe intégral de* G, $\mathfrak{a} = L(A)$. *Alors* $Z_G(A) = Z_G(\mathfrak{a})$, $\mathfrak{z}_{\mathfrak{g}}(A) = \mathfrak{z}_{\mathfrak{g}}(\mathfrak{a})$, *et* $Z_G(A)$ *est un sous-groupe de Lie de* G *d'algèbre de Lie* $\mathfrak{z}_{\mathfrak{g}}(\mathfrak{a})$.

Soit $x \in G$. On a

$$\begin{aligned} x \in Z_G(A) &\Leftrightarrow A \subset Z_G(\{x\}) \\ &\Leftrightarrow \mathfrak{a} \subset L(Z_G(\{x\})) \qquad \text{(§ 6, cor. 2 de la prop. 3)} \\ &\Leftrightarrow \mathfrak{a} \subset \mathfrak{z}_{\mathfrak{g}}(\{x\}) \qquad \text{(prop. 8)} \\ &\Leftrightarrow x \in Z_G(\mathfrak{a}), \end{aligned}$$

donc $Z_G(A) = Z_G(\mathfrak{a})$. Soit $u \in \mathfrak{g}$. On a

$$\begin{aligned} u \in \mathfrak{z}_{\mathfrak{g}}(A) &\Leftrightarrow A \subset Z_G(\{u\}) \\ &\Leftrightarrow \mathfrak{a} \subset L(Z_G(\{u\})) \qquad \text{(§ 6, cor. 2 de la prop. 3)} \\ &\Leftrightarrow \mathfrak{a} \subset \mathfrak{z}_{\mathfrak{g}}(\{u\}) \qquad \text{(prop. 7)} \\ &\Leftrightarrow u \in \mathfrak{z}_{\mathfrak{g}}(\mathfrak{a}), \end{aligned}$$

donc $\mathfrak{z}_{\mathfrak{g}}(A) = \mathfrak{z}_{\mathfrak{g}}(\mathfrak{a})$. La dernière assertion résulte alors de la prop. 7 ou de la prop. 8.

4. Normalisateurs

Soient G un groupe de Lie, $\mathfrak{g}$ son algèbre de Lie, A une partie de G, $\mathfrak{a}$ une partie de $\mathfrak{g}$. Dans cette section, on note $N_G(A)$ l'ensemble des $g \in G$ tels que $gAg^{-1} = A$. C'est un sous-groupe de G, fermé si A est fermé. On note $\mathfrak{n}_{\mathfrak{g}}(\mathfrak{a})$ l'ensemble des $x \in \mathfrak{g}$ tels que $[x, \mathfrak{a}] \subset \mathfrak{a}$ (cf. chap. I, § 1, n° 4). C'est une sous-algèbre de $\mathfrak{g}$, fermée si $\mathfrak{a}$ est fermée. On note $N_G(\mathfrak{a})$ l'ensemble des $g \in G$ tels que $g\mathfrak{a}g^{-1} = \mathfrak{a}$.

Proposition 10. — *Soient* G *un groupe de Lie de dimension finie,* $\mathfrak{g}$ *son algèbre de Lie,* $\mathfrak{a}$ *un sous-espace vectoriel de* $\mathfrak{g}$. *Alors* $N_G(\mathfrak{a})$ *est un sous-groupe de Lie de* G *d'algèbre de Lie* $\mathfrak{n}_{\mathfrak{g}}(\mathfrak{a})$.

Cela résulte du § 3, prop. 44 et cor. 1 de la prop. 39.

Proposition 11. — *Soient* G *un groupe de Lie réel ou complexe de dimension finie,* $\mathfrak{g}$ *son algèbre de Lie,* A *un sous-groupe intégral de* G, *et* $\mathfrak{a} = L(A)$. *Alors* $N_G(A) = N_G(\mathfrak{a})$, *et* $N_G(A)$ *est un sous-groupe de Lie de* G, *contenant* $\overline{A}$, *d'algèbre de Lie* $\mathfrak{n}_{\mathfrak{g}}(\mathfrak{a})$.

L'égalité $N_G(A) = N_G(\mathfrak{a})$ résulte du § 6, n° 2, cor. 2 de la prop. 3. D'après la prop. 10, $N_G(A)$ est alors un sous-groupe de Lie de G d'algèbre de Lie $\mathfrak{n}_{\mathfrak{g}}(\mathfrak{a})$. Donc $N_G(A)$ est fermé. Comme $N_G(A) \supset A$, on a $N_G(A) \supset \overline{A}$.

Corollaire. — *Si* $\mathfrak{a} = \mathfrak{n}_{\mathfrak{g}}(\mathfrak{a})$, A *est un sous-groupe de Lie de* G, *et est la composante neutre de* $N_G(A)$.

En effet, cette composante neutre est un sous-groupe de Lie d'algèbre de Lie $\mathfrak{n}_{\mathfrak{g}}(\mathfrak{a})$ (prop. 11), donc est égal à A d'après le § 6, n° 2, th. 2 (i).

5. Groupes de Lie nilpotents

Proposition 12. — *Soit* G *un groupe de Lie de dimension finie. Pour que* L(G) *soit nilpotente, il faut et il suffit que* G *possède un sous-groupe ouvert nilpotent.*

Supposons que G possède un sous-groupe ouvert nilpotent G_0. D'après les cor. des prop. 4 et 6, n° 2, on a $\mathscr{C}^i L(G_0) = \{0\}$ pour i assez grand. Donc $L(G_0) = L(G)$ est nilpotente.

Supposons L(G) nilpotente. Si $K = \mathbf{R}$ ou $\mathbf{C}$, la composante neutre G_0 de G est nilpotente d'après le cor. de la prop. 4, n° 2, et G_0 est ouvert dans G. Si K est ultramétrique, le cor. de la prop. 6, n° 2, prouve qu'il existe un sous-groupe ouvert G_1 de G, un entier $i > 0$, et un voisinage V de e dans G tels que $C^i G_1 \cap V = \{e\}$. Alors, si G_0 est un sous-groupe assez petit de G_1, on a $C^i G_0 \subset V$, donc $C^i G_0 = \{e\}$, et G_0 est nilpotent. C.Q.F.D.

Soit $\mathfrak{g}$ une algèbre de Lie nilpotente. La série de Hausdorff H(X, Y) correspondant à $\mathfrak{g}$ n'a qu'un nombre fini de termes non nuls, et l'on sait (chap. II, § 6, n° 5, *Remarque* 3) que la loi de composition $(x, y) \mapsto H(x, y)$ définit sur $\mathfrak{g}$ une structure de groupe. Supposons de plus $\mathfrak{g}$ normable complète. Il est clair que la loi H est un polynôme-continu (VAR, R, Appendice). Donc $\mathfrak{g}$, muni de la loi H, est un groupe de Lie G, dit *associé à* $\mathfrak{g}$. D'après le § 4, n° 2, lemmes 2 et 3, on a

$L(G) = \mathfrak{g}$. L'application identique φ de $\mathfrak{g}$ dans G est une application exponentielle de G, telle que $\varphi(\lambda x)\varphi(\lambda' x) = \varphi((\lambda + \lambda')x)$ quels que soient $x \in \mathfrak{g}$, $\lambda \in K$, $\lambda' \in K$. Toute sous-algèbre de Lie $\mathfrak{h}$ de $\mathfrak{g}$ admettant un supplémentaire topologique est un sous-groupe de Lie H de G, et $L(H) = \mathfrak{h}$.

PROPOSITION 13. — *Soit* G *un groupe de Lie nilpotent simplement connexe de dimension finie sur* **R** *ou* **C**.

(i) $\exp_G$ *est un isomorphisme du groupe de Lie associé à* L(G) *sur* G.

(ii) *Tout sous-groupe intégral de* G *est un sous-groupe de Lie simplement connexe de* G.

Soit $\mathfrak{g} = L(G)$, qui est nilpotente (prop. 12). Comme deux groupes de Lie simplement connexes sur **R** ou **C** qui ont même algèbre de Lie sont isomorphes (§ 6, nº 3, th. 3 (ii)), il suffit de prouver la proposition quand G est le groupe associé à $\mathfrak{g}$. Alors (i) et (ii) résultent de ce qu'on a dit avant la proposition.

PROPOSITION 14. — *Soit* G *un groupe de Lie connexe de dimension finie sur* **R** *ou* **C**.

(i) *Si* G *est nilpotent,* $\exp_G$ *est étale et surjective.*

(ii) *Si* $K = \mathbf{C}$ *et si* $\exp_G$ *est étale, alors* G *est nilpotent.*

Soit G′ le revêtement universel de G. Soit φ le morphisme canonique de G′ sur G. On a $\exp_G = \varphi \circ \exp_{G'}$ (§ 6, nº 4, prop. 10), donc (i) résulte de la prop. 13 (i).

Si $K = \mathbf{C}$ et si exp est étale, alors, pour tout $x \in L(G)$, ad x n'a aucune valeur propre appartenant à $2i\pi(\mathbf{Z} - \{0\})$ (§ 6, nº 4, cor. de la prop. 12). Appliquant cela à λx, où λ varie dans **C**, on en conclut que toutes les valeurs propres de ad x sont nulles, donc que ad x est nilpotent. Par suite, L(G) est nilpotente (chap. I, § 4, cor. 1 du th. 1), donc G est nilpotent (prop. 12).

PROPOSITION 15. — *Soient* G *un groupe de Lie nilpotent connexe de dimension finie sur* **R** *ou* **C**, A *un sous-groupe intégral de* G. *Alors* $Z_G(A)$ *est le sous-groupe de Lie* connexe *de* G *d'algèbre de Lie* $\mathfrak{z}_G(L(A))$.

Compte tenu de la prop. 9 du nº 3 il suffit de prouver que $Z_G(A)$ est connexe. Soit $g \in Z_G(A)$. Il existe un $x \in L(G)$ tel que $g = \exp x$ (prop. 14). On a $\mathrm{Ad}\, g|L(A) = 1$ (nº 3, prop. 9), donc $\mathrm{Ad}\, g^n|L(A) = 1$ pour tout $n \in \mathbf{Z}$, donc $\exp(\mathrm{ad}\, nx)|L(A) = 1$ pour tout $n \in \mathbf{Z}$. Comme l'application $\lambda \mapsto \exp(\mathrm{ad}\, \lambda x)|L(A)$ de K dans $\mathscr{L}(L(A), L(G))$ est polynomiale, on a $\exp(\mathrm{ad}\, \lambda x)|L(A) = 1$ pour tout $\lambda \in K$, c'est-à-dire $\exp(\lambda x) \in Z_G(A)$ pour tout $\lambda \in K$.

PROPOSITION 16. — *Soient* G *un groupe de Lie nilpotent de dimension finie sur* **R** *ou* **C**, A *un sous-groupe intégral de* G *distinct de* G. *Alors* $N_G(A)$ *est un sous-groupe de Lie* connexe *de* G *distinct de* A.

On a $N_G(A) \neq A$ (A, I, § 6, cor. 1 de la prop. 8). Compte tenu de la prop. 11 du nº 4, tout revient à prouver que $N_G(A)$ est connexe. Soit $g \in N_G(A)$. Il existe un $x \in L(G)$ tel que $g = \exp x$ (prop. 14). Soit E le sous-espace vectoriel de

$\mathscr{L}(\mathrm{L}(\mathrm{G}))$ formé des $u \in \mathscr{L}(\mathrm{L}(\mathrm{G}))$ tels que $u(\mathrm{L}(\mathrm{A})) \subset \mathrm{L}(\mathrm{A})$. On a $\mathrm{Ad}\, g^n \in \mathrm{E}$, donc $\exp(\mathrm{ad}\, nx) \in \mathrm{E}$, pour tout $n \in \mathbf{Z}$. Donc $\exp(\mathrm{ad}\, \lambda x) \in \mathrm{E}$ pour tout $\lambda \in \mathrm{K}$, c'est-à-dire $\exp(\lambda x) \in \mathrm{N}_{\mathrm{G}}(\mathrm{A})$ pour tout $\lambda \in \mathrm{K}$.

PROPOSITION 17. — *Soient $\mathfrak{g}$ une algèbre de Lie nilpotente de dimension finie sur* K, $(\mathfrak{g}_0, \mathfrak{g}_1, \ldots, \mathfrak{g}_n)$ *une suite décroissante d'idéaux de $\mathfrak{g}$ tels que* $\mathfrak{g}_0 = \mathfrak{g}$, $\mathfrak{g}_n = \{0\}$, $[\mathfrak{g}, \mathfrak{g}_i] \subset \mathfrak{g}_{i+1}$ *pour* $0 \leqslant i < n$. *Soient $\mathfrak{a}_1, \mathfrak{a}_2, \ldots, \mathfrak{a}_p$ des sous-espaces vectoriels de $\mathfrak{g}$ tels que chaque $\mathfrak{g}_i$ soit somme directe de ses intersections avec les $\mathfrak{a}_j$. Munissons $\mathfrak{g}$ de la loi de composition de Hausdorff* H. *Soit φ l'application*

$$(x_1, x_2, \ldots, x_p) \mapsto x_1 \,\mathrm{H}\, x_2 \mathrm{H} \ldots \mathrm{H}\, x_p$$

de $\mathfrak{a}_1 \times \mathfrak{a}_2 \times \cdots \times \mathfrak{a}_p$ dans $\mathfrak{g}$.

(i) *φ est une bijection de $\mathfrak{a}_1 \times \mathfrak{a}_2 \times \cdots \times \mathfrak{a}_p$ sur $\mathfrak{g}$;*

(ii) *φ et φ^{-1} sont des applications polynomiales;*

(iii) *l'application $(x, y) \mapsto \varphi^{-1}(\varphi(x).\varphi(y)^{-1})$ de $(\mathfrak{a}_1 \times \mathfrak{a}_2 \times \cdots \times \mathfrak{a}_p)^2$ dans $\mathfrak{a}_1 \times \mathfrak{a}_2 \times \cdots \times \mathfrak{a}_p$ est polynomiale.*

La proposition est évidente pour $\dim \mathfrak{g} = 0$. Supposons $\dim \mathfrak{g} > 0$ et la proposition établie pour les dimensions $< \dim \mathfrak{g}$. On peut supposer $\mathfrak{g}_{n-1} \neq \{0\}$, et $\mathfrak{g}_{n-1}$ est alors un idéal central non nul de $\mathfrak{g}$. Il existe un indice j tel que $\mathfrak{h} = \mathfrak{g}_{n-1} \cap \mathfrak{a}_j \neq \{0\}$. Soient $\mathfrak{g}' = \mathfrak{g}/\mathfrak{h}$, θ le morphisme canonique de $\mathfrak{g}$ sur $\mathfrak{g}'$, $\mathfrak{g}'_i = \theta(\mathfrak{g}_i)$, $\mathfrak{a}'_i = \theta(\mathfrak{a}_i)$. Alors $(\mathfrak{g}'_0, \mathfrak{g}'_1, \ldots, \mathfrak{g}'_n)$ est une suite décroissante d'idéaux de $\mathfrak{g}'$ tels que $\mathfrak{g}'_0 = \mathfrak{g}'$, $\mathfrak{g}'_n = \{0\}$, $[\mathfrak{g}', \mathfrak{g}'_i] \subset \mathfrak{g}'_{i+1}$ pour $0 \leqslant i < n$, et chaque $\mathfrak{g}'_i$ est somme directe de ses intersections avec les $\mathfrak{a}'_j$. Soit φ' l'application

$$(x'_1, x'_2, \ldots, x'_p) \mapsto x'_1 \,\mathrm{H}\, x'_2 \,\mathrm{H} \ldots \mathrm{H}\, x'_p$$

de $\mathfrak{a}'_1 \times \mathfrak{a}'_2 \times \cdots \times \mathfrak{a}'_p$ dans $\mathfrak{g}'$. D'après l'hypothèse de récurrence, φ' est bijective et φ', φ'^{-1} sont des applications polynomiales.

Soit $x \in \mathfrak{g}$. Posons

$$\varphi'^{-1}(\theta(x)) = (x'_1(x), x'_2(x), \ldots, x'_p(x)). \tag{1}$$

On a donc

$$\theta(x) = x'_1(x) \,\mathrm{H}\, x'_2(x) \,\mathrm{H} \ldots \mathrm{H}\, x'_p(x). \tag{2}$$

Soit $\mathfrak{h}_1$ un sous-espace vectoriel supplémentaire de $\mathfrak{h}$ dans $\mathfrak{g}$, somme des $\mathfrak{a}_k$ pour $k \neq j$ et d'un supplémentaire de $\mathfrak{h}$ dans $\mathfrak{a}_j$. Il existe une bijection η de $\mathfrak{g}'$ sur $\mathfrak{h}_1$ telle que $\theta \circ \eta = \mathrm{Id}_{\mathfrak{g}'}$. Posons, pour $x \in \mathfrak{g}$,

$$\zeta(x) = \eta(x'_1(x)) \,\mathrm{H}\, \eta(x'_2(x)) \,\mathrm{H} \ldots \mathrm{H}\, \eta(x'_p(x)) \in \mathfrak{g}. \tag{3}$$

$$y(x) = \zeta(x)^{-1} \,\mathrm{H}\, x = (-\zeta(x)).x. \tag{4}$$

D'après (2) et (3), on a $\theta(\zeta(x)) = \theta(x)$, donc $y(x) \in \mathfrak{h}$. Posons enfin

$$\psi(x) = (\eta(x'_1(x)), \ldots, \eta(x'_j(x)) + y(x), \ldots, \eta(x'_p(x))) \in \mathfrak{a}_1 \times \cdots \times \mathfrak{a}_p. \tag{5}$$

Comme $y(x)$ est central dans $\mathfrak{g}$, on a

$$\begin{aligned}\varphi(\psi(x)) &= \eta(x'_1(x)) \,\mathrm{H} \ldots \mathrm{H}\, \eta(x'_j(x)) \,\mathrm{H} \ldots \mathrm{H}\, \eta(x'_p(x)) \,\mathrm{H}\, y(x) \\ &= \zeta(x) \,\mathrm{H}\, y(x) && \text{d'après (3)} \\ &= x && \text{d'après (4)}.\end{aligned}$$

Donc $\varphi \circ \psi = \mathrm{Id}_{\mathfrak{g}}$. Soit maintenant $(x_1, x_2, \ldots, x_p) \in \mathfrak{a}_1 \times \mathfrak{a}_2 \times \cdots \times \mathfrak{a}_p$, et posons $x = \varphi(x_1, x_2, \ldots, x_p) = x_1 \,\mathrm{H}\, x_2 \,\mathrm{H} \ldots \mathrm{H}\, x_p$. On a $\theta(x) = \theta(x_1) \,\mathrm{H}\, \theta(x_2) \,\mathrm{H} \ldots \mathrm{H}\, \theta(x_p)$, donc $x'_i(x) = \theta(x_i)$ pour $1 \leqslant i \leqslant p$, et par suite

$$\zeta(x) = x_1 \,\mathrm{H}\, x_2 \,\mathrm{H} \ldots \mathrm{H} (\eta\theta(x_j)) \,\mathrm{H} \ldots \mathrm{H}\, x_p$$
$$y(x) = x_j - \eta\theta(x_j).$$

Alors, d'après (5),

$$\psi(x) = (x_1, \ldots, \eta\theta(x_j) + x_j - \eta\theta(x_j), \ldots, x_p) = (x_1, x_2, \ldots, x_p).$$

Donc $\psi \circ \varphi = \mathrm{Id}_{\mathfrak{a}_1 \times \cdots \times \mathfrak{a}_p}$. Cela prouve (i). Comme la loi de Hausdorff est polynomiale, φ est polynomiale. D'après l'hypothèse de récurrence, φ'^{-1} est polynomiale; d'après la formule (1), les fonctions x'_j sont polynomiales, donc ζ est polynomiale (formule (3)), y est polynomiale (formule (4)), ψ est polynomiale (formule (5)). Cela prouve (ii). L'assertion (iii) résulte de (i) et (ii) et du fait que la loi de Hausdorff est polynomiale. C.Q.F.D.

Exemple de groupe de Lie nilpotent. — Soit G le sous-groupe trigonal strict inférieur de $\mathbf{GL}(n, \mathrm{K})$. C'est un sous-groupe de Lie de $\mathbf{GL}(n, \mathrm{K})$, et $\mathrm{L(G)} \subset \mathfrak{gl}(n, \mathrm{K})$ est l'algèbre de Lie des matrices triangulaires inférieures de diagonale nulle (§ 3, n° 10, prop. 36). D'après le chap. II, § 4, n° 6, *Remarque*, G est nilpotent. Supposons désormais que $\mathrm{K} = \mathbf{R}$ ou $\mathbf{C}$. Comme G est homéomorphe à $\mathrm{K}^{n(n-1)/2}$, G est simplement connexe. L'application exponentielle de L(G) dans G n'est autre que l'application

$$u \mapsto \exp u = \sum_{k \geqslant 0} \frac{u^k}{k!} = \sum_{k=0}^{n-1} \frac{u^k}{k!}$$

(§ 6, n° 4, *Exemple*). D'après la prop. 13, l'exponentielle est un isomorphisme de la variété L(G) sur la variété G. La prop. 17 du § 6, n° 9, fournit la bijection réciproque log. Munissons K^n d'une norme. D'après TS, I, § 4, n° 9, on a pour $g \in \mathrm{G}$ et $\|g - 1\| < 1$,

$$\log g = \sum_{k \geqslant 1} \frac{(-1)^{k-1}}{k} (g - 1)^k$$

c'est-à-dire

$$\log g = \sum_{k=1}^{n-1} \frac{(-1)^{k-1}}{k} (g - 1)^k. \tag{6}$$

Mais les deux membres de (6) sont des fonctions analytiques de g pour $g \in \mathrm{G}$, et sont donc égaux pour tout $g \in \mathrm{G}$.

PROPOSITION 18. — *Soient k un corps commutatif,* V *un espace vectoriel de dimension finie* > 0 *sur* k, G *un sous-groupe de* $\mathbf{GL}(V)$ *dont les éléments sont unipotents.*

(i) *Il existe un élément non nul* v *de* V *tel que* $gv = v$ *pour tout* $g \in G$.

(ii) *Il existe une base* B *de* V *telle que, pour tout* $g \in G$, *la matrice de* g *par rapport à* B *soit triangulaire inférieure et ait tous ses éléments diagonaux égaux à* 1.

(iii) *Le groupe* G *est nilpotent.*

(a) Supposons d'abord que k soit algébriquement clos et que la représentation identique de G soit simple. Soient a, b dans G. Alors

$$\mathrm{Tr}(a(b-1)) = \mathrm{Tr}(ab-1) - \mathrm{Tr}(a-1) = 0 - 0 = 0$$

car $ab - 1$ et $a - 1$ sont nilpotents. Comme le sous-espace vectoriel de $\mathscr{L}(V)$ engendré par G est $\mathscr{L}(V)$ (A, VIII, § 4, cor. 1 de la prop. 2), on a $\mathrm{Tr}(u(b-1)) = 0$ pour tout $u \in \mathscr{L}(V)$, donc $b = 1$. Ainsi, $G = \{1\}$.

b) Passons au cas général. Soient $\bar{k}$ une clôture algébrique de k, $\bar{V} = V \otimes_k \bar{k}$, et $\bar{G} \subset \mathbf{GL}(\bar{V})$ l'ensemble des $a \otimes 1$ pour $a \in G$. Soit W (resp. W′) l'ensemble des éléments de V (resp. $\bar{V}$) invariants par G (resp. $\bar{G}$). On a $W' = W \otimes_k \bar{k}$ car $W = \bigcap_{g \in G} \mathrm{Ker}(g-1)$ et $W' = \bigcap_{g\in G} \mathrm{Ker}(g-1) \otimes 1$. Si V_1 désigne un élément minimal dans l'ensemble des sous-espaces vectoriels non nuls de $\bar{V}$ stables par $\bar{G}$, on a $V_1 \subset W'$ d'après la partie *a*) de la démonstration; donc $W \neq \{0\}$, ce qui prouve (i).

c) Par récurrence sur dim V, on déduit de (i) qu'il existe une suite croissante $(V_1, V_2, \ldots, V_n)$ de sous-espaces vectoriels de V stables par G tels que $V_n = V$ et que le groupe d'automorphismes de V_i/V_{i-1} canoniquement déduit de G se réduit à $\{1\}$ pour tout i (on convient que $V_r = \{0\}$ pour $r \leqslant 0$). Cela entraîne d'abord (ii) et par conséquent (iii) (chap. II, § 4, n° 6, *Remarque*).

COROLLAIRE 1. — *Soit* G *un groupe de Lie réel ou complexe connexe de dimension finie. Pour que* G *soit nilpotent, il faut et il suffit que tout élément de* Ad G *soit unipotent.*

Si tout élément de Ad G est unipotent, Ad G est nilpotent (prop. 18), donc G, qui est extension centrale de Ad G, est nilpotent. Si G est nilpotent, L(G) est nilpotente, donc ad x est nilpotent pour tout $x \in L(G)$, donc $\mathrm{Ad}(\exp x) = \exp \mathrm{ad}\, x$ est unipotent; or tout élément de G est de la forme $\exp x$ pour un $x \in L(G)$ (prop. 14).

COROLLAIRE 2. — *Tout sous-groupe analytique de* $\mathbf{GL}(n, K)$ *formé d'éléments unipotents est un sous-groupe de Lie simplement connexe.*

Cela résulte des prop. 13 (ii), 18 (ii), et du fait que le groupe trigonal strict inférieur est simplement connexe.

6. Groupes de Lie résolubles

PROPOSITION 19. — *Soit* G *un groupe de Lie de dimension finie. Pour que* L(G) *soit résoluble, il faut et il suffit que* G *possède un sous-groupe ouvert résoluble.*

La démonstration est analogue à celle de la prop. 12 du n° 5.

PROPOSITION 20. — *Soient* G *un groupe de Lie résoluble de dimension finie* n *sur* **R** *ou* **C**, *simplement connexe, et* $\mathfrak{g} = L(G)$. *Soit* $(\mathfrak{g}_n, \mathfrak{g}_{n-1}, \ldots, \mathfrak{g}_0)$ *une suite de sous-algèbres de* $\mathfrak{g}$ *de dimensions* $n, n-1, \ldots, 0$, *telle que* $\mathfrak{g}_{i-1}$ *soit un idéal de* $\mathfrak{g}_i$ *pour* $i = n, n-1, \ldots, 1$[1]. *Soit* G_i *le sous-groupe intégral de* G *correspondant à* $\mathfrak{g}_i$. *Soit* x_i *un vecteur de* $\mathfrak{g}_i$ *n'appartenant pas à* $\mathfrak{g}_{i-1}$. *Soit* φ_i *l'application*

$$(\lambda_1, \lambda_2, \ldots, \lambda_i) \mapsto (\exp \lambda_1 x_1)(\exp \lambda_2 x_2) \ldots (\exp \lambda_i x_i)$$

de K^i *dans* G. *Alors* φ_n *est un isomorphisme de variétés analytiques, et* $\varphi_i(K^i) = G_i$ *pour tout* i.

Pour $n = 0$, la proposition est évidente. Raisonnons par récurrence sur n. Soit H le sous-groupe intégral de G tel que $L(H) = Kx_n$. D'après le § 6, n° 6, cor. 1 de la prop. 14, H et G_{n-1} sont des sous-groupes de Lie simplement connexes de G, et, en tant que groupe de Lie, G est produit semi-direct de H par G_{n-1}. Donc $\lambda \mapsto \exp(\lambda x_n)$ est un isomorphisme de K sur H, et, d'après l'hypothèse de récurrence, l'application

$$(\lambda_1, \lambda_2, \ldots, \lambda_{n-1}) \mapsto (\exp \lambda_1 x_1)(\exp \lambda_2 x_2) \ldots (\exp \lambda_{n-1} x_{n-1})$$

est un isomorphisme de la variété analytique K^{n-1} sur la variété analytique G_{n-1} qui transforme $K^i \times \{0\}$ en G_i pour $i = 1, 2, \ldots, n-1$. D'où la proposition.

PROPOSITION 21. — *Soient* G *un groupe de Lie résoluble de dimension finie sur* **R** *ou* **C**, *simplement connexe, et* M *un sous-groupe intégral de* G. *Alors* M *est un sous-groupe de Lie de* G, *et est simplement connexe.*

Reprenons les notations n, $\mathfrak{g}$, $\mathfrak{g}_i$, x_i, φ de la prop. 20, mais imposons aux x_i la condition supplémentaire suivante: soient $i_p > i_{p-1} > \cdots > i_1$ les entiers i tels que $L(M) \cap \mathfrak{g}_i \neq L(M) \cap \mathfrak{g}_{i-1}$; alors on prend $x_{i_k} \in L(M) \cap \mathfrak{g}_{i_k}$ pour $k = 1, 2, \ldots, p$. Par récurrence sur n, on voit aisément que $(x_{i_p}, x_{i_{p-1}}, \ldots, x_{i_1})$ est une base de L(M). Soit N un groupe de Lie simplement connexe, tel qu'il existe un isomorphisme h de L(N) sur L(M). Soient $y_p = h^{-1}(x_{i_p}), \ldots, y_1 = h^{-1}(x_{i_1})$. D'après la prop. 20, l'application

$$(\lambda_1, \lambda_2, \ldots, \lambda_p) \mapsto (\exp \lambda_1 y_1)(\exp \lambda_2 y_2) \ldots (\exp \lambda_p y_p)$$

est un isomorphisme de la variété K^p sur la variété N. Il existe un morphisme τ de

[1] Une telle suite existe d'après le chap. I, § 5, prop. 2.

groupes de Lie de N dans G tel que $h = L(\tau)$, et on a $\tau(N) = M$ (§ 6, n° 2, cor. 1 de la prop. 1). Donc M est l'ensemble des éléments de G de la forme

$$\begin{aligned}\tau((\exp \lambda_1 y_1)\dots(\exp \lambda_p y_p)) &= \exp(\lambda_1 L(\tau) y_1)\dots \exp(\lambda_p L(\tau) y_p)\\ &= \exp(\lambda_1 x_{i_1})\dots\exp(\lambda_p x_{i_p}).\end{aligned}$$

Ainsi, $M = \varphi(T)$ où T est un sous-espace vectoriel de K^n.

PROPOSITION 22. — *On suppose* $K = \mathbf{R}$ *ou* $\mathbf{C}$. *Soient* V *un espace vectoriel de dimension finie,* G *un sous-groupe résoluble connexe de* $\mathbf{GL}(V)$. *On suppose que la représentation identique de* G *est simple.*

(i) *Si* $K = \mathbf{R}$, *on a* $\dim V \leqslant 2$ *et* G *est commutatif.*

(ii) *Si* $K = \mathbf{C}$, *on a* $\dim V = 1$.

(i) Supposons $K = \mathbf{R}$. Alors l'adhérence H de G dans $\mathbf{GL}(V)$ est un sous-groupe de Lie de $\mathbf{GL}(V)$, connexe, et résoluble (n° 1, cor. 2 de la prop. 1). Donc L(H) est résoluble (prop. 19). La représentation identique de L(G) est simple (§ 6, n° 5, cor. 2 de la prop. 13). Donc $\dim V \leqslant 2$ et L(G) est commutative (chap. I, § 5, cor. 1 et 4 du th. 1). Donc G est commutatif.

(ii) Supposons $K = \mathbf{C}$. Soit W un élément minimal parmi les sous-espaces vectoriels réels non nuls de V stables par G. Le sous-espace vectoriel complexe de V engendré par W est égal à V puisque la représentation identique de G est simple. D'après (i), $G|W$ est commutatif. Donc G est commutatif. Par suite, tout élément de G est une homothétie (A, VIII, § 4, cor. 1 de la prop. 2), de sorte que $\dim V = 1$.

COROLLAIRE. — *Soient* V *un espace vectoriel complexe de dimension finie* > 0, G *un sous-groupe résoluble connexe de* $\mathbf{GL}(V)$.

(i) *Il existe un élément non nul* v *de* V *tel que* $gv \in \mathbf{C}v$ *pour tout* $g \in G$.

(ii) *Il existe une base* B *de* V *tel que, pour tout* $g \in G$, *la matrice de* g *par rapport à* B *soit triangulaire inférieure.*

Soit V_1 un élément minimal parmi les sous-espaces vectoriels non nuls de V stables par G. D'après la prop. 22 (ii), on a $\dim V_1 = 1$. Cela prouve (i). Par récurrence sur $\dim V$, on déduit de là l'existence d'une suite croissante $(V_1, V_2, \dots, V_n)$ de sous-espaces vectoriels de V stables par G tels que $\dim V_{i+1}/V_i = 1$ pour $i < n$, et $V_n = V$; d'où (ii).

7. Radical d'un groupe de Lie

PROPOSITION 23. — *Soient* G *un groupe de Lie réel ou complexe de dimension finie,* $\mathfrak{r}$ *le radical de* L(G) (chap. I, § 5, déf. 2), $\mathfrak{n}$ *le plus grand idéal nilpotent de* L(G) (chap. I, § 4, n° 4). *Soit* R (resp. N) *le sous-groupe intégral de* G *d'algèbre de Lie* $\mathfrak{r}$ (resp. $\mathfrak{n}$). *Alors* R (resp. N) *est un sous-groupe de Lie de* G, *résoluble* (resp. *nilpotent*), *invariant par tout automorphisme continu de* G. *Tout sous-groupe distingué connexe résoluble* (resp. *nilpotent*) *de* G *est contenu dans* R (resp. N).

Le groupe R est résoluble (n° 6, prop. 19). Supposons $K = \mathbf{R}$. Soit G′ un sous-groupe distingué résoluble connexe de G. Alors $\overline{G'}$ est un sous-groupe de Lie de G (§ 8, n° 2, th. 2), distingué résoluble (n° 1, cor. 2 de la prop. 1), connexe. Donc $L(\overline{G'})$ est un idéal résoluble de L(G), d'où $L(\overline{G'}) \subset \mathfrak{r}$ et $\overline{G'} \subset R$. En particulier, $\overline{R} \subset R$, donc R est fermé et par suite est un sous-groupe de Lie de G. Supposons $K = \mathbf{C}$. Soit H le groupe de Lie réel sous-jacent à G. Si $\mathfrak{r}'$ est le radical de L(H), $i\mathfrak{r}'$ est un idéal résoluble de L(H), d'où $\mathfrak{r}' = i\mathfrak{r}'$; on a donc $\mathfrak{r} \subset \mathfrak{r}' \subset \mathfrak{r}$, et, d'après ce qui précède, R est fermé dans H et par suite dans G; ainsi, R est un sous-groupe de Lie de G. Tout sous-groupe distingué résoluble connexe de G est un sous-groupe distingué résoluble connexe de H donc est contenu dans R. On a donc prouvé, pour $K = \mathbf{C}$ comme pour $K = \mathbf{R}$, que R est le plus grand sous-groupe distingué résoluble connexe de G; par suite R est invariant par tout automorphisme continu de G. La démonstration dans le cas de N est entièrement analogue.

Définition 1. — *Soit* G *un groupe de Lie réel ou complexe de dimension finie. On appelle radical de* G *le plus grand sous-groupe distingué résoluble connexe de* G.

Remarque. — Même si G est connexe, il peut exister des sous-groupes distingués résolubles de G non contenus dans le radical de G.

Proposition 24. — *On suppose* $K = \mathbf{R}$ *ou* $\mathbf{C}$. *Soient* G_1, G_2 *deux groupes de Lie connexes de dimension finie,* R_1 *et* R_2 *leurs radicaux,* φ *un morphisme surjectif de* G_1 *dans* G_2. *Alors* $\varphi(R_1) = R_2$.

D'après le § 3, n° 8, prop. 28, $L(\varphi)$ est surjectif. Donc $L(\varphi)(L(R_1)) = L(R_2)$ (chap. I, § 6, cor. 3 de la prop. 2). Soit i l'injection canonique de R_1 dans G_1. Alors l'image de $\varphi \circ i$ est R_2 (§ 6, n° 2, cor. 1 de la prop. 1).

Proposition 25. — *On suppose* $K = \mathbf{R}$ *ou* $\mathbf{C}$. *Soient* G_1, G_2 *des groupes de Lie connexes de dimension finie,* R_1 *et* R_2 *leurs radicaux. Le radical de* $G_1 \times G_2$ *est* $R_1 \times R_2$.

Cela résulte du chap. I, § 5, prop. 4.

8. Groupes de Lie semi-simples

Proposition 26. — *Soit* G *un groupe de Lie réel ou complexe connexe de dimension finie. Les conditions suivantes sont équivalentes:*

(i) L(G) *est semi-simple;*

(ii) *le radical de* G *est* $\{e\}$;

(iii) *tout sous-groupe intégral commutatif distingué de* G *est égal à* $\{e\}$.

La condition (ii) signifie que le radical de L(G) est $\{0\}$, donc (i) $\Leftrightarrow$ (ii) (chap. I, § 6, th. 1). L'équivalence de (i) et (iii) résulte du § 6, n° 6, prop. 14.

DÉFINITION 2. — *Un groupe de Lie réel ou complexe connexe est dit semi-simple s'il est de dimension finie et s'il vérifie les conditions de la prop.* 26.

Remarque 1. — Soit G un groupe de Lie réel ou complexe connexe de dimension finie. Si G n'est pas semi-simple, G possède un sous-groupe de Lie connexe G′ commutatif et invariant par tout automorphisme continu, tel que $G' \neq \{e\}$. En effet, soit $\mathfrak{n}$ le plus grand idéal nilpotent de L(G) ; on a $\mathfrak{n} \neq \{0\}$, et le sous-groupe analytique correspondant N est un sous-groupe de Lie invariant par tout automorphisme continu de G (n° 7, prop. 23) ; le centre G′ de N possède les propriétés voulues.

PROPOSITION 27. — *Soit* G *un groupe de Lie réel ou complexe connexe de dimension finie. Les conditions suivantes sont équivalentes :*

(i) L(G) *est simple ;*

(ii) *les seuls sous-groupes intégraux distingués de* G *sont* $\{e\}$ *et* G, *et en outre* G *n'est pas commutatif.*

Cela résulte du § 6, n° 6, prop. 14.

DÉFINITION 3. — *Un groupe de Lie réel ou complexe connexe est dit presque simple s'il est de dimension finie et s'il vérifie les conditions de la prop.* 27.

PROPOSITION 28. — *Soit* G *un groupe de Lie réel ou complexe simplement connexe. Les conditions suivantes sont équivalentes :*

(i) G *est semi-simple ;*

(ii) G *est isomorphe au produit d'un nombre fini de groupes presque simples.*

Si G est produit fini de groupes de Lie presque simples, L(G) est produit fini d'algèbres de Lie simples, donc est semi-simple. Si G est semi-simple, L(G) est isomorphe à un produit d'algèbres de Lie simples $L_1, \ldots, L_n$. Soit G_i un groupe de Lie simplement connexe d'algèbre de Lie L_i, donc presque simple. Alors G et $G_1 \times \ldots \times G_n$ sont simplement connexes et ont des algèbres de Lie isomorphes, donc sont isomorphes.

Lemme 1. — *Soient* G *un groupe topologique connexe,* Z *son centre,* Z′ *un sous-groupe discret de* Z. *Alors le centre de* G/Z′ *est* Z/Z′.

Soit y un élément de G dont la classe modulo Z′ est un élément central de G/Z′. Soit φ l'application $g \mapsto gyg^{-1}y^{-1}$ de G dans G. Alors $\varphi(G)$ est connexe et contenu dans Z′, donc $\varphi(G) = \varphi(\{e\}) = \{e\}$. Par suite, $y \in Z$.

PROPOSITION 29. — *Soit* G *un groupe de Lie réel ou complexe connexe semi-simple.*

(i) G = (G, G).

(ii) *Le centre* Z *de* G *est discret.*

(iii) *Le centre de* G/Z *est* $\{e\}$.

L'assertion (i) résulte du cor. de la prop. 4, n° 2, et du chap. I, § 6, th. 1.

L'assertion (ii) résulte du § 6, n° 4, cor. 4 de la prop. 10, et du chap. I, § 6, n° 1, *Remarque* 2.

L'assertion (iii) résulte de (ii) et du lemme 1.

PROPOSITION 30. — (i) *Soit* $\mathfrak{g}$ *une algèbre de Lie réelle ou complexe semi-simple. Alors* Int $\mathfrak{g}$ *est la composante neutre de* Aut $\mathfrak{g}$.

(ii) *Soit* G *un groupe de Lie réel ou complexe connexe semi-simple. Le groupe adjoint de* G *est la composante neutre de* Aut L(G). *Son centre est réduit à l'élément neutre.*

Toute dérivation de $\mathfrak{g}$ est intérieure (chap. I, § 6, cor. 3 de la prop. 1), donc $L(\mathrm{Int}\,\mathfrak{g}) = L(\mathrm{Aut}\,\mathfrak{g})$, ce qui prouve (i). La première assertion de (ii) résulte de (i). La seconde résulte de la prop. 29 (iii) et du § 6, n° 4, cor. 4 (ii) de la prop 10.

Remarque 2. — Soient $\mathfrak{g}$ une algèbre de Lie semi-simple complexe, $\mathfrak{g}_0$ l'algèbre de Lie réelle sous-jacente. Alors $\mathrm{Aut}(\mathfrak{g})$ est ouvert dans $\mathrm{Aut}(\mathfrak{g}_0)$. En effet, $\mathrm{Int}\,(\mathfrak{g}_0) \subset \mathrm{Aut}\,(\mathfrak{g})$.

PROPOSITION 31. — *Soient* G *un groupe de Lie réel ou complexe de dimension finie simplement connexe,* R *son radical. Il existe un sous-groupe de Lie simplement connexe semi-simple* S *de* G *tel que* G *soit, en tant que groupe de Lie, produit semi-direct de* S *par* R. *Si* S' *est un sous-groupe intégral semi-simple de* G, *il existe un* x *dans le radical nilpotent de* L(G) *tel que* $(\mathrm{Ad}\exp x)(\mathrm{S}') \subset \mathrm{S}$.

Cela résulte du § 6, n° 6, cor. 1 de la prop. 14, et du chap. I, § 6, th. 5 et cor. 1.

Lemme 2. — *Soient* G *un groupe* (resp. *un groupe topologique*), G' *un sous-groupe distingué de* G, V *un espace vectoriel de dimension finie sur un corps commutatif* k (resp. *sur* K), ρ *une représentation linéaire* (resp. *une représentation linéaire continue*) *de* G *dans* V, *et* $\rho' = \rho|\mathrm{G}'$.

(i) *Si* ρ *est semi-simple,* ρ' *est semi-simple.*

(ii) *Si* ρ' *est semi-simple, et si toute* k*-représentation linéaire* (resp. *toute* K*-représentation linéaire continue*) *de dimension finie de* G/G' (resp. $\mathrm{G}/\overline{\mathrm{G}'}$) *est semi-simple, alors* ρ *est semi-simple.*

Supposons ρ semi-simple, et prouvons que ρ' est semi-simple. Il suffit d'envisager le cas où ρ est simple. Soit V' un sous-G'-module non nul minimal de V. Pour tout $g \in \mathrm{G}$, on a $\rho(\mathrm{G}')\rho(g)\mathrm{V}' = \rho(g)\rho(\mathrm{G}')\mathrm{V}' = \rho(g)\mathrm{V}'$, autrement dit $\rho(g)\mathrm{V}'$ est stable par $\rho(\mathrm{G}')$; si V'' est un sous-G'-module de $\rho(g)\mathrm{V}'$, alors $\rho(g)^{-1}\mathrm{V}''$ est un sous-G'-module de V', donc V'' est égal à $\{0\}$ ou à $\rho(g)\mathrm{V}'$. Ainsi, pour tout $g \in \mathrm{G}$, $\rho(g)\mathrm{V}'$ est un G'-module simple. Or $\sum_{g\in \mathrm{G}} \rho(g)\mathrm{V}'$ est un sous-G-module non nul de V, d'où $\mathrm{V} = \sum_{g\in\mathrm{G}} \rho(g)\mathrm{V}'$. Donc ρ' est semi-simple.

Supposons ρ' semi-simple. Soit W un sous-G-module non nul de V. Comme ρ' est semi-simple, il existe un projecteur f_0 de V sur W commutant à $\rho(\mathrm{G}')$. Soit

E l'ensemble des $f \in \mathscr{L}(V, V)$ qui commutent à $\rho(G')$, qui appliquent V dans W, et dont la restriction à W est une homothétie; pour $f \in E$, notons $\alpha(f)$ le rapport de l'homothétie $f|W$. On a $f_0 \in E$ et $\alpha(f_0) = 1$. Il est clair que α est une forme linéaire sur E. Soit $F = \operatorname{Ker} \alpha$, qui est un hyperplan de E. Pour $f \in E$ et $g \in G$, posons $\sigma(g)f = \rho(g) \circ f \circ \rho(g)^{-1}$; alors $\sigma(g)f$ applique V dans W et sa restriction à W est l'homothétie de rapport $\alpha(f)$; si $g' \in G'$, on a

$$\begin{aligned}\sigma(g)f \circ \rho(g') &= \rho(g) \circ f \circ \rho(g)^{-1} \circ \rho(g') \\ &= \rho(g) \circ f \circ \rho(g^{-1}g'g) \circ \rho(g^{-1}) \\ &= \rho(g) \circ \rho(g^{-1}g'g) \circ f \circ \rho(g^{-1}) \\ &= \rho(g') \circ \rho(g) \circ f \circ \rho(g^{-1}) \\ &= \rho(g') \circ \sigma(g)f.\end{aligned}$$

Donc $\sigma(g)f \in E$. Par suite σ est une k-représentation linéaire (resp. une K-représentation linéaire continue) de G dans E laissant stable F. On a $\sigma(g) = \mathrm{Id}_E$ pour $g \in G'$, donc pour $g \in \overline{G}'$ dans le cas topologique. Supposons que toute représentation k-linéaire (resp. toute représentation K-linéaire continue) de dimension finie de G/G' (resp. $G/\overline{G}'$) soit semi-simple. Alors il existe dans E un supplémentaire de F stable pour G. Autrement dit, il existe un $f \in E$ tel que $\alpha(f) = 1$, invariant par G. Alors f est un projecteur de V sur W, et, pour $g \in G$, on a $\rho(g) \circ f \circ \rho(g^{-1}) = f$, c'est-à-dire que f commute à $\rho(G)$. Ainsi, ρ est semi-simple.

Théorème 1. — *Soient* G *un groupe de Lie réel ou complexe de dimension finie,* G_0 *sa composante neutre,* R *son radical,* $\mathfrak{r}$ *le radical de* L(G); *on suppose que* G/G_0 *est fini. Soit* ρ *une représentation linéaire analytique de* G *de dimension finie. Les conditions suivantes sont équivalentes*:

(i) ρ *est semi-simple*;
(ii) $\rho|G_0$ *est semi-simple*;
(iii) $\rho|R$ *est semi-simple*;
(iv) $L(\rho)$ *est semi-simple*;
(v) $L(\rho)|\mathfrak{r}$ *est semi-simple.*

On a (i) $\Leftrightarrow$ (ii) d'après le lemme 2 et INT, VII, § 3, prop. 1. On a (ii) $\Leftrightarrow$ (iv) et (iii) $\Leftrightarrow$ (v) d'après le § 6, n° 5, cor. 2 de la prop. 13. On a (iv) $\Leftrightarrow$ (v) d'après le chap. I, § 6, th. 4.

Corollaire 1. — *Soient* ρ, ρ_1, ρ_2 *des représentations linéaires analytiques semi-simples de dimension finie de* G *et* n *un entier* $\geqslant 0$. *Alors* $\rho_1 \otimes \rho_2$, $T^n\rho$, $S^n\rho$, $\wedge^n\rho$ (*Appendice*) *sont semi-simples.*

La semi-simplicité de $\rho_1 \otimes \rho_2$ résulte du th. 1, et du chap. I, § 6, cor. 1 du th. 4. La semi-simplicité de $T^n\rho$, $S^n\rho$, $\wedge^n\rho$ résulte de la semi-simplicité de $\rho_1 \otimes \rho_2$.

Nous verrons plus tard que si k est un corps commutatif de caractéristique 0, Γ un groupe, ρ_1 et ρ_2 des k-représentations linéaires semi-simples de dimension finie de Γ, alors $\rho_1 \otimes \rho_2$ est semi-simple.

COROLLAIRE 2. — *Soient* ρ *une représentation linéaire analytique semi-simple de dimension finie de* G *dans un espace vectoriel* V, S *l'algèbre symétrique de* V, *et* S^G *la sous-algèbre de* S *formée des éléments invariants par* $(S\rho)(G)$. *Alors* S^G *est une algèbre de type fini.*

Cela résulte du th. 1, du chap. I, § 6, th. 6 *a*), et de AC, V, § 1, th. 2.

COROLLAIRE 3. — *Soient* G *un groupe de Lie réel ou complexe,* G_0 *sa composante neutre. On suppose que* G_0 *est semi-simple et que* G/G_0 *est fini. Alors toute représentation linéaire analytique de dimension finie de* G *est semi-simple.*

PROPOSITION 32. — *Soit* G *un groupe de Lie réel connexe de dimension finie. On suppose* L(G) *réductive. Les conditions suivantes sont équivalentes:*

(i) $G/\overline{D^1G}$ *est compact;*

(ii) (resp. (ii')) *toute représentation linéaire analytique de dimension finie de* G *dans un espace vectoriel complexe* (resp. *réel*) *est semi-simple.*

(i) ⇒ (ii'): Supposons $G/\overline{D^1G}$ compact. Alors toute représentation linéaire continue de $G/\overline{D^1G}$ dans un espace vectoriel réel de dimension finie est semi-simple (INT, VII, § 3, prop. 1). Soit ρ une représentation linéaire analytique de dimension finie de G dans un espace vectoriel réel. Alors $\rho|D^1G$ est analytique, D^1G est semi-simple (chap. I, § 6, prop. 5), donc $\rho|D^1G$ est semi-simple (cor. 3 du th. 1). Donc ρ est semi-simple (lemme 2).

On voit de même que (ii) ⇒ (i).

(ii') ⇒ (i): supposons que $G/\overline{D^1G}$ soit non compact, donc isomorphe à un groupe de la forme $\mathbf{R}^p \times \mathbf{T}^q$ avec $p > 0$ (§ 6, n° 4, prop. 11 (ii)). Il existe alors un morphisme surjectif de $G/\overline{D^1G}$ dans $\mathbf{R}$, donc un morphisme surjectif ρ de G dans $\mathbf{R}$. L'application

$$g \mapsto \sigma(g) = \begin{pmatrix} 1 & 0 \\ \rho(g) & 1 \end{pmatrix}$$

est une représentation linéaire analytique de G dans $\mathbf{R}^2$ qui n'est pas semi-simple, car le seul sous-espace vectoriel de dimension 1 de $\mathbf{R}^2$ stable par $\sigma(G)$ est $\mathbf{R}(0, 1)$.

On voit de même que (ii) ⇒ (i).

PROPOSITION 33. — *Soient* G *un groupe de Lie complexe de dimension finie et dont le nombre de composantes connexes est fini,* ρ *une représentation linéaire analytique de* G *de dimension finie,* G' *un sous-groupe intégral du groupe de Lie réel* G *tel que* L(G') *engendre* L(G) *sur* $\mathbf{C}$. *Alors, pour que* ρ *soit semi-simple, il faut et il suffit que* $\rho|G'$ *soit semi-simple.*

Soit $\rho' = \rho|G'$. Pour que ρ (resp. ρ') soit semi-simple, il faut et il suffit que $L(\rho)$ (resp. $L(\rho')$) soit semi-simple (th. 1). Soit V l'espace de ρ. Pour qu'un sous-espace vectoriel de V soit stable pour $L(\rho)(L(G))$, il faut et il suffit qu'il soit stable pour $L(\rho')(L(G'))$. D'où la proposition.

§ 10. Le groupe des automorphismes d'un groupe de Lie

Dans ce paragraphe, on suppose que K est de caractéristique zéro.

1. Automorphismes infinitésimaux

Lemme 1. — *Soient* G *un groupe de Lie,* α *un champ de vecteurs sur* G. *Pour tout* $g \in G$, *soit* $\beta(g) = \alpha(g)g^{-1} \in L(G)$. *Les conditions suivantes sont équivalentes*:

(i) α *est un homomorphisme du groupe* G *dans le groupe* T(G);

(ii) *quels que soient* g, g' *dans* G, *on a* $\alpha(gg') = \alpha(g)g' + g\alpha(g')$;

(iii) *quels que soient* g, g' *dans* G *on a* $\beta(gg') = \beta(g) + (\text{Ad}\, g)\beta(g')$.

La condition (i) signifie que, quels que soient g, g' dans G, on a dans le groupe T(G):

$$\beta(g)g\beta(g')g' = \beta(gg')gg'$$

ou

$$\beta(g)((\text{Ad}\, g)\beta(g'))gg' = \beta(gg')gg'.$$

Or le produit de $\beta(g)$ et de $(\text{Ad}\, g)\beta(g')$ dans T(G) n'est autre que la somme de $\beta(g)$ et de $(\text{Ad}\, g)\beta(g')$ dans L(G) (§ 2, n° 1, prop. 2). Donc (i) $\Leftrightarrow$ (iii). D'autre part, la condition (ii) s'écrit $\beta(gg')gg' = \beta(g)gg' + g\beta(g')g'$, ou

$$\beta(gg') = \beta(g) + (\text{Ad}\, g)\beta(g'),$$

donc (ii) $\Leftrightarrow$ (iii).

Définition 1. — *Soit* G *un groupe de Lie. On appelle automorphisme infinitésimal de* G *tout champ de vecteurs analytique sur* G *vérifiant les conditions du lemme* 1.

Lemme 2. — *Soient* K' *un sous-corps fermé non discret de* K, A *une* K'*-variété,* B *et* C *des* K*-variétés,* f *une application* K'*-analytique de* A × B *dans* C. *On suppose que, pour tout* $a \in A$, *l'application* $b \mapsto f(a, b)$ *de* B *dans* C *est* K*-analytique. Alors, pour tout* $t \in TA$, *l'application* $u \mapsto (Tf)(t, u)$ *de* TB *dans* TC *est* K*-analytique.*

Fixons $t \in TA$, et posons $g(u) = (Tf)(t, u)$. Il est clair que g est K'-analytique. D'après VAR, R, 5.14.6, il suffit de prouver que les applications tangentes à g sont K-linéaires. On peut supposer que A, B, C sont des voisinages ouverts de 0 dans des espaces normables complets E, F, G sur K', K, K, et que t est tangent à A en 0. Identifions TA, TB, TC, à A × E, B × F, C × G et t à un élément de E. Alors pour tout $(x, y) \in TB = B \times F$, on a

$$g(x, y) = (f(0, x), (D_1 f)(0, x)(t) + (D_2 f)(0, x)(y)).$$

Identifions T(B × F) à (B × F) × (F × F) et T(C × G) à (C × G) × (G × G).

Alors, pour tout $((x, y),(h, k)) \in T(B \times F) = (B \times F) \times (F \times F)$, on a $(Tg)((x, y), (h, k)) = ((a, b), (c, d))$, avec

$$a = (f(0, x),$$
$$b = (D_1 f)(0, x)(t) + (D_2 f)(0, x)(y), \qquad c = (D_2 f)(0, x)(h),$$
$$d = (D_2 D_1 f)(0, x)(t, h) + (D_2 D_2 f)(0, x)(y, h) + (D_2 f)(0, x)(k).$$

Fixons maintenant $(x, y) \in B \times F$. Il s'agit de prouver que l'application $(h, k) \mapsto (c, d)$ de $F \times F$ dans $G \times G$ est K-linéaire. Comme l'application $x \mapsto f(0, x)$ de B dans C est K-analytique, les applications

$$(h, k) \mapsto (D_2 f)(0, x)(h), \quad (h, k) \mapsto (D_2 D_2 f)(0, x)(y, h),$$
$$(h, k) \mapsto (D_2 f)(0, x)(k)$$

sont K-linéaires. D'autre part

$$(D_2 D_1 f)(0, x)(t, h) = \lim_{\lambda \in K'^*, \lambda \to 0} \lambda^{-1}((D_2 f)(\lambda t, x)(h) - (D_2 f)(0, x)(h))$$

et, pour λ fixé, l'application $x \mapsto f(\lambda t, x)$ est K-analytique, de sorte que l'application $h \mapsto (D_2 f)(\lambda t, x)(h)$ est K-linéaire.

PROPOSITION 1. — *Soient* K' *un sous-corps fermé non discret de* K, G *un groupe de Lie sur* K, V *une variété sur* K' *et* $(v, g) \mapsto vg$ *une application* K'*-analytique de* $V \times G$ *dans* G. *On suppose que, pour tout* $v \in V$, *l'application* $g \mapsto vg$ *de* G *dans* G *soit un automorphisme de* G. *Soient* ε *un élément de* V *tel que* $\varepsilon g = g$ *pour tout* $g \in G$, *et* $a \in T_\varepsilon(V)$. *Alors le champ de vecteurs* $g \mapsto ag$ *sur* G *est un automorphisme infinitésimal de* G.

Pour $v \in V$, $g_1 \in G$, $g_2 \in G$, on a $v(g_1 g_2) = (vg_1)(vg_2)$. Donc, pour $u_1 \in TG$, $u_2 \in TG$, on a $a(u_1 u_2) = (au_1)(au_2)$ (§ 2, nº 1, prop. 3). En particulier, l'application $g \mapsto ag$ de G dans TG est un homomorphisme de groupes. D'autre part, cette application est analytique d'après le lemme 2.

PROPOSITION 2. — *Soient* G *un groupe de Lie réel ou complexe,* α *un automorphisme infinitésimal de* G. *Il existe une loi d'opération analytique* $(\lambda, g) \mapsto \varphi_\lambda(g)$ *de* K *dans* G *possédant les propriétés suivantes :*

1) *si* D *est la loi d'opération infinitésimale associée, on a* $D(1) = \alpha$;

2) *pour tout* $\lambda \in K$, *on a* $\varphi_\lambda \in \operatorname{Aut} G$.

a) Pour tout $\mu > 0$, soit K_μ la boule ouverte de centre 0 et de rayon μ dans K. Pour tout $g \in G$, soit $\mathscr{F}_g$ l'ensemble des courbes intégrales analytiques f de α définies dans une boule K_μ, et telles que $f(0) = g$. D'après VAR, R, 9.1.3 et 9.1.5, $\mathscr{F}_g$ est non vide, et deux éléments de $\mathscr{F}_g$ coïncident dans l'intersection de leurs domaines de définition; soit $\mu(g)$ la borne supérieure des nombres μ tels qu'il existe un élément de $\mathscr{F}_g$ défini dans K_μ; il existe un élément unique de $\mathscr{F}_g$ défini dans $K_{\mu(g)}$; nous le noterons f_g.

b) Soient g_1, g_2 dans G, $f_1 \in \mathscr{F}_{g_1}$, $f_2 \in \mathscr{F}_{g_2}$, avec f_1 et f_2 définies dans une même boule K_μ. Alors $f_1 f_2 \colon K_\mu \to G$ est analytique, et $(f_1 f_2)(0) = g_1 g_2$. D'autre part, pour tout $\lambda \in K_\mu$, on a

$$\begin{aligned}(T_\lambda(f_1 f_2))1 &= (T_\lambda f_1)1 \cdot f_2(\lambda) + f_1(\lambda) \cdot (T_\lambda f_2)1 \qquad (\S\ 2, \text{prop. } 7)\\ &= \alpha(f_1(\lambda)) f_2(\lambda) + f_1(\lambda)\alpha(f_2(\lambda))\\ &= \alpha((f_1 f_2)(\lambda)) \qquad (\text{lemme } 1)\end{aligned}$$

donc $f_1 f_2 \in \mathscr{F}_{g_1 g_2}$. Cela prouve que $\mu(g_1 g_2) \geqslant \inf(\mu(g_1), \mu(g_2))$.

c) D'après VAR, R, 9.1.4 et 9.1.5, il existe un voisinage V de *e* dans G tel que $\sigma = \inf_{g \in V} \mu(g) > 0$. Soient $h \in G$ et C sa composante connexe. Pour tout $h' \in C$, on a $\mu(h') \geqslant \inf(\sigma, \mu(h)) > 0$ d'après *b*). D'autre part, les fonctions $f_{h'}$, pour $h' \in C$, prennent leurs valeurs dans C. D'après VAR, R 9.1.4 et 9.1.5, on a $\mu = +\infty$ dans C, et finalement $\mu = +\infty$ dans G. Posons alors $f_g(\lambda) = \varphi_\lambda(g)$ pour tout $g \in G$ et tout $\lambda \in K$. D'après VAR, R, 9.1.4 et 9.1.5, l'application $(\lambda, g) \mapsto \varphi_\lambda(g)$ est une loi d'opération analytique de K dans G. Il est clair que, si D est la loi d'opération infinitésimale associée, on a $D(1) = \alpha$. D'après *b*), on a

$$\varphi_\lambda(g_1 g_2) = \varphi_\lambda(g_1)\varphi_\lambda(g_2)$$

quels que soient $\lambda \in K$, $g_1 \in G$, $g_2 \in G$.

PROPOSITION 3. — *On suppose* K *ultramétrique. Soient* G *un groupe de Lie compact,* α *un automorphisme infinitésimal de* G. *Il existe un sous-groupe ouvert* I *de* K *et une loi d'opération analytique* $(\lambda, g) \mapsto \varphi_\lambda(g)$ *de* I *dans* G *possédant les propriétés suivantes*:

1) *si* D *est la loi d'opération infinitésimale associée, on a* $D(1) = \alpha$;

2) *pour tout* $\lambda \in I$, *on a* $\varphi_\lambda \in \operatorname{Aut} G$.

Comme G est compact, il existe un sous-groupe ouvert I′ de K et une loi d'opération analytique $(\lambda, g) \mapsto \varphi_\lambda(g)$ de I′ dans G possédant la propriété 1 de la proposition (§ 4, n° 7, cor. 2 du th. 6). Posons $\varphi_\lambda(g) = f_g(\lambda)$ pour $\lambda \in I'$ et $g \in G$. On a, pour g_1, g_2 dans G et $\lambda \in I'$,

$$\begin{aligned}(T_\lambda(f_{g_1} f_{g_2}))1 &= (T_\lambda f_{g_1})1 \cdot f_{g_2}(\lambda) + f_{g_1}(\lambda) \cdot (T_\lambda f_{g_2})1\\ &= \alpha(f_{g_1}(\lambda)) f_{g_2}(\lambda) + f_{g_1}(\lambda)\alpha(f_{g_2}(\lambda))\\ &= \alpha(f_{g_1}(\lambda) f_{g_2}(\lambda))\end{aligned}$$

et $(f_{g_1} f_{g_2})(0) = g_1 g_2 = f_{g_1 g_2}(0)$. Donc $f_{g'_1 g'_2}(\lambda) = f_{g'_1}(\lambda) f_{g'_2}(\lambda)$ pour (g'_1, g'_2, λ) dans un voisinage de $(g_1, g_2, 0)$ (VAR, R, 9.1.8). Comme G est compact, il existe un sous-groupe ouvert I de I′ tel que $f_{g_1 g_2}(\lambda) = f_{g_1}(\lambda) f_{g_2}(\lambda)$ quels que soient $g_1 \in G$, $g_2 \in G$, $\lambda \in I$. Autrement dit, $\varphi_\lambda \in \operatorname{Aut} G$ pour $\lambda \in I$.

LEMME 3. — *Soient* G *et* G′ *des groupes de Lie,* φ *un homomorphisme de* G *dans* $\operatorname{Aut}(G')$. *Posons* $f(g, g') = (\varphi(g))(g')$ *pour* $g \in G$, $g' \in G'$. *Considérons les conditions suivantes*:

(i) *f est analytique;*
(ii) *f est analytique dans un voisinage de* $(e_G, e_{G'})$;
(iii) *pour tout* $g' \in G'$, *l'application* $g \mapsto f(g, g')$ *est analytique.*
Alors (i) $\Leftrightarrow$ ((ii) *et* (iii)). *Si* G' *est connexe, on a* (i) $\Leftrightarrow$ (ii).

Il est clair que (i) implique (ii) et (iii). Soient $g_0 \in G$, $g'_0 \in G'$. Quels que soient $g \in G$, $g' \in G'$, on a

$$f(gg_0, g'g'_0) = (\varphi(g)\varphi(g_0))(g'g'_0) = \varphi(g)(\varphi(g_0)g').\varphi(g)(\varphi(g_0)g'_0).$$

Cela prouve l'implication ((ii) et (iii)) $\Rightarrow$ (i). Enfin, si G' est connexe, G' est engendré par tout voisinage de $e_{G'}$, donc (ii) $\Rightarrow$ (iii).

2. Le groupe des automorphismes d'un groupe de Lie (cas réel ou complexe)

Dans ce n°, on suppose K = **R** ou **C**.

Lemme 4. — *Soit* H *un groupe de Lie simplement connexe de dimension finie.*

(i) *Pour tout* $u \in \operatorname{Aut} L(H)$, *soit* $\theta(u)$ *l'unique automorphisme de* H *tel que* $L(\theta(u)) = u$. *Alors l'application* $(u, g) \mapsto \theta(u)g$ *de* $(\operatorname{Aut} L(H)) \times H$ *dans* H *est analytique.*

(ii) *Soient* N *un sous-groupe de Lie de* H, *et* Aut(H, N) *l'ensemble des* $v \in \operatorname{Aut} H$ *tels que* $v(N) = N$. *Alors* $\theta^{-1}(\operatorname{Aut}(H, N))$ *est un sous-groupe de Lie de* Aut L(H).

(iii) *Supposons* N *distingué discret, de sorte que l'algèbre de Lie de* G = H/N *s'identifie à* L(H). *Pour tout* $w \in \operatorname{Aut} G$, *soit* $\eta(w)$ *l'unique automorphisme de* H *tel que* $L(\eta(w)) = L(w)$. *Alors l'application* η *est un isomorphisme du groupe* Aut G *sur le groupe* Aut(H, N).

Pour prouver (i), il suffit, d'après le lemme 3 du n° 1, de vérifier que l'application $(u, g) \mapsto \theta(u)g$ est analytique dans un voisinage de $(\mathrm{Id}_{L(H)}, e)$. Il existe un voisinage ouvert B de 0 dans L(H) tel que $\psi = \exp_H|B$ soit un isomorphisme analytique de B sur un voisinage ouvert de e dans H. Il existe un voisinage ouvert U de $\mathrm{Id}_{L(H)}$ dans Aut L(H), et un voisinage ouvert B' de 0 dans L(H), tels que $U(B') \subset B$. Alors l'application $(u, g) \mapsto \theta(u)g$ de $U \times \psi(B')$ dans H est composée des applications suivantes:

l'application $(u, g) \mapsto (u, \psi^{-1}(g))$	de $U \times \psi(B')$	dans $U \times B'$;
l'application $(u, x) \mapsto u(x)$	de $U \times B'$	dans B;
l'application $y \mapsto \psi(y)$	de B	dans G.

Donc cette application est analytique.

Soit p l'application canonique de H dans l'espace homogène H/N. Alors $\theta^{-1}(\operatorname{Aut}(H, N))$ est l'ensemble des $u \in \operatorname{Aut} L(H)$ tels que

$$p(\theta(u)g) = p(e), \qquad p(\theta(u^{-1})g) = p(e)$$

pour tout $g \in N$. Compte tenu du § 8, n° 2, th. 2 et cor. 2 du th. 2, cela prouve (ii).

Supposons N distingué discret. Soit $w \in \mathrm{Aut}\ G$. On a

$$L(p \circ \eta(w)) = L(\eta(w)) = L(w) = L(w \circ p)$$

donc $p \circ \eta(w) = w \circ p$ et par suite $\eta(w) \in \mathrm{Aut}(H, N)$. Il est clair que l'application η de Aut G dans Aut(H, N) est un homomorphisme injectif. Cet homomorphisme est surjectif parce que $p\colon H \to G$ est une submersion. C.Q.F.D.

Soient G un groupe localement compact, Γ le groupe des automorphismes de G. Rappelons qu'on a défini sur Γ la topologie $\mathscr{T}_\beta$ (TG, X, § 3, n° 5). C'est la topologie la moins fine rendant continues les applications $v \mapsto v$ et $v \mapsto v^{-1}$ de Γ dans $\mathscr{C}_c(G; G)$ (espace des applications continues de G dans G muni de la topologie de la convergence compacte). La topologie $\mathscr{T}_\beta$ est compatible avec la structure de groupe de Γ (*loc. cit.*). Pour toute partie compacte L de G et tout voisinage U de e_G dans G, soit N(L, U) l'ensemble des $\varphi \in \Gamma$ tels que $\varphi(g) \in gU$ et $\varphi^{-1}(g) \in gU$ pour tout $g \in L$; alors les N(L, U) forment un système fondamental de voisinages de e_Γ. Si G est engendré par une partie compacte C, la topologie $\mathscr{T}_\beta$ est aussi la topologie la moins fine pour laquelle les applications $v \mapsto v|C$ et $v \mapsto v^{-1}|C$ de Γ dans $\mathscr{C}_u(C; G)$ soient continues (car toute partie compacte de G est contenue dans $(C \cup C^{-1})^n$ pour n assez grand). Si K est localement compact et si V est un espace vectoriel de dimension finie sur K, la topologie $\mathscr{T}_\beta$ sur **GL**(V) n'est autre que la topologie usuelle.

THÉORÈME 1. — *Soient* G *un groupe de Lie de dimension finie,* G_0 *sa composante neutre. On suppose que* G *est engendré par* G_0 *et par un nombre fini d'éléments.*

(i) *Il existe sur* Aut G *une structure de variété analytique et une seule vérifiant la condition suivante:*

(AUT) *pour toute variété analytique* M *et toute application* f *de* M *dans* Aut G, f *est analytique si et seulement si l'application* $(m, g) \mapsto f(m)g$ *de* M × G *dans* G *est analytique.*

On suppose dans la suite de l'énoncé Aut G *muni de cette structure.*

(ii) Aut G *est un groupe de Lie de dimension finie.*

(iii) *Le morphisme* $\varphi\colon u \mapsto L(u)$ *de* Aut G *dans* Aut L(G) *est analytique.*

(iv) *Si* G *est connexe,* φ *est un isomorphisme du groupe de Lie* Aut G *sur un sous-groupe de Lie de* Aut L(G); *ce sous-groupe de Lie est égal à* Aut L(G) *si* G *est simplement connexe.*

(v) *Soit* $\mathfrak{a}$ *l'ensemble des automorphismes infinitésimaux de* G. *Alors* $\mathfrak{a}$ *est une algèbre de Lie de champs de vecteurs, et la loi d'opération infinitésimale associée à l'application* $(u, g) \mapsto u(g)$ *de* (Aut G) × G *dans* G *est un isomorphisme de* L(Aut G) *sur* $\mathfrak{a}$.

(vi) *La topologie du groupe de Lie* Aut G *est la topologie* $\mathscr{T}_\beta$.

a) L'unicité de la structure analytique envisagée dans (i) est évidente.

b) Supposons G connexe. Soient H le revêtement universel de G, p le morphisme canonique de H sur G, et N = Ker p. Introduisons les notations θ, η et

Aut(H, N) du lemme 4. Transportons à Aut H, grâce à θ, la structure de groupe de Lie de Aut L(G). Alors Aut H devient un groupe de Lie de dimension finie, et Aut(H, N) un sous-groupe de Lie de Aut H (lemme 4 (ii)). Transportons à Aut G, grâce à η^{-1}, la structure de groupe de Lie de Aut(H, N). Alors Aut G devient un groupe de Lie de dimension finie. Les propriétés (ii), (iii), (iv) du théorème sont vérifiées, et l'application $(u, g) \mapsto u(g)$ de (Aut G) $\times$ G dans G est analytique (lemme 4 (i)). Soient M une variété analytique, f une application de M dans Aut G, et φ l'application $(m, g) \mapsto f(m)g$ de M $\times$ G dans G. Il est clair que, si f est analytique, φ est analytique. Supposons φ analytique. Alors l'application $T\varphi: TM \times TG \rightarrow TG$ est analytique; sa restriction à M $\times$ L(G), c'est-à-dire l'application $(m, x) \mapsto L(f(m))x$ de M $\times$ L(G) dans L(G), est donc analytique; comme L(G) est de dimension finie, il en résulte que l'application $m \mapsto L(f(m))$ de M dans Aut L(G) est analytique, donc que f est analytique. Ainsi, (i) est vérifié.

Munissons L(G) d'une norme. Pour tout $\lambda > 0$, soit B_λ la boule ouverte de centre 0 et de rayon λ dans L(G). Choisissons $\lambda > 0$ assez petit pour que $\psi = \exp_G|B_\lambda$ soit un isomorphisme de la variété analytique B_λ sur la sous-variété ouverte $\psi(B_\lambda)$ de G. Soit Φ un filtre sur Aut G. Pour que Φ converge vers Id_G dans Aut G, il faut et il suffit que $L(\Phi)$ converge vers $\mathrm{Id}_{L(G)}$ dans Aut L(G), donc que $L(\Phi)|B_{\lambda/2}$ et $L(\Phi)^{-1}|B_{\lambda/2}$ convergent uniformément vers $\mathrm{Id}_{B_{\lambda/2}}$. Cette condition entraîne que $\Phi|\psi(B_{\lambda/2})$ et $\Phi^{-1}|\psi(B_{\lambda/2})$ convergent uniformément vers $\mathrm{Id}_{\psi(B_{\lambda/2})}$. Réciproquement, supposons que $\Phi|\psi(B_{\lambda/2})$ converge uniformément vers $\mathrm{Id}_{\psi(B_{\lambda/2})}$. Il existe un $M \in \Phi$ tel que, si $u \in M$, on ait $u(\psi(B_{\lambda/2})) \subset \psi(B_{2\lambda/3})$; alors $L(u)(B_{\lambda/2})$ est une partie connexe de L(G) dont l'image par $\exp_G$ est contenue dans $\psi(B_{2\lambda/3})$, donc $L(u)(B_{\lambda/2})$ ne rencontre pas $B_\lambda - B_{2\lambda/3}$, et par suite $L(u)(B_{\lambda/2}) \subset B_\lambda$; alors l'hypothèse que $\Phi|\psi(B_{\lambda/2})$ converge uniformément vers $\mathrm{Id}_{\psi(B_{\lambda/2})}$ entraîne que $L(\Phi)|B_{\lambda/2}$ converge uniformément vers $\mathrm{Id}_{B_{\lambda/2}}$. On déduit de là que:

(Φ converge vers Id_G dans Aut G) $\Leftrightarrow$ (Φ converge vers Id_G pour $\mathscr{T}_\beta$).

Cela prouve (vi).

Soit D la loi d'opération infinitésimale associée à la loi d'opération à gauche de Aut(G) dans G. D'après les prop. 1 et 2 du nº 1, on a $D(L(\mathrm{Aut}\, G)) = \mathfrak{a}$. Donc $\mathfrak{a}$ est une algèbre de Lie de champs de vecteurs et D est un morphisme de L(Aut G) sur $\mathfrak{a}$. Soient x_1 et x_2 des éléments de L(Aut G) tels que $D(x_1) = D(x_2)$. Alors les lois d'opération $(\lambda, g) \mapsto (\exp \lambda x_1)g$ et $(\lambda, g) \mapsto (\exp \lambda x_2)g$ de K dans G ont même loi d'opération infinitésimale associée; donc, pour $|\lambda|$ assez petit, $\exp \lambda x_1$ et $\exp \lambda x_2$ coïncident dans un voisinage de e (§ 4, nº 7, th. 6), d'où $\exp \lambda x_1 = \exp \lambda x_2$. On en déduit que $x_1 = x_2$, donc que D est un isomorphisme de L(Aut G) sur $\mathfrak{a}$.

Le théorème est ainsi entièrement démontré pour G connexe.

c) Passons au cas général. Par hypothèse, G est engendré par G_0 et un nombre fini d'éléments $x_1, x_2, \ldots, x_n$. Tout $u \in$ Aut G laisse stable G_0. Soit Aut_1 G l'ensemble des $u \in$ Aut G qui, par passage au quotient, donnent l'automorphisme identique de G/G_0. C'est un sous-groupe distingué de Aut G. D'après la partie *b*) de la démonstration, Aut G_0 est canoniquement muni d'une structure de groupe de Lie, et l'application $(g_1, g_2, \ldots, g_n, u) \mapsto (ug_1, ug_2, \ldots, ug_n)$ de $G_0^n \times \mathrm{Aut}\, G_0$ dans G_0^n est analytique. Soit P le produit semi-direct correspondant de Aut G_0 par G_0^n; c'est un groupe de Lie (§ 1, n° 4, prop. 7), de dimension finie.

Si $w \in \mathrm{Aut}_1\, G$, nous poserons

$$\begin{aligned} w_0 &= w|G_0 \in \mathrm{Aut}\, G_0 \\ w_i &= x_i^{-1} w(x_i) \in G_0 \qquad (1 \leqslant i \leqslant n) \\ \zeta(w) &= ((w_1, \ldots, w_n), w_0) \in \mathrm{P}. \end{aligned}$$

Quels que soient w, w' dans $\mathrm{Aut}_1\, G$, on a

$$\begin{aligned} \zeta(w)\zeta(w') &= ((w_1, \ldots, w_n)(w_0(w'_1), \ldots, w_0(w'_n)), w_0 w'_0) \\ &= ((w_1 w_0(w'_1), \ldots, w_n w_0(w'_n)), w_0 w'_0) \\ &= ((x_1^{-1} w(x_1) w(x_1^{-} w'(x_1)), \ldots, x_n^{-1} w(x_n) w(x_n^{-1} w'(x_n))), w_0 w'_0) \\ &= (((ww')_1, \ldots, (ww')_n), (ww')_0) \\ &= \zeta(ww'), \end{aligned}$$

donc ζ est un homomorphisme de $\mathrm{Aut}_1\, G$ dans P. Cet homomorphisme est évidemment injectif.

Montrons que $\zeta(\mathrm{Aut}_1\, G)$ est fermé dans P. Soit Φ un filtre sur $\mathrm{Aut}_1\, G$ tel que $\zeta(\Phi)$ converge vers un point $((w_1, \ldots, w_n), w_0)$ de P. Alors Φ converge simplement vers une application v de G dans G. Il est clair que v est un endomorphisme du groupe G. En outre, v laisse stable chaque classe suivant G_0, et $v|G_0 = w_0$. Il en résulte que $v \in \mathrm{Aut}_1\, G$. Comme $\zeta(v) = ((w_1, \ldots, w_n), w_0)$, on a bien montré que $\zeta(\mathrm{Aut}_1\, G)$ est fermé dans P.

d) Dans la partie *d*) de la démonstration, on suppose que $K = \mathbf{R}$. D'après le § 8, n° 2, th. 2, $\zeta(\mathrm{Aut}_1\, G)$ est un sous-groupe de Lie de P. Transportons la structure de groupe de Lie réel de $\zeta(\mathrm{Aut}_1\, G)$ à $\mathrm{Aut}_1\, G$ grâce à ζ^{-1}. Ainsi, $\mathrm{Aut}_1\, G$ devient un groupe de Lie de dimension finie.

Soient M une variété analytique, f une application de M dans $\mathrm{Aut}_1\, G$, et φ l'application $(m, g) \mapsto f(m)g$ de $M \times G$ dans G. On a les équivalences suivantes:

f analytique

$\Leftrightarrow$ les applications $m \mapsto (f(m))_i$, où $0 \leqslant i \leqslant n$, sont analytiques

$\Leftrightarrow$ { les applications $m \mapsto f(m)x_i$ de M dans G, pour $1 \leqslant i \leqslant n$, sont analytiques et l'application $(m, g) \mapsto f(m)g$ de $M \times G_0$ dans G est analytique }

$\Leftrightarrow$ φ est analytique.

Pour $w \in \mathrm{Aut}_1\, G$, on a $L(w) = L(w_0)$, donc le morphisme $w \mapsto L(w)$ de $\mathrm{Aut}_1\, G$ dans Aut L(G) est analytique. On voit comme dans *b*) que la loi d'opération infinitésimale associée à la loi d'opération de $\mathrm{Aut}_1\, G$ dans G est un isomorphisme de $L(\mathrm{Aut}_1\, G)$ sur $\mathfrak{a}$.

Soit C une partie compacte de G_0 engendrant G_0. Pour qu'un filtre Φ converge vers Id_G dans Aut_1 G, il faut et il suffit que $\Phi|(C \cup \{x_1\} \cup \cdots \cup \{x_n\})$ et $\Phi^{-1}|(C \cup \{x_1\} \cup \cdots \cup \{x_n\})$ convergent uniformément vers

$$\mathrm{Id}_G|(C \cup \{x_1\} \cup \cdots \cup \{x_n\}).$$

La topologie de Aut_1 G est donc la topologie $\mathscr{T}_\beta$.

Il est clair que Aut_1 G est ouvert dans Aut G pour la topologie $\mathscr{T}_\beta$. Il existe sur Aut G une structure de groupe de Lie compatible avec cette topologie et induisant sur Aut_1 G la structure précédemment construite (§ 8, n° 1, cor. 2 du th. 1). Le fait que le groupe de Lie Aut G possède les propriétés du théorème résulte des propriétés correspondantes de Aut_1 G.

e) Dans la partie *e*) de la démonstration, on suppose que K = **C**. D'après *c*) et le th. 2 du § 8, n° 2, il existe sur Aut_1 G une structure de groupe de Lie réel telle que ζ soit un isomorphisme de Aut_1 G sur un sous-groupe de Lie réel de P.

La loi d'opération $(w, g) \mapsto wg$ de $(\mathrm{Aut}_1 G) \times G$ dans G est analytique réelle. Soit D la loi d'opération infinitésimale associée. D'après les prop. 1 et 2 du n° 1, on a $D(L(\mathrm{Aut}_1 G)) = \mathfrak{a}$.

Pour tout $\alpha \in \mathfrak{a}$, notons α_0 la restriction de α à G_0; c'est un automorphisme infinitésimal de G_0 que nous identifions, grâce à la partie *b*) de la démonstration, à un élément de $L(\mathrm{Aut}\, G_0)$. Pour $1 \leqslant i \leqslant n$, posons

$$\alpha_i = x_i^{-1}\alpha(x_i) \in L(G) = L(G_0).$$

Enfin, posons $f(\alpha) = ((\alpha_1, \ldots, \alpha_n), \alpha_0) \in L(P)$. Alors f est une application **C**-linéaire de $\mathfrak{a}$ dans L(P).

D'autre part, il est clair que $L(\zeta) = f \circ D$. Donc $L(\zeta)(L(\mathrm{Aut}_1 G)) = f(\mathfrak{a})$ est un sous-espace vectoriel complexe de L(P). D'après la prop. 2 du § 4, n° 2, $\zeta(\mathrm{Aut}_1 G)$ est un sous-groupe de Lie complexe de P, et on peut alors procéder exactement comme dans *d*): on transporte la structure de groupe de Lie complexe de $\zeta(\mathrm{Aut}_1 G)$ à Aut_1 G grâce à ζ^{-1}, et on voit comme dans *d*) que Aut_1 G possède les propriétés analogues aux propriétés (i), (ii), (iii), (v), (vi) du théorème.

Il est clair que Aut_1 G est ouvert dans Aut G pour la topologie $\mathscr{T}_\beta$. Soit $w \in$ Aut G. Soit σ l'automorphisme $v \mapsto wvw^{-1}$ de Aut_1 G. Il est analytique réel (§ 8, n° 1, th. 1), $L(\sigma)$ est un **R**-automorphisme de $L(\mathrm{Aut}_1 G)$, et $D \circ L(\mathrm{Aut}_1 G) \circ D^{-1}$ est un **R**-automorphisme de $\mathfrak{a}$. Cet automorphisme est aussi l'automorphisme de $\mathfrak{a}$ déduit de w par transport de structure; comme w est K-analytique, on voit que $L(\sigma)$ est K-linéaire. Donc σ est K-analytique (§ 3, n° 8, prop. 32). D'après le § 1, n° 9, prop. 18, il existe sur Aut G une structure de K-groupe de Lie et une seule telle que Aut_1 G soit un sous-groupe de Lie ouvert de Aut G. Le fait que cette structure possède les propriétés du théorème résulte des propriétés correspondantes de Aut_1 G.

COROLLAIRE 1. — *Soient* G *un groupe de Lie réel de dimension finie*, G_0 *sa composante neutre. On suppose que* G *est engendré par* G_0 *et par un nombre fini d'éléments. Alors* Aut G, *muni de la topologie* $\mathcal{T}_\beta$, *est un groupe de Lie réel de dimension finie.*

COROLLAIRE 2. — *Soit* G *un groupe de Lie réel ou complexe connexe semi-simple. Le groupe* Int G *est la composante neutre de* Aut G.

L'application $u \mapsto L(u)$ est un isomorphisme de Aut G sur un sous-groupe de Lie de Aut L(G) (th. 1). L'image de Int G par cet isomorphisme est Ad G. Or Ad G est la composante neutre de Aut L(G) (§ 9, n° 8, prop. 30 (ii)).

3. Le groupe des automorphismes d'un groupe de Lie (cas ultramétrique)

THÉORÈME 2. — *Lorsque* K *est ultramétrique localement compact et que* G *est un groupe de Lie compact, les assertions* (i), (ii), (iii), (v), (vi) *du th.* 1 *sont vraies.*

a) L'unicité de la structure analytique envisagée dans (i) est évidente.

b) Supposons que G soit le groupe de Lie défini par une algèbre de Lie normée L. Ainsi, G est une boule ouverte et fermée dans L. Soit $w \in$ Aut G. Alors $L(w)$ coïncide avec w au voisinage de 0. Soit $x \in G$. Soit p la caractéristique du corps résiduel. Alors $p^n x$ tend vers 0 quand n tend vers $+\infty$. Il existe donc n tel que $w(p^n x) = L(w)(p^n x)$. Par suite

$$\begin{aligned} p^n w(x) &= w(x)^{p^n} = w(x^{p^n}) = w(p^n x) \\ &= L(w)(p^n x) = p^n L(w)(x) \end{aligned}$$

d'où $w(x) = L(w)(x)$. Ainsi, $w = L(w)|G$.

Soit Γ l'ensemble des $\gamma \in$ Aut L(G) tels que $\gamma(G) = G$. Comme G est ouvert et compact dans L(G), Γ est un sous-groupe ouvert de Aut L(G). D'après ce qui précède, Aut G s'identifie à Γ, d'où une structure de groupe de Lie sur Aut G, pour laquelle les propriétés (i), (ii), (iii), (vi) du th. 1 sont évidentes. La propriété (v) résulte des prop. 1 et 3 du n° 1.

c) Passons au cas général. D'après le § 7, n° 1, prop. 1, il existe un sous-groupe ouvert et compact G_0 de G qui est du type envisagé en *b*). Alors G est engendré par G_0 et un nombre fini d'éléments $x_1, x_2, \ldots, x_n$. Soit Aut_1 G l'ensemble des $u \in$ Aut G tels que $u(G_0) = G_0$, $u(x_i G_0) = x_i G_0$ pour $1 \leqslant i \leqslant n$. On définit, comme dans la démonstration du th. 1, partie *c*), un produit semi-direct P de Aut G_0 par G_0^n, et un homomorphisme injectif ζ de Aut_1 G dans P, dont l'image est fermée dans P.

d), *e*) : on raisonne exactement comme dans les parties *d*), *e*) de la démonstration du th. 1, en remplaçant **R** par $\mathbf{Q}_p$ et en utilisant la prop. 3 au lieu de la prop. 2.

Remarque. — Si $K = \mathbf{Q}_p$, et si le groupe de Lie G est *engendré* par une partie compacte (cf. exerc. 2), les assertions (i), (ii), (iii), (vi) du th. 1 sont encore vraies, mais non (v) (exerc. 3).

APPENDICE

Opérations sur les représentations linéaires

Soient G un groupe, k un corps commutatif, $E_1, E_2, \ldots, E_n$ des espaces vectoriels sur k, π_i une représentation linéaire de G dans E_i ($1 \leqslant i \leqslant n$). L'application $g \mapsto \pi_1(g) \otimes \cdots \otimes \pi_n(g)$ est une représentation linéaire de G dans l'espace vectoriel $E_1 \otimes \cdots \otimes E_n$, appelée *produit tensoriel de* $\pi_1, \ldots, \pi_n$, et notée $\pi_1 \otimes \cdots \otimes \pi_n$.

Soient E un espace vectoriel sur k, π une représentation linéaire de G dans E. Pour tout $g \in G$, soit $\tau(g)$ (resp. $\sigma(g)$, $\varepsilon(g)$) l'unique automorphisme de l'algèbre $\mathsf{T}(E)$ (resp. $\mathsf{S}(E)$, $\wedge(E)$) qui prolonge $\pi(g)$ (A, III, p. 57, p. 69 et p. 78). Alors τ (resp. σ, ε) est une représentation linéaire de G dans $\mathsf{T}(E)$ (resp. $\mathsf{S}(E)$, $\wedge(E)$) notée $\mathsf{T}(\pi)$ (resp. $\mathsf{S}(\pi)$, $\wedge(\pi)$). La sous-représentation de $\mathsf{T}(\pi)$ (resp. $\mathsf{S}(\pi)$, $\wedge(\pi)$) définie par $\mathsf{T}^n(E)$ (resp. $\mathsf{S}^n(E)$, $\wedge^n(E)$) s'appelle la puissance tensorielle (resp. symétrique, extérieure) n-ème de π et se note $\mathsf{T}^n(\pi)$ (resp. $\mathsf{S}^n(\pi)$, $\wedge^n(\pi)$). On a $\mathsf{T}^n(\pi) = \pi \otimes \pi \otimes \cdots \otimes \pi$ (n facteurs). Les représentations $\mathsf{S}(\pi)$, $\wedge(\pi)$ sont des représentations quotients de $\mathsf{T}(\pi)$, donc $\mathsf{S}^n(\pi)$, $\wedge^n(\pi)$ sont des représentations quotients de $\mathsf{T}^n(\pi)$.

Soit $\mathfrak{g}$ une algèbre de Lie sur k. Le produit tensoriel d'un nombre fini de représentations de $\mathfrak{g}$ a déjà été défini au chap. I, § 3, n° 2; on le note $\pi_1 \otimes \cdots \otimes \pi_n$. Soient E un espace vectoriel sur k, π une représentation de $\mathfrak{g}$ dans E. Pour tout $x \in \mathfrak{g}$, soit $\tau'(x)$ (resp. $\sigma'(x)$, $\varepsilon'(x)$) l'unique dérivation de l'algèbre $\mathsf{T}(E)$ (resp. $\mathsf{S}(E)$, $\wedge(E)$) qui prolonge $\pi(x)$ (A, III, p. 129, exemple 1). Alors τ' (resp. σ', ε') est une représentation linéaire de $\mathfrak{g}$ dans $\mathsf{T}(E)$ (resp. $\mathsf{S}(E)$, $\wedge(E)$) d'après A, *loc. cit.*, formule (35), notée $\mathsf{T}(\pi)$ (resp. $\mathsf{S}(\pi)$, $\wedge(\pi)$). La sous-représentation de $\mathsf{T}(\pi)$ (resp. $\mathsf{S}(\pi)$, $\wedge(\pi)$) définie par $\mathsf{T}^n(E)$ (resp. $\mathsf{S}^n(E)$, $\wedge^n(E)$) se note $\mathsf{T}^n(\pi)$ (resp. $\mathsf{S}^n(\pi)$, $\wedge^n(\pi)$). La représentation $\mathsf{T}^n(\pi)$ est le produit tensoriel de n représentations identiques à π. Les représentations $\mathsf{S}(\pi)$, $\wedge(\pi)$ sont des représentations quotients de $\mathsf{T}(\pi)$, donc $\mathsf{S}^n(\pi)$, $\wedge^n(\pi)$ sont des représentations quotients de $\mathsf{T}^n(\pi)$.

Exercices

§ 1

1) Soit G un groupe de Lie réel ou complexe connexe de dimension finie. Soient H et L des sous-groupes de Lie de G tels que HL = G. Montrer que les applications canoniques $G \to G/H$ et $G \to G/L$ définissent un isomorphisme de variétés analytiques

$$G/(H \cap L) \to (G/H) \times (G/L).$$

2) Soit $P = \{z \in \mathbf{C} \mid \mathscr{I}(z) > 0\}$. Soit G le groupe des bijections $z \mapsto az + b$ de P ($a > 0$, $b \in \mathbf{R}$). Alors G opère dans P de façon simplement transitive, ce qui permet de transporter à G la structure de variété analytique complexe de P. Montrer que la structure obtenue est invariante par les translations à gauche de G mais non par les translations à droite.

3) Soit $\mathbf{R}_d$ le groupe additif des nombres réels muni de la structure de variété discrète. On fait opérer $\mathbf{R}_d$ dans la variété analytique $\mathbf{R}$ par la loi d'opération $(x, y) \mapsto x + y$. Alors $\mathbf{R}_d$ opère transitivement dans $\mathbf{R}$, mais $\mathbf{R}$ n'est pas un espace homogène de Lie de $\mathbf{R}_d$.

4) Soit H un groupe de Lie réel compact opérant sur une variété réelle de dimension finie V; on suppose V de classe C^r, où $r \in N_{\mathbf{R}}$, et l'action de H sur V aussi. Soit $p \in V$ invariant par H; le groupe H opère linéairement sur l'espace tangent T à V en p. Montrer qu'il existe un voisinage ouvert U de p stable par H et un C^r-morphisme f: $U \to T$ tel que:
a) $f(p) = 0$, et l'application tangente à f en p est l'identité;
b) f commute à l'action de H sur U et T.

(On choisit d'abord f_0 vérifiant *a*), puis on définit f par la formule $f(x) = \int_H h.f_0(h^{-1}x)\, dh$, où dh est la mesure de Haar sur H de masse totale 1.)

En déduire que les H-espaces V et T sont localement isomorphes au voisinage de p, autrement dit qu'il existe des systèmes de coordonnées de V en p par rapport auxquels H opère linéairement (« théorème de Bochner »).

5) Transposer l'exercice 4) aux variétés sur un corps ultramétrique K, en supposant que le groupe H est un groupe fini dont l'ordre n est tel que $n.1 \neq 0$ dans K.

¶6) Soit G un groupe de Lie réel opérant proprement sur une variété analytique réelle séparée V de dimension finie. Soit $p \in V$, soit H le stabilisateur de p, et soit Gp l'orbite de p. Le groupe H est compact, et la variété Gp s'identifie à l'espace homogène de Lie G/H.
a) Montrer qu'il existe une sous-variété S de V, passant par p, stable par H, et telle que $T_p(V)$ soit somme directe de $T_p(Gp)$ et de $T_p(S)$. (Choisir un supplémentaire de $T_p(Gp)$ dans $T_p(V)$ qui soit stable par H, et appliquer l'exercice 4).)
b) On suppose S choisi comme ci-dessus. Le groupe H opère proprement et librement sur $G \times S$ par $h.(g, s) = (gh, h^{-1}s)$; soit $E = (G \times S)/H$ la variété quotient correspondante (cf. VAR, R, 6.5.1). L'application $(g, s) \mapsto g.s$ définit par passage au quotient un morphisme $\rho: E \to V$. Montrer que ρ commute à l'action de G sur E et V, et qu'il existe une sous-variété

ouverte S′ de S contenant p, stable par H, et telle que ρ induise un isomorphisme de variétés de $E' = (G \times S')/H$ sur un voisinage saturé de l'orbite Gp.
c) Soit $N_p = T_p(V)/T_p(Gp)$ l'espace transversal en p à Gp (VAR, R, 5.8.8); le groupe H opère sur N_p. Déduire de b) que la connaissance de H et de la représentation linéaire de H dans N_p détermine le G-espace V au voisinage de l'orbite de p.
d) Si $x \in N_p$, soit H_x le stabilisateur de x dans H. Montrer qu'il existe un voisinage saturé V′ de Gp jouissant de la propriété suivante:

Pour tout $p' \in V'$, il existe $x \in N_p$ tel que le stabilisateur de p' dans G soit conjugué (dans G) de H_x.
e) Montrer que les H_x sont en nombre fini, à conjugaison près dans H. (Raisonner par récurrence sur $\dim N_p = n$, en utilisant l'action de H sur une sphère de dimension $n - 1$ stable par H.) [1]

¶7) Soient E un espace normable complet sur **R**, F un sous-espace vectoriel fermé de E tel qu'il n'existe pas de bijection linéaire bicontinue de E sur $F \times (E/F)$.[2] Soit X la variété analytique $\mathbf{R} \times E \times F$. Soit G le groupe additif de F, qu'on fait opérer dans X par l'application $(g, (\lambda, e, f)) \mapsto (\lambda, e + g, f + \lambda g)$ de $G \times X$ dans X. Pour tout $x \in X$, soit R_x la G-orbite de x, qui est une quasi-sous-variété de X. Alors, la condition a) de la prop. 10 est vérifiée, mais il n'existe aucun couple (Y, π) ayant les propriétés suivantes: Y est une variété analytique, π est un morphisme de X dans Y, et, pour tout $x \in X$, $T_x(\pi): T_x(X) \to T_{\pi(x)}(Y)$ est surjectif de noyau $T_x(R_x)$.

(Supposons que (Y, π) existe. Soit H l'espace tangent à Y en $\pi(0, 0, 0)$. Alors H est isomorphe à $\mathbf{R} \times F \times (E/F)$. D'autre part, H est isomorphe à $T_{\pi(x)}Y$ pour x assez voisin de $(0, 0, 0)$, donc isomorphe à $\mathbf{R} \times E$.)

8) On munit **T** de la mesure de Haar normalisée, et $\mathscr{L}(L^2(\mathbf{T}))$ de la topologie normique. Montrer que la représentation régulière de **T** dans $L^2(\mathbf{T})$ n'est pas continue. (Quel que soit $g \in \mathbf{T}$ distinct de e, construire une fonction $f \in L^2(\mathbf{T})$ telle que $\|f\| = 1$, $\|\gamma(g)f - f\| = \sqrt{2}$.)

9) Soit I l'ensemble des $(x, \sqrt{2}\,x) \in \mathbf{R}^2$ pour $-\frac{1}{2} < x < \frac{1}{2}$. Soit U l'image canonique de I dans le groupe de Lie réel $H = \mathbf{T}^2$. Montrer que U est un sous-groupuscule de Lie de H, mais que le sous-groupe H′ de H engendré par U est dense dans H et non fermé dans H.

10) Soit $\mathbf{R}_d$ le groupe **R** muni de la structure de variété discrète. Soit H le groupe de Lie réel $\mathbf{R} \times \mathbf{R}_d$. Soit U l'ensemble des éléments de H de la forme (x, x) ou de la forme $(x, -x)$ avec $x \in \mathbf{R}$. Alors U est un sous-groupuscule de Lie de H, U est discret, le sous-groupe G de H engendré par U est égal à H, et la structure de groupe de Lie sur G définie par le cor. de la prop. 22 est la structure de groupe discret.

§ 3

1) Soient G un groupe de Lie, G_1 et G_2 des sous-groupes de Lie de G. On suppose G_2 de codimension finie dans G et K de caractéristique 0. Alors $G_1 \cap G_2$ est un sous-groupe de Lie de G d'algèbre de Lie $L(G_1) \cap L(G_2)$ (raisonner comme pour la prop. 29 et son corollaire 2).

2) On suppose K localement compact. Soit G un groupe de Lie de dimension finie n.

[1] Pour plus de détails, voir R. S. PALAIS, On the existence of slices for actions of non-compact Lie groups, *Ann. of Math.*, t. LXXII (1961), p. 295–323.
[2] Pour un exemple de tel couple (E, F), cf. par exemple A. DOUADY, Le problème des modules pour les sous-espaces analytiques compacts d'un espace analytique donné, *Ann. Inst. Fourier*, t. XVI (1966), p. 16.

a) Soit φ un endomorphisme étale de G de noyau fini. Soit μ une mesure de Haar à gauche de G. Alors φ est propre et

$$\varphi(\mu) = \alpha . \mu | \varphi(G) \quad \text{avec} \quad \alpha = \frac{\text{Card (Ker } \varphi)}{\text{mod det L}(\varphi)}.$$

(Utiliser la prop. 55).
b) Supposons G compact. Soit φ un endomorphisme étale de G. Alors Ker φ est fini, $\varphi(G)$ est d'indice fini dans G, et

$$\frac{\text{Card Ker } \varphi}{\text{Card}(G/\varphi(G))} = \text{mod det } \mathbf{L}(\varphi).$$

(Utiliser *a*) pour transformer $\mu(G)$.)
c) Supposons G compact commutatif. Soit $r \in \mathbf{Z}$ tel que $r.1 \neq 0$ dans K, et soit φ l'endomorphisme $x \mapsto x^r$ de G. On a

$$\frac{\text{Card(Ker } \varphi)}{\text{Card}(G/\varphi(G))} = (\text{mod } r.1)^n.$$

(Observer que L(φ) est l'homothétie de rapport r d'après le § 2, cor. de la prop. 7.)

3) Soit E l'espace vectoriel complexe des matrices complexes symétriques à 2 lignes et 2 colonnes. Pour tout $s \in \mathbf{SL}(2, \mathbf{C})$, on définit un automorphisme $\rho(s)$ de E par $\rho(s)(m) = s.m.{}^ts$.
a) Montrer que ρ est une représentation linéaire analytique de SL(2, **C**). Identifiant $\begin{pmatrix} a & b \\ b & c \end{pmatrix} \in$ E à $(a, b, c) \in \mathbf{C}^3$, la matrice de $\rho\begin{pmatrix} \alpha & \beta \\ \gamma & \delta \end{pmatrix}$ est

$$\begin{pmatrix} \alpha^2 & 2\alpha\beta & \beta^2 \\ \alpha\gamma & \alpha\delta + \beta\gamma & \beta\delta \\ \gamma^2 & 2\gamma\delta & \delta^2 \end{pmatrix}.$$

b) Montrer que $m \mapsto \det(m)$ est la forme quadratique $q(a, b, c) = ac - b^2$, non dégénérée sur E, et que ρ est un morphisme de $\mathbf{SL}(2, \mathbf{C})$ sur $\mathbf{SO}(q)$ de noyau $\{I, -I\}$. (Pour la surjectivité, on pourra observer que, dans la matrice d'un élément de $\mathbf{SO}(q)$, la 1ère colonne peut se mettre sous la forme $(\alpha^2, \alpha\gamma, \gamma^2)$ et la 3ème colonne sous la forme $(\beta^2, \beta\delta, \delta^2)$, avec $\alpha^2\delta^2 + \beta^2\gamma^2 - 2\alpha\gamma\beta\delta = 1$. Observer ensuite que 2 éléments de $\mathbf{SO}(q)$ qui coïncident dans un plan non isotrope sont égaux.)
c) En déduire que le groupe de Lie complexe $\mathbf{SO}(3, \mathbf{C})$ est isomorphe au groupe de Lie complexe $\mathbf{SL}(2, \mathbf{C})/\{I, -I\}$.

4) *a*) Soit q une forme quadratique de signature (1, 2) dans $\mathbf{R}^3$. Soit P l'ensemble des $m \in \mathbf{R}^3$ tels que $q(m) > 0$. Alors P est réunion de deux cônes convexes disjoints C et $-$C. Si $s \in \mathbf{SO}(q)$, on a, ou bien $s(C) = C$ et $s(-C) = -C$, ou bien $s(C) = -C$ et $s(-C) = C$. Soit $\mathbf{SO}^+(q)$ l'ensemble des $s \in \mathbf{SO}(q)$ tels que $s(C) = C$. Alors $\mathbf{SO}^+(q)$ est un sous-groupe distingué ouvert de $\mathbf{SO}(q)$, d'indice 2 dans $\mathbf{SO}(q)$.
b) En imitant la méthode de l'exerc. 3), définir un morphisme de $\mathbf{SL}(2, \mathbf{R})$ sur $\mathbf{SO}^+(q)$, de noyau $\{I, -I\}$. En déduire que le groupe de Lie réel $\mathbf{SO}^+(q)$ est isomorphe au groupe de Lie réel $\mathbf{SL}(2, \mathbf{R})/\{I, -I\}$.
c) Pour $(\xi, \eta) \in \mathbf{C}^2$ et $(\xi', \eta') \in \mathbf{C}^2$, posons $f((\xi, \eta), (\xi', \eta')) = \xi\bar{\xi}' - \eta\bar{\eta}'$. Montrer que l'automorphisme intérieur de $\mathbf{SL}(2, \mathbf{C})$ défini par $\frac{1}{\sqrt{2}}\begin{pmatrix} 1 & -i \\ -i & 1 \end{pmatrix}$ transforme $\mathbf{SU}(f)$ en $\mathbf{SL}(2, \mathbf{R})$.

5) Soit E l'espace vectoriel réel des matrices complexes hermitiennes à 2 lignes et 2 colonnes, de trace nulle. Pour tout $s \in \mathbf{SU}(2, \mathbf{C})$, on définit un automorphisme $\rho(s)$ de E par

$\rho(s)(m) = sms^*$. On identifie l'élément $\begin{pmatrix} x & y+iz \\ y-iz & -x \end{pmatrix}$ de E à l'élément (x, y, z) de $\mathbf{R}^3$. En imitant la méthode de l'exerc. 3, montrer que ρ est un morphisme du groupe de Lie réel $\mathbf{SU}(2, \mathbf{C})$ sur le groupe de Lie réel $\mathbf{SO}(3, \mathbf{R})$, de noyau $\{I, -I\}$, et que $\mathbf{SO}(3, \mathbf{R})$ est isomorphe à $\mathbf{SU}(2, \mathbf{C})/\{I, -I\}$.

¶6) Soit F l'espace vectoriel des matrices complexes hermitiennes à 2 lignes et 2 colonnes. Pour tout $s \in \mathbf{SL}(2, \mathbf{C})$, on définit un automorphisme $\sigma(s)$ de F par $\sigma(s)(m) = sms^*$. On identifie l'élément $\begin{pmatrix} t+x & y+iz \\ y-iz & t-x \end{pmatrix}$ de F à l'élément (t, x, y, z) de $\mathbf{R}^4$, et on pose

$$q(t, x, y, z) = t^2 - x^2 - y^2 - z^2.$$

Soit C l'ensemble des $(t, x, y, z) \in \mathbf{R}^4$ tels que $t^2 - x^2 - y^2 - z^2 > 0$, $t > 0$. Soit $\mathbf{SO}^+(q)$ l'ensemble des $g \in \mathbf{SO}(q)$ tels que $g(\mathrm{C}) = \mathrm{C}$; c'est un sous-groupe distingué ouvert de $\mathbf{SO}(q)$, d'indice 2 dans $\mathbf{SO}(q)$ (cf. exerc. 4)). Montrer que σ est un morphisme du groupe de Lie réel sous-jacent à $\mathbf{SL}(2, \mathbf{C})$ sur le groupe de Lie réel $\mathbf{SO}^+(q)$, de noyau $\{I, -I\}$. (Pour la surjectivité, utiliser l'exerc. 5)). En déduire que le groupe de Lie réel $\mathbf{SO}^+(q)$ est isomorphe au groupe de Lie réel sous-jacent à $\mathbf{SL}(2, \mathbf{C})/\{I, -I\}$, c'est-à-dire (exerc. 3) au groupe de Lie réel sous-jacent à $\mathbf{SO}(3, \mathbf{C})$.

7) *a*) Soit G l'ensemble des quaternions de norme 1. C'est un sous-groupe de Lie du groupe de Lie réel $\mathbf{H}^*$, homéomorphe à $\mathbf{S}_3$, donc simplement connexe, cf. TG, XI.
b) Soit E l'espace vectoriel réel des quaternions purs, identifié à $\mathbf{R}^3$ par

$$(x, y, z) \mapsto xi + yj + zk.$$

Pour tout $g \in \mathrm{G}$, on définit un automorphisme $\rho(g)$ de E par $\rho(g)q = gqg^{-1}$. Montrer que ρ est un morphisme du groupe de Lie G sur le groupe de Lie réel $\mathbf{SO}(3, \mathbf{R})$, de noyau $\{1, -1\}$. En déduire que le groupe de Lie $\mathbf{SO}(3, \mathbf{R})$ est isomorphe au groupe de Lie $\mathrm{G}/\{1, -1\}$.
c) Identifions $\mathbf{C}$ au sous-corps $\mathbf{R} + \mathbf{R}i$ de $\mathbf{H}$. L'application $(\lambda, q) \mapsto q\lambda$ de $\mathbf{C} \times \mathbf{H}$ dans $\mathbf{H}$ fait de $\mathbf{H}$ un espace vectoriel sur $\mathbf{C}$, qu'on identifie à $\mathbf{C}^2$ par le choix de la base $(1, j)$. Pour tout $g \in \mathrm{G}$, soit $\sigma(g)$ l'automorphisme de cet espace vectoriel défini par $\sigma(g)q = gq$. Montrer que σ est un isomorphisme du groupe de Lie réel G sur le groupe de Lie réel $\mathbf{SU}(2, \mathbf{C})$. Ce dernier est donc simplement connexe d'après *a*).
d) Pour $(q_1, q_2) \in \mathrm{G} \times \mathrm{G}$, soit $\tau(q_1, q_2)$ l'application $q \mapsto q_1 q \bar{q}_2$ de $\mathbf{H} = \mathbf{R}^4$ dans lui-même. Montrer que τ est un morphisme du groupe de Lie réel $\mathrm{G} \times \mathrm{G}$ sur le groupe de Lie réel $\mathbf{SO}(4, \mathbf{R})$, de noyau $\mathrm{N} = \{(1, 1), (-1, -1)\}$, donc que $\mathbf{SO}(4, \mathbf{R})$ est isomorphe à $(\mathrm{G} \times \mathrm{G})/\mathrm{N}$.

8) Soient G un groupe de Lie réel connexe de dimension finie, M une variété de classe C^∞ connexe de dimension finie; on se donne une loi d'opération à droite de classe C^∞ de G dans M. Pour tout $x \in \mathrm{M}$, soit $\rho(x)$ l'application orbitale correspondante.
a) Pour que G opère transitivement dans M, il faut et il suffit que, pour tout $x \in \mathrm{M}$, l'application $\mathrm{T}_e(\rho(x))$ de $\mathrm{L}(\mathrm{G})$ dans $\mathrm{T}_x(\mathrm{M})$ soit surjective. (Pour voir que la condition est suffisante, observer qu'alors toute G-orbite dans M est ouverte.)
b) On suppose que G opère transitivement dans M. On identifie M à un espace homogène $\mathrm{H}\backslash\mathrm{G}$ où H est le stabilisateur d'un point x_0 de M. On dit que l'action de G dans M est imprimitive s'il existe une sous-variété fermée V de M de classe C^∞, telle que $0 < \dim \mathrm{V} < \dim \mathrm{M}$ et pour laquelle toute transformée $\mathrm{V}.s$ (pour $s \in \mathrm{G}$) est ou bien égale à V ou bien disjointe de V. Pour qu'il en soit ainsi, il faut et il suffit qu'il existe un sous-groupe de Lie L de G tel que $\mathrm{H} \subset \mathrm{L} \subset \mathrm{G}$ et $\dim(\mathrm{H}) < \dim(\mathrm{L}) < \dim(\mathrm{G})$. S'il n'en est pas ainsi, on dit que l'action de G dans M est primitive; il suffit pour cela qu'il n'existe pas de sous-algèbre de $\mathrm{L}(\mathrm{G})$ comprise entre $\mathrm{L}(\mathrm{G})$ et $\mathrm{L}(\mathrm{H})$, distincte de $\mathrm{L}(\mathrm{G})$ et $\mathrm{L}(\mathrm{H})$.
c) Les hypothèses sont celles de *b*). Soit $\mathscr{L}$ l'image de $\mathrm{L}(\mathrm{G})$ par la loi d'opération infinitésimale associée à l'action de G. Soit $\mathscr{E}$ l'algèbre des fonctions de classe C^∞ sur M, $\mathfrak{m}$ l'idéal

maximal de $\mathscr{E}$ formé des fonctions de $\mathscr{E}$ s'annulant en x_0; on désigne par $\mathscr{L}_p$, pour $p = -1, 0, 1, 2, \ldots$ l'ensemble des $X \in \mathscr{L}$ tels que $\theta(X) f \in \mathfrak{m}^{p+1}$ pour toute $f \in \mathscr{E}$; on a $\mathscr{L}_{-1} = \mathscr{L}$, et $\mathscr{L}_0$ est l'image de L(H) par la loi d'opération infinitésimale. Si (U, φ, $\mathbf{R}^n$) est une carte de M centrée en x_0, et si $X_1, \ldots, X_n$ sont les champs de vecteurs sur U définis par la carte, les éléments de $\mathscr{L}_p$ sont les $a_1X_1 + \cdots + a_nX_n$ pour $a_1, \ldots, a_n$ dans $\mathfrak{m}^p|U$. Montrer que $[\mathscr{L}_p, \mathscr{L}_q] \subset \mathscr{L}_{p+q}$ (en convenant de poser $\mathscr{L}_{-2} = \mathscr{L}$). S'il existe $Y \in \mathscr{L}_p$ (pour $p \geqslant 0$) tel que $Y \notin \mathscr{L}_{p+1}$, il existe $X \in \mathscr{L}$ tel que $[Y, X] \notin \mathscr{L}_p$. Les $\mathscr{L}_p$ sont des sous-algèbres de Lie de $\mathscr{L}$. Pour $p \geqslant 0$, $\mathscr{L}_p$ est un idéal de $\mathscr{L}_0$. Soit ρ la représentation linéaire canonique de H dans $T_{x_0}(M)$. L'algèbre de Lie de H/(Ker ρ) est isomorphe à $\mathscr{L}_0/\mathscr{L}_1$.

d) On suppose en outre que l'intersection des $\mathscr{L}_p$ est {0}. Alors il existe un plus grand indice r tel que $\mathscr{L}_r \neq \{0\}$, et tous les $\mathscr{L}_j$ d'indices $\leqslant r$ sont distincts. Pour $p \geqslant 0$, on a

$$\dim(\mathscr{L}_p/\mathscr{L}_{p+1}) \leqslant \binom{n+p}{p+1}.$$

e) L'hypothèse de *d*) est satisfaite si M est analytique et si G opère analytiquement dans M.

9) Avec les notations de la prop. 30, HH′ peut être une partie ouverte de G dense dans G et distincte de G (prendre G = $\mathbf{GL}(2, \mathbf{R})$, pour H le sous-groupe trigonal supérieur, pour H′ le sous-groupe trigonal strict inférieur).

§ 4

1) Soient G un groupe de Lie, H un quasi-sous-groupe de Lie distingué de G, π l'application canonique de G sur G/H. Il existe sur G/H une structure de groupe de Lie et une seule possédant la propriété suivante: pour qu'un homomorphisme θ de G/H dans un groupe de Lie G′ soit un morphisme de groupes de Lie, il faut et il suffit que $\theta \circ \pi$ soit un morphisme de groupes de Lie. En outre, L(G/H) est canoniquement isomorphe à L(G)/L(H). (Soit Q un groupuscule de Lie tel que L(Q) = L(G)/L(H). Montrer que, en diminuant au besoin Q, on peut identifier Q à un voisinage ouvert de 0 dans G/H, et qu'on peut ensuite appliquer à G/H la prop. 18 du § 1.)

¶2) Soient G et H deux groupes de Lie, f un morphisme de groupes de Lie de G dans H.
(i) Le noyau N de f est un quasi-sous-groupe de Lie distingué de G, et L(N) = Ker L(f). (Utiliser des applications exponentielles de G et H.)
(ii) Soit g: G/N $\rightarrow f$(G) l'application déduite de f par passage au quotient. Si f et L(f) ont des images fermées, et si la topologie de G admet une base dénombrable, alors f(G) est un quasi-sous-groupe de Lie de H, d'algèbre de Lie Im L(f), et g un isomorphisme de groupes de Lie, G/N étant muni de la structure définie dans l'exerc. 1. (Se ramener grâce à (i) au cas où N = {e}.)

3) Soient G un groupe de Lie, U un voisinage ouvert de 0 dans L(G), φ une application analytique de U dans G telle que $\varphi(0) = e$ et $T_0\varphi = \mathrm{Id}_{L(G)}$. Les conditions suivantes sont équivalentes:
a) φ est une application exponentielle;
b) Il existe un $m \in \mathbf{Z}$ distinct de 0, 1, −1, tel que $\varphi(mx) = \varphi(x)^m$ dans un voisinage de 0. (Si la condition *b*) est vérifiée, montrer que φ_* vérifie la condition (iii) du th. 4.)

¶4) *a*) Soit K = **R**, ou **C**, ou un corps ultramétrique à corps résiduel de caractéristique > 0. Soient G un groupe de Lie sur K, U un voisinage ouvert de 0 dans L(G), φ: U $\rightarrow$ G une application dérivable en 0 telle que $\varphi(0) = e$, $T_0(\varphi) = \mathrm{Id}_{L(G)}$, et $\varphi((\lambda + \lambda')b) = \varphi(\lambda b)\varphi(\lambda' b)$ pour λb, $\lambda' b$, $(\lambda + \lambda')b$ dans U. Alors φ coïncide dans un voisinage de 0 avec une application exponentielle.
b) Soit k un corps de caractéristique 0. Prenons pour K le corps valué $k((X))$, qui est de caractéristique 0. Soit G le groupe de Lie additif $k[[X]]$. Soit φ l'application k-linéaire continue de G dans G telle que $\varphi(X^n) = X^n + X^{2n}$ pour tout entier $n \geqslant 0$. Alors φ vérifie

les conditions de *a*), mais ne coïncide dans aucun voisinage de 0 avec une application exponentielle.

5) Soit (e_1, e_2, e_3) la base canonique de $\mathbf{R}^3$. On munit $\mathbf{R}^3$ de la structure d'algèbre de Lie nilpotente $\mathfrak{g}$ telle que $[e_1, e_2] = e_3$, $[e_1, e_3] = [e_2, e_3] = 0$. Notons c_{ijk} les constantes de structure de $\mathfrak{g}$ relativement à la base (e_1, e_2, e_3).
a) Montrer que, sur $\mathbf{R}^3$, les formes différentielles

$$\omega_1 = dx_1, \qquad \omega_2 = dx_2, \qquad \omega_3 = -x_1\,dx_2 + dx_3$$

vérifient les relations

$$d\omega_k = -\sum_{i<j} c_{ijk}\omega_i \wedge \omega_j \qquad (k = 1, 2, 3),$$

et sont linéairement indépendantes en chaque point de $\mathbf{R}^3$.
b) En déduire qu'il existe, sur un voisinage ouvert de 0 dans $\mathbf{R}^3$, une structure de groupuscule de Lie G telle que $\mathrm{L}(\mathrm{G}) = \mathfrak{g}$ et

$$(1) \qquad (a_1, a_2, a_3)(x_1, x_2, x_3) = (x_1 + a_1, x_2 + a_2, x_3 + a_3 + a_1x_2)$$

pour (a_1, a_2, a_3), (x_1, x_2, x_3) assez voisins de 0. Montrer qu'en fait les formules (1) définissent une structure de groupe de Lie nilpotent sur $\mathbf{R}^3$.

¶6) Soient G un groupe de Lie de dimension finie, $\mathfrak{g}$ son algèbre de Lie, $\mathfrak{g}^*$ l'espace vectoriel dual de $\mathfrak{g}$, σ la représentation adjointe de G dans $\mathfrak{g}$, ρ la représentation de G dans $\mathfrak{g}^*$ définie par $\rho(g) = {}^t\sigma(g)^{-1}$ pour tout $g \in \mathrm{G}$.
a) On a $\mathrm{L}(\rho)(x) = -{}^t(\mathrm{ad}\, x)$ pour tout $x \in \mathfrak{g}$.
b) Soit $f \in \mathfrak{g}^*$. On note G_f le stabilisateur de f dans G; c'est un sous-groupe de Lie de G, et $\mathfrak{g}_f = \mathrm{L}(\mathrm{G}_f)$ est l'ensemble des $x \in \mathfrak{g}$ tels que ${}^t(\mathrm{ad}\, x) f = 0$.
c) Pour x, y dans $\mathfrak{g}$, on pose $\mathrm{B}_f(x, y) = f([x, y])$. Montrer que B_f est une forme bilinéaire alternée sur $\mathfrak{g}$, que l'application s_f de $\mathfrak{g}$ dans $\mathfrak{g}^*$ associée à gauche à B_f est l'application $x \mapsto {}^t(\mathrm{ad}\, x) f$, et que l'orthogonal de $\mathfrak{g}$ pour B_f est $\mathfrak{g}_f$. On note β_f la forme bilinéaire alternée non dégénérée sur $\mathfrak{g}/\mathfrak{g}_f$ (qui est donc de dimension paire) déduite de B_f par passage au quotient. On note β'_f la forme inverse de B_f sur $(\mathfrak{g}/\mathfrak{g}_f)^*$.
d) Soit Ω une orbite de G dans $\mathfrak{g}^*$; on la munit de la structure de variété déduite par transport de structure de celle de G/G_f, où f est un point quelconque de Ω. Alors G opère analytiquement à gauche dans Ω. Soit D la loi d'opération infinitésimale associée. Pour tout $a \in \mathfrak{g}$ et tout $f \in \Omega$, on a $\mathrm{D}_a(f) = -({}^t\mathrm{ad}\, a) f$. Le sous-espace tangent $\mathrm{T}_f(\Omega)$ est l'image de s_f, c'est-à-dire l'orthogonal de $\mathfrak{g}_f$ dans $\mathfrak{g}^*$, et s'identifie canoniquement à $(\mathfrak{g}/\mathfrak{g}_f)^*$, de sorte que s_f définit un isomorphisme canonique r_f de $\mathrm{T}_f(\Omega)$ sur son dual. Le champ $f \mapsto \beta'_f$ est une forme différentielle analytique ω de degré 2 sur Ω, invariante par G. Pour $f \in \Omega$, $a \in \mathfrak{g}$, $b \in \mathfrak{g}$, on a $\omega(\mathrm{D}_a(f), \mathrm{D}_b(f)) = f([a, b])$.
e) Montrer que $d\omega = 0$.
f) Si α est une forme différentielle de degré 1 sur Ω, les isomorphismes r_f permettent d'identifier α à un champ de vecteurs. Soit A l'ensemble des fonctions analytiques sur Ω à valeurs dans K. Pour φ, ψ dans A, on pose $[\varphi, \psi] = \omega(d\varphi, d\psi) \in \mathrm{A}$. Montrer que A est ainsi muni d'une structure d'algèbre de Lie.
g) Pour tout $a \in \mathfrak{g}$, soit ψ_a la fonction $f \mapsto f(a)$ sur Ω. Montrer que $a \mapsto \psi_a$ est un homomorphisme de $\mathfrak{g}$ dans l'algèbre de Lie A, et que la forme $d\psi_a$ s'identifie, grâce aux isomorphismes r_f, au champ de vecteurs D_a.
h) Soient U une partie ouverte de $\mathfrak{g}^*$, et φ une fonction analytique sur U. Pour tout $f \in \mathrm{U}$, on identifie la différentielle $d_f\varphi$ de φ en f à un élément de $\mathfrak{g}$. On suppose que $\mathrm{X}\varphi = 0$ pour tout champ de vecteurs X défini par l'action de G dans $\mathfrak{g}^*$. Montrer qu'alors, pour tout $f \in \mathrm{U}$, $d_f\varphi$ appartient au centre de $\mathfrak{g}_f$.
i) Pour tout $f \in \mathfrak{g}^*$, on pose $r_f = \dim \mathfrak{g}_f$. Soit $r = \inf\limits_{f \in \mathfrak{g}^*} r_f$. Montrer que l'ensemble V des

$f \in \mathfrak{g}^*$ telles que $r_f = r$ est ouvert et dense dans $\mathfrak{g}^*$. Montrer que, pour $f \in V$, $\mathfrak{g}_f$ est commutatif. (Construire r fonctions φ vérifiant les conditions de *h*) au voisinage de f et telles que leurs différentielles en f soient linéairement indépendantes.)

¶7) *a*) Soit $(\lambda, x) \mapsto \lambda.x$ une loi d'opération à gauche continue de $\mathbf{R}$ dans $\mathbf{T}$. Alors, de deux choses l'une:

1) ou bien il existe un point fixe, et le stabilisateur de tout point est, soit $\mathbf{R}$, soit $\{0\}$;

2) ou bien il existe un point dont le stabilisateur est un sous-groupe discret infini de $\mathbf{R}$, et $\mathbf{R}$ opère transitivement sur $\mathbf{T}$. (Si $\{\lambda \in \mathbf{R} \mid \lambda.x = x\} = \{0\}$, l'orbite de x est homéomorphe à $\mathbf{R}$ et possède des points frontières $\lim_{\lambda \to \pm\infty} \lambda.x$ qui sont fixes. Si $\{\lambda \in \mathbf{R} \mid \lambda.x = x\} = \mathbf{Z}a$ avec $a \neq 0$, l'orbite de x est homéomorphe à $\mathbf{T}$ et $\mathbf{R}$ est transitif.)

b) Si f est un homéomorphisme de $\mathbf{T}$ sur lui-même, et k un entier $\geqslant 1$, on dit qu'un point $x \in \mathbf{T}$ est périodique de période k pour f si $f^k(x) = x$ et $f^h(x) \neq x$ pour $1 \leqslant h < k$. Avec les notations de *a*), soit f_λ l'homéomorphisme $x \mapsto \lambda.x$. Alors l'ensemble des points périodiques de période $k > 1$ pour f_λ est vide ou égal à $\mathbf{T}$. (S'il existe un point périodique de période $k > 1$ pour f_λ, son stabilisateur est distinct de $\{0\}$ et de $\mathbf{R}$, donc $\mathbf{R}$ opère transitivement dans $\mathbf{T}$, et tous les points de $\mathbf{T}$ sont périodiques de période k pour f_λ.)

c) Soit Ω un voisinage de e dans $\mathrm{Diff}^\infty(\mathbf{T})$ (VAR, R, 15.3.8, note (¹)). Il existe un entier $k > 1$, et un $f \in \Omega$ sans point fixe, tels que l'ensemble des points périodiques de période k pour f ne soit ni vide ni égal à $\mathbf{T}$. (Soit $p : \mathbf{R} \to \mathbf{T}$ l'application canonique. Soit ρ l'application $p(x) \mapsto p\left(x + \dfrac{2\pi}{k}\right)$ de $\mathbf{T}$ dans $\mathbf{T}$. Soit Ω' un voisinage de e dans $\mathrm{Diff}^\infty(\mathbf{T})$ tel que $\Omega'^2 \subset \Omega$. Pour k assez grand, on a $\rho \in \Omega'$. D'autre part, soit σ une application de $\mathbf{T}$ dans $\mathbf{T}$ telle que $\sigma(y) = y$ pour $y \notin p\left(\left]0, \dfrac{2\pi}{k}\right[\right)$ et $\sigma(p(x)) = p(x + \lambda(x))$ pour $x \in \left]0, \dfrac{2\pi}{x}\right[$, avec

$$0 < \lambda(x) < \frac{2\pi}{k} - x;$$

on peut choisir λ de telle sorte que $\sigma \in \Omega'$. Alors $f = \rho \circ \sigma$ a les propriétés requises.)

Un tel f ne peut, d'après *b*), être dans l'image d'un morphisme continu de $\mathbf{R}$ dans $\mathrm{Diff}^\infty(\mathbf{T})$.

d) Soit Y une variété différentielle compacte de dimension $\geqslant 1$. Tout voisinage de e dans $\mathrm{Diff}^\infty(Y)$ contient un élément h possédant la propriété suivante: h n'appartient à l'image d'aucun morphisme continu de $\mathbf{R}$ dans $\mathrm{Diff}^0(Y)$. (La variété Y contient une sous-variété ouverte de la forme $\mathbf{T} \times D$, où D est la boule euclidienne ouverte de rayon 1 et de centre 0 dans $\mathbf{R}^n$ ($n = \dim Y - 1$). Soit $g \in \mathrm{Diff}^\infty(D)$ tel que $g(0) = 0$, $\|g(x)\| > \|x\|$ pour $0 < \|x\| < \frac{1}{2}$ et $g(x) = x$ pour $\|x\| \geqslant \frac{1}{2}$, et g très voisin de e dans $\mathrm{Diff}^\infty(D)$. Soit f comme dans *c*), et, pour $0 < t < 1$, soit $f_t : \mathbf{T} \to \mathbf{T}$ défini comme suit: pour $x \in \mathbf{T}$, $y \in p^{-1}(x)$, $z \in p^{-1}(f(x))$ et $|z - y| < \pi$, on pose $f_t(x) = p(ty + (1 - t)z)$. Il existe alors $h \in \mathrm{Diff}^\infty(Y)$ tel que $h(x, y) = (f_{2\|y\|}(x), g(y))$ pour $x \in \mathbf{T}$, $y \in D$ et $h(u) = u$ pour $u \in Y - (\mathbf{T} \times D)$; en outre, on peut choisir f et g de telle sorte que h soit arbitrairement voisin de e dans $\mathrm{Diff}^\infty(Y)$. Les points de $\mathbf{T} \times \{0\}$ sont les $y \in Y$ tels que quand n tend vers $+\infty$, $h^{kn}(x)$ tende vers un point non fixe par h (en fait périodique de période k). Par suite, tout homéomorphisme de Y sur Y qui commute avec h laisse $\mathbf{T} \times \{0\}$ invariant. Appliquer alors *c*)).

e) Soit Y une variété différentielle compacte de dimension $\geqslant 1$. Il n'existe pas de groupe de Lie G et de morphismes continus $\mathrm{Diff}^\infty(Y) \to G$, $G \to \mathrm{Diff}^0(Y)$ dont le composé soit l'injection canonique de $\mathrm{Diff}^\infty(Y)$ dans $\mathrm{Diff}^0(Y)$. (Utiliser *d*).)

8) Soit G un groupe de Lie de dimension finie. On suppose L(G) simple. Soit A un sous-groupe distingué de G. Si A n'est pas ouvert, A est discret et son commutant dans G est ouvert. (Soit $\mathfrak{a}$ la sous-algèbre tangente à A en e. Montrer que $\mathfrak{a} = \{0\}$. Soit x un élément de A n'appartenant pas au centre de G. Considérer l'application $y \mapsto yxy^{-1}$ de G dans A. Déduire de la relation $\mathfrak{a} = \{0\}$ que le commutant de x dans G est ouvert. Puis, en utilisant une application exponentielle, montrer que le commutant de x dans G contient un voisinage de e indépendant de x.)

¶9) Soit G un groupe de Lie compact sur K, de dimension n. On suppose que l'algèbre de Lie L(G) est simple. Pour tout $g \in G$, tout entier $m \geqslant 1$, et tout voisinage V de e dans G, on note $M(g, m, V)$ l'ensemble des éléments de G de la forme $\prod_{i=1}^{m} x_i(y_i, g)x_i^{-1}$, pour $x_1, \ldots, x_m, y_1, \ldots, y_m$ dans V.

a) Montrer que si g est un élément de G dont le centralisateur n'est pas ouvert, si m est un entier $\geqslant n$, et si V est un voisinage de e, alors $M(g, m, V)$ est un voisinage de e. (Il existe $a \in L(G)$ tel que $(\mathrm{Ad}\, g)(a) \neq a$. Soit φ une application exponentielle de G. Soit y l'image de 1 par l'application tangente en 0 à $\lambda \mapsto (\varphi(\lambda a), g)$ (où $\lambda \in K$). On a $b = (\mathrm{Ad}\, g - 1)(a) \neq 0$. Il existe $x_1, \ldots, x_m$ dans V tels que $\{(\mathrm{Ad}\, x_1)(b), \ldots, (\mathrm{Ad}\, x_m)(b)\}$ contienne une base de L(G). On considère l'application $(x'_1, \ldots, x'_m, y_1, \ldots, y_m) \mapsto \prod_{i=1}^{m} x'_i(y_i, g)x_i'^{-1}$ de G^{2m} dans G. Montrer que l'application tangente en $(x_1, \ldots, x_m, e, \ldots, e)$ est surjective.)

b) Soit U un voisinage de e dans G. Soit m un entier $\geqslant 1$. Il existe un élément g de G dont le centralisateur n'est pas ouvert, tel que $M(g, m, G) \subset U$. (Raisonner par l'absurde en utilisant la compacité de G.)

c) Soit G′ un groupe de Lie compact sur K dont l'algèbre de Lie est simple. Soit $\varphi: G \to G'$ un homomorphisme bijectif de groupes abstraits. Alors φ est continu. (Appliquer *b*) à G′ et *a*) à G.)

10) Soit G un groupe de Lie sur K. Montrer qu'il existe un voisinage V de e possédant la propriété suivante: pour toute suite (x_n) d'éléments de V, si l'on définit par récurrence $y_1 = x_1$, $y_n = (x_n, y_{n-1})$, la suite (y_n) tend vers e.

11) *a*) Pour x, y dans $\mathbf{S}_{2n-1} \subset \mathbf{C}^n$, on définit $\alpha(x, y) \in [0, \pi]$ par $\cos \alpha(x, y) = \mathscr{R}((x|y))$. Pour s, t dans $\mathbf{U}(n)$, on pose $d(s, t) = \sup_{x \in \mathbf{S}_{2n-1}} \alpha(sx, tx)$. Montrer que d est une distance sur $\mathbf{U}(n)$ invariante à gauche et à droite.

b) Soit $s \in \mathbf{U}(n)$. Soient $\theta_1, \ldots, \theta_m$ les nombres de $]-\pi, \pi]$ tels que les $e^{i\theta_j}$ soient les valeurs propres distinctes de s. Posons $\theta(s) = \sup_{1 \leqslant j \leqslant m} |\theta_j|$. Alors $d(e, s) = \theta(s)$. (Soit V_j le sous-espace propre de s correspondant à $e^{i\theta_j}$. Pour $x \in \mathbf{S}_{2n-1}$, minorer $\mathscr{R}((x|sx))$ en décomposant suivant les V_j.)

c) Soient s, t dans $\mathbf{U}(n)$ tels que $\theta(t) < \frac{\pi}{2}$ et que s commute à (s, t). Alors s et t commutent. (Avec les notations de *b*), soient V'_j le supplémentaire orthogonal de V_j et $W_j = t(V_j)$; montrer que $W_j = (W_j \cap V_j) + (W_j \cap V'_j)$, puis que $W_j \cap V'_j = \{0\}$.)

d) Montrer qu'il existe un voisinage compact V de e dans $\mathbf{U}(n)$ qui a la propriété de l'exerc. 10, qui est stable par les automorphismes intérieurs de $\mathbf{U}(n)$, et qui est tel que si x, y sont des éléments non permutables de V, x et (x, y) sont non permutables. (Utiliser *c*).)

e) Soit β la mesure de Haar normalisée de $\mathbf{U}(n)$. Soit V_1 un voisinage compact symétrique de e dans $\mathbf{U}(n)$ tel que $V_1^2 \subset V$. Soit p un entier tel que $\beta(V_1) > 1/p$. Montrer que, pour tout sous-groupe fini F de $\mathbf{GL}(n, \mathbf{C})$, il existe un sous-groupe distingué commutatif A de F tel que $\mathrm{Card}(F/A) \leqslant p$ (théorème de Jordan). (Se ramener au cas où $F \subset \mathbf{U}(n)$. Prendre pour A le sous-groupe de F engendré par $F \cap V$ et utiliser *d*).)

12) Soient G un groupe de Lie réel ou complexe connexe de dimension finie, α une forme différentielle de degré p invariante à gauche sur G. Pour que α soit aussi invariante à droite, il faut et il suffit que $d\alpha = 0$. (Observer que la condition d'invariance à droite s'écrit

$$\wedge^p({}^t\mathrm{Ad}(s)).\alpha(e) = \alpha(e)$$

pour tout $s \in G$, donc est équivalente à la condition

$$\sum_{j=1}^{p} \langle \alpha(e), u_1 \wedge \cdots \wedge u_{j-1} \wedge [u, u_j] \wedge u_{j+1} \wedge \cdots \wedge u_p \rangle = 0$$

quels que soient $u, u_1, \ldots, u_p$ dans L(G)). En particulier, les formes différentielles de degré 1 invariantes à droite et à gauche sur G forment un espace vectoriel de dimension dim L(G) − dim[L(G), L(G)].

13) On munit $\mathbf{R}^n$ du produit scalaire usuel $((\xi_i), (\eta_i)) \mapsto \sum_{i=1}^{n} \xi_i \eta_i$. Soit I(*n*) le groupe des transformations affines isométriques de $\mathbf{R}^n$. Il est canoniquement isomorphe au sous-groupe de Lie de $\mathbf{GL}(n+1, \mathbf{R})$ formé des matrices

$$S = \begin{pmatrix} U & x \\ 0 & 1 \end{pmatrix}$$

où $U \in \mathbf{O}(n)$ et x est un élément arbitraire de $\mathbf{R}^n$ (matrice de type $(n, 1)$). On peut identifier I(*n*) au produit semi-direct de $\mathbf{O}(n)$ par $\mathbf{R}^n$ défini par l'injection canonique de $\mathbf{O}(n)$ dans $\mathbf{GL}(n, \mathbf{R})$ (la matrice S se notant alors (U, x)). Soit $p\colon \mathrm{I}(n) \to \mathbf{O}(n)$ la surjection canonique, de noyau $\mathbf{R}^n$.

a) Soit Γ un sous-groupe discret de I(*n*). On considère l'adhérence $\overline{p(\Gamma)}$ de $p(\Gamma)$ dans $\mathbf{O}(n)$. Montrer que sa composante neutre est commutative. (Soit V un voisinage de I dans $\mathbf{O}(n)$ ayant les propriétés de l'exerc. 11 *d*), et tel en outre que $\|U - I\| \leqslant \frac{1}{4}$ pour tout $U \in$ V (la norme sur End($\mathbf{R}^n$) étant déduite de la norme euclidienne de $\mathbf{R}^n$). Raisonner par l'absurde en supposant qu'il existe $S_1 = (U_1, x_1)$, $S_2 = (U_2, x_2)$ tels que U_1, U_2 appartiennent à V et ne commutent pas. Montrer qu'on peut écrire $(S_1, S_2) = ((U_1, U_2), y)$ avec

$$\|y\| \leqslant \tfrac{1}{4}(\|x_1\| + \|x_2\|).$$

Définir alors par récurrence les S_k en posant $S_k = (S_1, S_{k-1})$ pour $k \geqslant 3$. Tenant compte du choix de V, montrer que cette suite a une infinité de termes distincts et est bornée dans I(*n*), ce qui est absurde.)

b) On dit que Γ est *cristallographique* si $\mathrm{I}(n)/\Gamma$ est compact. Montrer que, s'il en est ainsi, pour tout $x \in \mathbf{R}^n$, le sous-espace affine L de $\mathbf{R}^n$ engendré par Γx est égal à $\mathbf{R}^n$. (Dans le cas contraire, pour tout $y \in \mathbf{R}^n$, tous les points de Γy sont à la même distance de L, et, comme cette distance peut être arbitrairement grande, $\mathrm{I}(n)/\Gamma$ n'est pas compact.)

c) Si Γ est cristallographique commutatif, on a $\Gamma \subset \mathbf{R}^n$. (Si $S = (U, x) \in \Gamma$ est tel que le sous-espace vectoriel $\mathrm{V} \subset \mathbf{R}^n$ formé des points invariants par U ne soit pas égal à $\mathbf{R}^n$, et si on note $\mathrm{V}^{\perp}$ le sous-espace orthogonal à V, alors, pour tout $S' = (U', x') \in \Gamma$, U' laisse stables V et $\mathrm{V}^{\perp}$. D'autre part, $U \mid \mathrm{V}^{\perp}$ n'ayant aucun point invariant non nul, montrer que cela permet de supposer, en changeant d'origine, que $x \in$ V. Utilisant *b*), il existe $S' = (U', x') \in \Gamma$ tel que la projection orthogonale y' de x' sur $\mathrm{V}^{\perp}$ soit $\neq 0$. En calculant Sx' par la formule $S = S'SS'^{-1}$, en déduire que $U.y' = y'$ contrairement à la définition de V.)

d) Si Γ est cristallographique, $\Gamma \cap \mathbf{R}^n$ est un groupe commutatif libre de rang n, et $\Gamma/(\Gamma \cap \mathbf{R}^n)$ est un groupe fini (théorème de Bieberbach). (Soit W le sous-espace vectoriel de $\mathbf{R}^n$ engendré par $\Gamma \cap \mathbf{R}^n$. Le groupe compact $\overline{p(\Gamma)}$ n'a qu'un nombre fini de composantes connexes. Si W = {0}, Γ contient, d'après *a*), un sous-groupe distingué commutatif d'indice fini Γ_1; Γ_1 est alors cristallographique, ce qui entraîne contradiction avec *c*). Donc W ≠ {0}. Montrer que $p(\Gamma)$ laisse stable W et que $p(\Gamma) \mid$ W est fini: sinon, il existerait une suite (S_m) dans Γ telle que si $S_m = (U_m, x_m)$, les U_m soient deux à deux distincts et tendent vers I; former alors les $(I, a_j)S_m(I, a_j)^{-1}S_m^{-1}$ où (a_j) est une base de $\Gamma \cap \mathbf{R}^n$, et obtenir une contradiction avec l'hypothèse que Γ est discret. Enfin, pour voir que W = $\mathbf{R}^n$, montrer que dans le cas contraire l'action de Γ sur $\mathbf{R}^n$/W serait celle d'un groupe cristallographique ne contenant aucune translation $\neq 0$.)

§ 5

1) On suppose que K = **R**. Soit r un entier $\geqslant 1$ ou ∞. On appelle *groupe de classe* C^r un ensemble G muni d'une structure de groupe et d'une structure de variété de classe C^r telles que l'application $(x, y) \mapsto xy^{-1}$ de G × G dans G soit de classe C^r.

a) On suppose désormais $r \geqslant 2$. On identifie un voisinage de e dans G à un voisinage de 0 dans un espace de Banach. Soit $xy = P(x, y)$ où P est une application de classe C^2 dans un voisinage ouvert de (0, 0). On pose $(D_1D_2P)(0, 0) = B$. Montrer que

$$xy = x + y + B(x, y) + |x|\,|y|o(1)$$

quand $(x, y) \to (0, 0)$. (Utiliser un développement d'ordre 2 de P avec reste intégral.)
b) Montrer que

$$x^{-1} = -x + B(x, x) + |x|^2 o(1)$$
$$xyx^{-1} = y + B(x, y) - B(y, x) + |x|\,|y|o(1)$$
$$x^{-1}y^{-1}xy = B(x, y) - B(y, x) + |x|\,|y|o(1)$$

quand (x, y) tend vers (0, 0).

2) Soit G un groupe de classe C^r avec $r \geqslant 2$.
a) Soient $t \in \mathscr{T}^{(s)}(G)$, $t' \in \mathscr{T}^{(s')}(G)$. Si $s + s' \leqslant r$, définir $t * t' \in \mathscr{T}^{(s+s')}(G)$ comme au § 3, n° 1. Si t et t' sont sans termes constants, $t * t'$ est sans terme constant. L'image de t par l'application $x \mapsto x^{-1}$ de G dans G se note $t^\vee$; on a $t^\vee \in \mathscr{T}^{(s)}(G)$. Si f est une fonction de classe C^r sur G à valeurs dans un espace polynormé séparé, on note $f * t$ la fonction sur G définie par $(f * t)(x) = \langle \varepsilon_x * t^\vee, f \rangle$ pour tout $x \in G$; cette fonction est de classe C^{r-s} si $s < \infty$. Montrer, comme au § 3, n° 4, que $f * (t * t') = (f * t) * t'$.
b) Si $t \in T_e(G)$, le champ de vecteurs $x \mapsto \varepsilon_x * t$ sur G se note L_t. Montrer comme au § 3, n° 6, que, pour t, t' dans $T_e(G)$, on a $L_{t*t'} = L_t \circ L_{t'}$, donc que $L_{t*t'-t'*t} = [L_t, L_{t'}]$. Par suite, $t * t' - t' * t$ est un élément de $T_e(G)$ qu'on note $[t, t']$.
c) On utilise les notations de l'exerc. 1 *a*). Si $t \in T_e(G)$, on a $L_t(x) = (D_2P(x, 0))(t)$ pour x assez voisin de 0. En déduire que $[t, t'] = B(t, t') - B(t', t)$.
d) Montrer que $T_e(G)$, muni du crochet $(t, t') \mapsto [t, t']$, est une algèbre de Lie normable. (Pour prouver l'identité de Jacobi, utiliser *c*), l'exerc. 1 *b*), et l'identité (5) de A, I, p. 66.)
(Pour une suite de cet exerc., cf. § 8, exerc. 6).)

§ 6

1) Soit D l'ensemble des éléments de $\mathbf{SL}(2, \mathbf{C})$ de la forme $\begin{pmatrix} a & b \\ 0 & a^{-1} \end{pmatrix}$ où $a > 0$ et $b \in \mathbf{C}$. Montrer que D est un sous-groupe de Lie du groupe de Lie réel sous-jacent à $\mathbf{SL}(2, \mathbf{C})$, et que l'application $(u, d) \mapsto ud$ de $\mathbf{SU}(2, \mathbf{C}) \times D$ dans $\mathbf{SL}(2, \mathbf{C})$ est un isomorphisme de variétés analytiques réelles. Déduire de là, et du § 3, exerc. 7 *c*), que $\mathbf{SL}(2, \mathbf{C})$ est simplement connexe.

2) Soient G le revêtement universel de $\mathbf{SL}(2, \mathbf{R})$, π le morphisme canonique de G sur $\mathbf{SL}(2, \mathbf{R})$, N son noyau.
a) En raisonnant comme dans l'exerc. 1, montrer qu'il existe un isomorphisme de la variété analytique réelle $\mathbf{U} \times \mathbf{R}^2$ sur la variété analytique réelle $\mathbf{SL}(2, \mathbf{R})$. En déduire que N est isomorphe à $\mathbf{Z}$.
b) Si ρ est une représentation linéaire analytique de G dans un espace vectoriel complexe, on a $\operatorname{Ker} \rho \supset N$. (La représentation $L(\rho)$ de $\mathfrak{sl}(2, \mathbf{R})$ définit, par complexification, une représentation de $\mathfrak{sl}(2, \mathbf{C})$, et cette dernière est, d'après l'exerc. 1, de la forme $L(\sigma)$ où σ est une représentation linéaire analytique de $\mathbf{SL}(2, \mathbf{C})$. On a $L(\sigma \circ \pi) = L(\rho)$, donc $\sigma \circ \pi = \rho$.)

3) Soit G_1 le groupe de Lie réel nilpotent simplement connexe défini dans l'exerc. 5 du § 4. Soient Z le centre de G_1, N un sous-groupe discret non trivial de Z, et $G = G_1/N$. Si ρ est une représentation linéaire analytique de dimension finie de G, $\rho(Z/N)$ est un ensemble semi-simple d'automorphismes, car Z/N est compact; mais $Z = (G, G)$, donc $\rho(Z/N)$ est unipotent (chap. I, § 6, prop. 6). Par suite, ρ est triviale dans Z/N.

4) Soit G un groupe de Lie complexe compact et connexe. Montrer que toute représentation linéaire analytique de G est triviale.

5) Avec les notations de l'exerc. 9 du § 1, montrer que H' est un sous-groupe intégral de H. En déduire que dans le groupe simplement connexe $\mathbf{SU}(2, \mathbf{C}) \times \mathbf{SU}(2, \mathbf{C})$ (§ 3, exerc. 7 *c*)), il existe des sous-groupes à un paramètre non fermés.

¶6) Soit I l'intervalle $[1, 2]$ muni de la topologie discrète. Soit E l'espace normé complet des fonctions $f\colon I \to \mathbf{R}$ telles que $\|f\| = \sum_{i \in I} |f(i)| < +\infty$. Pour tout $x \in I$, soit ε_x l'élément de E tel que $\varepsilon_x(t) = 0$ pour $t \neq x$ et $\varepsilon_x(x) = 1$. Soit P le sous-groupe de E engendré par les $x\varepsilon_x$ pour $x \in I$; c'est un sous-groupe discret de E. Soit G le groupe de Lie E/P. Soit F l'hyperplan de E formé des $f \in E$ tels que $\sum_{i \in I} f(i) = 0$. Soit H le groupe de Lie $F/(F \cap P)$. Soit φ le morphisme canonique de H dans G. Montrer que φ est bijectif, est une immersion, mais n'est pas un isomorphisme de groupes de Lie. (Soit f une forme linéaire sur E de noyau F; montrer que $f(P) = \mathbf{R}$, donc que $F + P = E$.) En déduire qu'on ne peut, dans la prop. 3, supprimer l'hypothèse de dénombrabilité.

7) Soit φ le morphisme de $\mathbf{Z}/2\mathbf{Z}$ dans le groupe des permutations de $\mathbf{C}$ qui transforme l'élément non neutre en $z \mapsto \bar{z}$. Soit G le produit semi-direct de $\mathbf{Z}/2\mathbf{Z}$ par le groupe de Lie réel $\mathbf{C}$ correspondant à φ. C'est un groupe de Lie réel d'algèbre de Lie $\mathbf{R}^2$. Montrer qu'il n'existe sur G aucune structure de groupe de Lie complexe compatible avec la structure de groupe de Lie réel.

¶8) Soient H un espace hilbertien complexe de dimension $\aleph_0$, et G le groupe unitaire de H considéré comme groupe de Lie réel. Le groupe G est simplement connexe.[1]

a) Soit Z le centre de G, qui est isomorphe à $\mathbf{T}$. Soit a un nombre irrationnel. Soit $\mathfrak{s}$ la sous-algèbre de Lie de $L(G) \times L(G)$ formée des (x, ax) où $x \in L(Z)$. Soit S le sous-groupe intégral de $G \times G$ correspondant. Alors $\mathfrak{s}$ est un idéal de $L(G) \times L(G)$; pourtant, S est non fermé, et est dense dans $Z \times Z$.

b) Soit $\mathfrak{g} = (L(G) \times L(G))/\mathfrak{s}$. Il n'existe aucun groupe de Lie d'algèbre de Lie $\mathfrak{g}$. (Soit H un tel groupe. Comme G est simplement connexe, il existe un morphisme $\varphi\colon G \times G \to H$ tel que $L(\varphi)$ soit l'application canonique de $L(G) \times L(G)$ sur $\mathfrak{g}$. Soit $N = \operatorname{Ker} \varphi$. On a $L(N) \supset \mathfrak{s}$, donc $N \supset S$ et par suite $N \supset Z \times Z$ d'après *a*). Alors $L(N) \supset L(Z) \times L(Z)$, ce qui est absurde.)

9) Soit X une variété complexe compacte connexe non vide de dimension n. On suppose qu'il existe des champs de vecteurs $\xi_1, \ldots, \xi_n$ holomorphes sur X, linéairement indépendants en chaque point de X. Montrer qu'il existe un groupe de Lie complexe G et un sous-groupe discret D de G tels que X soit difféomorphe à G/D. (Soient c_{ijk} les fonctions holomorphes sur X telles que $[\xi_i, \xi_j] = \sum_k c_{ijk}\xi_k$. Les c_{ijk} sont des constantes parce que X est compacte. Prendre pour G le groupe de Lie complexe simplement connexe dont l'algèbre de Lie admet les c_{ijk} pour constantes de structure et utiliser le th. 5.)

10) Soit G un groupe de Lie ayant un nombre fini de composantes connexes. Pour que G soit unimodulaire, il faut et il suffit que $\operatorname{Tr} \operatorname{ad} a = 0$ pour tout $a \in L(G)$.

11) Soient E un espace normable complet sur $\mathbf{C}$, $v \in \mathscr{L}(E)$, et $g = \exp(v)$. On suppose que $\operatorname{Sp}(v) \cap 2i\pi(\mathbf{Z} - \{0\}) = \varnothing$. Soient E_1, E_2 des sous-espaces vectoriels fermés de E stables par v, tels que $E_2 \subset E_1$. On suppose que l'automorphisme de E_1/E_2 déduit de g est l'identité. Alors $v(E_1) \subset E_2$.

¶12) On considère un espace normable complet réel ou complexe E et un sous-espace vectoriel fermé F de E tel que F^0 n'admette pas de supplémentaire topologique dans E'.[2]

[1] Cf. N. H. KUIPER, The homotopy type of the unitary group of Hilbert space, *Topology*, t. III (1965), pp. 19–30. Dans cet article, il est même prouvé que G est contractile.

[2] Soient c_0 (resp. l^1, l^∞) l'espace de Banach des suites réelles ou complexes $(x_1, x_2, \ldots)$ vérifiant

a) Soit A (resp. B) l'espace normable complet des endomorphismes continus de E (resp. F). Soit C l'ensemble des $u \in A$ tels que $u(F) \subset F$. Soit α l'application $u \mapsto (u, u|F)$ de C dans $A \times B$. Alors α est un isomorphisme de l'espace normable complet C sur un sous-espace vectoriel fermé de $A \times B$, et $\alpha(C)$ n'admet pas de supplémentaire topologique dans $A \times B$. (Soit $x \in E$ tel que $x \notin F$. Soit $\xi \in F^0$ tel que $\langle x, \xi \rangle = 1$. Si $\eta \in E'$, notons $\tilde{\eta}$ l'élément $y \mapsto \langle y, \eta \rangle x$ de A. Supposons qu'il existe un projecteur π de $A \times B$ sur $\alpha(C)$. Définissons $\tilde{\pi}: E' \to E'$ par $\tilde{\pi}(\eta) = {}^t(\alpha^{-1}(\pi(\tilde{\eta}, 0)))(\xi)$. Alors $\tilde{\pi}$ est un projecteur de E' sur F^0, ce qui est absurde.)

b) On construit une algèbre normable complète réelle ou complexe unifère M de la manière suivante: $M = \bigoplus_{i=0}^{\infty} M_i$ est graduée par les M_i; M_0 est l'ensemble des multiples scalaires de 1; M_1 est l'ensemble des multiples scalaires d'un élément non nul u; $M_2 = \{0\}$; $M_3 = F$; $M_4 = E$; $M_i = \{0\}$ pour $i \geqslant 5$; on a $ux = x$ pour tout $x \in M_3$. Soient N l'espace normable complet des endomorphismes continus de l'espace normable complet M. Soit N_1 l'ensemble des dérivations continues de M. Montrer, en utilisant *a*), que N_1 n'a pas de supplémentaire topologique dans N.

c) Montrer que le groupe des automorphismes bicontinus de M est un quasi-sous-groupe de Lie de **GL**(M), mais non un sous-groupe de Lie de **GL**(M). (Utiliser le cor. 2 de la prop. 18, et *b*).)

13) Soient G un groupe de Lie réel, $L = L(G)$, $\varphi: L \to G$ une application dérivable en 0 telle que $T_0(\varphi) = \mathrm{Id}_L$ et telle que $\varphi(nx) = \varphi(x)^n$ quels que soient $x \in L$ et $n \in \mathbf{Z}$. Alors $\varphi = \exp_G$. (Soient V un voisinage de 0 dans L, W un voisinage de e dans G, tels que $\theta = \exp_G|V$ soit un isomorphisme analytique de V sur W. Soit $\psi = \theta^{-1} \circ (\varphi|\varphi^{-1}(W))$. Alors $T_0(\psi) = \mathrm{Id}_L$, d'où $\psi = \mathrm{Id}_L$ en utilisant l'égalité $\psi\left(\frac{1}{n}x\right) = \frac{1}{n}\psi(x)$ pour x assez voisin de 0 et $n \in \mathbf{Z} - \{0\}$.)

14) Soit $\mathfrak{a}_1$ l'algèbre de Lie commutative $\mathbf{R}^4$, identifiée à $\mathbf{C}^2$. Soit $\mathfrak{a}_2$ l'algèbre de Lie commutative $\mathbf{R}$. Soit φ l'homomorphisme de $\mathfrak{a}_2$ dans $\mathrm{Der}(\mathfrak{a}_1)$ qui transforme 1 en la dérivation $(z_1, z_2) \mapsto (iz_1, i\sqrt{2}\, z_2)$. Soit $\mathfrak{a}$ le produit semi-direct de $\mathfrak{a}_2$ par $\mathfrak{a}_1$ correspondant à φ.

a) Montrer que $(\mathrm{Int}\, \mathfrak{a})|\mathfrak{a}_1$ contient, pour tout $\varphi \in \mathbf{R}$, l'automorphisme

$$(z_1, z_2) \mapsto (e^{i\varphi} z_1, e^{i\sqrt{2}\varphi} z_2).$$

b) Montrer que l'adhérence G de $(\mathrm{Int}\, \mathfrak{a})|\mathfrak{a}_1$ dans $\mathbf{GL}(\mathfrak{a}_1)$ contient, pour tout $(\varphi, \varphi') \in \mathbf{R}^2$, l'automorphisme $(z_1, z_2) \mapsto (e^{i\varphi} z_1, e^{i\varphi'} z_2)$.

c) Montrer que L(G) contient l'endomorphisme $u: (z_1, z_2) \mapsto (z_1, 0)$ de $\mathfrak{a}_1$, et qu'il n'existe aucun $x \in \mathfrak{a}$ tel que $u = (\mathrm{ad}\, x)|\mathfrak{a}_1$.

d) En déduire que $\mathrm{Int}(\mathfrak{a})$ n'est pas fermé dans $\mathrm{Aut}(\mathfrak{a})$.

15) Montrer que le groupe de Lie réel simplement connexe de dimension finie du § 3, exerc. 7 *a*) contient des sous-groupes de Lie connexes non simplement connexes (il contient en fait des sous-groupes de Lie isomorphes à **U**).

¶16) *a*) Soit $\mathfrak{g}$ une algèbre de Lie complexe. Soit $\bar{\mathfrak{g}}$ l'algèbre de Lie complexe déduite de $\mathfrak{g}$ à l'aide de l'automorphisme $\lambda \mapsto \bar{\lambda}$ de **C**. Soit $\mathfrak{g}_0$ l'algèbre de Lie réelle déduite de $\mathfrak{g}$ par

---

$\lim_{n \to \infty} x_n = 0$ (resp. $\sum_n |x_n| < +\infty$, resp. $\sup_n |x_n| < +\infty$) avec la norme $\|x\| = \sup_n |x_n|$ (resp. $\sum_n |x_n|$, resp. $\sup_n |x_n|$). Il existe un morphisme continu π de l^1 sur c_0; soit F son noyau. Alors $(c_0)' = l^1$ s'identifie à F°. Or un sous-espace vectoriel de type dénombrable de l^∞ ne peut être facteur direct topologique dans l^∞ (cf. A. GROTHENDIECK, Sur les applications linéaires faiblement compactes d'espaces du type C(K), *Can. J. Math.*, t. V (1953), p. 169).

restriction des scalaires. Soit $\mathfrak{g}' \supset \mathfrak{g}_0$ l'algèbre de Lie complexe $\mathfrak{g}_0 \otimes_{\mathbf{R}} \mathbf{C}$. Pour tout $x \in \mathfrak{g}$, on pose

$$f(x) = \tfrac{1}{2}(x \otimes 1 - (ix) \otimes i) \in \mathfrak{g}', \qquad g(x) = \tfrac{1}{2}(x \otimes 1 + (ix) \otimes i) \in \mathfrak{g}'.$$

Montrer que f (resp. g) est un isomorphisme de $\mathfrak{g}$ (resp. $\bar{\mathfrak{g}}$) sur un idéal $\mathfrak{m}$ (resp. $\mathfrak{n}$) de $\mathfrak{g}'$, et que les idéaux $\mathfrak{m}$, $\mathfrak{n}$ sont supplémentaires dans $\mathfrak{g}'$. Cela définit des projecteurs p, q de $\mathfrak{g}'$ sur $\mathfrak{m}$, $\mathfrak{n}$. Montrer que, pour tout $x \in \mathfrak{g}$, on a $f(x) = p(x)$, $g(x) = q(x)$.

b) On suppose $\mathfrak{g}$ de dimension finie. Soit G le groupe de Lie complexe simplement connexe d'algèbre de Lie $\mathfrak{g}$. Soient $\overline{G}$ le groupe de Lie complexe conjugué, G_0 le groupe de Lie réel sous-jacent. On a $L(\overline{G}) = \bar{\mathfrak{g}}$, $L(G_0) = \mathfrak{g}_0$. Soit M (resp. N) le groupe de Lie complexe simplement connexe d'algèbre de Lie $\mathfrak{m}$ (resp. $\mathfrak{n}$). Alors f définit un isomorphisme φ de G sur M, g définit un isomorphisme γ de $\overline{G}$ sur N, et le groupe de Lie complexe simplement connexe G′ d'algèbre de Lie $\mathfrak{g}'$ s'identifie à M × N. Montrer que le sous-groupe intégral réel de G′ d'algèbre de Lie $\mathfrak{g}_0$ est fermé, simplement connexe et s'identifie à G_0. La restriction à $G \subset M \times N$ de pr_1 (resp. pr_2) est l'isomorphisme φ (resp. γ) de G (resp. $\overline{G}$) sur M (resp. N).

c) Déduire de *b*) et de la *Remarque* 2 du n° 10 que G′, muni de l'injection canonique de G_0 dans G′, est la complexification universelle de G_0.

d) Soient H un groupe de Lie complexe connexe d'algèbre de Lie $\mathfrak{g}$, $\overline{H}$ le groupe de Lie complexe conjugué, H_0 le groupe de Lie réel sous-jacent, de sorte que G est le revêtement universel de H. Soit K le noyau (discret) du morphisme canonique de G sur H. Montrer que K est un sous-groupe central de G′. L'injection canonique de G_0 dans G′ définit donc une injection i de H_0 dans G′/N. Montrer que (G′/N, i) est la complexification universelle de H_0. (Remarquer que ce couple possède la propriété universelle de la prop. 20.)

e) On pose $G'/N = (H_0)_{\mathbf{C}}$. Déduire de *d*) un morphisme canonique ψ de $(H_0)_{\mathbf{C}}$ sur $H \times \overline{H}$, qui est un revêtement. Montrer, par l'exemple $H = \mathbf{C}^*$, que ψ n'est pas un isomorphisme en général.

17) *a*) Soient G, $\overline{G}$, G_0 comme dans l'exerc. 16 *b*). Soient V un espace vectoriel complexe de dimension finie, ρ une représentation linéaire irréductible de G_0 dans V. Montrer qu'il existe des espaces vectoriels complexes X, Y de dimension finie, une représentation linéaire irréductible analytique σ (resp. τ) de G (resp. $\overline{G}$) dans X (resp. Y), et un isomorphisme de V sur $X \otimes Y$ qui transforme ρ en $\sigma \otimes \tau$. (Utiliser l'exerc. 16 *a*), la prop. 2 du chap. I, § 2, et le cor. de la prop. 8 d'A, VIII, § 7.)

b) Montrer que la conclusion de *a*) ne subsiste pas nécessairement si on supprime l'hypothèse que G est simplement connexe. (Considérer le groupe de Lie complexe $\mathbf{C}^*$.)

18) Soit A un groupe de Lie complexe, commutatif, connexe de dimension finie, d'algèbre de Lie $\mathfrak{a}$; soit Λ le noyau de $\exp_A$, de sorte que A s'identifie à $\mathfrak{a}/\Lambda$.

a) Les conditions suivantes sont équivalentes:

*a*1) L'application canonique $\mathbf{C} \otimes_{\mathbf{Z}} \Lambda \to \mathfrak{a}$ est injective.

*a*2) A est isomorphe à un sous-groupe de Lie d'un $(\mathbf{C}^*)^n$.

*a*3) A est isomorphe à un groupe $(\mathbf{C}^*)^p \times \mathbf{C}^q$.

*a*4) A possède une représentation linéaire complexe fidèle de dimension finie.

*a*5) A possède une représentation linéaire complexe fidèle semi-simple de dimension finie et d'image fermée.

b) Les conditions suivantes sont équivalentes:

*b*1) L'application canonique $\mathbf{C} \otimes_{\mathbf{Z}} \Lambda \to \mathfrak{a}$ est surjective.

*b*2) A est isomorphe à un quotient d'un groupe $(\mathbf{C}^*)^n$.

*b*3) Aucun facteur direct de A n'est isomorphe à $\mathbf{C}$.

*b*4) Toute représentation linéaire complexe de A est semi-simple.

c) Les conditions suivantes sont équivalentes:

*c*1) L'application canonique $\mathbf{C} \otimes_{\mathbf{Z}} \Lambda \to \mathfrak{a}$ est bijective.

*c*2) A est isomorphe à un groupe $(\mathbf{C}^*)^n$.

d) Soit F un sous-groupe fini de A, et soit A′ = A/F. Montrer que A vérifie les conditions a_i) (resp. b_i), c_i)) si et seulement si A′ les vérifie.

19) Soit G un groupe de Lie réel. Montrer qu'il existe un voisinage V de 0 dans L(G) tel que, pour x, y dans V, on ait:

$$\exp(t(x+y)) = \lim_{n\to+\infty} \left(\exp\frac{tx}{n}\cdot\exp\frac{ty}{n}\right)^n$$

$$\exp(t^2[x,y]) = \lim_{n\to+\infty} \left(\exp\frac{tx}{n}\cdot\exp\frac{ty}{n}\cdot\exp\frac{-tx}{n}\cdot\exp\frac{-ty}{n}\right)^{n^2}$$

uniformément pour $t \in [0, 1]$.

20) Soient G un groupe de Lie, H un sous-groupe de Lie de G, A un sous-groupe intégral de G tels que $L(H) \cap L(A) = \{0\}$. Montrer que $H \cap A$ est discret dans le groupe de Lie A.

21) Soient G un groupe de Lie réel, H un sous-groupe intégral de dimension 1 distingué.
a) Si H est non fermé, $\overline{H}$ est compact (TS, chap. II, § 2, lemme 1), donc isomorphe à $\mathbf{T}^n$, donc central dans G si G est connexe (utiliser TG, chap. VII, § 2, prop. 5).
b) On suppose H fermé. Soient a un élément de G, $C(a)$ l'ensemble des éléments de G permutables à a. On suppose $H \not\subset C(a)$.

Si H est isomorphe à $\mathbf{R}$, on a $C(a) \cap H = \{e\}$. (Considérer l'automorphisme $\alpha: h \mapsto a^{-1}ha$ de H.) Si H est isomorphe à $\mathbf{T}$, $C(a) \cap H$ a deux éléments. (Considérer encore α, et utiliser TG, chap. VII, § 2, prop. 6.) Cette deuxième circonstance est impossible si G est connexe (utiliser *a*)).
c) On se place dans les hypothèses de *b*), et on suppose de plus G/H commutatif. Alors $G = C(a).H$. (Observer que l'application $h \mapsto h^{-1}\alpha(h)$ de H dans H est surjective.)

22) Soient G un groupe de Lie réel, H un sous-groupe intégral de dimension 1 distingué, A un sous-groupe fermé de G tel que AH soit non fermé dans G. Alors H est central dans la composante neutre de $\overline{AH}$. (Se ramener au cas où $G = \overline{AH}$ et où G est connexe. Alors l'ensemble B des éléments de A permutables à H est un sous-groupe distingué de G. Passant au quotient par B, se ramener au cas où $B = \{e\}$. Comme tout commutateur dans G permute à H, A est alors commutatif. En supposant H fermé, et en utilisant l'exerc. 21 *c*), montrer que AH serait fermé, d'où contradiction. Donc H est non fermé et on utilise l'exerc. 21 *a*).)

¶23) Soit G un groupe de Lie réel, et soit $c = (U, \varphi, E)$ une carte de la variété G centrée en l'élément neutre e. Si $x \in U$, on note $|x|_c$ la norme de $\varphi(x)$ dans l'espace de Banach E.
a) Montrer que, si $c' = (U', \varphi', E')$ est une autre carte centrée en e, il existe des constantes $\lambda > 0$ et $\mu > 0$ telles que

$$\mu|x|_c \leqslant |x|_{c'} \leqslant \lambda|x|_c$$

pour tout $x \in G$ assez voisin de e.
b) Montrer que, pour tout $\rho > 0$, il existe un voisinage U_ρ de e contenu dans U tel que, pour x, y dans U_ρ, on ait $(x, y) \in U_\rho$ et

$$|(x,y)|_c \leqslant \rho.\inf(|x|_c, |y|_c).$$

c) On suppose G de dimension finie. Soit Γ un sous-groupe discret de G. On applique *b*) avec $0 < \rho < 1$ et l'on choisit U_ρ relativement compact. L'ensemble $U_\rho \cap \Gamma$ est fini. Soient

$$\{e = \gamma_0, \gamma_1, \ldots, \gamma_m\}$$

ses éléments, numérotés de telle sorte que

$$|\gamma_0|_c \leqslant |\gamma_1|_c \leqslant \cdots \leqslant |\gamma_m|_c.$$

Montrer que, si $i \leqslant m$ et $j \leqslant m$, le commutateur (γ_i, γ_j) est égal à l'un des γ_k, avec $k < \inf(i, j)$. En déduire que le sous-groupe engendré par $U_\rho \cap \Gamma$ est nilpotent de classe $\leqslant m$.

Déduire de ce qui précède l'existence d'un voisinage V de e tel que, pour tout sous-groupe discret Γ de G, il existe un sous-groupe intégral nilpotent N de G contenant $V \cap \Gamma$.
d) On suppose G connexe de dimension finie, contenant une suite croissante de sous-groupes discrets D_n de réunion dense dans G. Alors G est nilpotent. (En utilisant *c*), prouver l'existence d'un sous-groupe central à un paramètre H qui rencontre D_n pour n assez grand en un point distinct de e. Raisonner par récurrence sur dim G, en distinguant deux cas suivant que H est fermé ou relativement compact (exerc. 21 *a*)).)

24) Soient G, G′ des groupes de Lie réels de dimension finie, f un morphisme surjectif de G dans G′, N son noyau, H un sous-groupe intégral de G, et $H' = f(H)$.
a) On suppose N fini. Pour que H′ soit fermé, il faut et il suffit que H soit fermé.
b) On suppose N compact. Si H est fermé, H′ est fermé.

¶25) Soit G un groupe de Lie réel ou complexe de dimension finie. Soit $S \subset L(G)$. On suppose que L(G) est l'algèbre de Lie engendrée par S, et que S est stable par les homothéties.
a) Soit H le sous-groupe de G engendré par exp S. Montrer que H est ouvert dans G. (Soient A l'ensemble des $x \in L(G)$ tels que $\exp(Kx) \subset H$, et B le sous-espace vectoriel de L(G) engendré par A. Montrer que $[A, S] \subset A$, puis que $[A, A] \subset B$. En déduire que B est une sous-algèbre de L(G), puis utiliser la prop. 3 du § 4.)
b) On suppose en outre que

$$(x \in S \text{ et } y \in S) \Rightarrow ((\mathrm{Ad} \exp x)(y) \in S).$$

Alors le sous-espace vectoriel V de L(G) engendré par S est égal à L(G). (En utilisant *a*), montrer que $[L(G), V] \subset V$.)

26) Soient G un groupe de Lie complexe compact connexe de dimension n, X une variété analytique complexe connexe de dimension finie, $(g, x) \mapsto gx$ une loi d'opération à gauche analytique de G dans X. Pour tout $g \in G$, soit $\rho(g)$ l'application $x \mapsto gx$ de X dans X. On suppose que, pour tout $g \in G$ distinct de e, on a $\rho(g) \neq \mathrm{Id}_X$. Alors toute orbite de G dans X est une sous-variété fermée de dimension n de X. (Soient $x \in X$, H le stabilisateur de x, H′ la composante neutre de H. Pour tout $g \in H'$, soit $u(g)$ l'application tangente en x à $\rho(g)$. En raisonnant comme pour la prop. 6 du n° 3, montrer que $u(g)$ est l'identité pour tout $g \in H'$. En utilisant le § 1, exerc. 4, et la connexité de X, en déduire que $H' = \{e\}$.)

¶27) Soient G un groupe de Lie réel compact, M une variété compacte de classe C^2, J un intervalle ouvert de **R** contenant 0. Soit $(s, (x, \xi)) \mapsto (m_\xi(s, x), \xi)$ une application de classe C^2 de $G \times (M \times J)$ dans $M \times J$ par laquelle G opère à gauche dans $M \times J$.
a) Soit X un champ de vecteurs de classe C^1 sur $M \times J$ tel que, pour tout $(x, \xi) \in M \times J$, la deuxième projection de $X_{(x,\xi)}$ soit le vecteur tangent 1 à J. Transformant X par G et intégrant sur G, en déduire l'existence d'un champ X′ ayant les mêmes propriétés que X et de plus invariant par G.
b) Montrer qu'il existe un difféomorphisme $(x, \xi) \mapsto (h_\xi(x), \xi)$ de $M \times J$ sur lui-même tel que

(i) pour tout $\xi \in J$, h_ξ est un difféomorphisme de M sur M;
(ii) $m_\xi(s, x) = h_\xi(m_0(s, h_\xi^{-1}(x)))$ pour $s \in G$, $x \in M$, $\xi \in J$.

(Utiliser *a*) et le th. 5 du n° 8.)

28) Soient G un groupe de Lie réel de dimension finie, A et B deux sous-groupes intégraux de G. Montrer que, si $L(A) + L(B)$ est une sous-algèbre de Lie de L(G) (autrement dit si $[L(A), L(B)] \subset L(A) + L(B)$), alors $AB = BA$ est un sous-groupe intégral et $L(AB) = L(A) + L(B)$.

29) Soient G un groupe de Lie connexe complexe de dimension finie, G_0 le groupe de Lie réel sous-jacent, H un sous-groupe intégral de G_0. Montrer qu'il existe un plus petit sous-groupe intégral H^* de G contenant H. Donner un exemple où H est fermé dans G_0 mais H^* est non fermé dans G (prendre $G = \mathbf{C}^2/\mathbf{Z}^2$).

30) Soit G un groupe de Lie complexe connexe compact, donc de la forme $\mathbf{C}^n/D$, où D est un sous-groupe discret de $\mathbf{C}^n$ de rang $2n$.
a) Montrer que toute 1-forme différentielle holomorphe ω sur G est invariante. (Soit $\pi: \mathbf{C}^n \to G$ le morphisme canonique. Soient $\zeta_1, \ldots, \zeta_n$ les fonctions coordonnées sur $\mathbf{C}^n$. Alors $\pi^*(\omega)$ est de la forme $\sum_j a_j \, d\zeta_j$ où les a_j sont des fonctions holomorphes sur $\mathbf{C}^n$ invariantes par D, donc constantes.)
b) Soit $G' = \mathbf{C}^n/D'$ où D' est un sous-groupe discret de $\mathbf{C}^n$ de rang $2n$. Montrer que tout isomorphisme de *variétés analytiques* $u: G \to G'$ est de la forme $s \mapsto v(s) + a'$ où v est un isomorphisme *de groupes de Lie* et où $a' \in G'$. (Soit $\pi': \mathbf{C}^n \to G'$ le morphisme canonique. Il existe un isomorphisme de variétés analytiques $\tilde{u}: \mathbf{C}^n \to \mathbf{C}^n$ tel que $u \circ \pi = \pi' \circ \tilde{u}$. Pour toute 1-forme différentielle ω' holomorphe sur G', $\tilde{u}^*(\pi'^*(\omega'))$ est une 1-forme sur $\mathbf{C}^n$ invariante par translations d'après *a*). En déduire que $\tilde{u}$ est une application affine.)

§ 7

1) Soient G un groupe de Lie, $\varphi: U \to G$ une application exponentielle telle que $\mathbf{Z}U \subset U$ et $\varphi(rx) = \varphi(x)^r$ pour tout $x \in U$ et tout $r \in \mathbf{Z}$. Si $p > 0$, φ est un isomorphisme analytique de U sur $\varphi(U)$. (Si $\varphi(x) = \varphi(y)$, on a $\varphi(p^n x) = \varphi(p^n y)$ pour tout $n \in \mathbf{N}$, donc $x = y$. Soit W un voisinage ouvert de 0 dans L(G) tel que φ^{-1} soit analytique dans $\varphi(W)$. Pour tout $s \in \varphi(U)$, il existe un $n \in \mathbf{N}$ et un voisinage V de s dans $\varphi(U)$ tel que $t \in V \Rightarrow t^{p^n} \in \varphi(W)$).

2) Soient G un groupe de Lie, $\varphi: U \to G$ une application exponentielle ayant les propriétés de la prop. 3, V un voisinage de 0 dans U tel que $\mathbf{Z}V \subset V$, $\psi: V \to G$ une application tangente en 0 à φ et telle que $\psi(nx) = \psi(x)^n$ pour tout $x \in V$ et tout $n \in \mathbf{Z}$. Si $p > 0$, on a $\psi = \varphi | V$. (Normer L(G). Soit $x \in V$. Alors $p^n x$ tend vers 0 quand n tend vers $+\infty$, donc il existe des $\alpha_n > 0$ tels que α_n tende vers 0 et $\|(\varphi^{-1} \circ \psi)(p^n x) - p^n x\| \leqslant \alpha_n \|p^n x\|$. Or $\psi(p^n x) = \psi(x)^{p^n}$, d'où $\|(\varphi^{-1} \circ \psi)(x) - x\| \leqslant \alpha_n \|x\|$.)

3) Soient U l'ensemble des éléments inversibles de A, et $U' = 1 + \mathfrak{m} \subset U$.
a) Montrer que $U' \subset U_f$. (Si $x = 1 + y$ avec $y \in \mathfrak{m}$, alors x^{p^n} tend vers 1 quand n tend vers $+\infty$ d'après la formule du binôme.)
b) Montrer que U_f est l'ensemble des éléments de U dont l'image dans $A/\mathfrak{m}$ est racine de l'unité. (Utiliser *a*).) Retrouver ainsi le fait que $U = U_f$ lorsque K est localement compact ($A/\mathfrak{m}$ est alors fini).

4) Soient $n \in \mathbf{N}^*$, p un nombre premier, G l'ensemble des matrices appartenant à $\mathbf{GL}(n, \mathbf{Z}_p)$ dont tous les éléments sont congrus à 1 modulo p si $p \neq 2$ (resp. modulo 4 si $p = 2$). Alors G est un sous-groupe ouvert de $\mathbf{GL}(n, \mathbf{Z}_p)$.
a) Montrer que G n'a pas d'élément d'ordre fini $\neq 1$.
b) Montrer que tout sous-groupe fini de $\mathbf{GL}(n, \mathbf{Z}_p)$ est isomorphe à un sous-groupe de $\mathbf{GL}(n, \mathbf{Z}/p\mathbf{Z})$ si $p \neq 2$ (resp. de $\mathbf{GL}(n, \mathbf{Z}/4\mathbf{Z})$ si $p = 2$).

¶5) *a*) Soit Γ un sous-groupe compact de $G = \mathbf{GL}(n, \mathbf{Q}_p)$. Montrer qu'il existe un conjugué de Γ qui est contenu dans $\mathbf{GL}(n, \mathbf{Z}_p)$. (Si T est un réseau de $\mathbf{Q}_p^n$ par rapport à $\mathbf{Z}_p$ (AC, VII, § 4, déf. 1), montrer que le stabilisateur de T dans Γ est ouvert dans Γ, donc d'indice fini, et $\sum_{\gamma \in \Gamma} \gamma T$ est un réseau stable par Γ.)
b) En déduire que G_f est la réunion des conjugués de $\mathbf{GL}(n, \mathbf{Z}_p)$.
c) En déduire que tout sous-groupe fini Φ de $\mathbf{GL}(n, \mathbf{Q}_p)$ a pour ordre un diviseur de $a_n(p)$, où $a_n(p)$ est défini par

$$a_n(p) = (p^n - 1)(p^n - p) \ldots (p^n - p^{n-1}) \qquad \text{si } p \neq 2$$
$$a_n(p) = 2^{n^2}(2^n - 1)(2^n - 2) \ldots (2^n - 2^{n-1}) \qquad \text{si } p = 2.$$

(Grâce à *a*), on peut supposer que $\Phi \subset \mathbf{GL}(n, \mathbf{Z}_p)$. Utiliser alors l'exerc. 4).

d) Montrer que tout sous-groupe fini de $\mathbf{SL}(n, \mathbf{Q}_p)$ a pour ordre un diviseur de $s_n(p)$, où $s_n(p) = \dfrac{a_n(p)}{p-1}$ pour $p \neq 2$ et $s_n(2) = \dfrac{a_n(2)}{2}$.

¶6) Dans cet exercice, l désigne un nombre premier $\neq 2$. Si a est un entier $\neq 0$, on note $v_l(a)$ la valuation l-adique de a, i.e. le plus grand entier e tel que $a \equiv 0 \pmod{l^e}$.

a) Soit m un entier $\geqslant 1$. On pose

$$\varepsilon(l, m) = 0 \qquad \text{si } m \not\equiv 0 \pmod{l-1}$$

$$\varepsilon(l, m) = v_l\left(\frac{m}{l-1}\right) + 1 \qquad \text{si } m \equiv 0 \pmod{l-1}.$$

Montrer que, si x est un entier premier à l, on a

$$v_l(x^m - 1) \geqslant \varepsilon(l, m)$$

et qu'il y a égalité si l'image de x dans le groupe cyclique $(\mathbf{Z}/l^2\mathbf{Z})^*$ est un générateur de ce groupe.

b) Soit n un entier $\geqslant 1$. On pose

$$r(l, n) = \sum_{m=1}^{n} \varepsilon(l, m).$$

Montrer que

$$r(l, n) = \left[\frac{n}{l-1}\right] + \left[\frac{n}{l(l-1)}\right] + \left[\frac{n}{l^2(l-1)}\right] + \cdots$$

où le symbole $[\alpha]$ désigne la partie entière du nombre réel α.

Montrer que, si x est un entier premier à l, on a

$$v_l((x^n - 1)(x^{n-1} - 1)\dots(x - 1)) \geqslant r(l, n)$$

et qu'il y a égalité si l'image de x dans $(\mathbf{Z}/l^2\mathbf{Z})^*$ est un générateur de ce groupe.

c) Les notations étant celles de l'exerc. 5 *c*), montrer que $l^{r(l,n)}$ est la plus grande puissance de l qui divise tous les $a_n(p)$, pour p premier $\neq l$ (ou pour tout p assez grand, cela revient au même). (Utiliser *b*), appliqué à $x = p$; choisir ensuite p tel que son image dans $(\mathbf{Z}/l^2\mathbf{Z})^*$ soit un générateur de ce groupe, ce qui est possible d'après le théorème de la progression arithmétique.[1])

d) Soit Γ un sous-groupe fini de $\mathbf{GL}(n, \mathbf{Q})$, et soit l^e la plus grande puissance de l divisant l'ordre de Γ. Montrer que l'on a $e \leqslant r(l, n)$. (Utiliser l'exerc. 5 pour prouver que l^e divise tous les $a_n(p)$, puis appliquer *c*) ci-dessus.)

e) Inversement, montrer qu'il existe un l-sous-groupe fini $\Gamma_{l,n}$ de $\mathbf{GL}(n, \mathbf{Q})$ dont l'ordre est $l^{r(l,n)}$. (Se ramener au cas où n est de la forme $l^a(l-1)$, avec $a \geqslant 0$. Décomposer $\mathbf{Q}^n$ en somme de l^a copies de $\mathbf{Q}^{l-1}$, et utiliser cette décomposition pour faire opérer sur $\mathbf{Q}^n$ le produit semi-direct $\mathrm{H}_{l,n}$ du groupe symétrique $\mathfrak{S}_{l^a}$ et du groupe $(\mathbf{Z}/l\mathbf{Z})^{l^a}$. Prendre pour $\Gamma_{l,n}$ un l-groupe de Sylow de $\mathrm{H}_{l,n}$.)

Montrer que, si n est pair, $\Gamma_{l,n}$ est contenu dans un conjugué du groupe symplectique $\mathbf{Sp}(n, \mathbf{Z})$.

f) *Soit Γ un sous-groupe fini de $\mathbf{GL}(n, \mathbf{Q})$ qui soit un l-groupe. Montrer que Γ est conjugué d'un sous-groupe de $\Gamma_{l,n}$. (Montrer d'abord, en utilisant une réduction modulo p convenable, que la réduction de Γ est un sous-groupe fini de la réduction d'un conjugué de $\Gamma_{l,n}$; puis utiliser le caractère de la représentation de Γ dans $\mathbf{Q}^n$.) En particulier, tout sous-groupe de $\mathbf{GL}\,(n, \mathbf{Q})$ d'ordre $l^{r(l,n)}$ est conjugué de $\Gamma_{l,n}$.*

[1] Pour une démonstration de ce théorème, voir par exemple A. SELBERG, *Ann. of Math.*, t. L (1949), p. 297–304.

¶7) Dans cet exercice, on note $v_2(a)$ la valuation 2-adique d'un entier a.
a) Soit Γ un sous-groupe fini de $\mathbf{GL}(n, \mathbf{Q})$. Montrer qu'il existe une forme quadratique positive non dégénérée, à coefficients dans $\mathbf{Z}$, qui est invariante par Γ. En déduire (par le même argument que dans les exercices 4 et 5) que, pour tout p assez grand, Γ est isomorphe à un sous-groupe d'un groupe orthogonal $\mathbf{O}(n)$ sur le corps $\mathbf{F}_p$ (resp. à un sous-groupe de $\mathbf{SO}(n)$ si Γ est contenu dans $\mathbf{SL}(n, \mathbf{Q})$).
b) On suppose Γ contenu dans $\mathbf{SL}(n, \mathbf{Q})$ et l'on note 2e la plus grande puissance de 2 divisant l'ordre de Γ. Montrer que, si n est impair, 2e divise tous les entiers

$$b_n(p) = (p^{n-1} - 1)(p^{n-3} - 1)\dots(p^2 - 1)$$

pour p premier assez grand. (Utiliser *a*) ainsi que l'exerc. 13 de A, IX, § 6.)

Montrer que, si n est pair et p premier assez grand, 2e divise le ppcm $b_n(p)$ des entiers

$$(p^n - 1)(p^{n-2} - 1)\dots(p^2 - 1)/(p^{n/2} + 1)$$
$$(p^n - 1)(p^{n-2} - 1)\dots(p^2 - 1)/(p^{n/2} - 1).$$

(Même méthode que pour n impair.)
c) Les hypothèses étant celles de *b*), on pose

$$r(2, n) = n + \left[\frac{n}{2}\right] + \left[\frac{n}{4}\right] + \cdots = n + v_2(n!).$$

Soit A un entier $\geqslant 3$. Montrer que $2^{r(2,n)-1}$ est la plus grande puissance de 2 qui divise tous les $b_n(p)$ pour $p \geqslant$ A. (Même méthode[1] que dans l'exerc. 6; utiliser l'existence d'un nombre premier $p \geqslant$ A tel que $p \equiv 5 \pmod 8$.) En déduire l'inégalité $e \leqslant r(2, n) - 1$.
d) Inversement, soit C_n le sous-groupe de $\mathbf{GL}(n, \mathbf{Z})$ engendré par les matrices de permutations ainsi que par les matrices diagonales à coefficients ± 1. L'ordre de C_n est $2^n n!$, et l'on a $v_2(2^n n!) = r(2, n)$. Si $\Gamma_{2,n}$ désigne l'intersection d'un 2-groupe de Sylow de C_n avec $\mathbf{SL}(n, \mathbf{Z})$, en déduire que l'ordre de $\Gamma_{2,n}$ est $2^{r(2,n)-1}$.

8) Soit n un entier $\geqslant 1$. On pose

$$M(n) = \prod_l l^{r(l,n)},$$

le produit étant étendu à tous les nombres premiers l, et les $r(l, n)$ étant définis comme dans les exerc. 6 et 7.

On a $M(1) = 2$, $M(2) = 2^3.3 = 24$, $M(3) = 2^4.3 = 48$, $M(4) = 2^7.3^2.5 = 5760$.

Déduire des exercices 6 et 7 que le ppcm des ordres des sous-groupes finis de $\mathbf{GL}(n, \mathbf{Q})$ (ou de $\mathbf{GL}(n, \mathbf{Z})$, cela revient au même) est égal à $M(n)$. Même question pour $\mathbf{SL}(n, \mathbf{Q})$ avec $M(n)$ remplacé par $\frac{1}{2}M(n)$.

9) On suppose K localement compact. Soit $G = \mathbf{GL}(n, K)$. Soit G_1 l'ensemble des $g \in G$ qui laissent stable un réseau de K^n par rapport à A. Soit G_2 l'ensemble des $g \in G$ qui engendrent un sous-groupe relativement compact dans G. Soit G_3 l'ensemble des $g \in G$ dont les valeurs propres dans une clôture algébrique de K sont de valeur absolue 1. Alors $G_1 = G_2 = G_3 = G_f$. (Utiliser le raisonnement de l'exerc. 5 *a*).)

10) On suppose K localement compact. Soit G un groupe standard de dimension n sur K. Soit μ une mesure de Haar sur le groupe additif K^n. Montrer que $\mu|G$ est une mesure de Haar à gauche et à droite sur G. (Utiliser le fait que G est limite projective des $G(\mathfrak{a}_\lambda)$, et INT, VII, § 1, prop. 7.)

[1] Pour plus de détails sur cet exercice, ainsi que sur le précédent, voir H. MINKOWSKI, *Gesamm. Abh.*, Leipzig-Berlin, Teubner, 1911 (Bd I, S. 212–218), ainsi que W. BURNSIDE, *Theory of groups of finite order* (2nd ed.), Cambridge Univ. Press, 1911 (p. 479–484).

§ 8

1) L'application $z \mapsto \bar{z}$ de $\mathbf{C}$ dans $\mathbf{C}$ est un automorphisme continu non analytique du groupe de Lie complexe $\mathbf{C}$.

2) Soit G l'espace hilbertien des suites $(\lambda_1, \lambda_2, \ldots)$ de nombres réels tels que $\sum_i \lambda_i^2 < +\infty$. On considère G comme un groupe de Lie réel. Soit G_n l'ensemble des $(\lambda_1, \lambda_2, \ldots) \in G$ tels que $\lambda_m \in \frac{1}{m}\mathbf{Z}$ pour $1 \leqslant m \leqslant n$. Les G_n sont des sous-groupes de Lie fermés de G, donc $H = \bigcap_n G_n$ est un sous-groupe fermé de G. Mais ce sous-groupe est totalement discontinu non discret, donc n'est pas un sous-groupe de Lie de G.

¶3) Dans $\mathbf{Q}_p \times \mathbf{Q}_p$, tout sous-ensemble fermé peut être défini par une famille d'équations analytiques. En déduire que le cor. 2 (ii) du th. 2 devient inexact si on omet l'hypothèse que I est fini.

¶4) Soient G un groupe de Lie réel de dimension finie, A un sous-groupe de G. Disons qu'un élément x de L(G) est A-accessible, si, pour tout voisinage U de e, il existe une application continue α de $[0, 1]$ dans A telle que $\alpha(0) = e$ et $\alpha(t) \in \exp(tx).U$ pour $0 \leqslant t \leqslant 1$. Soit $\mathfrak{h}$ l'ensemble des éléments A-accessibles de L(G).

a) Montrer que $\mathfrak{h}$ est une sous-algèbre de Lie de L(G). (Utiliser l'exerc. 19 du § 6.)

b) Soit H le sous-groupe intégral de G tel que $L(H) = \mathfrak{h}$. Montrer que $H \subset A$. (Soit $I = [-1, 1]$, et munissons $\mathbf{R}^r$ de la norme euclidienne. Soit $(x_1, \ldots, x_r)$ une base de $\mathfrak{h}$. Construire des applications continues $\alpha_1, \ldots, \alpha_r$ de I dans A, et des applications continues $f_1, \ldots, f_r$ de I^r dans $\mathbf{R}$ telles que, pour tout $t = (t_1, \ldots, t_r) \in I^r$, on ait

$$\alpha_1(t_1)\ldots\alpha_r(t_r) = \exp(f_1(t)x_1)\ldots\exp(f_r(t)x_r)$$
$$\|t - (f_1(t), \ldots, f_r(t))\| \leqslant \tfrac{1}{2}.$$

On appliquera alors le théorème suivant: soit f une application continue de I^r dans $\mathbf{R}^r$ telle que $\|f(x) - x\| \leqslant \frac{1}{2}$ pour tout $x \in I^r$; alors $f(I^r)$ contient un voisinage de 0 dans $\mathbf{R}^r$.[1])

c) En déduire que $\mathfrak{h}$ est la sous-algèbre tangente en e à A.

d) Montrer que si A est connexe par arcs, on a $A = H$.[2]

¶5) Soient G un groupe topologique séparé, H un sous-groupe fermé de G, π l'application canonique de G sur G/H. On suppose que H est un groupe de Lie réel de dimension finie. Il existe un voisinage U de $\pi(e)$ dans G/H, et une application continue σ de U dans G, tels que $\pi \circ \sigma = \mathrm{Id}_U$. (Soit ρ une représentation linéaire analytique de H dans $\mathbf{GL}(n, \mathbf{R})$, qui soit localement un homéomorphisme (§ 6, cor. du th. 1). Soit f une fonction continue $\geqslant 0$ sur G, égale à 1 en e, nulle hors d'un voisinage V assez petit de e. Soit ds une mesure de Haar à gauche de H. Pour $x \in G$, on pose $g(x) = \int f(xs)\rho(s)^{-1}\,ds \in \mathbf{M}_n(\mathbf{R})$. On a $g(xt) = g(x)\rho(t)$ pour $x \in G$ et $t \in H$. Si V est assez petit, $g(x) \in \mathbf{GL}(n, \mathbf{R})$ pour x assez voisin de e. Utiliser enfin le fait que le théorème à démontrer est vrai localement pour $\mathbf{GL}(n, \mathbf{R})$ et $\rho(H)$.)

6) Soit G un groupe de classe C^r (§ 5, exerc. 1), avec $r \geqslant 2$. Il existe sur G une structure S de groupe de Lie réel et une seule telle que la structure de variété de classe C^r sous-jacente à S soit la structure donnée. (L'unicité de S résulte du cor. 1 du th. 1. Soit L(G) l'algèbre de Lie normable associée à G dans l'exerc. 2 du § 5. Il existe un groupuscule de Lie réel G′ et un isomorphisme h de L(G′) sur L(G) (§ 4, th. 3). On vérifie comme au § 4, n° 1, qu'il existe un voisinage ouvert symétrique G″ de e_G dans G′ et une application φ de classe C^r de G″ dans G

[1] Cela résulte du théorème du point fixe de Brouwer, pour lequel on pourra consulter, par exemple, N. DUNFORD et J. T. SCHWARTZ, *Linear operators*, part I (Interscience publishers, 1958), p. 467–470.

[2] Pour plus de détails, cf. M. GOTO, On an arcwise connected subgroup of a Lie group, *Proc. Amer. Math. Soc.*, t. XX (1969), p. 157–162.

telle que $T_e(\varphi) = h$ et que $\varphi(g_1 g_2) = \varphi(g_1)\varphi(g_2)$ pour g_1, g_2 dans G″. En diminuant G″, on peut supposer que $V = \varphi(G'')$ est ouvert dans G et que φ est un isomorphisme de classe C^r de la variété G″ sur la variété V. Il existe donc sur V une structure de groupuscule de Lie réel telle que la structure sous-jacente de variété de classe C^r soit la structure donnée. Pour tout $g \in G$, Int g définit une application analytique de $V \cap (g^{-1}Vg)$ sur $(gVg^{-1}) \cap V$ (th. 1). D'après la prop. 18 du § 1, il existe sur G une structure S de groupe de Lie réel induisant la même structure analytique que V sur un voisinage ouvert de e. Par translation, la structure de variété de classe C^r sous-jacente à S sur G est la structure donnée.)

7) Soient G un groupe de Lie réel, H un sous-groupe fermé de G.
a) Soit $\mathfrak{h}$ l'ensemble des $x \in L(G)$ tels que $\exp(tx) \in H$ pour tout $t \in \mathbf{R}$. Alors $\mathfrak{h}$ est une sous-algèbre de Lie de L(G). (Utiliser la prop. 8 du § 6.)
b) On suppose H localement compact. Montrer que H est un sous-groupe de Lie de G. (Montrer d'abord que $\mathfrak{h}$ est de dimension finie en prouvant l'existence dans $\mathfrak{h}$ d'un voisinage de 0 précompact. Imiter ensuite la démonstration du th. 2, en choisissant V_2 de telle sorte que $(\exp V_2) \cap H$ soit relativement compact.)

§ 9

1) Soit $G = \mathbf{SO}(3, \mathbf{R})$. Soient Δ_1, Δ_2 deux droites orthogonales dans $\mathbf{R}^3$, H_i le sous-groupe de G formé par les rotations autour de Δ_i $(i = 1, 2)$. Alors $[L(H_1), L(H_2)]$ est une sous-algèbre de Lie de dimension 1 de G, distincte de la sous-algèbre de Lie tangente en e à (H_1, H_2).

2) Supposons K ultramétrique. Soient G un groupe de Lie de dimension finie, $\mathfrak{g}$ son algèbre de Lie, A une partie finie de G. Alors $Z_G(A)$ est un sous-groupe de Lie de G d'algèbre de Lie $\mathfrak{z}_{\mathfrak{g}}(A)$. (Raisonner comme pour la prop. 8.)

3) Soit G un groupe de Lie réel ou complexe connexe. Le centre Z de G est un quasi-sous-groupe de Lie de G, et L(Z) est le centre de L(G).

4) Supposons K ultramétrique et $p > 0$ (avec les notations du § 7). Soient G un groupe de Lie de dimension finie, A un groupe d'automorphismes de G, B le groupe d'automorphismes correspondant de L(G). Soit G^A (resp. $L(G)^B$) l'ensemble des éléments de G (resp. L(G)) fixes pour A (resp. B). Alors G^A est un sous-groupe de Lie de G d'algèbre de Lie $L(G)^B$. (Utiliser l'application logarithme.)

5) Soit G un groupe de Lie réel ou complexe connexe de dimension finie. Soit $(G_0, G_1, \ldots)$ la suite centrale ascendante de G (chap. II, § 4, exerc. 18) et soit $(\mathfrak{g}_0, \mathfrak{g}_1, \ldots)$ la suite centrale ascendante de l'algèbre de Lie L(G) (chap. I, § 1, n° 6). Alors, pour tout i, G_i est un sous-groupe de Lie de G tel que $L(G_i) = \mathfrak{g}_i$.

6) Soit Γ le groupe de Lie réel nilpotent simplement connexe de dimension 3 défini dans l'exerc. 5 *b*) du § 4. Soit $\alpha \in \mathbf{R}$ un nombre irrationnel. Soit P le sous-groupe discret de $\Gamma \times \mathbf{R}$ formé des $((0, 0, x), \alpha x)$, où $x \in \mathbf{Z}$. Soit $G = (\Gamma \times \mathbf{R})/P$. Montrer que (G, G) est non fermé dans G.

7) *a*) Soient G un groupe de Lie réel connexe semi-simple, Z son centre, ρ une représentation linéaire continue de G dans un espace vectoriel complexe de dimension finie. Il existe un entier p tel que, pour tout $z \in Z$, $\rho(z)$ soit diagonalisable et que toutes les valeurs propres de $\rho(z)$ soient des racines p-ièmes de l'unité. (On peut supposer ρ irréductible. Alors $\rho(z)$ est scalaire d'après le lemme de Schur. D'autre part, $\det \rho(g) = 1$ pour tout $g \in G$ parce que $G = \mathscr{D}G$.)
b) En déduire que, si G admet une représentation linéaire continue de dimension finie injective, Z est fini.

¶8) Soient G un groupe de Lie réel connexe de dimension finie, $\mathfrak{g}$ son algèbre de Lie, $\mathfrak{n}$ le plus grand idéal nilpotent de $\mathfrak{g}$, $\mathfrak{h} = [\mathfrak{g}, \mathfrak{g}] + \mathfrak{n}$.
a) $\mathfrak{h}$ est un idéal caractéristique de $\mathfrak{g}$; le radical de $\mathfrak{h}$ est $\mathfrak{n}$; pour tout $x \in \mathfrak{h}$, on a $\operatorname{Tr} \operatorname{ad}_{\mathfrak{h}} x = 0$; pour toute section de Levi $\mathfrak{l}$ de $\mathfrak{g}$, on a $\mathfrak{h} = \mathfrak{l} + \mathfrak{n}$.

b) On suppose G simplement connexe. Soient Z son centre, H le sous-groupe de Lie de G d'algèbre de Lie $\mathfrak{h}$, φ le morphisme canonique de G sur G/H. Alors $\varphi(Z)$ est discret dans G/H. (Le groupe G est produit semi-direct d'un groupe de Lie semi-simple S et de son radical R. Soit $z \in Z$. On a $z = y^{-1}x$, où $x \in R$ et où y appartient au centre de S. Il existe un entier p tel que les valeurs propres de $\mathrm{Ad}_{\mathfrak{g}}y$, donc aussi de $\mathrm{Ad}_{\mathfrak{g}}x$, soient des racines p-ièmes de l'unité (exerc. 7). En déduire que, si N est le sous-groupe de Lie de G d'algèbre de Lie $\mathfrak{n}$, il existe un voisinage U de e dans R vérifiant $U = UN = NU$, $Z \cap (SU) \subset SN = H$.)

c) On ne suppose plus G simplement connexe. Soit H le sous-groupe intégral de G d'algèbre de Lie $\mathfrak{h}$. Montrer que H est un sous-groupe de Lie de G, distingué, unimodulaire, de radical nilpotent, tel que G/H soit commutatif. (Utiliser *a*) et *b*).)

d) En déduire que si (G, G) est dense dans G, le radical de G est nilpotent.

9) Soit G le revêtement universel de $\mathbf{SL}(2, \mathbf{R})$. Identifions à $\mathbf{Z}$ le noyau du morphisme canonique $G \to \mathbf{SL}(2, \mathbf{R})$ (§ 6, exerc. 2). Soit a un élément de $\mathbf{T}^n$ dont les puissances sont partout denses dans $\mathbf{T}^n$ (TG, VII, § 1, cor. 2 de la prop. 7). Soit D le sous-groupe discret de $G \times \mathbf{T}^n$ engendré par $(1, a)$. Soit $H = (G \times \mathbf{T}^n)/D$. Alors $L(H) = \mathfrak{sl}(2, \mathbf{R}) \times \mathbf{R}^n$, et le sous-groupe intégral H′ de H d'algèbre de Lie $\mathfrak{sl}(2, \mathbf{R})$ est isomorphe à G et dense dans H. On a $D^nH' = H'$ pour tout $n \geqslant 0$.

¶10) Soit G un groupe de Lie réel ou complexe de dimension finie. Soit

$$p = \dim[L(G), L(G)].$$

Munissons (G, G) de sa structure de sous-groupe intégral de G. Il existe un voisinage V de e dans (G, G) tel que tout élément de V soit produit de p commutateurs d'éléments de G. (Soient $x_1, y_1, \ldots, x_p, y_p$ des éléments de L(G) tels que les $[x_i, y_i]$ forment une base de L(G). Posons, pour s, t dans $\mathbf{R}$,

$$\rho_i(s, t) = (\exp sy_i)^{-1}(\exp tx_i)^{-1}(\exp sy_i)(\exp tx_i).$$

Appliquer le théorème des fonctions implicites à l'application

$$(s_1, t_1, \ldots, s_p, t_p) \mapsto \rho_1(s_1, t_1) \ldots \rho_p(s_p, t_p)$$

de $\mathbf{R}^{2p}$ dans (G, G).)

11) Soit G le produit semi-direct de $B = \mathbf{Z}/2\mathbf{Z}$ par K correspondant à l'automorphisme $x \mapsto -x$ du groupe de Lie K. Alors L(K) est un idéal de L(G), et $L(B) = \{0\}$, mais $(K, B) = K$.

12) Soit (e_1, e_2, e_3) la base canonique de K^3. On considère sur K^3 la structure d'algèbre de Lie nilpotente telle que $[e_1, e_2] = e_3$, $[e_1, e_3] = [e_2, e_3] = 0$. Pour la loi de groupe associée sur K^3 (n° 5), on a

$$(x, y, z)(x', y', z') = (x + x', y + y', z + z' + \tfrac{1}{2}(xy' - yx')).$$

L'application

$$(\lambda, \mu, \nu) \mapsto (\exp \lambda e_1)(\exp \mu e_2)(\exp \nu(e_1 + e_3))$$

de K^3 dans G n'est ni surjective (montrer que (0, 1, 1) n'est pas dans l'image) ni injective (montrer que (0, 1, 0) et (1, 1, −1) ont même image).

13) *a*) On définit une multiplication sur $\mathbf{R}^3$ de la manière suivante:

$$(x, y, z).(x', y', z') = (x + x' \cos z - y' \sin z, y + x' \sin z + y' \cos z, z + z').$$

Montrer qu'on obtient ainsi un groupe de Lie réel résoluble G tel que $DG = \mathbf{R}^2 \times \{0\}$. Le centre Z de G est $\{0\} \times \{0\} \times 2\pi\mathbf{Z}$.

b) Pour $(x, y, z) \in G$, soit $\pi(x, y, z)$ l'application

$$(\lambda, \mu) \mapsto (\lambda \cos z - \mu \sin z + x, \lambda \sin z + \mu \cos z + y)$$

de $\mathbf{R}^2$ dans $\mathbf{R}^2$. Montrer que π est un morphisme de G sur un sous-groupe de Lie G′ du groupe affine de $\mathbf{R}^2$, engendré par les translations et les rotations de $\mathbf{R}^2$. Montrer que $\operatorname{Ker} \pi = \mathbf{Z}$.
c) On identifie canoniquement $L(G) = T_{(0,0,0)}G$ à $\mathbf{R}^3$. Soit (e_1, e_2, e_3) la base canonique de $\mathbf{R}^3$. Montrer que $[e_1, e_2] = 0$, $[e_3, e_1] = e_2$, $[e_3, e_2] = -e_1$.
d) Montrer que, pour $c \neq 0$, on a

$$\exp_G(a, b, c) = \left(\frac{1}{c}(a \sin c + b \cos c - b), \frac{1}{c}(-a \cos c + b \sin c + a), c\right).$$

En déduire que, pour tout $u \in L(G)$, on a $Z \subset \exp(\mathbf{R}u)$. Montrer que $\exp_G: L(G) \to G$ n'est ni injective ni surjective.

14) *a*) Soit $G = \mathbf{GL}(n, \mathbf{C})$. Montrer que $\exp_G$ est surjective. (Utiliser le calcul fonctionnel holomorphe de TS, I, § 4, nº 8.)
b) Soit $G' = \mathbf{SL}(2, \mathbf{C})$. Montrer que, si $\sigma \in \mathbf{C}^*$, l'élément $\begin{pmatrix} -1 & \sigma \\ 0 & -1 \end{pmatrix}$ de G′ n'appartient pas à l'image de $\exp_{G'}$.

15) *a*) Soient $x \in \mathfrak{sl}(2, \mathbf{R})$, et $\Delta = \det x$. Montrer que

$$e^x = \operatorname{ch}\sqrt{-\Delta}.I + \frac{\operatorname{sh}\sqrt{-\Delta}}{\sqrt{-\Delta}}\cdot x \qquad \text{si } \Delta < 0$$

$$e^x = \cos\sqrt{\Delta}.I + \frac{\sin\sqrt{\Delta}}{\sqrt{\Delta}}\cdot x \qquad \text{si } \Delta > 0.$$

b) Soit $H = \mathbf{SL}(2, \mathbf{R})$. Montrer que $g = \begin{pmatrix} \lambda & 0 \\ 0 & \lambda^{-1} \end{pmatrix} \in H$ est dans l'image de $\exp_H$ si et seulement si $\lambda > 0$ ou $\lambda = -1$. Si $\lambda > 0$, tous les sous-groupes à un paramètre contenant g sont égaux.

16) Soit G un groupe de Lie de dimension finie. Montrer qu'il existe une base $(x_1, \ldots, x_n)$ de L(G) telle que, pour tout i, $\exp(\mathbf{R}x_i)$ soit un sous-groupe de Lie de G. (Utiliser TS, II, § 2, lemme 1.)

¶17) *a*) On note $\mathfrak{c}$ une algèbre de Lie résoluble réelle admettant une base (a, b, c) telle que $[a, b] = c$, $[a, c] = -b$, $[b, c] = 0$. On note $\mathfrak{d}$ une algèbre de Lie résoluble réelle admettant une base (a, b, c, d) telle que $[a, b] = c$, $[a, c] = -b$, $[b, c] = d$, $[a, d] = [b, d] = [c, d] = 0$. Soit $\mathfrak{g}$ une algèbre de Lie résoluble réelle. Si $\mathfrak{g}$ contient des éléments non nuls x, y, z tels que $[x, y] = z$ et $[x, z] = -y$, alors $\mathfrak{g}$ contient une sous-algèbre isomorphe à $\mathfrak{c}$ ou à $\mathfrak{d}$. (On pose $a_1 = y$, $b_1 = z$, $c_1 = [y, z]$; on définit par récurrence a_i, b_i, c_i tels que $a_i = [a_{i-1}, c_{i-1}]$, $b_i = [b_{i-1}, c_{i-1}]$, $c_i = [a_i, b_i]$. Considérer le plus petit entier k tel que $c_k = 0$.)
b) Soient $\mathfrak{g}$ et $\mathfrak{g}^*$ des algèbres de Lie résolubles réelles et φ un homomorphisme de $\mathfrak{g}$ sur $\mathfrak{g}^*$. Si $\mathfrak{g}^*$ contient une sous-algèbre isomorphe à $\mathfrak{c}$ ou à $\mathfrak{d}$, $\mathfrak{g}$ possède la même propriété.
c) Soit $\mathfrak{h}$ une algèbre de Lie résoluble complexe. Considérons une suite de Jordan-Hölder pour la représentation adjointe de $\mathfrak{h}$; les quotients de cette suite définissent des représentations de dimension 1 de $\mathfrak{h}$, donc des formes linéaires sur $\mathfrak{h}$. Ces formes linéaires, qui ne dépendent que de $\mathfrak{h}$, s'appellent les *racines* de $\mathfrak{h}$. Si $\mathfrak{h}'$ est une algèbre de Lie résoluble réelle, on appelle racines de $\mathfrak{h}'$ les restrictions à $\mathfrak{h}'$ des racines de $\mathfrak{h}' \otimes_{\mathbf{R}} \mathbf{C}$.

Ceci posé, soient G un groupe de Lie réel résoluble simplement connexe de dimension finie, $\mathfrak{g}$ son algèbre de Lie. Montrer que les conditions suivantes sont équivalentes: α) $\exp_G$ est injective; β) $\exp_G$ est surjective; γ) $\exp_G$ est bijective; δ) $\exp_G$ est un isomorphisme de la variété analytique L(G) sur la variété analytique G; ε) L(G) ne contient aucune sous-algèbre isomorphe à $\mathfrak{c}$ ou $\mathfrak{d}$; ζ) il n'existe pas d'algèbre quotient de L(G) admettant une sous-algèbre isomorphe à $\mathfrak{c}$; η) toute racine de $\mathfrak{g}$ est de la forme $\varphi + i\varphi'$ avec φ, φ' dans $\mathfrak{g}^*$ et φ' proportionnelle à φ; θ) pour tout $x \in \mathfrak{g}$, la seule valeur propre (dans $\mathbf{C}$) imaginaire pure de ad x est 0.[1]

18) Soient G un groupe de Lie réel connexe, Z son centre, Z_0 la composante neutre de Z, $\mathfrak{g}$ l'algèbre de Lie de G, $\mathfrak{z}$ le centre de $\mathfrak{g}$. Alors Z et Z_0 sont des quasi-sous-groupes de Lie de G d'algèbre de Lie $\mathfrak{z}$ (exerc. 3). Appelons norme acceptable sur $\mathfrak{g}$ une norme définissant la topologie de $\mathfrak{g}$ et faisant de $\mathfrak{g}$ une algèbre de Lie normée.

a) Quels que soient $r > 0$ et $z \in \mathfrak{z}$, il existe une norme acceptable sur $\mathfrak{g}$ dont la valeur en z est $< r$. (Soit q une norme acceptable sur $\mathfrak{g}$. Montrer que, pour $\lambda > 0$ bien choisi, la fonction $x \mapsto \|x\| = \lambda q(x) + \inf_{y \in \mathfrak{z}} q(x + y)$ possède les propriétés requises.)

b) Montrer que les conditions suivantes sont équivalentes:

(i) Z_0 est simplement connexe;

(ii) quelle que soit la norme acceptable sur $\mathfrak{g}$, la restriction de $\exp_G$ à la boule ouverte de centre 0 et de rayon π est injective;

(iii) il existe $r > 0$ tel que, quelle que soit la norme acceptable sur $\mathfrak{g}$, la restriction de $\exp_G$ à la boule ouverte de centre 0 et de rayon r est injective.

(Pour prouver (iii) $\Rightarrow$ (i), utiliser *a*). Pour prouver (i) $\Rightarrow$ (ii), supposons x, y dans $\mathfrak{g}$, $\|x\| < \pi$, $\|y\| < \pi$, $x \neq y$, $\exp_G x = \exp_G y$. Alors exp ad x = exp ad y, donc ad x = ad y d'après la prop. 17 du § 6 appliquée dans une complexification de $\mathfrak{g}$. Donc il existe z non nul dans $\mathfrak{z}$ tel que $\exp_G z = e$; il en résulte que (i) est en défaut.)

c) En considérant le groupe G′ de l'exerc. 13 *b*), montrer que la conclusion de *b*) devient inexacte si on remplace π par un nombre $> \pi$. (Avec les notations de l'exerc. 13, utiliser la norme $ae_1 + be_2 + ce_3 \mapsto (a^2 + b^2 + c^2)^{1/2}$ sur L(G′).)

19) Soient G un groupe localement compact, H un sous-groupe distingué fermé de G. On suppose que H est un groupe de Lie résoluble simplement connexe de dimension finie, et que G/H est compact. Montrer qu'il existe un sous-groupe compact L de G tel que G soit produit semi-direct de L et H. (Raisonner par récurrence sur dim H. Considérer le dernier groupe dérivé non trivial de H, et utiliser INT, VII, § 3, prop. 3.)

20) Soit G un groupe de Lie réel connexe résoluble de dimension finie. On introduit les notations S, S′, F, σ du § 6, nº 10, démonstration de la prop. 20.

a) En utilisant la prop. 21, montrer que σ est un isomorphisme de S sur un sous-groupe de Lie du groupe de Lie réel sous-jacent à S′.

b) En déduire que la complexification universelle $\tilde{G}$ de G s'identifie à S′/σ(F), et que l'application canonique de G dans $\tilde{G}$ est un isomorphisme de G sur un sous-groupe de Lie du groupe de Lie réel sous-jacent à $\tilde{G}$.

¶21) *a*) Soit G un groupe de Lie réel résoluble simplement connexe ayant les propriétés suivantes: α) L(G), de dimension n, possède un idéal commutatif de dimension $n - 1$, correspondant à un sous-groupe A de G; β) il existe un élément σ du centre de G qui n'appartient pas à A. Montrer qu'il existe un élément x de L(G) tel que $\exp x = \sigma$. Montrer que L(G) est produit d'un idéal commutatif et d'un idéal admettant une base $(x, a_1, b_1, \ldots, a_k, b_k)$ telle que $a_1, b_1, \ldots, a_k, b_k$ appartiennent à L(A), $[x, a_i] = 2\pi n_i b_i$, $[x, b_i] = -2\pi n_i a_i$ ($n_i \in \mathbf{Z} - \{0\}$) pour tout i. Généraliser à G les résultats de l'exerc. 13 *d*).

b) Soit G un groupe de Lie réel résoluble simplement connexe de dimension finie. Soit D un sous-groupe discret du centre de G. Il existe une base $(x_1, x_2, \ldots, x_n)$ de L(G) et un entier $r \leqslant n$ possédant les propriétés suivantes: α) tout élément de G s'écrit de manière unique sous la forme $(\exp t_1x_1) \ldots (\exp t_nx_n)$ où $t_1, \ldots, t_n$ sont dans $\mathbf{R}$; β) $x_1, \ldots, x_r$ sont deux à deux permutables et $(\exp x_1, \ldots, \exp x_r)$ est une base du groupe commutatif D. (Raisonner par récurrence sur la dimension de G. Soit $\mathfrak{a}$ un idéal commutatif maximal de L(G). Soit A le sous-groupe

[1] Pour plus de détails, cf. M. SAITO, Sur certains groupes de Lie résolubles, *Sci. Papers of the College of General Education*, Univ. of Tokyo, t. VII (1957), p. 1-11 et 157-168.

intégral correspondant. Alors A est fermé dans G et DA/A est un sous-groupe discret du centre de G/A, auquel on applique l'hypothèse de récurrence, d'où des éléments $x_1^*, \ldots, x_m^*$ de L(G/A) et un entier s. Pour $1 \leqslant i \leqslant s$, soit σ_i un élément de D dont la classe modulo A est $\exp x_i^*$. Construire de proche en proche, en utilisant *a*), des représentants $x_1, \ldots, x_m$ de $x_1^*, \ldots, x_m^*$ tels que $\exp x_i = \sigma_i$ et $[x_i, x_j] = 0$ pour $1 \leqslant i, j \leqslant s$.)[1]
c) Déduire de *b*) que tout groupe de Lie réel résoluble connexe de dimension finie est homéomorphe à un espace $\mathbf{R}^n \times \mathbf{T}^m$ (m, n entiers $\geqslant 0$).

22) Soit G un groupe de Lie réel connexe de dimension finie tel que L(G) soit réductive. On a $G = (V \times S)/N$ où V est un espace vectoriel réel de dimension finie, où S est un groupe de Lie réel semi-simple simplement connexe, et où N est un sous-groupe discret central de $V \times S$. Alors $G/\overline{D^1}G$ est isomorphe à $V/\overline{\mathrm{pr}_1 N}$. Donc $G/\overline{D^1}G$ est compact si et seulement si $\mathrm{pr}_1 N$ engendre l'espace vectoriel V.

23) *a*) Soit G un groupe de Lie réel commutatif de dimension finie, n'ayant qu'un nombre fini de composantes connexes. Pour que G soit compact, il faut et il suffit que toute représentation linéaire analytique de dimension finie de G dans un espace vectoriel complexe soit semi-simple. (Utiliser la démonstration de la prop. 32.)
b) Soit G un groupe de Lie complexe commutatif de dimension finie, n'ayant qu'un nombre fini de composantes connexes. Soit N le noyau de $\exp_G$. Pour que N engendre sur $\mathbf{C}$ l'espace vectoriel L(G), il faut et il suffit que toute représentation linéaire analytique de dimension finie de G soit semi-simple. (Utiliser *a*), le lemme 1, et la prop. 33.)

24) Le groupe de Lie $\mathbf{SL}(2, \mathbf{R})$ est connexe, et presque simple, mais $\{I, -I\}$ est un sous-groupe commutatif distingué de $\mathbf{SL}(2, \mathbf{R})$.

25) Soit G un groupe de Lie réel ou complexe connexe presque simple. Soit A un sous-groupe distingué de G. Si $A \neq G$, A est discret central. (Utiliser l'exerc. 8 du § 4). Par suite, le quotient de G par son centre est simple en tant que groupe abstrait.

¶26) Soit G un groupe de Lie réel connexe de dimension finie. On suppose que G admet une représentation linéaire continue injective ρ de dimension finie. Alors (G, G) est fermé dans G. (Soient R le radical de G, S un sous-groupe intégral semi-simple maximal de G. En utilisant l'exerc. 7 *b*), se ramener au cas où G est produit semi-direct de S et R. D'après le chap. I, § 6, prop. 6, ρ est unipotente dans (G, R). Donc $\rho((G, R))$ est fermé dans le groupe linéaire, et par suite (G, R) est fermé dans G.)

¶27) Soient G un groupe de Lie réel simplement connexe résoluble de dimension finie, N le plus grand sous-groupe distingué nilpotent connexe de G. Alors G admet une représentation linéaire continue injective de dimension finie unipotente dans N. (Raisonner par récurrence sur la dimension de G. Utiliser la prop. 20, et le chap. I, § 7, th. 1.)[2]

¶28) *a*) Soient k un corps commutatif de caractéristique 0, L une algèbre de Lie de dimension n sur k, L_1 une sous-algèbre de dimension $n - 1$ ne contenant aucun idéal non nul de L, et a_0 un élément de L n'appartenant pas à L_1. Pour $i = 2, 3, \ldots$, on définit par récurrence les L_i en convenant que L_i est l'ensemble des $x \in L_{i-1}$ tels que $[x, a_0] \in L_{i-1}$. On pose $L_i = L$ pour $i \leqslant 0$. Montrer que $[L_i, L_j] \subset L_{i+j}$ (par récurrence sur $i + j$), puis que, pour $0 \leqslant i \leqslant n$, L_i est une sous-algèbre de L de codimension i (par récurrence sur i).
b) Pour $0 < i < n$, choisissons dans L_i un élément a_i n'appartenant pas à L_{i+1}, de telle sorte que $[a_0, a_i] \equiv i a_{i-1}$ (mod. L_i). Montrer, par récurrence sur les couples (i, j) ordonnés lexicographiquement, que, pour $0 \leqslant i < j < n$, on a $i + j - 1 < n$ et

$$[a_i, a_j] \equiv (j - i) a_{i+j-1} \pmod{L_{i+j}}.$$

[1] Pour plus de détails, cf. C. CHEVALLEY, Topological structure of solvable groups, *Ann. of Math.*, t. XLII (1941), p. 668–675.

[2] Pour plus de détails concernant les représentations linéaires injectives des groupes de Lie, cf. G. HOCHSCHILD, *The structure of Lie groups*, Holden-Day, 1965, et en particulier le chap. XVIII.

c) Déduire que L est ou bien de dimension 1, ou bien de dimension 2 non commutative, ou bien isomorphe à $\mathfrak{sl}(2, k)$.

d) Soit A une algèbre de Lie réelle de dimension finie. Une sous-algèbre B de A est dite prolongeable s'il existe une sous-algèbre $B_1 \supset B$ telle que $\dim B_1 = \dim B + 1$. On note R'(A) l'intersection de toutes les sous-algèbres non prolongeables de A. On note R(A) le plus grand idéal de A possédant une suite de composition comme A-module dont tous les quotients sont de dimension 1.

Montrer que R'(A) est un idéal caractéristique de A. (Observer que R'(A) est stable par Aut(A).)

e) Montrer que $R'(A) \supset R(A)$ et que $R'(A/R(A)) = R'(A)/R(A)$.

f) Montrer que, si B est une sous-algèbre de A, on a $R'(B) \supset R'(A) \cap B$.

g) Si A est résoluble, $R'(A) = R(A)$. (On peut supposer $R(A) = \{0\}$ grâce à *e*). Supposons $R'(A) \neq \{0\}$. D'après *d*), il existe un idéal minimal non nul I de A contenu dans R'(A). En utilisant *f*), et le chap. I, § 5, cor. 1 du th. 1, montrer que $\dim I = 1$, d'où contradiction.)

h) Soient P le radical de R'(A), B une sous-algèbre semi-simple de A, $C = P + B$ qui est une sous-algèbre de A d'après *d*). En utilisant *f*), montrer que $\mathrm{ad}_P B$ peut se mettre sous forme triangulaire par rapport à une base convenable de P. Conclure que $[P, B] = \{0\}$.

k) R(A) est le radical de R'(A). (Utiliser *e*), *f*), *g*), *h*) et une décomposition de Levi de A.) Soit $R'(A) = R(A) \oplus T$ une décomposition de Levi de R'(A). D'après *h*), $R'(A) = R(A) \times T$. On a $R(T) = \{0\}$. Appliquant *c*) aux facteurs simples de T, conclure que $T = \{0\}$. On a donc prouvé que $R(A) = R'(A)$.

l) Soit G un groupe de Lie réel connexe d'algèbre de Lie A. Soit $\mathscr{S}(G)$ l'ensemble des sous-groupes N de G tels qu'il existe une suite décroissante $(N_m, N_{m-1}, \ldots, N_0)$ de sous-groupes possédant les propriétés suivantes: $N_m = N$, $N_0 = \{e\}$, chaque N_i est un sous-groupe de Lie connexe distingué de G, et $\dim N_i/N_{i-1} = 1$ pour tout $i > 0$. Montrer que le sous-groupe intégral R(G) de G d'algèbre de Lie R(A) est le plus grand élément de $\mathscr{S}(G)$. (Raisonner par récurrence sur dim R(A). Soient I un idéal de dimension 1 de A, N le sous-groupe intégral correspondant de G. Passer au quotient par $\overline{N}$. Si N n'est pas fermé, on utilisera l'exerc. 21 *a*) du § 6.)

m) Un sous-groupe de Lie H de G est dit prolongeable s'il existe un sous-groupe de Lie $H_1 \supset H$ tel que $\dim H_1 = \dim H + 1$. On note R'(G) l'intersection de tous les sous-groupes de Lie connexes non prolongeables de G.

Soit B une sous-algèbre non prolongeable de A. Montrer que le sous-groupe intégral correspondant de G est fermé. (Utiliser la prop. 5.) En déduire que $L(R'(G)) \subset R(A)$, d'où $R'(G) \subset R(G)$.

n) Montrer que $R(G) = R'(G)$. (Se ramener au cas où $R'(G) = \{e\}$. Utiliser alors l'exerc. 22 du § 6.)[1]

¶29) Un groupe de Lie réel G est dit *de type* (N) s'il est de dimension finie, nilpotent, connexe et simplement connexe. Si G est un tel groupe, et $\mathfrak{g}$ son algèbre de Lie, l'application $\exp: \mathfrak{g} \to G$ est un isomorphisme lorsqu'on munit $\mathfrak{g}$ de la structure de groupe définie par la loi de Hausdorff (cf. chap. II, § 6, nº 5, *Remarque* 3). On note $\log: G \to \mathfrak{g}$ l'isomorphisme réciproque.

a) Soit V un **Q**-sous-espace vectoriel de $\mathfrak{g}$. Montrer l'équivalence des conditions suivantes:

(i) V est une **Q**-sous-algèbre de Lie de $\mathfrak{g}$;

(ii) exp(V) est un sous-groupe de G.

(Utiliser l'exerc. 5 du § 6 du chap. II.)

Pour qu'un sous-groupe H de G soit de la forme exp(V), où V est un **Q**-sous-espace vectoriel de $\mathfrak{g}$, il faut et il suffit que H soit saturé dans G (chap. II, § 4, exerc. 14), i.e. que les relations $x \in G$, $x^n \in H$, $n \neq 0$ entraînent $x \in H$ (*loc. cit.*). S'il en est ainsi, montrer que H est un sous- groupe intégral de G si et seulement si log(H) est une **R**-sous-algèbre de Lie de $\mathfrak{g}$.

[1] Pour plus de détails, cf. J. TITS, Sur une classe de groupes de Lie résolubles, *Bull. Soc. Math. Belg.*, t. XI (1959), p. 100–115 et t. XIV (1962), p. 196–209.

b) Soit V une **Q**-sous-algèbre de Lie de $\mathfrak{g}$ de dimension finie m, soit $(e_1, \ldots, e_m)$ une base de V sur **Q**, et soit Λ le sous-groupe de V engendré par $e_1, \ldots, e_m$. En utilisant le fait que la loi de Hausdorff est polynomiale, montrer qu'il existe un entier $d \geqslant 1$ tel que, pour tout entier r non nul multiple de d, $\exp(r\Lambda)$ soit un sous-groupe de G. Soient d un tel entier et r un multiple de d. Montrer que $\exp(r\Lambda)$ est *discret* si et seulement si $(e_1, \ldots, e_m)$ est une famille libre sur **R**, i.e. si l'application canonique de $V \otimes_{\mathbf{Q}} \mathbf{R}$ dans $\mathfrak{g}$ est *injective*. Supposons que ce soit le cas; montrer que $G/\exp(r\Lambda)$ est *compact* si et seulement si $V \otimes_{\mathbf{Q}} \mathbf{R} \to \mathfrak{g}$ est *bijective*, i.e. *si* V *est une* **Q**-*forme de* $\mathfrak{g}$. (Pour montrer que la condition est suffisante, raisonner par récurrence sur la classe de nilpotence de $\mathfrak{g}$.)
c) Inversement, soit Γ un sous-groupe discret de G, soit $\overline{\Gamma}$ son saturé dans G (II, *loc. cit.*) et soit $\mathfrak{g}_\Gamma = \log(\overline{\Gamma}) = \mathbf{Q}.\log(\Gamma)$ la **Q**-sous-algèbre de Lie correspondante. On suppose que $\mathbf{R}.\mathfrak{g} = \mathfrak{g}$, i.e. que Γ n'est contenu dans aucun sous-groupe intégral distinct de G. Soit z un élément $\neq 1$ du centre de Γ, et soit $x = \log(z)$. Montrer que x appartient au centre de $\mathfrak{g}$. Si $X = \exp(\mathbf{R}x)$, montrer que $X/(\Gamma \cap X)$ est compact, et que l'image de Γ dans G/X est discrète. En déduire, en raisonnant par récurrence sur dim G, que G/Γ est *compact*, et que $\mathfrak{g}_\Gamma$ est une **Q**-*forme de* $\mathfrak{g}$. Si Λ est un réseau de $\mathfrak{g}_\Gamma$, montrer qu'il existe un entier $d \neq 0$ tel que Γ contienne $\exp(d\Lambda)$ et que l'indice de $\exp(d\Lambda)$ dans Γ est alors fini.

Soit H un sous-groupe intégral de G, d'algèbre de Lie $\mathfrak{h}$. Montrer que $H/(H \cap \Gamma)$ est compact si et seulement si $\mathfrak{h}$ est rationnelle par rapport à la **Q**-structure $\mathfrak{g}_\Gamma$ (en particulier si $\mathfrak{h}$ est l'un des termes de la suite centrale descendante — ou ascendante — de $\mathfrak{g}$).
d) Soit Γ un sous-groupe discret de G, soit H le plus petit sous-groupe intégral de G contenant Γ, et soit $\mathfrak{h}$ son algèbre de Lie. Montrer que H/Γ est compact, et que $\mathfrak{g} \otimes_{\mathbf{Q}} \mathbf{R} \to \mathfrak{g}$ est injectif et a pour image $\mathfrak{h}$. (Appliquer *c*) au groupe nilpotent H.)
e) Soit Γ un sous-groupe discret G. Montrer qu'il existe une base $(x_1, \ldots, x_q)$ de L(G) possédant les propriétés suivantes:

(i) pour tout $i \in [1, q]$, $\mathbf{R}x_i + \cdots + \mathbf{R}x_q$ est un idéal $\mathfrak{n}_i$ de $\mathbf{R}x_{i-1} + \cdots + \mathbf{R}x_q$;

(ii) il existe $p \in [1, q]$ tel que Γ soit l'ensemble des produits
$$\exp(m_p x_p) \exp(m_{p+1} x_{p+1}) \ldots \exp(m_q x_q)$$
pour $m_p, \ldots, m_q$ dans **Z**;

(iii) si G/Γ est compact, $\{\mathfrak{n}_1, \mathfrak{n}_2, \ldots, \mathfrak{n}_q\}$ contient la suite centrale descendante de $\mathfrak{g}$.

(En utilisant *d*) et la prop. 16, se ramener au cas où G/Γ est compact. Raisonner ensuite par récurrence sur dim G, en utilisant *c*).)

30) Donner un exemple d'algèbre de Lie nilpotente réelle de dimension 7 ne possédant aucune base par rapport à laquelle les constantes de structure soient rationnelles (cf. chap. I, § 4, exerc. 18). En déduire que le groupe de type (N) (exerc. 29) correspondant ne possède aucun sous-groupe discret à quotient compact. (Utiliser l'exerc. 29.)

31) Soient G et G′ deux groupes de Lie de type (N) (exerc. 29) et soit Γ un sous-groupe discret de G tel que G/Γ soit compact. Montrer que tout homomorphisme $f: \Gamma \to G'$ se prolonge de manière unique en un morphisme de groupes de Lie de G dans G′ (commencer par prolonger f au saturé $\overline{\Gamma}$ de Γ et en déduire un homomorphisme de la **Q**-algèbre de Lie $\log(\overline{\Gamma})$ dans l'algèbre de Lie de G′, cf. exerc. 29).

32) Soit G un groupe de Lie de type (N) (exerc. 29) et soit Γ un sous-groupe discret de G. Démontrer l'équivalence des conditions suivantes:
a) G/Γ est compact;
b) la mesure de G/Γ est finie (relativement à une mesure positive G-invariante non nulle);
c) tout sous-groupe intégral de G contenant Γ est égal à G.
(Utiliser l'exerc. 29.)

¶33) Soit Γ un groupe. Prouver l'équivalence des conditions suivantes:
a) Γ est nilpotent, sans torsion, et de type fini;
b) il existe un groupe de Lie de type (N) (exerc. 29), contenant Γ comme sous-groupe discret;
c) il existe un groupe de Lie G de type (N) (exerc. 29), contenant Γ comme sous-groupe discret, et tel que G/Γ soit compact.

(L'équivalence de *b*) et *c*) résulte de l'exerc. 29. L'implication *c*) $\Rightarrow$ *a*) se démontre par récurrence sur dim(G), par la méthode de l'exerc. 29 *c*). Pour prouver que *a*) $\Rightarrow$ *c*), montrer d'abord que la **Q**-algèbre de Lie attachée au saturé de Γ (cf. chap. II, § 6, exerc. 4) est de dimension finie; prendre ensuite le produit tensoriel de cette algèbre avec **R** et le groupe de type (N) correspondant.)

34) Soient G un groupe de Lie réel ou complexe connexe de dimension finie, ρ une représentation linéaire analytique de G dans un espace vectoriel complexe V de dimension finie. On suppose ρ semi-simple. Le groupe G opère par automorphismes dans l'algèbre $\mathsf{S}(V^*)$ des fonctions polynômes sur V.

a) Soit $\mathsf{S}(V^*)^G$ l'ensemble des éléments G-invariants de $\mathsf{S}(V^*)$. Il existe un projecteur p de $\mathsf{S}(V^*)$ sur $\mathsf{S}(V^*)^G$ qui commute aux opérations de G et qui laisse stable tout sous-espace vectoriel G-stable de $\mathsf{S}(V^*)$.

b) Soient I, J des idéaux de $\mathsf{S}(V^*)$ stables par G. Soit A (resp. B) l'ensemble des zéros de I (resp. J) dans V. On suppose que $A \cap B = \varnothing$. Il existe alors $u \in I$ tel que u soit G-invariant et que $u = 1$ dans B. (D'après AC, § 3, n° 3, prop. 2, il existe $v \in I$, $w \in J$ tels que $v + w = 1$. Soit $u = pv$. Montrer que u possède les propriétés requises.)

35) Soit G un sous-groupe compact de $\mathbf{GL}(n, \mathbf{R})$.

a) Soient A, B des parties G-invariantes compactes disjointes de $\mathbf{R}^n$. Il existe une fonction polynomiale u, G-invariante dans $\mathbf{R}^n$, telle que $u = 1$ dans A et $u = 0$ dans B. (Il existe une fonction continue réelle v dans $\mathbf{R}^n$ telle que $v = 1$ dans A, $v = 0$ dans B. D'après le théorème de Stone–Weierstrass, il existe une fonction polynomiale w dans $\mathbf{R}^n$ telle que $|v - w| \leqslant \frac{1}{3}$ dans $A \cup B$. En déduire u par un procédé d'intégration par rapport à la mesure de Haar normalisée de G.)

b) Soit $x \in \mathbf{R}^n$. Alors Gx est l'ensemble des zéros dans $\mathbf{R}^n$ d'un nombre fini de polynômes G-invariants. (Utiliser *a*) et le cor. 2 du th. 1, n° 8.)

36) Dans $\mathbf{SL}(2, \mathbf{R})$, les éléments qui peuvent se mettre sous la forme (a, b), pour a, b dans $\mathbf{SL}(2, \mathbf{R})$, sont les éléments distincts de $-I$.

¶37) Soient G un groupe de Lie réel compact, G' un groupe de Lie réel connexe de dimension finie. On suppose que L(G) est simple. Soit $\rho: G \to G'$ un homomorphisme de groupes abstraits. On suppose qu'il existe un voisinage V de e_G dans G tel que $\rho(V)$ soit relativement compact. Alors ρ est continu. (Soit V' un voisinage de $e_{G'}$ dans G'. Soit $V'' \subset V'$ un voisinage de $e_{G'}$ tel que

$$(x \in V'', x_j \in \rho(V), y_j \in \rho(V) \text{ pour } 1 \leqslant j \leqslant n) \Rightarrow \left(\prod_{i=1}^{n} x_i(y_i, x)x_i^{-1} \in V'\right)$$

où $n = \dim G$. On peut supposer ρ non triviale. Alors Ker ρ est fini d'après l'exerc. 25. Par suite, $\rho(G)$ est non dénombrable, donc non discret. On peut donc trouver $g \in G$ de centralisateur non ouvert tel que $\rho(g) \in V''$. Utilisant l'exerc. 9 du § 4 et ses notations, on a $\rho(M(g, n, V)) \subset V'$, et $M(g, n, V)$ est un voisinage de e_G dans G.)

38) Soient G un groupe de Lie réel de dimension finie, G_0 sa composante neutre. On considère la propriété suivante:

(F) Ad(G) est fermé dans Aut L(G).

Montrer que G possède la propriété (F) dans chacun des cas suivants:

(i) G est connexe nilpotent;
(ii) toute dérivation de L(G) est intérieure;
(iii) G_0 possède la propriété (F), et G/G_0 est fini;
(iv) G est un groupe trigonal supérieur;
(v) G_0 est semi-simple.

39) Soient G un groupe de Lie réel connexe de dimension finie, H un sous-groupe intégral de G, $\overline{H}$ son adhérence dans G. On suppose que H possède la propriété (F) (exerc. 38).

a) Soit $x \in \overline{H}$. Alors $\mathrm{Ad}_{L(G)}x$ laisse L(H) stable (n° 2, prop. 5); soit $u(x)$ sa restriction à L(H).

Alors $u(\overline{H}) = \mathrm{Ad}_{L(H)}(H)$. (Observer que $\mathrm{Ad}_{L(H)}(H)$ est dense dans $u(\overline{H})$, et appliquer la propriété (F).)

b) Soit C le centre de $\overline{H}$. On a $\overline{H} = C.H$, et C est l'adhérence du centre de H. (Vu *a*), si $x \in \overline{H}$, il existe $y \in H$ tel que $\mathrm{Ad}_{L(H)}x = \mathrm{Ad}_{L(H)}y$. Alors $\mathrm{Ad}(x^{-1}y)$ est l'identité dans L(H), donc $x^{-1}y \in Z_{\overline{H}}(H)$ et $x \in Z_{\overline{H}}(H).H$. Par continuité, $Z_{\overline{H}}(H)$ est égal à C. Le groupe C est fermé dans $\overline{H}$, donc dans G; par suite, $\overline{C \cap H} \subset C$. Soit $x \in C$. Il existe une suite (x_n) dans H telle que x_n tende vers x. Alors $\mathrm{Ad}_{L(H)}\, x_n$ tend vers 1, donc il existe une suite (y_n) dans H telle que y_n tende vers e et $\mathrm{Ad}_{L(H)}\, y_n = \mathrm{Ad}_{L(H)}\, x_n$. On a $y_n^{-1}x_n \in C \cap H$, et $y_n^{-1}x_n$ tend vers x.)

c) On a $H = \overline{H}$ si et seulement si le centre de H est fermé dans G. (Utiliser *b*).)

40) Soient H un groupe de Lie réel de dimension finie, H_0 sa composante neutre.

a) On suppose que H_0 vérifie la condition (F) de l'exerc. 38, que H/H_0 est fini, et que le centre de H_0 est compact. Soient G un groupe de Lie réel de dimension finie, et $f: H \rightarrow G$ un homomorphisme continu de noyau discret. Alors $f(H)$ est fermé dans G. (On se ramène au cas où H est connexe. Comme le noyau de f est discret, le centre de $f(H)$ est l'image par f du centre de H (lemme 1) donc est fermé dans G. Appliquer l'exerc. 39 *c*).)

b) On suppose que H_0 est semi-simple et que H/H_0 est fini. Alors l'image de H par une représentation linéaire continue de dimension finie est fermée dans le groupe linéaire. (Appliquer *a*) et l'exerc. 7 *b*).)

41) Soient G un groupe de Lie réel connexe de dimension finie, $\rho: G \rightarrow \mathbf{GL}(n, \mathbf{C})$ un homomorphisme continu de noyau fini. Alors $\rho((G, G))$ est fermé dans $\mathbf{GL}(n, \mathbf{C})$. (En utilisant les exerc. 7 *b*) et 40 *a*), on se ramène au cas où G est produit semi-direct d'un groupe semi-simple S et de son radical R. Tout élément de $\rho((G, R))$ est unipotent, donc $\rho((G, R))$ est fermé. Le sous-espace vectoriel V_1 des points fixes de $\rho((G, R))$ est $\neq \{0\}$. Il est stable par $\rho(G)$. En considérant $\mathbf{C}^n/V_1$, en raisonnant par récurrence sur n, et en utilisant la réductibilité complète de $\rho(S)$, on voit qu'on peut écrire $\mathbf{C}^n = V_1 \oplus \cdots \oplus V_q$ où chaque V_i est stable par $\rho(S)$ et où $\rho((G, R))(V_i) \subset V_1 \oplus \cdots \oplus V_{i-1}$ pour tout i. D'autre part, $\rho(S)$ est fermé (exerc. 40 *b*)). Enfin, $\rho((G, G)) = \rho(S).\rho((G, R))$.)

42) Soit G un groupe de Lie réel connexe de dimension finie. On suppose que G admet une représentation linéaire continue injective $\rho: G \rightarrow \mathbf{GL}(n, \mathbf{C})$. Alors G admet une représentation linéaire $\sigma: G \rightarrow \mathbf{GL}(n', \mathbf{C})$ qui est un homéomorphisme de G sur un sous-groupe fermé de $\mathbf{GL}(n', \mathbf{C})$. (D'après l'exerc. 41, $\rho((G, G))$ est fermé dans $\mathbf{GL}(n, \mathbf{C})$, donc (G, G) est fermé dans G. Soient $p: G \rightarrow (G, G)$ le morphisme canonique, et τ une représentation linéaire injective d'image fermée de $G/(G, G)$ qui est connexe commutatif. Prendre $\sigma = \rho \oplus (\tau \circ p)$.)

§ 10

1) Soit G un groupe de Lie réel connexe de dimension finie. Montrer que l'application canonique de Aut(G) dans Aut(L(G)) n'est pas surjective en général (prendre $G = \mathbf{T}$).

2) On suppose $K = \mathbf{Q}_p$. Soit G un groupe de Lie de dimension finie. Montrer que les conditions suivantes sont équivalentes:

a) il existe $x_1, x_2, \ldots, x_n$ dans G tels que le sous-groupe de G engendré par $\{x_1, \ldots, x_n\}$ soit dense dans G;

b) G est engendré par une partie compacte.

(Pour prouver que *b*) implique *a*), observer que, si $(e_1, \ldots, e_n)$ est une base de L(G), $(\exp \mathbf{Z}_p e_1)(\exp \mathbf{Z}_p e_2)\ldots(\exp \mathbf{Z}_p e_n)$ est un voisinage de e.)

3) Soit G l'ensemble des $(x, y) \in \mathbf{Q}_p \times \mathbf{Q}_p$ tels que $|y| \leqslant 1$. C'est un sous-groupe ouvert de $\mathbf{Q}_p \times \mathbf{Q}_p$. On a $L(G) = \mathbf{Q}_p \times \mathbf{Q}_p$. Soit α l'automorphisme infinitésimal $(x, y) \mapsto (0, x)$. Alors la conclusion de la prop. 3 est en défaut.

4) Soit K une extension quadratique de $\mathbf{Q}_p$ et soit $\omega \in K - \mathbf{Q}_p$. Soit $G = \mathbf{Q}_p + \mathbf{Z}_p\omega$, considéré comme groupe de Lie sur K. Les seuls automorphismes de G sont les $(x, y) \mapsto (\lambda x, y)$ avec λ inversible dans $\mathbf{Z}_p$. L'ensemble de ces automorphismes ne peut être muni d'une structure de groupe de Lie sur K possédant les propriétés du th. 1.

NOTE HISTORIQUE

Chapitres I à III

I. Genèse

La théorie, appelée depuis près d'un siècle « théorie des groupes de Lie », a été édifiée essentiellement par un mathématicien: Sophus Lie.

Avant d'en aborder l'histoire, nous résumerons brièvement diverses recherches antérieures qui en préparèrent le développement.

a) Groupes de transformations (Klein–Lie, 1869–1872)

Vers 1860, la théorie des groupes de permutations d'un ensemble *fini* se développe et commence à être utilisée (Serret, Kronecker, Mathieu, Jordan). D'autre part, la théorie des invariants, alors en plein essor, familiarise les mathématiciens avec certains ensembles infinis de transformations géométriques stables par composition (notamment les transformations linéaires ou projectives). Mais, avant le travail de 1868 de Jordan (VII) sur les « groupes de mouvements » (sous-groupes fermés du groupe des déplacements de l'espace euclidien à 3 dimensions), il ne semble pas que l'on ait établi de lien conscient entre ces deux courants d'idées.

En 1869, le jeune Félix Klein (1849–1925), élève de Plücker, se lie d'amitié à Berlin avec le norvégien Sophus Lie (1842–1899), de quelques années plus âgé, dont le rapproche leur intérêt commun pour la « géométrie des droites » de Plücker et notamment la théorie des complexes de droites. C'est vers cette période que Lie conçoit l'une de ses idées les plus originales, l'introduction de la notion d'invariant en Analyse et en géométrie différentielle; l'une des sources en est son observation que les méthodes classiques d'intégration « par quadratures » des équations différentielles reposent toutes sur le fait que l'équation est invariante par une famille « continue » de transformations. C'est de 1869 que date le premier travail (rédigé par Klein) où Lie utilise cette idée; il y étudie le « complexe de Reye » (ensemble des droites coupant les faces d'un tétraèdre en 4 points ayant un birapport donné) et les courbes et surfaces admettant pour tangentes des droites de ce complexe (III *a*)) : sa méthode repose sur l'invariance du complexe de Reye par le groupe commutatif à 3 paramètres (tore maximal de **PGL**(4, **C**)) laissant invariants les sommets du tétraèdre. Cette même idée domine le travail écrit en commun par Klein et Lie alors qu'ils se trouvent à Paris au printemps 1870 (I *a*)) ; ils y déterminent essentiellement les sous-groupes connexes commutatifs du groupe projectif du plan **PGL**(3, **C**), et étudient les propriétés géométriques de leurs orbites (sous le nom de courbes ou surfaces V) ; cela leur donne, par un procédé uniforme, des propriétés de courbes variées, algébriques ou transcendantes, telles que $y = cx^m$ ou les spirales logarithmiques. Leurs témoignages s'accordent à souligner l'impression profonde qu'ont produite sur eux les théories de Galois et de Jordan (le commentaire de Jordan sur Galois avait paru aux *Math. Annalen* en 1869; du reste, Lie avait entendu parler de la théorie de Galois dès 1863). Klein, qui en 1871 commence à s'intéresser aux géométries non-euclidiennes, y voit le début de sa recherche d'un principe de classification de toutes les géométries connues, recherche qui devait le conduire en 1872 au « programme d'Erlangen ». De son côté, Lie, dans une lettre de 1873 à A. Mayer (III, vol. V, p. 584), date de son séjour à Paris l'origine de ses idées sur les groupes de transformations, et dans un travail de 1871 (III *b*)), il utilise déjà le terme de « groupe de transformations » et pose explicitement le problème de la détermination de tous les sous-groupes (« *continus ou discontinus* ») de **GL**(n, **C**). A vrai dire, Klein et Lie ont dû l'un et l'autre éprouver quelque difficulté à s'insérer dans ce nouvel univers mathématique, et Klein parle du « Traité » de Jordan, nouvellement paru, comme d'un « *livre scellé de sept sceaux* » (II, p. 51) ; il écrit par ailleurs à propos de (I *a*) et *b*)) : « *C'est à Lie qu'appartient tout ce qui se rapporte à l'idée heuristique d'un groupe continu d'opérateurs, en particulier tout ce qui touche à l'intégration des équations différentielles ou aux dérivées partielles. Toutes les notions qu'il développa plus tard dans sa théorie des groupes continus se trouvaient déjà en germe chez lui, mais toutefois si peu élaborées, que je dus le convaincre de maints détails, par exemple au début l'existence même des courbes* V, *au cours de longs entretiens* » (II, p. 415).

b) Transformations infinitésimales

La conception d'une transformation « infiniment petite » remonte au moins aux débuts du Calcul infinitésimal; on sait que Descartes découvre le centre instantané de rotation en admettant que « dans l'infiniment petit » tout mouvement plan peut être assimilé à une rotation; l'élaboration de la Mécanique analytique, au XVIIIe siècle, est tout entière fondée sur des idées semblables. En 1851, Sylvester, cherchant à former des invariants du groupe linéaire **GL**(3, **C**) ou de certains de ses sous-groupes, donne aux paramètres z_j figurant dans ces matrices des accroissements « infiniment petits » de la forme $\alpha_j\, dt$, et exprime qu'une fonction $f((z_j))$

est invariante en écrivant l'équation $f((z_j + \alpha_j\, dt)) = f((z_j))$; ceci lui donne pour f l'équation linéaire aux dérivées partielles $Xf = 0$, où

$$(1) \qquad Xf = \sum_j \alpha_j \frac{\partial f}{\partial z_j},$$

X étant donc un *opérateur différentiel*, « dérivée dans la direction de paramètres directeurs α_j » (V, vol. 3, p. 326 et 327) ; Sylvester semble sentir qu'il y a là un principe général d'une assez grande portée, mais ne paraît pas être revenu sur la question. Un peu plus tard, Cayley (VI, t. II, p. 164–178) procède de même pour les invariants de $\mathbf{SL}(2, \mathbf{C})$ dans certaines représentations de ce groupe et montre que ce sont les solutions de deux équations aux dérivées partielles du premier ordre $Xf = 0$, $Yf = 0$, où X et Y sont obtenus comme ci-dessus à partir des transformations « infiniment petites »

$$\begin{pmatrix} 0 & 0 \\ dt & 0 \end{pmatrix} \quad \text{et} \quad \begin{pmatrix} 0 & dt \\ 0 & 0 \end{pmatrix}.$$

En termes modernes, cela s'explique par le fait que X et Y engendrent l'algèbre de Lie $\mathfrak{sl}(2, \mathbf{C})$; d'ailleurs Cayley calcule explicitement le crochet $XY - YX$ et montre qu'il provient lui aussi d'une transformation « infiniment petite ».

Dans son mémoire de 1868 sur les groupes de mouvements (VII), Jordan utilise d'un bout à l'autre le concept de « transformation infiniment petite », mais exclusivement d'un point de vue géométrique. C'est sans doute chez lui qu'apparaît l'idée d'un groupe à un paramètre « engendré » par une transformation infiniment petite : pour Jordan, c'est l'ensemble des transformations obtenues en « *répétant convenablement* » la transformation infiniment petite (*loc. cit.*, p. 243). Klein et Lie, dans leur mémoire de 1871, utilisent la même expression « *transformation infiniment petite répétée* » (I *b*)), mais le contexte montre qu'ils entendent par là une intégration d'un système différentiel. Si le groupe à un paramètre qu'ils considèrent est formé des transformations $x' = f(x, y, t)$, $y' = g(x, y, t)$, la « transformation infiniment petite » correspondante est donnée par

$$dx = p(x, y)\, dt, \qquad dy = q(x, y)\, dt$$

où $p(x, y) = \frac{\partial f}{\partial t}(x, y, t_0)$, $q(x, y) = \frac{\partial g}{\partial t}(x, y, t_0)$, et t_0 correspond à la transformation identique du groupe. Comme Klein et Lie connaissent explicitement les fonctions f et g, ils n'ont pas de peine à vérifier que les fonctions

$$t \mapsto f(x, y, t) \quad \text{et} \quad t \mapsto g(x, y, t)$$

donnent sous forme paramétrique la courbe intégrale de l'équation différentielle

$$q(\xi, \eta)\, d\xi = p(\xi, \eta)\, d\eta$$

passant par le point (x, y), mais n'en donnent aucune raison générale ; ils n'utilisent d'ailleurs plus ce fait dans la suite de leur mémoire.

c) Transformations de contact

Dans les deux années suivantes, Lie paraît abandonner la théorie des groupes de transformations (bien qu'il reste en contact très suivi avec Klein, qui publie en 1872 son « Programme ») pour étudier les transformations de contact, l'intégration des équations aux dérivées partielles du premier ordre et les relations entre ces deux théories. Nous n'avons pas à faire l'historique de ces questions ici, et nous nous bornerons à mentionner quelques points qui paraissent avoir joué un rôle important dans la genèse de la théorie des groupes de transformations.

La notion de transformation de contact généralise à la fois les transformations ponctuelles et les transformations par polaires réciproques. *Grosso modo*, une transformation de contact[1] dans $\mathbf{C}^n$ est un isomorphisme d'un ouvert Ω de la variété $T'(\mathbf{C}^n)$ des vecteurs cotangents à $\mathbf{C}^n$ sur un autre ouvert Ω' de $T'(\mathbf{C}^n)$ transformant la 1-forme canonique de Ω en celle de Ω'. En d'autres termes, si $(x_1, \ldots, x_n, p_1, \ldots, p_n)$ désignent les coordonnées canoniques de $T'(\mathbf{C}^n)$, une transformation de contact est un isomorphisme $(x_i, p_i) \mapsto (X_i, P_i)$ satisfaisant à la relation $\sum_{i=1}^{n} P_i\, dX_i = \sum_{i=1}^{n} p_i\, dx_i$. De telles transformations interviennent dans l'étude de l'intégration des équations aux dérivées partielles de la forme

$$F\left(x_1, x_2, \ldots, x_n, \frac{\partial z}{\partial x_1}, \ldots, \frac{\partial z}{\partial x_n}\right) = 0. \tag{2}$$

Lie se familiarise au cours de ses recherches sur ces questions avec le maniement des parenthèses de Poisson

$$(f, g) = \sum_{i=1}^{n} \left(\frac{\partial f}{\partial x_i}\frac{\partial g}{\partial p_i} - \frac{\partial g}{\partial x_i}\frac{\partial f}{\partial p_i}\right) \tag{3}$$

et des crochets[2] $[X, Y] = XY - YX$ d'opérateurs différentiels du type (1); il interprète la parenthèse de Poisson (3) comme l'effet sur f d'une transformation de type (1) associée à g, et observe à cette occasion que l'identité de Jacobi pour les parenthèses de Poisson signifie que le crochet des opérateurs différentiels correspondant à g et h est associé à la parenthèse (g, h). La recherche de fonctions g telles que $(F, g) = 0$, qui intervient dans la méthode de Jacobi pour intégrer

[1] Il s'agit ici de transformations de contact « homogènes ». Antérieurement, la considération d'équations du type (2), mais où z intervient dans F, avait amené Lie à considérer des transformations de contact à $2n + 1$ variables $z, x_1, \ldots, x_n, p_1, \ldots, p_n$, où il s'agit de trouver $2n + 2$ fonctions Z, P_i, X_i $(1 \leqslant i \leqslant n)$ et ρ (cette dernière $\neq 0$ en tout point) telles que $dZ - \sum_i P_i\, dX_i = \rho(dz - \sum_i p_i\, dx_i)$. Ce cas en apparence plus général se ramène d'ailleurs aisément au cas « homogène » (IV, t. 2, p. 135–146).

[2] Ceux-ci intervenaient déjà dans la théorie de Jacobi-Clebsch des « systèmes complets » d'équations aux dérivées partielles du premier ordre $X_j f = 0$ $(1 \leqslant j \leqslant r)$, notion équivalente à celle de « système complètement intégrable » de Frobenius: le théorème fondamental (équivalent au « théorème de Frobenius ») qui caractérise ces systèmes est que les crochets $[X_i, X_j]$ doivent être des combinaisons linéaires (à coefficients variables) des X_k.

l'équation aux dérivées partielles (2), devient pour Lie celle d'une transformation infinitésimale de contact laissant invariante l'équation donnée. Enfin, Lie est amené à étudier des ensembles de fonctions $(u_j)_{1 \leqslant j \leqslant m}$ des x_i et des p_i tels que les parenthèses (u_j, u_k) soient fonctions des u_h, et nomme « groupes » ces ensembles (déjà considérés en substance par Jacobi).

II. Groupes continus et transformations infinitésimales

Brusquement, à l'automne 1873, Lie reprend l'étude des groupes de transformations et obtient des résultats décisifs. Pour autant qu'on puisse suivre le cheminement de sa pensée dans quelques lettres à A. Mayer des années 1873–1874 (III, t. 5, p. 584–608), il part d'un « groupe continu » de transformations sur n variables

$$(4) \qquad x'_i = f_i(x_1, \ldots, x_n, a_1, \ldots, a_r) \qquad (1 \leqslant i \leqslant n)$$

dépendant effectivement[1] de r paramètres $a_1, \ldots, a_r$; il observe que, si la transformation (4) est l'identité pour les valeurs $a_1^0, \ldots, a_r^0$ des paramètres,[2] alors les développements de Taylor des x_i, limités au premier ordre:

$$(5) \quad f_i(x_1, \ldots, x_n, a_1^0 + z_1, \ldots, a_r^0 + z_r) = x_i + \sum_{k=1}^{r} z_k \mathrm{X}_{ki}(x_1, \ldots, x_n) + \cdots \qquad (1 \leqslant i \leqslant n)$$

donnent une transformation infiniment petite « générique » dépendant linéairement des r paramètres z_j

$$(6) \qquad dx_i = \left(\sum_{k=1}^{r} z_k \mathrm{X}_{ki}(x_1, \ldots, x_n)\right) dt \qquad (1 \leqslant i \leqslant n).$$

Procédant comme dans son mémoire avec Klein, Lie intègre le système différentiel

$$(7) \qquad \frac{d\xi_1}{\sum_k z_k \mathrm{X}_{k1}(\xi_1, \ldots, \xi_n)} = \cdots = \frac{d\xi_n}{\sum_k z_k \mathrm{X}_{kn}(\xi_1, \ldots, \xi_n)} = dt,$$

ce qui lui donne, pour tout point $(z_1, \ldots, z_r)$, un groupe à un paramètre

$$(8) \qquad t \mapsto x'_i = g_i(x_1, \ldots, x_n, z_1, \ldots, z_r, t) \qquad (1 \leqslant i \leqslant n)$$

[1] Lie entend par là que les f_i ne peuvent s'exprimer à l'aide de moins de r fonctions des a_j, ou encore que la matrice jacobienne $(\partial f_i/\partial a_j)$ est de rang r « en général ».

[2] Dans ses premières notes, Lie pense pouvoir démontrer *a priori* l'existence de l'identité et de l'inverse dans tout ensemble de transformations (4) stable par composition; il reconnaît plus tard que sa démonstration était incorrecte, et Engel lui fournit un contre-exemple reproduit dans (IV, vol. 1, § 44). Toutefois, Lie montre comment on ramène les systèmes « continus » (4) stables par composition aux groupuscules de transformations: un tel système est de la forme $G \circ h$, où G est un groupuscule de transformations et h une transformation du système (IV, vol. 1, th. 26, p. 163 et vol. 3, th. 46, p. 572)

tel que $g_i(x_1, \ldots, x_n, z_1, \ldots, z_r, 0) = x_i$ pour tout i. Il montre de façon ingénieuse, en utilisant le fait que les transformations (4) forment un ensemble stable par composition, que le groupe à un paramètre (8) est un sous-groupe du groupe donné (III *d*)). L'idée nouvelle, clé de toute la théorie, est de pousser jusqu'au *second ordre* les développements de Taylor des fonctions (4). La marche de son raisonnement est assez confuse et heuristique ((III *d*)) et (III, vol. 5, p. 600–601)); on peut la présenter de la façon suivante. Pour les z_j assez petits, on peut faire $t = 1$ dans (8), et on obtient ainsi de nouveaux paramètres $z_1, \ldots, z_r$ pour les transformations du groupe (c'est en fait la première apparition des « paramètres canoniques »). On a par définition, vu (7)

$$\frac{\partial g_i}{\partial t} = \sum_k z_k X_{ki}(x'_1, \ldots, x'_n),$$

d'où

$$\frac{\partial^2 g_i}{\partial t^2} = \sum_{k,j} z_k \frac{\partial X_{ki}}{\partial x_j}(x'_1, \ldots, x'_n) \frac{\partial x'_j}{\partial t}$$
$$= \sum_{k,j} z_k \frac{\partial X_{ki}}{\partial x_j}(x'_1, \ldots, x'_n)\left(\sum_h z_h X_{hj}(x'_1, \ldots, x'_n)\right)$$

ce qui donne

$$x'_i = x_i + \left(\sum_k z_k X_{ki}(x_1, \ldots, x_n)\right)t + \tfrac{1}{2}\left(\sum_{k,h,j} z_k z_h \frac{\partial X_{ki}}{\partial x_j}(x_1, \ldots, x_n) X_{hj}(x_1, \ldots, x_n)\right)t^2 + \cdots,$$

d'où, pour $t = 1$, les développements de Taylor par rapport aux paramètres z_j

$$(9) \qquad x'_i = x_i + \left(\sum_k z_k X_{ki}\right) + \tfrac{1}{2}\left(\sum_{k,h,j} z_k z_h X_{hj} \frac{\partial X_{ki}}{\partial x_j}\right) + \cdots \qquad (1 \leqslant i \leqslant n).$$

Ecrivons en abrégé ces relations $x' = G(x, z)$ entre vecteurs

$$x = (x_1, \ldots, x_n), \qquad x' = (x'_1, \ldots, x'_n), \qquad z = (z_1, \ldots, z_r);$$

la propriété fondamentale de stabilité de l'ensemble de ces transformations par composition s'écrit

$$(10) \qquad G(G(x, u), v) = G(x, H(u, v))$$

où $H = (H_1, \ldots, H_r)$ est indépendant de x; il est immédiat que $H(u, 0) = u$, $H(0, v) = v$, d'où les développements

$$(11) \qquad H_i(u, v) = u_i + v_i + \tfrac{1}{2} \sum_{h,k} c_{ikh} u_h v_k + \cdots,$$

les termes non écrits étant non linéaires en u ou en v. Transformant (10) à l'aide de (9) et (11), puis comparant les termes en $u_h v_k$ des deux membres, Lie obtient les relations

$$\sum_{j=1}^{n}\left(X_{hj}\frac{\partial X_{ki}}{\partial x_j} - X_{kj}\frac{\partial X_{hi}}{\partial x_j}\right) = \sum_{l=1}^{r} c_{lhk}X_{li} \qquad (1 \leqslant h, k \leqslant r, 1 \leqslant i \leqslant n). \tag{12}$$

Sa pratique de la théorie des équations aux dérivées partielles l'amène à écrire ces conditions sous une forme plus simple: suivant le modèle de (1), il associe à chacune des r transformations infiniment petites obtenues en faisant $z_k = 1$, $z_h = 0$ pour $h \neq k$ dans (6), l'opérateur différentiel

$$A_k(f) = \sum_{i=1}^{n} X_{ki}\frac{\partial f}{\partial x_i}, \tag{13}$$

et récrit les conditions (12) sous la forme

$$[A_h, A_k] = \sum_{l} c_{lhk}A_l, \tag{14}$$

pierre angulaire de sa théorie. Jusque là, il avait utilisé indifféremment les termes « transformation infiniment petite » et « transformation infinitésimale » (*e.g.* (III *c*))); la simplicité des relations (14) le conduit à appeler l'opérateur (13) le « symbole » de la transformation infinitésimale $dx_i = X_{ki}\,dt$ $(1 \leqslant i \leqslant n)$ (III *e*)) et très rapidement, c'est l'opérateur (13) lui-même qu'il appellera « *transformation infinitésimale* » ((III *e*)) et (III, vol. 5, p. 589)).

Il devient alors conscient des liens étroits qui unissent la théorie des « groupes continus » à ses recherches antérieures sur les transformations de contact et les équations aux dérivées partielles. Ce rapprochement le remplit d'enthousiasme: « *Mes anciens travaux étaient pour ainsi dire tout prêts d'avance pour fonder la nouvelle théorie des groupes de transformations* » écrit-il à Mayer en 1874 (III, t. 5, p. 586).

Dans les années suivantes, Lie poursuit l'étude des groupes de transformations. Outre les théorèmes généraux résumés ci-après (§ III), il obtient un certain nombre de résultats plus particuliers: détermination des groupes de transformations de la droite et du plan, des sous-groupes de petite codimension des groupes projectifs, des groupes à au plus 6 paramètres, etc. Il n'abandonne pas pour autant les équations différentielles. En fait, il semble même que, pour lui, la théorie des groupes de transformations devait être un instrument pour intégrer les équations différentielles, où le groupe de transformations jouerait un rôle analogue à celui du groupe de Galois d'une équation algébrique.[1] Notons que ces recherches l'amènent également à introduire certains ensembles de transformations à une

[1] Ces recherches n'ont eu que peu d'influence sur la théorie générale des équations différentielles, le groupe d'automorphismes d'une telle équation étant le plus souvent trivial. En revanche, pour certains types d'équations (par exemple linéaires), des résultats intéressants ont été obtenus ultérieurement par Picard, Vessiot, puis, plus récemment, Ritt et Kolchin.

infinité de paramètres, qu'il appelle « groupes infinis et continus »[1]; il réserve le nom de « groupes finis et continus » aux groupes de transformation à un nombre fini de paramètres du type (4) ci-dessus.

III. Le « dictionnaire » groupes de Lie-algèbres de Lie

La théorie des groupes « finis et continus », développée par Lie dans de nombreux mémoires à partir de 1874, est exposée systématiquement dans l'imposant traité « *Theorie der Transformationsgruppen* » ((IV), 1888–1893), écrit en collaboration avec F. Engel[2]; elle y fait l'objet du premier volume et des cinq derniers chapitres du troisième, le second étant consacré aux transformations de contact.

Comme l'indique le titre, il n'est jamais question dans cet ouvrage que de groupes de transformations, au sens des équations (4), où l'espace des « variables » x_i et l'espace des « paramètres » a_j jouent des rôles initialement aussi importants. D'ailleurs le concept de groupe « abstrait » n'est pas clairement dégagé à cette époque; quand en 1883 (III *g*)) Lie remarque qu'avec les notations de (10), l'équation $w = \mathrm{H}(u, v)$ qui donne les paramètres de la composée de deux transformations du groupe définit un nouveau groupe, c'est comme *groupe de transformations* sur l'espace des paramètres qu'il le considère, obtenant ainsi ce qu'il appelle le « groupe de paramètres » (il en obtient même deux, qui ne sont autres que le groupe des translations à gauche et le groupe des translations à droite[3]).

Les variables x_i et les paramètres a_j dans les équations (4) sont en principe supposés complexes (sauf dans les chapitres XIX–XXIV du tome 3), et les fonctions f_i analytiques; Lie et Engel sont bien entendu conscients du fait que ces fonctions ne sont pas en général définies pour toutes les valeurs complexes des x_i et des a_j et que, par suite, la composition de telles transformations soulève de sérieuses difficultés (IV, t. 1, p. 15–17, p. 33–40 et *passim*); et bien que, par la suite, ils s'expriment presque toujours comme si la composition des transformations qu'ils étudient était possible sans restriction, ce n'est sans doute que pour la commodité des énoncés, et ils rétablissent explicitement le point de vue « local » chaque fois que c'est nécessaire (cf. *loc. cit.*, p. 168 ou 189 par exemple ou *ibid.*, t. 3, p. 2, note de bas de page); en d'autres termes, l'objet mathématique

[1] On les appelle aujourd'hui « pseudo-groupes de Lie »; on aura soin de ne pas les confondre avec les groupes de Lie « banachiques » définis dans ce volume.

[2] De 1886 à 1898, Lie occupa à Leipzig la chaire laissée vacante par Klein et eut Engel pour assistant; cette circonstance favorisa l'éclosion d'une active école mathématique ainsi que la diffusion des idées de Lie, assez peu connues jusque là (en raison, notamment, du fait que ses premiers mémoires étaient le plus souvent écrits en norvégien, et publiés dans les Comptes Rendus de l'Académie de Christiania, peu répandus ailleurs). C'est ainsi qu'à une époque où il n'était guère d'usage pour les jeunes mathématiciens français d'aller s'instruire en Allemagne, E. Vessiot et A. Tresse passèrent une année d'études à Leipzig, avec Sophus Lie.

[3] La notion analogue pour les groupes de permutations avait été introduite et étudiée par Jordan dans son « *Traité* ».

qu'ils étudient est voisin de ce que nous appelons dans ce traité un morceau de loi d'opération. Ils ne se font pas faute, à l'occasion, de considérer des groupes globaux, par exemple les 4 séries de groupes classiques (IV, t. 3, p. 682), mais ne paraissent pas s'être posé la question de ce que peut être en général un « groupe global »; il leur suffit de pouvoir obtenir, pour les « paramètres » des groupes classiques (les « variables » de ces groupes n'introduisent aucune difficulté, puisqu'il s'agit de transformations linéaires de $\mathbf{C}^n$), des systèmes de paramètres « locaux » au voisinage de la transformation identique, sans qu'ils s'inquiètent du domaine de validité des formules qu'ils écrivent. Ils se posent toutefois un problème qui sort nettement de la théorie locale[1]: l'étude des groupes « mixtes », c'est-à-dire des groupes ayant un nombre fini de composantes connexes, tel le groupe orthogonal (IV, t. 1, p. 7). Ils présentent cette étude comme celle d'un ensemble de transformations stable par composition et passage à l'inverse qui est réunion d'ensembles H_j dont chacun est décrit par des systèmes de fonctions $(f_i^{(j)})$ comme dans (4); le nombre de paramètres (essentiels) de chaque H_j est même *a priori* supposé dépendre de j, mais ils montrent qu'en fait ce nombre est le même pour tous les H_j. Leur résultat principal est alors l'existence d'un groupe fini et continu G tel que $H_j = G \circ h_j$ pour un $h_j \in H_j$ et pour tout j; ils établissent aussi que G est distingué dans le groupe mixte et remarquent que la détermination des invariants de ce dernier se ramène à celle des invariants de G et d'un groupe discontinu (IV, t. 1, chap. 18).

La théorie générale développée dans (IV) aboutit (sans que cela soit dit de façon très systématique par les auteurs) à forger un « dictionnaire » faisant passer des propriétés des groupes « finis et continus » à celles de l'ensemble de leurs transformations infinitésimales. Il est basé sur les « trois théorèmes de Lie », dont chacun est formé d'une assertion et de sa réciproque.

Le *premier théorème* (IV, t. 1, p. 33 et 72 et t. 3, p. 563) affirme en premier lieu que si dans (4) les paramètres sont effectifs, les fonctions f_i vérifient un système d'équations aux dérivées partielles de la forme

$$\frac{\partial f_i}{\partial a_j} = \sum_{k=1}^{r} \xi_{ki}(f(x, a))\psi_{kj}(a) \qquad (1 \leqslant i \leqslant n) \tag{15}$$

où la matrice (ξ_{ki}) est de rang maximum et $\det(\psi_{kj}) \neq 0$; réciproquement, si les fonctions f_i ont cette propriété, les formules (4) définissent un groupuscule de transformations.

Le *deuxième théorème* (IV, t. 1, p. 149 et 158, et t. 3, p. 590) donne des relations

[1] Rappelons (Note historique d'*Alg.*, chap. VIII, p. 170) qu'à la suite d'une Note de H. Poincaré (XIV, t. V, p. 77–79) divers auteurs ont étudié le groupe des éléments inversibles d'une algèbre associative de dimension finie. Il est intéressant de noter à ce propos que E. Study, dans ses travaux sur ce sujet, introduit un symbolisme qui revient en substance à envisager le groupe abstrait défini par le groupe des paramètres.

entre les ξ_{ki} d'une part, les ψ_{ij} de l'autre: les conditions sur les ξ_{ki} s'écrivent sous la forme

$$(16)\qquad \sum_{k=1}^{n}\left(\xi_{ik}\frac{\partial \xi_{jl}}{\partial x_k} - \xi_{jk}\frac{\partial \xi_{il}}{\partial x_k}\right) = \sum_{k=1}^{r} c_{ij}^k \xi_{kl} \qquad (1 \leqslant i,j \leqslant r,\ 1 \leqslant l \leqslant n)$$

où les c_{ij}^k sont des constantes ($1 \leqslant i, j, k \leqslant r$) antisymétriques en i, j. Les conditions sur les ψ_{ij}, sous la forme donnée par Maurer (X), sont:

$$(17)\qquad \frac{\partial \psi_{kl}}{\partial a_m} - \frac{\partial \psi_{km}}{\partial a_l} = \frac{1}{2}\sum_{1 \leqslant i,j \leqslant r} c_{ij}^k(\psi_{il}\psi_{jm} - \psi_{jl}\psi_{im}) \qquad (1 \leqslant k, l, m \leqslant r).$$

En introduisant la matrice (α_{ij}) contragrédiente de (ψ_{ij}) et les transformations infinitésimales

$$(18)\qquad \mathrm{X}_k = \sum_{i=1}^{n} \xi_{ki}\frac{\partial}{\partial x_i}, \qquad \mathrm{A}_k = \sum_{j=1}^{r} \alpha_{kj}\frac{\partial}{\partial a_j} \qquad (1 \leqslant k \leqslant r),$$

on peut écrire (16) et (17) respectivement:

$$(19)\qquad [\mathrm{X}_i, \mathrm{X}_j] = \sum_{k=1}^{r} c_{ij}^k \mathrm{X}_k$$

$$(1 \leqslant i,j \leqslant r).$$

$$(20)\qquad [\mathrm{A}_i, \mathrm{A}_j] = \sum_{k=1}^{r} c_{ij}^k \mathrm{A}_k$$

Réciproquement, si l'on se donne r transformations infinitésimales X_k ($1 \leqslant k \leqslant r$) linéairement indépendantes et vérifiant les conditions (19), les sous-groupes à un paramètre engendrés par ces transformations engendrent un groupe de transformations à r paramètres essentiels.

Enfin, le *troisième théorème* (IV, t. 1, p. 170 et 297 et t. 3, p. 597) ramène la détermination des systèmes de transformations infinitésimales $(\mathrm{X}_k)_{1 \leqslant k \leqslant r}$ vérifiant (19) à un problème purement algébrique: on doit avoir

$$(21)\qquad c_{ij}^k + c_{ji}^k = 0$$

$$(22)\qquad \sum_{l=1}^{r}(c_{il}^m c_{jk}^l + c_{kl}^m c_{ij}^l + c_{jl}^m c_{ki}^l) = 0 \qquad (1 \leqslant i, j, k, m \leqslant r).$$

Réciproquement,[1] si (21) et (22) sont vérifiées, il existe un système de transformations infinitésimales satisfaisant aux relations (19), d'où un groupe de transformations à r paramètres (en d'autres termes, les combinaisons linéaires à

[1] Cette réciproque n'a pas été obtenue sans peine. La première démonstration qu'en donne Lie (III *e*)) consiste à passer au groupe adjoint et n'est en fait valable que si le centre de l'algèbre de Lie donnée est réduit à 0. Il en donne ensuite deux démonstrations générales (IV, vol. 2, chap. XVII et vol. 3, p. 599–604); il est assez significatif que la première soit basée sur les transformations de contact et que Lie la trouve plus naturelle que la deuxième.

coefficients constants des X_k forment une algèbre de Lie, et inversement toute algèbre de Lie de dimension finie peut être obtenue de cette manière).

Ces résultats sont complétés par l'étude des questions d'isomorphisme. Deux groupes de transformations sont dits *semblables* si l'on passe de l'un à l'autre par une transformation inversible de coordonnées sur les variables et une transformation inversible de coordonnées sur les paramètres : dès le début de ses recherches, Lie avait rencontré naturellement cette notion à propos de la définition des « paramètres canoniques ». Il montre que deux groupes sont semblables si, par une transformation sur les « variables », on peut amener les transformations infinitésimales de l'un sur celles de l'autre (IV, t. 1, p. 329). Une condition nécessaire pour qu'il en soit ainsi est que les algèbres de Lie des deux groupes soient isomorphes, ce que Lie exprime en disant que les groupes sont « *gleichzusammengesetzt* »; mais cette condition n'est pas suffisante, et tout un chapitre (IV, t. 1, chap. 19) est consacré à obtenir des conditions supplémentaires assurant que les groupes sont « semblables ». La théorie des groupes de permutations fournissait d'autre part la notion d'« isomorphisme holoédrique » de deux tels groupes (isomorphisme des groupes « abstraits » sous-jacents) ; Lie transpose cette notion aux groupes de transformations, et montre que deux tels groupes sont « holoédriquement isomorphes » si et seulement si leurs algèbres de Lie sont isomorphes (IV, t. 1, p. 418). En particulier, tout groupe de transformations est holoédriquement isomorphe à chacun de ses groupes de paramètres, et cela montre que, lorsqu'on veut étudier la structure du groupe, les « variables » sur lesquelles il opère importent peu et qu'en fait tout se ramène à l'algèbre de Lie.[1]

Toujours par analogie avec la théorie des groupes de permutations, Lie introduit les notions de sous-groupes, sous-groupes distingués, « isomorphismes mériédriques » (homomorphismes surjectifs), et montre qu'elles correspondent à celles de sous-algèbres, idéaux et homomorphismes surjectifs d'algèbres de Lie; il avait d'ailleurs rencontré très tôt un exemple particulièrement important d'« isomorphisme mériédrique », la représentation adjointe, et reconnu ses liens avec le centre du groupe (III *e*)). Pour ces résultats, comme pour les théorèmes fondamentaux, l'outil essentiel est le théorème de Jacobi-Clebsch donnant la complète intégrabilité d'un système différentiel (l'une des formes du théorème dit « de Frobenius ») ; il en donne du reste une démonstration nouvelle utilisant les groupes à un paramètre (IV, t. 1, chap. 6).

Les notions de transitivité et de primitivité, si importantes pour les groupes de permutations, se présentaient aussi naturellement pour les groupes « finis et continus » de transformations, et le traité de Lie–Engel en fait une étude détaillée (IV, t. 1, chap. 13 et *passim*) ; les relations avec les sous-groupes stabilisateurs

[1] On peut constater une évolution semblable dans la théorie des groupes « abstraits », en particulier finis. Ils ont été tout d'abord définis comme groupes de transformations, mais déjà Cayley remarquait que l'essentiel est la manière dont les transformations se composent entre elles, et non la nature de la représentation concrète du groupe comme groupe de permutations d'objets particuliers.

d'un point et la notion d'espace homogène sont aperçues (pour autant qu'elles pouvaient l'être sans se placer au point de vue global) (IV, t. 1, p. 425).

Enfin, le « dictionnaire » se complète, dans (IV), par l'introduction des notions de groupe dérivé et de groupe résoluble (appelé « groupe intégrable » par Lie; cette terminologie, suggérée par la théorie des équations différentielles, restera en usage jusqu'aux travaux de H. Weyl) (IV, t. 1, p. 261 et t. 3, p. 678–679); la relation entre commutateurs et crochets avait d'ailleurs été perçue par Lie dès 1883 (III, t. 5, p. 358).

Autres démonstrations des théorèmes fondamentaux

Dans (VIII) F. Schur montre qu'en coordonnées canoniques les ψ_{ik} de (15) satisfont aux équations différentielles

$$(23) \qquad \frac{d}{dt}(t\psi_{ik}(ta)) = \delta_{ik} + \sum_{j,l} c_{jl}^k t a_l \psi_{ij}(ta).$$

Celles-ci s'intègrent et donnent une formule équivalente à la formule

$$(24) \qquad \varpi(\mathrm{X}) = \sum_{n \geqslant 0} \frac{1}{(n+1)!} (\mathrm{ad}(\mathrm{X}))^n$$

de notre chap. III, § 6, n° 4, prop. 12; en particulier, en coordonnées canoniques, les ψ_{ij} se prolongent en fonctions entières des a_k. F. Schur en déduit un résultat précisant une remarque antérieure de Lie: si, dans la définition (4) des groupes de transformations, on suppose seulement que les f_i sont de classe C^2, alors le groupe est holoédriquement isomorphe à un groupe analytique.[1] A la suite de ses recherches sur l'intégration des systèmes différentiels, E. Cartan (XII, t. II_2, p. 371) introduit en 1904 les formes de Pfaff

$$(25) \qquad \omega_k = \sum_{i=1}^{r} \psi_{ki} da_i \qquad (1 \leqslant i \leqslant r)$$

(avec les notations de (15)), appelées plus tard *formes de Maurer-Cartan*. Les conditions (17) de Maurer peuvent alors s'écrire

$$d\omega_k = -\tfrac{1}{2} \sum_{i,j} c_{ij}^k \, \omega_i \wedge \omega_j;$$

[1] Lie avait déjà énoncé sans démonstration un résultat de ce genre (III *i*)). Il y avait été amené par ses recherches sur les fondements de la géométrie (« problème de Helmholtz »), où il avait remarqué que les hypothèses d'analyticité ne sont pas naturelles.

Le résultat de F. Schur devait amener Hilbert, en 1900, à demander si la même conclusion restait valable si l'on suppose seulement les f_i continues (« 5e problème de Hilbert »). Ce problème a suscité de nombreuses recherches. Le résultat le plus complet dans cet ordre d'idées est le théorème suivant, démontré par A. Gleason, D. Montgomery et L. Zippin: tout groupe topologique localement compact possède un sous-groupe ouvert qui est limite projective de groupes de Lie; il entraîne que tout groupe localement euclidien est un groupe de Lie. Pour plus de détails sur cette question, cf. D. MONTGOMERY et L. ZIPPIN (XLI).

E. Cartan montre que l'on peut développer la théorie des groupes finis et continus à partir des ω_k et établit l'équivalence de ce point de vue et de celui de Lie. Mais, pour lui, l'intérêt de cette méthode est surtout qu'elle s'adapte aux « groupes infinis et continus » dont il pousse la théorie beaucoup plus loin que ne l'avait fait Lie, et qu'elle permet d'édifier sa théorie du « repère mobile » généralisé.

IV. La théorie des algèbres de Lie

Une fois acquise la correspondance entre groupes de transformations et algèbres de Lie, la théorie va prendre un tour nettement plus algébrique et sera centrée sur une étude approfondie des algèbres de Lie.[1]

Une première et courte période, de 1888 à 1894, marquée par les travaux d'Engel, de son élève Umlauf et surtout de Killing et E. Cartan, aboutit à une série de résultats spectaculaires sur les algèbres de Lie complexes. Nous avons vu plus haut que la notion d'algèbre de Lie résoluble était due à Lie lui-même, qui avait démontré (dans le cas complexe) le théorème de réduction des algèbres de Lie linéaires résolubles à la forme triangulaire (IV, t. 1, p. 270).[2] Killing observe (XI) qu'il existe dans une algèbre de Lie un plus grand idéal résoluble (qu'on appelle aujourd'hui le radical), et que le quotient de l'algèbre de Lie par son radical a un radical nul; il appelle *semi-simples* les algèbres de Lie de radical nul, et prouve que ce sont des produits d'algèbres simples (cette dernière notion avait déjà été introduite par Lie, qui avait prouvé la simplicité des algèbres de Lie « classiques » (IV, t. 3, p. 682)).

D'autre part, Killing introduit, dans une algèbre de Lie, l'équation caractéristique $\det(\mathrm{ad}(x) - \omega.1) = 0$, déjà rencontrée par Lie en étudiant les sous-algèbres de Lie de dimension 2 contenant un élément donné d'une algèbre de Lie. Nous renvoyons à d'autres Notes historiques de ce Livre pour l'analyse des méthodes par lesquelles Killing, en étudiant de manière pénétrante les propriétés des racines de l'équation caractéristique « générique » pour une algèbre semi-simple, aboutit au plus remarquable de ses résultats, la détermination *complète* des algèbres de Lie simples (complexes).[3]

[1] Le terme « algèbre de Lie » a été introduit par H. Weyl en 1934: dans ses travaux de 1925, il avait utilisé l'expression « groupe infinitésimal ». Auparavant, on parle simplement des « transformations infinitésimales $X_1f, \ldots, X_rf$ » du groupe, ce que Lie et Engel abrègent fréquemment en disant « le groupe $X_1f, \ldots, X_rf$ »!

[2] Presque au début de ses recherches, Lie avait rencontré des groupes linéaires résolubles, et même en fait nilpotents (III f)).

[3] A cela près qu'il trouve deux algèbres exceptionnelles de dimension 52, dont il ne remarque pas l'isomorphisme. (Il s'agit uniquement d'algèbres de Lie simples complexes, car on n'envisageait pas de problème plus général à cette époque; les méthodes de Killing valent en fait pour tout corps algébriquement clos de caractéristique 0).

Killing prouve que l'algèbre dérivée d'un algèbre résoluble est « de rang 0 » (ce qui signifie que ad x est nilpotent pour tout élément x de l'algèbre). Peu de temps après, Engel démontre que les algèbres « de rang 0 » sont résolubles (cet énoncé est en substance ce que nous avons appelé le théorème d'Engel au chap. I, § 4, n° 2). Dans sa thèse, E. Cartan introduit d'autre part ce qu'on appelle maintenant la « forme de Killing », et établit les deux critères fondamentaux qui caractérisent au moyen de cette forme les algèbres de Lie résolubles et les algèbres de Lie semi-simples.

Killing avait affirmé (XI, IV) que l'algèbre dérivée d'une algèbre de Lie est somme d'une algèbre semi-simple et de son radical, qui est nilpotent, mais sa démonstration était incomplète. Un peu plus tard, E. Cartan annonçait sans démonstration (XII, t. I_1, p. 104) que plus généralement toute algèbre de Lie est somme de son radical et d'une sous-algèbre semi-simple; le seul résultat dans cette direction établi de façon indiscutable à cette époque est un théorème d'Engel affirmant l'existence, dans toute algèbre de Lie non résoluble, d'une sous-algèbre de Lie simple de dimension 3. La première démonstration publiée (pour les algèbres de Lie complexes) de l'énoncé de Cartan est due à E. E. Levi (XVIII); une autre démonstration (valable également dans le cas réel) fut donnée par J. H. C. Whitehead en 1936 (XXVI *a*)). En 1942 A. Malcev compléta ce résultat par le théorème d'unicité des « sections de Levi » à conjugaison près.

Dès ses premiers travaux, Lie s'était posé le problème de l'isomorphisme de toute algèbre de Lie avec une algèbre de Lie linéaire. Il avait cru le résoudre affirmativement en considérant la représentation adjointe (et en déduire ainsi une preuve de son « troisième théorème »), (III *e*)); il reconnut rapidement que sa démonstration n'était correcte que pour les algèbres de Lie de centre nul; après lui, la question resta très longtemps ouverte, et fut résolue affirmativement par Ado en 1935 (XXVII). D'autre part, Lie s'était posé en substance le problème de déterminer les représentations linéaires de dimension minimale des algèbres de Lie simples, et l'avait résolu pour les algèbres classiques; dans sa Thèse, Cartan résout aussi ce problème pour les algèbres simples exceptionnelles[1]; les méthodes qu'il emploie à cet effet seront généralisées par lui vingt ans plus tard pour obtenir toutes les représentations irréductibles des algèbres de Lie simples réelles ou complexes.

La propriété de réductibilité complète d'une représentation linéaire semble avoir été rencontrée pour la première fois (sous une forme géométrique) par Study. Dans un manuscrit non publié, mais cité dans (IV, t. 3, p. 785–788) il démontre cette propriété pour les représentations linéaires de l'algèbre de Lie de **SL**(2, **C**), et obtient des résultats partiels pour **SL**(3, **C**) et **SL**(4, **C**). Lie et Engel conjecturent à cette occasion que le théorème de réductibilité complète vaut pour **SL**(n, **C**) quel que soit n. La réductibilité complète des représentations linéaires

[1] Le point de vue de Cartan consiste à étudier les algèbres de Lie extensions non triviales d'un algèbre de Lie simple et d'un radical (commutatif) de dimension minimale.

des algèbres de Lie semi-simples fut établie par H. Weyl en 1925[1] par un argument de nature globale (voir plus loin). La première démonstration algébrique a été obtenue en 1935 par Casimir et van der Waerden (XXXII); d'autres démonstrations algébriques ont été données ensuite par R. Brauer (XXXI) (c'est celle que nous avons reproduite) et J. H. C. Whitehead (XXVI, *b*)).

Enfin, au cours de ses recherches sur l'application exponentielle (cf. *infra*), H. Poincaré (XIV, t. 3) considère l'algèbre associative d'opérateurs différentiels de tous ordres, engendrée par les opérateurs d'une algèbre de Lie; il montre en substance que, si $(X_i)_{1 \leqslant i \leqslant n}$ est une base de l'algèbre de Lie, l'algèbre associative engendrée par les X_i a pour base certaines fonctions symétriques des X_i (sommes des « monômes » non commutatifs déduits d'un monôme donné par toutes les permutations de facteurs). L'essentiel de sa démonstration est de nature algébrique, et permet d'obtenir la structure de l'algèbre enveloppante que nous avons définie abstraitement au chap. I. Des démonstrations analogues ont été données en 1937 par G. Birkhoff (XXIX *b*)) et E. Witt (XXX).[2]

La plupart des travaux cités ci-dessus se limitent aux algèbres de Lie réelles ou complexes, qui seules correspondent à des groupes de Lie au sens usuel. L'étude des algèbres de Lie sur un corps autre que **R** ou **C** est abordée par Jacobson (XXVIII *a*)) qui montre que la plus grande partie des résultats classiques (i.e. ceux du chap. I) restent valables sur un corps de caractéristique zéro.

V. Exponentielle et formule de Hausdorff

Les premières recherches concernant l'application exponentielle sont dues à E. Study et F. Engel; Engel (IX *b*)) remarque que l'exponentielle n'est pas surjective pour $\mathbf{SL}(2, \mathbf{C})$ (par exemple $\begin{pmatrix} -1 & a \\ 0 & -1 \end{pmatrix}$ n'est pas une exponentielle si $a \neq 0$), mais qu'elle l'est pour $\mathbf{GL}(n, \mathbf{C})$, donc aussi pour $\mathbf{PGL}(n, \mathbf{C})$ (cette dernière propriété avait déjà été notée par Study pour $n = 2$); ainsi $\mathbf{SL}(2, \mathbf{C})$ et $\mathbf{PGL}(2, \mathbf{C})$ donnent un exemple de deux groupes localement isomorphes, mais qui sont néanmoins très différents du point de vue global. Engel montre aussi que l'exponentielle est surjective dans les autres groupes classiques, augmentés des homothéties; ces travaux sont repris et poursuivis par Maurer, Study et d'autres, sans apporter de substantielles nouveautés.

[1] H. Weyl remarque à cette occasion que la construction donnée par E. Cartan des représentations irréductibles utilise implicitement cette propriété.

[2] La première utilisation des opérateurs différentiels d'ordre supérieur engendrés par les X_i est sans doute l'emploi de l'« opérateur de Casimir » pour la démonstration du th. de réductibilité complète. Après 1950, les recherches de Gelfand et de son école, et de Harish-Chandra, sur les représentations linéaires de dimension infinie, ont porté ces opérateurs au premier plan.

En 1899, H. Poincaré (XIV, t. 3, p. 169–172 et 173–212), aborde l'étude de l'application exponentielle d'un point de vue différent. Ses mémoires paraissent avoir été hâtivement rédigés, car à plusieurs endroits il affirme que tout élément d'un groupe connexe est une exponentielle, alors qu'il donne des exemples du contraire ailleurs. Ses résultats portent principalement sur le groupe adjoint: il montre qu'un élément semi-simple d'un tel groupe G peut être l'exponentielle d'une infinité d'éléments de l'algèbre de Lie L(G), alors qu'un élément non semi-simple peut ne pas être une exponentielle. Si ad(X) n'a pas de valeur propre multiple non nul de $2\pi i$, alors exp est étale en X. Il prouve aussi que, si U et V décrivent des lacets dans L(G), et si l'on définit par continuité W tel que $e^{U}.e^{V} = e^{W}$, on ne retombe pas nécessairement sur la détermination initiale de W. Il utilise une formule de résidus qui revient essentiellement à

$$\Phi(\mathrm{ad}\,X) = \frac{1}{2\pi i}\int \frac{\Phi(\xi)\,d\xi}{\xi - \mathrm{ad}\,X}$$

où ad(X) est un élément semi-simple dont les valeurs propres non nulles sont de multiplicité 1, Φ une série entière de rayon de convergence suffisamment grand, l'intégrale étant étendue à un lacet enveloppant les valeurs propres de ad X; il étudie aussi ce qui se passe lorsque X tend vers une transformation ayant des valeurs propres multiples.

La recherche d'expressions de W en fonction de U et V dans la formule $e^{U}.e^{V} = e^{W}$ avait déjà, peu avant le travail de Poincaré, fait l'objet de deux mémoires de Campbell (XIII). Comme l'écrit un peu plus tard Baker « . . . *la théorie de Lie suggère de façon évidente que le produit* $e^{U}e^{V}$ *est de la forme* e^{W} *où* W *est une série d'alternants en* U *et* V . . .». Les travaux ultérieurs sur ce sujet visent à préciser cette assertion et à donner une formule explicite (ou une méthode de construction) pour W (« formule de Hausdorff »). Après Campbell et Poincaré, Pascal, Baker (XV) et Hausdorff (XVI) reviennent sur la question; chacun considère que les démonstrations de ses prédécesseurs ne sont pas convaincantes; la difficulté principale réside dans ce qu'il faut entendre par « alternants »: s'agit-il d'éléments de l'algèbre de Lie particulière que l'on considère, ou d'expressions « symboliques » universelles ? Ni Campbell, ni Poincaré, ni Baker ne s'expriment clairement sur ce point. Le mémoire de Hausdorff, par contre, est parfaitement précis; il travaille d'abord dans l'algèbre des séries formelles associatives (non commutatives) en un nombre fini d'indéterminées et considère U, V, W comme des éléments de cette algèbre. Il démontre l'existence de W par un argument d'équation différentielle analogue à celui de ses prédécesseurs. Le même argument lui sert à prouver la convergence de la série lorsqu'on y remplace les indéterminées par des éléments d'une algèbre de Lie de dimension finie. Comme l'avait remarqué Baker, et indépendamment Poincaré, ce résultat peut servir à donner une démonstration du troisième théorème de Lie; il éclaire la correspondance entre groupes et algèbres de Lie, par exemple en ce qui concerne le groupe des commutateurs.

En 1947, Dynkin (XXXIX) reprend la question, et obtient les coefficients explicites de la formule de Hausdorff, en considérant d'emblée une algèbre de Lie normée (de dimension finie ou non, sur **R**, **C** ou un corps ultramétrique).[1]

VI. Représentations linéaires et groupes de Lie globaux

Aucun des travaux dont nous venons de parler n'abordait franchement le problème de la définition et de l'étude des groupes de Lie globaux. C'est à H. Weyl que reviennent les premiers pas dans cette voie. Il s'inspire de deux théories, qui s'étaient jusque là développées indépendamment: celle des représentations linéaires des algèbres de Lie semi-simples complexes, due à E. Cartan, et celle des représentations linéaires des groupes finis, due à Frobenius et qui venait d'être transposée au groupe orthogonal par I. Schur, en utilisant une idée de Hurwitz. Ce dernier avait montré (XVII) comment on peut former des invariants pour le groupe orthogonal ou le groupe unitaire en remplaçant l'opération de moyenne sur un groupe fini par une intégration relativement à une mesure invariante. Il avait aussi remarqué qu'en appliquant cette méthode au groupe unitaire, on obtient des invariants pour le groupe linéaire général, premier exemple du « unitarian trick ». En 1924, I. Schur (XX) utilise ce procédé pour montrer la complète réductibilité des représentations du groupe orthogonal $\mathbf{O}(n)$ et du groupe unitaire $\mathbf{U}(n)$, par construction d'une forme hermitienne positive non-dégénérée invariante; il en déduit, par le « unitarian trick », la complète réductibilité des représentations holomorphes de $\mathbf{O}(n, \mathbf{C})$, et de $\mathbf{SL}(n, \mathbf{C})$, établit des relations d'orthogonalité pour les caractères de $\mathbf{O}(n)$ et de $\mathbf{U}(n)$ et détermine les caractères de $\mathbf{O}(n)$. H. Weyl étend aussitôt cette méthode aux algèbres de Lie semi-simples complexes (XXI). Etant donnée une telle algèbre $\mathfrak{g}$, il montre qu'elle possède une « forme réelle compacte » (ce qui revient à dire qu'elle provient par extension des scalaires de **R** à **C** d'une algèbre $\mathfrak{g}_0$ sur **R** dont le groupe adjoint G_0 est compact). De plus, il montre que le groupe fondamental de G_0 est fini, donc que le revêtement universel[2] de G_0 est compact. Il en déduit, par une adaptation convenable du procédé de Schur, la réductibilité complète des représentations de $\mathfrak{g}$, et donne aussi, par voie globale, la détermination des caractères des représentations de $\mathfrak{g}$. Dans une lettre à I. Schur (*Sitzungsber. Berlin*,

[1] Dans le cas ultramétrique, la méthode classique des majorantes ne peut s'étendre sans précautions, à cause du comportement asymptotique de la valeur absolue p-adique de $1/n$ quand n tend vers l'infini.

[2] H. Weyl ne définit pas explicitement cette notion, avec laquelle il était familier depuis la rédaction de son cours sur les surfaces de Riemann (1913). C'est O. Schreier (XXII) qui, en 1926–1927, donne, pour la première fois, la définition d'un groupe topologique et celle d'un groupe « continu » (i.e. localement homéomorphe à un espace euclidien), ainsi que la construction du revêtement universel d'un tel groupe.

1924, 338–343), H. Weyl résume les résultats de Cartan, que Schur ne connaissait pas (cf. (XX), p. 299, note de bas de page) et compare les deux points de vue: la méthode de Cartan fournit toutes les représentations holomorphes du groupe simplement connexe d'algèbre de Lie $\mathfrak{g}$; dans le cas du groupe orthogonal, on obtient ainsi des représentations d'un revêtement à deux feuillets (appelé plus tard le groupe des spineurs), qui échappent à Schur; d'un autre côté, la méthode de Schur a l'avantage de démontrer la complète réductibilité et de donner explicitement les caractères.

Après les travaux de H. Weyl, E. Cartan adopte un point de vue franchement global dans ses recherches sur les espaces symétriques et les groupes de Lie. C'est ce point de vue qui est à la base de son exposé de 1930 (XII, t. I_2, p. 1165–1225) de la théorie des groupes « finis et continus ». On y trouve en particulier la première démonstration de la variante globale du 3ème théorème fondamental (existence d'un groupe de Lie d'algèbre de Lie donnée); Cartan montre aussi que tout sous-groupe fermé d'un groupe de Lie réel est un groupe de Lie (Chap. III, § 8, n° 2, th. 2) ce qui généralise un résultat de J. von Neumann sur les sous-groupes fermés du groupe linéaire (XXIII). Dans ce Mémoire, von Neumann montrait aussi que toute représentation continue d'un groupe semi-simple complexe est analytique réelle.

Après ces travaux, la théorie des groupes de Lie au sens « classique » (c'est-à-dire de dimension finie sur **R** ou **C**) est à peu près fixée dans ses grandes lignes. Le premier exposé détaillé en est donné par Pontrjagin dans son livre sur les groupes topologiques (XXXVI); il y garde un point de vue encore assez proche de celui de Lie, mais en distinguant soigneusement le local du global. Il est suivi par le livre de Chevalley (XXXVIII) qui renferme aussi la première discussion systématique de la théorie des variétés analytiques et du calcul différentiel extérieur; les « transformations infinitésimales » de Lie y apparaissent comme des champs de vecteurs et l'algèbre de Lie d'un groupe de Lie G est identifiée à l'espace des champs de vecteurs invariants à gauche sur G. Il laisse de côté l'aspect « groupuscules » et l'aspect « groupes de transformations ».

VII. Extensions de la notion de groupe de Lie

De nos jours, la vitalité de la théorie de Lie se manifeste par la diversité de ses applications (en topologie, géométrie différentielle, arithmétique, etc.), ainsi que par la création de théories parallèles où la structure de variété différentielle sous-jacente est remplacée par une structure voisine (variété p-adique, algébrique, schéma, schéma formel, ...). Nous n'avons pas à faire ici l'historique de tous ces développements, et nous nous bornerons à ceux abordés au chap. III: groupes de Lie banachiques et groupes de Lie p-adiques.

a) Groupes de Lie banachiques

Il s'agit de groupes de Lie « de dimension infinie ». Du point de vue local, on remplace un voisinage de 0 dans un espace euclidien par un voisinage de 0 dans un espace de Banach. C'est ce que fait G. Birkhoff en 1936 (XXIX *a*)), aboutissant ainsi à la notion d'*algèbre de Lie normée complète* et à sa correspondance avec un « groupuscule » défini sur un ouvert d'un espace de Banach. Vers 1950, Dynkin complète ces résultats par une extension à ce cas de la formule de Hausdorff (cf. *supra*).

Les définitions et résultats de Birkhoff et Dynkin sont locaux. Jusqu'à une date récente, il ne semble pas que l'on ait cherché à expliciter la théorie globale correspondante, sans doute faute d'applications.[1]

b) Groupes de Lie *p*-adiques

De tels groupes se rencontrent pour la première fois en 1907 dans les travaux de Hensel (XIX) sur les fonctions analytiques *p*-adiques (définies par des développements en séries entières). Celui-ci étudie notamment l'exponentielle et le logarithme; malgré le comportement *a priori* surprenant des séries qui les définissent (par exemple la série exponentielle ne converge pas partout), leurs propriétés fonctionnelles fondamentales restent valables, ce qui fournit un *isomorphisme local* entre le groupe additif et le groupe multiplicatif de $\mathbf{Q}_p$ (ou, plus généralement, de tout corps ultramétrique complet de caractéristique zéro).

C'est également de groupes commutatifs (mais non linéaires cette fois) qu'il s'agit dans les travaux de A. Weil (XXXIII) et E. Lutz (XXXIV) sur les courbes elliptiques *p*-adiques (1936). Outre des applications arithmétiques, on y trouve la construction d'un isomorphisme local du groupe avec le groupe additif, basé sur l'intégration d'une forme différentielle invariante. Cette méthode s'applique également aux variétés abéliennes, comme le remarque peu après C. Chabauty qui l'utilise sans plus d'explication pour démontrer un cas particulier de la « conjecture de Mordell » (XXXV).

Dès ce moment, il était clair que la théorie *locale* des groupes de Lie s'appliquait à peu près sans changement au cas *p*-adique. Les théorèmes fondamentaux du « dictionnaire » groupes de Lie-algèbres de Lie sont établis en 1942 dans la thèse de R. Hooke (XXXVII), élève de Chevalley; ce travail contient aussi l'analogue *p*-adique du théorème de E. Cartan sur les sous-groupes fermés des groupes de Lie réels.

[1] Si, malgré ce manque d'applications, nous avons fait figurer les groupes « banachiques » au chap. III, c'est que les variétés banachiques sont de plus en plus utilisées en analyse (et pour l'étude même des variétés de dimension finie), et que, du reste, cette généralisation n'offre pas de difficulté supplémentaire.

Plus récemment, M. Lazard (XLII, *b*) développe une forme plus précise du « dictionnaire » pour les groupes analytiques compacts sur $\mathbf{Q}_p$. Il montre que l'existence d'une structure analytique *p*-adique sur un groupe compact G est étroitement liée à celle de certaines filtrations sur G, et en donne diverses applications (par exemple à la cohomologie de G). L'un des outils de Lazard est une amélioration des résultats de Dynkin sur la convergence de la série de Hausdorff *p*-adique (XLII *a*)).

VIII. Algèbres de Lie libres

Il nous reste à parler d'une série de travaux sur les *algèbres de Lie* où le lien avec la théorie des *groupes de Lie* est fort ténu; ces recherches ont par contre des applications importantes en théorie des groupes « abstraits » et plus spécialement des groupes nilpotents.

L'origine en est le travail de P. Hall (XXIV), paru en 1932. Il n'y est pourtant pas question d'algèbres de Lie: P. Hall a en vue l'étude d'une certaine classe de *p*-groupes, ceux qu'il appelle « réguliers ». Mais cela l'amène à examiner en détail les commutateurs itérés et la suite centrale descendante d'un groupe; il établit à cette occasion une variante de l'identité de Jacobi (cf. chap. II, § 4, n° 4, formule (20)) ainsi que la « formule de Hall »

$$(xy)^n = x^n y^n (x, y)^{n(1-n)/2} \ldots \qquad \text{(cf. chap. II, § 5, exerc. 9).}$$

Peu après (en 1935–1937) paraissent les travaux fondamentaux de W. Magnus (XXV *a*) et *b*)) et E. Witt (XXX). Dans (XXV *a*)) Magnus utilise la même algèbre de séries formelles $\hat{A}$ que Hausdorff (appelée depuis « algèbre de Magnus »); il y plonge le groupe libre F et utilise la filtration naturelle de $\hat{A}$ pour obtenir une suite décroissante (F_n) de sous-groupes de F; c'est l'un des premiers exemples de *filtration*. Il conjecture que les F_n coïncident avec les termes de la suite centrale descendante de F. Cette conjecture est démontrée dans son second mémoire (XXV *b*)); c'est également là qu'il fait explicitement le rapprochement entre ses idées et celles de P. Hall, et qu'il définit l'algèbre de Lie libre L (comme sous-algèbre de $\hat{A}$) dont il montre en substance qu'elle s'identifie au gradué de F. Dans (XXX), Witt complète ce résultat sur divers points. Il montre notamment que l'algèbre enveloppante de L est une algèbre associative libre et en déduit aussitôt le rang des composantes homogènes de L (« formules de Witt »).

Quant à la détermination de la base de L connue sous le nom de « base de Hall » (cf. Chap. II, § 2, n° 11), il semble qu'elle n'apparaisse pour la première fois qu'en 1950, dans une note de M. Hall (XL), bien qu'elle soit implicite dans les travaux de P. Hall et W. Magnus cités ci-dessus.

BIBLIOGRAPHIE

I. F. KLEIN et S. LIE : *a*) Sur une certaine famille de courbes et surfaces, *C. R. Acad. Sci.*, t. LXX (1870), p. 1222–1226 et p. 1275–1279 (= (II, p. 416–420) et (III, t. 1, p. 78–85)); *b*) Über diejenigen ebenen Kurven, welche durch ein geschlossenen System von einfach unendlich vielen vertauschbaren linearen Transformationen in sich übergehen, *Math. Ann.*, t. IV (1871), p. 50–84 (= (II, p. 424–459) et (III, t. 1, Abh. XIV, p. 229–266)).

II. F. KLEIN, *Gesammelte mathematische Abhandlungen*, Bd. I, Berlin (Springer), 1921.

III. S. LIE, *Gesammelte Abhandlungen*, 7 vol., Leipzig (Teubner) : *a*) Über die Reziprozitätsverhältnisse des Reyeschen Komplexes, t. I, Abh. V, p. 68–77 (= *Gött. Nach.* (1870), p. 53–66); *b*) Über eine Klasse geometrischer Transformationen, t. I, Abh. XII, p. 153–214 (= *Christiana For.* (1871), p. 182–245); *c*) Kurzes Resume mehrerer neuer Theorien, t. V, Abh. I, p. 1–4 (= *Christiana For.* (1872), p. 24–27); *d*) Über partielle Differentialgleichungen erster Ordnung, t. V, Abh. VII, p. 32–63 (= *Christiana For.* (1873), p. 16–51); *e*) Theorie der Transformationsgruppen II, t. V, Abh. III, p. 42–75 (= *Archiv f. Math.*, t. I (1876), p. 152–193); *f*) Theorie der Transformationsgruppen III, t. V, Abh. IV, p. 78–133 (= *Archiv f. Math.*, t. III (1878), p. 93–165); *g*) Untersuchungen über Differentialgleichungen III, t. V, Abh. XII, p. 311–313 (= *Christiana For.* (1883), n° 10, 1–4); *h*) Untersuchungen über Transformationsgruppen II, t. V, Abh. XXII, p. 507–551 (= *Archiv f. Math.*, t. X (1886), p. 353–413); *i*) Beiträge zur allgemeinen Transformationenstheorie, t. VI, Abh. V, p. 230–236 (= *Leipziger Ber.* (1888), p. 14–21).

IV. S. LIE und F. ENGEL, *Theorie der Transformationsgruppen*, 3 vol., Leipzig (Teubner), 1888–1893.

V. J. J. SYLVESTER, *Collected Mathematical Papers*, 4 vol., Cambridge, 1904–1911.

VI. A. CAYLEY, *Collected Mathematical Papers*, 13 vol., Cambridge, 1889–1898.

VII. C. JORDAN, Mémoire sur les groupes de mouvements, *Annali di Math.*, t. XI (1868–1869), p. 167–215 et p. 332–345 (= *Œuvres*, t. IV, p. 231–302).

VIII. F. SCHUR : *a*) Zur Theorie der aus Haupteinheiten gebildeten Komplexen, *Math. Ann.*, t. XXXIII (1889), p. 49–60; *b*) Neue Begründung der Theorie der endlichen Transformationsgruppen, *Math. Ann.*, t. XXXV (1890), p. 161–197; *c*) Zur Theorie der endlichen Transformationsgruppen, *Math. Ann.*, t. XXXVIII (1891), p. 273–286; *d*) Über den analytischen Character der eine endliche continuierliche Transformationsgruppe darstellende Funktionen, *Math. Ann.*, t. XLI (1893), p. 509–538.

IX. F. ENGEL : *a*) Über die Definitionsgleichung der continuierlichen Transformationsgruppen, *Math. Ann.*, t. XXVII (1886), p. 1–57; *b*) Die Erzeugung der endlichen Transformationen einer projektiven Gruppe durch die infinitesimalen Transformationen der Gruppe, I, *Leipziger Ber.*, XLIV (1892), p. 279–296, II (mit Beiträgen von E. Study), *ibid.*, XLV (1893), p. 659–696.

X. L. Maurer, Über allgemeinere Invarianten-Systeme, *Sitzungsber. München*, XVIII (1888), p. 103–150.

XI. W. Killing, Die Zusammensetzung der stetigen endlichen Transformationsgruppen: I) *Math. Ann.*, t. XXXI (1888), p. 252–290; II) *ibid.*, t. XXXIII (1889), p. 1–48; III) *ibid.*, t. XXXIV (1889), p. 57–122; IV) *ibid.*, t. XXXVI (1890), p. 161–189.

XII. E. Cartan, *Œuvres complètes*, 6 vol., Paris (Gauthier-Villars), 1952–54.

XIII. J. E. Campbell: *a*) On a law of combination of operators bearing on the theory of continuous transformation groups, *Proc. London Math. Soc.*, (1), t. XXVIII (1897), p. 381–390; *b*) On a law of combination of operators (second paper), *ibid.*, t. XXIX (1898), p. 14–32.

XIV. H. Poincaré, *Œuvres*, 11 vol., Paris (Gauthier-Villars), 1916–1956.

XV. H. F. Baker, Alternants and continuous groups, *Proc. London Math. Soc.*, (2), t. III (1905), p. 24–47.

XVI. F. Hausdorff, Die symbolische Exponentialformel in der Gruppentheorie, *Leipziger Ber.*, t. LVIII (1906), p. 19–48.

XVII. A. Hurwitz, Über die Erzeugung der Invarianten durch Integration, *Gött. Nachr.* (1897), p. 71–90 (= *Math. Werke*, t. II, p. 546–564).

XVIII. E. E. Levi, Sulla struttura dei Gruppi finiti e continui, *Atti Acc. Sci. Torino*, t. XL (1905), p. 551–565 (= *Opere*, t. I, p. 101–115).

XIX. K. Hensel, Über die arithmetischen Eigenschaften der Zahlen, *Jahresber. der D.M.V.*, t. XVI (1907), p. 299–319, 388–393, 474–496.

XX. I. Schur, Neue Anwendungen der Integralrechnung auf Probleme der Invariantentheorie, *Sitzungsber. Berlin*, 1924, p. 189–208, 297–321, 346–355.

XXI. H. Weyl, Theorie der Darstellung kontinuierlicher halb-einfacher Gruppen durch lineare Transformationen, I, *Math. Zeitschr.*, t. XXIII (1925), p. 271–309; II, *ibid.*, t. XXIV (1926), p. 328–376; III, *ibid.*, t. XXIV (1926), p. 377–395 (= *Werke*, t. 2 p 543–647).

XXII. O. Schreier: *a*) Abstrakte kontinuierliche Gruppen, *Abh. math. Sem. Hamburg*, t. IV (1926), p. 15–32; *b*) Die Verwandschaft stetiger Gruppen in grossen, *ibid.*, t. V (1927), p. 233–244.

XXIII. J. von Neumann, Zur Theorie der Darstellung kontinuierlicher Gruppen, *Sitzungsber. Berlin*, 1927, p. 76–90 (= *Collected Works*, t. I, p. 134–148).

XXIV. P. Hall, A contribution to the theory of groups of prime power order, *Proc. London Math. Soc.*, (3), t. IV (1932), p. 29–95.

XXV. W. Magnus: *a*) Beziehungen zwischen Gruppen und Idealen in einen speziellen Ring, *Math. Ann.*, t. CXI (1935), p. 259–280; *b*) Über Beziehungen zwischen höheren Kommutatoren, *J. Crelle*, t. CLXXVII (1937), p. 105–115.

XXVI. J. H. C. Whitehead: *a*) On the decomposition of an infinitesimal group, *Proc. Camb. Phil. Soc.*, t. XXXII (1936), p. 229–237 (= *Mathematical Works*, I, p. 281–289); *b*) Certain equations in the algebra of a semi-simple infinitesimal group, *Quart. Journ. of Math.*, (2), t. VIII (1937), p. 220–237 (= *Mathematical Works*, I, p. 291–308).

XXVII. I. Ado: *a*) Note sur la représentation des groupes finis et continus au moyen de substitutions linéaires (en russe), *Bull. Phys. Math. Soc. Kazan*, t. VII (1935), p. 3–43; *b*) La représentation des algèbres de Lie par des matrices (en russe), *Uspehi Mat. Nauk*, t. II (1947), p. 159–173 (trad. anglaise: *Amer. Math. Soc. Transl.*, (1), vol. 9, p. 308–327).

XXVIII. N. Jacobson: *a*) Rational methods in the theory of Lie algebras, *Ann. of Math.*, t. XXXVI (1935), p. 875–881; *b*) Classes of restricted Lie algebras of characteristic p, II, *Duke Math. Journal*, t. X (1943), p. 107–121.

XXIX. G. Birkhoff: *a*) Continuous groups and linear spaces, *Rec. Math. Moscou*, t. I (1936), p. 635–642; *b*) Representability of Lie algebras and Lie groups by matrices, *Ann. of Math.*, t. XXXVIII (1937), p. 526–532.

XXX. E. Witt, Treue Darstellung Lieschen Ringe, *J. Crelle*, t. CLXXVII (1937), p. 152–160.

XXXI. R. Brauer, Eine Bedingung für vollständige Reduzibilität von Darstellungen gewöhnlicher und infinitesimaler Gruppen, *Math. Zeitschr.*, t. XLI (1936), p. 330–339.

XXXII. H. Casimir–B. L. van der Waerden, Algebraischer Beweis der vollständigen Reduzibilität der Darstellungen halbeinfacher Liescher Gruppen, *Math. Ann.*, t. CXI (1935), p. 1–12.

XXXIII. A. Weil, Sur les fonctions elliptiques p-adiques, *C. R. Acad. Sci.*, t. CCIII (1936), p. 22.

XXXIV. E. Lutz, Sur l'équation $y^2 = x^3 - Ax - B$ dans les corps p-adiques, *J. Crelle*, t. CLXXVII (1937), p. 237–247.

XXXV. C. Chabauty, Sur les points rationnels des courbes algébriques de genre supérieur à l'unité, *C. R. Acad. Sci.*, t. CCXII (1941), p. 882–884.

XXXVI. L. S. Pontrjagin, *Topological Groups*, Princeton Univ. Press, 1939.

XXXVII. R. Hooke, Linear p-adic groups and their Lie algebras, *Ann. of Math.*, t. XLIII (1942), p. 641–655.

XXXVIII. C. Chevalley, *Theory of Lie Groups*, Princeton University Press, 1946.

XXXIX. E. Dynkin: *a*) Calcul des coefficients de la formule de Campbell–Hausdorff (en russe), *Dokl. Akad. Nauk*, t. LVII (1947), p. 323–326; *b*) Algèbres de Lie normées et groupes analytiques (en russe), *Uspehi Mat. Nauk*, t. V (1950), p. 135–186 (trad. anglaise: *Amer. Math. Soc. Transl.*, (1), vol. 9, p. 470–534).

XL. M. Hall, A basis for free Lie rings and higher commutators in free groups, *Proc. Amer. Math. Soc.*, t. I (1950), p. 575–581.

XLI. D. Montgomery–L. Zippin, *Topological Transformation Groups*, New York (Interscience), 1955.

XLII. M. Lazard: *a*) Quelques calculs concernant la formule de Hausdorff, *Bull. Soc. Math. France*, t. XCI (1963), p. 435–451; *b*) Groupes analytiques p-adiques, *Publ. Math. I.H.E.S.*, n° 26 (1965), p. 389–603.

INDEX DES NOTATIONS

Les chiffres de référence indiquent successivement le chapitre, le paragraphe et le numéro.

INDEX TERMINOLOGIQUE

Les chiffres de référence indiquent successivement le chapitre, le paragraphe et le numéro (ou, exceptionnellement, l'exercice).

TABLE DES MATIÈRES

IMPRIMÉ EN ANGLETERRE PAR WILLIAM CLOWES & SONS, LIMITED, LONDRES, BECCLES ET COLCHESTER
DÉPÔRT LÉGAL PREMIER TRIMESTRE 1972